全国计算机技术与软件专业技术资格（水平）考试指定用书

网络规划设计师教程

第2版

严体华　谢志诚　高振江　主编

清华大学出版社
北京

内容简介

本书是计算机技术与软件专业技术资格（水平）考试的指定用书，依据网络规划设计师考试大纲（2021 年审定通过）编写，包含了计算机网络基础、网络互连与互联网、网络规划与设计、网络资源设备、网络安全、标准化和软件知识产权、网络系统分析与设计案例及网络规划与设计论文等内容。

本书以实用为主，兼顾基础知识，是参加网络规划设计师考试的必备教材，也可作为网络工程从业人员学习网络技术的教材或日常工作的参考用书。本书也是一本很好的计算机专业研究生参考用书。

图书在版编目（CIP）数据

网络规划设计师教程 / 严体华，谢志诚， 高振江主编. —2 版. —北京：清华大学出版社，2021.12（2023.2 重印）

全国计算机技术与软件专业技术资格（水平）考试指定用书

ISBN 978-7-302-59602-8

Ⅰ. ①网… Ⅱ. ①严… ②谢… ③高… Ⅲ. ①计算机网络－资格考试－自学参考资料 Ⅳ. ①TP393

中国版本图书馆 CIP 数据核字(2021)第 237080 号

责任编辑：杨如林
封面设计：杨玉兰
责任校对：胡伟民
责任印制：丛怀宇

出版发行：清华大学出版社
网　　址：http://www.tup.com.cn, http://www.wqbook.com
地　　址：北京清华大学学研大厦 A 座　　邮　　编：100084
社 总 机：010-83470000　　邮　　购：010-62786544
投稿与读者服务：010-62776969，c-service@tup.tsinghua.edu.cn
质 量 反 馈：010-62772015，zhiliang@tup.tsinghua.edu.cn
印 装 者：三河市君旺印务有限公司
经　　销：全国新华书店
开　　本：185mm×230mm　　印　张：27　　防伪页：1　　字　　数：695 千字
版　　次：2009 年 6 月第 1 版　　2021 年 12 月第 2 版　　印　　次：2023 年 2 月第 4 次印刷
定　　价：99.00 元

产品编号：084069-01

前 言

网络规划设计师的职责就是规划、设计并指导实施网络工程，为人们提供高速、可靠、经济、安全、方便的网络。因此，网络规划设计师应熟悉应用领域的业务，能够进行计算机网络领域的需求分析、规划设计、部署实施、评测运维等工作。具体来说，就是在需求分析阶段，能分析用户的需求和约束条件，写出网络系统需求规格说明书；在规划设计阶段，能根据系统需求规格说明书，完成逻辑结构设计、物理结构设计，选用适宜的网络设备，按照标准规范编写系统设计文档及项目开发计划；在部署实施阶段，能按照系统设计文档和项目开发计划组织项目施工，对项目实施过程进行质量控制、进度控制、经费控制，能具体指导项目实施；在评测运维阶段，能根据相关标准和规范对网络进行评估测试，能制定运行维护、故障分析与处理机制，确保网络提供正常服务；另外，能指导制定用户的数据和网络战略规划，能指导网络工程师进行系统建设实施。

本书第 1 章介绍网络的基础知识，第 2 章介绍网络互连与互联网，第 3 章介绍网络规划与设计的知识和方法，第 4 章介绍网络资源设备，第 5 章介绍网络安全技术，第 6 章介绍标准化和软件知识产权，第 7 章介绍网络系统分析与设计案例，第 8 章介绍网络规划与设计论文写作的注意事项和评分依据。

本书由严体华、谢志诚、高振江主编。参加编写的还有吴振强、吴晓葵、张永刚、张淑平、景为、朱光明等。

《网络规划设计师教程》（第 2 版）在第 1 版的基础上，紧扣网络规划设计师考试大纲，精简部分内容来体现与初级和中级之间的差别，同时增加了一些知识，比如数据编码 MLT-3、8B/6T、4D-PAM5，冗余网关技术 VRRP、HSRP 和 GLBP，移动通信网络的 5G 核心技术，路由协议 IS-IS，软件定义网络，扁平化大二层网络结构，云计算与虚拟化等。同时在应试技巧上增加了依据大纲要求分类的案例解析和论文写作案例评分标准。

由于时间仓促，书中难免有不妥、错误之处，敬请指正。

编者

2021 年 9 月

目 录

第 1 章　计算机网络基础

计算机网络是计算机技术与通信技术相结合的产物，是信息收集、分发、存储、处理和消费的重要载体。计算机网络作为一种生产和生活工具被人们广泛接纳和使用之后，对人类社会的经济、政治和文化生活产生了重大影响。本章讲述计算机网络的基本概念和体系结构、数据通信基础知识、局域网与无线通信网络以及网络管理等理论基础知识。

1.1　计算机网络的概念

1.1.1　计算机网络的形成与发展

美国麻省理工学院林肯实验室于 1963 年为美国空军建成的半自动化地面防空系统 SAGE，被认为是计算机和通信技术结合的先驱。最早的民用通信系统是 20 世纪 60 年代初投入使用的飞机订票系统 SABRE-I。美国通用电气公司的信息服务系统则是世界上最大的商用数据处理网络。

现代意义上的计算机网络是从 1969 年美国国防高级研究计划局（DARPA）建成的 ARPANET 实验网开始的。该网络当时只有 4 个节点，以电话线路作为主干通信网络，两年后，建成 15 个节点，进入工作阶段。此后，ARPANET 的规模不断扩大。到了 20 世纪 70 年代后期，网络节点超过 60 个，主机 100 多台，地理范围跨越了美洲大陆，连通了美国东部和西部的许多大学和研究机构，而且通过通信卫星与夏威夷和欧洲地区的计算机网络相互连通。

20 世纪 70 年代中后期是广域通信网大发展的时期。各发达国家的政府部门、研究机构和电报电话公司都在发展分组交换网络。例如，英国邮政局的 EPSS 公用分组交换网络（1973）、法国国家信息与自动化研究所（INRIA）的 CYCLADES 分布式数据处理网络（1975）、加拿大的 DATAPAC 公用分组交换网（1976）以及日本电报电话公司的 DDX-3 公用数据网（1979）等。这些网络都以实现计算机之间的远程数据传输和信息共享为主要目的，通信线路大多为租用电话线路，少数铺设专用线路，数据传输速率在 50kbps 左右。这一时期的网络被称为第二代网络，以远程大规模互连为其主要特点。

20 世纪 70 年代中后期同时也是网络技术标准开始制定的时期。IBM 首先于 1974 年推出了该公司的系统网络体系结构（Systems Network Architecture，SNA），为用户提供能够互连互通的成套通信产品；1975 年，DEC 公司宣布了自己的数字网络体系结构（Digital Network Architecture，DNA）；1976 年，UNIVAC 宣布了该公司的分布式通信体系结构（Distributed Communication Architecture，DCA）。网络通信市场这种各自为政的状况使得用户在投资方向上无所适从，也不利于多厂商之间的公平竞争。1977 年，国际标准化组织（ISO）的信息处理技术委员会（TC97）SC16分委会开始着手制定开放系统互连参考模型OSI/RM。作为国际标准，OSI规定了可以互连的计算机系统之间的通信协议，遵从OSI协议的网络通信产品都是所谓的“开放系统”。今天，几乎所有的网络产品厂商都声称自己的产品是开放系统，不遵从国际标准的产品逐渐失去了市场。这种统一的、标准化产品互相竞争的市场进一步促进了网络技术的发展。

1985年，美国国家科学基金会（National Science Foundation，NSF）利用ARPANET协议建立了用于科学研究和教育的骨干网络NSFNET。1990年，NSFNET代替ARPANET成为美国国家骨干网，并且走出了大学和研究机构，进入社会。从此，网上的电子邮件、文件下载和消息传输受到越来越多的人欢迎，并被广泛使用。1992年，Internet学会成立，该学会把Internet定义为“组织松散的、独立的国际合作互联网络”“通过自主遵守计算协议和过程支持主机对主机的通信”。1993年，美国伊利诺伊大学国家超级计算中心成功开发了网上浏览工具Mosaic（后来发展成 Netscape），使得各种信息都可以方便地在网上交流。浏览工具的实现引发了Internet发展和普及的高潮。上网不再是网络操作人员和科学研究人员的专利，而成为一般人进行远程通信和交流的工具。在这种形势下，1993年，美国时任总统克林顿宣布正式实施国家信息基础设施（National Information Infrastructure，NII）计划，从此在世界范围内展开了争夺信息化社会领导权和制高点的竞争。与此同时，NSF不再向Internet注入资金，使其完全进入商业化运作。到了20世纪90年代后期，Internet以惊人的高速度发展，网上的主机数量、上网人数、网络的信息流量每年都在成倍地增长。

1.1.2 我国互联网的发展

我国互联网的发展起始于20世纪80年代末。1987年9月20日，钱天白教授通过意大利公用分组交换网（ITAPAC）设在北京的PAD发出我国的第一封电子邮件，与德国卡尔斯鲁厄大学进行通信，揭开了中国人使用Internet的序幕。

1989年9月，国家计委组织建立中关村地区教育与科研示范网络（NCFC），在北京大学、清华大学和中科院3个单位间建设高速互联网络，并建立了一个超级计算中心。

1990年10月，中国正式在DDN-NIC注册登记了我国的顶级域名CN。1993年4月，中国科学院计算机网络信息中心召集部分网络专家调查了各国的域名系统，据此提出了我国的域名体系。

1994年4月20日，NCFC工程通过美国Sprint公司连入Internet的64K国际专线开通，实现了与Internet的全功能连接，从此我国正式成为有Internet的国家。

从1994年开始，分别由国家计委、邮电部、国家教委和中科院主持，建成了我国的中国金桥信息网、中国公用计算机互联网、中国教育科研网和中国科技网。在短短几年间，这些主干网络就投入使用，形成了国家主干网的基础。

1996年以后，我国互联网的发展进入应用平台建设和增值业务开发阶段。中国互联网进入了空前活跃的高速发展时期。一大批中文网站，包括综合性的门户网站和各种专业性的网站纷纷出现，提供新闻报道、技术咨询、软件下载和休闲娱乐等ICP服务，以及虚拟主机、域名注册、免费空间等技术支持服务。与此同时，各种增值服务也逐步展开，其中主要有电子商务、IP 电话、视频点播和无线上网等。

1997 年 6 月 3 日，根据国务院信息化工作领导小组办公室的决定，中国科学院网络信息中心组建了中国互联网络信息中心（CNNIC），同时，国务院信息化工作领导小组办公室宣布成立中国互联网络信息中心工作委员会，1997 年 11 月，CNNIC 发布了第一次《中国互联网络发展状况统计报告》。

2019 年 2 月 28 日，CNNIC 在京发布第 43 次《中国互联网络发展状况统计报告》，从互联网基础建设、互联网应用发展、政务应用发展、产业与技术发展及互联网安全等多个方面展示了 2018 年我国互联网发展状况。2018 年是贯彻党的十九大精神的开局之年，是改革开放 40 周年，是决胜全面建成小康社会、实施“十三五”规划承上启下的关键一年，2018 年，中国互联网络发展迅速，呈现出七个特点：一是基础资源保有量稳步提升，IPv6 应用前景广阔；二是互联网普及率接近六成，入网门槛进一步降低；三是电子商务领域首部法律出台，行业加速动能转换；四是线下支付习惯持续巩固，国际支付市场加速开拓；五是互联网娱乐进入规范发展轨道，短视频用户使用率近八成；六是在线政务服务效能得到提升，践行以民为本的发展理念；七是新兴技术领域保持良好发展势头，开拓网络强国建设新局面。

1.1.3　计算机网络的分类

计算机网络的组成元素可以分为两大类，即网络节点和通信链路。网络节点又分为端节点和转发节点。端节点指信源和信宿节点，例如用户主机和用户终端；转发节点指网络通信过程中控制和转发信息的节点，例如交换机、集线器、接口信息处理机等。通信链路是指传输信息的信道，可以是电话线、同轴电缆、无线电线路、卫星线路、微波中继线路和光纤线缆等。通信子网中转发节点的互连模式叫作子网的拓扑结构。在广域网中常见的互连拓扑是树型和不规则型，而在局域网中则常用星型、环型、总线型等规则型拓扑结构。

按照使用方式可以把计算机网络分为校园网（Campus Network）和企业网（Enterprise Network），前者用于学校内部的教学科研信息的交换和共享，后者用于企业管理和办公自动化。一个校园网或企业网可以由内联网（Intranet）和外联网（Extranet）组成。内联网是采用 Internet 技术（TCP/IP 协议和 B/S 结构）建立的校园网或企业网，用防火墙限制与外部的信息交换，以确保内部的信息安全。外联网是校园网或企业网的一部分，通过 Internet 上的安全通道与内部网进行通信。

按照网络服务的范围可以把计算机网络分为公用网与专用网。公用网是通信公司建立和经营的网络，向社会提供有偿的通信和信息服务。专用网一般是建立在公用网上的虚拟网络，仅限于一定范围的用户之间的通信，或者对一定范围的通信设备实施特殊的管理。

按照提供的服务可以把计算机网络分为通信网和信息网。通信网提供远程联网服务，各种校园网和企业网通过远程连接形成 Internet，提供互连服务的供应商叫作 ISP（Internet Service Provider）。信息网提供 Web 信息浏览、文件下载和电子邮件传送等信息服务，提供网络信息服务的供应商叫作 ICP（Internet Content Provider）。

1.2 计算机网络体系结构

1. OSI 模型

国际标准化组织（ISO）于1978年提出了一个网络体系结构模型，称为开放系统互连参考模型（OSI/RM）。OSI/RM为开放系统互连提供了一种功能结构的框架，ISO 7498文件对它做了详细的规定和描述。

OSI/RM是一种分层的体系结构。从逻辑功能看，每一个开放系统都是由一些连续的子系统组成，这些子系统处于各个开放系统和分层的交叉点上，一个层次由所有互连系统的同一行上的子系统组成。例如，每一个互连系统逻辑上是由物理电路控制子系统、分组交换子系统和传输控制子系统等组成，而所有互连系统中的传输控制子系统共同形成了传输层。

开放系统的每一个层次由一些实体组成。实体是软件元素（如进程等）或硬件元素（如智能I/O芯片等）的抽象。处于同一层中的实体叫对等实体，一个层次由多个实体组成，这一点正说明了层次的分布处理特征。另一方面，处于同一开放系统中各个层次的实体则代表了系统的协议处理能力，即由其他开放系统所看到的外部功能特性。

为了叙述方便，任何层都可以称为（*N*）层，它的上下邻层分别称为（*N*+1）层和（*N*–1）层。同样的提法可以应用于所有和层次有关的概念，例如，（*N*）层的实体称为（*N*）实体。

分层的基本想法是每一层都在它的下层提供的服务的基础上提供更高级的增值服务，而最高层提供能运行分布式应用程序的服务。这样，分层的方法就把复杂问题分解开了。分层的另外一个目的是保持层次之间的独立性，其方法就是用原语操作定义每一层为上层提供的服务，而不考虑这些服务是如何实现的，即允许一个层次或层次的集合改变其运行的方式，只要它能为上层提供同样的服务就行。除最高层外，在互连的各个开放系统中分布的所有（*N*）实体协同工作，为所有（*N*+1）实体提供服务。也可以说，所有（*N*）实体在（*N*–1）层提供的服务的基础上向（*N*+1）层提供增值服务，如图1-1所示。例如，网络层在数据链路层提供的点到点通信服务的基础上增加了中继功能；传输层在网络层服务的基础上增加了端到端的控制功能。

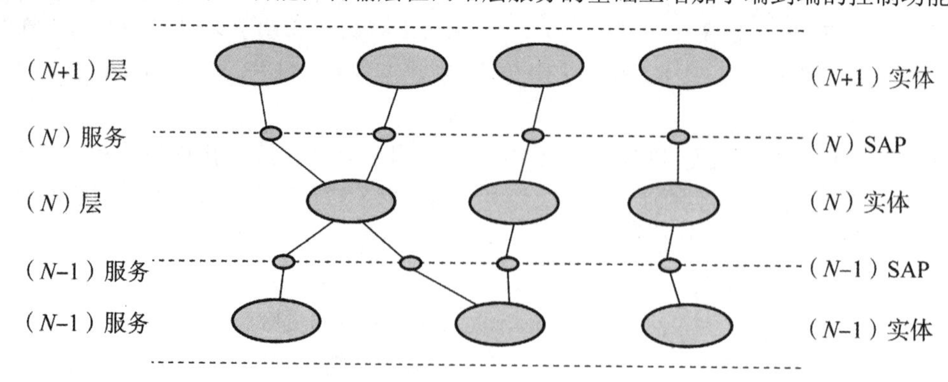

图1-1　实体、服务访问点和协议

（N）实体之间的通信只使用（N–1）服务。最低层实体之间通过 OSI 规定的物理介质通信，物理介质形成了 OSI 体系结构中的（0）层。（N）实体之间的合作关系由（N）协议来规范。（N）协议是由公式和规则组成的集合，它精确地定义了（N）实体如何协同工作，利用（N–1）服务去完成（N）功能，以便向（N+1）实体提供服务。例如，传输层协议定义了传输站如何协同工作，利用网络服务向会话实体提供传输服务。同一个开放系统中的（N）实体之间的直接通信对外部是不可见的，因而不包含在 OSI 体系结构中。

（N+1）实体从（N）服务访问点（Service Accessing Point，SAP）获得（N）服务。（N）SAP 表示（N）实体与（N+1）实体之间的逻辑接口。一个（N）SAP 只能由一个（N）实体提供，也只能被一个（N+1）实体所使用。然而，一个（N）实体可以提供几个（N）SAP，一个（N+1）实体也可能利用几个（N）SAP 为其服务。事实上，（N）SAP 只是代表了（N）实体和（N+1）实体建立服务关系的手段。

OSI/RM 用抽象的服务原语说明一个功能层提供的服务，这些服务原语采用了过程调用的形式。服务可以看作是层间的接口，OSI 只为特定层协议的运行定义了所需的原语和参数，而互连系统内部层次之间的局部流控所需的原语和参数，以及层次之间交换状态信息的原语和参数都不包括在 OSI 服务的定义之中。

服务分为面向连接的服务和无连接的服务。对于面向连接的服务，有 4 种形式的服务原语，即请求原语、指示原语、响应原语和确认原语。（N）层提供（N）SAP 之间的连接，这种连接是（N）服务的组成部分。通常的连接是点到点的连接。但是也可以在多个端点之间建立连接，多点连接和实际网络中的广播通信相对应。（N）连接的两端叫作（N）连接端点（Connection End Point，CEP），（N）实体用本地的 CEP 来标识它建立的各个连接。另外，在网络服务中还有一种叫作数据报的无连接的通信，它对面向事务处理的应用很重要，所以后来也增添到 OSI/RM 中。

OSI 有 7 层，从低到高依次称为物理层、数据链路层、网络层、传输层、会话层、表示层、应用层，如图 1-2 所示。

OSI 参考模型中各层的功能如下：

物理层的主要功能是在链路上透明地传输比特，包括线路配置、确定数据传输模式、确定信号形式、对信号进行编码、连接传输介质。为此定义了建立、维护和拆除物理链路所具备的机械特性、电气特性、功能特性以及规程特性。在物理层，OSI 采用了各种现成的协议，其中有 RS-232、RS-449、X.21、V.35、ISDN，以及 FDDI、IEEE 802.3、IEEE 802.4 和 IEEE 802.5 的物理层协议。

数据链路层将比特组成帧，在链路上提供点到点的帧传输，并进行差错控制、流量控制等。在数据链路层，OSI 的协议集也是采用了当前流行的协议，其中包括 HDLC、LAP-B 以及 IEEE 802 的数据链路层协议（ISO 8802）。

网络层在源节点和目的节点之间进行路由选择、拥塞控制、顺序控制、传送包，保证报文的正确性。OSI 网络层又分成了 3 个子层，ISO 8648 文件描述了网络层内部的组织，给出了 3 个子层的协议。最上面的子层完成与子网无关的会聚功能（SNIC），相当于网际协议；中间一个子层实现与子网相关的会聚功能（SNDC），它的作用是把一个具体的网络服务改造得适合于网络子层的需要；最下面的子层利用数据链路服务，实现子网访问功能（SNAC）。

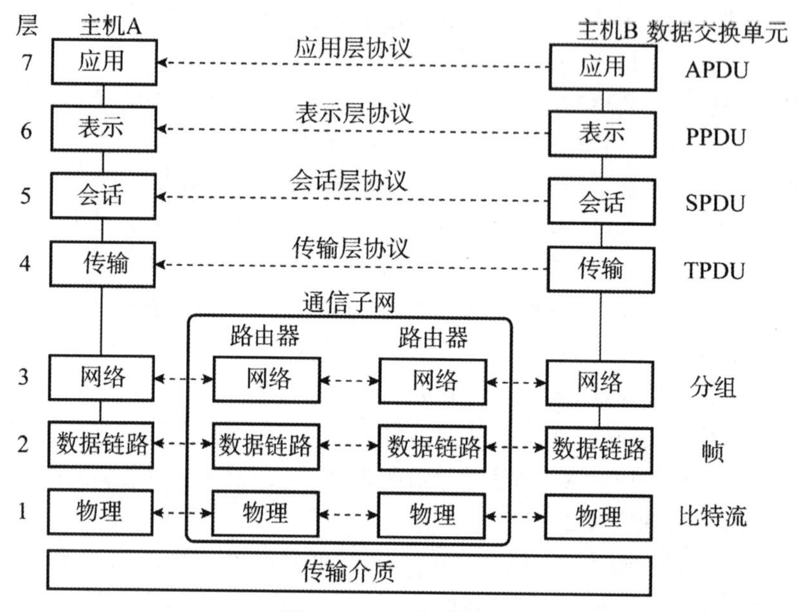

图 1-2　OSI 体系结构

传输层提供端到端的可靠的、透明的数据传输，保证报文顺序的正确性、数据的完整性。OSI 传输服务定义文件是 ISO 8072，传输层协议规范文件是 ISO 8073（连接模式）和 ISO 8602（无连接模式）。

会话层建立通信进程的逻辑名字与物理名字之间的联系，提供进程之间建立、管理和终止会话的方法，处理同步与恢复问题。会话层在传输层提供的完整的数据传送平台上提供应用进程之间组织和构造交互作用的机制，这种机制表现在会话层服务定义文件 ISO 8326（CCITT X.215）和协议规范文件 ISO 8327（CCITT X.225）中。

表示层实现数据转换（包括格式转换、压缩、加密等），提供标准的应用接口、公用的通信服务、公共数据表示方法。

应用层对用户提供不透明的各种服务，如 E-mail。

OSI 模型比较完整，但也非常复杂。除了低 3 层有实现外，其余层次没有实现，现在已基本不用。

2. TCP/IP 模型

美国国防高级研究计划局（DARPA）1969 年在研究 ARPANET 时提出了 TCP/IP 模型。和开放系统互连参考模型一样，TCP/IP 协议是一个分层结构。协议的分层使得各层的任务和目的十分明确，这样有利于软件编写和通信控制。TCP/IP 协议分为 4 层，由下至上分别是网络接口层、网际层、传输层和应用层，如图 1-3 所示。

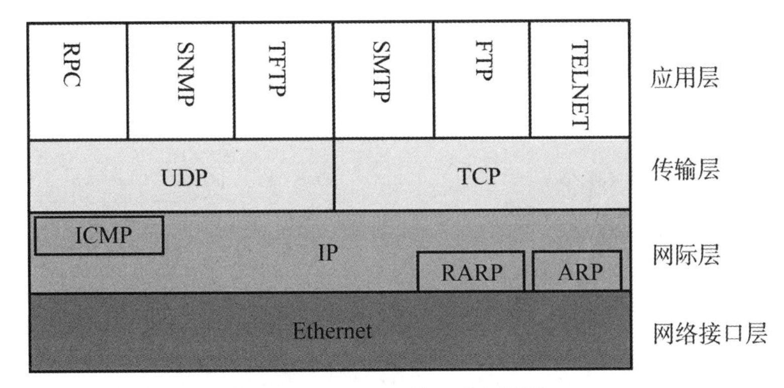

图1-3　TCP/IP协议分层结构

最上层是应用层，就是和用户打交道的部分，用户在应用层上进行操作，如收发电子邮件、文件传输等。也就是说，用户必须通过应用层才能表达出他的意愿，从而达到目的。其中，简单网络管理协议（SNMP）就是一个典型的应用层协议。应用层的主要协议有 DNS、HTTP、SMTP、POP3、FTP、TELNET、SNMP。

传输层的主要功能是对应用层传递过来的用户信息进行分段处理，然后在各段信息中加入一些附加的说明，如说明各段的顺序等，保证对方收到可靠的信息。该层有两个协议：一个是传输控制协议（TCP）；另一个是用户数据包协议（UDP），SNMP 就是基于 UDP 协议的一个应用协议。传输层的主要协议有 TCP、UDP。

网际层将传输层形成的一段一段的信息打包成 IP 数据包，在报头中填入地址信息，然后选择好发送的路径。本层的网际协议（IP）和传输层的 TCP 是 TCP/IP 体系中两个最重要的协议。与 IP 协议配套使用的还有地址解析协议（ARP）、逆向地址解析协议（RARP）、Internet 控制报文协议（ICMP）。

网络接口层是最底层，也称链路层，其功能是接收和发送 IP 数据包，负责与网络中的传输媒介打交道。网络接口层一直没有明确地定义其功能、协议和实现方式。

TCP/IP 本质上采用的是分组交换技术，其基本意思是把信息分割成一个个不超过一定大小的信息包传送出去。分组交换技术的优点是：一方面可以避免单个用户长时间占用网络线路；另一方面是在传输出错时不必全部重新传送，只需要将出错的包重新传输就可以了。

TCP/IP 规范了网络上的所有通信，尤其是一个主机与另一个主机之间的数据往来格式以及传送方式。数据传送过程可以形象地理解为，TCP 和 IP 就像两个信封，要传递的信息被划分成若干段，每一段塞入一个 TCP 信封，并在该信封上记录分段号信息，再将 TCP 信封塞入 IP 大信封，发送上网。在接收端，每个 TCP 软件包收集信封，抽出数据，按发送前的顺序还原，并加以校验，若发现差错，TCP 将会要求重发。因此，TCP/IP 在互联网中几乎可以无差错地传送数据。

1.3　数据通信基础

计算机网络采用数据通信方式传输数据。数据通信和电话网络中的语音通信不同，也和无线电广播通信不同，它有其自身的规律和特点。数据通信技术的发展与计算机技术的发展密切相关，又互相影响，形成了一门独立的学科。这门学科主要研究对计算机中的二进制数据进行传输、交换和处理的理论、方法以及实现技术。

1.3.1 数据通信的基本概念

1. 信道带宽

模拟信道的带宽 $W=f_2-f_1$，其中，f_1 是信道能通过的最低频率，f_2 是信道能通过的最高频率，两者都是由信道的物理特性决定的。当组成信道的电路制成了，信道的带宽就决定了。为了使信号传输中的失真小一些，信道要有足够的带宽。

数字信道是一种离散信道，它只能传送取离散值的数字信号。信道的带宽决定了信道中能不失真地传输的脉冲序列的最高速率。一个数字脉冲称为一个码元，用码元速率表示单位时间内信号波形的变换次数，即单位时间内通过信道传输的码元个数。若信号码元宽度为 T 秒，则码元速率 $B=1/T$。码元速率的单位叫波特（Baud），所以码元速率也叫波特率。早在1924年，贝尔实验室的研究员哈里·奈奎斯特（Harry Nyquist）就推导出了有限带宽无噪声信道的极限波特率，称为奈奎斯特定理。若信道带宽为 W，则奈奎斯特定理指出最大码元速率为

$$B=2W\ (\text{Baud})$$

奈奎斯特定理指定的信道容量也叫作奈奎斯特极限，这是由信道的物理特性决定的。超过奈奎斯特极限传送脉冲信号是不可能的，所以要进一步提高波特率必须改善信道带宽。

码元携带的信息量由码元取的离散值的个数决定。若码元取两个离散值，则一个码元携带1位信息。若码元可取4种离散值，则一个码元携带两位信息。总之，一个码元携带的信息量 n（位）与码元的种类数 N 有如下关系

$$n=\log_2 N\quad (N=2^n)$$

单位时间内在信道上传送的信息量（位数）称为数据速率。在一定的波特率下提高速率的途径是用一个码元表示更多的位数。如果把两位编码为一个码元，则数据速率可成倍提高。有公式

$$R=B\log_2 N=2W\log_2 N\ (\text{bps})$$

其中，R 表示数据速率，单位是每秒位（bps 或 b/s）。

数据速率和波特率是两个不同的概念。仅当码元取两个离散值时两者的数值才相等。对于普通电话线路，带宽为3000Hz，最高波特率为6000Baud，最高数据速率可随着调制方式的不同而取不同的值。这些都是在无噪声的理想情况下的极限值。实际信道会受到各种噪声的干扰，因而远远达不到按奈奎斯特定理计算出的数据传送速率。香农（Shannon）的研究表明，有噪声信道的极限数据速率可由下面的公式计算

$$C=W\log_2\left(1+\frac{S}{N}\right)$$

这个公式叫作香农定理，其中，W 为信道带宽，S 为信号的平均功率，N 为噪声平均功率，

S/N叫作信噪比。由于在实际使用中S与N的比值太大，故常取其分贝数（dB）。分贝与信噪比的关系为

$$dB=10\log_{10}\frac{S}{N}$$

例如，当S/N=1000时，信噪比为30dB。这个公式与信号取的离散值的个数无关，也就是说，无论用什么方式调制，只要给定了信噪比，则单位时间内最大的信息传输量就确定了。例如，信道带宽为3000Hz，信噪比为30dB，则最大数据速率为

$$C=3000\log_2(1+1000)\approx 3000\times 9.97\approx 30\,000\text{bps}$$

这是极限值，只有理论上的意义。实际上，在3000Hz带宽的电话线上，数据速率能达到9600bps就很不错了。

综上所述，有两种带宽的概念，在模拟信道，带宽按照公式$W=f_2-f_1$计算，例如CATV电缆的带宽为600MHz或1000MHz；数字信道的带宽为信道能够达到的最大数据速率，例如以太网的带宽为10Mbps或100Mbps。两者可互相转换。

2. 误码率

在有噪声的信道中，数据速率的增加意味着传输中出现差错的概率增加。用误码率来表示传输二进制位时出现差错的概率。误码率可用下式表示

$$P_c=\frac{N_e\text{（出错的位数）}}{N\text{（传送的总位数）}}$$

在计算机通信网络中，误码率一般要求低于10^{-6}，即平均每传送1兆位才允许错1位。在误码率低于一定的数值时，可以用差错控制的办法进行检查和纠正。

3. 信道延迟

信号在信道中传播，从源端到达宿端需要一定的时间。这个时间与源端和宿端的距离有关，也与具体信道中的信号传播速度有关。以后考虑的信号主要是电信号，这种信号一般以接近光速（300m/μs）传播，但随传输介质的不同而略有差别。例如，在电缆中的传播速度一般为光速的77%，即200m/μs左右。

一般来说，考虑信号从源端到达宿端的时间是没有意义的，但对于一种具体的网络，我们经常对该网络中相距最远的两个站之间的传播时延感兴趣。这时除了要计算信号传播速度外，还要知道网络通信线路的最大长度。例如，500m同轴电缆的时延大约是2.5μs，而卫星信道的时延大约是270ms。时延的大小对某些网络应用（例如交互式应用）有很大影响。

1.3.2　数据编码

二进制数字信息在传输过程中可以采用不同的代码，各种代码的抗噪声特性和定时功能各不相同，实现费用也不一样。常用的编码方案如图1-4所示。

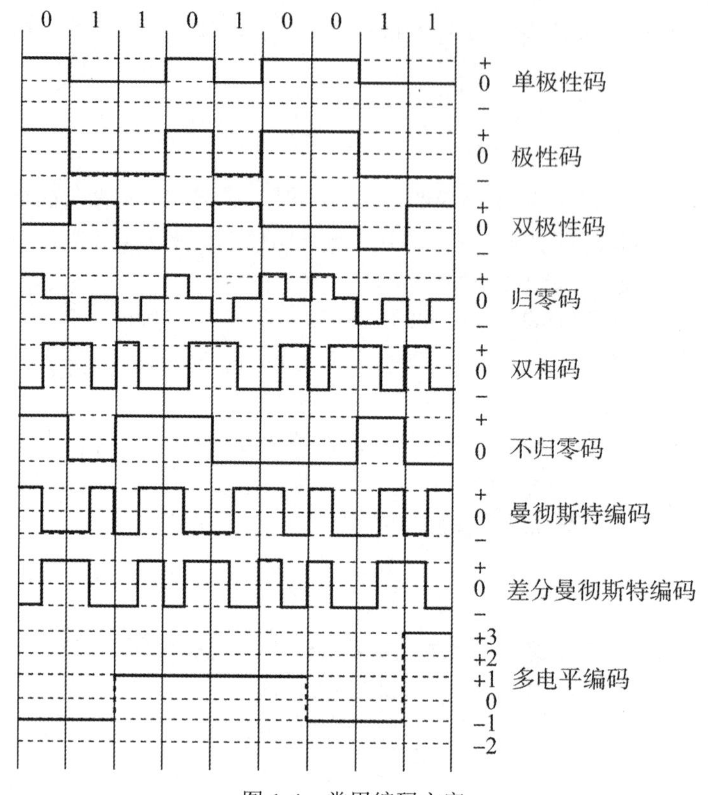

图 1-4 常用编码方案

1. 单极性码

在这种编码方案中，只用正的（或负的）电压表示数据。例如，在图 1-4 中用+3V 表示二进制数字“0”，用 0 V 表示二进制数字“1”。单极性码用在电传打字机（TTY）接口以及 PC 与 TTY 兼容的接口中，这种代码需要单独的时钟信号配合定时，否则，当传送一长串 0 或 1 时，发送机和接收机的时钟将无法定时，单极性码的抗噪声特性也不好。

2. 极性码

在这种编码方案中，分别用正电压和负电压表示二进制数“0”和“1”。例如，在图 1-4 中用+3V 表示二进制数字“0”，用–3V 表示二进制数字“1”。这种代码的电平差比单极性码大，因而抗干扰特性好，但仍然需要另外的时钟信号。

3. 双极性码

在双极性编码方案中，信号在 3 个电平（正、负、零）之间变化。一种典型的双极性码就是所谓的信号交替反转编码（Alternate Mark Inversion，AMI）。在 AMI 信号中，数据流中遇到“1”时使电平在正和负之间交替翻转，而遇到“0”时则保持零电平。双极性是三进制信号编码方法，它与二进制编码相比抗噪声特性更好。AMI 有其内在的检错能力，当正负脉冲交替出现的规律被打乱时容易识别出来，这种情况叫 AMI 违例。这种编码方案的缺点是当传送长串“0”时会失去位同步信息。对此稍加改进的一种方案是“6 零取代”双极性码 B6ZS，即把连续 6 个“0”用一组代码代替。这一组代码中若含有 AMI 违例，便可以被接收机识别出来。

4. 归零码

在归零码中，码元中间的信号回归到零电平，因此，任意两个码元之间被零电平隔开。与以上仅在码元之间有电平转换的编码方案相比，这种编码方案有更好的噪声抑制特性。因为噪声对电平的干扰比对电平转换的干扰要强，而这种编码方案是以识别电平转换边来判别“0”和“1”信号的。图 1-4 中表示出的是一种双极性归零码。可以看出，从正电平到零电平的转换边表示码元“0”，从负电平到零电平的转换边表示码元“1”，同时每一位码元中间都有电平转换，使得这种编码成为自定时的编码。

5. 双相码

双相码要求每一位中都要有一个电平转换。因而这种代码的最大优点是自定时，同时双相码也有检测错误的功能，如果某一位中间缺少了电平翻转，则被认为是违例代码。

6. 不归零码

图 1-4 中所示的不归零码的规律是当“1”出现时电平翻转，当“0”出现时电平不翻转。因而数据“1”和“0”的区别不是高低电平，而是电平是否转换。这种代码也叫差分码，用在终端到调制解调器的接口中。这种编码的特点是实现起来简单，而且费用低，但不是自定时的。

7. 曼彻斯特编码

曼彻斯特编码是一种双相码。在图 1-4 中，用高电平到低电平的转换边表示“0”，用低电平到高电平的转换边表示“1”，相反的表示也是允许的。位中间的电平转换边既表示了数据代码，同时也作为定时信号使用。曼彻斯特编码用在以太网中。

8. 差分曼彻斯特编码

差分曼彻斯特编码也是一种双相码，和曼彻斯特编码不同的是，这种码元中间的电平转换边只作为定时信号，不表示数据。数据的表示在于每一位开始处是否有电平转换，有电平转换表示“0”，无电平转换表示“1”。差分曼彻斯特编码用在令牌环网中。

从曼彻斯特编码和差分曼彻斯特遍码的图形中可以看出，这两种双相码的每一个码元都要调制为两个不同的电平，因而调制速率是码元速率的两倍。这对信道的带宽提出了更高的要求，所以实现起来更困难，也更昂贵。但由于其良好的抗噪声特性和自定时功能，在局域网中仍被广泛使用。

9. 多电平编码

多电平编码的码元可取多个电平之一，每个码元可代表几个二进制位。例如，令 $M=2^n$，设 M=4，则 n=2。若表示码元的脉冲取4个电平之一，则一个码元可表示两个二进制位。与双相码相反，多电平码的数据速率大于波特率，因而可提高频带的利用率。但是这种代码的抗噪声特性不好，在传输过程中信号容易畸变到无法区分。

在数据通信中，选择什么样的数据编码要根据传输的速度、信道的带宽、线路的质量以及实现的价格等因素综合考虑。

快速以太网标准100BASE-TX采用的编码机制是多电平编码MLT-3。MLT-3是Multi-Level Transmit的简称，其中的3表示这种编码方式有3种状态。MLT-3在多种文献中解释为多阶基带编码3或者三阶基带编码。就三阶而言，信号通常区分成三种电位状态，分别为“正电位”“负电位”“零电位”。

MLT-3的编码机制状态图如图1-5所示，具体规则如下：

（1）用不变化电位状态（即保持前一位的电位状态）来表示二进制0，即如果下一比特是0，则输出值与前面的值相同；

（2）用电位状态变化来表示二进制1。如果下一比特是1，则输出值就要有一个转变：如果前面输出的值是+V或−V，则下一输出为0；如果前面输出的值是0，则下一输出的值为+V或−V，与上一个非0值符号相反。

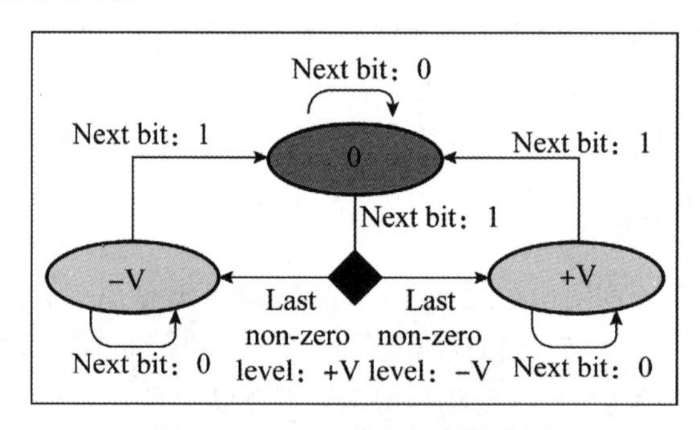

图1-5 MLT-3编码机制状态图

10. 4B/5B编码

快速以太网标准100BASE-FX采用的编码机制是4B/5B和NRZ-I编码。这种编码方法的原理如图1-6所示。

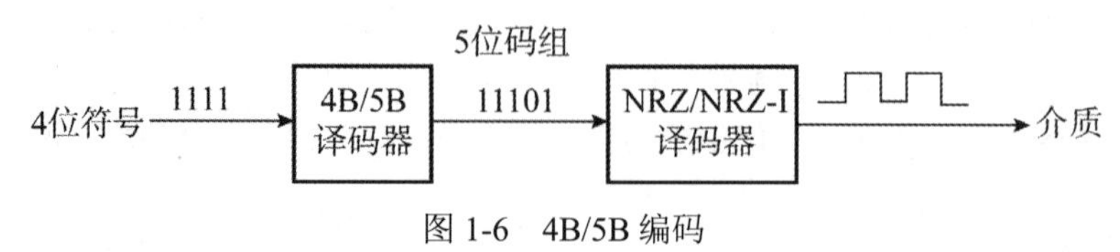

图1-6 4B/5B编码

这实际上是一种两级编码方案。系统中使用不归零码，在发送到传输介质之前要变成见 1 就翻不归零码（NRZ-I）。NRZ-I 代码序列中 1 的个数越多，越能提供同步定时信息，但如果遇到长串的 0，则不能提供同步信息。所以在发送到介质之前还需经过一次 4B/5B 编码，发送器扫描要发送的位序列，4 位分为一组，然后按照表 1-1 的对应规则变换成 5 位的代码。

表 1-1　4B/5B 编码规则

十六进制数	4 位二进制数	4B/5B 编码	十六进制数	4 位二进制数	4B/5B 编码
0	0000	11110	8	1000	10010
1	0001	01001	9	1001	10011
2	0010	10100	A	1010	10110
3	0011	10101	B	1011	10111
4	0100	01010	C	1100	11010
5	0101	01011	D	1101	11011
6	0110	01110	E	1110	11100
7	0111	01111	F	1111	11101

5 位二进制代码的状态共有 32 种，在表 1-1 中选用的 5 位代码中 1 的个数都不少于两个。这就保证了在介质上传输的代码能提供足够多的同步信息。另外，还有 8B/10B 编码等方法，其原理是类似的。

11. 8B/6T 编码

快速以太网标准 100BASE-T4 采用的编码机制是 8B/6T 编码。8B/6T 的编码方式为二进制输入按 8 位分组，每一个 8 位组映象为 6 位三元符号组，如图 1-7 所示。

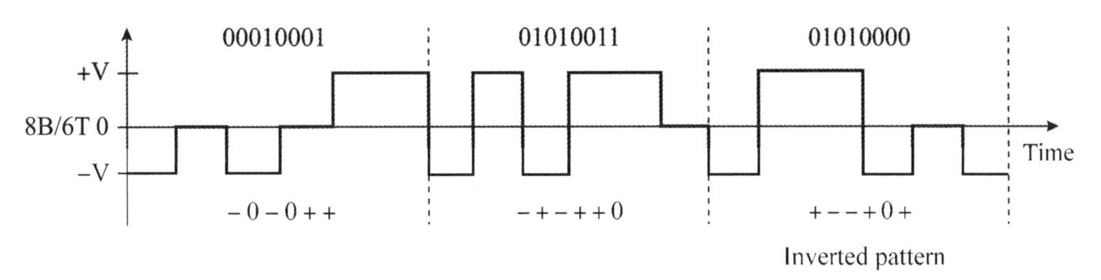

图 1-7　8B/6T 编码

由于字码包含 6 个符号，而每一个符号有 3 种电位（+、0、–），因此所有可用的字码有 729 个（$3^6 = 729$），但是要代表所有 8 位元的组合只要 256 种字码即可（$2^8 = 256$）。然后轮流在三个输出线对上发送输出，每个线对上的波特率为 25Mbaud，因为 25Mbaud÷6/8 = 33.333 Mbps，所以总传输率 100Mbps。

12. 4D-PAM5 编码

4D-PAM5 这种编码方式用于 1000BASE-T 以太网网络。4D 是指 4 个码元，定义为(An, Bn,

Cn, Dn)，也就是 4 维符号，比如说符号 An 是比特 00，符号 Bn 是 01，符号 Cn 是 10，符号 Dn 是 11。PAM5 的意思就是 4 维符号的电波形是一维 5 进制电平 {2, 1, 0, –1, –2} ，每根网线的其中一个线对的电平有 5 种，多出来的一个电平用于前向纠错码 FEC。

1000BASE-T 以太网网络物理层上的定义为：1000BASE-T 使用 5 类双绞线（8 根线，4 个线对），全双工基带传输。1000BASE-T 的传输速率是 1000 Mb/s，通过 4 个线对发送和接收，每个线对上基带信号的调制速率是 125 Mb/s，一个码元要携带 2 个比特信息，每个线对的传输速率是 250 Mb/s，具体实现如图 1-8 所示。

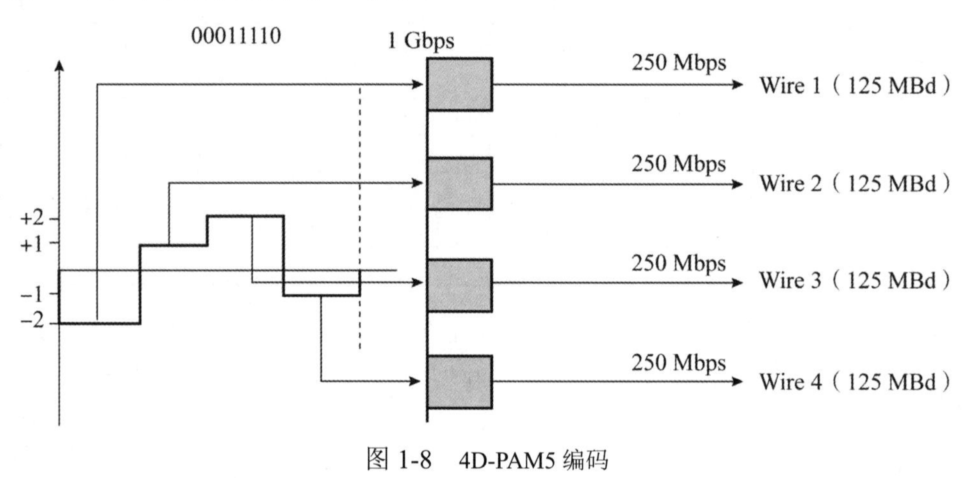

图 1-8 4D-PAM5 编码

1.3.3 数字调制技术

数字数据不仅可以用方波脉冲传输，也可以用模拟信号传输。用数字数据调制模拟信号叫作数字调制。本小节讲述简单的数字调制技术。

可以调制模拟载波信号的 3 个参数——幅度、频率和相位，来表示数字数据。在电话系统中就是传输这种经过调制的模拟载波信号的。3 种基本模拟调制方式如图 1-9 所示。

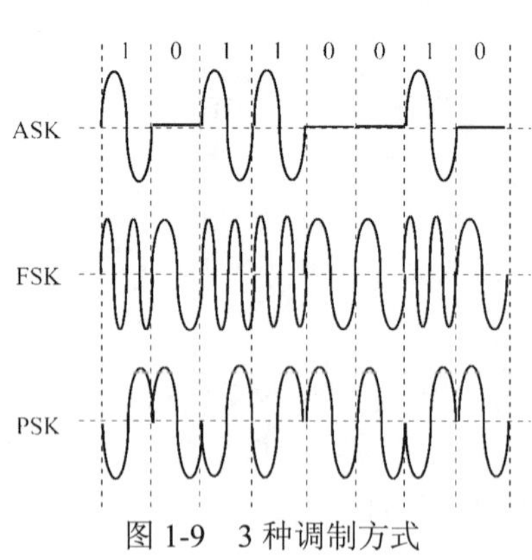

图 1-9 3 种调制方式

1. 幅度键控（ASK）

按照这种调制方式，载波的幅度受到数字数据的调制而取不同的值。例如，对应二进制“0”，载波振幅为“0”；对应二进制“1”，载波振幅取“1”。调幅技术虽然实现起来简单，但抗干扰性能较差。

2. 频移键控（FSK）

按照数字数据的值调制载波的频率叫作频移键控。例如，对应二进制“0”的载波频率为 f_1，对应二进制“1”的载波频率为 f_2。这种调制技术的抗干扰性能好，但占用的带宽较大。在有些低速调制解调器中，用这种调制技术把数字数据变成模拟音频信号传送。

3. 相移键控（PSK）

用数字数据的值调制载波相位，这就是相移键控。例如，用 180 相移表示“1”；用 0 相移表示“0”。这种调制方式的抗干扰性能好，而且相位的变化也可以作为定时信息来同步发送机和接收机的时钟。码元只取两个相位值叫 2 相调制，码元可取 4 个相位值叫 4 相调制。4 相调制时，一个码元代表两位二进制数（如表 1-2 所示）。采用 4 相或更多相的调制能提供较高的数据速率，但实现技术更复杂。

表 1-2　4 相调制方案

位 AB	方案 1	方案 2	位 AB	方案 1	方案 2
00	0°	45°	10	180°	225°
01	90°	135°	11	270°	315°

可见，数字调制的结果是模拟信号的某个参量（幅度、频率或相位）取离散值。这些值与传输的数字数据是对应的，这是数字调制与传统的模拟调制不同的地方。

4. 正交幅度调制

正交幅度调制（Quadrature Amplitude Modulation，QAM）就是把两个幅度相同但相位相差 90°的模拟信号合成为一个模拟信号。表 1-3 的例子是把 ASK 和 PSK 技术结合起来，形成幅度相位复合调制，这也是一种正交幅度调制技术。由于形成了 16 种不同的码元，所以每一个码元可以表示 4 位二进制数据，使得数据速率大大提高。

表 1-3　幅度相位复合调制

二进制数	码元幅度	码元相位	二进制数	码元幅度	码元相位
0000	$\sqrt{2}$	45°	1000	$3\sqrt{2}$	45°
0001	3	0°	1001	5	0°
0010	3	90°	1010	5	90°
0011	$\sqrt{2}$	135°	1011	$3\sqrt{2}$	135°
0100	3	270°	1100	5	270°
0101	$\sqrt{2}$	315°	1101	$3\sqrt{2}$	315°
0110	$\sqrt{2}$	225°	1110	$3\sqrt{2}$	225°
0111	3	180°	1111	5	180°

1.3.4 脉冲编码调制

模拟数据通过数字信道传输时效率高、失真小，而且可以开发新的通信业务。例如，在数字电话系统中可以提供语音信箱功能。把模拟数据转化成数字信号，要使用叫作编码解码器（Codec）的设备。这种设备的作用和调制解调器的作用相反，它是把模拟数据（例如声音、图像等）变换成数字信号，经传输到达接收端，再解码还原为模拟数据。用编码解码器把模拟数据变换为数字信号的过程叫模拟数据的数字化。常用的数字化技术就是脉冲编码调制技术（Pulse Code Modulation，PCM），简称脉码调制。

1. 采样

每隔一定的时间，取模拟信号的当前值作为样本，该样本代表了模拟信号在某一时刻的瞬时值。一系列连续的样本可用来代表模拟信号在某一区间随时间变化的值。以什么样的频率取样，才能得到近似于原信号的样本空间呢？奈奎斯特取样定理告诉我们：如果取样速率大于模拟信号最高频率的两倍，则可以用得到的样本空间恢复原来的模拟信号，即

$$f = \frac{1}{T} > 2f_{\max}$$

其中，f 为取样频率，T 为取样周期，$f_{\max}$ 为信号的最高频率。

2. 量化

取样后得到的样本是连续值，这些样本必须量化为离散值，离散值的个数决定了量化的精度。在图 1-10 中，把量化的等级分为 16 级，用 0000～1111 这 16 个二进制数分别代表 0.1～1.6 这 16 个不同的电平幅度。

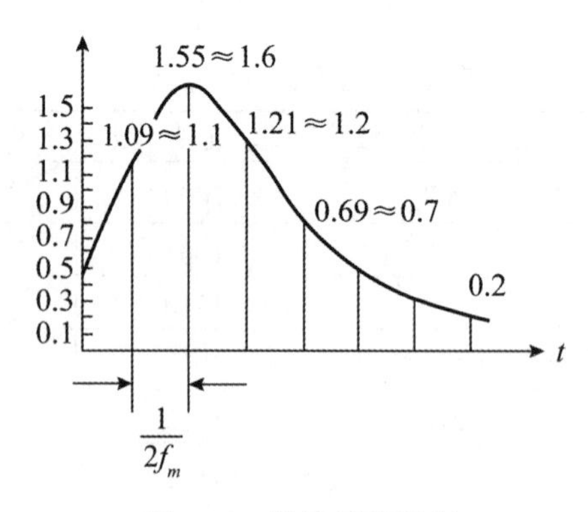

图 1-10 脉冲编码调制

3. 编码

把量化后的样本值变成相应的二进制代码，可以得到相应的二进制代码序列，其中每个二进制代码都可用一个脉冲串（4 位）来表示，这 4 位一组的脉冲序列就代表了经 PCM 编码的模

拟信号。

由上述脉码调制的原理可以看出，取样的速率是由模拟信号的最高频率决定的，而量化级的多少则决定了取样的精度。在实际使用中，希望取样的速率不要太高，以免编码解码器的工作频率太快；也希望量化的等级不要太多，能满足需要即可，以免得到的数据量太大，所以这些参数都取下限值。例如，对声音信号数字化时，由于话音的最高频率是 4kHz，所以取样速率是 8kHz。对话音样本用 128 个等级量化，因而每个样本用 7 位二进制数字表示。在数字信道上传输这种数字化了的话音信号的速率是 7×8000=56kbps。如果对电视信号数字化，由于视频信号的带宽更大（6MHz），取样速率就要求更高，假若量化等级更多，对数据速率的要求也就更高了。

1.3.5　通信方式和交换方式

1. 同步传输与异步传输

在通信过程中，发送方和接收方必须在时间上保持同步才能准确地传送信息。前面曾提到过信号编码的同步作用，叫码元同步。另外，在传送由多个码元组成的字符以及由许多字符组成的数据块时，通信双方也要就信息的起止时间取得一致。这种同步作用有两种不同的方式，因而对应了两种不同的传输方式。

（1）异步传输。即把各个字符分开传输，字符之间插入同步信息。这种方式也叫起止式，即在字符的前后分别插入起始位（“0”）和停止位（“1”），如图 1-11 所示。起始位对接收方的时钟起置位作用。接收方时钟置位后只要在 8～11 位的传送时间内准确，就能正确接收一个字符。最后的停止位告诉接收方该字符传送结束，然后接收方就可以检测后续字符的起始位了。当没有字符传送时，连续传送停止位。

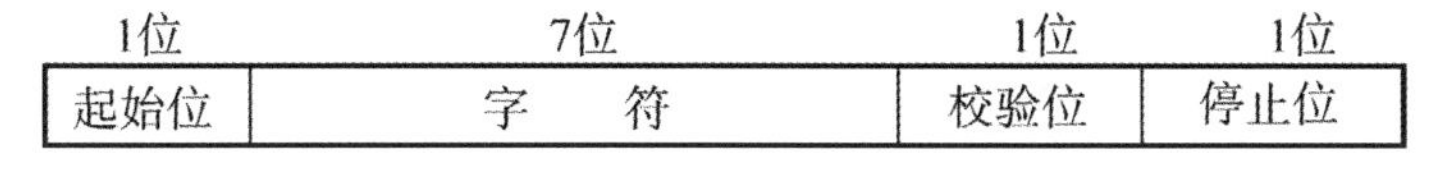

图 1-11　异步传输

加入校验位的目的是检查传输中的错误，一般使用奇偶校验。异步传输的优点是简单，但是由于起止位和检验位的加入会引入 20%～30%的开销，传输的速率也不会很高。

（2）同步传输。异步传输不适合于传送大的数据块（例如磁盘文件），同步传输在传送连续的数据块时比异步传输更有效。按照这种方式，发送方在发送数据之前先发送一串同步字符 SYNC，接收方只要检测到连续两个以上 SYNC 字符就确认已进入同步状态，准备接收信息。随后的传送过程中，双方以同一频率工作（信号编码的定时作用也表现在这里），直到传送完指示数据结束的控制字符。这种同步方式仅在数据块的前后加入控制字符 SYNC，所以效率更高。在短距离高速数据传输中，多采用同步传输方式。

2. 交换方式

一个通信网络由许多交换节点互连而成。信息在这样的网络中传输就像火车在铁路网络中运行一样，经过一系列交换节点（车站），从一条线路交换到另一条线路，最后才能到达目的地。交换节点转发信息的方式可分为电路交换、报文交换和分组交换3种。

电路交换把发送方和接收方用一系列链路直接连通。电话交换系统采用的就是这种交换方式。当交换机收到一个呼叫后就在网络中寻找一条临时通路供两端的用户通话，这条临时通路可能要经过若干个交换机的转接，并且一旦建立连接就成为这一对用户之间的临时专用通路，其他用户不能打断，直到通话结束才拆除连接。

电路交换的特点是建立连接需要等待较长的时间。由于连接建立后通路是专用的，因而不会有其他用户的干扰，不再有等待延迟。这种交换方式适合于传输大量的数据，传输少量信息时效率不高。

报文交换不要求在两个通信节点之间建立专用通路。节点把要发送的信息组织成一个数据包（报文），该报文中含有目标节点的地址，完整的报文在网络中一站一站地向前传送。每一个节点接收整个报文，检查目标节点地址，然后根据网络中的“交通情况”在适当的时候转发到下一个节点。经过多次存储—转发，最后到达目标节点，因而这样的网络叫存储—转发网络。

分组交换中数据包有固定的长度，因而交换节点只要在内存中开辟一个小的缓冲区就可以了。在进行分组交换时，发送节点要先对传送的信息分组，对各个分组编号，加上源地址和目标地址以及约定的分组头信息，这个过程叫作信息的打包。一次通信中的所有分组在网络中传播又有两种方式：一种叫数据报（Datagram），另一种叫虚电路（Virtual Circuit）。

（1）数据报。类似于报文交换，每个分组在网络中的传播路径完全是由网络当时的状况随机决定的。因为每个分组都有完整的地址信息，如果不出意外都可以到达目的地。但是，到达目的地的顺序可能和发送的顺序不一致。有些早发的分组可能在中间某段交通拥挤的链路上耽搁了，比后发的分组到得迟，目标主机必须对收到的分组重新排序才能恢复原来的信息。一般来说，在发送端要有一个设备对信息进行分组和编号，在接收端也要有一个设备对收到的分组拆去头、尾并重排顺序，具有这些功能的设备叫分组装拆设备（Packet Assembly/ Disassembly，PAD），通信双方各有一个。

（2）虚电路。类似于电路交换，这种方式要求在发送端和接收端之间建立一条逻辑连接。在会话开始时，发送端先发送建立连接的请求消息，这个请求消息在网络中传播，途中的各个交换节点根据当时的交通状况决定取哪条线路来响应这一请求，最后到达目的端。如果目的端给予肯定的回答，则逻辑连接就建立了。以后发送端发出的一系列分组都走这一条通路，直到会话结束，拆除连接。与电路交换不同的是，逻辑连接的建立并不意味着其他通信不能使用这条线路，它仍然具有链路共享的优点。

1.3.6 多路复用技术

多路复用技术是把多个低速信道组合成一个高速信道的技术。这种技术要用到两个设备，其中，多路复用器（Multiplexer）在发送端根据某种约定的规则把多个低带宽的信号复合成一个高带宽的信号；多路分配器（Demultiplexer）在接收端根据同一规则把高带宽信号分解成多个低带宽信号。多路复用器和多路分配器统称为多路器，简写为 MUX，多路复用的过程如图 1-12 所示。

图 1-12 多路复用

只要带宽允许，在已有的高速线路上采用多路复用技术可以省去安装新线路的大笔费用，因而现今的公共交换电话网（PSTN）都使用这种技术，有效地利用了高速干线的通信能力。

当然，也可以相反地使用多路复用技术，即把一个高带宽的信号分解到几个低速线路上同时传输，然后在接收端合成为原来的高带宽信号。例如，两个主机可以通过若干条低速线路连接，以满足主机间高速通信的要求。

1. 频分多路复用

频分多路复用（Frequency Division Multiplexing，FDM）是在一条传输介质上使用多个频率不同的模拟载波信号进行多路传输，这些载波可以进行任何方式的调制，如 ASK、FSK、PSK 以及它们的组合。每一个载波信号形成了一个子信道，各个子信道的中心频率不相重合，子信道之间留有一定宽度的隔离频带，如图 1-13 所示。

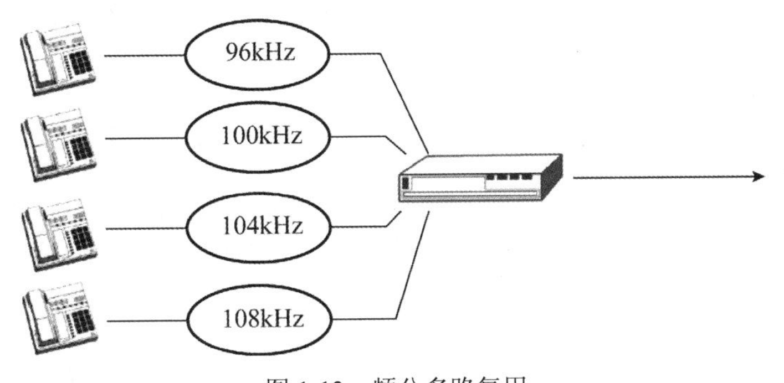

图 1-13 频分多路复用

频分多路技术早已用在无线电广播系统中，在有线电视系统（CATV）中也使用频分多路技术。一根 CATV 电缆的带宽大约是 1000MHz，可传送多个频道的电视节目，每个频道 6.5MHz 的带宽中又划分为声音子通道、视频子通道以及彩色子通道。每个频道两边都留有一定的警戒频带，防止相互串扰。

FDM 也用在宽带局域网中。电缆带宽至少要划分为不同方向上的两个子频带，甚至还可以分出一定带宽用于某些工作站之间的专用连接。

2. 时分多路复用

时分多路复用（Time Division Multiplexing，TDM）要求各个子通道按时间片轮流地占用整个带宽，如图 1-14 所示。时间片的大小可以按一次传送一位、一个字节或一个固定大小的数据块所需的时间来确定。

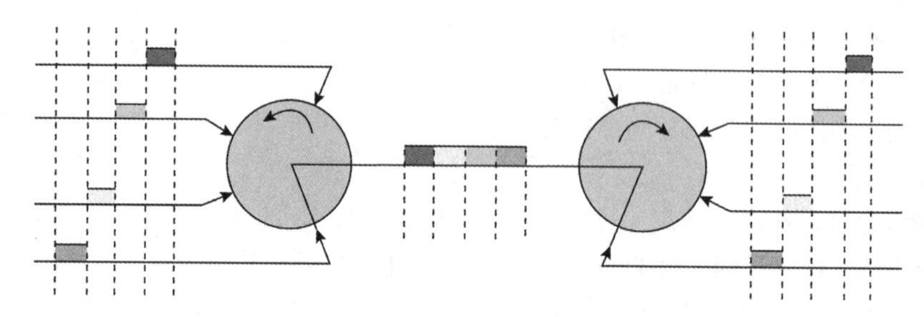

图 1-14 时分多路复用

时分多路技术可以用在宽带系统中，也可以用在频分制下的某个子通道上。时分制按照子通道的动态利用情况又可分为两种，即同步时分和统计时分。在同步时分制下，整个传输时间被划分为固定大小的周期。每个周期内，各子通道都在固定位置占有一个时槽。这样，在接收端可以按约定的时间关系恢复各子通道的信息流。当某个子通道的时槽来到时，如果没有信息要传送，这一部分带宽就浪费了。统计时分制是对同步时分制的改进，特别把统计时分制下的多路复用器称为集中器，以强调它的工作特点。在发送端，集中器依次循环扫描各个子通道,若某个子通道有信息要发送,则为它分配一个时槽，若没有就跳过，这样就没有空槽在线路上传播了。然而，需要在每个时槽加入一个控制字段，以便接收端可以确定该时槽是属于哪个子通道的。

3. 波分多路复用

波分多路复用（Wave length Division Multiplexing，WDM）使用在光纤通信中，不同的子信道用不同波长的光波承载，多路复用信道同时传送所有子信道的波长。这种技术在网络中要使用能够对光波进行分解和合成的多路器，如图 1-15 所示。

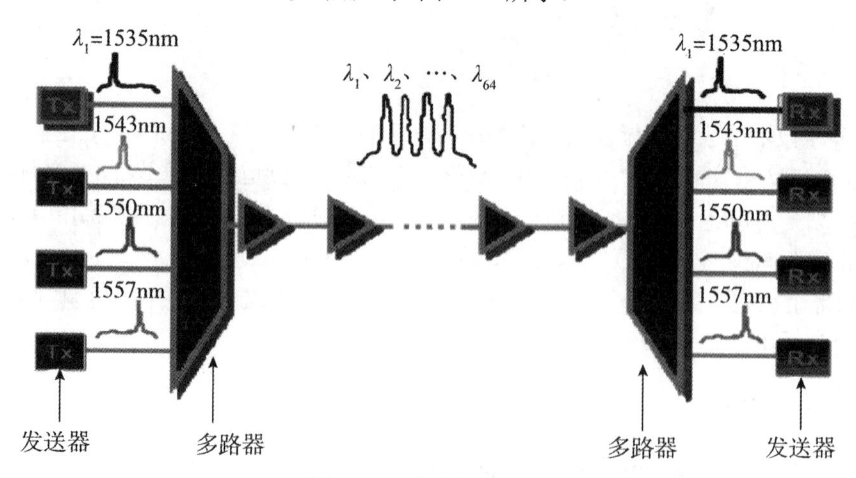

图 1-15 波分多路复用

1.3.7 扩频技术

为了提高通信系统的抗干扰性能，往往需要从调制和编码多方面入手，改进通信质量，扩频通信就是方法之一。由于扩频通信利用了扩展频谱技术，在接收端对干扰频谱能量加以扩散，对信号频谱能量压缩集中，因此在输出端就得到了信噪比的增益。

扩频通信是指系统占用的频带宽度远大于要传输的原始信号的带宽（或信息比特率），且与原始信号带宽无关。通常规定：如果信息带宽为 B，扩频信号带宽为 f_{ss}，则扩频信号带宽与信息带宽之比 f_{ss}/B 称为扩频因子。

当 f_{ss}/B=1~2，即射频信号带宽略大于信息带宽时，称为窄带通信；

当 $f_{ss}/B \geqslant 50$，即射频信号带宽大于信息带宽时，称为宽带通信；

当 $f_{ss}/B \geqslant 100$，即射频信号带宽远大于信息带宽时，称为扩频通信。

扩频通信系统可以分为以下几种基本形式。

1. 直接序列扩频

直接序列扩频（Direct Sequence Spread，DSSS）方式中，要传送的信息经伪随机序列编码后对载波进行调制。在发送端直接用扩频码序列去扩展信号的频谱，在接收端，用相同的扩频码序列进行解扩，将展宽的频谱扩展信号还原成原始信号，如图 1-16 和 1-17 所示。因为伪随机序列的速率远大于要传送信息的速率，所以受调信号的频谱宽度将远大于要传送信息的频谱宽度。

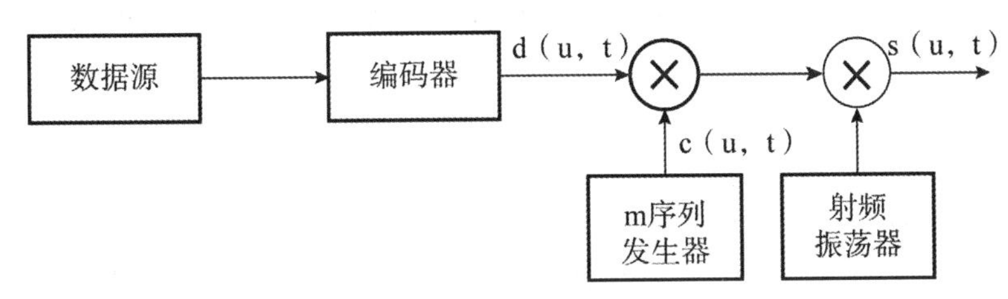

图 1-16 直接序列扩频系统的发送端原理图

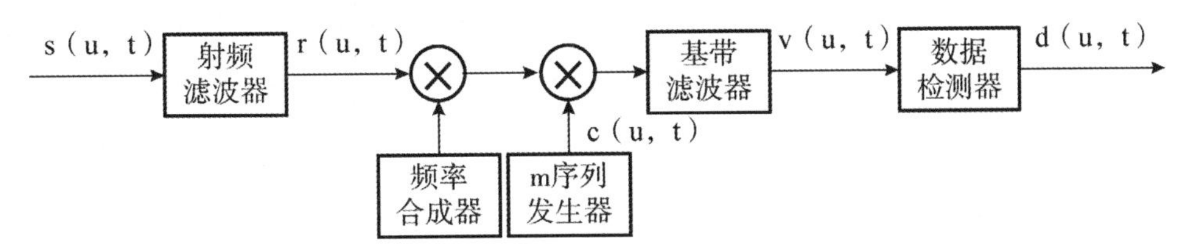

图 1-17 直接序列扩频系统的接收端原理图

2. 跳频

在跳频（Frequency Hopping，FH）方式中，载波信息的信号频率受伪随机序列的控制，快速地在一个频段中跳变，此跳变的频段范围远大于要传送信息所占的频谱宽度，如图 1-18 所示。

只要收、发信双方保证时-频域上的调频顺序一致，就能确保双方的可靠通信。在每一个跳频时间的瞬时，用户所占用的信道带宽是窄带频谱，随着时间的变换，一系列的瞬时窄带频谱在一个很宽的频带内跳变，形成一个很宽的调频带宽。

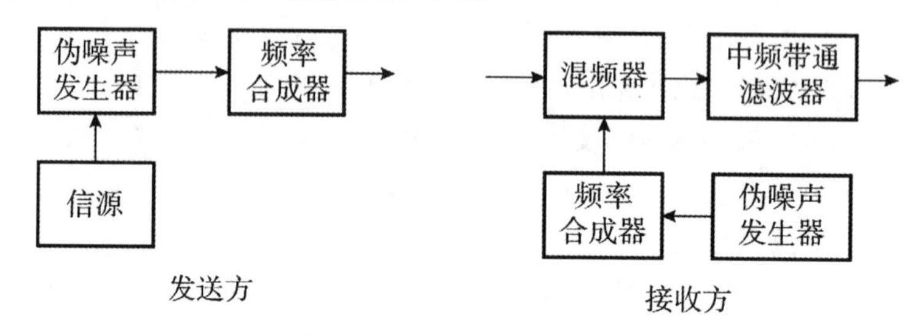

图 1-18 跳频系统原理图

3. 跳时

在跳时（Time Hopping，TH）方式中，把每个信息码元划分成若干个时隙，此信息受伪随机序列的控制，以突发的方式随机地占用其中一个时隙进行传输。因为信号在时域中压缩其传输时间，相应地在频域中要扩展其频谱宽度。

4. 线性调频扩频

线性调频扩频（Chirp Spread Spectrum，CSS）是指在给定脉冲持续间隔内，系统的载频线性地扫过一个很宽的频带。因为频率在较宽的频带内变化，所以信号的带宽被展宽。

1.3.8 差错控制

通信过程中出现的差错可大致分为两类：一类是由热噪声引起的随机错误；另一类是由冲击噪声引起的突发错误。

通信线路中的热噪声是由电子的热运动产生的，香农关于噪声信道传输速率的结论就是针对这种噪声的。热噪声时刻存在，具有很宽的频谱，且幅度较小。通信线路的信噪比越高，热噪声引起的差错越少。这种差错具有随机性，影响个别位。冲击噪声源是外界的电磁干扰。例如，打雷闪电时产生的电磁干扰，电焊机引起的电压波动等。冲击噪声持续的时间短而幅度大，往往引起一个位串出错。根据它的特点，称其为突发性差错。

此外，由于信号幅度和传播速率与相位、频率有关而引起的信号失真，以及相邻线路之间发生串音等都会产生差错，这些差错也具有突发性的特点。

1. 检错与纠错

在数据传输过程中，由于信道受到噪声或干扰的影响，信号的波形传到接收方就可能会发生错误。为了把这些错误减少到人们预期要求的最低限度，就需要进行差错控制。

差错控制的原理很简单。在被传送的 k 位信息后附加 r 位冗余位，被传送的数据共 $k+r$ 位，

而这 r 位冗余位是用某种明确定义的算法直接从 k 位信息导出的，接收方对收到的信息应用同一算法，将结果与发送方给它的结果进行比较，若不相等则数据出现了差错。如果接收方知道有差错发生，但不知道是怎样的差错，然后向发送方请求重传，这种策略称为检错。如果接收方知道有差错发生，而且知道是怎样的差错，这种策略称为纠错。

2. 海明码

1950 年，海明（Hamming）研究了用冗余数据位来检测和纠正代码差错的理论和方法。按照海明的理论，可以在数据代码上添加若干冗余位组成码字。码字之间的海明距离是一个码字要变成另一个码字时必须改变的最小位数。例如，7 位 ASCII 码增加一位奇偶位成为 8 位的码字，这 128 个 8 位的码字之间的海明距离是 2。所以，当其中一位出错时便能检测出来。两位出错时就变成另外一个码字了。

海明用数学分析的方法说明了海明距离的几何意义，n 位的码字可以用 n 维空间的超立方体的一个顶点来表示。两个码字之间的海明距离就是超立方体的两个对应顶点之间的一条边，而且这是两个顶点（两个码字）之间的最短距离，出错的位数小于这个距离都可以被判断为就近的码字。这就是海明码纠错的原理，它用码位的增加（因而通信量增加）来换取正确率的提高。

按照海明的理论，纠错码的编码就是要把所有合法的码字尽量安排在 n 维超立方体的顶点上，使得任意一对码字之间的距离尽可能大。如果任意两个码字之间的海明距离是 d，则所有小于等于 $d-1$ 位的错误都可以检查出来，所有小于 $d/2$ 位的错误都可以纠正。一个自然的推论是，对于某种长度的错误串，要纠正它就要用比仅仅检测它多一倍的冗余位。

如果对于 m 位的数据增加 k 位冗余位，则组成 $n=m+k$ 位的纠错码。对于 2^m 个有效码字中的每一个，都有 n 个无效但可以纠错的码字。这些可纠错的码字与有效码字的距离是 1，含单个错误位。这样，对于一个有效的消息总共有 $n+1$ 个可识别的码字。这 $n+1$ 个码字相对于其他 $2m-1$ 个有效消息的距离都大于 1。这意味着总共有 $2m\ (n+1)$个有效的或者可纠错的码字。显然，这个数应≤码字的所有可能的个数，即 $2n$。于是，有

$$2^m(n+1)\leqslant 2^n$$

因为 $n=m+k$，得出

$$m+k+1\leqslant 2^k$$

对于给定的数据位 m，上式给出了 k 的下界，即要纠正单个错误，k 必须取的最小值。海明建议了一种方案可以达到这个下界，并能直接指出错在哪一位。首先把码字的位从 1 到 n 编号，并把这个编号表示成二进制数，即 2 的幂之和。然后对 2 的每一个幂设置一个奇偶位。例如，对于 6 号位，由于 6=110（二进制），所以 6 号位参加第 2 位和第 4 位的奇偶校验，而不参加第 1 位的奇偶校验。类似地，9 号位参加第 1 位和第 8 位的校验而不参加第 2 位或第 4 位的校验。海明把奇偶校验分配在 1、2、4、8 等位置上，其他位放置数据。下面根据图 1-19 举例说明编码的方法。

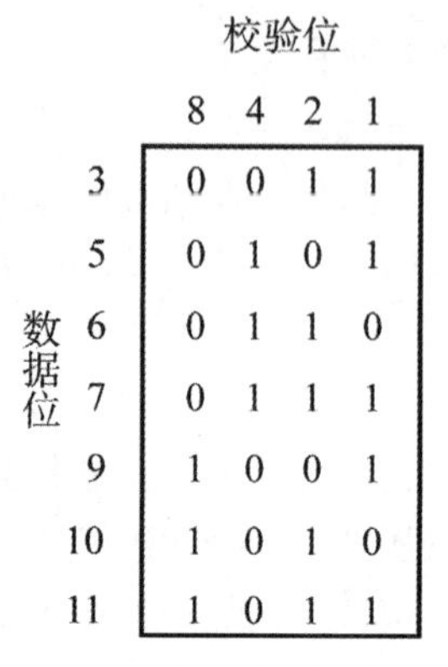

图 1-19 海明编码的例子

假设传送的信息为 1001011，把各个数据放在 3、5、6、7、9、10、11 等位置上，1、2、4、8 位留做校验位。

		1		0	0	1		0	1	1
1	2	3	4	5	6	7	8	9	10	11

根据图 1-19，3、5、7、9、11 的二进制编码的第一位为 1，所以 3、5、7、9、11 号位参加第 1 位校验，若按偶校验计算，1 号位应为 1。

1		1		0	0	1		0	1	1
1	2	3	4	5	6	7	8	9	10	11

类似地，3、6、7、10、11 号位参加 2 位校验，5、6、7 号位参加 4 位校验，9、10 和 11 号位参加 8 位校验，全部按偶校验计算，最终得到：

1	0	1	1	0	0	1	0	0	1	1
1	2	3	4	5	6	7	8	9	10	11

如果这个码字传输中出错，比如说 6 号位出错，即变成：

√	×		×				√			
1	0	1	1	0	1	1	0	0	1	1
1	2	3	4	5	6	7	8	9	10	11

当接收端按照同样的规则计算奇偶位时，发现 1 和 8 号位的奇偶性正确，2 和 4 号位的奇偶性不对，于是 2+4= 6，立即可确认错在 6 号位。

在上例中，k=4，因而 $m<2^4-4-1=11$，即数据位可用到 11 位，共组成 15 位的码字，可检测出单个位的错误。

3. 循环冗余校验码

循环码是这样一组代码，其中任一有效码字经过循环移位后得到的码字仍然是有效码字，不论是右移或左移，也不论移多少位。例如，若（$a_{n-1}\,a_{n-2}\ldots a_1\,a_0$）是有效码字，则（$a_{n-2}\,a_{n-3}\ldots a_0\,a_{n-1}$），（$a_{n-3}\,a_{n-4}\ldots a_{n-1}\,a_{n-2}$）等都是有效码字。循环冗余校验码（Cyclic Redundancy Check，CRC）是一种循环码，它有很强的检错能力，而且容易用硬件实现，在局域网中有广泛应用。

首先介绍 CRC 怎样实现，然后对它进行一些数学分析，最后说明 CRC 的检错能力。CRC 可以用图 1-20 所示的移位寄存器实现。移位寄存器由 k 位组成，还有几个异或门和一条反馈回路。图 1-20 所示的移位寄存器可以按 CRC-CCITT 标准生成 16 位的校验和。寄存器被初始化为 0，数据从右向左逐位输入。当一位从最左边移出寄存器时就通过反馈回路进入异或门和后续进来的位以及左移的位进行异或运算。当所有 m 位数据从右边输入完后再输入 k 个 0（本例中 k=16）。最后，当这一过程结束时，移位寄存器中就形成了校验和。k 位的校验和跟在数据位后边发送，接收端可以按同样的过程计算校验和并与接收到的校验和比较，以检测传输中的差错。

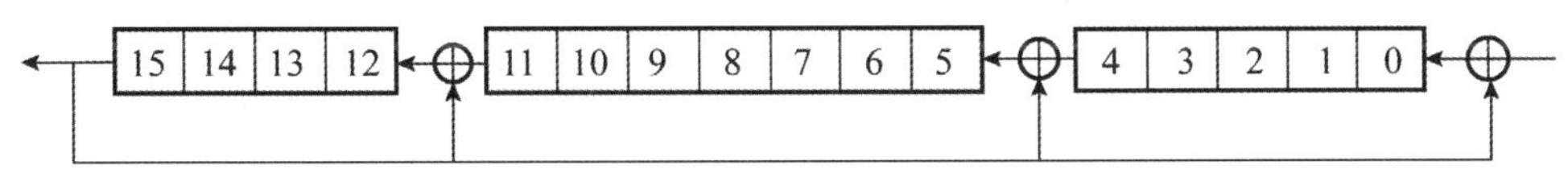

图 1-20　CRC 的实现

以上描述的计算校验和方法可以用一种特殊的多项式除法进行分析。m 个数据位可以看作 $m-1$ 阶多项式的系数。例如，数据码字 00101011 可以组成的多项式是 x^5+x^3+x+1。图 1-20 中表示的反馈回路可表示成另外一个多项式 $x^{16}+x^{12}+x^5+1$，这就是所谓的生成多项式。所有的运算都按模 2 进行，即

$$1x^a+1x^a=0x^a,\quad 0x^a+1x^a=1,\quad 1x^a+0x^a=1x^a,\quad 0x^a+0x^a=0x^a,\quad -1x^a=1x^a$$

显然，在这种代数系统中，加法和减法一样，都是异或运算。用 x 乘一个多项式等于把多项式的系数左移一位。可以看出，按图 1-20 的反馈回路把一个向左移出寄存器的数据位反馈回去与寄存器中的数据进行异或运算，等同于在数据多项式上加上生成多项式，因而也等同于从数据多项式中减去生成多项式。以上给出的例子，对应于下面的长除法：

	0010	1011	0000	0000	0000	0000	
–	10	0010	0000	0100	001		
	00	1001	0000	0100	0010	0000	
–		1000	1000	0001	0000	1	
		0001	1000	0101	0010	1000	
–		1	0001	0000	0010	0001	
		0	1001	0101	0000	1001	（余数）

得到的校验和是 9509H。于是看到，移位寄存器中的过程和以上长除法在原理上是相同的，因而可以用多项式理论来分析 CRC 代码，这就使得这种检错码有了严格的数学基础。

把数据码字形成的多项式叫作数据多项式 $D(x)$，按照一定的要求可给出生成多项式 $G(x)$。用

$G(x)$除$x^k D(x)$可得到商多项式$Q(x)$和余多项式$R(x)$，实际传送的码字多项式是

$$F(x)= x^k D(x)+ R(x)$$

由于使用了模2算术，$+R(x)=-R(x)$，于是接收端对$F(x)$计算的校验和应为0。如果有差错，则接收到的码字多项式包含某些出错位E，可表示成

$$H(x)= F(x)+ E(x)$$

由于$F(x)$可以被$G(x)$整除，如果$H(x)$不能被$G(x)$整除，则说明$E(x)\neq 0$，即有错误出现。然而，若$E(x)$也能被$G(x)$整除，则有差错而检测不到。

数学分析表明，$G(x)$应该有某些简单的特性，才能检测出各种错误。例如，若$G(x)$包含的项数大于1，则可以检测单个错；若$G(x)$含有因子$x+1$，则可检测出所有奇数个错。最后得出的最重要的结论是：具有r个校验位的多项式能检测出所有长度小于等于r的突发性差错。

为了能对不同场合下的各种错误模式进行校验，已经研究出了几种CRC生成多项式的国际标准。

CRC-CCITT　$G(x)=x^{16}+x^{12}+x^5+1$

CRC-16　$G(x)=x^{16}+x^{15}+x^2+1$

CRC-12　$G(x)=x^{12}+x^{11}+x^3+x^2+x+1$

CRC-32　$G(x)=x^{32}+x^{26}+x^{23}+x^{22}+x^{16}+x^{12}+x^{11}+x^{10}+x^8+x^7+x^5+x^4+x^2+x+1$

其中，CRC-32被用在许多局域网中。

1.4 局域网

1.4.1 HDLC协议

HDLC（High Level Data Link Control，高级数据链路控制）协议是国际标准化组织根据IBM公司的SDLC（Synchronous Data Link Control，同步数据链路控制）协议扩充开发而成的。美国国家标准学会（ANSI）则根据SDLC开发出类似的协议，叫作ADCCP协议（Advanced Data Communication Control Procedure，高级数据通信控制协议）。

1. HDLC的基本配置

HDLC定义了3种类型的站、两种链路配置和3种数据传输方式。3种站分别如下：

（1）主站。对链路进行控制，主站发出的帧叫命令帧。

（2）从站。在主站控制下进行操作，从站发出的帧叫响应帧。

（3）复合站。具有主站和从站的双重功能。复合站既可以发送命令帧也可以发出响应帧。

两种链路配置如下：

（1）不平衡配置。适用于点对点和点对多点链路。这种链路由一个主站和一个或多个从站组成，支持全双工或半双工传输。

（2）平衡配置。仅用于点对点链路。这种配置由两个复合站组成，支持全双工或半双工

传输。

3 种数据传输方式如下：

（1）正常响应方式（Normal Response Mode，NRM）。适用于不平衡配置，只有主站能启动数据传输过程，从站收到主站的询问命令时才能发送数据。

（2）异步平衡方式（Asynchronous Balanced Mode，ABM）。适用于平衡配置，任何一个复合站都无须取得另一个复合站的允许就可以启动数据传输过程。

（3）异步响应方式（Asynchronous Response Mode，ARM）。适用于不平衡配置，从站无须取得主站的明确指示就可以启动数据传输，主站的责任只是对线路进行管理。

正常响应方式可用于计算机和多个终端相连的多点线路上，计算机对各个终端进行轮询以实现数据输入。正常响应方式也可以用于点对点的链路上，例如计算机和一个外设相连的情况。异步平衡方式能有效地利用点对点全双工链路的带宽，因为这种方式没有轮询的开销。异步响应方式的特点是各个从站轮流询问中心站，这种传输方式很少使用。

2. HDLC 的帧结构

HDLC 使用统一的帧结构进行同步传输，图 1-21 所示为 HDLC 的帧结构。从图中可以看出，HDLC 帧由 6 个字段组成。以两端的标志字段（F）作为帧的边界，在信息字段（INFO）中包含了要传输的数据。

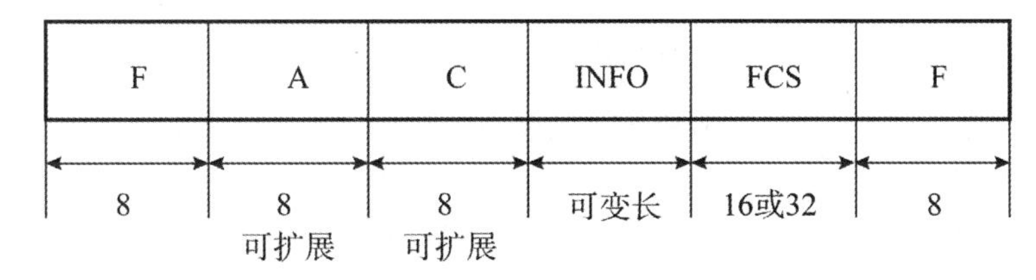

图 1-21　HDLC 的帧结构

下面对 HDLC 帧的各个字段分别予以解释。

（1）帧标志 F。HDLC 用一种特殊的位模式 01111110 作为帧的边界标志。链路上所有的站都在不断地探索标志模式，一旦得到一个标志就开始接收帧。在接收帧的过程中如果发现一个标志，则认为该帧结束了。由于帧中间出现位模式 01111110 时也会被当作标志，从而破坏了帧的同步，所以要使用位填充技术。发送站的数据位序列中一旦发现 0 后有 5 个 1，则在第 7 位插入一个 0，这样就保证了传输的数据中不会出现与帧标志相同的位模式。接收站则进行相反的操作：在接收的位序列中如果发现 0 后有 5 个 1，则检查第 7 位，若第 7 位为 0 则删除；若第 7 位是 1 且第 8 位是 0，则认为是检测到帧尾的标志；若第 7 位和第 8 位都是 1，则认为是发送站的停止信号。有了位填充技术，任意的位模式都可以出现在数据帧中，这个特点叫作透明的数据传输。

（2）地址字段 A。地址字段用于标识从站的地址，用在点对多点链路中。地址通常是 8 位长，然而经过协商之后，也可以采用更长的扩展地址。扩展的地址字段如图 1-20 所示，可以看出，它是8位组的整数倍。每一个8位组的最低位表示该8位组是否是地址字段的结尾：若为1，表示是最后的8位组；若为0，则不是。所有8位组的其余7位组成了整个扩展地址字段。全为1的8位组（11111111）表示广播地址。

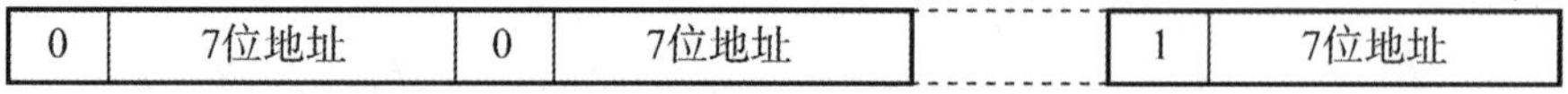

0	7位地址	0	7位地址	……	1	7位地址

图1-22 HDLC扩展地址

（3）控制字段C。HDLC定义了3种帧，可根据控制字段的格式区分。信息帧（I帧）承载着要传送的数据，此外还捎带着流量控制和差错控制的应答信号。管理帧（S帧）用于提供ARQ控制信息，当不使用捎带机制时要用管理帧控制传输过程。无编号帧（U帧）提供建立、释放等链路控制功能，以及少量信息的无连接传送功能。控制字段第1位或前两位用于区别3种不同格式的帧，如图1-23所示。基本的控制字段是8位长，扩展的控制字段为16位长。

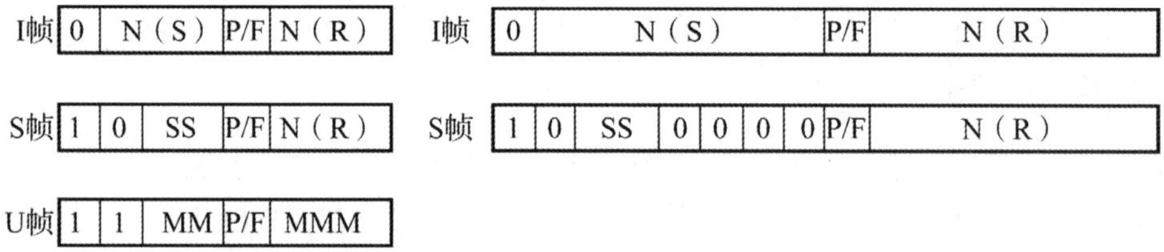

（a）基层控制字段

I帧：| 0 | N（S） | P/F | N（R） |

S帧：| 1 | 0 | SS | P/F | N（R） |

U帧：| 1 | 1 | MM | P/F | MMM |

（b）扩展控制字段

I帧：| 0 | N（S） | P/F | N（R） |

S帧：| 1 | 0 | SS | 0 | 0 | 0 | 0 | P/F | N（R） |

图1-23 控制字段格式

（4）信息字段INFO。只有I帧和某些无编号帧含有信息字段。这个字段可含有用于表示用户数据的任何序列，其长度没有规定，但具体的实现往往限定了最大帧长。

（5）帧校验序列FCS。FCS中含有各个字段的校验（标志字段除外）。通常使用CRC-CCITT标准产生16位校验序列，有时也使用CRC-32产生32位校验序列。

3. HDLC的帧类型

HDLC协议的帧类型如表1-4所示。

表1-4 HDLC协议的帧类型

名 字	功 能	描 述
信息帧（I）	命令/响应	交换用户数据
管理帧（S）		
接收就绪（RR）	命令/响应	肯定应答，可以接收第 *i* 帧
接收未就绪（RNR）	命令/响应	肯定应答，不能继续接收
拒绝接收（REJ）	命令/响应	否定应答，后退 *N* 帧重发
选择性拒绝接收（SREJ）	命令/响应	否定应答，选择重发
无编号帧（U）		
置正常响应方式（SNRM）	命令	置数据传输方式为NRM

续表

名　　字	功　　能	描　　述
置扩展的正常响应方式（SNRME）	命令	置数据传输方式为扩展的 NRM
置异步响应方式（SARM）	命令	置数据传输方式为 ARM
置扩展的异步响应方式（SARME）	命令	置数据传输方式为扩展的 ARM
置异步平衡方式（SABM）	命令	置数据传输方式为 ABM
置扩展的异步平衡方式（SABME）	命令	置数据传输方式为扩展的 ABM
置初始化方式（SIM）	命令	由接收站启动数据链路控制过程
拆除连接（DISC）	命令	拆除逻辑连接
无编号应答（UA）	响应	对置方式命令的肯定应答
非连接方式（DM）	响应	从站处于逻辑上断开的状态
请求拆除连接（RD）	响应	请求断开逻辑连接
请求初始化方式（RIM）	响应	请求发送 SIM 命令，启动初始化过程
无编号信息（UI）	命令/响应	交换控制信息
无编号询问（UP）	命令	请求发送控制信息
复位（RSET）	命令	用于复位，重置 N（R）、N（S）
交换标识（XID）	命令/响应	交换标识和状态
测试（TEST）	命令/响应	交换用于测试的信息字段
帧拒绝（FRMR）	响应	报告接收到不能接收的帧

下面结合 HDLC 的操作介绍这些帧的作用。

（1）信息帧。信息帧除承载用户数据之外还包含该帧的编号 N（S），以及捎带的肯定应答顺序号 N(R)。I 帧还包含一个 P/F 位，在主站发出的命令帧中这一位表示 P，即轮询(Polling)；在从站发出的响应帧中这一位是 F 位，即终止位（Final）。在正常响应方式下，主站发出的 I 格式命令帧中的 P/F 位置 1，表示该帧是询问帧，允许从站发送数据。从站响应主站的询问，可以发送多个响应帧，其中仅最后一个响应帧的 P/F 位置 1，表示一批数据发送完毕。在异步响应方式和异步平衡方式下，P/F 位用于控制 S 帧和 U 帧的交换过程。

（2）管理帧。管理帧用于进行流量和差错控制，当没有足够多的信息帧捎带管理命令/响应时，要发送专门的管理帧来实现控制。从表 1-4 看出，有 4 种管理帧可以用控制字段中的两个 S 位来区分。RR 帧表示接收就绪，它既是对 N（R）之前帧的确认，也是准备接收 N（R）及其后续帧的肯定应答。RNR 帧表示接收未就绪，在对 N（R）之前的帧给予肯定应答的同时，拒绝进一步接收后续帧。REJ 帧表示拒绝接收 N（R）帧，要求重发 N（R）帧及其后续帧。显然，REJ 用于后退 N 帧 ARQ 流控方案中。类似地，SREJ 帧用于选择重发 ARQ 流控方案中。

管理帧中 P/F 位的作用如下所述：主站发送 P 位置 1 的 RR 帧询问从站，是否有数据要发送。如果从站有数据要发送，则以信息帧响应；否则从站以 F 位置 1 的 RR 帧响应，表示没有数据可发送。另外，主站也可以发送 P 位置 1 的 RNR 帧询问从站的状态。如果从站可以接收信息帧，则以 F 位置 1 的 RR 帧响应；反之，如果从站忙，则以 F 位置 1 的 RNR 帧响应。

（3）无编号帧。无编号帧用于链路控制。这类帧不包含编号字段，也不改变信息帧流动的顺序。无编号帧按其控制功能可分为以下几个子类：

- 设置数据传输方式的命令和响应帧。
- 传输信息的命令和响应帧。
- 用于链路恢复的命令和响应帧。
- 其他命令和响应帧。

设置数据传输方式的命令帧由主站发送给从站，表示设置或改变数据传输方式。SNRM、SARM 和 SABM 分别对应 3 种数据传输方式。SNRME、SARME 和 SABME 也是设置数据传输方式的命令帧，然而这 3 种传输方式使用两个字节的控制域。从站接收了设置传输方式的命令帧后以无编号应答帧（UA）响应。一种传输方式建立后一直保持有效，直到另外的设置方式命令改变了当前的传输方式。

主站向从站发送置初始化方式命令（SIM），使得接收该命令的从站启动一个建立链路的过程。在初始化方式下，两个站用无编号信息帧（UI）交换数据和命令。拆除连接命令（DISC）用于通知对方链路已经释放，对方站以 UA 帧响应，链路随之断开。

除 UA 帧之外，还有几种响应帧与传输方式的设置有关。非连接方式帧（DM）可用于响应所有的置传输方式命令，表示响应的站处于逻辑上断开的状态，即拒绝建立指定的传输方式。请求初始化方式帧（RIM）也可用于响应置传输方式命令，表示响应站没有准备好接收命令，或正在进行初始化。请求拆除连接帧（RD）则表示响应站要求断开逻辑连接。信息传输的命令和响应用于两个站之间交换信息。无编号信息帧（UI）既可作为命令帧，也可作为响应帧。UI 帧传送的信息可以是高层的状态、操作中断状态、时间、链路初始化参数等。主站/复合站可发送无编号询问命令（UP）请求接收站送回无编号响应帧，以了解它的状态。

链路恢复命令和响应用于 ARQ 机制不能正常工作的情况下。接收站可用帧拒绝响应（FRMR）表示接收的帧中有错误。例如，控制字段无效、信息字段太长、帧类型不允许携带信息以及捎带的 N（R）无效等。

复位命令（RSET）表示发送站正在重新设置发送顺序号，这时接收站也应该重新设置接收顺序号。

还有两种命令和响应不能归入以上几类。交换标识（XID）帧用于在两个站之间交换它们的标识和特征，实际交换的信息依赖于具体的实现。测试命令帧（TEST）用于测试链路和接收站是否正常工作。接收站收到测试命令后要尽快以测试帧响应。

4. HDLC 的操作

下面通过图 1-24 的例子说明 HDLC 的操作过程，这些例子虽然不能囊括实际运作中的所有情况，但是可以帮助读者理解各种命令和响应的使用方法。由于 HDLC 定义的命令和响应非常多，可以实现各种应用环境的所有要求，所以对于任何一种特定的应用，只要实现一个子集就可以了，以下给出的例子都是实际应用中的典型情况。

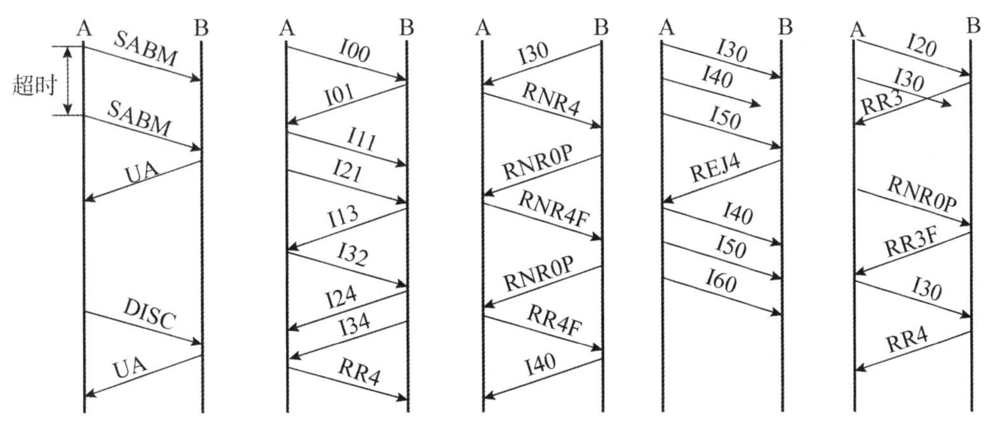

（a）链路的建立和拆除　（b）双向数据交换　（c）接收站忙　（d）后退重发　（e）超时重发

图 1-24　HDLC 操作举例

在图 1-24 中，用 I 表示信息帧，I 后面的两个数字分别表示信息帧中的 N（S）和 N（R）值。管理帧和无编号帧都直接给出帧名字，管理帧后的数字则表示帧中的 N（R）值，P 和 F 表示该帧中的 P/F 位置 1，没有 P 和 F 表示这一位置 0。

图 1-24（a）说明了链路建立和拆除的过程。A 站发出 SABM 命令并启动定时器，在一定的时间内没有得到应答后重发同一命令。B 站以 UA 帧响应，并对本站的局部变量和计数器进行初始化。A 站收到应答后也对本站的局部变量和计数器进行初始化，并停止计时，这时逻辑链路就建立起来了。拆除链路的过程由双方交换一对命令 DISC 和响应 UA 完成。在实际使用中可能出现链路不能建立的情况，B 站以 DM 响应 A 站的 SABM 命令，或者 A 站重复发送 SABM 命令预定的次数后放弃建立连接，向上层实体报告链接失败。

图 1-24（b）说明了全双工交换信息帧的过程。每个信息帧中用 N（S）指明发送顺序号，用 N（R）指明接收顺序号。当一个站连续发送了若干帧而没有收到对方发来的信息帧时，N（R）字段只能简单地重复。例如，A 发给 B 的 I11 和 I21。最后 A 站没有信息帧要发时用一个管理帧 RR4 对 B 站给予应答。图中也表示出了肯定应答的积累效应。例如 A 站发出的 RR4 帧一次应答了 B 站的两个数据帧。

图1-24（c）画出了接收站忙的情况。出现这种情况的原因可能是接收站数据链路层缓冲区溢出，也可能是接收站上层实体来不及处理接收到的数据。图中 A 站以 RNR4 响应 B 站的 I30 帧，表示 A 站对第 3 帧之前的帧已正确接收，但不能继续接收下一个帧。B 站接收到 RNR4 后每隔一定时间以 P 位置 1 的 RNR 命令询问接收站的状态。接收站 A 如果保持忙则以 F 位置 1 的 RNR 帧响应；如果忙状态解除，则以 F 位置 1 的 RR 帧响应，于是数据传送从 RR 应答中的接收序号恢复发送。

图 1-24（d）描述了使用 REJ 命令的例子。A 站发出了第 3、4、5 信息帧，其中第 4 帧出错。接收站检出错误帧后发出 REJ4 命令，发送站返回到出错帧重发。这是使用后退 N 帧 ARQ 技术的典型情况。

图 1-24（e）表示的是超时重发的例子。A 站发出的第 3 帧出错，B 站检测到错误后丢弃了它。但是，B 站不能发出 REJ 命令，因为 B 站无法判断这是一个 I 帧。A 站超时后发出 P 位置 1 的 RNR 命令询问 B 站的状态。B 站以 RR3F 响应，于是数据传送从断点处恢复。

1.4.2 IEEE 802.3 标准

1. CSMA/CD 协议

CSMA 的基本原理是：站在发送数据之前，先监听信道上是否有别的站发送的载波信号。若有，说明信道正忙，否则说明信道是空闲的，然后根据预定的策略决定：

（1）若信道空闲，是否立即发送。

（2）若信道忙，是否继续监听。

即使信道空闲，若立即发送仍然会发生冲突。一种情况是远端的站刚开始发送，载波信号尚未到达监听站，这时监听站若立即发送，就会和远端的站发生冲突；另一种情况是虽然暂时没有站发送，但碰巧两个站同时开始监听，如果它们都立即发送，也会发生冲突。所以，上面的控制策略的第（1）点就是想要避免这种虽然稀少，但仍可能发生的冲突。若信道忙时，如果坚持监听，发送的站一旦停止就可立即抢占信道。但是，有可能几个站同时都在监听，同时都抢占信道，从而发生冲突。以上控制策略的第（2）点就是进一步优化监听算法，使得有些监听站或所有监听站都后退一段随机时间再监听，以避免冲突。

2. 二进制指数后退算法

检测到冲突发送干扰信号后退一段时间重新发送。后退时间的多少对网络的稳定工作有很大影响。特别是在负载很重的情况下，为了避免很多站连续发生冲突，需要设计有效的后退算法。按照二进制指数后退算法，后退时延的取值范围与重发次数 n 形成二进制指数关系。或者说，随着重发次数 n 的增加，后退时延 t_ξ的取值范围按 2 的指数增大。即第一次试发送时 n 的值为 0，每冲突一次 n 的值加 1，并按下式计算后退时延：

$$\begin{cases} \xi = \text{random}[0, 2^n] \\ t_\xi = \xi\tau \end{cases}$$

其中，第一式是在区间[0，2^n]上取一均匀分布的随机整数ξ，第二式是计算出随机后退时延。为了避免无限制的重发，要对重发次数 n 进行限制，这种情况往往是信道故障引起的。通常当 n 增加到某一最大值（例如 16）时，停止发送，并向上层协议报告发送错误。

当然，还可以用其他的后退算法，但二进制指数后退算法考虑了网络负载的变化情况。事实上，后退次数的多少往往与负载大小有关，二进制指数后退算法的优点正是把后退时延的平均取值与负载的大小联系了起来。

3. 局域网互连

局域网通过网桥互连。IEEE 802 标准中有两种关于网桥的规范：一种是 802.1d 定义的透明网桥（生成树网桥）；另一种是 802.5 标准中定义的源路由网桥。

（1）生成树网桥。这是一种完全透明的网桥，这种网桥插入电缆后就可以自动完成路由选择的功能，无须由用户装入路由表或设置参数，网桥的功能是自己学习获得的。生成树网桥的原理包括帧转发、地址学习和环路分解。

网桥为了能够决定是否转发一个帧，必须为每个转发端口保存一个转发数据库，数据库中保存着必须通过该端口转发的所有站的地址。假定网桥从端口 X 收到一个 MAC 帧，转发机制如下：

① 查找除输入端口之外的其他转发数据库。

② 如果没有发现目标地址，则丢弃帧。

③ 如果在某个端口 Y 的转发数据库中发现目标地址，并且 Y 端口没有阻塞（阻塞的原因下面讲述），则把收到的 MAC 帧从 Y 端口发送出去；若 Y 端口阻塞，则丢弃该帧。

地址学习机制可以使网桥从无到有地自行决定每一个站的转发方向。如果一个 MAC 帧从某个端口到达网桥，显然它的源工作站处于网桥的入口 LAN 一边，从帧的源地址字段可以知道该站的地址，于是网桥据此更新相应端口的转发数据库。为了应付网络拓扑结构的改变，转发数据库的每一数据项（站地址）都配备一个定时器。

生成树算法用于消除环路。由环路引起的循环转发破坏了网桥的数据库，使得网桥无法获得正确的转发信息。克服这个问题的思路就是要设法消除环路，从而避免出现互相转发的情况。有一种提取连通图生成树的简单算法，可以用于因特网消除其中的环路。在因特网中，每一个 LAN 对应于连通图的一个顶点，而每一个网桥对应于连通图的一个边。删去连通图的一个边等价于移去一个网桥，凡是构成回路的网桥都可以逐个移去，最后得到的生成树不含回路，但又不改变网络的连通性。

（2）源路由网桥。生成树网桥的优点是易于安装，无须人工输入路由信息，但是这种网桥只利用了网络拓扑结构的一个子集，没有最好地利用带宽。所以，802.5 标准中给出了另一种网桥路由策略——源路由网桥。源路由网桥的核心思想是由帧的发送者显式地指明路由信息。路由信息由网桥地址和 LAN 标识符的序列组成，包含在帧头中。每个收到帧的网桥根据帧头中的地址信息可以知道自己是否在转发路径中，并可以确定转发的方向。

在这种方案中，网桥无须保存路由表，只需记住自己的地址标识符和它所连接的 LAN 标识符，就可以根据帧头中的信息做出路由决策。然而，发送帧的工作站必须知道网络的拓扑结构，了解目标站的位置，才能给出有效的路由信息。在 802.5 标准中有各种路由指示和寻址模式用于解决源站获取路由信息的问题。

1.4.3 高速以太网

1. 快速以太网

1995年100Mbps的快速以太网标准IEEE 802.3u正式颁布，这是基于10Base-T和10Base-F技术，在基本布线系统不变的情况下开发的高速局域网标准。快速以太网的物理层规范如表1-5所示。其中，多模光纤的芯线直径为62.5μm，包层直径为125μm；单模光纤的芯线直径为8μm，包层直径也是125μm。

表1-5 快速以太网物理层规范

标　准	传输介质	特性阻抗	最大段长
100Base-TX	两对5类UTP	100Ω	100m
	两对STP	150Ω	
100Base-FX	一对多模光纤MMF	62.5/125μm	2km
	一对单模光纤SMF	8/125μm	40km
100Base-T4	四对3类UTP	100Ω	100m
100Base-T2	两对3类UTP	100Ω	100m

2. 千兆以太网

1000Mbps以太网的传输速率更快，作为主干网提供无阻塞的数据传输服务。1996年3月，IEEE成立了802.3z工作组，开始制定1000Mbps以太网标准。后来又成立了有100多家公司参加的千兆以太网联盟（Gigabit Ethernet Alliance，GEA），支持IEEE 802.3z工作组的各项活动。1998年6月公布的IEEE 802.3z和1999年6月公布的IEEE 802.3ab已经成为千兆以太网的正式标准，它们规定了4种传输介质，如表1-6所示。

表1-6 千兆以太网标准

标　准	名　称	电　缆	最大段长	特　点
IEEE 802.3z	1000Base-SX	光纤（短波770nm～860nm）	550m	多模光纤（50μm，62.5μm）
	1000Base-LX	光纤（长波1270nm～1355nm）	5000m	单模（10μm）或多模光纤（50μm，62.5μm）
	1000Base-CX	两对STP	25m	屏蔽双绞线，同一房间内的设备之间
IEEE 802.3ab	1000Base-T	四对UTP	100m	5类无屏蔽双绞线，4D-PAM5编码

实现千兆数据速率需要采用新的数据处理技术。首先是最小帧长需要扩展，以便在半双工的情况下增加跨距。另外，802.3z还定义了一种帧突发方式（Frame Bursting），使得一个站可以连续发送多个帧。最后，物理层编码也采用了与10Mbps不同的编码方法，即4B/5B或8B/9B

编码法。

千兆以太网标准适用于已安装的综合布线基础之上，以保护用户的投资。

3. 万兆以太网

2002 年 6 月，IEEE 802.3ae 标准发布，支持 10Gbps 的传输速率，相应的标准如表 1-7 所示。传统以太网采用 CSMA/CD 协议，即带冲突检测的载波监听多路访问技术。与千兆以太网一样，万兆以太网基本应用于点到点线路，不再共享带宽，没有冲突检测，载波监听和多路访问技术也不再重要。千兆以太网和万兆以太网采用与传统以太网同样的帧结构。

表 1-7　IEEE 802.3ae 万兆以太网标准

名　称	电　缆	最大段长	特　点
10GBase-S（Short）	50μm 的多模光纤	300m	850nm 串行
	62.5μm 的多模光纤	65m	
10GBase-L（Long）	单模光纤	10km	1310nm 串行
10GBase-E（Extended）	单模光纤	40km	1550nm 串行
10GBase-LX4	单模光纤	10km	1310nm
	50μm 的多模光纤	300m	4×2.5Gbps
	62.5μm 的多模光纤	300m	波分多路复用（WDM）

1.4.4　虚拟局域网

虚拟局域网（Virtual Local Area Network，VLAN）是根据管理功能、组织机构或应用类型对交换局域网进行分段而形成的逻辑网络。虚拟局域网与物理局域网具有同样的属性，然而其中的工作站可以不属于同一个物理网段。任何交换端口都可以分配给某个 VLAN，属于同一个 VLAN 的所有端口构成一个广播域。每一个 VLAN 都是一个逻辑网络，发往 VLAN 之外的分组必须通过路由器进行转发。

在交换机上实现 VLAN，可以采用静态的或动态的方法。

（1）静态分配 VLAN。为交换机的各个端口指定所属的 VLAN。这种基于端口的划分方法是把各个端口固定地分配给不同的 VLAN，任何连接到交换机的设备都属于接入端口所在的 VLAN。

（2）动态分配 VLAN。动态 VLAN 通过网络管理软件包来创建，可以根据设备的 MAC 地址、网络层协议、网络层地址、IP 广播域或管理策略来划分 VLAN。根据 MAC 地址划分 VLAN 的方法应用最多，一般交换机都支持这种方法。无论一台设备连接到交换网络的什么地方，接入交换机根据设备的 MAC 地址就可以确定该设备的 VLAN 成员身份。这种方法使得用户可以在交换网络中改变接入位置，而仍能访问所属的 VLAN。但是，当用户数量很多时，对每个用户设备分配 VLAN 的工作量是很大的管理负担。

把物理网络划分成 VLAN 的好处有控制网络流量、提高网络的安全性以及灵活的网络管理。

IEEE 802.1q 定义了 VLAN 帧标记的格式，在原来的以太帧中增加了 4 个字节的标记（Tag）字段，如图 1-25 所示。其中，标记控制信息（Tag Control Information，TCI）包含 Priority、CFI 和 VID 3 个部分。

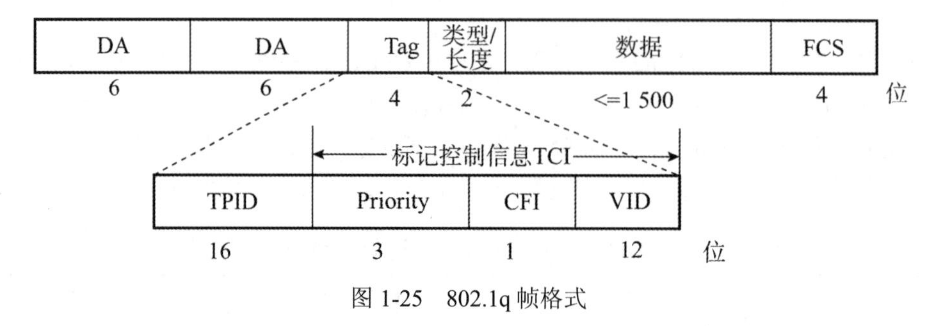

图 1-25　802.1q 帧格式

1.4.5　冗余网关技术

在进行大、中型网络设计时，网络核心设备的备份是设计者必须要考虑的问题，就如同服务器采用多硬盘 RAID 提高数据的安全性一样。路由器作为整个网络的核心设备，如果发生致命性的故障，将导致本地网络的瘫痪。

在进行网络规划时，通常将 2 个或 2 个以上的路由器互为热备，如果有一台路由器出故障不能正常工作，路由将自动切换到其他路由器上，这种机制也称为网络系统中的心跳机制。在网络系统中采用心跳机制的协议通常包括 VRRP（Virtual Router Redundancy Protocol，虚拟路由冗余协议）、HSRP（Hot Standby Router Protocol，热备份路由器协议）和 GLBP（Gateway Load Balancing Protocol，网关负载均衡协议）。在网络规划时通常将解决此类问题的技术称为冗余网关技术，VRRP 是国际标准协议，多见于国产设备及网络平台，GLBP 与 HSRP 是思科网络的专有协议，通常只应用在其私有平台。

1. VRRP

VRRP 是由 IETF 提出的解决局域网中配置静态网关出现单点失效现象的路由协议，1998 年推出正式的 RFC2338 协议标准。

可以将 VRRP 理解成一种选择协议，它可以把一个虚拟路由器担负的任务动态分配到局域网上的 VRRP 路由器中的一台。控制虚拟路由器 IP 地址的 VRRP 路由器称为主路由器，它负责转发数据包到这些虚拟 IP 地址。一旦主路由器不可用，这种选择过程就提供了动态的故障转移机制，允许虚拟路由器的 IP 地址作为终端主机的默认第一跳路由器。这样主机发出的目的地址不在本网段的报文将被通过缺省网关发往三层交换机，从而实现了主机和外部网络的通信。

也可以将 VRRP 理解成一种路由容错协议，也可以叫作备份路由协议。当缺省路由器 down 掉（即端口关闭）之后，内部主机将无法与外部通信，如果路由器设置了 VRRP，那么这时，虚拟路由将启用备份路由器，从而实现全网通信。

在 VRRP 协议中，有两组重要的概念：VRRP 路由器和虚拟路由器，主控路由器和备份路由器。VRRP 路由器是指运行 VRRP 的路由器，是物理实体；虚拟路由器是指 VRRP 协议创建的，是逻辑概念。一组 VRRP 路由器协同工作，共同构成一台虚拟路由器。该虚拟路由器对外表现为一个具有唯一固定的 IP 地址和 MAC 地址的逻辑路由器。处于同一个 VRRP 组中的路由器具有两种互斥的角色：主控路由器和备份路由器。一个 VRRP 组中有且只有一台处于主控角色的路由器，可以有一个或者多个处于备份角色的路由器。VRRP 协议从路由器组中选出一台作为主控路由器，负责 ARP 解析和转发 IP 数据包，组中的其他路由器作为备份的角色并处于待命状态，当由于某种原因，主控路由器发生故障时，其中的一台备份路由器能在瞬间的时延后升级为主控路由器，由于此切换非常迅速而且不用改变 IP 地址和 MAC 地址，故对终端使用者系统是透明的。

2. HSRP

热备份路由器协议（HSRP）的设计目标是支持特定情况下，IP 流量失败转移不会引起混乱，并允许主机使用单路由器，以及即使在实际第一跳路由器使用失败的情形下仍能维护路由器间的连通性。

负责转发数据包的路由器称为主动路由器（Active Router）。一旦主动路由器出现故障，HSRP 将激活备份路由器（Standby Routers）取代主动路由器。HSRP 协议提供了一种决定使用主动路由器还是备份路由器的机制，并指定一个虚拟的 IP 地址作为网络系统的缺省网关地址。如果主动路由器出现故障，备份路由器（Standby Routers）承接主动路由器的所有任务，并且不会导致主机连通中断现象。

HSRP 运行在 UDP 上，采用端口号 1985。路由器转发协议数据包的源地址使用的是实际 IP 地址，而并非虚拟地址，正是基于这一点，HSRP 路由器间能相互识别。

实现 HSRP 的条件是系统中有多台路由器，它们组成一个“热备份组”，这个组形成一个虚拟路由器。在任一时刻，一个组内只有一个路由器是活动的，并由它来转发数据包，如果活动路由器发生了故障，将选择一个备份路由器来替代活动路由器，但是在本网络内的主机看来，虚拟路由器没有改变。所以主机仍然保持连接，没有受到故障的影响。

为了减少网络的数据流量，在设置完活动路由器和备份路由器之后，只有活动路由器和备份路由器定时发送 HSRP 报文。如果活动路由器失效，备份路由器将接管成为活动路由器。如果备份路由器失效或者变成了活跃路由器，将由另外的路由器被选为备份路由器。

HSRP 协议利用一个优先级方案来决定哪个配置了 HSRP 协议的路由器成为默认的主动路由器。路由器的缺省优先级是 100，所以如果只设置一个路由器的优先级高于 100，则该路由器将成为主动路由器。

通过在设置了 HSRP 协议的路由器之间广播 HSRP 优先级，HSRP 协议选出当前的主动路由器。当在预先设定的一段时间内主动路由器不能发送 hello 消息时，优先级最高的备用路由器变为主动路由器。路由器之间的包传输对网络上的所有主机来说都是透明的。

3. GLBP

与HSRP、VRRP不同的是，GLBP不仅提供冗余网关，还在各网关之间提供负载均衡，而HSRP、VRRP都必须选定一个活动路由器，而备用路由器则处于闲置状态。和HSRP不同的是，GLBP可以绑定多个MAC地址到虚拟IP，从而允许客户端选择不同的路由器作为其默认网关，而网关地址仍使用相同的虚拟IP，从而实现一定的冗余。

优先级最高的路由器成为活动路由器，称作Acitve Virtual Gateway（AVG），其他非AVG提供冗余。某路由器被推举为AVG后，AVG分配虚拟的MAC地址给其他GLBP组成员。所有的GLBP组中的路由器都转发包，但是各路由器只负责转发与自己的虚拟MAC地址相关的数据包。

通常来说，VRRP、HSRP和GLBP的区别在于是否同时只存在一个物理端口处于ACTIVE状态。VRRP与HSRP的区别在于设备间的认证机制、初始状态、报文数量、安全性等方面略有不同。

4. VRRP主备备份配置示例

VRRP的主备备份配置的连接拓扑图如图1-26所示。PC1通过Switch双归属到Router A和Router B。主机以Router A为默认网关接入Internet，当Router A故障时，Router B接替作为网关继续进行工作，实现网关的冗余备份，Router A故障恢复后，可以重新成为网关。

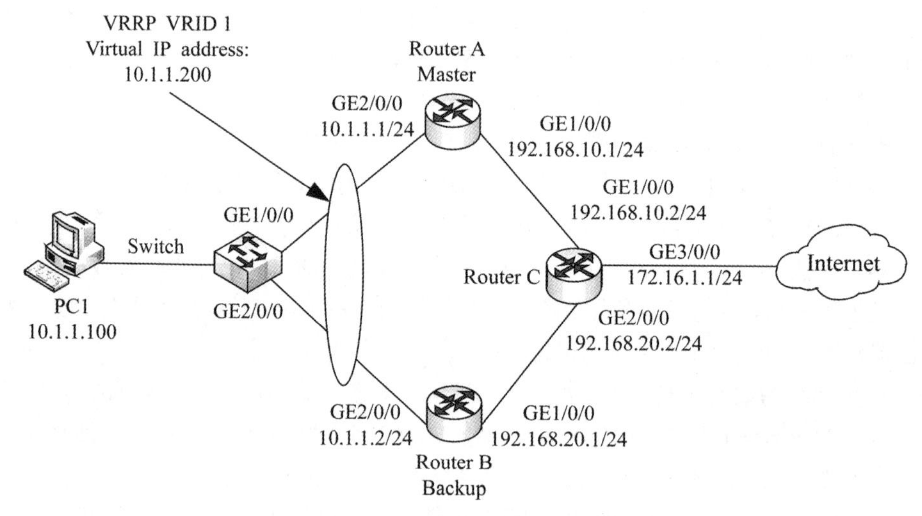

图1-26 VRRP主备备份配置的连接拓扑图

采用VRRP主备备份实现网关冗余备份包括如下步骤：

- 配置各设备接口IP地址及路由协议，使各设备间网络层连通。
- 在Router A和Router B上配置VRRP备份组。其中，Router A上配置较高优先级和20秒抢占延时，作为Master设备承担流量转发；Router B上配置较低优先级，作为备用路由器，实现网关冗余备份。

（1）配置设备间的网络互连。

配置设备各接口的 IP 地址，以 Router A 为例。Router B 和 Router C 的配置与 Router A 类似。

```
<Huawei> system-view
[Huawei] sysname Router A
[RouterA] interface gigabitethernet 2/0/0
[RouterA-GigabitEthernet2/0/0] ip address 10.1.1.1 24
[RouterA-GigabitEthernet2/0/0] quit
[RouterA] interface gigabitethernet 1/0/0
[RouterA-GigabitEthernet1/0/0] ip address 192.168.10.1 24
[RouterA-GigabitEthernet1/0/0] quit
```

配置 Router A、Router B 和 Router C 间采用 OSPF 协议进行互连。以 Router A 为例，Router B 和 Router C 的配置与 Router A 类似。

```
[RouterA] ospf 1
[RouterA-ospf-1] area 0
[RouterA-ospf-1-area-0.0.0.0] network 10.1.1.0 0.0.0.255
[RouterA-ospf-1-area-0.0.0.0] network 192.168.10.0 0.0.0.255
[RouterA-ospf-1-area-0.0.0.0] quit
[RouterA-ospf-1] quit
```

（2）配置 VRRP 备份组。

在 Router A 上创建 VRRP 备份组 1，配置 Router A 在该备份组中的优先级为 120，并配置抢占时间为 20 秒。

```
[RouterA] interface gigabitethernet 2/0/0
[RouterA-GigabitEthernet2/0/0] vrrp vrid 1 virtual-ip 10.1.1.200
[RouterA-GigabitEthernet2/0/0] vrrp vrid 1 priority 120
[RouterA-GigabitEthernet2/0/0] vrrp vrid 1 preempt-mode timer delay 20
[RouterA-GigabitEthernet2/0/0] quit
```

在 Router B 上创建 VRRP 备份组 1，其在该备份组中的优先级为缺省值 100。

```
[RouterB] interface gigabitethernet 2/0/0
[RouterB-GigabitEthernet2/0/0] vrrp vrid 1 virtual-ip 10.1.1.200
[RouterB-GigabitEthernet2/0/0] quit
```

（3）测试配置结果。

完成上述配置以后，在 Router A 和 Router B 上分别执行 display vrrp 命令，可以看到 Router A 在备份组中的状态为 Master，Router B 在备份组中的状态为 Backup。

```
[RouterA] display vrrp
  GigabitEthernet2/0/0 | Virtual Router 1
```

```
    State              : Master
    Virtual IP         : 10.1.1.200
    Master IP          : 10.1.1.1
    PriorityRun        : 120
    PriorityConfig : 120
    MasterPriority : 120
    Preempt : YES      Delay Time : 20 s
    TimerRun : 1 s
    TimerConfig : 1 s
    Auth type : NONE
    Virtual MAC : 0000-5e00-0101
    Check TTL : YES
    Config type : normal-vrrp
    Backup-forward : disabled
    Create time : 2012-05-11 11:39:18
    Last change time : 2021-05-26 11:38:58
[RouterB] display vrrp
 GigabitEthernet2/0/0 | Virtual Router 1
    State              : Backup
    Virtual IP         : 10.1.1.200
    Master IP          : 10.1.1.1
    PriorityRun        : 100
    PriorityConfig : 100
    MasterPriority : 120
    Preempt : YES      Delay Time : 0 s
    TimerRun : 1 s
    TimerConfig : 1 s
    Auth type : NONE
    Virtual MAC : 0000-5e00-0101
    Check TTL : YES
    Config type : normal-vrrp
    Backup-forward : disabled
    Create time : 2021-05-11 11:39:18
    Last change time : 2021-05-26 11:38:58
```

在 Router A 的接口 GE2/0/0 上执行 shutdown 命令，模拟 Router A 出现故障。

```
[RouterA] interface gigabitethernet 2/0/0
```

```
[RouterA-GigabitEthernet2/0/0] shutdown
[RouterA-GigabitEthernet2/0/0] quit
```

在 Router B 上执行 display vrrp 命令查看 VRRP 状态信息，可以看到 Router B 的状态是 Master。

```
[RouterB] display vrrp
  GigabitEthernet2/0/0 | Virtual Router 1
    State              : Master
    Virtual IP         : 10.1.1.200
    Master IP          : 10.1.1.2
    PriorityRun        : 100
    PriorityConfig : 100
    MasterPriority : 100
    Preempt : YES     Delay Time : 0 s
    TimerRun : 1 s
    TimerConfig : 1 s
    Auth type : NONE
    Virtual MAC : 0000-5e00-0101
    Check TTL : YES
    Config type : normal-vrrp
    Backup-forward : disabled
    Create time : 2021-05-11 11:39:18
    Last change time : 2021-05-26 11:38:58
```

在 Router A 的接口 GE2/0/0 上执行 undo shutdown 命令，等待 20 秒后，在 Router A 上执行 display vrrp 命令查看 VRRP 状态信息，可以看到 Router A 的状态恢复成 Master。

```
[RouterA] interface gigabitethernet 2/0/0
[RouterA-GigabitEthernet2/0/0] undo shutdown
[RouterA-GigabitEthernet2/0/0] quit
[RouterA] display vrrp
  GigabitEthernet2/0/0 | Virtual Router 1
    State              : Master
    Virtual IP         : 10.1.1.200
    Master IP          : 10.1.1.1
    PriorityRun        : 120
    PriorityConfig : 120
    MasterPriority : 120
    Preempt : YES     Delay Time : 20 s
```

TimerRun : 1 s
TimerConfig : 1 s
Auth type : NONE
Virtual MAC : 0000-5e00-0101
Check TTL : YES
Config type : normal-vrrp
Backup-forward : disabled
Create time : 2021-05-11 11:39:18
Last change time : 2021-05-26 11:38:58

1.4.6 以太环网保护技术

以太环网技术日趋成熟且成本低廉，在城域网和企业网采用以太环网已经成为一种趋势。但以太网协议采用的报文分发复制机制在解决设备“相互认识”的同时也容易引发“广播风暴”，因此在以太环网的构建时就必须考虑采用什么样的保护技术来避免此类故障的产生。

通常情况下，解决二层网络环路问题的技术是 STP，因其收敛的时间比较长（秒级），并不适用于主干线路的保护。2004 年 6 月，IEEE 802.17 标准规范了弹性分组环（Resilient Packet Ring，RPR）的介质访问控制方法、物理层接口以及层管理参数，并提出了用于环路检测和配置、失效恢复以及带宽管理的一系列协议。IEEE 802.17 标准也定义了环网与各种物理层的接口和系统管理信息库。RPR 支持的数据速率可达 10Gbps。RPR 针对承载 IP 业务进行了优化，是一种相对典型的以太环网的保护技术。

1. 弹性分组环

RPR 的体系结构如图 1-27 所示。MAC 服务接口提供上层协议的服务原语；MAC 控制子层控制 MAC 数据通路，维护 MAC 状态，并协调各种 MAC 功能的相互作用；MAC 数据通路子层提供数据传输功能；MAC 子层通过 PHY 服务接口发送/接收分组。

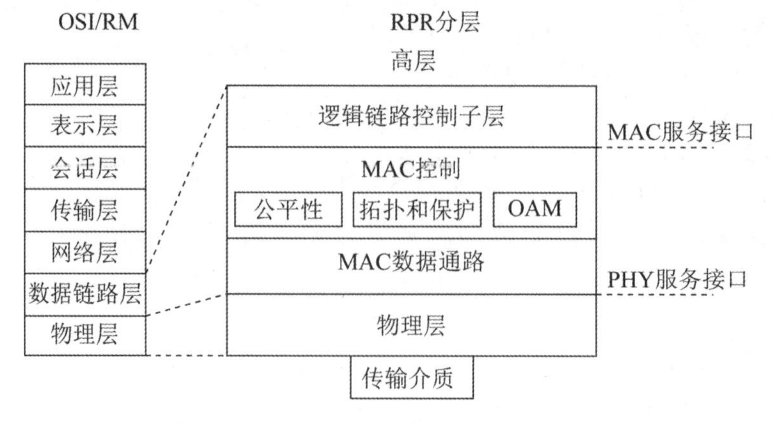

图 1-27 RPR 体系结构

RPR 采用了双环结构，由内层的环 1（Ringlet 1）和外层的环 0（Ringlet 0）组成，每个环都是单方向传送，如图 1-28 所示。相邻工作站之间的跨距（Span）包含传送方向相反的两条链路（Link）。如果 X 站接收 Y 站发出的分组，则 X 是 Y 的下游站，而 Y 是 X 的上游站。RPR 支持多达 255 个工作站，最大环周长为 2000km。

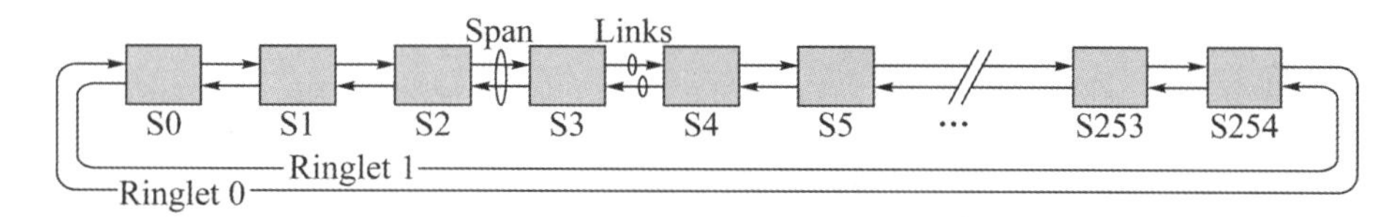

图 1-28 RPR 拓扑结构

RPR 中包括如下关键技术。

1）帧结构

RPR 位于数据链路层（Data Link），包括逻辑链路控制子层（LLC）、MAC 控制子层、MAC 数据通路子层。LLC 与 MAC 控制子层之间是 MAC 服务接口。MAC 服务接口支持把来自 LLC 的数据传送到一个或多个远端同样的逻辑链路控制子层。MAC 控制子层执行与特定小环无关的数据寻路行为和维护 MAC 状态所需要的控制行为。MAC 控制子层与 MAC 数据通道子层之间发送或接收 RPRMAC 帧。MAC 数据通路子层则与某个特定的小环之间执行访问控制和数据传送。物理层服务接口用于 MAC 数据通路子层向物理媒介发送或从物理媒介接收 RPRMAC 帧。

2）RPRMAC 对数据帧的处理方式

RPRMAC 对数据帧的处理方式有上环、下环、过环以及剥离 4 种。

上环是指本点用户端口向环上其他站点发送信息时需要进行上环操作，通过拓扑发现和路由表项决定其目的站点地址以及环选择，根据对应的优先级送入相应的队列，最后产生 RPR 帧头后插入到各环端口。

下环是指本点从环上接收其他站点发送过来的到本点的单播帧或多播帧，经过 StackVLAN 过滤后接收。对于单播帧，将其从环上剥离并发送到用户端口；对于多播帧，将其发送到用户端口的同时进行过环操作。

过环是指本点从环上接收的帧根据其优先级（A、B、C）分别放入 PTQ 和 STQ 转发通道，发送时将 PTQ 和 STQ 队列中的数据帧直接插入源环发送端口。

剥离是指本点从环上接收的帧不再继续向下传递，到本点终结。

3）公平算法原理

RPR 技术所采用的公平算法是一种保证环上所有站点之间公平性的机制，通过这种算法可以达到带宽的动态调整和共享的目的。RPR 公平算法的主要作用有两个：一是应用于从 MAC 客户来的低优先级服务和超额中优先级服务（即中优先级服务中 EIR 数据帧）的业务，对于 B 类 CIR 以及 A 类业务不进行控制；二是分别控制两个子环的公平带宽，即每个 RPRMAC 有两个互相独立的公平协议分别调整上环的带宽。

RPR 公平算法是通过对阻塞的检测来触发带宽调整而实现的。当环上某一个节点发生阻塞时，它就会在相反的环上向上行节点发布一个公平速率，当上行站点收到这个公平速率时，就调整自己的发送速率以不超过公平速率。接收到这个公平速率的站点会根据不同情况做出两种反应：若当前节点阻塞，它就在自己的公平速率（通过本点的 add_rate 和归一化的权重得到）和收到的公平速率之间选择最小值公布给上行节点；若当前节点不阻塞，节点就将公平速率向上游继续传递。

4）拓扑发现原理

通过 RPR 的拓扑发现原理，可以使每个站点都能了解环的完整结构、各点距离自身的跳数以及环上各个站点所具备的能力等，从而为环选择、公平算法、保护等单元提供决策依据。RPR 拓扑发现是一种周期性的活动，但是也可以由某一个需要知道拓扑的节点发起，也就是说，某个节点可以在必要的时候产生一个拓扑信息帧（如此节点刚刚进入 RPR 环中，接收到一个保护切换需求信息或者节点监测到了光纤链路差错）。

RPR 的拓扑信息产生周期可以任意配置，一般为 50ms~10s，以 50ms 为最小分辨率，默认值为 100 ms。

5）保护原理

RPRMAC 层保护可支持 Steering 保护或 Wrapping 保护，用户可以指配是否同时采用 RPRMAC 层的保护和 SDH 物理层的保护。当同时采用 RPRMAC 层保护和 SDH 保护时，可以采用拖延 RPR 层倒换时间来支持层间倒换，以保证两种倒换不会重叠发生。

RPR 的保护时间有拖延时间和等待恢复时间两种。拖延时间为检测到业务失效到启动倒换之间的等待时间（时间范围为 0~10s，步进级别为 100ms），在这段时间内如果业务恢复，将不发生倒换；等待恢复时间为从故障恢复到业务故障状态清除(取消保护状态)之间的等待时间（时间范围为 0~1440 s，步进级别为秒级可设置，默认为 10s），在这段时间内如果业务失效，业务故障状态将不再清除。

2. 以太网环保护交换

在 2008 年 12 月举行的 ITU-TSG15 会议上，对以太环网保护标准 G.8032 的 V1 版本进行修订，增加以太网环保护交换（Ethernet Ring Protection Switching，ERPS）方案，形成 ITU-TG.8032 ERPS 以太环网标准，该标准吸取了 EAPS、RPR、SDH、STP 等众多环网保护技术的优点，优化了检测机制，可以检测双向故障，支持多环、多域的结构，在实现 50ms 倒换的同时，支持主备、负荷分担多种工作方式，成为二层网络中重要的冗余保护手段。

下面按照链路正常→链路故障→链路恢复的过程（包括保护倒换操作），介绍基本的单环组网下 ERPS 的实现原理。

1）链路正常

如图 1-29 所示，由 Switch A～Switch E 组成的环路上各设备通信正常。为防止环路产生，ERPS 首先会阻塞 RPL owner 端口，如果配置了 RPL neighbour 端口，该端口同样会被阻塞，其他端口可以正常转发业务流量。

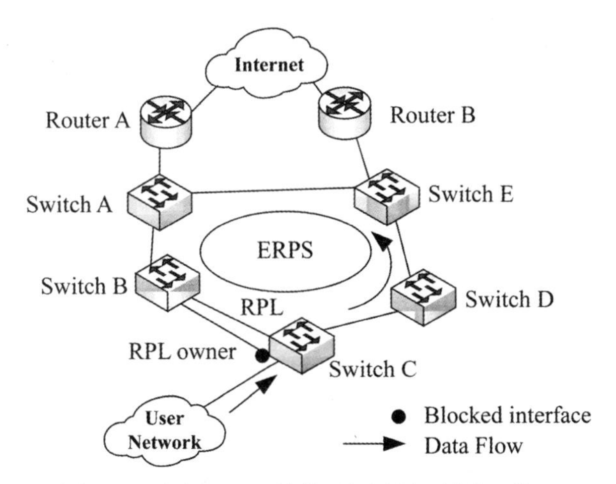

图 1-29　部署 ERPS 的单环组网图（链路正常）

ERPS 环上的 RPL owner 端口以 5s 的时间间隔为周期向环中其他节点发送 NRRB RAPS 报文，表示 ERPS 环当前链路一切正常。

2）链路故障

如图 1-30 所示，当 Switch D 和 Switch E 之间的链路发生故障时，ERPS 协议启动保护倒换机制，将故障链路的两端端口阻塞，然后放开 RPL owner 端口和 RPL neighbour 端口，这两个端口重新恢复用户流量的接收和发送，从而保证了流量不中断。具体处理过程如下：

Switch D 和 Switch E 检测到链路故障，将故障链路上的端口阻塞，并刷新本设备的 FDB 表项。

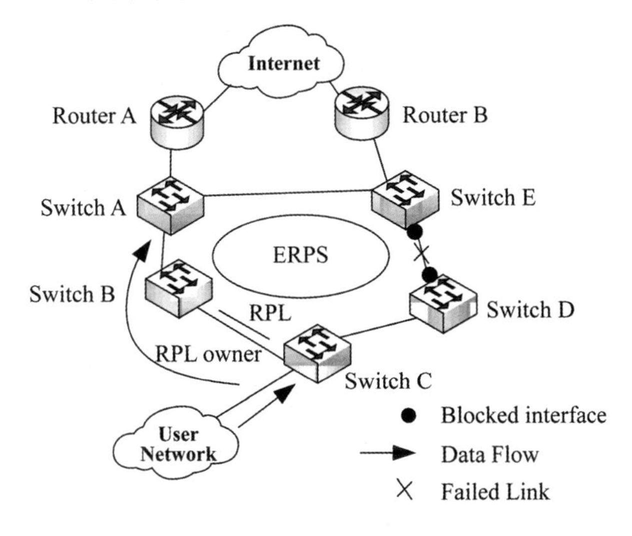

图 1-30　部署 ERPS 的单环组网图（链路故障）

然后，Switch D 和 Switch E 向外发送携带本地端口链路故障消息的 SF RAPS 报文，即一旦感知到链路故障，Switch D 和 Switch E 会连续发送 3 个相同的 RAPS 报文，然后以 5s 的间隔持续稳定发送。

其他设备收到 Switch D 和 Switch E 发送的 SF RAPS 报文后，都刷新本设备的 FDB 表项。当 Switch C 设备（RPL owner 端口所在设备）收到该 RAPS 报文后，放开 RPL owner 端口，并刷新自己的 FDB 表项。同样，当 Switch B 设备（RPL neighbour 端口所在设备）收到 RAPS 报文后，放开 RPL neighbour 端口，并刷新自己的 FDB 表项。

3）链路恢复

链路恢复正常后，如果 ERPS 环配置的是回切模式，RPL owner 端口所在设备会重新阻塞 RPL 链路上的流量，故障链路重新被用来完成用户流量的传送。如果 ERPS 环配置的是非回切模式，阻塞链路还保持在原来的故障链路上，不会重新切回到 RPL 上。以回切模式为例，具体恢复过程如下：

当 Switch D 和 Switch E 之间的链路恢复后，Switch D 和 Switch E 为了防止收到过期的 RAPS 协议报文，分别启动 Guard Timer 定时器，在该定时器超时前不接收其他 RAPS 协议报文。同时 Switch D 和 Switch E 会向外发送 NR RAPS 报文。

当 RPL owner 端口所在设备（Switch C）收到 NR RAPS 报文后，启动 WTR Timer 定时器。当该定时器超时后，RPL owner 端口被阻塞，同时向外发送 NRRB RAPS 报文。

当 Switch D 和 Switch E 收到 Switch C 发送的 NRRB RAPS 协议报文后，将自己设备上原来阻塞的端口放开，停止发送 NR RAPS 协议报文并且完成 FDB 表项的刷新。其他设备收到 Switch C 发送的 NRRB RAPS 协议报文后，也完成 FDB 表项的刷新。

4）保护倒换

（1）强制切换

如图 1-31 所示，当由 Switch A～Switch E 组成的环路上各设备通信正常时，在 Switch E 设备与 Switch D 相连的端口上执行强制切换将端口阻塞，RPL owner 端口和 RPL neighbour 端口同样会被放开，这两个端口重新恢复用户流量的接收和发送，从而保证了流量不中断。具体处理过程如下：

Switch E 与 Switch D 相连的端口被强制阻塞后，刷新本设备的 FDB 表项。

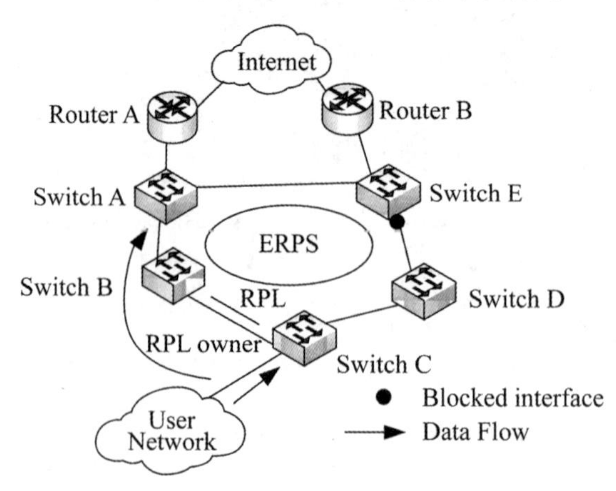

图 1-31 部署 ERPS 的二层环网图（链路故障）

Switch E 向外发送 FS RAPS 报文，即一旦端口阻塞，Switch E 会连续发送 3 个相同的 SF RAPS 报文，然后以 5s 的间隔持续稳定发送 SF RAPS 报文。

其他设备收到 Switch E 发送的 FS RAPS 报文后，都刷新本设备的 FDB 表项。当 Switch C 设备（RPL owner 端口所在设备）收到该 RAPS 报文后，放开 RPL owner 端口，并刷新自己的 FDB 表项。同样，当 Switch B 设备（RPL neighbour 端口所在设备）收到 RAPS 报文后，放开 RPL neighbour 端口，并刷新自己的 FDB 表项。

（2）清除。

当在 Switch E 设备上执行清除操作后，被强制阻塞的端口会发送 NR RAPS 报文给环上其他端口。

如果 ERPS 环配置的是回切模式，RPL owner 端口在收到 NR RAPS 报文后会启动 WTB Timer，在 WTB 定时器超时后，强制切换的操作会被清除。此时，RPL owner 端口会被重新阻塞，被强制阻塞的端口会被放开。若在 WTB Timer 超时前，在 Switch C（RPL owner 端口所在设备）上执行清除操作，RPL owner 端口会马上被阻塞，被强制阻塞的端口被放开。

如果 ERPS 环配置的是非回切模式而又希望 RPL owner 端口被重新阻塞，可以在 Switch C（RPL owner 端口所在设备）上执行清除操作。

（3）手工切换。

对 ERPS 环上端口执行手工切换阻塞操作的流程和强制切换类似，区别在于如果环的状态不是 Idle 或者 Pending 时，手工切换操作将不发挥作用。

1.4.7　城域网

城域网比局域网的传输距离远，能够覆盖整个城市范围，城域网有更大的传输容量，更高的传输效率，还要有多种接入手段，以满足不同用户的需要。城域网作为开放型的综合平台，要求能够提供分组传输的数据、语音、图像和视频等多媒体综合业务。

城域以太网论坛（Metro Ethernet Forum，MEF）是由网络设备制造商和网络运营商组成的非营利性组织，专门从事城域以太网的标准化工作。MEF 的承载以太网（Carrier Ethernet）技术规范提出了以下几种业务类型。

（1）以太网专用线（Ethernet Private Line，EPL）。在一对用户以太网之间建立固定速率的点对点专线连接。

（2）以太网虚拟专线（Ethernet Virtual Private Line，EVPL）。在一对用户以太网之间通过第三层技术提供点对点的虚拟以太网连接，支持承诺的信息速率（CIR）、峰值信息速率（PIR）和突发式通信。

（3）以太局域网服务（E-LAN Services）。由运营商建立一个城域以太网，在用户以太网之间提供多点对多点的第二层连接，任意两个用户以太网之间都可以通过城域以太网通信。

其中的第 3 种技术被认为是最有前途的解决方案。提供 E-LAN 服务的基本技术是 802.1q 的 VLAN 帧标记。假定各个用户的以太网称为 C-网，运营商建立的城域以太网称为 S-网。如果不同 C-网中的用户要进行通信，以太帧在进入用户网络接口（User-Network

Interface，UNI）时被插入一个 S-VID（Server Provider-VLAN ID）字段，用于标识 S-网中的传输服务，而用户的 VLAN 帧标记（C-VID）则保持不变，当以太帧到达目标 C-网时，S-VID 字段被删除，如图 1-32 所示，这样就解决了两个用户以太网之间透明的数据传输问题。这种技术定义在 IEEE 802.1ad 的运营商网桥协议（Provider Bridge Protocol）中，被称为 Q-in-Q 技术。

Q-in-Q 实际上是把用户 VLAN 嵌套在城域以太网的 VLAN 中传送，由于其简单性和有效性而得到电信运营商的青睐。但是这样一来，所有用户的 MAC 地址在城域以太网中都是可见的，任何 C-网的改变都会影响到 S-网的配置，增加了管理的难度。而且 S-VID 字段只有 12 位，只能标识 4096 个不同的传输服务，网络的可扩展性也受到限制。从用户角度看，网络用户的 MAC 地址都暴露在整个城域以太网中，使得网络的安全性受到威胁。

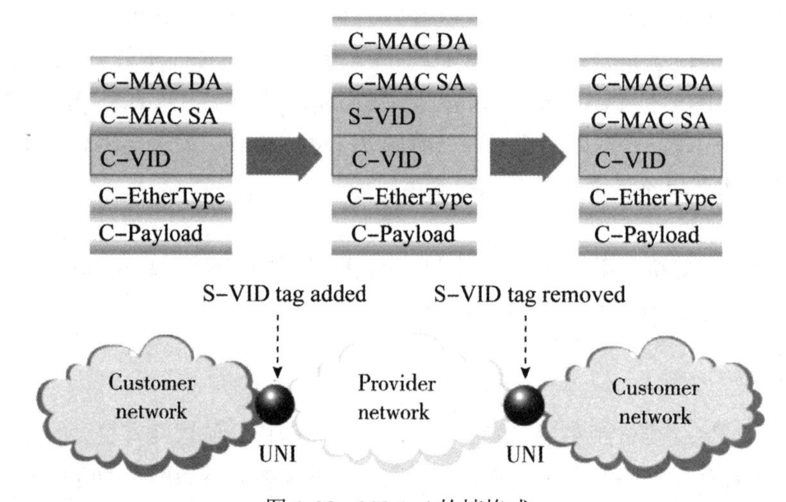

图 1-32 802.1ad 的帧格式

为了解决上述问题，IEEE 802.1ah 标准提出了运营商主干网桥（Provider Backbone Bridge，PBB）协议。所谓主干网桥，就是运营商网络边界的网桥，通过 PBB 对用户以太帧再封装一层运营商的 MAC 帧头，添加主干网目标地址和源地址（B-DA，B-SA）、主干网 VLAN 标识（B-VID）以及服务标识（I-SID）等字段，如图 1-33 所示。由于用户以太帧被封装在主干网以太帧中，所以这种技术被称为 MAC-in-MAC 技术。

按照 802.1ah 协议，主干网与用户网具有不同的地址空间。主干网的核心交换机只处理通常的以太网帧头，仅主干网边界交换机才具有 PBB 功能。这样，用户网和主干网被 PBB 隔离，使得扁平式的以太网变成了层次化结构，简化了网络管理，保证了网络安全。802.1ah 协议规定的服务标识（I-SID）字段为 24 位，可以区分 1600 万种不同的服务，使得网络的扩展性得以提升。由于采用了二层技术，没有复杂的信令机制，因此设备成本和维护成本较低，被认为是城域以太网的最终解决方案。目前，IEEE 802.1ah 标准正在完善之中。

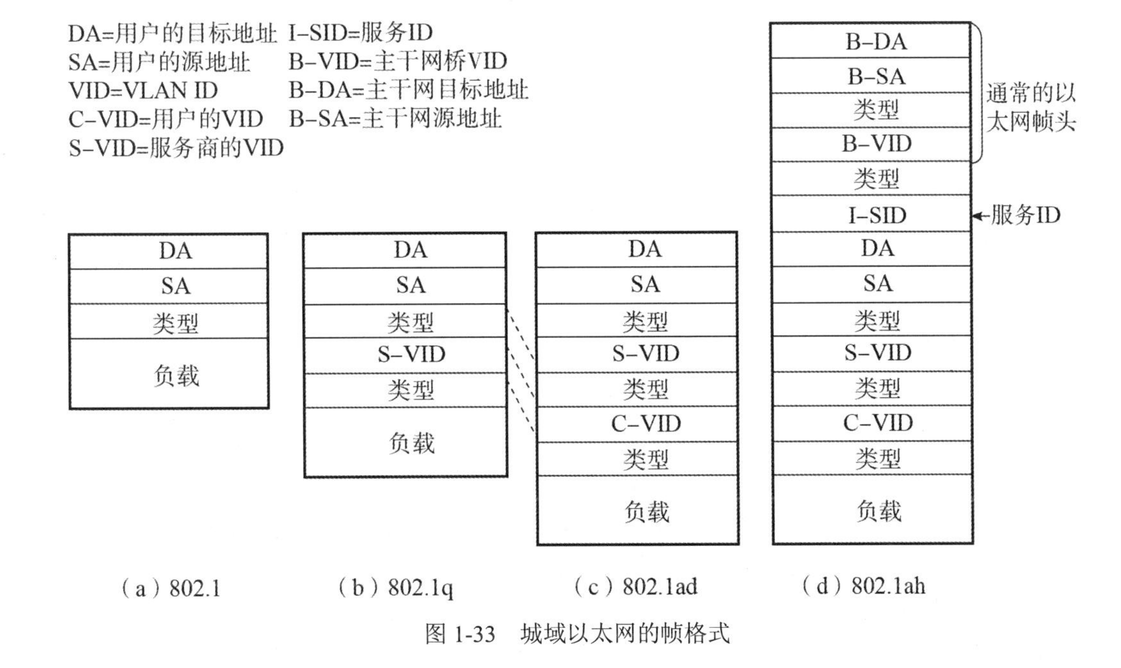

图 1-33　城域以太网的帧格式

1.5　无线通信网络

1.5.1　无线局域网

1. WLAN 的基本概念

无线局域网（Wireless Local Area Network，WLAN）技术分为两大阵营：IEEE 802.11 标准体系和欧洲邮电管理委员会（CEPT）制定的 HIPERLAN（High Performance Radio LAN）标准体系。IEEE 802.11 标准由面向数据通信的计算机局域网发展而来，采用无连接的网络协议，目前市场上的大部分产品都是根据这个标准开发的；HIPERLAN-2 标准则是基于连接的无线局域网，致力于面向语音的蜂窝电话。

IEEE 802.11 标准的制定始于 1987 年，当初是在 802.4 L 小组作为令牌总线的一部分来研究的，其主要目的是用作工厂设备的通信和控制设施。1990 年，IEEE 802.11 小组正式独立出来，专门从事制定 WLAN 的物理层和 MAC 层标准的工作。1997 年颁布的 IEEE 802.11 标准运行在 2.4GHz 的 ISM（Industrial Scientific and Medical）频段，采用扩频通信技术，支持 1Mbps 和 2Mbps 数据速率。随后又出现了几个新的标准，1998 年推出的 IEEE 802.11b 标准也是运行在 ISM 频段，采用 CCK（Complementary Code Keying）调制技术，支持 5.5Mbps 和 11Mbps 的数据速率。1999 年推出的 IEEE 802.11a 标准运行在 U-NII（Unlicensed National Information Infrastructure）频段，采用 OFDM 调制技术，支持最高达 54Mbps 的数据速率。2003 年推出的

IEEE 802.11g 标准运行在 ISM 频段，与 IEEE 802.11b 兼容，数据速率提高到 54Mbps。早期的 WLAN 标准主要有 4 种，如表 1-8 所示。

表 1-8 IEEE 802.11 标准

名称	发布时间	工作频段	调制技术	数据速率
802.11	1997 年	2.4GHz ISM 频段	DB/SK DQPSK	1Mbps 2Mbps
802.11b	1998 年	2.4GHz ISM 频段	CCK	5.5Mbps，11Mbps
802.11a	1999 年	5GHz U-NII 频段	OFDM	54Mbps
802.11g	2003 年	2.4GHz ISM 频段	OFDM	54Mbps

IEEE 802.11 定义了两种无线网络拓扑结构，一种是基础设施网络（Infrastructure Networking），另一种是特殊网络（Ad Hoc Networking），如图 1-34 所示。在基础设施网络中，无线终端通过接入点（Access Point，AP）访问骨干网设备。接入点如同一个网桥，它负责在 802.11 和 802.3 MAC 协议之间进行转换。一个接入点覆盖的区域叫作一个基本服务区（Basic Service Area，BSA），接入点控制的所有终端组成一个基本服务集（Basic Service Set，BSS）。把多个基本服务集互相连接就形成了分布式系统（Distributed System，DS）。DS 支持的所有服务叫作扩展服务集（Extended Service Set，ESS），它由两个以上 BSS 组成，如图 1-35 所示。

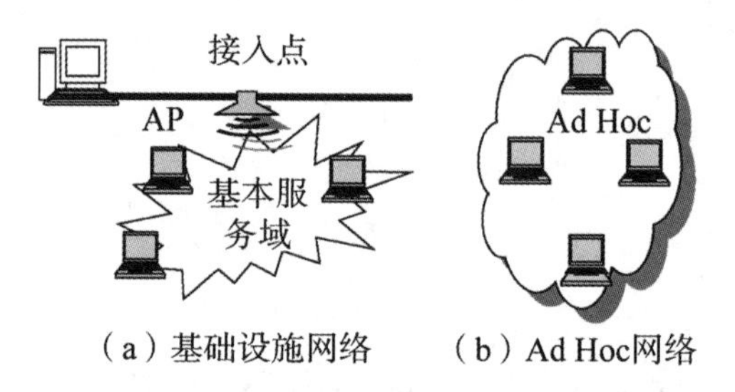

图 1-34 IEEE 802.11 定义的网络拓扑结构

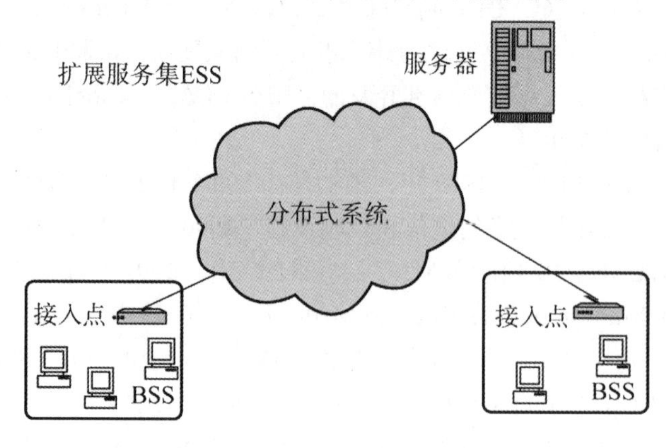

图 1-35 IEEE 802.11 定义的分布式系统

Ad Hoc 网络是一种点对点连接，不需要有线网络和接入点的支持，终端设备之间通过无线网卡可以直接通信。这种拓扑结构适合在移动情况下快速部署网络。802.11 支持单跳的 Ad Hoc 网络，当一个无线终端接入时首先寻找来自 AP 或其他终端的信标信号，如果找到了信标，则 AP 或其他终端就宣布新的终端加入了网络；如果没有检测到信标，该终端就自行宣布存在于网络之中。还有一种多跳的 Ad Hoc 网络，无线终端用接力的方法与相距很远的终端进行对等通信。

无线网可以按照使用的通信技术分类。现有的无线网主要使用 3 种通信技术：红外线、扩展频谱和窄带微波技术。

2. IEEE 802.11 的体系结构

802.11WLAN 的协议栈如图 1-36 所示。MAC 层分为 MAC 子层和 MAC 管理子层。MAC 子层负责访问控制和分组拆装，MAC 管理子层负责 ESS 漫游、电源管理和登记过程中的关联管理。物理层分为物理层会聚协议（Physical Layer Convergence Protocol，PLCP）、物理介质相关（Physical Medium Dependent，PMD）子层和 PHY 管理子层。PLCP 主要进行载波监听和物理层分组的建立，PMD 用于传输信号的调制和编码，而 PHY 管理子层负责选择物理信道和调谐。另外，IEEE 802.11 还定义了站管理功能，用于协调物理层和 MAC 层之间的交互作用。

<table>
<tr><td rowspan="2">数据链路层</td><td>LLC</td><td></td><td rowspan="4">站管理</td></tr>
<tr><td>MAC</td><td>MAC管理</td></tr>
<tr><td rowspan="2">物理层PHY</td><td>PLCP</td><td rowspan="2">PHY管理</td></tr>
<tr><td>PMD</td></tr>
</table>

图 1-36　WLAN 协议模型

1）物理层

IEEE 802.11 定义了 3 种 PLCP 帧格式来对应 3 种不同的 PMD 子层通信技术。

（1）FHSS（跳频技术）。对应于 FHSS 通信的 PLCP 帧格式如图 1-37 所示。SYNC 是 0 和 1 的序列，共 80 位，作为同步信号。SFD 的位模式为 0000110010111101，用作帧的起始符。PLW 代表帧长度，共 12 位，所以帧最大长度可以达到 4 096 字节。PSF 是分组信令字段，用来标识不同的数据速率。起始数据速率为 1Mbps，以 0.5 的步长递增。PSF=0000 时代表数据速率为 1Mbps，PSF 为其他数值时则在起始速率的基础上增加一定倍数的步长。例如 PSF=0010，则 1Mbps+ 0.5Mbps×2=2Mbps；若 PSF=1111，则 1Mbps+0.5Mbps×15=8.5Mbps。16 位的 CRC 是为了保护 PLCP 头部所加的，它能纠正 2 位错。MPDU 代表 MAC 协议数据单元。

SYNC（80）	SFD（16）	PLW（12）	PSF（4）	CRC（16）	MPDU（≤4 096字节）

图 1-37　用于 FHSS 方式的 PLCP 帧

在 2.402GHz～2.480GHz 之间的 ISM 频带中分布着 78 个 1MHz 的信道，PMD 层可以采用以下 3 种跳频模式之一，每种跳频模式在 26 个频点上跳跃：

（0，3，6，9， 12，15，18，…，60，63，66，69，72，75）

（1，4，7，10，13，16，19，…，61，64，67，70，73，76）

（2，5，8，11，14，17，20，…，62，65，68，71，74，77）

具体采用哪一种跳频模式由 PHY 管理子层决定。3 种跳频点可以提供 3 个 BSS 在同一小区中共存。IEEE 802.11 还规定，跳跃速率为 2.5 跳/秒，推荐的发送功率为 100mW。

（2）DSSS（直接序列扩频技术）。图 1-32 所示为采用 DSSS 通信时的帧格式，与前一种不同的字段解释如下：SFD 字段的位模式为 1111001110100000。Signal 字段表示数据速率，步长为 100kbps，比 FHSS 精确 5 倍。例如 Signal 字段=00001010 时，10×100kbps=1Mbps；Signal 字段=00010100 时，20×100kbps=2Mbps；Service 字段保留未用。Length 字段指 MPDU 的长度，单位为 μs。

SYNC（128）	SFD（16）	Signal（8）	Service（8）	Length（16）	FCS（8）	MPDU

图 1-38　用于 DSSS 方式的 PLCP 帧

图 1-39 所示为 IEEE 802.11 采用的直接系列扩频信号，每个数据位被编码为 11 位的 Barker 码，图中采用的序列为[1，1，1，-1，-1，-1，1，-1，-1，1，-1]。码片速率为 11Mc/s，占用的带宽为 26MHz，数据速率为 1Mbps 和 2Mbps 时分别采用差分二进制相移键控（DB/SK）和差分四相相移键控（DQPSK），即一个码元分别代表 1 位或 2 位数据。

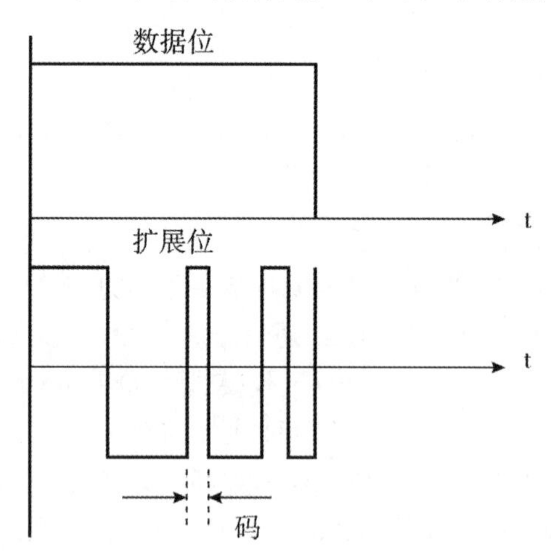

图 1-39　DSSS 的数据位和扩展位

ISM 的 2.4GHz 频段划分成 11 个互相覆盖的信道，其中心频率间隔为 5MHz，如图 1-40 所示。接入点 AP 可根据干扰信号的分布在 5 个频段中选择一个最有利的频段。推荐的发送功率为 1mW。

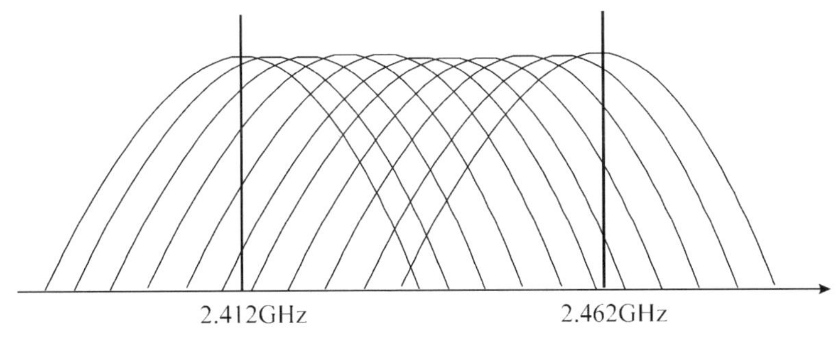

图 1-40　DSSS 的覆盖频段

（3）DFIR（漫反射红外线）。图 1-41 所示为采用 DFIR 时的 PLCP 帧格式。DFIR 的 SYNC 比 FHSS 和 DSSS 的都短，因为采用光敏二极管检测信号不需要复杂的同步过程。Data rate 字段＝000，表示 1Mbps；Data rate 字段＝001，表示 2Mbps。DCLA 是直流电平调节字段，通过发送 32 个时隙的脉冲序列来确定接收信号的电平。MPDU 的长度不超过 2 500 字节。

SYNC（57-73）	SFD（4）	Data rate（3）	DCLA（32）	Length（16）	FCS（16）	MPDU

图 1-41　用于 DFIR 方式的 PLCP 帧

2）MAC 子层

MAC 子层的功能是提供访问控制机制，它定义了 3 种访问控制机制：CSMA/CA 支持竞争访问，RTS/CTS 和点协调功能支持无竞争的访问。

（1）CSMA/CA 协议。CSMA/CA 类似于 802.3 的 CSMA/CD 协议，这种访问控制机制叫作载波监听多路访问/冲突避免协议。在无线网中进行冲突检测是有困难的。例如，两个站由于距离过大或者中间障碍物的分隔从而检测不到冲突，但是位于它们之间的第 3 个站可能会检测到冲突，这就是所谓的隐蔽终端问题。采用冲突避免的办法可以解决隐蔽终端的问题。802.11 定义了一个帧间隔（Inter Frame Spacing，IFS）时间。另外，还有一个后退计数器，它的初始值是随机设置的，递减计数直到 0。基本的操作过程如下：

① 如果一个站有数据要发送并且监听到信道忙，则产生一个随机数设置自己的后退计数器并坚持监听。

② 听到信道空闲后等待 IFS 时间，然后开始计数。最先计数完的站开始发送。

③ 其他站在听到有新的站开始发送后暂停计数，在新的站发送完成后再等待一个 IFS 时间继续计数，直到计数完成开始发送。

两次 IFS 之间的间隔是各个站竞争发送的时间。这个算法对参与竞争的站是公平的，基本上是按先来先服务的顺序获得发送的机会。

（2）分布式协调功能。802.11 MAC 层定义的分布式协调功能（Distributed Coordination Function，DCF）利用了 CSMA/CA 协议，在此基础上又定义了点协调功能（Point Coordination Function，PCF），如图 1-42 所示。DCF 是数据传输的基本方式，作用于信道竞争期。PCF 工作于非竞争期。两者总是交替出现，先由 DCF 竞争介质使用权，然后进入非竞争期，由 PCF

控制数据传输。

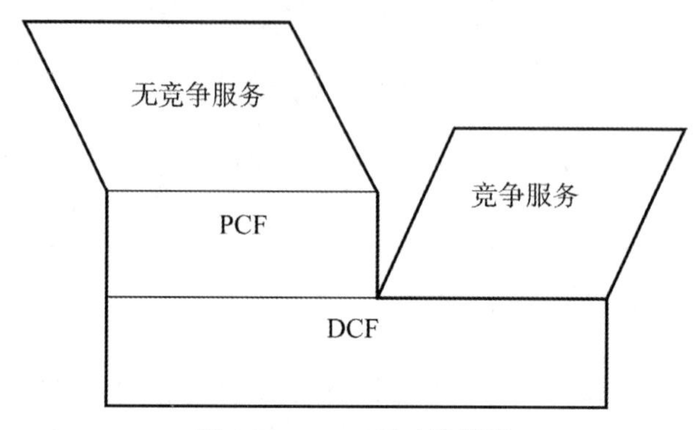

图 1-42 MAC 层功能模型

为了使各种 MAC 操作互相配合，IEEE 802.11 推荐使用 3 种帧间隔（IFS），以便提供基于优先级的访问控制。

- DIFS（分布式协调 IFS）：最长的 IFS，优先级最低，用于异步帧竞争访问的时延。
- PIFS（点协调 IFS）：中等长度的 IFS，优先级居中，在 PCF 操作中使用。
- SIFS（短 IFS）：最短的 IFS，优先级最高，用于需要立即响应的操作。

DIFS 用在前面介绍的 CSMA/CA 协议中，只要 MAC 层有数据要发送，就监听信道是否空闲。如果信道空闲，等待 DIFS 时段后开始发送；如果信道忙，就继续监听并采用前面介绍的后退算法等待，直到可以发送为止。

IEEE 802.11 还定义了带有应答帧（ACK）的 CSMA/CA。图 1-43 所示为 AP 和终端之间使用带有应答帧的 CSMA/CA 进行通信的例子。AP 收到一个数据帧后等待 SIFS 再发送一个应答帧 ACK。由于 SIFS 比 DIFS 小得多，所以其他终端在 AP 的应答帧传送完成后才能开始新的竞争过程。

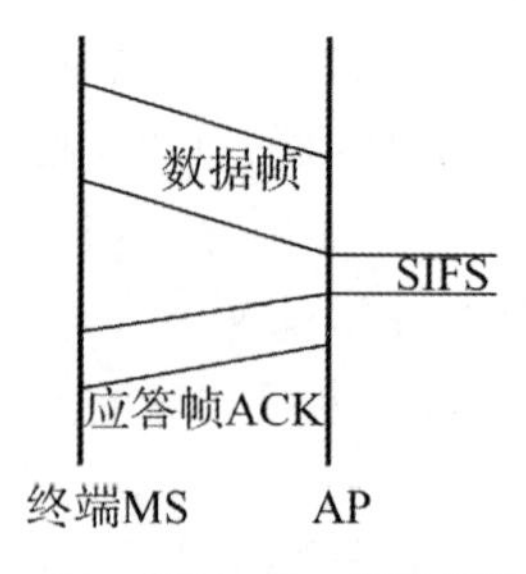

图 1-43 带有 ACK 的数据传输

SIFS 也用在 RTS/CTS 机制中，如图 1-44 所示。源终端先发送一个“请求发送”帧 RTS，其中包含源地址、目标地址和准备发送的数据帧的长度。目标终端收到 RTS 后等待一个 SIFS 时间，然后发送“允许发送”帧 CTS。源终端收到 CTS 后再等待 SIFS 时间，就可以发送数据帧了。目标终端收到数据帧后也等待 SIFS，发回应答帧。其他终端发现 RTS/CTS 后就设置一个网络分配矢量（Network Allocation Vector，NAV）信号，该信号的存在说明信道忙，所有终端不得争用信道。

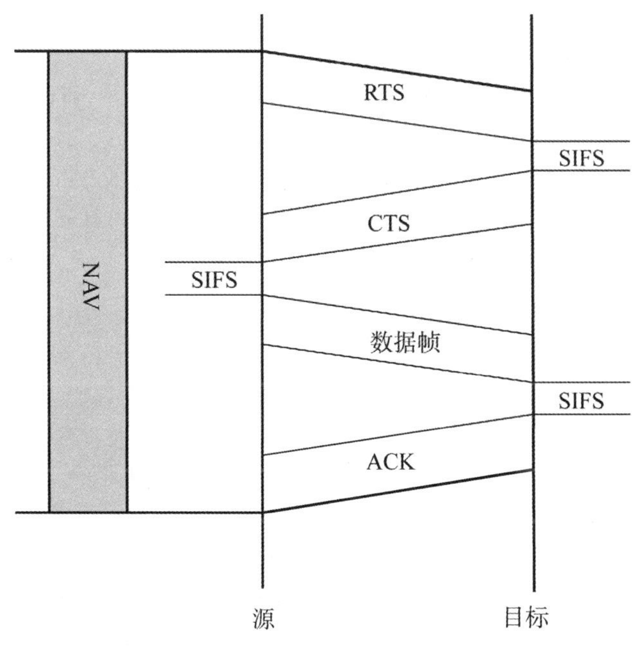

图 1-44　RTS/CTS 工作机制

（3）点协调功能。PCF 是在 DCF 之上实现的一个可选功能。所谓点协调就是由 AP 集中轮询所有终端，为其提供无竞争的服务，这种机制适用于时间敏感的操作。在轮询过程中使用 PIFS 作为帧间隔时间。由于 PIFS 比 DIFS 小，所以点协调能够优先 CSMA/CA 获得信道，并把所有的异步帧都推后传送。

在极端情况下，点协调功能可以用连续轮询的方式排除所有的异步帧。为了防止这种情况的发生，802.11 又定义了一个称为超级帧的时间间隔。在此时段的开始部分，由点协调功能向所有配置成轮询的终端发出轮询。随后在超级帧余下的时间允许异步帧竞争信道。

3）MAC 管理

MAC 管理子层的功能是实现登记过程、ESS 漫游、安全管理和电源管理等功能。WLAN 是开放系统，各站点共享传输介质，而且通信站具有移动性，因此，必须解决信息的同步、漫游、保密和节能问题。

（1）登记过程。

信标是一种管理帧，由 AP 定期发送，用于时间同步。信标还用来识别 AP 和网络，其中包含基站 ID、时间戳、睡眠模式和电源管理等信息。

为了得到 WLAN 提供的服务，终端在进入 WLAN 区域时，必须进行同步搜索以定位 AP，并获取相关信息。同步方式有主动扫描和被动扫描两种。

所谓主动扫描就是终端在预定的各个频道上连续扫描，发射探试请求帧，并等待各个 AP

的响应帧；收到各 AP 的响应帧后，工作站将对各个帧中的相关部分进行比较以确定最佳 AP。

终端获得同步的另一种方法是被动扫描。如果终端已在 BSS 区域，那么它可以收到各个 AP 周期性发射的信标帧，因为帧中含有同步信息，所以工作站在对各帧进行比较后，确定最佳 AP。

终端定位了 AP 并获得了同步信息后就开始了认证过程，认证过程包括 AP 对工作站身份的确认和共享密钥的认证等。

认证过程结束后就开始关联过程，关联过程包括终端和 AP 交换信息，在 DS 中建立终端和 AP 的映射关系，DS 将根据该映射关系来实现相同 BSS 及不同 BSS 间的信息传送。关联过程结束后，工作站就能够得到 BSS 提供的服务了。

（2）移动方式。

IEEE 802.11 定义了 3 种移动方式：无转移方式，是指终端是固定的，或者仅在 BSA 内部移动；BSS 转移，是指终端在同一个 ESS 内部的多个 BSS 之间移动；ESS 转移，是指从一个 ESS 移动到另一个 ESS。

当终端开始漫游并逐渐远离 AP 时，它对 AP 的接收信号将变坏，这时终端启动扫描功能重新定位 AP，一旦定位了新的 AP，工作站随即向新 AP 发送重新连接请求，新 AP 将该终端的重新连接请求通知分布式系统（DS），DS 随即更改该工作站与 AP 的映射关系，并通知原来的 AP 不再与该工作站关联。然后，新 AP 向该终端发射重新连接响应。至此，完成漫游过程。如果工作站没有收到重新连接响应，它将重启扫描功能，定位其他 AP，重复上述过程，直到连接上新的 AP。

（3）安全管理。

无线传输介质使得所有符合协议要求的无线系统均可在信号覆盖范围内收到传输中的数据包，为了达到和有线网络同等的安全性能，IEEE 802.11 采取了认证和加密措施。

认证程序控制 WLAN 接入的能力，这一过程被所有无线终端用来建立合法的身份标志，如果 AP 和工作站之间无法完成相互认证，那么它们就不能建立有效的连接。IEEE 802.11 协议支持多个不同的认证过程，并且允许对认证方案进行扩充。

IEEE 802.11 提供了有线等效保密（Wired Equivalent Privacy，WEP）技术，又称无线加密协议（Wireless Encryption Protocol）。WEP 包括共享密钥认证和数据加密两个过程，前者使得没有正确密钥的用户无法访问网络，后者则要求所有数据都必须用密文传输。

认证过程采用了标准的询问/响应方式，AP 运用共享密钥对 128 字节的随机序列进行加密后作为询问帧发给用户，用户将收到的询问帧解密后以明文形式响应；AP 将收到的明文与原始随机序列进行比较，如果两者一致，则认证通过。有关 WLAN 的安全问题，将在下面进一步论述。

（4）电源管理。

IEEE 802.11 允许空闲站处于睡眠状态，在同步时钟的控制下周期性地唤醒处于睡眠态的空闲站，由 AP 发送的信标帧中的 TIM（业务指示表）指示是否有数据暂存于 AP，若有，则向 AP 发探询帧，并从 AP 接收数据，然后进入睡眠态；若无，则立即进入睡眠态。

3. 移动 Ad Hoc 网络

IEEE 802.11 标准定义的 Ad Hoc 网络是由无线移动节点组成的对等网，无须网络基础设施的支持，能够根据通信环境的变化实现动态重构，提供基于多跳无线连接的分组数据传输服务。在这种网络中，每一个节点既是主机，又是路由器，它们之间相互转发分组，形成一种自组织的 MANET（Mobile Ad Hoc Network）网络，如图 1-45 所示。

MANET 网络的部署非常便捷和灵活，因而在战场网络、传感器网络、灾难现场和车辆通信等方面有着广泛的应用。

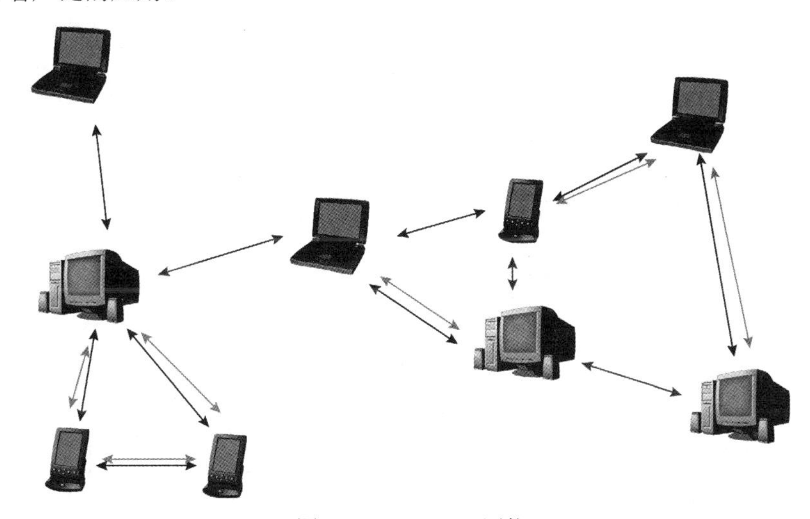

图 1-45　MANET 网络

与传统的有线网络相比，MANET 有以下特点：

- 网络拓扑结构是动态变化的，由于无线终端的频繁移动，可能导致节点之间的相互位置和连接关系难以维持稳定。
- 无线信道提供的带宽较小，而信号衰落和噪声干扰的影响却很大。由于各个终端信号覆盖范围的差别，或者地形地物的影响，还可能存在单向信道。
- 无线终端携带的电源能量有限，应采用最节能的工作方式，因而要尽量减小网络通信开销，并根据通信距离的变化随时调整发射功率。
- 由于无线链路的开放性，容易招致网络窃听、欺骗、拒绝服务等恶意攻击的威胁，所以需要特别的安全防护措施。

目前，已经提出了各种 MANET 路由协议，用户可以根据采用的路由策略和适应的网络结构对其进行分类。根据路由策略可分为表驱动的路由协议和源路由协议；根据网络结构可以划分为扁平的路由协议、分层的路由协议和基于地理信息的路由协议。表驱动路由和源路由都是扁平的路由协议。

1.5.2 无线个人网

IEEE 802.15 工作组负责制定无线个人网（Wireless Personal Area Network，WPAN）的技术规范。这是一种小范围的无线通信系统，覆盖半径仅 10m 左右，可用来代替计算机、手机、PDA、数码相机等智能设备的通信电缆，或者构成无线传感器网络和智能家庭网络等。

在人手可及的范围内，多个电子设备可以组成一个无线 Ad Hoc 网络，802.15 把这种网络叫作 Piconet，通称微微网。802.15.3 给出的 Piconet 网络模型如图 1-46 所示。这种网络的特点是各个电子设备可以独立地互相通信，其中一个设备可以作为通信控制的协调器，负责网络定时和向电子设备发放令牌，获得令牌的设备才可以发送通信请求。通信控制的协调器还具有管理 QoS 需求和调节电源功耗的功能。IEEE 802.15.3 定义了微微网的介质访问控制协议和物理层技术规范，适合于多媒体文件传输的需求。

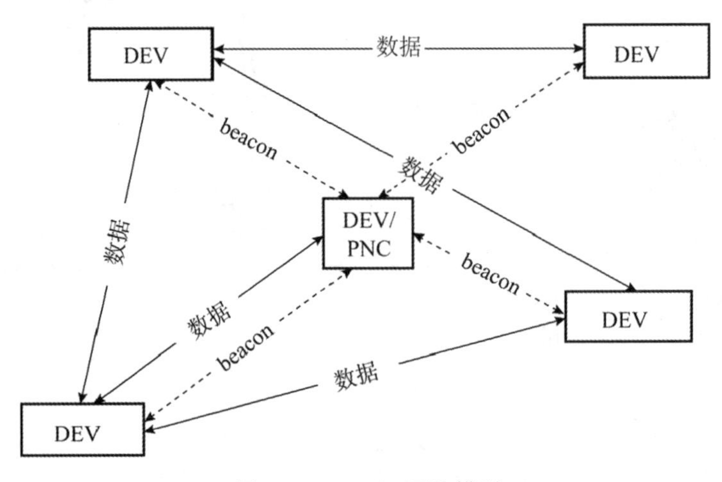

图 1-46 Piconet 网络模型

1. 蓝牙技术

1998 年 5 月，爱立信、IBM、Intel、东芝和诺基亚 5 家公司联合推出了一种近距离无线数据通信技术，其目的被确定为实现不同工业领域之间的协调工作，例如可以实现计算机、无线手机和汽车电话之间的数据传输。行业组织人员用哈拉尔德国王的外号来命名这项新技术，取其“统一”的含义，这样就诞生了“蓝牙”（Bluetooth）这一极具表现力的名字。后来成立的蓝牙技术联盟（SIG）负责技术开发和通信协议的制定，2001 年，蓝牙 1.1 版被颁布为 IEEE 802.15.1 标准。同年，加盟蓝牙 SIG 的成员公司超过 2000 家。

1）核心系统体系结构

根据 IEEE 802.15.1-2005 版描述的 MAC 和 PHY 技术规范，蓝牙核心系统的体系结构如图 1-47 所示。最下面的 Radio 层相当于 OSI 的物理层，其中的 RF 模块采用 2.4GHz 的 ISM 频段实现跳频通信（FHSS），信号速率为 1Mbps，数据速率为 1Mbps。

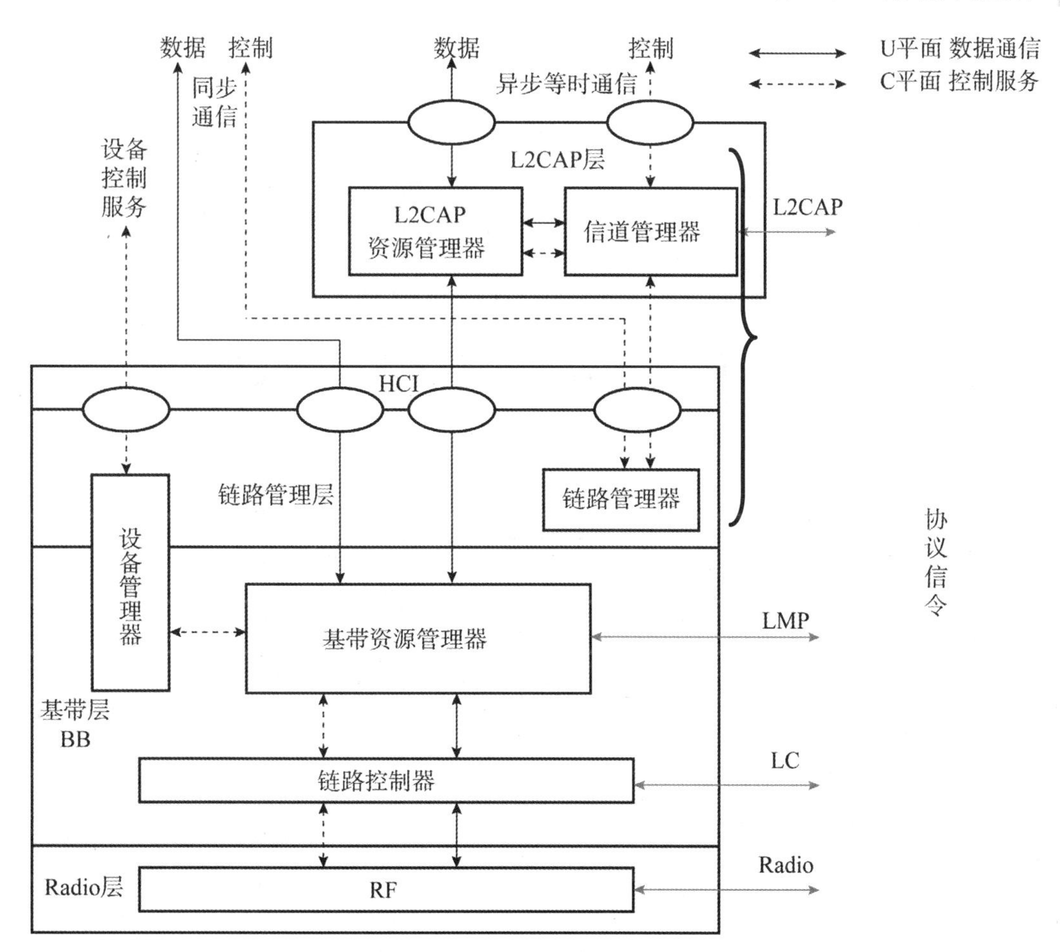

图 1-47　蓝牙核心系统体系结构

在多个设备共享同一物理信道时，各个设备必须由一个公共时钟同步，并调整到同样的跳频模式。提供同步参照点的设备叫作主设备，其他设备则是从设备。以这种方式取得同步的一组设备构成一个微微网，这是蓝牙技术的基本组网模式。

微微网中的设备采用的具体跳频模式由设备地址字段指明的算法和主设备的时钟共同决定。基本的跳频模式包含由伪随机序列控制的 79 个频率。通过排除干扰频率的自适应技术可以改进通信效率，并实现与其他 ISM 频段设备的共存。

物理信道被划分为时槽，数据被封装成分组，每个分组占用一个时槽。如果情况允许，一系列连续的时槽可以分配给单个分组使用。在一对收发设备之间可以用时分多路（TTD）方式实现全双工通信。

物理信道之上是各种链路和信道层及其有关的协议。以物理信道为基础，向上依次形成的信道层次为物理信道、物理链路、逻辑传输、逻辑链路和 L2CAP（Logical Link Control and Adaptation Protocol）信道，如图 1-48 所示。

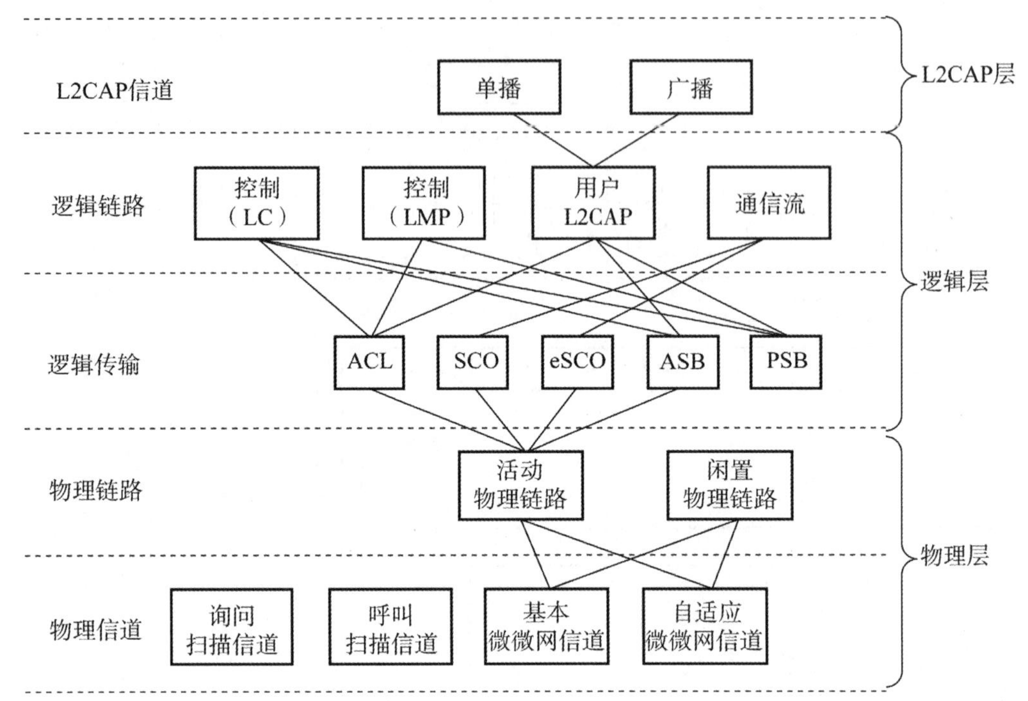

ACL—Asynchronous Connection-Oriented Logical transport
SCO—Synchronous Connection-Oriented
eSCO—extended SCO
ASB—Active Slave Broadcast（无连接）
PSB—Parked Slave Broadcast（无连接）

图 1-48 传输体系结构实体及其层次

在物理信道的基础上，可以在一个从设备和主设备之间生成物理链路。一条物理链路可以支持多条逻辑链路，只有逻辑链路才可以进行单播同步通信、异步等时通信或者广播通信，不同的逻辑链路用于支持不同的应用需求。逻辑链路的特性由与其相关联的逻辑传输决定。所谓的逻辑传输实际上是逻辑链路传输特性的形式表现，不同的逻辑传输在流量控制、应答和重传机制、序列号编码以及调度行为等方面有所区别，用于支持不同类型的逻辑链路。异步面向连接的逻辑传输 ACL 用来传送管理信令，而同步面向连接的逻辑传输 SCO 用于传送 64kbps 的 PCM 话音。具有其他特性的逻辑传输用来支持各种单播的和广播的、可靠的和不可靠的、分组的和不分组的数据流。

基带层和物理层的控制协议叫作链路管理协议 LMP（Link Manager Protocol），用于控制设备的运行，并提供底层设施（PHY 和 BB）的管理服务。每个处于活动状态的设备都具有一个默认的 ACL 用于支持 LMP 信令的传送。默认的 ACL 是当设备加入微微网时随即产生的，需要时可以动态生成一条逻辑传输来传送同步数据流。

逻辑链路控制和自适应协议 L2CAP 是对应用和服务的抽象，其功能是对应用数据进行分段和重装配，并实现逻辑链路的复用。提交给 L2CAP 的应用数据可以在任何支持 L2CAP 的逻辑链路上传输。

核心系统只包含 4 个低层功能及其有关的协议。最下面的 3 层通常被组合成一个子系统，构成了蓝牙控制器，而上面的 L2CAP 以及更高层的服务都运行在主机中。蓝牙控制器与高层之间的接口叫作主机控制器接口 HCI（Host Controller Interface）。

设备之间的互操作通过核心系统协议实现，主要的协议有 RF（Radio Frequency）协议、链路控制协议 LCP（Link Control Protocol）、链路管理协议 LMP 和 L2CAP 协议。

核心系统通过服务访问点（SAP）提供服务，如图 1-47 中的椭圆所示。所有的服务分为 3 类：

- 设备控制服务：改变设备的运行方式。
- 传输控制服务：生成、修改和释放通信载体（信道和链路）。
- 数据服务：把数据提交给通信载体来传输。

主机和控制器通过 HCI 通信。通常，控制器的数据缓冲能力比主机小，因而 L2CAP 在把协议数据单元提交给控制器使其传送给对等设备时要完成简单的资源管理功能，包括对 L2CAP 服务数据单元（SDU）和协议数据单元（PDU）分段，以便适合控制器的缓冲区管理，并保证需要的服务质量（QoS）。

基带层协议提供了基本的 ARQ 功能，然而 L2CAP 还可以提供任选的差错检测和重传功能，这对于要求低误码率的应用是必要的补充。L2CAP 的任选特性还包括基于窗口的流量控制功能，用于接收设备的缓冲区管理。这些任选特性在某些应用场景中对于保障 QoS 是必需的。

2）核心功能模块

（1）信道管理器：负责生成、管理和释放用于传输应用数据流的 L2CAP 信道。信道管理器利用 L2CAP 协议与远方的对等设备交互作用，生成 L2CAP 信道，并将其端点连接到适当的实体。信道管理器还与本地的 LM 交互作用，必要时生成新的逻辑链路，并配置这些逻辑链路，以提供需要的 QoS 服务。

（2）L2CAP 资源管理器：把 L2CAP 协议数据单元分段，并按照一定的顺序提交给基带层，而且还要进行信道调度，以保证一定 QoS 的 L2CAP 信道不会被物理信道（由于资源耗尽）所拒绝。这个功能是必要的，因为体系结构模型并不保证控制器具有无限的缓冲区，也不保证 HCI 管道具有无限的带宽。L2CAP 资源管理器的另一个功能是实现通信策略控制，避免与邻居的 QoS 设置发生冲突。

（3）设备管理器：负责控制设备的一般行为。这些功能与数据传输无关，例如发现临近的设备是否出现，以便连接到其他设备，或者控制本地设备的状态，使其可以与其他的设备建立连接。设备管理器可以向本地的基带资源管理器请求传输介质，以便实现自己的功能。设备管理器也要根据 HCI 命令控制本地设备的行为，并管理本地设备的名字以及设备中存储的链路密钥。

（4）链路管理器（LM）：负责生成、修改和释放逻辑链路及其相关的逻辑传输，并修改设备之间的物理链路参数。本地 LM 模块通过与远程设备的 LM 进行 LMP 通信来实现自己的功能。LMP 协议可以根据请求生成新的逻辑链路和逻辑传输，并对链路的传输属性进行配置，例如可以实现逻辑传输的加密、调整物理链路的发送强度以便节约能源、改变逻辑链路的 QoS

配置等。

（5）基带资源管理器：负责对物理层的访问。它有两个主要功能：其一是调度功能，即对发出访问请求的各方实体分配物理信道的访问时段；其二是与这些实体协商包含 QoS 承诺的访问合同。访问合同和调度功能涉及的因素很多，包括实现数据交换的各种正常行为，逻辑传输的特性的设置，轮询覆盖范围内的设备，建立连接，设备的可发现、可连接状态管理，以及在自动跳频模式下获取未经使用的载波等。

在某些情况下，逻辑链路调度的结果可能是改变了目前使用的物理链路，例如在由多个微微网构成的散射网（scatternet）中，使用轮询或呼叫过程扫描可用的物理信道时都可能出现这种情况。当物理信道的时槽错位时，资源管理器要把原来物理信道的时槽与新物理信道的时槽重新对准。

（6）链路控制器：负责根据数据负载和物理信道、逻辑传输和逻辑链路的参数对分组进行编码和译码。链路控制器还执行 LCP 信令，实现流量控制，以及应答和重传功能。LCP 信令的解释体现了与基带分组相关的逻辑传输特性，这个功能与资源管理器的调度有关。

（7）RF：这个模块用于发送和接收物理信道上的数据分组。BB 与 RF 模块之间的控制通路用来控制载波定时和频率选择。RF 模块把物理信道和 BB 上的数据流转换成需要的格式。

3）数据传输结构

核心系统提供各种标准的传输载体，用于传送服务协议和应用数据。在图 1-49 中，圆角方框表示核心载体，而应用则画在图的左边。通信类型与核心载体的特性要进行匹配，以便实现最有效率的数据传输。

L2CAP 服务对于异步的（asynchronous）和等时的（isochronous）用户数据提供面向帧的传输。面向连接的 L2CAP 信道用于传输点对点单播数据。无连接的 L2CAP 信道用于广播数据。L2CAP 信道的 QoS 设置定义了帧传送的限制条件，例如可以说明数据是等时的，因而必须在其有限的生命期内提交；或者指示数据是可靠的，必须无差错地提交。

如果应用不要求按帧提交数据，也许是因为帧结构被包含在数据流内，或者数据本身是纯流式的，这时不应使用 L2CAP 信道，而应直接使用 BB 逻辑链路来传送。非帧的流式数据使用 SCO 逻辑传输。

核心系统支持通过 SCO（SCO-S）或扩展的 SCO（eSCO-S）直接传输等时的和固定速率的应用数据。这种逻辑链路保留了物理信道的带宽，提供了由微微网时钟锁定的固定速率。数据的分组大小、传输的时间间隔，这些参数都是在信道建立时协商好的。eSCO 链路可以更灵活地选择数据速率，而且通过有限的重传提供了更大的可靠性。

应用从 BB 层选择最适当的逻辑链路类型来传输它的数据流。通常，应用通过成帧的 L2CAP 单播信道向远处的对等实体传输 C 平面信息。如果应用数据是可变速率的，则只能把数据组织成帧通过 L2CAP 信道传送。

RF 信道通常是不可靠的。为了克服这个缺陷，系统提供了多种级别的可靠性措施。BB 分组头使用了纠错编码，并且配合头校验和来发现残余差错。某些 BB 分组类型对负载也进行纠错编码，还有的 BB 分组类型使用循环冗余校验码来发现错误。

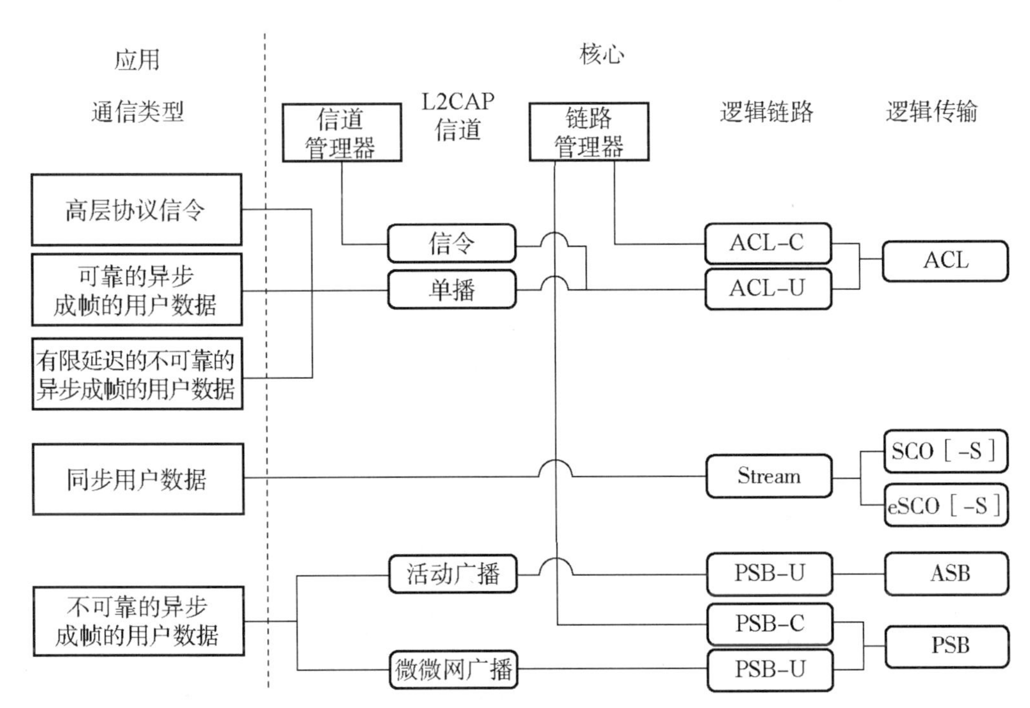

字母C表示承载LMP报文的控制链路
字母U表示承载用户数据的L2CAP链路
字母S表示承载无格式同步或等时数据的流式链路

图 1-49　通信载体

在 ACL 逻辑传输中实现了 ARQ 协议，通过自动请求重发来纠正错误。对于延迟敏感的分组，不能成功发送时立即丢弃。eSCO 链路通过有限次数的重传方案来改进可靠性。L2CAP 提供了附加的差错控制功能，用于检测偶然出现的差错，这对于某些应用是有用的。

2. ZigBee 技术

ZigBee 是基于 IEEE 802.15.4 开发的一组关于组网、安全和应用软件的技术标准。802.15.4 与 ZigBee 的角色分工如同 802.11 与 Wi-Fi 的关系一样。802.15.4 定义了低速 WPAN 的 MAC 和 PHY 标准，而 ZigBee 联盟则对网络层协议、安全标准和应用架构（Profile）进行了标准化，并制定了不同制造商产品之间的互操作性和一致性测试规范。

ZigBee 联盟由 Ember、Emerson、Freescale 等 12 家半导体器件和控制设备制造商发起，加盟的公司有 300 多家，其主要任务如下：

- 定义 ZigBee 的网络层、安全层和应用层标准。
- 提供互操作性和一致性测试规范。
- 促进 ZigBee 品牌的全球化市场保证。
- 管理 ZigBee 技术的演变。

图 1-50 所示为 ZigBee 联盟指导委员会定义的 ZigBee 技术规范（2005），描述了 ZigBee

网络的基础结构和可利用的服务。图 1-50 下面两块是 IEEE 802.15.4 定义的 MAC 和 PHY 标准，上面是 ZigBee 联盟定义的网络层和应用层，其中的应用对象由网络开发商定义。开发商可提供多种应用对象，以满足不同的应用需求。ZigBee 网络层（NWK）提供了建立多跳网络的路由功能。应用层（APL）包含了应用支持子层（APS）和 ZigBee 设备对象（ZDO），以及各种可能的应用。ZDO 的作用是提供全面的设备管理，APS 的功能是对 ZDO 和各种应用提供服务。

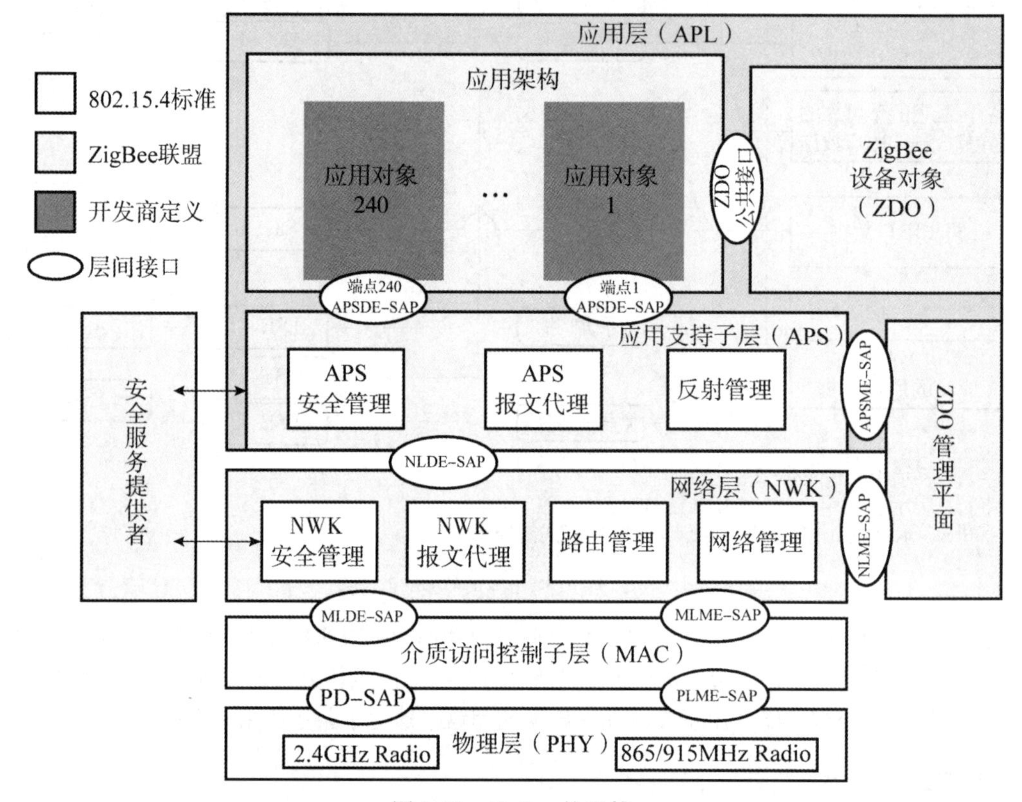

图 1-50 ZigBee 协议栈

ZigBee 的安全机制分散在 MAC、NWK 和 APS 层，分别对 MAC 帧、NWK 帧和应用数据进行安全保护。APS 子层还提供建立和维护安全关系的服务。ZigBee 设备对象（ZDO）管理安全策略和设备的安全配置。

ZigBee 的网络层和 MAC 层都使用高级加密标准 AES，以及结合了加密和认证功能的 CCM*分组加密算法。分组加密也称块加密（Block Cipher），其操作方式是将明文按照分组算法划分为 128 位的区块，对各个区块分别进行加密，整个密文形成一个密码块链。

ZigBee 协调器管理网络的路由功能，其路由表结构如图 1-51 所示。其中的地址字段采用 16 位的短地址，3 位状态位指示的状态如下：

（1）0x0：活动。

（2）0x1：正在发现。

（3）0x2：发现失败。

（4）0x3：不活动。

（5）0x4～0x7：保留。

目标地址	状态	下一跳地址
………………	…	………………
………………	…	………………

图 1-51　路由表

ZigBee 采用的路由算法是按需分配的距离矢量协议 AODV。当 NWK 数据实体要发送数据分组时，如果路由表中不存在有效的路由表项，则首先要进行路由发现，并对找到的各个路由计算通路费用。

假设长度为 L 的通路 P 由一系列设备$[D_1,D_2,\ldots,D_L]$组成，如果用$[D_i, D_{i+1}]$表示两个设备之间的链路，则通路费用可计算如下：

$$C\{P\}=\sum_{i=1}^{L-1}C\{[D_i,D_{i+1}]\}$$

其中，$C\{[D_i,D_{i+1}]\}$ 表示链路费用。链路 l 的费用 $C\{l\}$ 用下面的函数计算：

$$C\{l\}=\begin{cases}7, \\ \min\left(7,round\left(\frac{1}{p_l^4}\right)\right)\end{cases}$$

其中，p_l 表示在链路 l 上可进行分组提交的概率。

可见，链路的费用与链路上可提交分组的概率的 4 次方成反比，一条通路的费用的值位于区间$[0...7]$中。

1.5.3　WiMAX 网络

1. WiMAX 技术

WiMAX（World Interoperability for Microwave Access）基于 IEEE802. 16 标准。802.16 工作组是 IEEE–SA 在 1999 年成立的专门开发宽带固定无线技术标准的，目标就是要建立一个全球统一的宽带无线接入标准。而 WiMAX 组织也是为了实现这一目标而由几家世界知名企业发起成立的。随着 WiMAX 组织的发展壮大，加快了 802.16 标准的发展，特别是移动 WiMAX–802.16e 标准的提出更加引人注意。

IEEE 802.16 标准又称为 IEEE Wireless MAN 空中接口标准，是工作于 2GHz~66GHz 无线频带的空中接口规范。由于它所规定的无线系统覆盖范围可高达 50km，因此 802.16 系统主要应用于城域网，符合该标准的无线接入系统被视为可与 DSL 竞争的最后一公里宽带接入解决方案。根据使用频带高低的不同，802.16 系统可分为应用于视距和非视距两种，其中使用

2GHz~11GHz 频带的系统应用于非视距（NLOS）范围，而使用的 10GHz~66GHz 频带的系统应用于视距（LOS）范围。根据是否支持移动特性，802.16 标准又可分为固定宽带无线接入空中接口标准和移动宽带无线接入空中接口标准。

当前，在 IEEE 802.16 协议中规定 WiMAX 支持的业务类型和使用的无线信道频率如表 1-9 所示。

表 1-9　IEEE 802.16 的工作频率

空中接口标准	工作频段	支持业务
IEEE 802.16	2GHz~66GHz	固定宽带无线接入
IEEE 802.16a	2GHz~11GHz	固定宽带无线接入
IEEE 802.16c	10GHz~66GHz	固定宽带无线接入的兼容性
IEEE 802.16d	2GHz~66GHz	固定宽带无线接入的修订
IEEE 802.16e	<11GHz	移动宽带无线接入

而现在 WiMAX 网络的相关标准也在不断发展，IEEE 802.16 标准系列到目前为止包括 802.16、802.16a、802.16c、802.16d、802.16e、802.16f 和 802.16g 七个标准，各标准相对应的技术领域如表 1-10 所示。

表 1-10　IEEE 802.16 系列各标准相对应的技术领域

标准号	相对应的技术领域
IEEE 802.16	10GHz~66GHz 固定宽带无线接入系统空中接口
IEEE 802.16a	2GHz~11GHz 固定宽带无线接入系统空中接口
IEEE 802.16c	10GHz~66GHz 固定宽带无线接入系统的兼容性
IEEE 802.16d	2GHz~66GHz 固定宽带无线接入系统空中接口
IEEE 802.16e	2GHz~6GHz 固定和移动宽带无线接入系统空中接口管理信息库
IEEE 802.16f	固定宽带无线接入系统空中接口管理信息库（MIB）要求
IEEE 802.16g	固定和移动宽带无线接入系统空中接口管理平面流程和服务

2. 802.16 标准的网络结构

WiMAX 网络体系结构如图 1-52 所示。

WiMAX 网络体系结构包括核心网络、基站（BS）、用户基站（SS）、接力站（RS）、用户终端设备（TE）以及网管。

WiMAX 连接的核心网络通常为传统交换网或 Internet。WiMAX 系统提供核心网与基站之间的接口，但 WiMAX 系统不包括核心网络。

基站提供用户基站与核心网络之间的连接，通常采用扇形、定向或全向天线。WiMAX 基站可提供灵活的子信道部署与配置功能，能够使运营商根据所拥有的频段资源灵活规划信道带宽，并根据用户群体情况不断地升级扩展网络。

用户基站提供基站与用户终端设备之间的中继连接。IEEE 802. 16 用户基站通常采用固定天线，并安装在屋顶上。基站与用户基站间采用动态适应信号调制模式，这种模式使得基站根据信号强弱调整到每个用户基站的带宽，以确保与用户基站的正常连接。

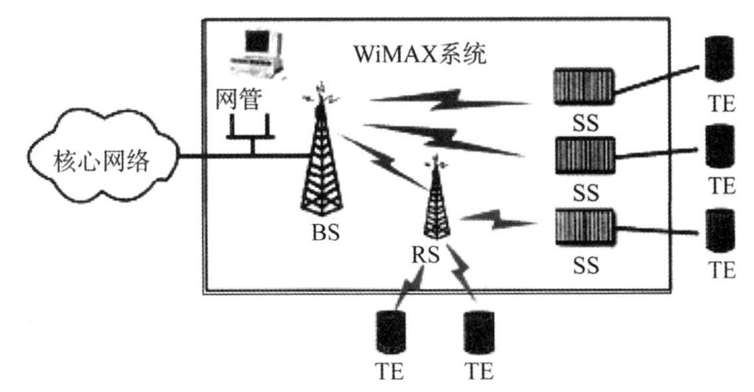

图 1-52　WiMAX 网络结构示意图

接力站通常用于提高基站的覆盖能力，也就是充当一个基站和若干个用户基站（或用户终端设备）间信息的中继站。接力站面向用户侧的下行频率可以与其面向基站的上行频率相同，也可以不同。

WiMAX 系统定义用户终端设备与用户基站间的连接接口，提供用户终端设备的接入。

网管系统用于监视和控制网络内所有的基站和用户基站，提供查询、状态监控、软件下载、系统参数配置等功能。

在 IEEE 802. 16d 及以前的版本中，WiMAX 系统不支持终端设备的移动性，一幢大楼安装一个 SS，起到了固定无线宽带接入的作用。802. 16e 协议使网络终端具有移动性，终端设备能够在 BS 之间自由地进行切换和漫游。WiMAX 系统的 MAC 层支持两种网络模式：点到多点（Point to Multi Point，PMP）模式和 Mesh 模式。

3. WiMAX 网络带宽请求原理

1）PMP 模式带宽请求原理

在 WiMAX 网络的 PMP 模式中，基站控制了上行链路的带宽分配，各个用户站只能通过时间帧的上行子帧向基站发送传输请求。

当应用程序通过用户站访问网络资源时，用户站首先根据该应用程序的服务类型向基站发起连接请求。基站根据相应的接入控制算法决定是否允许该服务接入网络，并把相应的请求结果发送回用户站。只有当该服务被接受时，用户站才能向基站提出带宽请求。在 WiMAX 网络中，时间帧被分为多个小的时间隙（Time Slot），基站在收到用户站的带宽请求后，根据特定的带宽分配算法为各个用户站分配带宽资源，并设置时间帧的 UL_MAP 部分来通知带宽分配的结果，即各个用户站的可用带宽范围。用户站接收到来自基站的时间帧后，它将分析时间帧的 UL_MAP 部分来得到下一个时间帧的帧结构，从而得到数据传输部分的带宽分配信息。用户站只能在其允许的时间隙内传输数据。

当基站的可用带宽资源充足时，基站将采用轮询的方式遍历各个用户站，并根据用户站的带宽需求向各个用户站提供带宽资源。当基站的可用带宽资源处于缺乏状态时，用户站通过竞争的方式获取网络资源。用户站在使用竞争方式获取带宽资源时，不同的用户站在请求传输机会（Transmission Opportunities，TO）时会发生请求碰撞。当前，IEEE 802. 16标准使用截断二进制指数后退的方式来协调各个用户站在带宽请求阶段和初始连接阶段产生的冲突。

2）Mesh模式带宽请求原理

在WiMAX网络的Mesh模式中，用户站通过直连或者中继的方式与其他用户站相连，每个用户站与基站一样，既是数据接收端又是数据中转发送端。当前，Mesh模式在MAC层中存在两种时隙调度方式：集中式调度（Mesh Centralized Scheduling，Mesh–CS）和分布式调度（Mesh Distributed Scheduling，Mesh–DS）。各用户站为其频谱覆盖范围内的网络设备提供数据传输服务。

在Mesh–CS调度方式中，Mesh基站根据各个用户站的带宽请求为各个用户站分配带宽资源；与WiMAX网络PMP模式不同的是，Mesh–CS模式中的基站并不参与其管理用户站的数据传输，仅进行无线网络的带宽分配。

在Mesh–DS调度方式中，各个用户站通过竞争的方式使用无线网络带宽资源。用户站只有与其邻居节点进行协商，在获得可用带宽时隙的前提下才能进行数据传输。

4. WiMAX应用场景

WiMAX作为城域网接入手段，采用了多种技术满足建筑物阻挡情况下的非视距（NLOS）和阻挡视距（OLOS）的传播需求，因此其可以实现非视距传输（这种情形下的传输距离会缩短）。802.16d主要适用于无线传输和中小型企业接入，802.16e主要适用于家庭接入和个人终端，支持数据、语音和视频等业务，可与2G、3G、WLL、WLAN、NGN等网络混合组网。

固定接入：固定接入业务是WiMAX运营网络中最基本的业务模型，类似于固定DSL或电缆宽带业务。在这个场景下，不支持便携式连接或切换。SS可以选择或者将连接改变到最佳的信号的基站。在这个场景下，在IP连接建立之前，必须进行鉴权或授权。终端一般为小盒子，一般有室外型的ODU和天线，市场容量一般。

游牧式：游牧式业务是固定接入方式发展的下一个阶段，终端可以从不同的接入点，接入一个运营商的WiMAX网络，不支持不同基站之间的切换。此种应用可以和固定接入同时提供。

便携式：便携式业务是游牧式发展的下一个阶段，在步行速度下具有有限的切换能力。当终端静止不动时，便携式业务的应用模型与固定式业务和游牧式业务相同。此应用场景主要面向家庭接入和商务人士用户市场，终端一般为PCMCIA卡，放置在便携机里，市场容量较大。

全移动：支持车速移动下无中断的应用，面向个人用户市场，可漫游切换，终端一般为PDA，市场容量很大。

1.5.4 移动通信网络

1. 蜂窝通信系统

1978 年，美国贝尔实验室开发了高级移动电话系统（Advanced Mobile Phone System，AMPS），这是第一个具有随时随地通信能力的大容量移动通信系统。AMPS 采用模拟制式的频分双工（Frequency Division Duplex，FDD）技术，用一对频率分别提供上行和下行信道。AMPS 采用蜂窝技术解决了公用移动通信系统所面临的大容量要求与频谱资源限制的矛盾。到了1980 年中期，欧洲和日本都建立了第一代蜂窝移动电话系统。

蜂窝网络把一个地理区域划分成若干个称为蜂窝的小区（Cell）。在模拟移动电话系统中，一个话音连接要占用一个单独的频率。如果把通信网络覆盖的地区划分成一个一个的小区，则在不同小区之间就可以实现频率复用。在图 1-53 中，一个基站覆盖的小区用一个字母来代表，在一个小区内可以用一组频率提供一组用户进行通话。相邻小区不能使用相同的通信频率，同一字母（例如 A）代表的小区可以使用同样的通信频率，使用同样频率的小区之间有两个频率不同的小区作为分隔。如果要增加通信频率的复用程度，可以把小区划分得更小。

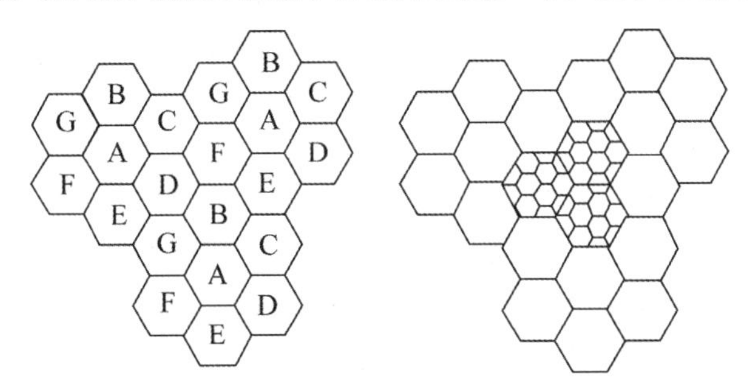

图 1-53　蜂窝通信系统的频率复用

当用户移动到一个小区的边沿时，电话信号的衰减程度提醒相邻的基站进行切换（handoff）操作，正在通话的用户就自动切换到另一个小区的频段继续通话。切换过程是通过移动电话交换局（MTSO）在相邻的两个基站之间进行的，不需要电话用户的干预。

2. 第二代移动通信系统

第二代移动通信系统是数字蜂窝电话，在世界不同的地方采用了不同的数字调制方式。我国最初采用欧洲电信的 GSM（Global System for Mobile）系统和美国高通公司的码分多址（CDMA）系统。

1）全球移动通信系统 GSM

GSM 系统工作在 900MHz～1 800MHz 频段，无线接口采用 TDMA 技术，提供话音和数据业务。图 1-54 所示为工作在 900MHz 频段的 GSM 系统的频带利用情况。

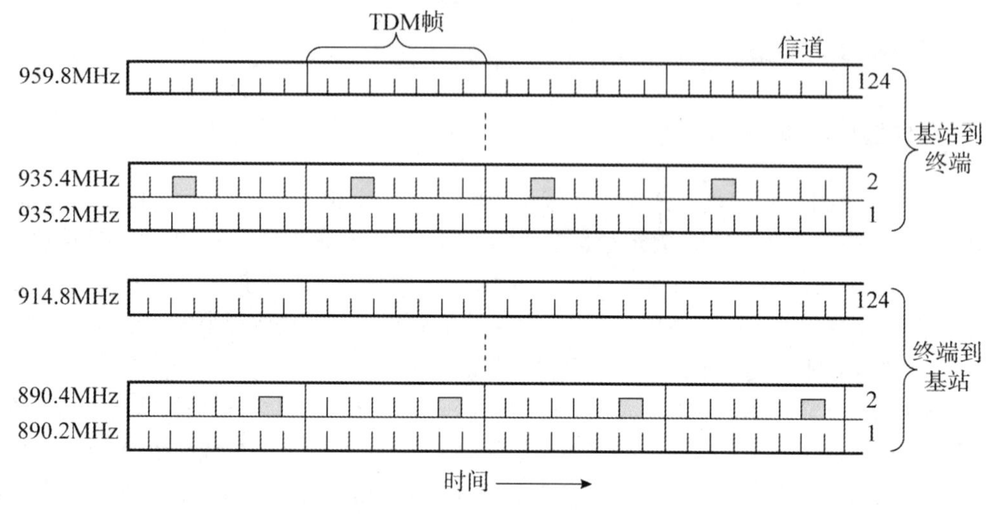

图 1-54 GSM 的 TDMA 系统

图 1-54 中的每一行表示一个带宽为 200kHz 的单工信道，GSM 系统有 124 对这样的单工信道（上行链路 890MHz～915MHz，下行链路 935MHz～960MHz），每一个信道采用时分多路（TDMA）方式可支持 8 个用户会话，在一个蜂窝小区中同时通话的用户数为 124×8=992。为同一用户指定的上行链路与下行链路之间相差 3 个时槽，如图 1-54 中的阴影部分所示，这是因为终端设备不能同时发送和接收，需要留出一定时间在上下行信道之间进行切换。

2）码分多址技术

美国高通公司的第二代数字蜂窝移动通信系统工作在 800MHz 频段，采用码分多址（CDMA）技术提供话音和数据业务，因其频率利用率高，所以同样的频率可以提供更多的话音信道，而且通话质量和保密性也较好。

码分多址（Code Division Multiple Access，CDMA）是一种扩频多址数字通信技术，通过独特的代码序列建立信道。在CDMA系统中，对不同的用户分配了不同的码片序列，使得彼此不会造成干扰。用户得到的码片序列由＋1 和–1 组成，每个序列与本身进行点积得到＋1，与补码进行点积得到-1，一个码片序列与不同的码片序列进行点积将得到 0（正交性）。例如，对用户 A 分配的码片系列为 C_{A1}（表示“1”），其补码为 C_{A0}（表示“0”）：

$C_{A1} = (-1,-1,-1,-1)$

$C_{A0} = (+1, +1,+1, +1)$

对用户 B 分配的码片序列为 C_{B1}（表示“1”），其补码为 C_{B0}（表示“0”）：

$C_{B1} = (+1,-1,+1,-1)$

$C_{B0} = (-1,+1,-1,+1)$

则计算点积如下：

$C_{A1} \cdot C_{A1} = (-1,-1,-1,-1) \cdot (-1,-1,-1,-1) /4= +1$

$C_{A1} \cdot C_{A0} = (-1,-1,-1,-1) \cdot (+1,+1,+1,+1) /4=-1$

$C_{A1} \cdot C_{B1} = (-1,-1,-1,-1) \cdot (+1,-1,+1,-1)/4=0$

$C_{A1} \cdot C_{B0} = (-1,-1,-1,-1) \cdot (-1,+1,-1,+1)/4=0$

在码分多址通信系统中，不同用户传输的信号不是用频率或时隙来区分，而是使用不同的码片序列来区分。如果从频域或时域来观察，多个 CDMA 信号是互相重叠的。接收机用相关器可以在多个 CDMA 信号中选出预定的码型信号，其他不同码型的信号因为和接收机产生的码型不同而不能被解调，它们的存在类似于信道中存在的噪声和干扰信号，通常称之为多址干扰。

在CDMA蜂窝通信系统中，用户之间的信息传输是由基站进行控制和转发的。为了实现双工通信，正向传输和反向传输各使用一个频率，即所谓的频分双工（FDD）技术。无论正向传输或反向传输，除去传输业务信息外，还必须传输相应的控制信息。为了传送不同的信息，需要设置不同的信道。但是，CDMA 通信系统既不分频道又不分时隙，无论传输何种信息的信道都采用不同的码型来区分。

3）第二代移动通信升级版 2.5G

2.5G 是比 2G 速度快，但又慢于 3G 的通信技术规范。2.5G 系统能够提供 3G 系统中才有的一些功能，例如分组交换业务，也能共享 2G 时代开发出来的 TDMA 或 CDMA 网络。常见的 2.5G 系统是通用分组无线业务 GPRS（General Packet Radio Service）。GPRS 分组网络重叠在 GSM 网络之上，利用 GSM 网络中未使用的 TDMA 信道为用户提供中等速度的移动数据业务。

GPRS 基于分组交换的技术，也就是说多个用户可以共享带宽，适合于像 Web 浏览、E-mail 收发和即时消息那样的共享带宽的间歇性数据传输业务。通常，GPRS 系统是按交换的字节数计费，而不是按连接时间计费的。GPRS 系统支持 IP 协议和 PPP 协议。理论上的分组交换速度大约是 170kbps，而实际速度只有 30kbps～70kbps。

对 GPRS 的射频部分进行改进的技术方案称为增强数据速率的 GSM 演进（Enhanced Data Rates for GSM Evolution，EDGE）。EDGE 又称为增强型 GPRS（EGPRS），可以工作在已经部署 GPRS 的网络上，只需要对手机和基站设备做一些简单的升级即可。EDGE 被认为是 2.75G 技术，采用 8PSK 的调制方式代替了 GSM 使用的高斯最小移位键控（GMSK）调制方式，使得一个码元可以表示 3 位信息。从理论上说，EDGE 提供的数据速率是 GSM 系统的 3 倍。2003 年，EDGE 被引入北美的 GSM 网络，支持 20kbps～200kbps 的高速数据传输。

3. 第三代移动通信系统

1985 年，ITU 提出了对第三代移动通信标准的需求，1996 年正式命名为 IMT-2000（International Mobile Telecommunications-2000），其中的 2000 有 3 层含义：

- 使用的频段在 2000MHz 附近。
- 通信速率大约为 2000kbps（即 2Mbps）。
- 预期在 2000 年推广商用。

1999年ITU批准了5个IMT-2000的无线电接口，这5个标准如下：

- IMT-DS（Direct Spread）：即W-CDMA，属于频分双工模式，在日本和欧洲制定的UMTS系统中使用。
- IMT-MC（Multi-Carrier）：即CDMA-2000，属于频分双工模式，是第二代CDMA系统的继承者。
- IMT-TC（Time-Code）：这一标准是中国提出的TD-SCDMA，属于时分双工模式。
- IMT-SC（Single Carrier）：也称为EDGE，是一种2.75G技术。
- IMT-FT（Frequency Time）：也称为DECT。

2007年10月19日，ITU会议批准移动WiMAX作为第6个3G标准，称为IMT-2000 OFDMA TDD WMAN，即无线城域网技术。

第三代数字蜂窝通信系统提供第二代蜂窝通信系统提供的所有业务类型，并支持移动多媒体业务。在高速车辆行驶时支持144kbps的数据速率，在步行和慢速移动环境下支持384kbps的数据速率，在室内静止环境下支持2Mbps的高速数据传输，并保证可靠的服务质量。

在3G网络广泛部署的同时，第四代（4G）移动通信系统也在加紧研发。高速分组接入（High Speed Packet Access，HSPA）是W-CDMA第一个向4G进化的技术，继HSPA之后的高速上行分组接入（High Speed Uplink Packet Access，HSUPA）是一种被称为3.75G的技术，在5MHz的载波上数据速率可达10Mbps～15Mbps，如采用MIMO技术，还可以达到28Mbps。

4G的传输速率应该达到100Mbps，可以把蓝牙个域网、无线局域网（Wi-Fi）和3G技术等结合在一起，组成无缝的通信解决方案。不同的无线通信系统对数据传输速度和移动性的支持各不相同，如图1-55所示。

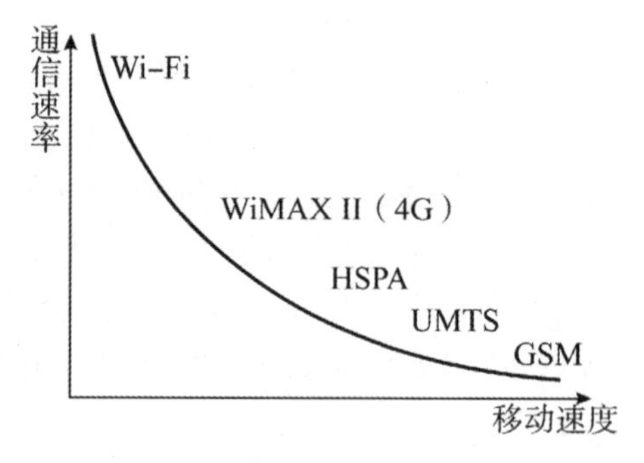

图1-55 不同的无线通信系统的通信速率和移动性

4. 4G LTE技术

1）802.16e

802.16d的OFDM调制方式采用256个子载波，OFDMA调制方式采用2048个子载波，信号带宽在1.25MHz～20MHz可变。为了支持移动性，802.16e对物理层进行了改进，使得OFDMA

可支持 128、512、1024 和 2048 共 4 种不同的子载波数量，但子载波间隔不变，信号带宽与子载波数量成正比，这种技术被称为可扩展的 OFDMA（Scalable OFDMA）。采用这种技术，系统可以在移动环境中灵活地适应信道带宽的变化。在采用 20 MHz 带宽、64-QAM 调制的情况下，传输速率可达到 74.81Mbps。

802.16e 对 MAC 层的改进改变了各个功能层之间的消息传输机制，并实现了快速自动请求重传（ARQ）和资源预约功能，以降低信道时延的影响。另外还增加了针对上行链路的功率、频率和时隙的快速调整功能，以适应快速移动的要求。

现在的 IEEE 802.16 标准是一种无线城域网技术，与其他的无线接入技术的应用领域和服务范围不同。各种无线接入技术互相配合，共同提供了从个域网到广域网的各种无线宽带接入服务，如图 1-56 所示。

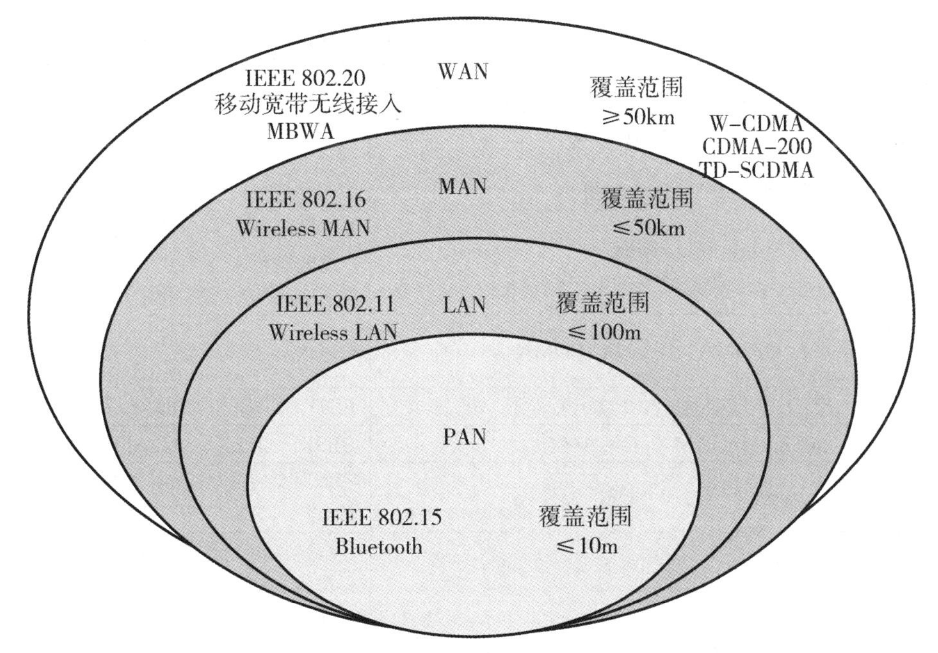

图 1-56　各种无线网的作用范围

2）WiMAX II

WiMAX 的进一步发展是与其他 B3G（Beyond 3G）技术融合，成为 IMT-Advanced 家族的成员之一。ITU-R 对 4G 标准的要求是能够提供基于 IP 的高速声音、数据和流式多媒体服务，支持的数据速率至少是 100Mbps，选定的通信技术是正交频分多址接入技术 OFDMA。

最初候选的 4G 标准有 3 个，即 UMB（Ultra Mobile Broadband）、LTE（Long Term Evolution）和 WiMAX II（IEEE 802.16m）。

超级移动宽带 UMB 是由以高通公司为首的 3GPP2 组织推出的 CDMA-2000 的升级版 EV-DO REV.C。UMB 的最高下载速率可达到 288Mbps，最高上传速率可达到 75Mbps，支持的终端移动速率超过 300km/h。

长期演进 LTE 是沿着 GSM—W-CDMA—HSPA—4G 路线发展的技术，是由以欧洲电信为首的 3GPP 组织启动的新技术研发项目。和 UMB 一样，LTE 也采用了 OFDM/OFDMA 作为物理层的核心技术。

2006 年 12 月批准的 802.16m 是向 IMT-Advanced 迈进的研究项目。为了达到 4G 的技术要求，IEEE 802.16m 的下行峰值速率在低速移动、热点覆盖条件下可以达到 1Gbps，在高速移动、广域覆盖条件下可以达到 100Mbps。为了向前兼容，802.16m 准备对 802.16e 采用的 OFDMA 调制方式进行增补，进一步提高系统吞吐量和传输速率。

2008 年 11 月，高通公司宣布放弃 UMB 技术。鉴于 IEEE 802.16e 已跻身于 3G 标准行列，所以在向 4G 迈进时代就形成了 LTE-Advanced 与 IEEE 802.16m 竞争的格局，它们采用的关键技术有许多共同之处，如表 1-11 所示。

表 1-11 LTE-Advanced 与 IEEE 802.16m 的技术比较

项目	LTE-Advanced	IEEE 802.16m
信道宽带	支持 1.25MHz～20MHz 宽带	5MHz～20MHZ 的抗辩带宽，特殊情况下可达 100MHZ
峰值速率	下行 1Gbps，上行 500Mbps	静止 1Gbps，移动 100Mbps
移动性	0～15km/h（最佳性能），0～120km/h（较好性能），120～350km/h（保持连接不掉线）	0～15km/h（最佳性能），0～120km/h（较好性能），120～350km/h（保持连接不掉线）
传输技术与多址技术	下行 OFDMA，上行 SC-FDMA	OFDMA
双工方式	FDD 和 TDD 融合，FDD 半双工	FDD、TDD 和 FDD 半双工
调制方式	QPSK、16QAM 和 64QAM	BPSK、QPSK、16QAM 和 64QAM
编码方式	以 Turbo 码为主，LDPC 编译码	卷积码、卷积 Turbo 码和低密度奇偶校验码
多天线技术	基本 MIMO 模型：下行 4×4，上行 2×4 天线，最多 8×8 配置	支持 MIMO 技术（基站支持 1、2、4、8 根发射天线，终端支持 1、2、4 根发射天线）和 AAS（自适应线阵）
纠错技术	Chase 合并与增量冗余 HARQ，异步 HARQ 和自适应 HARQ	Chase 合并，异步 HARQ 和非自适应 HARQ

2013 年年底，工信部正式向三大运营商发放了 4G 牌照，中国移动、中国电信和中国联通均获得 TD-LTE 牌照，中国移动获得了 130MHz 的频谱资源，远高于中国电信和中国联通的 40MHz，各家运营商得到的商用频段划分如下：

（1）中国移动：1880MHz～1900MHz、2320MHz～2370MHz、2575MHz～2635MHz。

（2）中国联通：2300MHz～2320MHz、2555MHz～2575MHz。

（3）中国电信：2370MHz～2390MHz、2635MHz～2655MHz。

其实，对于 LTE 上、下行信道的划分可以使用时分多路（TDD）技术，也可以使用频分多路（FDD）技术，欧洲运营商大多倾向于 FDD-LTE。中国移动受限于 3G 时代的 TD-SCDMA

网络，最初就明确要建设 TD-LTE 网络，并在全国许多城市大规模建设 TD-LTE 试验网，而中国联通和中国电信则倾向于建设 FDD-LTE 网络。

5. 5G 关键技术

5G 是具有高速率、低时延和大连接特点的新一代宽带移动通信技术，是实现人机物互联的网络基础设施。作为新一代移动通信技术，其网络架构、无线技术、应用场景都有了巨大的改变，有大量技术被整合在其中。与 4G 相比，5G 可以提供小于 1ms 的端到端时延以及 99.9999% 的可靠性，极大地丰富了网络应用场景。5G 的关键技术包括：超密集异构无线网络、大规模多输入多输出、毫米波通信、软件定义网络和网络功能虚拟化等。

1）超密集异构无线网络

异构网络（Heterogeneous Network，HetNet）是面向未来的创新移动宽带网络架构，由不同大小、类型的小区构成，包括宏小区（Macrocell）、微小区（Microcell）、微微小区（Picocell）、毫微微小区（Femtocell）。在宏蜂窝覆盖范围内部署低功率节点，通过“多样化的设备形态、差异化的覆盖方案、多频段组网方式”等实现分层立体网络。在 5G 时代，移动通信网络将是一种基于宏基站、微站与室分的分层实现信号覆盖的集 Wi-Fi（无线连接）、5G、LTE（长期演进）等多种网络制式于一身的多元化超密集异构网络。

2）大规模多输入多输出

大规模多输入多输出（Massive MIMO）基础的 MIMO 技术已经应用在 4G 中。2010 年，贝尔实验室提出了大规模的 MIMO，研究极端情况下的多用户多输入输出技术，每个基站在多小区的情况下放置无限数量的天线。大规模 MIMO 技术可以由一些并不昂贵的低功耗的天线组件来实现，为实现在高频段上进行移动通信提供了广阔的前景，它可以成倍提升无线频谱效率，增强网络覆盖和系统容量，帮助运营商最大限度利用已有站址和频谱资源。

3）毫米波通信

毫米波是指由 3GPP（第三代合作伙伴计划）频率规划的 FR2 频段（24.25GHz～52.6 GHz）。根据香农公式：$C=B\times\log_2(1+S/N)$，其中 B 表示通信带宽，S/N 表示信噪比，C 表示信道信息传送速率的上限，也就是信道容量。从公式可以直观地看到信道容量与通信带宽成正比，毫米波频段能提供更大的带宽，而挖掘更大的传输带宽对提升无线通信容量至关重要，超高的通信带宽可助力 5G 通信实现 10 Gbit/s 的高速宽带通信。毫米波在 5G 的多种无线接入技术叠加型移动通信网络中具备两个优势：基于毫米波小基站可以增强高速环境下移动通信的使用体验；基于毫米波的移动通信回程极大地提高叠加型网络的组网的灵活性。

4）软件定义网络

软件定义网络（Software Defined Network，SDN）是互联网发展的一种新技术。5G 不仅仅是无线网络的变化，移动网络的其他部分也会发生巨大的本质变化。传统互联网将控制平面与数据平面集合在一起，在设备内部设有封闭式的接口，使得网络封闭、开放扩展性差。SDN 的引入改变了传统网络的这些缺陷，驱动 CT（通信技术）/ IT（互联网技术）业务深度融合。SDN 控制下的网络，将变得更加简单，网络的灵活性、可管理性和可扩展性大幅提升，并且可以使系统内设备达到简化的效果，便于统一管理、快速部署与维护，是网络低成本建设、高效率运营的主要策略。

5）网络功能虚拟化

移动数据业务不断涌现，物联网业务大规模、爆发式增长，对网络的智能化和灵活化提出了更高的标准。随着云计算的深入发展和网元功能的逐步简化、硬件通用化，网络功能虚拟化（Network Functions Virtualization，NFV）应运而生，它可以快速完成系统功能的迭代及新业务的上线。设备云化后，软件和硬件彻底解耦，各式各样的通信设备可以工作在统一的硬件平台上借助软件形成网络功能，大幅降低网络的建设投资和维护成本。正是基于这些灵活的技术，使得5G的多场景应用成为了现实。

1.6 网络管理

1.6.1 网络管理功能域

网络管理有5大功能域，即故障管理（Fault Management）、配置管理（Configuration Management）、计费管理（Accounting Management）、性能管理（Performance Management）和安全管理（Security Management），简写为FCAPS。传统上，性能、故障和计费管理属于网络监视功能，另外两种属于网络控制功能。

性能管理可选择的性能指标很多，对网络管理有用的两类性能指标是面向服务的性能指标和面向效率的性能指标。面向服务的性能指标应具有较高的优先级。可用性、响应时间、正确性是面向服务的性能指标，吞吐率和利用率是面向效率的性能指标。

故障监视就是要尽快地发现故障，找出故障原因，以便及时采取补救措施。故障管理可分为以下3个功能模块：①故障检测和报警功能。故障监视代理要随时记录系统出错的情况和可能引起故障的事件，并把这些信息存储在运行日志数据库中。②故障预测功能。对各种可以引起故障的参数建立门限值，并随时监视参数值变化，一旦超过门限值，就发送警报。③故障诊断和定位功能。即对设备和通信线路进行测试，找出故障原因和故障地点。故障监视还需要有效的用户接口软件，使得故障发现、诊断、定位和排除等一系列操作都可以交互地进行。

计费监视主要是跟踪和控制用户对网络资源的使用，并把有关信息存储在运行日志数据库中，为收费提供依据。不同的系统，对计费功能要求的详尽程度也不一样。

配置管理是指初始化、维护和关闭网络设备或子系统。被管理的网络资源包括物理设备（例如服务器、路由器）和底层的逻辑对象（例如传输层定时器）。配置管理功能可以设置网络参数的初始值/默认值，使网络设备初始化时自动形成预定的互连关系。当网络运行时，配置管理监视设备的工作状态，并根据用户的配置命令或其他管理功能的请求改变网络配置参数。

早期的计算机信息安全主要由物理的和行政的手段控制，例如不许未经授权的用户进入终端室（物理的），或者对可以接近计算机的人员进行严格审查等（行政的）。然而自从有了网络，特别是有了开放的因特网，情况就完全不同了。人们迫切地需要自动的管理工具，以控制存储在计算机中的信息和网络传输中信息的安全。安全管理提供这种安全控制工具，同时也要保护网络管理系统本身的安全。

1.6.2　简单网络管理协议

TCP/IP 网络管理方面最初使用的是 1987 年 11 月提出的简单网关监控协议（Simple Gateway Monitoring Protocol，SGMP），在此基础上改进成简单网络管理协议第一版（Simple Network Management Protocol，SNMPv1），陆续公布在 1990 年和 1991 年的几个 RFC（Request For Comments）文件中，即 RFC 1155（SMI）、RFC 1157（SNMP）、RFC 1212（MIB 定义）和 RFC 1213（MIB-2 规范）。由于其简单性和易于实现，SNMPv1 得到了许多制造商的支持和广泛的应用。几年以后，在第一版的基础上改进功能和安全性，又产生了 SNMPv2（RFC 1902-1908，1996）和 SNMPv3（RFC 2570-2575 Apr.1999）。

在同一时期，用于监控局域网通信的标准——远程网络监控（Remote Monitoring，RMON）也出现了，这就是 RMON-1（1991）和 RMON-2（1995）。这一组标准定义了监视网络通信的管理信息库，是 SNMP 管理信息库的扩充，与 SNMP 协议配合可以提供更有效的管理性能，也得到了广泛应用。

另外，IEEE 定义了局域网的管理标准，即 IEEE 802.1b LAN/MAN 管理。这个标准用于管理物理层和数据链路层的 OSI 设备，因而叫作 CMOL（CMIP over LLC）。

为了适应电信网络的管理需要，ITU-T 在 1989 年定义了电信网络管理标准（Telecommunications Management Network，TMN），即 M.30 建议（蓝皮书）。

第 2 章　网络互连与互联网

TCP/IP 是事实上的 Internet 互连标准，共 5 层，但有定义并制定了具体协议的是应用层、传输层和网络层（Internet 层）。本章讲述计算机网络的互连设备、接入网技术、网络层、传输层和应用层的相关协议和实现技术等。

2.1　网络互连设备

网络互连设备是网络传输中相互连接的硬件设备，包括中继器、网桥（交换机）、路由器、网关和无线接入点（AP）等。

中继器的功能是对接收信号进行再生和发送。中继器不解释也不改变接收到的数字信息，它只是从接收信号中分离出数字数据，存储起来，然后重新构造它并转发出去。再生的信号与接收信号完全相同，并可以沿着另外的网段传输到远端。集线器的工作原理基本上与中继器相同。简单地说，集线器就是一个多端口中继器，它把一个端口上收到的数据广播发送到其他所有端口上。

网桥工作于数据链路层，用于连接两个局域网段。网桥要分析帧地址字段，以决定是否把收到的帧转发到另一个网段上。网桥检查帧的源地址和目标地址，如果目标地址和源地址不在同一个网段上，就把帧转发到另一个网段上；若两个地址在同一个网段上，则不转发，所以网桥能起到过滤帧的作用。以太网中广泛使用的交换机是一种多端口网桥，每一个端口都可以连接一个局域网，交换机是一种基于 MAC 地址识别，能完成封装转发数据帧功能的网络设备。交换机可以“学习”MAC 地址，并把其存放在内部地址表中，通过在数据帧的始发者和目标接收者之间建立临时的交换路径，使数据帧直接由源地址到达目的地址。

路由器工作于网络层，路由器根据网络逻辑地址在互连的子网之间传递分组。一个子网可能对应于一个物理网段，也可能对应于几个物理网段。路由器适合于连接复杂的大型网络，它工作于网络层，因而可以用于连接下面三层执行不同协议的网络，协议的转换由路由器完成，从而消除了网络层协议之间的差别，通过路由器连接的子网在网络层之上必须执行相同的协议。对于路由器如何协调网络协议之间的差别，如何进行路由选择以及如何在通信子网之间转发分组，将在后面进行讲解。

网关是最复杂的网络互连设备，它用于连接网络层之上执行不同协议的子网，组成异构型的因特网。网关能对互不兼容的高层协议进行转换，例如使用 Novell 公司 NetWare 的 PC 工作站和 SNA 网络互连，两者不仅硬件不同，而且整个数据结构和使用的协议都不同。为了实现异构型设备之间的通信，网关要对不同的传输层、会话层、表示层和应用层协议进行翻译和变换。

无线接入点（Access Point，AP）是一个包含单纯性无线接入点（无线 AP）和无线路由器（含无线网关、无线网桥）等类设备的统称。单纯性无线 AP 就是一个无线的交换机，仅仅是提供一个无线信号发射的功能。单纯性无线 AP 的工作原理是将网络信号通过双绞线传送过来，经过 AP 产品的编译，将电信号转换成为无线电讯号发送出来，形成无线网的覆盖。根据不同的功率，其可以实现不同程度、不同范围的网络覆盖，一般无线 AP 的最大覆盖距离可达 300m。多数单纯性无线 AP 本身不具备路由功能，目前大多数的无线 AP 都支持多用户（30~100 台电脑）接入、数据加密、多速率发送等功能，在家庭、办公室内，一个无线 AP 便可实现所有电脑的无线接入。

2.2　接入网技术

接入网（Access Network，AN）除了包含用户线传输系统、复用设备外，还包括数字交叉连接设备和用户/网络接口设备。接入网为本地交换机（LE）与用户端设备（TE）之间的实施系统，其目的是综合考虑本地交换机、用户环路和终端设备，通过有限的标准化接口将各种用户所需求的业务接入节点。

2.2.1　xDSL 接入

数字用户线路（Digital Subscriber Lines，DSL）由于采用了先进的数据调制技术，通过普通的电话线就可以达到非常高的吞吐量。xDSL 是对所有不同 DSL 的总称。目前共有七种 DSL，其中 ADSL 和 VDSL 使用最广。

1. ADSL 接入

非对称数字用户环路（ADSL）是一种上、下行传输速率不等的高速数字用户环路，且在同一对用户线上还可同时传送传统的模拟话音信号。在用户端 PC 或机顶盒通过 ATU-R（远端 ASDL Modem）和模拟话音分离器接入用户铜线。在局端用户线通过分离器接入 ATU-C（局端 ADSL Modem），并经由数字用户线路接入复用器 DSLAM（Digital Subscriber Line Access Multiplexed）进行复接。复接后的高速数据流经由 ISP/LAN 和路由器进 Internet。

在 ADSL 系统中，ADSL 收发信机从一对用户线中辟出三个通道：普通电话业务（POTS）信道、中速双工数据信道、高速下行数据信道。普通电话业务占据 4kHz 以下的基带，并通过无源低通滤波器与数字信号分离，以保证在 ADSL 系统出现故障情况下仍能保证通话业务。上行信道数据速率为 16kbps~1Mbps；下行信道包括一个中速双向信道的下行部分（速率同上行信道）和一个高速（1. 5Mbps~9Mbps）单工下行通道。这三个通道可以同时工作。在实际应用中频段划分视设备而异。各信道数据速率与占用线路频宽及调制效率（码速率/调制符号速率）有关。

ADSL 系统是针对住宅用户设计的，目前 ADSL 大多用于高速接入 Internet 网业务，并能享用 ISP 运营商所提供的诸如点播电视、远程教学、远程医疗、居家购物、可视电话、多方可视游戏等多媒体业务。

2. VDSL 接入

由于 ADSL 技术在提供图像传输时下行带宽十分有限，而且成本偏高。在提高系统下行带宽过程中系统逐步演变为甚高比特数字用户环路（VDSL）。

VDSL 系统用于接入网中的最后一段入户连接。其传输距离只有 300m（52Mbps 时）~1km（13Mbps 时）。其传输速率为：下行达 13Mbps~ 52Mbps；上行为 1. 5 Mbps ~2Mbps。

由于 VDSL 系统传输距离缩短，码间干扰大大减小，对数字信号处理要求亦大为简化，收发信机成本有望比 ADSL 降低一半。

VDSL 系统因传输距离短，故一般作为光纤到路边（FTTC）和光纤到大楼（FTTB）的宽带延伸。从目前看来 VDSL 和 ATM 无源接入网（APON）混合使用是一种比较理想的宽带接入方案。

2.2.2 Cable Modem 接入

电缆调制解调器（Cable Modem）是适用于电缆传输体系的调制解调器。它基于有线电视网络，利用了有线电视电缆可以同时传输多个频道的工作机制，使用电缆带宽的一部分来传送数据。Cable Modem 是将数据进行调制后在电缆的一个频率范围内传输，接收时进行解调，传输机理与普通 Modem 相同。不同之处在于它是通过有线电视网络的某个传输频带进行调制解调的。而普通 Modem 的传输介质在用户与交换机之间是独立的，即用户独享通信介质。Cable Modem 属于共享介质系统，其他空闲频段仍然可用于有线电视信号的传输。

Cable Modem 类似于电话线上使用的音频 Modem，其主要作用是完成数字信号的远距离传送。Cable Modem 下行载波带宽 6MHz，数据速率在采用 64QAM 调制方式时为 31. 2Mbps；采用 256QAM 调制方式时为 41.6Mbps。上行采用 QPSK 或 16QAM 调制方式在 200kHz~3.2MHz 带宽范围内，数据速率可达 320kbps~10Mbps，多个用户 Cable Modem 上行信号可在同一载波上分时隙发送。

我国现在开通的 Cable Modem 接入业务基本上是基于双向的混合型光纤同轴电缆（HFC）的。Cable Modem 的技术具有以下特点：

（1）连接速度快。在目前应用的所有接入方式中，Cable Modem 是最快的一种。

（2）成本低廉。Cable Modem 利用已有的有线电视网络。

（3）提供了非对称的专线连接。Cable Modem 是一直在线的，用户无需拨号，也不用担心遇到忙音，只要一打开计算机就会自动建立与 Internet 的高速连接。

（4）不受连接距离的限制。用户所在地和有线电视中心局之间的同轴电缆能够按照用户的需要延伸，不受连接距离的限制。

2.2.3 局域网接入

以太网的传输速率高、组网设备价格低廉，其传输链路可采用光纤、同轴电缆、铜缆双绞线等物理媒体。随着以太网技术的迅速发展，该技术进入 IP 城域网和接入网领域。

目前新建住宅小区和商务楼流行局域网（LAN）方式接入。小区接入节点（ZAN）提供住宅小区接入，采用千兆以太网交换机；楼宇接入点（BAN）提供居民楼宇接入，采用百兆以太网交换机，实现住宅小区的千兆光纤到小区、百兆光纤或 5 类线到住宅楼、十兆 5 类线到用户的宽带用户接入方案，或商务楼的千兆到大楼、百兆到楼层、十兆到用户的用户接入方案。小区或大楼的千兆光纤经由 IP 城域网汇聚层的路由交换机进入城域核心网。

城域网的汇聚层将电话、数据以及各种宽带多媒体接入业务，汇聚为 IP 数据流进入城域骨干网。汇聚层可提供诸如点播电视、有线电视、信息广播等业务。该层还有一个重要作用，是对用户进行鉴权、认证、计费和管理。用于汇聚层的典型设备包括各类路由器、路由交换机、各类网关、宽带综合接入服务器、WWW、DNS（域名）、AAA（鉴权、认证、计费）等服务器以及各类信息源。

2.2.4　无线接入

1. 无线接入技术

无线接入技术是无线通信的关键问题，是指通过无线介质将用户终端与网络节点连接起来，以实现用户与网络间的信息传递。无线信道传输的信号应遵循一定的协议，这些协议即构成无线接入技术的主要内容。无线接入技术与有线接入技术的一个重要区别在于可以向用户提供移动接入业务。

无线接入大致可分为三种。

（1）低速无线本地环。无线本地技术源于 20 世纪 40 年代中期出现的蜂窝电话和随后产生的无绳电话等移动通信技术。最常用的为蜂窝通信技术，即利用模拟蜂窝移动通信技术，如总访问通信系统、高级移动电话服务系统等。这类技术的速率较低，像全球通仅能够提供 13kb/s 的语音服务和 9. 6kb/s 的数据服务。

（2）宽带无线接入。随着无线接入市场的不断扩大，许多无线设备制造商开始提供基于无线电波的宽带接入系统，如多路多点分配业务和本地多点分配业务。这些系统采用数字技术，并支持多用户和多种服务，数据通信速率一般在 128skb/s～155kb/s。

（3）卫星接入。卫星接入就是利用卫星通信系统提供的接入服务。它由人造卫星和地面站组成，用卫星作为中转站转发传入的无线电信号。其中，能够为用户提供电话、电视和数据接入服务的卫星接入业务，在我国已有了较广泛的应用。

2. 宽带无线接入

宽带无线接入技术虽然没有像 ADSL 等有线宽带技术那样成为主流的接入手段，但是由于它自身的优点，在整个宽带市场中也占据了一席之地，网络规模逐年扩张。

与传统仅提供窄带话音业务的无线接入技术不同，宽带无线接入技术（BWA）面向的主要应用是 IP 数据接入和话音接入。BWA 的出现源于 Internet 的发展和用户对宽带数据需求的不断增长。各个国家从 1999 年开始纷纷为 BWA 分配频率，其中主要包括 2.5GHz、3.5GHz、5GHz、

24GHz、26GHz 等频段。北美国家主要分配了 2.5GHz，欧洲的国家则主要分配了 3.5GHz 频率资源。20GHz 以上的宽带无线接入技术统称为本地多点分配技术（LMDS）。我国为 BWA 分配的频率资源包括 3.5GHz、5.8GHz、26GHz LMDS，其中 5.8GHz 为扩频通信系统、宽带无线接入系统、高速无线局域网、蓝牙系统等共享的频段，其余两个频带则是宽带无线接入专有频带。

当前宽带无线接入有以下几大技术：LMDS（Local Multipoint Distribution System，本地多点分配系统）、MMDS（Multipoint Multichannel Distribution System，多点多信道分配系统）、无线局域网、蓝牙及其他（如红外等）。

（1）LMDS（高频宽带、24 / 26GHz～38GHz）。LMDS 频谱资源比较多，可以传输较高的速率，但是由于工作于毫米波，受气候影响大，抗雨衰性能差，降低了在经济发达的东南沿海地区的可用度。目前通常所说的 LMDS 为第二代数字系统，主要使用无线 ATM 传送协议，具有标准化的网络侧接口和网管协议。LMDS 具有更高带宽和双向数据传输的特点，可以提供多种宽带交互式数据业务及话音和图像业务，因此人们逐渐将眼光投入带宽达到 1GHz，几乎可以提供任何种类的业务。我国已完成频率规划，频段为 24.507GHz～25.515GHz 和 25.757GHz～26.765GHz。

（2）MMDS（中频中宽带、2GHz～5GHz）。该频段传输性能好、覆盖范围广、技术成熟、抗雨衰性能良好、扩容性强、组网灵活且成本具有竞争力，是较为理想的无线接入手段。由于该频段资源比较紧张，能分给 MMDS 的频段窄，信道数少，需用新技术来提高频谱利用率。中国已经分配试用（3.4GHz～3.43GHz 和 3.5GHz～3.53GHz）。因为频段相对紧张，所以格外激发高效利用频率的新技术大量涌现。

（3）无线局域网 WLAN。无线局域网的主要技术有 IEEE802.11b、IEEE 802.11a、IEEE 802.11g、HiperLAN 等。当前最具代表性的当数 IEEE 802．11b。1999 年 9 月通过的 IEEE 802.11b 工作在 2.4GHz～2.483GHz 频段。与有线局域网的不同主要体现在便携性上。WLAN 技术发展较为迅速，由于 IEEE 802.11 标准成功解决了空中接口兼容性问题，促进了无线局域网终端和接入点（AP）的互通，因此 WLAN 设备成本下降很快，应用也非常广泛。

虽然 WLAN 的公众热点数在增多，但是对于 WLAN 技术，由于每个 AP 的覆盖范围有限，因此整个热点内 AP 的互连也需要有线网络设施的支撑，对网络整体投资有一定的要求。

（4）蓝牙。蓝牙也是一种使用 2.4GHz～2.483GHz 的无线频带（ISM 频带）的通用无线接口技术，提供不同设备间的双向短程通信。蓝牙的目标是最高数据传输速率 1Mbit/s（有效传输速率为 721kbit/s）、最大传输距离为 10cm～10m（增加发射功率可达 100m）。蓝牙的优势是设备成本低、体积小。而且，搭配“蓝牙”构造一个整体网路的成本要比铺设线缆低。相对 802.11x 系列和 HiperLAN 家族，蓝牙的作用不是为了竞争，而是相互补充。

宽带无线接入技术经过近几年的发展，已经形成了一定的产业规模。随着新的技术涌现，宽带无线接入的传输能力在不断增强，接口更加开放，技术的发展正经历从固定到移动的发展过程。

2.2.5 光网络接入

1. 光纤接入技术

光纤接入网是指局端与用户之间完全以光纤作为传输媒体。接入网光纤化有很多方案，有光纤到路边（FTTC）、光纤到小区（FTTZ）、光纤到办公楼（FTTB）、光纤到楼面（FTTF）、光纤到家庭（FTTH）。采用光纤接入网是光纤通信发展的必然趋势，尽管目前各国发展光纤接入网的步伐各不相同，但光纤到家庭是公认的接入网发展目标。现阶段大规模实现 FTTH 还不经济，主要是实现 FTTB/FTTC，目前可采用的传送技术手段以有源光纤接入（如 PDH、ATM、SDH、GE/FE 等）为主，但当无源光纤接入开始得到应用时，其将成为 FTTH 的一种最经济有效的技术手段。

毫无疑问，光纤是接入网的理想传输媒介。光纤接入网具有以下优点：

（1）光纤接入网能满足用户对各种业务的需求。人们对通信业务的要求越来越高，如果要提供高清晰度或交互式视频等业务，用铜线双绞线是难以实现的。

（2）光纤可以克服铜线电缆无法克服的一些限制因素，且损耗低、频带宽，解除了铜线电缆网径小的限制，此外，光纤不受电磁干扰，保证了信号传输质量。

（3）光纤接入网的性能不断提高，价格不断下降。

（4）光纤接入网提供数字业务，有完善的监控和管理系统，能适应将来宽带综合业务的需要，打破有限带宽的传输瓶颈，使信息高速公路畅通无阻。

现在，影响光纤接入网发展的主要原因不是技术，而是成本。直至目前，光纤接入网的成本仍然较高。

2. 无源光网络

无源光网络（PON）技术是最新发展的点到多点的光纤接入技术。无源光网络由光线路终端（OLT）、光网络单元（ONU）和光分配网络（ODN）组成。一般其下行采用 TDM 广播方式、上行采用 TDMA（时分多址接入）方式，而且可以灵活地组成树型、星型、总线型等拓扑结构（典型结构为树型）。PON 的本质特征就是 ODN 全部由无源光器件组成，不包含任何有源电子器件，这样避免了外部设备的电磁干扰和雷电影响，减少了线路和外部设备的故障率，提高了系统可靠性，同时节省了维护成本。与有源光接入技术相比，PON 由于消除了局端与用户端之间的有源设备，从而使得维护简单、可靠性高、成本低，而且能节约光纤资源。

目前 PON 技术主要有 APON（基于 ATM 的 PON）、EPON（基于以太网的 PON）和 GPON（Gigabit PON）等几种，其主要差异在于采用了不同的二层技术。

（1）APON。APON 是 20 世纪 90 年代中期被 ITU 和全业务接入网论坛（FSAN）标准化的 PON 技术，在 2001 年年底 FSAN 又将 APON 更名为 BPON，APON 的最高速率为 622Mbit/s，二层采用的是 ATM 封装和传送技术，因此存在带宽不足、技术复杂、价格高、承载 IP 业务效率低等问题，未能取得市场上的成功。

（2）EPON。为更好地适应 IP 业务，第一英里以太网联盟（EFMA）在 2001 年年初提出了在二层用以太网取代 ATM 的 EPON 技术，IEEE 802. 3ah 工作小组对其进行了标准化，EPON 可以支持 1. 25Gbps 对称速率，将来速率还能升级到 10 Gbps。EPON 产品得到了更大程度的商用，由于其将以太网技术与 PON 技术完美结合，因此非常适合 IP 业务的宽带接入技术。对于吉位每秒（Gbps）速率的 EPON 系统，也常称为 GEPON。

（3）GPON。在 EFMA 提出 EPON 概念的同时，FSAN 又提出了 GPON，FSAN 与 ITU 已对其进行了标准化，其技术特色是在二层采用 ITU－T 定义的 GFP（通用成帧规程）对 Ethernet、TDM、ATM 等多种业务进行封装映射，能提供 1.25Gbps、2.5Gbps 下行速率和所有标准的上行速率，并具有强大的操作、管理、维护和配置（Operation， Administration， Maintenance and Provisioning，OAMP）功能。在高速率和支持多业务方面，GPON 有明显优势，但目前成本要高于 EPON，产品的成熟性也逊于 EPON。

2.3 网络层协议

2.3.1 IP 协议

IP 协议是 Internet 中的网络层协议，提供无连接服务。

1. IP 协议数据单元

IP 协议的数据格式如图 2-1 所示，其中的字段如下。

<table>
<tr><td>版本号</td><td>IHL</td><td>服务类型</td><td colspan="4">总长度</td></tr>
<tr><td colspan="3">标识符</td><td></td><td>D</td><td>M</td><td>段偏置值</td></tr>
<tr><td colspan="2">生存期</td><td>协议</td><td colspan="4">头校检和</td></tr>
<tr><td colspan="7">源地址</td></tr>
<tr><td colspan="7">目标地址</td></tr>
<tr><td colspan="7">任选数据+补丁</td></tr>
<tr><td colspan="7">用户数据</td></tr>
</table>

图 2-1 IP 协议格式

- 版本号：协议的版本号，不同版本的协议格式或语义可能不同，现在常用的是 IPv4，正在逐渐过渡到 IPv6。
- IHL：IP 头长度，以 32 位字计数，最小为 5，即 20 个字节。
- 服务类型：用于区分不同的可靠性、优先级、延迟和吞吐率的参数。
- 总长度：包含 IP 头在内的数据单元的总长度（字节数）。

- 标识符：唯一标识数据报的标识符。
- 标志：包括 3 个标志，一个是 M 标志，用于分段和重装配；另一个是禁止分段标志，如果认为目标站不具备重装配能力，则可使这个标志置位，这样如果数据报要经过一个最大分组长度较小的网络，就会被丢弃，因而最好使用源路由以避免这种灾难发生；第 3 个标志当前没有启用。
- 段偏置值：指明该段处于原来数据报中的位置。
- 生存期：用经过的路由器个数表示。
- 协议：上层协议（TCP 或 UDP）。
- 头校检和：对 IP 头的校验序列。在数据报传输过程中 IP 头中的某些字段可能改变（例如生存期，以及与分段有关的字段），所以校检和要在每一个经过的路由器中进行校验和重新计算。校检和是对 IP 头中的所有 16 位字进行 1 的补码相加得到的，计算时假定校检和字段本身为 0。
- 源地址：给网络和主机地址分别分配若干位，例如 7 和 24、14 和 16、21 和 8 等。
- 目标地址：同上。
- 任选数据：可变长，包含发送者想要发送的任何数据。
- 补丁：补齐 32 位的边界。
- 用户数据：以字节为单位的用户数据，和 IP 头加在一起的长度不超过 65 535 字节。

2. IP 地址与子网划分

IP 网络地址采用“网络 • 主机”的形式，其中网络部分是网络的地址编码，主机部分是网络中一个主机的地址编码。IP 地址的格式如图 2-2 所示。

前缀	网络地址	主机地址
0	网络地址	主机地址
10	网络地址	主机地址
110	网络地址	主机地址
1110	组播地址	
11110	保留	

A　1.0.0.0 ~ 127.255.255.255
B　128.0.0.0 ~ 191.255.255.255
C　192.0.0.0 ~ 223.255.255.255
D　224.0.0.0 ~ 239.255.255.255
E　240.0.0.0 ~ 255.255.255.255

图 2-2　IP 地址的格式

IP 地址分为 5 类。A 类、B 类、C 类是常用地址。IP 地址的编码规定全 0 表示本地地址，即本地网络或本地主机；全 1 表示广播地址，任何网站都能接收。所以，除去全 0 和全 1 地址外，A 类有 126 个网络地址，1600 万个主机地址；B 类有 16 382 个网络地址，64 000 个主机地址；C 类有 200 万个网络地址，254 个主机地址。

IP 地址通常用十进制数表示，即把整个地址划分为 4 个字节，每个字节用一个十进制数表示，中间用圆点分隔。根据 IP 地址的第一个字节，就可判断它是 A 类、B 类还是 C 类地址。

子网划分把主机地址部分再划分为子网地址和主机地址，形成了三级寻址结构。这种三级寻址方式需要子网掩码的支持，如图 2-3 所示。

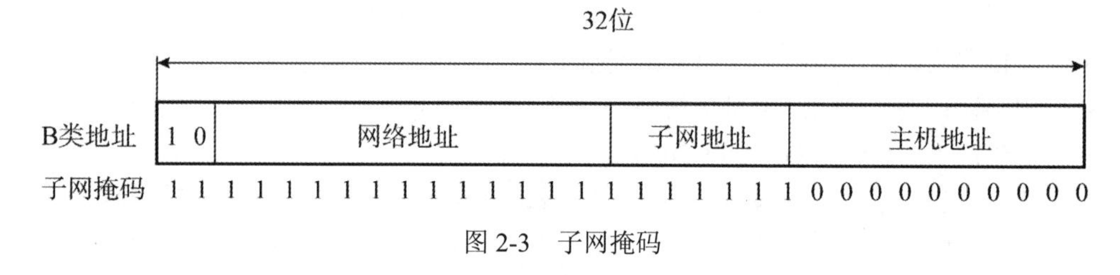

图 2-3　子网掩码

子网地址对网络外部是透明的。当 IP 分组到达目标网络后，网络边界路由器把 32 位的 IP 地址与子网掩码进行逻辑“与”运算，从而得到子网地址，并据此转发到适当的子网中。图 2-4 所示为 B 类网络地址被划分为两个子网的情况。

	网络地址	子网地址	主机地址
子网掩码	11111111.11111111.	1111	0000.00000000
130.47. 16. 254	10000010.00101111.	**0001**	0000.11111110
130.47. 17. 01	10000010.00101111.	**0001**	0001.00000001
131.47. 64. 254	10000010.00101111.	**0100**	0000.11111110
131.47. 65. 01	10000010.00101111.	**0100**	0001.00000001

图 2-4　IP 地址与子网掩码

虽然子网掩码是对网络编址的有益补充，但是还存在着一些缺陷。例如，一个组织有几个包含 25 台左右计算机的子网，又有一些只包含几台计算机的较小的子网。在这种情况下，如果将一个 C 类地址分成 6 个子网，每个子网可以包含 30 台计算机，大的子网基本上利用了全部地址，但是小的子网却浪费了许多地址。为了解决这个问题，避免任何可能的地址浪费，就出现了可变长子网掩码（Variable Length Subnetwork Mask，VLSM）的编址方案。这样，可以在 IP 地址后面加上“/位数”来表示子网掩码中“1”的个数。例如，202.117.125.0/27 的前 27 位表示网络号和子网号，即子网掩码为 27 位长，主机地址为 5 位长。

3. IPv6 协议

1）IPv6 协议的特点

IPv6 协议具有以下特点：

- 更大的地址空间。IPv6 将地址从 IPv4 的 32 bit 增大到了 128 bit。
- 扩展的地址层次结构。
- 灵活的首部格式。
- 改进的选项。

- 增强安全性。
- 对 QoS 支持。

2）IPv6 地址

IPv6 将 128 bit 地址空间分为两大部分，如图 2-5 所示。第一部分是可变长度的类型前缀，它定义了地址的目的。第二部分是地址的其他部分，其长度也是可变的。

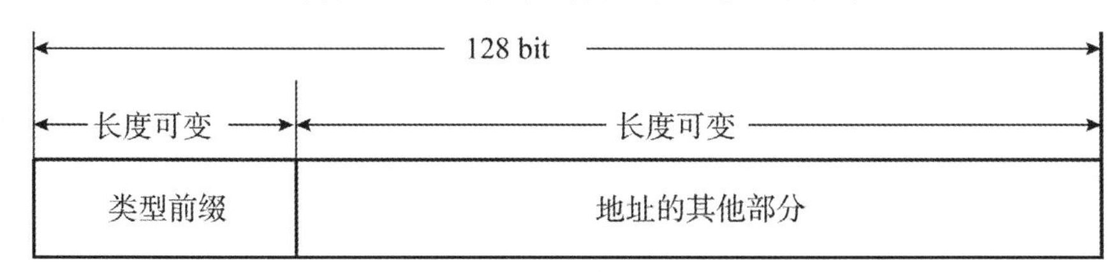

图 2-5　IPv6 地址格式

每个 16 bit 的值用十六进制值表示，各值之间用冒号分隔。

IPv6 数据报的目的地址可以是以下三种基本类型地址之一：

- 单播（unicast）。单播就是传统的点对点通信。
- 多播（multicast）。多播是一点对多点的通信。
- 任播（anycast）。这是 IPv6 增加的一种类型。任播的目的站是一组计算机，但数据报在交付时只交付给其中的一个，通常是距离最近的一个。

前缀为 0000 0000 是保留一小部分地址与 IPv4 兼容的，这是因为必须要考虑在比较长的时期，IPv4 和 IPv6 将会同时存在，而有的结点不支持 IPv6。

IPv6 扩展了地址的分级概念，使用以下三个等级：

- 第一级（顶级），指明全球都知道的公共拓扑。
- 第二级（地点级），指明单个的地点。
- 第三级，指明单个的网络接口。

IPv6 报文格式

IPv6 数据报首部格式如图 2-6 所示。

IPv6 数据报各字段说明如下。

（1）IPv6 的基本首部，具体包括：

- 版本（version）：4 bit，它指明了协议的版本，对 IPv6 该字段总是 6。
- 流量类型（Traffic Class）：8 bit，这是为了区分不同的 IPv6 数据报的类别或优先级。
- 流标签（Flow Label）：20bit，用于源节点标识 IPv6 路由器需要特殊处理的包序列。
- 载荷长度（Payload Length）：16 bit，它指明 IPv6 数据报除基本首部以外的字节数（所有扩展首部都算在有效载荷之内），其最大值是 64 KB。
- 下一个首部（Next Head）：8 bit。它相当于 IPv4 的协议字段或可选字段。
- 跳数限制（Hop Limit）：8 bit。源站在数据报发出时即设定跳数限制。路由器在转发数据报时将跳数限制字段中的值减 1。当跳数限制的值为零时，就要将此数据报丢弃。

- 源地址（Source Address）：128bit，指明生成数据包的主机的 IPv6 地址。
- 目的地址（Destination Address）：128bit，指明数据包最终要到达的目的主机的 IPv6 地址。

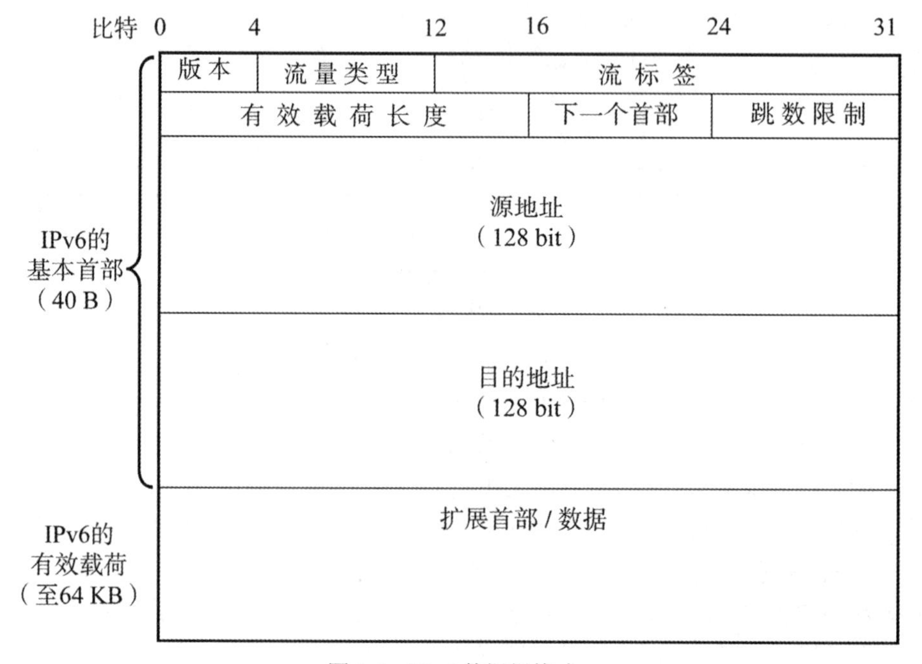

图 2-6 IPv6 数据报格式

（2）IPv6的扩展首部。IPv6 将原来 IPv4 首部中选项的功能都放在扩展首部中，并将扩展首部留给路径两端的源站和目的站的主机来处理。数据报途中经过的路由器都不处理这些扩展首部（只有一个首部例外，即逐跳选项扩展首部），这样就大大提高了路由器的处理效率。

在[RFC 2460]中定义了六种扩展首部：

- 逐跳选项：此扩展头必须紧跟在 IPv6 基本首部之后，它包含所经路径上的每一个节点都必须检查的选项数据。由于它需要在每个中间路由器都进行处理，所以只有在绝对必要的时候才出现。
- 路由选择：此扩展头指明数据包在到达目的地途中将经过的各节点的地址列表。
- 分片：当 IPv6 源地址发送的数据包比到达目的地址所经过的路径上的最小 MTU 还要大时，这个数据包就要被分成几段分别发送，这时就要用到分片头。
- 鉴别：鉴别头的功能是实现了数据的完整性和对数据来源的认证。
- 封装安全有效载荷：封装安全有效载荷头提供数据加密功能，实现端到端的加密，提供无连接的完整性和防重发服务。封装安全有效载荷头可以单独使用，也可以在使用隧道模式时嵌套使用。
- 目的站选项：目的站选项头中携带仅需要最终目的节点检验的可选信息。它要在

IPv6 目的地址域所列的第一个目的主机上处理，也要在路由头所列的后续目的主机上处理。

4）IPv6 地址自动配置

IPv6 中地址自动配置有两种方式：有状态地址自动配置和无状态地址自动配置。当站点并不是特别关心主机所使用的精确地址时，只要它们是唯一的，并且是可路由的，就能使用无状态方式；当站点严格控制地址分配时，就使用有状态方式。

（1）有状态地址自动配置。在这种模式下，主机可以从服务器获得接口地址，也可以从服务器上获得配置信息和参数。服务器中维护着一个数据库，其中记录着主机和地址分配的列表。比较常用的是 DHCPv6（Dynamic Host Configuration Protocol for IPv6）协议，即支持 IPv6 的动态主机配置协议。它允许 DHCPv6 服务器把诸如 IPv6 网络地址等信息传给 IPv6 节点。DHCPv6 服务器与客户端使用 UDP 来交换 DHCPv6 报文。服务器和中继代理使用 UDP 端口 547 来监听 DHCPv6 报文；客户端使用 UDP 端口 546 来监听报文。

（2）无状态地址自动配置。这种模式要求本地链路支持组播，而且网络接口能够发送和接收组播包。采用这种方式可以为任意主机配置一个 IPv6 地址，这个地址内嵌一个以太网地址，由于以太网地址全球唯一，因此获得的 IPv6 地址也是唯一的。

具体过程如下：

首先，进行自动配置的节点必须确定自己的链路本地地址。

然后，必须验证该链路本地地址在链路上的唯一性。

最后，节点必须确定需要配置的信息。该信息可能是节点的 IP 地址，或者是其他配置信息，或者两者皆有。

具体地说，在无状态地址自动配置过程中，主机首先通过将它的网卡 MAC 地址附加在链路本地地址前缀 1111111010 之后，产生一个链路本地单播地址（IEEE 已经将网卡 MAC 地址由 48 位改为了 64 位。如果主机采用的网卡的 MAC 地址依然是 48 位，那么 IPv6 网卡驱动程序会根据 IEEE 的一个公式将 48 位 MAC 地址转换为 64 位 MAC 地址）。接着主机向该地址发出一个邻居发现请求（Neighbor Discovery Request），以验证地址的唯一性。如果请求没有得到响应，则表明主机自我配置的链路本地单播地址是唯一的。否则，主机将使用一个随机产生的接口 ID 组成一个新的链路本地单播地址。然后，以该地址为源地址，主机向本地链路中所有路由器多点传送一个路由器请求（Router Solicitation）来请求配置信息，路由器以一个包含一个可聚集全球单播地址前缀和其他相关配置信息的路由器宣告（Router Advertisement）作为响应。主机用它从路由器得到的全球地址前缀加上自己的接口 ID，自动配置全球地址，然后就可以与 Internet 中的其他主机通信了。

如果本地网络孤立于其他网络，则节点必须寻找配置服务器来完成其配置；否则，节点必须侦听路由器宣告报文。这些报文周期性地发往所有主机的组播地址，以指明诸如网络地址和子网地址等配置信息。节点可以等待路由器宣告，也可以通过发送组播请求给所有路由器的组播地址来请求路由器发送宣告。一旦收到路由器的响应，节点就可以使用响应的信息来完成自动配置。

5）邻节点发现过程

邻居发现协议使用一系列的 IPv6 控制信息报文来实现相邻节点的信息交互管理，并在一个子网中保持网络层地址和链路层地址之间的映射。邻居发现协议中定义了 5 种类型的信息：路由器宣告、路由器请求、路由重定向、邻居请求和邻居宣告。

邻节点发现过程具体如下：

① 路由器发现：即帮助主机来识别本地路由器。

② 前缀发现：节点使用此机制来确定指明链路本地地址的地址前缀以及必须发送给路由器转发的地址前缀。

③ 参数发现：帮助节点确定诸如本地链路 MTU 之类的信息。

④ 地址自动配置：用于 IPv6 节点自动配置。

⑤ 地址解析：替代了 ARP 和 RARP，帮助节点从目的 IP 地址中确定本地节点（即邻居）的链路层地址。

⑥ 下一跳确定：可用于确定包的下一个目的地，即可确定包的目的地是否在本地链路上。如果在本地链路，下一跳就是目的地；否则，包需要选路，下一跳就是路由器，邻居发现可用于确定应使用的路由器。

⑦ 邻居不可达检测：帮助节点确定邻居（目的节点或路由器）是否可达。

⑧ 重复地址检测：帮助节点确定它想使用的地址在本地链路上是否已被占用。

⑨ 重定向：有时节点选择的转发路由器对于待转发的包而言并非最佳。这种情况下，该转发路由器可以对节点进行重定向，使它将包发送给更佳的路由器。

2.3.2 ICMP 协议

ICMP（Internet Control Message Protocol）与 IP 协议同属于网络层，用于传送有关通信问题的消息，例如数据报不能到达目标站，路由器没有足够的缓存空间，或者路由器向发送主机提供最短通路信息等。ICMP 报文封装在 IP 数据报中传送，因而不保证可靠的提交。ICMP 报文有 11 种之多，报文格式如图 2-7 所示。其中，类型字段表示 ICMP 报文的类型；代码字段可表示报文的少量参数；当参数较多时写入 32 位的参数字段；ICMP 报文携带的信息包含在可变长的信息字段中；校验和字段是关于整个 ICMP 报文的校验和。

<table>
<tr><td>类型</td><td>代码</td><td>校验和</td></tr>
<tr><td colspan="3">参数</td></tr>
<tr><td colspan="3">信息（可变长）</td></tr>
</table>

图 2-7 ICMP 报文格式

ICMP 报文包括以下类型：

- 目标不可到达（类型 3）：如果路由器判断出不能把 IP 数据报送达目标主机，则向源主机返回这种报文。另一种情况是目标主机找不到有关的用户协议或上层服务访问点，也会返回这种报文。出现这种情况的原因可能是 IP 头中的字段不正确；或者是数据报中说明的源路由无效；也可能是路由器必须把数据报分段，但 IP 头中的 D 标志已置位。

- 超时（类型 11）：路由器发现 IP 数据报的生存期已超时，或者目标主机在一定时间内无法完成重装配，则向源端返回这种报文。
- 源抑制（类型 4）：这种报文提供了一种流量控制的初等方式。如果路由器或目标主机缓冲资源耗尽而必须丢弃数据报，则每丢弃一个数据报就向源主机发回一个源抑制报文，这时源主机必须减小发送速度。另外一种情况是系统的缓冲区已用完，并预感到行将发生拥塞，则发出源抑制报文。但是与前一种情况不同，涉及的数据报尚能提交给目标主机。
- 参数问题（类型 12）：如果路由器或主机判断出 IP 头中的字段或语义出错，则返回这种报文，报文头中包含一个指向出错字段的指针。
- 路由重定向（类型 5）：路由器向直接相连的主机发出这种报文，告诉主机一个更短的路径。例如路由器 R1 收到本地网络上主机发来的数据报，R1 检查它的路由表，发现要把数据报发往网络 X，必须先转发给路由器 R2，而 R2 又与源主机在同一网络中，于是 R1 向源主机发出路由重定向报文，把 R2 的地址告诉它。
- 回声（请求/响应，类型 8/0）：用于测试两个节点之间的通信线路是否畅通。收到回声请求的节点必须发出回声响应报文。该报文中的标识符和序列号用于匹配请求和响应报文。当连续发出回声请求时，序列号连续递增。常用的 PING 工具就是这样工作的。
- 时间戳（请求/响应，类型 13/14）：用于测试两个节点之间的通信延迟时间。请求方发出本地的发送时间，响应方返回自己的接收时间和发送时间。这种应答过程如果结合强制路由的数据报实现，则可以测量出指定线路上的通信延迟。
- 地址掩码（请求/响应，类型 17/18）：主机可以利用这种报文获得它所在的 LAN 的子网掩码。首先主机广播地址掩码请求报文，同一 LAN 上的路由器以地址掩码响应报文回答，告诉请求方需要的子网掩码。了解子网掩码可以判断出数据报的目标节点与源节点是否在同一 LAN 中。

2.3.3 ARP 协议

IP 地址是分配给主机的逻辑地址，在因特网络中表示唯一的主机。似乎有了 IP 地址就可以方便地访问某个子网中的某个主机，寻址问题就解决了。其实不然，还必须考虑主机的物理地址问题。

由于互连的各个子网可能源于不同的组织，运行不同的协议（异构性），因而可能采用不同的编址方法。任何子网中的主机至少都有一个在子网内部唯一的地址，这种地址都是在子网建立时一次性指定的，甚至可能是与网络硬件相关的，我们把这个地址叫作主机的物理地址或硬件地址。

物理地址和逻辑地址的区别可以从两个角度看：从网络互连的角度看，逻辑地址在整个因特网络中有效，而物理地址只是在子网内部有效；从网络协议分层的角度看，逻辑地址由 Internet 层使用，而物理地址由子网访问子层（具体地说就是数据链路层）使用。由于有两种主机地址，因此需要一种映像关系把这两种地址对应起来。在 Internet 中是用地址分解协议（Address Resolution Protocol，ARP）来实现逻辑地址到物理地址映像的。

1. ARP 分组格式

ARP 分组的格式如图 2-8 所示，各字段的含义解释如下。

<table>
<tr><td colspan="2">硬件类型</td><td>协议类型</td></tr>
<tr><td>硬件地址长度</td><td>协议地址长度</td><td>操作</td></tr>
<tr><td colspan="3">发送节点硬件地址</td></tr>
<tr><td colspan="3">发送节点协议地址</td></tr>
<tr><td colspan="3">目标节点硬件地址</td></tr>
<tr><td colspan="3">目标节点协议地址</td></tr>
</table>

图 2-8　ARP/RARP 分组格式

- 硬件类型：网络接口硬件的类型，对以太网此值为 1。
- 协议类型：发送方使用的协议，0800H 表示 IP 协议。
- 硬件地址长度：对以太网，地址长度为 6 字节。
- 协议地址长度：对 IP 协议，地址长度为 4 字节。
- 操作：
  - 1——ARP 请求。
  - 2——ARP 响应。
  - 3——RARP 请求。
  - 4——RARP 响应。

通常，Internet 应用程序把要发送的报文交给 IP，IP 协议当然知道接收方的逻辑地址（否则就不能通信了），但不一定知道接收方的物理地址。在把 IP 分组向下传送给本地数据链路实体之前，可以用两种方法得到目标物理地址。

（1）查本地内存的 ARP 地址映像表，通常 ARP 地址映像表的逻辑结构如表 2-1 所示。可以看出这是 IP 地址和以太网地址的对照表。

表 2-1　ARP 地址映像表的例子

IP 地址	以太网地址
130.130.87.1	08 00 39 00 29 D4
129.129.52.3	08 00 5A 21 17 22
192.192.30.5	08 00 10 99 A1 44

（2）如果 ARP 表查不到，就广播一个 ARP 请求分组，这种分组可经过路由器进一步转发，到达所有连网的主机。它的含义是：“如果你的 IP 地址是这个分组的目标地址，请回答你的物理地址是什么。”收到该分组的主机一方面可以用分组中的两个源地址更新自己的 ARP 地址映像表；另一方面用自己的 IP 地址与目标 IP 地址字段比较，若相符则发回一个 ARP 响应分组，向发送方报告自己的硬件地址，若不相符则不予回答。

2. 代理 ARP

所谓代理 ARP（Proxy ARP），就是路由器“假装”目标主机来回答 ARP 请求，所以源主机必须先把数据帧发给路由器，再由路由器转发给目标主机。这种技术不需要配置默认网关，也不需要配置路由信息，就可以实现子网之间的通信。用于说明代理 ARP 的例子如图 2-9 所示，设子网 A 上的主机 A（172.16.10.100）需要与子网 B 上的主机 D（172.16.20.200）通信。

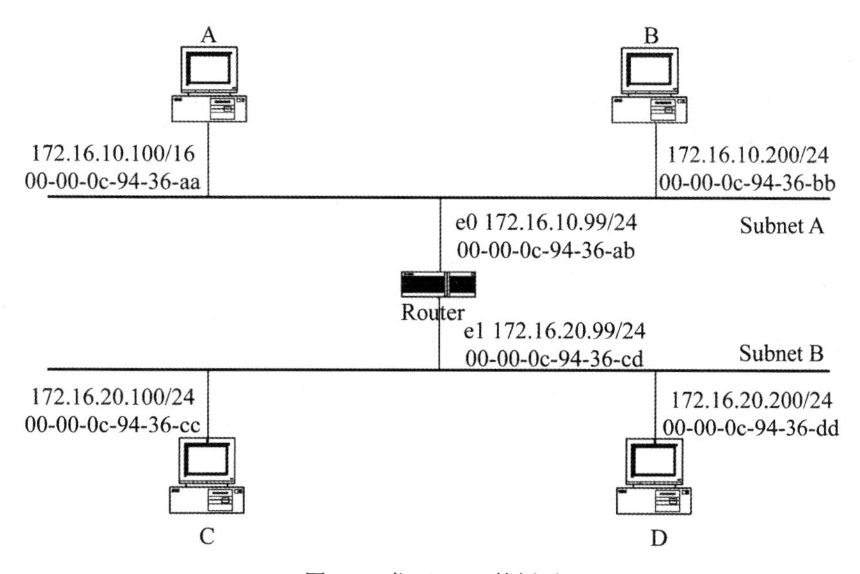

图 2-9　代理 ARP 的例子

图中的主机 A 有一个 16 位的子网掩码，这意味着主机 A 认为它直接连接到网络 172.16.0.0。当主机 A 需要与它直接连接的设备通信时，它就向目标发送一个 ARP 请求。当主机 A 需要主机 D 的 MAC 地址时，它在子网 A 上广播的 ARP 请求分组如下。

发送者的 MAC 地址	发送者的 IP 地址	目标的 MAC 地址	目标的 IP 地址
00-00-0c-94-36-aa	172.16.10.100	00-00-00-00-00-00	172.16.20.200

这个请求的含义是要求主机 D（172.16.20.200）回答它的 MAC 地址。ARP 请求分组被包装在以太帧中，其源地址是 A 的 MAC 地址，而目标地址是广播地址（FFFF.FFFF.FFFF）。由于路由器不转发广播帧，所以这个 ARP 请求只能在子网 A 中传播，到不了主机 D。如果路由器知道目标地址（172.16.20.200）在另外一个子网中，它就以自己的 MAC 地址回答主机 A，

路由器发送的应答分组如下。

发送者的 MAC 地址	发送者的 IP 地址	目标的 MAC 地址	目标的 IP 地址
00-00-0c-94-36-ab	172.16.20.200	00-00-0c-94-36-aa	172.16.10.100

这个应答分组封装在以太帧中，以路由器的 MAC 地址为源地址，以主机 A 的 MAC 地址为目标地址，ARP 应答帧是单播传送的。在接收到 ARP 应答后，主机 A 就将它的 ARP 表更新如下。

IP Address	MAC Address
172.16.20.200	00-00-0c-94-36-ab

从此以后，主机 A 就把所有给主机 D（172.16.20.200）的分组发送给 MAC 地址为 00-00-0c-94-36-ab 的主机，这就是路由器的网卡地址。

通过这种方式，子网 A 中的 ARP 映像表都把路由器的 MAC 地址当作子网 B 中主机的 MAC 地址。例如，主机 A 的 ARP 映像表如下。

IP Address	MAC Address
172.16.20.200	00-00-0c-94-36-ab
172.16.20.100	00-00-0c-94-36-ab
172.16.10.99	00-00-0c-94-36-ab
172.16.10.200	00-00-0c-94-36-bb

多个 IP 地址被映像到一个 MAC 地址这一事实正是代理 ARP 的标志。

RARP（Reverse Address Resolution Protocol）是反向 ARP 协议，即由硬件地址查找逻辑地址。通常，主机的 IP 地址保存在硬盘上，机器关电时也不会丢失，系统启动时自动读入内存中。但是，无盘工作站无法保存 IP 地址，它的 IP 地址由 RARP 服务器保存。当无盘工作站启动时，广播一个 RARP 请求分组，把自己的硬件地址同时写入发送方和接收方的硬件地址字段中。RARP 服务器接收这个请求，并填写目标 IP 地址字段，把操作字段改为 RARP 响应分组，送回请求的主机。

2.4 路由协议

因特网由不同的自治系统互连而成。自治系统内采用内部网关协议（Interior Gateway Protocol，IGP）进行路由选择，可能选择不同的路由表、不同的路由选择算法。在不同自治系统之间用外部网关协议（Exterior Gateway Protocol，EGP）交换路由信息。例如若干个校园网通过广域网互连就是这种情况，如图 2-10 所示。常用内部路由协议包括路由信息协议（Routing Information Protocol，RIP）、开放最短路径优先协议（Open Shortest Path First，OSPF）、中间系统到中间系统的协议（Intermediate System to Intermediate System，IS-IS）、内部网关路由协议（Interior Gateway Routing Protocol，IGRP）和增强的 IGRP 协议（Enhanced IGRP，EIGRP）。外部网关协议有 BGP 协议。

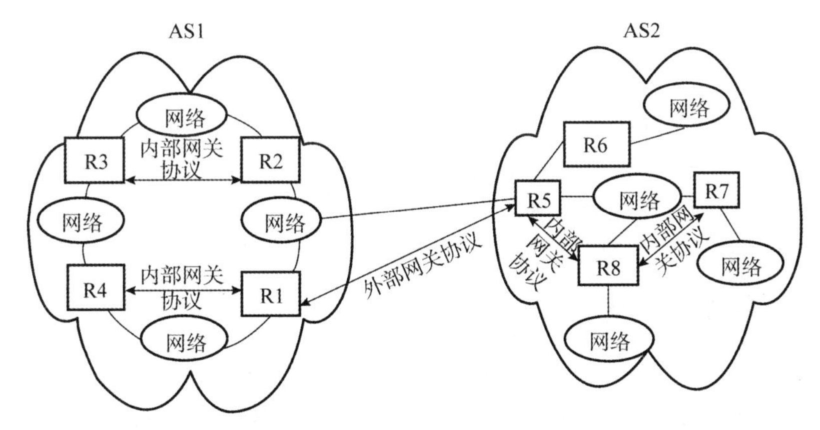

图 2-10　内部网关协议和外部网关协议

2.4.1　路由信息协议（RIP）

RIP 是一种分布式的基于距离向量的路由选择协议。该协议定义距离就是经过的路由器的数目，距离最短的路由就是最好的路由。它允许一条路径最多只能包含 15 个路由器（限制了网络的规模）。距离的最大值为 16 时即为不可达。所以 RIP 不能在两个网络之间同时使用多条路由来进行负载均衡。

RIP 协议要求网络中的每一个路由器都要维护从它自己到其他每一个目的网络的距离记录，并依此来形成自己的路由表，且按固定时间（一般为 30s）和相邻路由器交换路由表。

RIP 协议属于应用层协议，它使用传输层的用户数据报 UDP 进行传送。RIP 协议的格式及它和 UDP、IP 协议的关系如图 2-11 所示。

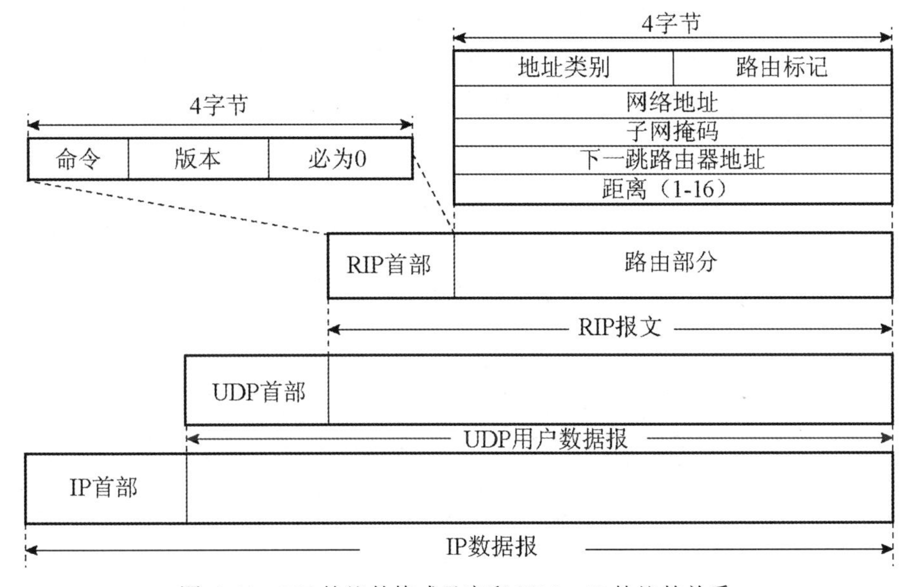

图 2-11　RIP 协议的格式及它和 UDP、IP 协议的关系

RIP 协议中的命令字段指出报文的意义。地址类别字段指出所使用的地址协议，当使用 IP 地址时，该字段的值为 2。路由标记字段应该写入自治系统号。一个 RIP 报文最大长度为 504 字节，这是因为一个 RIP 报文的路由部分最多可包含 25 个路由信息。当超过 504 字节的最大长度时，就应该再用一个 RIP 报文来传送。

RIP 的特点是："好消息传播得快，坏消息传播得慢。"它的意思是，如果路由器发现了一个更短的路由，这个消息可以很快得以传播；但如果网络出现了故障，这样的消息会传播得很慢。

2.4.2 开放最短路径优先协议（OSPF）

OSPF 协议是分布式的链路状态路由协议。链路在这里代表该路由器和哪些路由器是相邻的，即通过一个网络是可以连通的；链路状态说明了该通路的连通状态以及距离、时延、带宽等参数。在该协议中，只有当链路状态发生变化时，路由器才用洪泛法向所有路由器发送路由信息。所发送的信息是与本路由器相邻的所有路由器的链路状态。为了保存这些链路状态信息，每个路由器都会建立一个链路状态数据库，因为路由器交换信息时使用的是洪泛法，所以每个路由器都存有全网的链路状态信息，也就是说每个路由器都知道整个网络的连通情况和拓扑结构。这样每个路由器都可以根据链路状态数据库的信息来构造自己的路由表。

为了及时了解链路的状态情况，每个路由器需要定期（10s）向邻居路由器发送 Hello 分组。如果 40 秒钟还没有收到邻居的 Hello 信息，则认为该邻居是不连通的，应该立即修改链路状态数据库中所对应的记录，并重新计算路由表。

除了 Hello 问候分组外，OSPF 协议还有四种分组：链路状态更新分组、链路状态确认分组、链路状态描述分组和链路状态请求分组。通过这四种分组达到全网链路数据库的同步。链路状态更新分组是正常情况下，当链路状态发生变化时使用洪泛法所发送的分组；链路状态确认分组是对链路状态更新分组的确认；链路状态描述分组是当路由器启动一条新的通路时，向邻居路由器所发送的分组；链路状态请求分组是在与邻居路由器交换了链路状态描述分组后，还需要其他自己缺少的路由信息时所使用的分组。

OSPF 协议的格式及它与 IP 协议的关系如图 2-12 所示。

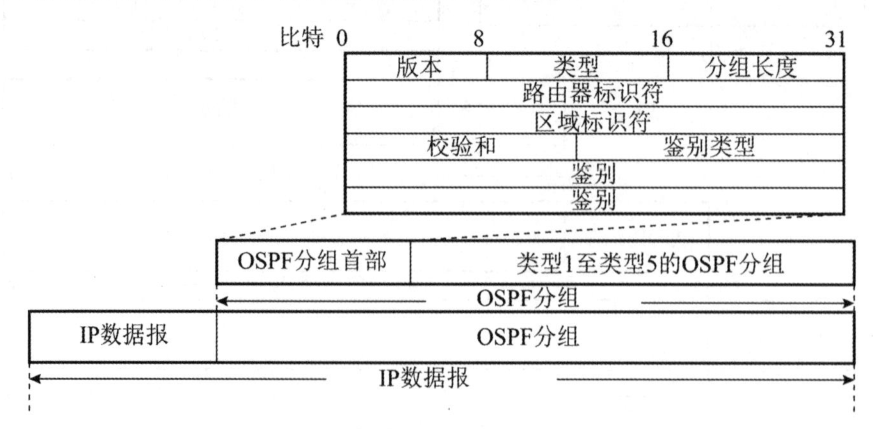

图 2-12 OSPF 协议的格式及它与 IP 协议的关系

OSPF 协议使用洪泛法向网络中所有路由器发送链路状态信息，为了减小洪泛范围，OSPF 协议对网络进行了区域划分。这在 OSPF 协议首部的区域标识符字段体现了出来。

2.4.3 IS-IS 路由协议

IS-IS（Intermediate System to Intermediate System，中间系统到中间系统）路由协议最初是 ISO（国际标准化组织）为 CLNP（Connection Less Network Protocol，无连接网络协议）设计的一种动态路由协议。为了提供对 IP 路由的支持，通过对 IS-IS 进行扩充和修改，使 IS-IS 能够同时应用在 TCP/IP 环境中，形成了集成化 IS-IS，用于城域网和承载网中。

IS-IS 协议也是基于链路状态并使用最短路径优先算法进行路由计算的一种 IGP 协议。OSPF 具有多路由类型、多区域类型、根据带宽设定开销规则、网络类型多样等特点，多用于园区网中。IS-IS 则具有算法快速、报文结构简便、快速建立邻居关系以及大容量路由传递等一系列特点，在骨干网有着天然的优势。

1. 路由器类型

在 IS-IS 中，路由器可以分为三种类型：Level-1（L1）路由器、Level-2（L2）路由器、Level-1-2（L1/2）路由器。

（1）Level-1 路由器，特点如下：

- L1 路由器是一个 IS-IS 普通区域内部的路由器，只能在非骨干区域中存在。
- L1 路由器只能与属于同一区域的 L1 和 L1/2 路由器建立 L1 邻接关系（不能与 L2 路由器建立邻接关系），交换路由信息，并维护和管理本区域内部的一个 L1 LSDB。
- L1 路由器的邻居都在同一个区域中，其 LSDB 包含本区域的路由信息以及到达同一区域中最近 L1/2 路由器（相当于 OSPF 中的 ABR）的缺省路由，但到区域外的数据需由最近的 L1/2 路由器进行转发。
- 也就是说，L1 路由器只能转发区域内的报文，或者将到达其他区域的报文转发到距离它最近，且在同一区域的 L1/2 路由器。

（2）Level-2 路由器，特点如下：

- L2 路由器是骨干区域中的路由器，主要用于通过与普通区域中的 L1/2 路由器连接，连接骨干区域和非骨干区域，类似于 OSPF 网络中的 BR（骨干路由器），并负责在不同区域间的通信。L2 路由器负责区域间的路由，它可以与相同或者不同区域的 L2 路由器或者不同区域的 L1/2 路由器形成邻居关系。L2 路由器维护一个 L2 的 LSDB，该 LSDB 包含区域间的路由信息。L2 路由器只可能建立 L2 的邻接关系。
- 网络中的所有 L2 路由器和所有 L1/2 路由器连接在一起共同构成 IS-IS 网络的骨干网（注意，不是骨干区域），也称 L2 区域。IS-IS 中的 L2 区域不是一个特定的区域，是由连接网络中各个区域的一部分路由器组成的，但必须是连续的。

（3）Level-1-2 路由器，特点如下：

- L1/2 路由器类似于 OSPF 网络中的 ABR（区域边界路由器），用于区域间的连接。
- L1/2 路由器既可以与同一普通区域的 L1 路由器以及其他 L1/2 路由器建立 L1 邻接关系，也可以与骨干区域 L2 路由器建立 L2 邻接关系。L1 路由器必须通过 L1/2 路由器才能与其他区域通信。
- L1/2 路由器必须维护以下两个 LSDB：L1 LSDB 用于区域内路由，L2 LSDB 用于区域间路由。但要注意的是，L1/2 路由器不一定要位于区域边界，在区域内部也有可能存在 L1/2 路由器。

2. 网络分层路由域

为了支持大规模的路由网络，IS-IS 在自治系统内采用骨干区域与非骨干区域两级分层结构，如图 2-13 所示。一般来说，将 Level-1 路由器部署在非骨干区域，将 Level-2 路由器和 Level-1-2 路由器部署在骨干区域。每一个非骨干区域都通过 Level-1-2 路由器与骨干区域相连。

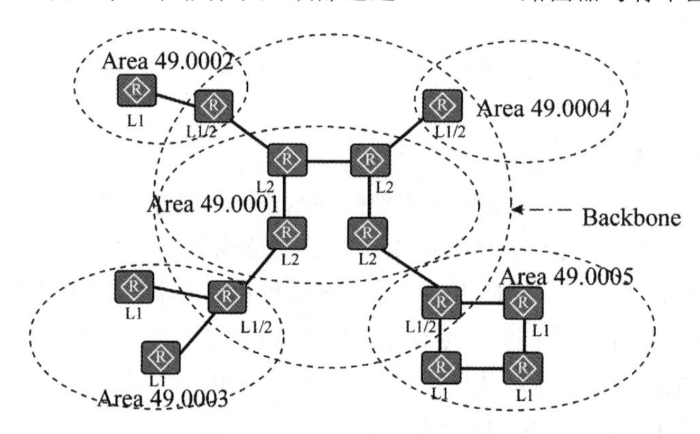

图 2-13 IS-IS 分层路由结构

在 OSPF 中，骨干区域固定为 Area 0，且非骨干区域要和骨干区域相连（没有通过物理连接的话则要进行虚连接）。但是在 IS-IS 中：

- 可以有多个骨干区域，且区域 ID 不固定；
- 非骨干区域必须和骨干区域物理相连（通过 L1/2 路由器）；
- 非骨干区域之间不能直接连接。

Level-1-2 级别的路由器可以属于不同的区域，在 Level-1 区域维护 Level-1 的 LSDB，在 Level-2 区域维护 Level-2 的 LSDB。

2.4.4 外部网关协议（BGP）

BGP 是不同自治系统的路由器之间交换路由信息的协议。由于 Internet 的规模太大，使得自治系统之间路由选择非常困难。另外，对于自治系统之间的路由选择，要寻找最佳路由很不现实的。所以 BGP 只是尽力寻找一条能够到达目的网络且比较好的路由（不能兜圈子），而不像内部网关协议一样要寻找一条最佳路由。

每一个自治系统的管理员要选择至少一个路由器作为该自治系统的“BGP 发言人”。BGP 发言人往往就是 BGP 边界路由器，但也可以不是 BGP 边界路由器。通常，两个 BGP 发言人都是通过一个共享网络连接在一起的。

当一个 BGP 发言人与其他自治系统中的 BGP 发言人交换路由信息时，首先要建立 TCP 连接，然后在此连接上交换 BGP 报文以建立 BGP 会话（session），利用 BGP 会话交换路由信息。

在 BGP 刚刚运行时，BGP 的邻站是交换整个的 BGP 路由表。但以后只需要在发生变化时更新有变化的部分。这样做对节省网络带宽和减少路由器的处理开销方面都有好处。

BGP 发言人互相交换网络可达性的信息后，各 BGP 发言人就可找出到达各自治系统的比较好的路由。

BGP-4 共使用四种报文：

- 打开（Open）报文，用来与相邻的另一个 BGP 发言人建立关系。
- 更新（Update）报文，用来发送某一路由的信息，以及列出要撤销的多条路由。
- 保活（Keepalive）报文，用来确认打开报文和周期性地证实邻站关系。
- 通知（Notification）报文，用来发送检测到的差错。

BGP 协议的格式及它与 TCP 和 IP 协议的关系如图 2-14 所示。

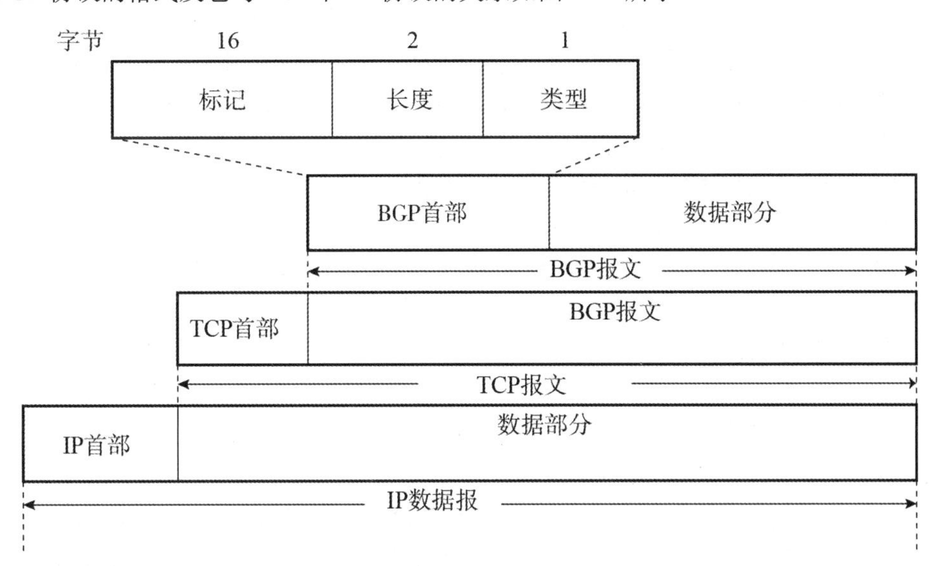

图 2-14　BGP 协议的格式及它与 TCP 和 IP 协议的关系

2.4.5　核心网关协议

Internet 中有一个主干网，所有的自治系统都连接到主干网上。这样，Internet 的总体结构如图 2-15 所示，分为主干网和外围部分，后者包含所有的自治系统。

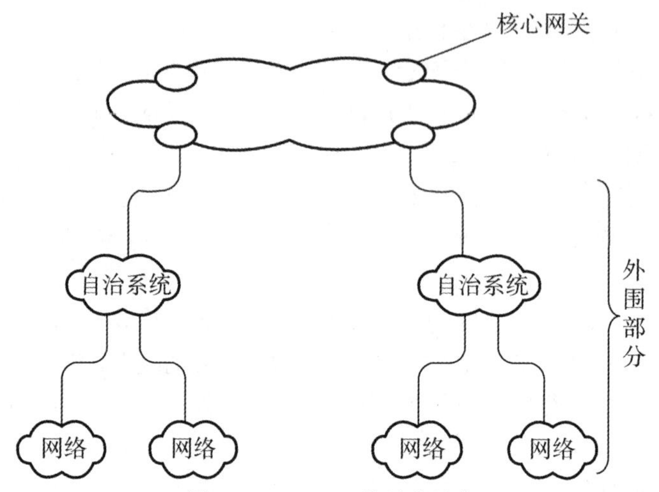

图 2-15 Internet 的总体结构

主干网中的网关叫核心网关。核心网关之间交换路由信息时使用核心网关协议（Gateway to Gateway Protocol，GGP）。这里要区分 EGP 和 GGP，EGP 用于两个不同自治系统之间的网关交换路由信息，而 GGP 是主干网中的网关协议。因为主干网中的核心网关是由 InterNOC 直接控制的，所以 GGP 更具有专用性。当一个核心网关加入主干网时用 GGP 协议向邻机广播发送路由信息，各邻机更新路由表，并进一步传播新的路由信息。

网关交换的路由信息与 EGP 协议类似，指明网关连接哪些网络，距离是多少，距离也是以中间网关个数计数。GGP 协议的报文格式与 EGP 类似，报文分为以下 4 类：

- 路由更新报文：发送路由信息。
- 应答报文：对路由更新报文的应答，分肯定、否定两种。
- 测试报文：测试相邻网关是否存在。
- 网络接口状态报文：测试本地网络连接的状态。

2.5 路由器技术

2.5.1 NAT 技术

NAT 技术主要解决 IP 地址短缺问题，最初提出的建议是在子网内部使用局部地址，而在子网外部使用少量的全局地址，通过路由器进行内部和外部地址的转换。局部地址是在子网内部独立编址的，可以与外部地址重叠。这种想法的基础是，假定在任何时候，子网中只有少数计算机需要与外部通信，可以让这些计算机共享少量的全局 IP 地址。后来根据这种技术又开发出其他一些应用，下面介绍两种最主要的应用。

（1）第一种应用是动态地址翻译（Dynamic Address Translation）。为此首先引入存根域（Stub Domain）的概念。所谓存根域，就是内部网络的抽象，这样的网络只处理源和目标都在子网内部的通信。任何时候，存根域内只有一部分主机要与外界通信，甚至还有许多主机可能从不与外界通信，所以整个存根域只需共享少量的全局 IP 地址。存根域有一个边界路由器，由它来处理域内主机与外部网络的通信。在此做以下假定：

- m：需要翻译的内部地址数。
- n：可用的全局地址数（NAT 地址）。

当 m:n 翻译满足条件（$m \geqslant 1$ 且 $m \geqslant n$）时，可以把一个大的地址空间映像到一个小的地址空间。所有 NAT 地址放在一个缓冲区中，并在存根域的边界路由器中建立一个局部地址和全局地址的动态映像表，如图 2-16 所示。这个图显示的是把所有 B 类网络 138.201.0.0 中的 IP 地址翻译成 C 类网络 178.201.112.0 中的 IP 地址。

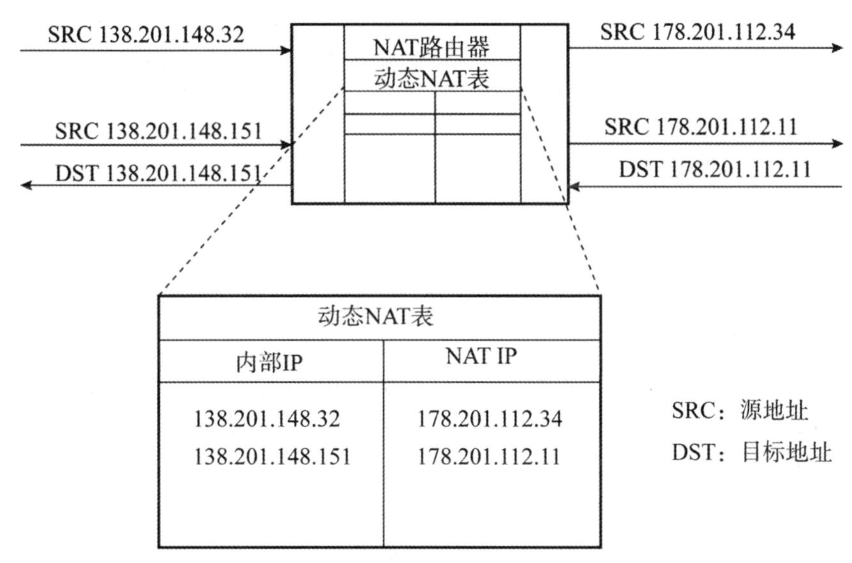

图 2-16　动态网络地址翻译

这种 NAT 地址重用有以下特点：

- 只要缓冲区中存在尚未使用的 C 类地址，任何从内向外的连接请求都可以得到响应，并且在边界路由器的动态 NAT 表为之建立一个映像表项。
- 如果内部主机的映像存在，可以利用它建立连接。
- 从外部访问内部主机是有条件的，即动态 NAT 表中必须存在该主机的映像。

动态地址翻译的好处是节约了全局 IP 地址，而且不需要改变子网内部的任何配置，只需在边界路由器中设置一个动态地址变换表就可以工作了。

（2）另外一种特殊的 NAT 应用是 m:1 翻译，这种技术也叫作伪装（Masquerading），因为用一个路由器的 IP 地址可以把子网中所有主机的 IP 地址都隐藏起来。如果子网中有多个主机同时都要通信，那么还要对端口号进行翻译，所以这种技术经常被称为网络地址和端口翻译（Network Address Port Translation，NAPT）。在很多 NAPT 实现中专门保留一部分端口号给伪装使用，叫作伪装端口号。图 2-17 中的 NAT 路由器中有一个伪装表，通过这个表对端口号进行翻译，从而隐藏了内部网络 138.201.0.0 中的所有主机。

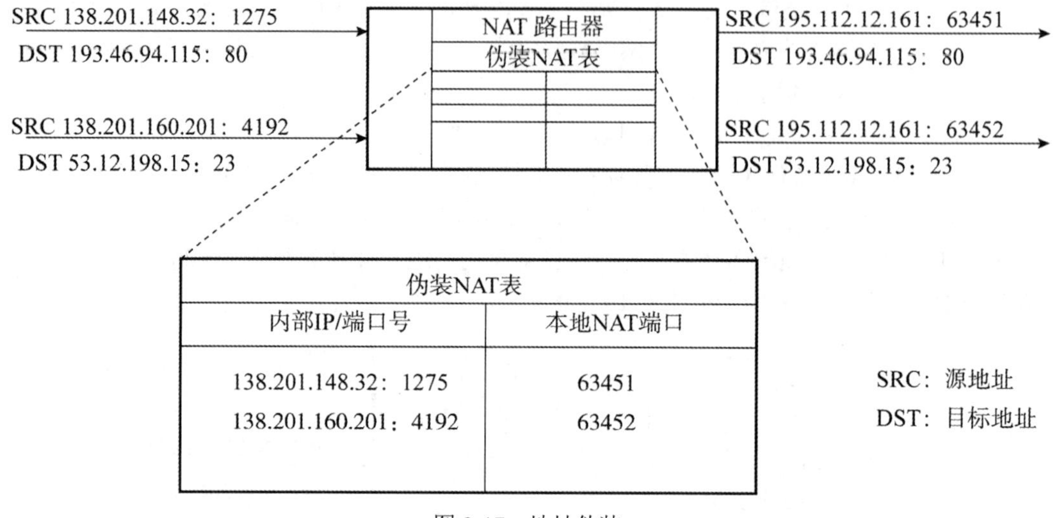

图 2-17 地址伪装

可以看出，这种方法有以下特点：

- 出口分组的源地址被路由器的外部 IP 地址所代替，出口分组的源端口号被一个未使用的伪装端口号所代替。
- 如果进来的分组的目标地址是本地路由器的 IP 地址，而目标端口号是路由器的伪装端口号，则 NAT 路由器就检查该分组是否为当前的一个伪装会话，并试图通过伪装表对 IP 地址和端口号进行翻译。

伪装技术可以作为一种安全手段使用，借以限制外部网络对内部主机的访问。另外，还可以用这种技术实现虚拟主机和虚拟路由，以便达到负载均衡和提高可靠性的目的。

2.5.2 IP 组播技术

在 IP 组播模式下，组播源无须知道所有的组成员，组播树的构建是由接收者驱动的，是由最接近接收者的网络节点完成的，这样建立的组播树可以扩展到很大的范围。有人形容 IP 组播模型是：你在一端注入分组，网络正好可以把分组提交给任何需要的接收者。

组播成员可以来自不同的物理网络。组播技术的有效性在于，在把一个组播分组提交给所有组播成员时，只有与该组有关的中间节点可以复制分组，在通往各个组成员的网络链路上只传送分组一个副本。所以利用组播技术可以提高网络传输的效率，减少主干网拥塞的可能性。

1. 组播地址

通常有两种组播地址：一种是 IP 组播地址；另一种是以太网组播地址。IP 组播地址在互联网中标识一个组，把 IP 组播数据报封装到以太帧中时要把 IP 组播地址映像到以太网的 MAC 地址，其映像方式是把 IP 地址的低 23 位复制到 MAC 地址的低 23 位，如图 2-18 所示。

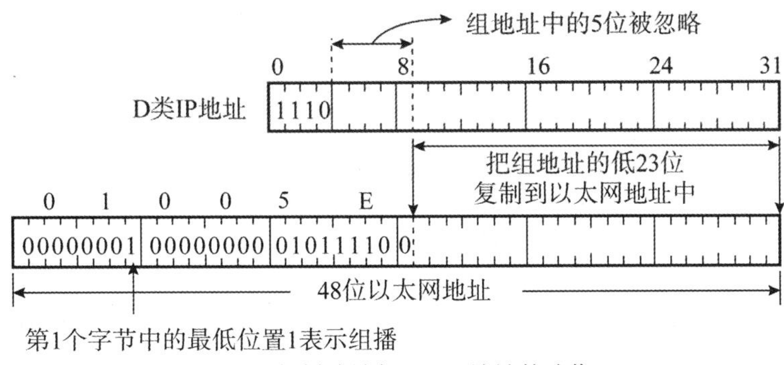

图 2-18　组播地址与 MAC 地址的映像

IPv4 的 D 类地址是组播地址，用作一个组的标识符，其地址范围是 224.0.0.0～239.255.255.255。按照约定，D 类地址被划分为 3 类：

- 224.0.0.0～224.0.0.255：保留地址，用于路由协议或其他下层拓扑发现协议以及维护管理协议等，例如 224.0.0.1 代表本地子网中的所有主机，224.0.0.2 代表本地子网中的所有路由器，224.0.0.5 代表所有 OSPF 路由器，224.0.0.9 代表所有 RIP 2 路由器，224.0.0.12 代表 DHCP 服务器或中继代理，224.0.0.13 代表所有支持 PIM 的路由器等。
- 224.0.1.0～238.255.255.255：用于全球范围的组播地址分配，可以把这个范围的 D 类地址动态地分配给一个组播组，当一个组播会话停止时，其地址被收回，以后还可以分配给新出现的组播组。
- 239.0.0.0～239.255.255.255：在管理权限范围内使用的组播地址，限制了组播的范围，可以在本地子网中作为组播地址使用。

为了避免使用 ARP 协议进行地址分解，IANA（互联网数字分配机构）保留了一个以太网地址块 0x0100.5E00.0000 用于映像 IP 组播地址，其中第 1 个字节的最低位是 I/G（Individual/Group），应设置为“1”，以表示以太网组播，所以 MAC 组播地址的范围是 0x0100.5E00.0000～0x0100.5E7F.FFFF。

按照这种地址映像方式，IP 地址的 5 位被忽略，因而造成了 32 个不同的组播地址对应于同一个 MAC 地址，产生地址重叠现象。例如，考虑表 2-2 所示的两个 D 类地址，由于最后的 23 位是相同的，所以会被映像为同一个 MAC 地址 0x0100.5E1A.0A05。

表 2-2　组播地址重叠的例

十进制表示	二进制表示	十六进制表示
224. 26.10.5	11100000.00011010.00001010.00000101	0x E0.1A.0A.05
236.154.10.5	11101100.10011010.00001010.00000101	0x EC.9A.0A.05

虽然从数学上说，可能有 32 个 IP 组播地址会产生重叠，但是在现实中却是很少发生的。即使不幸出现了地址重叠情况，其影响就是有的站收到了不期望接收的组播分组，这比所有站都收到了组播分组的情况要好得多。在设计组播系统时要尽量避免多个 IP 组播地址对应同一个

MAC地址的情况出现，同时，用户在收到组播以太帧时，要通过软件检查IP源地址字段，以确定是否为期望接收的组播源的地址。

2. 因特网组管理协议

IGMP（Internet Group Management Protocol）是在IPv4环境中提供组管理的协议，参加组播的主机和路由器利用IGMP交换组播成员资格信息，以支持主机加入或离开组播组。在IPv6环境中，组管理协议已经合并到ICMPv6协议中，不再需要单独的组管理协议。

RFC 3376定义了IGMPv3成员资格询问和报告报文，也定义了组记录的格式，IGMP报文封装在IP数据报中传输。

成员资格询问报文由组播路由器发出，分为3种子类型：

- 通用询问：路由器用于了解在它连接的网络上有哪些组的成员。
- 组专用询问：路由器用于了解在它连接的网络上一个具体的组是否有成员。
- 组和源专用询问：路由器用于了解它所连接的主机是否愿意加入一个特定的组。

2.5.3 第三层交换

所谓第三层交换，是指利用第二层交换的高带宽和低延迟优势尽快地传送网络层分组的技术。交换与路由不同，前者用硬件实现，速度快，而后者由软件实现，速度慢。三层交换机的工作原理可以概括为：一次路由，多次交换。也就是说，当三层交换机第一次收到一个数据包时必须通过路由功能寻找转发端口，同时记住目标MAC地址和源MAC地址，以及其他有关信息，当再次收到目标地址和源地址相同的帧时就直接进行交换，不再调用路由功能。所以，三层交换机不但具有路由功能，而且比通常的路由器转发得更快。

IETF（互联网工程任务组）开发的多协议标记交换（Multi-Protocol Label Switching，MPLS）把第2层的链路状态信息（带宽、延迟、利用率等）集成到第3层的协议数据单元中，从而简化和改进了第3层分组的交换过程。理论上，MPLS支持任何第2层和第3层协议。MPLS包头的位置界于第2层和第3层之间，可称为第2.5层，标准格式如图2-19所示。MPLS可以承载的报文通常是IP包，当然也可以直接承载以太帧、AAL5包，甚至ATM信元等。承载MPLS的第2层协议可以是PPP、以太帧、ATM和帧中继等，如图2-20所示。

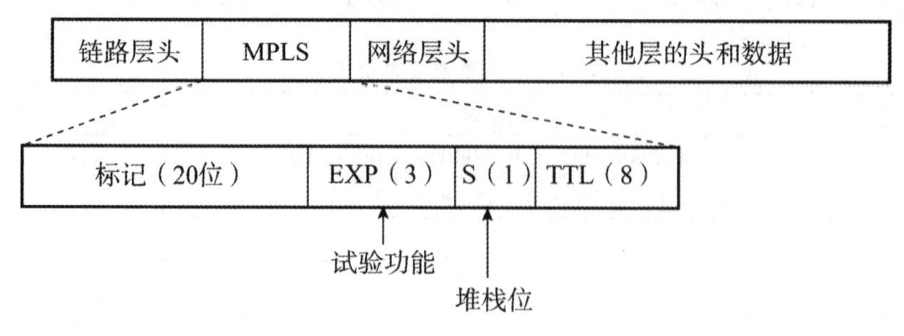

图2-19 MPLS标记的标准格式

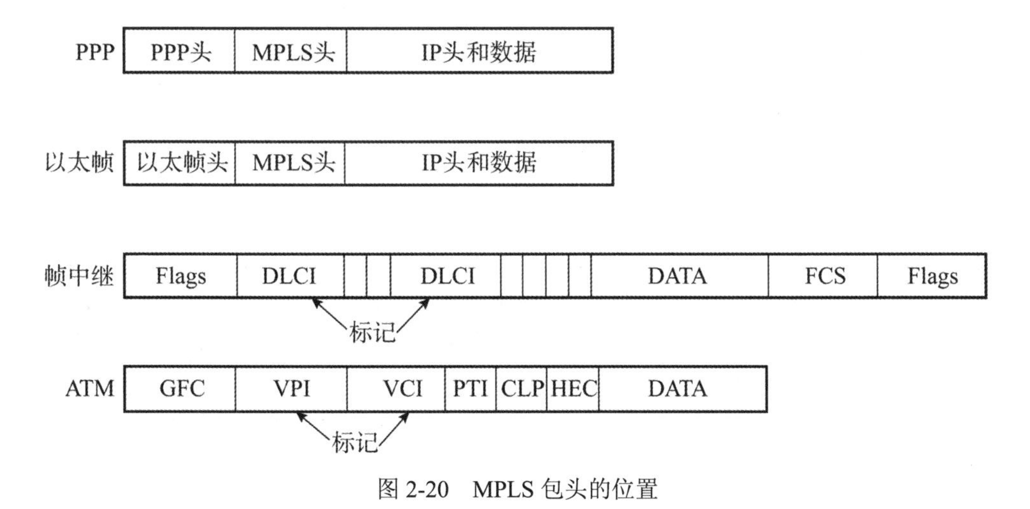

图 2-20　MPLS 包头的位置

当分组进入 MPLS 网络时，标记边缘路由器（Label Edge Router，LER）就为其加上一个标记，这种标记不仅包含了路由表项中的信息（目标地址、带宽和延迟等），而且还引用了 IP 头中的源地址字段、传输层端口号和服务质量等。这种分类一旦建立，分组就被指定到对应的标记交换通路（Label Switch Path，LSP）中，标记交换路由器（Label Switch Router，LSR）将根据标记来处置分组，不再经过第 3 层转发，从而加快了网络的传输速度。

MPLS 可以把多个通信流汇聚成为一个转发等价类（Forwarding Equivalence Class，FEC）。LER 根据目标地址和端口号把分组指派到一个等价类中，在 LSR 中只需根据等价类标记查找标记信息库（Label Information Base，LIB），确定下一跳的转发地址，这样使得协议更具伸缩性。

MPLS 标记具有局部性，一个标记只是在一定的传输域中有效。在图 2-21 中，有 A、B、C 三个传输域和两层路由。在 A 域和 C 域内，IP 包的标记栈只有一层标记 L1；而在 B 域内，IP 包的标记栈中有两层标记 L1 和 L2。LSR4 收到来自 LSR3 的数据包后，将 L1 层的标记换成目标 LSR7 的路由值，同时在标记栈增加一层标记 L2，称为入栈。在 B 域内，只需根据标记栈的最上层 L2 标记进行交换即可。LSR7 收到来自 LSR6 的数据包后，应首先将数据包最上层的 L2 标记弹出，其下层 L1 标记变成最上层标记，称为出栈，然后在 C 域中进行路由处理。

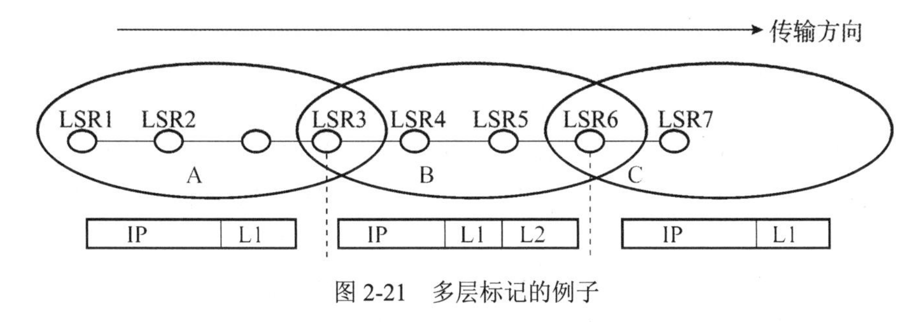

图 2-21　多层标记的例子

MPLS 转发处理简单，提供显式路由，能进行业务规划，提供 QoS 保障，提供多种分类粒度，用一种转发方式实现各种业务的转发。与 IP over ATM 技术相比，MPLS 具有可扩展性强、兼容性好、易于管理等优点。但是，如何寻找最短路径，如何管理每条 LSP 的 QoS 特性等技术问题还在讨论之中。

2.5.4 IP QoS 技术

因特网提供尽力而为（Best-Effort）的服务，但是由于因特网对服务质量不做任何承诺，所以对于各种多媒体应用不能提供必要的支持。由此，IETF 成立了专门的工作组，一直从事 IP QoS 标准的开发，首先是在 1994 年提出了集成服务体系结构（Integrated Service Architecture，ISA）（RFC 1633），继而又在 1998 年定义了区分服务（Differentiated Service，DiffServ）技术规范（RFC 2475）。另外，前面讲到的 MPLS 技术提供了显式路由功能，因而增强了在 IP 网络中实施流量工程的能力，这也是骨干网业务中最容易实现的一种 QoS 机制。

1. 集成服务

IETF 集成服务（IntServ）工作组根据服务质量的不同，把 Internet 服务分成了 3 种类型：

（1）保证质量的服务（Guaranteed Services）：对带宽、时延、抖动和丢包率提供定量的保证。

（2）控制负载的服务（Controlled-load Services）：提供一种类似于网络欠载情况下的服务，这是一种定性的指标。

（3）尽力而为的服务（Best-Effort）：这是 Internet 提供的一般服务，基本上无任何质量保证。

IntServ 主要解决的问题是在发生拥塞时如何共享可用的网络带宽，为保证质量的服务提供必要的支持。在基于 IP 的因特网中，可用的拥塞控制和 QoS 工具是很有限的，路由器只能采用两种机制，即路由选择算法和分组丢弃策略，但这些手段并不足以支持保证质量的服务。IntServ 提议通过 4 种手段来提供 QoS 传输机制：

（1）准入控制：IntServ 对一个新的 QoS 通信流要进行资源预约。如果网络中的路由器确定没有足够的资源来保证所请求的 QoS，则这个通信流就不会进入网络。

（2）路由选择算法：可以基于许多不同的 QoS 参数（而不仅仅是最小时延）来进行路由选择。

（3）排队规则：考虑不同通信流的不同需求而采用有效的排队规则。

（4）丢弃策略：在缓冲区耗尽而新的分组来到时要决定丢弃哪些分组以支持 QoS 传输。

为了实现 QoS 传输，必须对现有的路由器进行改造，使其在传统的存储—转发功能之外，还能够提供资源预约、准入控制、队列管理以及分组调度等高级功能。

尽管 IntServ 能提供 QoS 保证，但经过几年的研究和发展，其中的问题也逐步显现。RSVP 和 IntServ 在 Internet 应用中还存在着下面的缺陷：

（1）IntServ 要维护大量的状态信息，状态信息数量与通信流的数量成正比，这需要在路由器中占用很大的存储空间，因而这种模型不具有扩展性。

（2）对路由器的要求很高，所有的路由器必须实现资源预约、准入控制、通信流分类和分组调度等功能。

（3）IntServ 服务不适合于生存期短的数据流，因为对生存期短的数据流来说，资源预约所占的开销太大，降低了网络利用率。

（4）许多应用需要某种形式的 QoS，但是无法使用 IntServ 模型来表达 QoS 请求。

（5）必要的控制和价格机制（例如访问控制、认证和计费等）正处于研发阶段，目前还无法付诸实用。

2. 区分服务

区分服务模型（DiffServ）的基本思想是根据预先确定的规则对数据流进行分类，将具有相同 QoS 需求的不同业务的数据流聚集成一个数据流集合进行统一处理，以便将多种应用数据流综合为有限的几种数据流等级，不同的数据流集合获得不同的优先级处理。DiffServ 模型是为克服 IntServ 模型的扩展性问题，从 IntServ 模型发展而来的一种相对简单的、较粗糙的提供区别服务等级（CoS）的模型。它采用了 IETF 的基于 RSVP 的服务分类标准，但抛弃了分组流沿路节点上的资源预留。

DiffServ 将 IPv4 协议中原有的服务类型字段和 IPv6 的通信量类字段定义为区分服务字段 DS。该字节中的前 6 个比特称为区分服务编码点，用于 QoS 的特殊定义，包括“等级”和“丢弃优先级”。另外，DiffServ 将整个网络分成若干个 DS 域，一个 DiffServ 域由一系列支持 DiffServ 机制的节点构成。在 DiffServ 域中，主要的成员有边缘路由器、核心路由器和资源控制器。

当数据流进入 DiffServ 网络时，边缘路由器通过标识该字段，将 IP 包分为不同的服务类别，而网络中的其他路由器在收到该 IP 包时，则根据该字段所标识的服务类别将其放入不同的队列，并由作用于输出队列的流量管理机制按事先设定的带宽、缓冲处理控制每个队列，即给予不同的每一跳行为（Per Hop Behavior，PHB）。

总之，DiffServ 根据每个 IP 包头中的 DS 字段，可以将其归类到与其具有相同 QoS 需求的一个数据集合中去，这样，众多的数据流被归类成了几个为数不多的具有相同 QoS 需求的数据集合进行传送，然后根据与每个数据集合相对应的处理方式对这些数据集合进行处理。这种模型简化了数据流的处理过程，减少了路由器中信息存储的负担；同时也免去了 IntServ/RSVP 模型中在网络内部建立路由通道的操作，从而减少了主机之间简短对话的负荷，提高了网络的响应性能。

具体工作流程如下：

（1）首先 DiffServ 域的边缘路由器对来自用户或其他网络的非 DiffServ 的业务流进行分类，为每个 IP 包填入新的 DSCP 字段；同时，建立起并开始应用与每一个业务相对应的服务水平协议（SLA）和 PHB。而对来自用户或其他网络的 DiffServ 业务流，则依据 IP 包中的 DSCP 字段选择特定的 PHB。

（2）然后开始业务转发，边缘路由器的策略单元将根据 SLA 对收到的业务流进行测量，监视用户是否遵守 SLA，并将测量结果输入业务流策略单元，对业务流进行整形、丢弃、标记（DSCP 的改写）等工作。这一过程称为业务量调整（Traffic Conditioning）或业务量策略（Traffic Policing）。

（3）边缘路由器对 DSCP 字段进行检查，依据 DSCP 为业务流选择特定的 PHB，根据 PHB 所指定的排队策略，将属于不同业务类别的业务流导入不同的队列加以处理，并按事先设定的带宽、缓冲处理输出队列，最后按 PHB 所指定的丢弃策略对 IP 包实施必要的丢弃。

（4）核心路由器将只依据 DSCP 字段为业务流选择特定的 PHB，进行后续处理。

DiffServ 最主要的优势是弱化了对信令的依赖，中间节点只需依据一定的分组标记应用各种 PHB 即可，无需像 IntServ 一样在每个路由器上为每个业务流保留“软状态”，避免了大量的资源预留信息的传递，具有更好的可扩展性。同时 DiffServ 不要求实现端到端的 QoS 保证，只要求在 DS 域内 QoS 的一致性，而在 DS 域之间进行一定的映射来保证不同类别业务的 QoS。DiffServ 将 QoS 的一致性范围缩小到每个区域之中，从而降低了这种模型实现的复杂性。DiffServ 模型的绝大部分分类和整形操作只在 DS 域的边缘路由器上执行，大大简化了在 DS 域内核心路由器对传输 IP 包的操作。而 IntServ 模型需要在传输的整个路由中对每个 IP 包都进行相应的分类和监管操作。

DiffServ 不提供全网端到端的 QoS 保证，它所提供的 QoS 只是一种相对的 QoS，只是不同等级业务流之间的 QoS 好坏关系，在转发方式上仍然是采用传统 IP 网的逐跳转发方式。有关业务等级的具体划分、每类业务性能的量化描述、IP 业务类别与 ATM QoS 的映射等技术细节，IETF 还未给出具体的规定。

3. 流量工程

流量工程（Traffic Engineering，TE）是优化网络资源配置的技术，是利用网络基础设施提供最佳服务的工具和方法，无论网络设备和传输线路处于正常或是部分失效状态，利用流量工程技术都可以提供最佳的网络服务。流量工程是对网络规划和网络工程的补充措施，使得现有的网络资源可以充分发挥它的效益。

在早期的核心网络中，流量工程是通过路由量度实现的，即对每条链路指定一个量度值，两点之间的路由是按照预订策略计算量度值后确定的。随着网络规模的扩大，网络结构越来越复杂，路由量度越来越难以实现了。利用 MPLS 可以把面向连接技术与 IP 路由结合起来，提供更多的手段对网络资源进行优化配置，提供更好的 QoS 保障和更多的业务类型，这样就形成了基于 MPLS 的流量工程。

基于 MPLS 的流量工程（MPLS TE）由下面 4 种机制实现：

（1）信息分发。流量工程需要关于网络拓扑的详细信息以及网络负载的动态信息，这可以通过扩展现有的 IGP 来实现。在路由协议发布的网络公告中应该包含链路的属性（链路带宽、带宽利用率和带宽预约值等），并且通过泛洪算法把链路状态信息发布到 ISP 路由域中的所有路由器。每一个标记交换路由器 LSR 都要维护一个专用的流量工程数据库（TED），记载网络链路属性和拓扑结构信息。

（2）通路选择。LSR 通过 TED 和用户配置的管理信息可以建立显式路由。MPLS 传输域入口处的标记边缘路由器（LER）可以列出 LSP 中的所有 LSR 来建立严格的显式路由，也可以只列出部分 LSR 来建立松散的显式路由。

（3）信令协议。LSP 的建立依赖于新的信令控制协议，其作用是在通路建立过程中传递和发布标记与 LSP 状态的绑定信息。

（4）分组转发。一旦通路建立，LSR 就通过标记转发机制来传送分组。

通过以上功能，可以实现许多以前难以实现的新业务。显式路由（Explicit Route，ER）可以把网络流量引导到特定的通路上，以实现网络负载的均衡分布。如果网络中有 VoIP，也有数据通路，则两者会竞争资源，所以，VoIP 要给予较高的优先级。优先级分为两种，即建立优先级和保持优先级。当一个通路建立时，以其建立优先级与已建立的通路的保持优先级进行比较，如果建立优先级大于保持优先级，则已建立的通路的网络资源将被后来者抢占。在链路失效情况下，现有的内部网关协议需要几十秒时间才能恢复。快速重路由功能在通路建立过程中通过信令系统建立了备份路由，在链路发生故障时能够及时进行切换，所以可以对重要业务的连续性进行保护。这种保护分为端到端的通路保护和本地保护，后者又进一步分为链路保护和节点保护。这些都需要新的信令控制协议来提供支持。

MPLS 原来定义的标记分发协议（LDP）是 MPLS 网络的信令控制协议，用于 LSR 之间交换标记与 FEC 绑定信息，以便建立和维护 LSP。LDP 是将网络层路由信息直接映射到数据链路层的交换路径，从而建立和维护 LSP 的一系列消息和过程。对等的 LSR 实体之间通过 LDP 消息发现邻居、建立会话、分发标记，并报告链路状态和检测异常事件的发生。但是，LDP 只能根据路由表来建立虚连接，并没有平衡流量的功能，这是它的局限性。

为了支持流量工程，MPLS 引入了新的标记分发协议。基于约束的路由标记分发协议（Cons traint-based Routing LDP，CR-LDP）是 LDP 的扩展，仍然采用标准的 LDP 消息格式，与 LDP 共享 TCP 连接。但是，CR-LDP 可以在标记请求信息中包含节点列表，从而在 MPLS 网络中建立一条显式路由。CR-LDP 也允许在标记请求消息中设置流量参数（峰值速率、承诺速率和突发特性等），从而为 LSP 提供 QoS 支持。CR-LDP 还能携带路由着色等约束参数，用来标识一个链路的性能，例如是否支持 VoIP 等。

集成服务中定义的资源预约协议（RSVP）用于为通信流请求 QoS 资源，并且建立和维护通路状态。RSVP-TE 是 RSVP 协议的扩展，能够实现流量工程所需要的各种功能。在 RSVP-TE 实现中将 RSVP 的作用对象从通信流转变为 FEC，从而降低了控制的粒度，同时也提高了网络的可扩展性。RSVP-TE 能够支持建立和维护 LSP 的附加功能，如按下游标记分发、显式路由、带宽预约、资源抢占、LSP 隧道的跟踪、诊断和重路由等功能。

IETF 提出了用 MPLS 支持 DiffServ 的方法（RFC 3270），能够把 DiffServ 的一个或多个 BA 映射到 MPLS 的一条 LSP 上，然后根据 BA 的 PHB 来转发 LSP 上的流量。

如果要将 BA 映射到 LSP，就要在 MPLS 包头中携带 BA 信息（即 DSCP）。可以把一类具有相同队列处理要求和调度行为，但丢弃优先级不同的 PHB 定义为一个 PHB 调度类（PHB Scheduling Class，PSC），这样就可以在 MPLS 包头中表示分组所属的 PSC 以及分组的丢弃优先级。

IETF 将 LSP 分为以下两类：

（1）E-LSP（EXP-Inferred-PSC LSP）。用 MPLS 包头的 EXP 字段把多个 BA 指派到一条 LSP 上，例如 AF1 有 3 种不同的丢弃优先级，属于 3 个不同的 BA，则可以把这 3 种 AF1 指派到同一条 LSP 上。

由于 EXP 只有 3 位，所以最多只能表示 8 种不同的 BA。当超过 8 种 BA 时，要联合使用

MPLS 包头的标记字段和 EXP 字段，这就是 L-LSP。

（2）L-LSP（Label-Only-Inferred-PSC LSP）。把一条 LSP 指派给一个 BA，但是划分成多个不同的丢弃优先级，用 MPLS 包头中的标记字段来区分不同的调度策略，用 EXP 字段表示不同的丢弃优先级。

由于 MPLS 设备要在每一跳中交换标记值，因此管理标记与 DSCP 的映射比较困难。E-LSP 比 L-LSP 更容易控制，因为可以预先确定每个分组的 EXP 与 DSCP 之间的映射关系。

2.6 软件定义网络

根据现代网络技术的认知视角，网络层被看作两个相互作用的部分：数据平面和控制平面。数据平面的功能决定到达路由器的数据包如何转发到其输出链路；控制平面的功能决定数据报沿着从源主机到目的主机的端到端路径中路由器之间的路由方式。当今，控制平面出现了一种与传统路由器控制平面不同的实现方式，即软件定义网络（Software Defined Network，SDN）。

2.6.1 控制平面的实现方式

1. 传统实现方法

在传统的路由器控制平面中，处在地理位置不同的路由器以一种分布式方式分散地执行路由算法，并相互通信和协调，最终生成各自本地的转发表。在数据平面，基于路由算法生成的本地转发表，当路由器收到一个数据报时，依据其首部目的地址字段在本地转发表中进行查表确定转发输出的链路。如图 2-22 所示，到达数据报的首部目的地址字段为 0111，通过查表可以发现应该转发至 2 号输出链路。

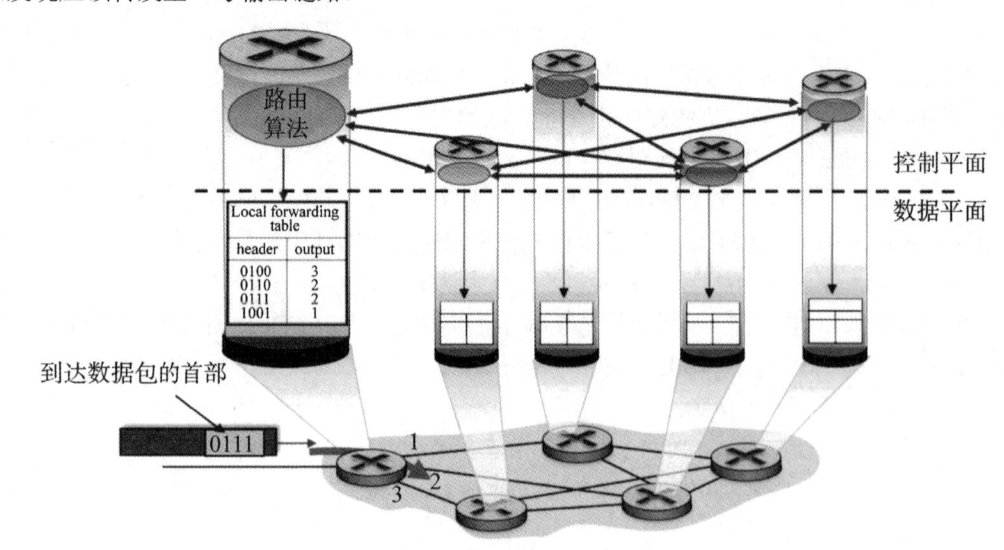

图 2-22 传统路由器控制平面实现方法

2. SDN 的实现方法

与传统的路由器控制平面实现方式不同，在 SDN 的控制平面中，路由器不再分散地各自执行路由算法而生成转发表，而是将本地链路状态信息通过控制器代理（Controller Agent，CA）上传至一个集中式的远程控制器。然后，远程控制器计算并下发转发表给每个路由器。路由器依赖收到的转发表执行转发决策。如图 2-23 所示，其中的数据平面组件与图 2-22 中完全相同。而在 SDN 的体系中，控制平面路由选择功能与物理的路由器是分离的，即路由选择设备仅执行转发，而远程控制器计算并分发转发表。远程控制器可能在高可靠、高冗余的远程数据中心中实现，并可能由 ISP 或第三方管理。上述控制平面实现方法是 SDN 的本质，因为计算转发表并与路由器交互的远程控制器是由软件实现的，而且实现的软件还提供应用程序编程接口（Application Programming Interface，API），使得用户可以自己定义和控制网络核心的路由计算和转发规则。

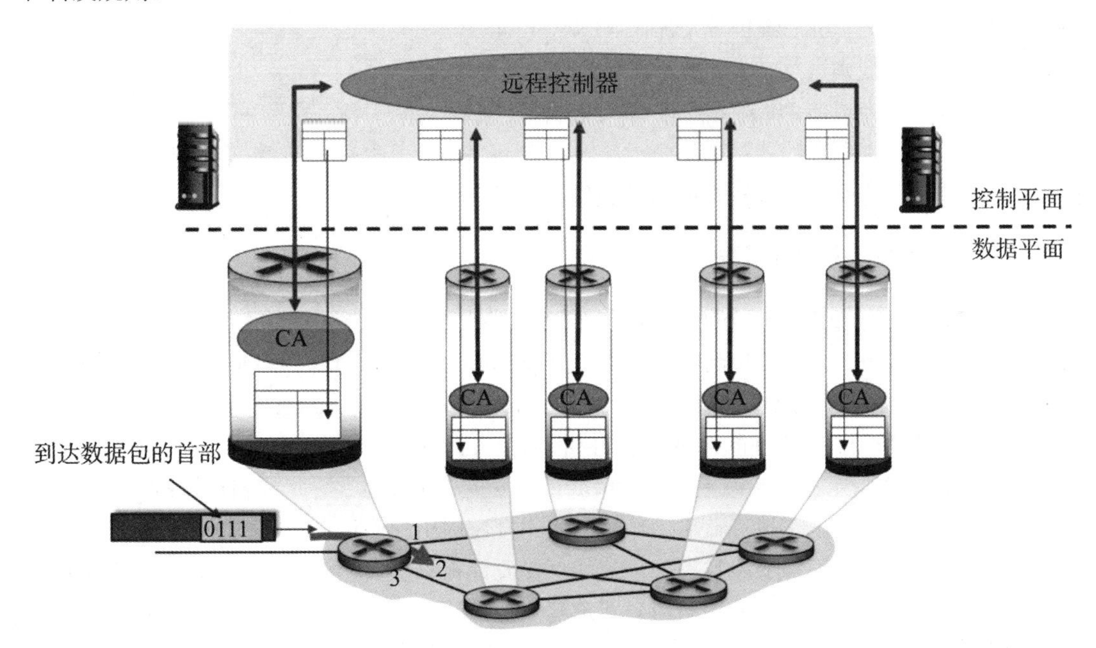

图 2-23　SDN 控制平面实现方法

2.6.2　SDN 体系结构

如图 2-24 所示，SDN 体系结构由数据平面和控制平面构成。数据平面由 SDN 交换机等网络通用硬件组成，各个网络设备之间通过不同规则形成的 SDN 数据通路连接。控制平面由 SDN 控制器和网络控制应用程序具体实现。逻辑上为中心的 SDN 控制器掌握着全局网络信息，负责各种转发规则的控制；网络控制应用程序包含着各种基于 SDN 的网络应用，用户无须关心底层细节就可以编程、部署新应用。

控制平面与数据平面之间通过SDN控制数据平面接口（Control-Data-Plane Interface，CDPI）进行通信，它具有统一的通信标准，主要负责将控制器中的转发规则下发至转发设备，主要应用的是OpenFlow协议。控制平面与应用平面之间通过SDN北向接口（Northbound Interface，NBI）进行通信，而NBI并非统一标准，它允许用户根据自身需求定制开发各种网络管理应用。

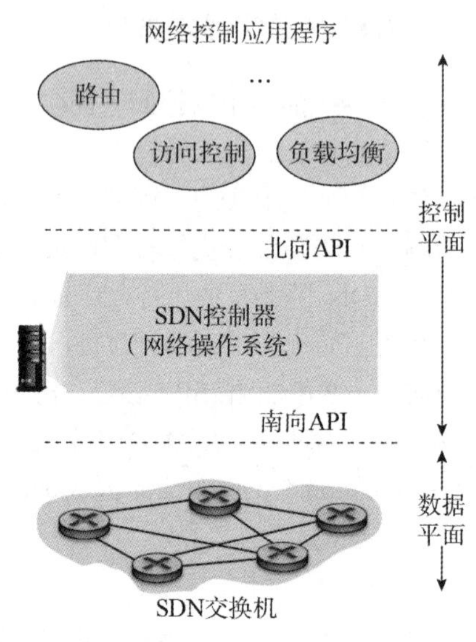

图 2-24 SDN体系结构

SDN中的接口具有开放性，以控制器为逻辑中心，南向接口负责与数据平面进行通信，北向接口负责与应用平面进行通信，东西向接口负责多控制器之间的通信。最主流的南向接口CDPI采用的是OpenFlow协议。OpenFlow最基本的特点是基于流（Flow）的概念来匹配转发规则，每一个交换机都维护一个流表（Flow Table），依据流表中的转发规则进行转发，而流表的建立、维护和下发都是由控制器完成的。针对北向接口，应用程序通过北向接口编程来调用所需的各种网络资源，实现对网络的快速配置和部署。东西向接口使控制器具有可扩展性，为负载均衡和性能提升提供了技术保障。

2.6.3 控制平面和数据平面交互

如图2-25所示，SDN控制的交换机与SDN控制器之间的交互可以通过下面的例子来描述。假设交换机s1和s2之间的链路断开，假定控制平面和数据平面基于OpenFlow协议通信，则此时各个交换机之间的流转发规则都有可能发生变化。具体过程执行如下：①交换机s1和s2之间的链路断开，将使用OpenFlow的端口状态报文向SDN控制器通报链路状态变化情况。②SDN控制器接收指示链路状态更新的OpenFlow报文，并且通告链路状态管理器，由管理器更新链路状态库。③实现Dijkstra路由算法的网络控制应用程序进一步收到了链路状态更新通告。④链路状态路由程序与链路状态管理器相互交互，得到更新的链路状态，接着计算新的最小费用路径。⑤链路状态路由程序与流表管理器交互，流表管理器决定更新的流表。⑥流表管理器使用OpenFlow协议更新受影响交换机s1、s2和s4中的流表。

2.6.4 广义转发

随着SDN的发展，以OpenFlow为代表的协议支持以一种“匹配+动作”的范式统一包括路由器在内的各种交换设备，实现包括转发在内的各种行为。如图2-26所示，实现“匹配+动作”的流表主要包括：用于匹配的首部、动作、状态三部分。用于匹配的首部包括进入SDN交换机的入端口，链路层的源MAC、目的MAC、以太网类型、VLAN ID以及VLAN优先级等，网络层的源IP、目的IP、IP负载协议、IP服务类型等，传输层TCP/UDP源端口号、目的端口号等。动作可以包括转发分组到端口、丢弃分组、修改分组首部、封装并转交控制器等。

状态部分主要是分组、字节计数器等。

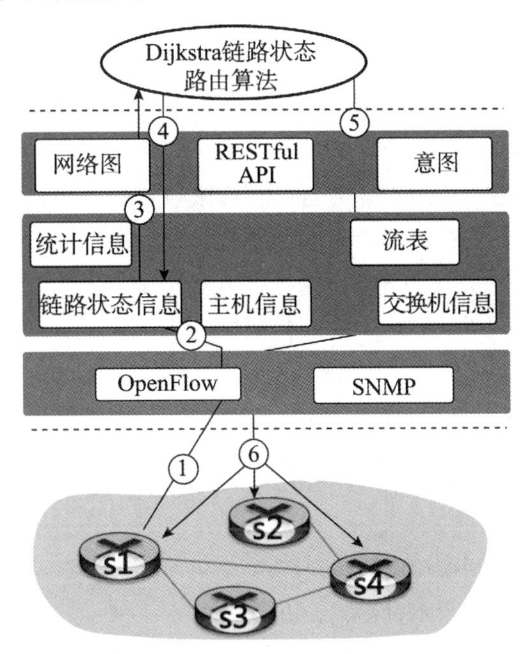

图 2-25　SDN 控制器与数据平面交互示例

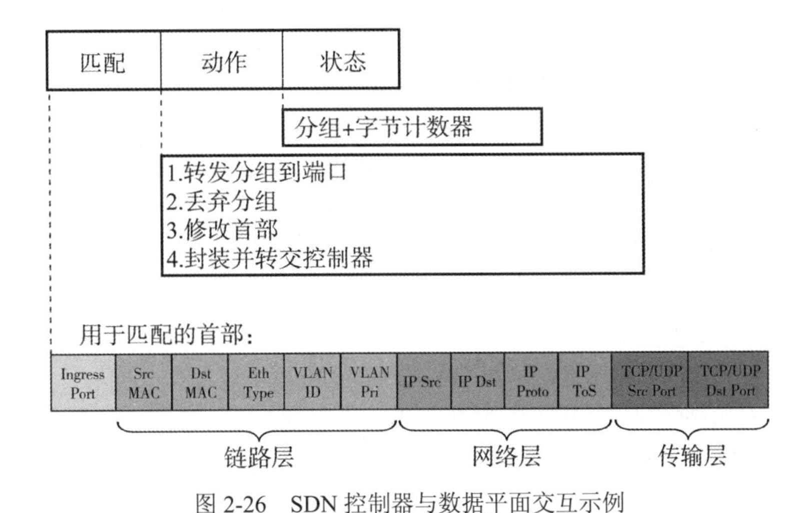

图 2-26　SDN 控制器与数据平面交互示例

2.7　传输层协议

在 TCP/IP 协议簇中有两个传输协议，即传输控制协议（Transmission Control Protocol，TCP）和用户数据报协议（User Datagram Protocol，UDP）。TCP 是面向连接的，而 UDP 是无连接的。

2.7.1 TCP 协议

TCP 协议提供面向连接的、可靠的传输服务，适用于各种可靠的或不可靠的网络。TCP 用户送来的是字节流形式的数据，这些数据缓存在 TCP 实体的发送缓冲区中。一般情况下，TCP 实体自主地决定如何把字节流分段，组成 TPDU 发送出去。在接收端，也是由 TCP 实体决定何时把积累在接收缓冲区中的字节流提交给用户。分段的大小和提交的频度是由具体的实现根据性能和开销权衡决定的，TCP 规范中没有定义。显然，即使两个 TCP 实体的实现不同，也可以互操作。

另外，TCP 也允许用户把字节流分成报文，用推进（PUSH）命令指出报文的界限。发送端 TCP 实体把 PUSH 标志之前的所有未发数据组成 TPDU 立即发送出去，接收端 TCP 实体同样根据 PUSH 标志决定提交的界限。

1. TCP 协议数据单元

TCP 只有一种类型的 PDU，叫作 TCP 段，段头（也叫 TCP 头或传输头）的格式如图 2-27 所示，其中的字段如下：

（1）源端口（16 位）：说明源服务访问点。

（2）目标端口（16 位）：表示目标服务访问点。

（3）发送顺序号（32 位）：本段中第一个数据字节的顺序号。

（4）应答顺序号（32 位）：捎带应答的顺序号，指明接收方期望接收的下一个数据字节的顺序号。

（5）偏置值（4 位）：传输头中 32 位字的个数。因为传输头有任选部分，长度不固定，所以需要偏置值。

（6）保留字段（6 位）：未用，所有实现必须把这个字段置全 0。

（7）标志字段（6 位）：表示各种控制信息。其中：

- URG：紧急指针有效。
- ACK：应答顺序号有效。
- PSH：推进功能有效。
- RST：连接复位为初始状态，通常用于连接故障后的恢复。
- SYN：对顺序号同步，用于连接的建立。
- FIN：数据发送完，连接可以释放。

（8）窗口（16 位）：为流控分配的信息量。

（9）校验和（16 位）：段中所有 16 位字按模 $2^{16}-1$ 相加的和，然后取 1 的补码。

（10）紧急指针（16 位）：从发送顺序号开始的偏置值，指向字节流中的一个位置，此位置之前的数据是紧急数据。

（11）任选项（长度可变）：目前只有一个任选项，即建立连接时指定的最大段长。

（12）补丁：补齐 32 位字边界。

<table>
<tr><td colspan="8">源端口</td><td>目标端口</td></tr>
<tr><td colspan="9">发送顺序号</td></tr>
<tr><td colspan="9">应答顺序号</td></tr>
<tr><td>偏置值</td><td>保留</td><td>URG</td><td>ACK</td><td>PSH</td><td>RST</td><td>SYN</td><td>FIN</td><td>窗口</td></tr>
<tr><td colspan="8">校验和</td><td>紧急指针</td></tr>
<tr><td colspan="9">任选项+补丁</td></tr>
<tr><td colspan="9">用户数据</td></tr>
</table>

图 2-27　TCP 传输头格式

端口编号用于标识 TCP 用户，即上层协议，一些经常使用的上层协议，例如 Telnet（远程终端协议）、FTP（文件传输协议）或 SMTP（简单邮件传输协议）等都有固定的端口号，这些公用端口号可以在 RFC（Request For Comments）中查到，任何实现都应该按规定保留这些公用端口编号，除此之外的其他端口编号由具体实现分配。

TCP 是对字节流进行传送，因而发送顺序号和应答顺序号都是指字节流中的某个字节的顺序号，而不是指整个段的顺序号。例如，某个段的发送顺序号为 1000，其中包含 500 个数据字节，则段中第一个字节的顺序号为 1000，按照逻辑顺序，下一个段必然从第 1500 个数据字节处开始，其发送顺序号应为 1500。为了提高带宽的利用率，TCP 采用积累应答的机制。例如从 A 到 B 传送了 4 个段，每段包含 20 个字节数据，这 4 个段的发送顺序号分别为 30、50、70 和 90。在第 4 次传送结束后，B 向 A 发回一个 ACK 标志置位的段，其中的应答顺序号为 110（即 90+20），一次应答了 4 次发送的所有字节，表示从起始字节到 109 字节都已正确接收。

同步标志 SYN 用于连接建立阶段。TCP 用三次握手过程建立连接，如图 2-28 所示。首先是发起方发送一个 SYN 标志置位的段，其中的发送顺序号为某个值 X，称为初始顺序号 ISN（Initial Sequence Number），接收方以 SYN 和 ACK 标志置位的段响应，其中的应答顺序号应为 X+1（表示期望从第 X+1 个字节处开始接收数据），发送顺序号为某个值 Y（接收端指定的 ISN）。这个段到达发起端后，发起端以 ACK 标志置位，应答顺序号为 Y+1 的段回答，连接就正式建立了。可见，所谓初始顺序号就是收发双方对连接的标识，也与字节流的位置有关。因而对发送顺序号更准确的解释应该是：当 SYN 未置位时，表示本段中第一个数据字节的顺序号；当 SYN 置位时，它是初始顺序号 ISN，而段中第一个数据字节的顺序号应为 ISN+1，正好与接收方期望接收的数据字节的位置对应。

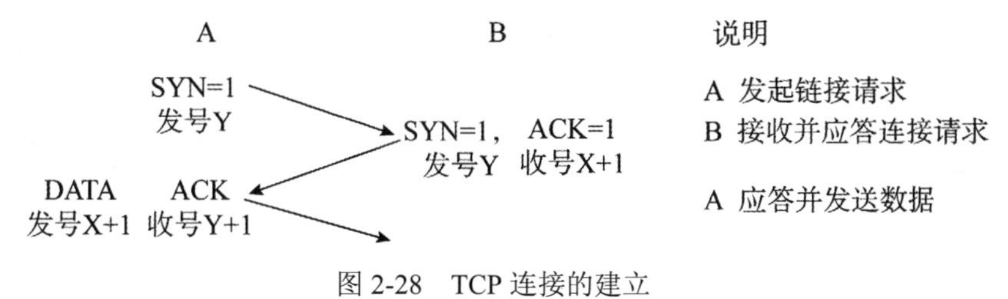

图 2-28　TCP 连接的建立

所谓紧急数据，是指 TCP 用户认为很重要的数据，例如键盘中断等控制信号。当 TCP 段中的 URG 标志置位时，紧急指针表示距离发送顺序号的偏置值，在这个字节之前的数据都是紧急数据。紧急数据由上层用户使用，TCP 只是尽快地把它提交给上层协议。

窗口字段表示从应答顺序号开始的数据字节数，即接收端期望接收的字节数，发送端根据这个数字扩大自己的窗口。窗口字段、发送顺序号和应答顺序号共同实现滑动窗口协议。

校验和的校验范围包括整个 TCP 段和伪段头（Pseudo—Header）。伪段头是 IP 头的一部分，如图 2-29 所示。伪段头和 TCP 段一起处理有一个好处，如果 IP 把 TCP 段提交给错误的主机，TCP 实体可根据伪段头中的源地址和目标地址字段检查出错误。

源地址		
目标地址		
0	协议	段长
传输头		
用户数据		

图 2-29　TCP 伪段头

由于 TCP 是和 IP 配合工作的，所以有些用户参数由 TCP 直接传送给 IP 层处理，这些参数包含在 IP 头中，例如优先级、延迟时间、吞吐率、可靠性和安全级别等。TCP 头和 IP 头合在一起，代表了传送一个数据单元的开销，共 40 个字节。

2. TCP 连接建立与释放

1）TCP 连接状态图

图 2-30 所示为 TCP 的连接状态图。事实上，在 TCP 协议的运行过程中，有多个连接处于不同的状态。

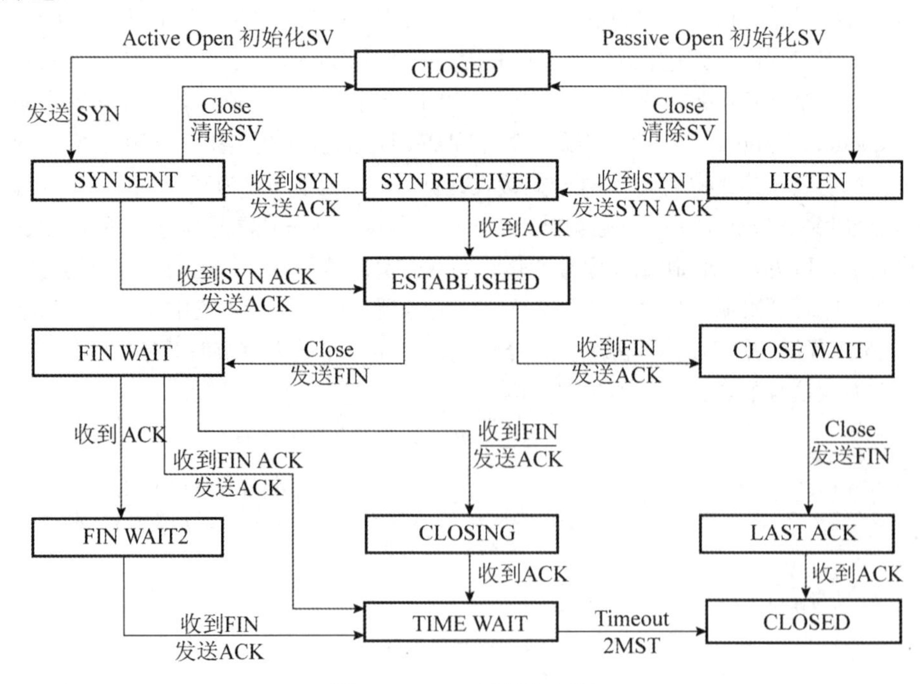

图 2-30　TCP 连接状态图

TCP 提供的可靠服务，在连接的建立和释放上也体现了出来。

2）TCP 连接建立机制

TCP 使用三次握手来建立连接，增强了连接建立的可靠性。比如防止已失效的连接请求报文段到达被请求方，产生错误连接。TCP 三次握手连接建立过程如图 2-31 所示。

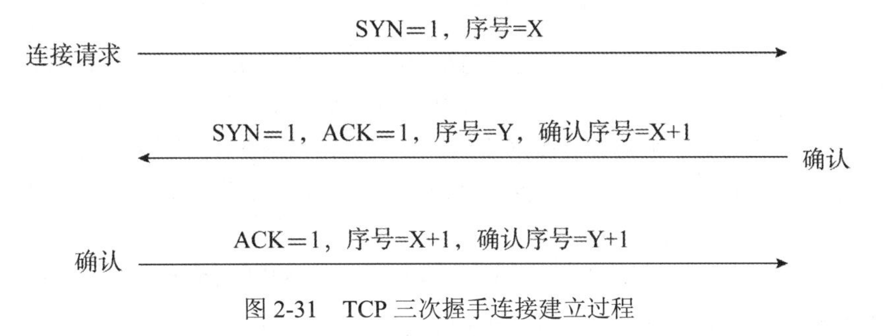

图 2-31　TCP 三次握手连接建立过程

3）TCP 连接释放机制

TCP 的连接释放机制包含半关闭和全关闭两个阶段。半关闭阶段是当 A 没有数据再向 B 发送时，A 向 B 发出释放连接请求，B 收到后向 A 发回确认。这时 A 向 B 的 TCP 连接就关闭了。但 B 仍可以继续向 A 发送数据。当 B 也没有数据再向 A 发送时，这时 B 就向 A 发出释放连接的请求，同样，A 收到后向 B 发回确认。至此为止 B 向 A 的 TCP 连接也关闭了。当 B 确实收到来自 A 的确认后，就进入了全关闭状态。TCP 连接释放的过程如图 2-32 所示。

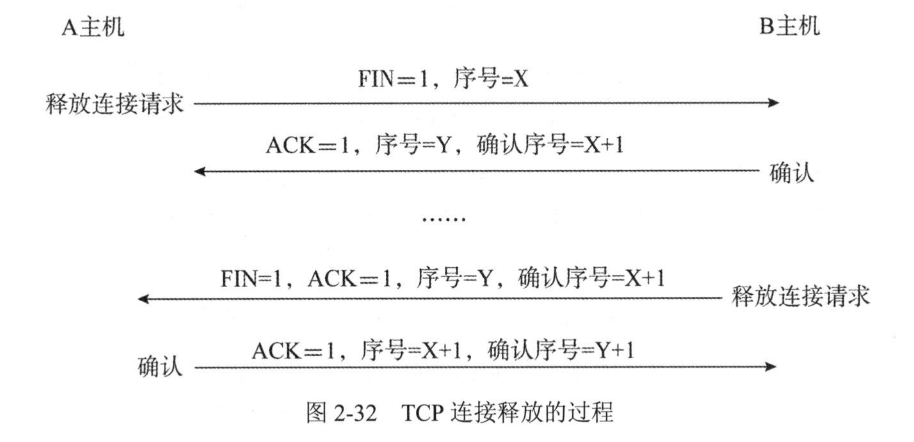

图 2-32　TCP 连接释放的过程

3. TCP 拥塞控制机制

TCP 的拥塞控制涉及重传计时器管理和窗口管理，其目的是与流控机制配合，缓解互联网中的通信紧张状况。

1）重传计时器管理

TCP 实体管理着多种定时器（重传计时器、放弃定时器等），用于确定网络传输时延和监视网络拥塞情况。定时器的时间界限涉及网络的端到端往返时延，静态计时方式不能适应网络通信瞬息万变的情况，所以大多数实现都是通过观察最近一段时间的报文时延来估算当前的往返时间。一种方法是取最近一段时间报文时延的算术平均值来预测未来的往返时间，其计算方法如下：

$$\mathrm{ARTT}(K+1)=\frac{K}{K+1}\mathrm{ARTT}(K)+\frac{1}{K+1}\mathrm{RTT}(K+1)$$

其中的 RTT(K)表示对第 K 个报文所观察到的往返时间，ARTT(K)是对前 K 个报文所计算的平均往返时间。利用这个公式，不必每次重新求和就可以得到最新的平均往返时间。

简单的算术平均方法不能迅速反映网络通信情况变化的趋势，改进的方法是对越是最近的观察值赋予越大的权值，使其对平均值的贡献越大，这种方法称为指数平均法，可以用下面的公式表示：

$$\mathrm{SRTT}(K+1)=\alpha\times\mathrm{SRTT}(K)+(1-\alpha)\times\mathrm{RTT}(K+1)$$

其中 SRTT(K)被称为平滑往返时间估值，SRTT(0)=0，$0<\alpha<1$。

把上式展开，得到：

$$\mathrm{SRTT}(K+1)=(1-\alpha)\mathrm{RTT}(K+1)+\alpha(1-\alpha)\mathrm{RTT}(K)+\alpha^2(1-\alpha)\mathrm{RTT}(K-1)+...+\alpha^k(1-\alpha)\mathrm{RTT}(1)$$

可以看出，越是早前的观察值，对平均值的贡献越小（α的指数越大）。若α=0.5，几乎所有权重都给了最近的 4 或 5 个观察值，当α=0.875 时，计算就扩大到最近的 10 个或更多个观察值。所得的结论是：使用的α值越小，则计算出的平均值对最近的网络通信量变化越敏感，这样做的缺点是短期的通信量变化可能影响到平滑往返时间估值的过度震荡。在具体实现时要根据网络通信的特点采用一个合适的α值。

重传计时器的值 RTO 应该设置得比 SRTT 稍大，一种方法是增加一个常数值 Δ：

$$\mathrm{RTO}(K+1)=\mathrm{SRTT}(K+1)+\Delta$$

Δ 的值取多大，需要仔细斟酌。如果 Δ 的值取大了，对重传过程会造成不必要的延迟，如果 Δ 的值取小了，则观察到的往返时间 RTT 的微小波动就会造成不必要的重传。

相对于增加一个固定常数的方法，使用一个与 SRTT 成比例的计时器效果更好一些：

$$\mathrm{RTO}(K+1)=\mathrm{MIN}\left(\mathrm{UBOUND},\mathrm{MAX}\left(\mathrm{LBOUND},\beta\times\mathrm{SRTT}\left(K+1\right)\right)\right)$$

其中，UBOUND 和 LBOUND 是两个选定的计时上限和下限值，β是常数。上式的意思是选取的重传计时值与平滑往返时间估值 SRTT 成比例，但其值应该处于选定的上、下限之间。RFC 793 给出的例子是：α值在 0.8～0.9，β值在 1.3～2.0。

2）慢启动和拥塞控制

TCP 实体使用的发送窗口越大，在得到确认之前发送的报文数就越多，这样就可能造成网络的拥塞，特别是在 TCP 刚建立连接发送时对网络通信的影响更大。可以采用的一种策略是，让发送方实体在接收到确认之前逐步扩展窗口的大小，而不是从一开始就采用很大的窗口，这种方法称为慢启动过程。下面的慢启动过程是以报文数来描述的，报文数等于 TCP 段头中窗口字段的值除以报文段的字节数。

慢启动过程规定，TCP 实体发送窗口的大小按照下式计算：

$$awnd = MIN[credit, cwnd]$$

- awnd：允许窗口的大小，TCP 实体在没有收到进一步确认的情况下可以发送的报文数。
- cwnd：拥塞窗口的大小，在启动阶段或拥塞期间 TCP 实体使用的窗口大小（报文数）。
- credit：最近一次确认报文中得到的信息量，以报文数计量。

在建立一个新连接后，TCP 实体初始化(cwnd=1)，即在发送了第一个报文段后就停止发送，等待确认后再发送下一个报文段，并且每收到一个确认，就把 cwnd 加 1，用于扩大发送窗口。最终的发送窗口大小是由收到的 credit 决定的。

实际上，cwnd 是以指数规律增长的。当第 0 个报文段的确认到达后，cwnd 被增加到 2，可以发送第 1 和第 2 段；当第 1 和第 2 个报文段的确认到达后，cwnd 经过两次增加，其值已经是 4 了；当这 4 个报文段都到达后，cwnd 经过 4 次增加，其值就是 8 了。

当网络开始出现拥塞时，恢复较难，所以还要包含下列规则：

（1）设置慢启动的门限值为目前拥塞窗口的一半，即 $ssthresh = cwnd / 2$ 。

（2）置 $cwnd = 1$，并且执行慢启动过程，直到 $cwnd = ssthresh$ 。

（3）当 cwnd≥ssthresh 时，每经过一个往返时间 cwnd 加 1。

TCP 拥塞控制机制如图 2-33 所示。

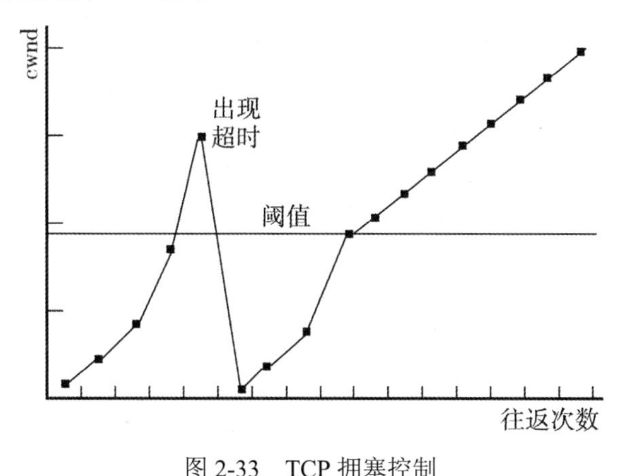

图 2-33　TCP 拥塞控制

2.7.2　UDP 协议

1）UDP 的特点

UDP 只在 IP 的数据报服务之上增加了一点很少的功能，即端口的功能和差错检测的功能。虽然 UDP 用户数据报只能提供不可靠的交付，但 UDP 在某些方面有其特殊的优点：

- 发送数据之前不需要建立连接。
- UDP 的主机不需要维持复杂的连接状态表。
- UDP 用户数据报只有 8 个字节的首部开销。

- 网络出现的拥塞不会使源主机的发送速率降低。这对某些实时应用是很重要的。

传输层使用 TCP 还是 UDP 需要根据应用来确定，表 2-3 表明了常用的应用所采用的协议以及该协议对应的传输层协议。

表 2-3 TCP 协议和 UDP 协议的应用

应用	应用层协议	传输层协议
名字转换	DNS	UDP
文件传送	TFTP	UDP
路由选择协议	RIP	UDP
IP 地址配置	BOOTP，DHCP	UDP
网络管理	SNMP	UDP
远程文件服务器	NFS	UDP
IP 电话	专用协议	UDP
流式多媒体通信	专用协议	UDP
多播	IGMP	UDP
电子邮件	SMTP	TCP
远程终端接入	Telnet	TCP
万维网	HTTP	TCP
文件传送	FTP	TCP

2）UDP 用户数据报的首部格式

UDP 数据报的首部格式如图 2-34 所示，其首部包含源端口号、目的端口号、长度和校验和字段。伪首部各字段仅用于校验和计算，不包含在首部中，伪首部格式如图 2-35 所示。

图 2-34 UDP 首部

图 2-35 用于校验和计算的伪首部

2.8 应用层协议

远程登录（Telnet）是 ARPANET 最早的应用之一，这个协议提供了访问远程主机的功能，使本地用户可以通过 TCP 连接登录到远程主机上，像使用本地主机一样使用远程主机的资源。当本地终端与远程主机具有异构性时，也不影响它们之间的相互操作。终端与主机之间的异构性表现在对键盘字符的解释不同，例如PC键盘与IBM大型机的键盘可能相差很大，使用不同的回车换行符，不同的中断键等。为了使异构性的机器之间能够互操作，Telnet定义了网络虚拟终端（Network Virtual Terminal，NVT）。NVT代码包括标准的7位ASCII字符集和Telnet命令集。这些字符和命令提供了本地终端和远程主机之间的网络接口。

文件传输协议（File Transfer Protocol，FTP）也是Internet最早的应用层协议。这个协议用于主机间传送文件，主机类型可以相同也可以不同，还可以传送不同类型的文件，例如二进制文件或文本文件等。

电子邮件（E-mail）是Internet上使用最多的网络服务之一，广泛使用的电子邮件协议是简单邮件传输协议（Simple Mail Transfer Protocol，SMTP）。这个协议也使用客户端/服务器操作方式，也就是说，发送邮件的机器起SMTP客户的作用，连接到目标端的SMTP服务器上。而且只有在客户端成功地把邮件传送给服务器之后，才从本地删除报文。这样，通过端到端的连接保证了邮件的可靠传输。

WWW（World Wide Web）服务是由分布在Internet中的成千上万个超文本文档链接成的网络信息系统。这种系统采用统一的资源定位器和精彩鲜艳的声音图文用户界面，用户可以方便地浏览网上的信息和利用各种网络服务。WWW现已成为网民不可缺少的信息查询工具。HTTP是为分布式超文本信息系统设计的一个协议。这个协议不仅简单有效，而且功能强大，可以传送多媒体信息，适用于面向对象的作用，是Web技术中的核心协议。另外一种应用模式叫作点对点应用（Peer-to-Peer，P2P），在这种模式中，没有客户机和服务器的区别，每一个主机既是客户机又是服务器，它们的角色是对等的，所以，P2P是一种对等通信的网络模型。

网络用户希望用名字来标识主机，有意义的名字可以表示主机的账号、工作性质、所属的地域或组织等，从而便于记忆和使用。Internet的域名系统（Domain Name System，DNS）就是为这种需要而开发的。DNS的逻辑结构是一个分层的域名树，Internet网络信息中心（Internet Network Information Center，InterNIC）管理着域名树的根，称为根域。根域没有名称，用句号“.”表示，这是域名空间的最高级别。在DNS的名称中，有时在末尾附加一个“.”，就是表示根域，但经常是省略的。DNS服务器可以自动补上结尾的句号，也可以处理结尾带句号的域名。

P2P泛指各种没有中心服务器的网络体系结构。我们特别把完全没有服务中心，也没有路由中心的网络称为“纯”P2P网络。事实上，还有大量的网络属于混合型P2P系统。在这种系统中，有一个管理用户信息的索引服务器，任何用户的信息请求都是首先发送给索引服务器，再在索引服务器的引导下与其他对等方建立网络连接。各个客户端都保存着一部分信息资源，并把本地存储的信息告诉索引服务器，准备向其他客户端提供下载服务。

第 3 章　网络规划与设计

3.1　网络规划与设计基础

3.1.1　网络生命周期

一个网络系统从构思开始到最后被淘汰的过程被称为网络系统的生命周期。一般来说，网络系统的生命周期至少包括网络系统的构思计划、分析和设计、运行和维护等过程。对于大多数网络系统来说，由于应用的不断发展，这些网络系统需要不断重复设计、实施、维护的过程。因此，网络生命周期是一个循环迭代的过程。每次循环迭代的动力都来自于网络应用需求的变更，每次循环过程都存在需求分析、规划设计、实施调试和运营维护等阶段。

网络生命周期迭代模型的核心思想是网络应用驱动理论和成本评价机制。当网络系统无法满足用户的需求时，就必须进入到下一个迭代周期。成本评价机制决定是否结束网络系统的生命周期：当对已有投资的再利用成本小于新建系统的成本时，网络系统可以进入下一次迭代周期；否则就必须舍弃迭代，新建网络系统。网络生命周期的迭代模型如图 3-1 所示。

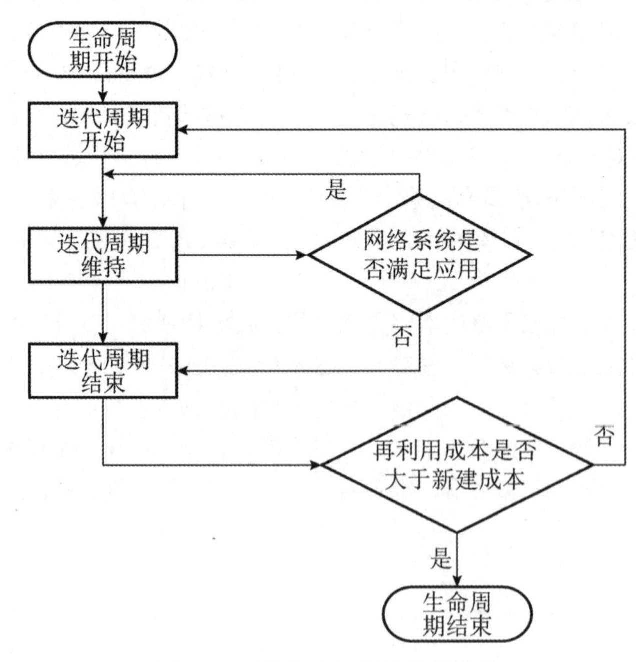

图 3-1　网络生命周期的迭代模型

每一个迭代周期，都是一个网络重构的过程。不同的网络设计方法中，对迭代周期的划分方式是不同的，常见的迭代周期构成方式主要有三种。

1. 四阶段周期

四阶段周期的特点是，能够快速适应新的需求，强调网络建设周期中的宏观管理，灵活性较强。四阶段周期的长处在于工作成本较低、灵活性高，适用于网络规模较小、需求较为明确、网络结构简单的网络工程。

如图 3-2 所示，四个阶段分别为构思与规划阶段、分析与设计阶段、实施与构建阶段和运行与维护阶段，这四个阶段之间有一定的重叠，保证了两个阶段之间的交接工作，同时也赋予了网络工程设计的灵活性。

（1）构思与规划阶段：明确网络设计或改造的需求，同时确定新网络的建设目标。

（2）分析与设计阶段：根据网络需求进行设计，形成特定的设计方案。

（3）实施与构建阶段：根据设计方案进行设备购置、安装、调试，建成可试用的网络环境。

（4）运行与维护阶段：提供网络服务，并实施网络管理。

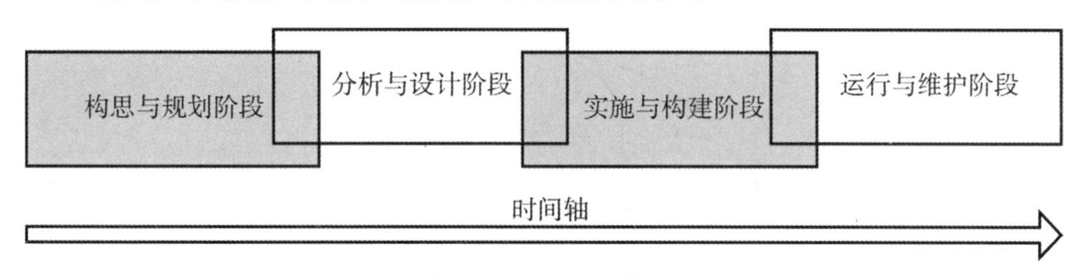

图 3-2　四阶段周期

2. 五阶段周期

五阶段周期是较为常见的迭代周期划分方式，将一次迭代划分为五个阶段：需求规范阶段、通信规范阶段、逻辑网络设计阶段、物理网络设计阶段、实施阶段。每个阶段都是一个工作环节，每个环节完毕后才能进入下一个环节，类似于软件工程中的“瀑布模型”，如图 3-3 所示。

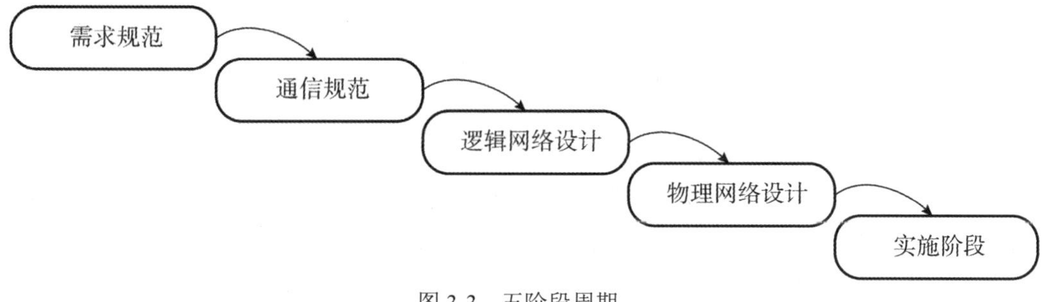

图 3-3　五阶段周期

按照这种流程构建网络，在下一个阶段开始之前，前面每个阶段的工作必须已经完成。一般情况下，不允许返回到前面的阶段。如果前一阶段的工作没有完成就开始进入下一个阶段，则会对后续的工作造成较大的影响，甚至产生工期拖后和成本超支。

五阶段周期的主要优势在于所有的计划在较早的阶段完成，该系统的所有负责人对系统的具体情况以及工作进度都非常清楚，更容易协调工作。五阶段周期的缺点是比较死板，不灵活。因为往往在项目完成之前，用户的需求经常会发生变化，这使得已开发的部分需要经常修改，从而影响工作的进程，所以基于这种流程完成网络设计时，用户的需求确认工作非常重要。

五阶段周期由于存在较为严格的需求和通信分析规范，并且在设计过程中充分考虑了网络的逻辑特性和物理特性，因此较为严谨，适用于网络规模较大，需求较为明确，在一次迭代过程中需求变更较小的网络工程。

3. 六阶段周期

六阶段周期是对五阶段周期的补充，是对其缺乏灵活性的改进；通过在实施阶段前后增加相应的测试和优化过程，提高网络建设工程中对需求变更的适应性。六个阶段分别由需求分析、逻辑设计、物理设计、设计优化、实施及测试、监测及性能优化组成，如图3-4所示。

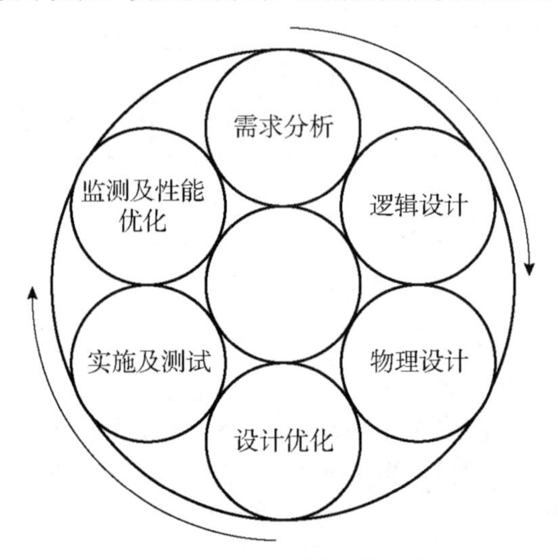

图3-4 六阶段周期

（1）需求分析：网络分析人员通过与用户和技术人员进行交流来获取新系统（或系统升级）的商业目标和技术目标，然后归纳出当前网络的特征，分析出当前和将来的网络通信量、网络性能、协议行为和服务质量要求。

（2）逻辑设计：主要完成网络的逻辑拓扑结构、网络地址分配、设备命名、交换及路由协议选择、安全规划、网络管理等设计工作，并且根据这些设计选择设备和服务提供商。

（3）物理设计：根据逻辑设计的结果选择具体的技术和产品，使得逻辑设计成果符合工程设计规范。

（4）设计优化：完成工程实施前的方案优化，通过召开专家研讨会、搭建试验平台、网络仿真等多种形式，找出设计方案中的缺陷，并进行方案优化。

（5）实施及测试：根据优化后的方案进行设备的购置、安装、调试与测试，通过测试和试用发现网络环境与设计方案的偏差，纠正过程中的错误，必要时修改网络设计方案。

（6）监测及性能优化：通过网络管理、安全管理等技术手段，对网络是否正常运行进行实时监控；如果发现问题，通过优化网络设备配置参数，达到优化网络性能的目的；如果发现网络性能已经无法满足用户需求，则进入下一次迭代周期。

六阶段周期偏重于网络的测试和优化，侧重于网络需求的不断变更，由于其严格的逻辑设计和物理设计规范，使得该模式适合于大型网络的建设工作。

3.1.2 网络开发过程

网络生命周期的迭代模型为描绘网络项目的开发提供了特定的理论模型，一个网络项目从构思到最终退出应用，一般会遵循迭代模型，经历多个迭代周期。例如，在网络建设初期建设的是试点网络，网络规模较小，宜采用四阶段方式；进行全面网络建设和互连时，网络规模越来越大，宜采用五阶段或六阶段方式。由于网络工程中，中等规模的网络较多，并且应用范围较广，在后续的章节中主要介绍五阶段迭代周期方式。在较为复杂的大型、超大型网络中，采用六阶段周期时，也必须完成五阶段周期中要求的各项工作，只是增强了灵活性和必须的验证机制。

根据五阶段迭代周期的模型，网络开发过程可以被划分为五个阶段。如图3-5所示，这五个阶段分别是：

- 需求分析；
- 现有网络系统分析，即通信规范分析；
- 确定网络逻辑结构，即逻辑网络设计；
- 确定网络物理结构，即物理网络设计；
- 安装和维护。

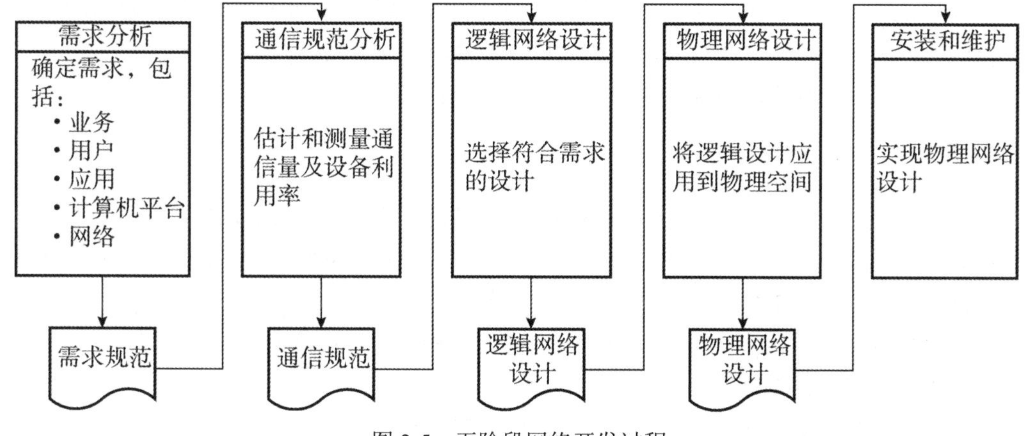

图3-5 五阶段网络开发过程

在这五个阶段中，每个阶段都必须依据上一阶段的成果完成本阶段的工作，并形成本阶段的工作成果，作为下一阶段的工作依据。这些阶段成果分别为“需求规范”“通信规范”“逻辑网络设计”“物理网络设计”。

1. 需求分析

需求分析是开发过程中最关键的阶段。需求分析阶段需要直接面对的就是需求收集的困难，收集需求信息不仅要和不同的用户、经理和其他网络管理员交流，而且需要把交流所得信息归纳解释。设计人员根据工程经验，均衡考虑各方利益，不激化用户矛盾，保证最终的网络是可用的。需求分析有助于设计者更好地理解网络应该具有什么功能和性能，最终设计出符合用户需求的网络，它为网络设计提供了下述的依据：

- 能够更好地评价现有的网络体系；
- 能够更客观地做出决策；
- 提供完美的交互功能；
- 提供网络的移植功能；
- 合理使用用户资源。

不同的用户有不同的网络需求，收集需求需要考虑：

- 业务需求；
- 用户需求；
- 应用需求；
- 计算机平台需求；
- 网络需求。

在需求分析阶段应该尽量明确定义用户的需求，详细的需求描述使得最终的网络更有可能满足用户的要求。需求分析的输出是产生一份需求说明书，也就是需求规范。网络设计者必须规范地把需求记录在一份需求说明书中，清楚而细致地总结单位和个人的需要和愿望。在形成需求说明书之前，网络工程设计人员还必须与网络管理部门就需求的变化建立起需求变更机制，明确允许的变更范围。在写完需求说明书后，管理者与网络设计者应该正式达成共识，并在文件上签字，这是规避网络建设风险的关键。

2. 现有网络系统分析

如果当前网络开发过程是对现有网络的升级和改造，则必须对现有网络系统进行分析。现有网络系统分析的工作目的是描述资源分布，以便在升级时尽量保护已有投资。通过该工作，可以使网络设计者掌握网络现在所处的状态和情况。

在这一阶段，应给出一份正式的通信规范说明文档，通信规范说明文档内容如下：

- 现有网络的逻辑拓扑图；
- 反映网络容量、网段及网络所需的通信容量和模式；

- 详细的统计数据、基本的测量值和所有其他直接反映现有网络性能的测量值；
- Internet 接口和广域网提供的服务质量(QoS)报告；
- 限制因素列表清单，例如，使用线缆和设备等。

3. 确定网络逻辑结构

网络逻辑结构设计是体现网络设计核心思想的关键阶段，在这一阶段根据需求规范和通信规范，选择一种比较适宜的网络逻辑结构，并实施后续的资源分配规划、安全规划等内容。

网络的逻辑结构设计来自于用户需求中描述的网络行为、性能等要求，逻辑设计要根据网络用户的分类、分布，形成特定的网络结构，该网络结构大致描述了设备的互连及分布，但是不对具体的物理位置和运行环境进行确定。逻辑网络设计阶段，设计人员一般更关注于网络层的连接图，涉及网络互连、地址分配、网络层流量等关键因素。

此阶段最后应该得到一份逻辑网络设计文档，输出的内容包括以下几点：

- 逻辑网络设计图；
- IP 地址方案；
- 安全方案；
- 具体的软硬件、广域网连接设备和基本的服务；
- 招聘和培训网络员工的具体说明；
- 对软硬件、服务、员工和培训的费用的初步估计。

4. 确定网络物理结构

物理网络设计是对逻辑网络设计的物理实现，通过对设备的具体物理分布、运行环境等的确定，确保网络的物理连接符合逻辑连接的要求。在这一阶段，网络设计者需要确定具体的软硬件、连接设备、布线和服务。

网络物理结构设计文档必须尽可能详细、清晰，输出的内容如下：

- 网络物理结构图和布线方案；
- 设备和部件的详细列表清单；
- 软硬件和安装费用的估算；
- 安装日程表，详细说明服务的时间以及期限；
- 安装后的测试计划；
- 用户的培训计划。

5. 安装和维护

第五个阶段可以分为两个小阶段，分别是安装和维护。

1）安装

安装阶段是根据前面各个阶段的工程成果，实施环境准备、设备安装调试的过程。安装阶段的主要输出是网络本身。安装阶段应该产生的输出如下：

- 逻辑网络图和物理网络图，以便于管理人员快速掌握网络；
- 满足规范的设备连接图、布线图等细节图，同时包括线缆、连接器和设备的规范标识；
- 运营维护记录和文档，包括测试结果和新的数据流量记录。

在安装开始之前，所有的软硬件资源必须准备完毕，并通过测试。在网络投入运营之前，人员、培训、服务、协议等都是必须准备好的资源。

2）维护

网络维护又称为网络产品的售后服务。网络安装完成后，接受用户的反馈意见和监控是网络管理员的任务。网络投入运行后，需要做大量的故障监测和故障恢复以及网络升级和性能优化等维护工作。

3.1.3 网络设计方法

一个好的网络设计必须能够体现客户的各种商业和技术需求，包括可用性、可扩展性、可付性、安全性和可管理性。而各种网络构建或升级需求会导致设计问题的复杂和重复，这就需要一种有效、有序的设计方法及相关模型。在软件工程领域通常采用自底向上（如面向服务的软件设计方法）、自顶向下（如模块化软件设计方法）等各种设计方法。计算机网络设计通常采用自顶向下（Top-Down）的模块化设计方法，即从网络模型上层开始，直至底层，最终确定各模块，满足应用需求，如图 3-6 所示。

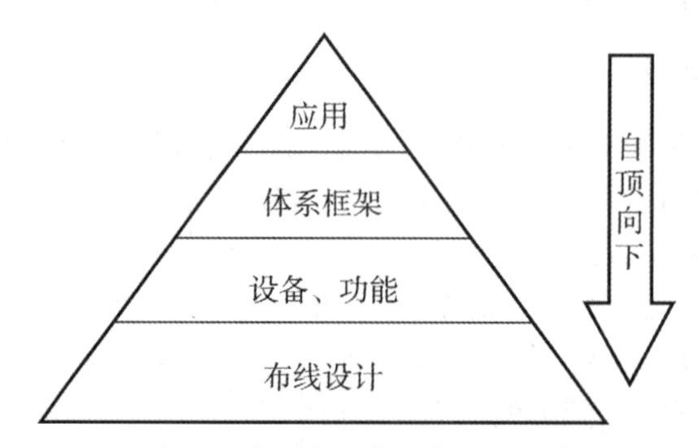

图 3-6 自顶向下的网络设计方法

自顶向下是一种模块化设计方法，对应到 OSI 网络七层参考模型，即先研究应用层、会话层和传输层的需求和功能，确定网络体系框架；然后设计、选择较低层的路由器、交换机和物理线路。根据某种设计模型将网络设计分割成多个模块，分别设计，模块之间确定标准接口，使它们互相匹配起来。将模块化设计方法应用于网络设计中有以下好处：

（1）理解和设计较小且简单的模块比理解和设计整个网络更容易；

（2）与整个网络相比，查明较小模块存在的故障更加容易；

（3）模块重用可以节省花费在设计与实现上的时间和精力；

（4）模块重用使网络更容易扩展，以保证网络的可扩展性；

（5）修改模块比改动整个网络更加容易，由此带来设计的灵活性。

下面介绍模块化网络设计中使用的模型，其中层次化网络设计模型广泛用于网络设计工程中，企业复合网络模型则经常作为层次化模型的补充出现在网络方案设计中。

1. 层次化网络设计模型

层次化网络设计模型如图 3-7 所示。层次化模型由外向内由接入层、分布层和核心层三个功能层组成。

- 接入层：为用户提供接入网络的服务，也称为访问层。
- 分布层：提供用户到核心层之间的连接，也称为汇聚层。
- 核心层：高速的网络骨干。

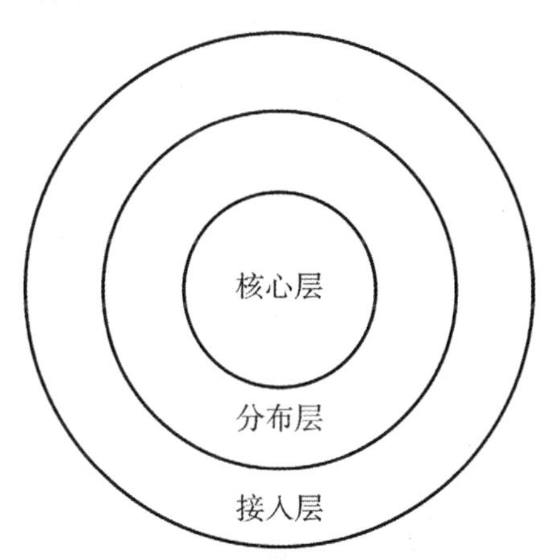

图 3-7　层次化网络设计模型

这三层也可以视为三个模块，每个模块都有特定的功能，设计网络时需要选择不同的网络设备满足这些需求。图 3-8 给出了一个从实际网络拓扑图到层次化模型的映射。

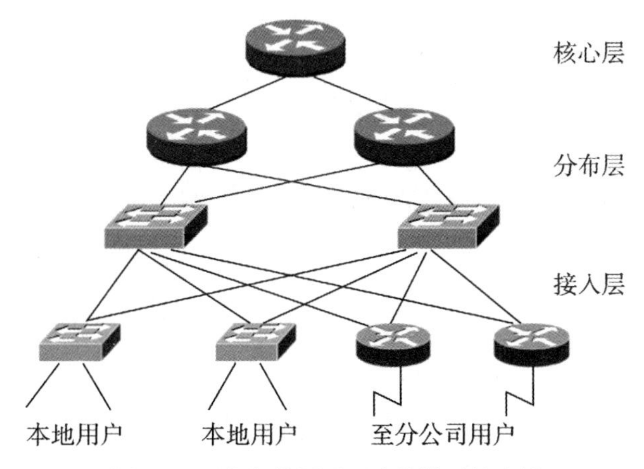

图 3-8　网络拓扑图到层次化模型的映射

使用层次化模型进行网络设计时，并不是每一层都需要有对应的网络设备。例如，对一个较小型的网络，所有用户直接接入核心层设备，此时就没有分布层。而设计大型网络时，接入点可能不是一台主机，而是一个分支网络，如图3-8所示，分公司网络接入主干网时，可认为它属于接入层的一个节点，但是针对分公司网络设计时，依然可使用层次化模型依次分为核心层、分布层和接入层来设计。下面分别对这三个层次进行讨论。

1）接入层

接入层又称访问层，是用户接入网络的地方，用户可以是本地的，也可以是远程的。接入层可以通过集线器、交换机、网桥、路由器和无线访问点为本地用户提供接入服务，也可以通过VPN技术让远程用户经Internet接入内部网络。接入层往往需要有相应的策略来保证只有授权用户才可接入网络。

2）分布层

分布层又称汇聚层，是核心层和接入层之间的接口。分布层的功能和特性如下：

（1）通过过滤、优先级和业务排队来实现策略。

（2）在接入层和核心层之间进行路由选择。如果在接入层和核心层使用的路由协议不同，那么分布层负责在各路由协议之间重新共享路由信息，如果有必要，还需要对路由信息进行过滤。

（3）执行路由汇总。当路由被汇总后，路由器只需要在路由表中保存较少的汇总路由信息，这会使路由表变小，减少路由器查找路由表时间和对内存的需求。此外路由的更新信息也会减少，从而占用的网络带宽减少。

（4）提供到接入设备和核心设备的冗余连接。

（5）把多个低速接入的连接汇聚到高速的核心连接上，如果有必要，还需要在不同的传输介质之间转换。

3）核心层

核心层提供高速的网络主干。核心层的功能和属性如下：

（1）为了在骨干网上快速地传输数据，核心层应具有高速度、低延时的链路和设备。

（2）通过提供冗余设备和链路使得网络不存在单点故障，从而实现高可靠的网络骨干。

（3）使用快速收敛路由协议可以迅速适应网络变化。此外，路由协议还可以在冗余链路上配置负载均衡，以便备份的网络资源在没有网络故障发生时也能得到利用。因为过滤往往会降低处理速度，所以一般核心层不执行过滤功能，而将过滤操作放在分布层上执行。

4）层次化模型的优缺点

使用层次化模型进行网络设计具有如下优点：

（1）三层结构减轻了内层网络主设备的负载。由于分布层的过滤和汇聚，使得核心层设备避免了处理大量细节路由信息，降低CPU开销和网络带宽消耗。

（2）降低了网络成本。按不同层次功能要求选择网络设备，可以降低不必要的功能投入花费。此外，层次化的模型结构便于网络管理，降低网络运行维护花费。

（3）简化了设计元素，使设计易于理解。

（4）容易变更层次结构。局部升级不会影响其他部分，扩展方便。

但是使用层次化模型设计也存在局限性。处理大型复杂的网络设计时，接入层往往容易引入设计错误。如上所述，每个接入点可能又是一个层次化拓扑子结构，随着网络复杂性提高，有可能将两个分支连接起来，如图 3-9 所示。

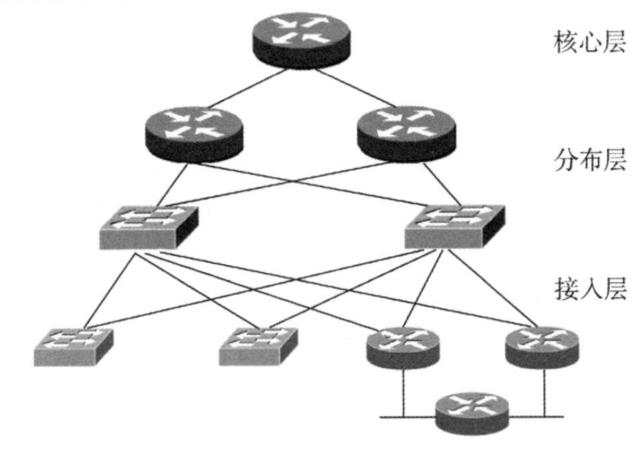

图 3-9　接入层的错误连接

这种错误会造成网络回环，如果没有配置合适的交换策略（如生成树协议）或路由协议，可能带来广播风暴、数据包丢失等严重错误，而且给编制网络文档和排错带来巨大麻烦。此外，层次化模型很难体现不同的安全级别需求，如企业边界和企业园区往往需要不同的安全保护，而对应到三层模型上可能同样是接入层的一个节点而已。所以可以考虑选用或者配合使用其他网络设计模型，如接下来将要介绍的企业复合网络模型。

2. 企业复合网络模型

企业复合网络模型也是一种模块化设计方法，它来自思科公司的 SAFE 模型（Security Architecture for Enterprise Networks），这个模型与层次化模型相比可以支持更大的网络，更为重要的是它阐明了网络中的功能界线，企业复合网络模型把网络分成三个功能区，如图 3-10 所示。

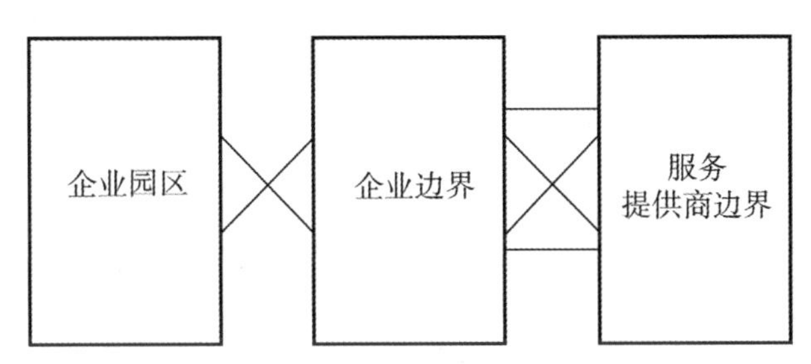

图 3-10　企业复合网络模型的功能区

这三个功能区如下所述：

（1）企业园区：这个功能区包含了一个园区中独立运行网络所需的所有功能，但它不提供远程连接。一家企业可以有多个企业园区。

（2）企业边界：这个功能区包含了企业园区与远程站点（包括 Internet、其他企业园区等）通信所需要的所有功能。

（3）服务提供商边界：这个功能不是由企业实现的，而是用来表示服务提供商（ISP）所提供的与 Internet 连接的接入方式。

这三个功能区内部按照层次化模型的核心层、分布层和接入层来设计功能结构。企业园区主要包含了基础的网络设施。企业边界区是企业园区和服务提供商之间的接口，为了保证企业网的安全，往往需要在企业边界区设置防火墙。此外，为了使授权的远程用户能接入企业网，企业边界区经常需要设置虚拟专用网络（VPN）接口。服务提供商边界不是由企业实现的，但是网络设计时必须根据用户需求选择合适的服务提供商。为了确保服务的可用性，可以采用多个 ISP 服务冗余连接。

3. 扁平化大二层网络模型

传统的三层数据中心架构的设计采用生成树协议（Spanning Tree Protocol，STP）来优化客户端到服务器的路径和支持连接冗余，通常将二层网络的范围限制在网络接入层以下，避免出现大范围的二层广播域。

虚拟化从根本上改变了数据中心网络架构的需求，即虚拟化引入了虚拟机动态迁移技术，从根本上改变了传统三层网络统治数据中心网络的局面，从而要求网络支持大范围的二层域，在此情况下形成了由核心层与接入层构成的扁平化大二层网络模型。

1）服务器虚拟化

服务器虚拟化技术是把一台物理服务器虚拟化成多台逻辑服务器，这种逻辑服务器被称为虚拟机（VM），每个 VM 都可以独立运行，有自己的 OS、APP，当前也有自己独立的 MAC 地址和 IP 地址，它们通过服务器内部的虚拟交换机（VSwitch）与外部实体网络连接。通过服务器虚拟化，可以有效地提高服务器的利用率，降低能源消耗，降低客户的运维成本，所以虚拟化技术目前得到了广泛的应用。

服务器虚拟化带来了一项伴生的技术，那就是虚拟机动态迁移，即在保证虚拟机上服务正常运行的同时，将一个虚拟机系统从一个物理服务器移动到另一个物理服务器。该过程对于最终用户来说是无感知的，但管理员能够在不影响用户正常使用的情况下，灵活调配服务器资源，或者对物理服务器进行维修和升级。

为了保证迁移时业务不中断，就要求在迁移时，不仅虚拟机的 IP 地址不变，而且虚拟机的运行状态也必须保持原状（例如 TCP 会话状态），所以虚拟机的动态迁移只能在同一个二层域中进行，而不能跨二层域迁移。而传统的二三层网络架构限制了虚拟机的动态迁移，使其只能在一个较小的局部范围内进行，应用受到了极大的限制。

2）隧道技术

Overlay 方案的核心就是通过点到多点的隧道封装协议，完全忽略中间网络的结构和细节，把整个中间网络虚拟成一台“巨大无比的二层交换机”，每一台主机都是直接连在这台“巨大交换机”的一个端口上。

隧道技术的代表是 TRILL、SPB，都是通过借用 IS-IS 路由协议的计算和转发模式，实现二层网络的大规模扩展。这些技术的特点是可以构建比虚拟交换机技术更大的超大规模二层网络（应用于大规模集群计算），目前正在标准化过程中。同时传统交换机不仅需要软件升级，还需要硬件支持。

3）跨数据中心

随着数据中心多中心的部署，虚拟机的跨数据中心迁移、灾备，跨数据中心业务负载分担等需求，使得二层网络的扩展不仅是在数据中心的边界为止，还需要考虑跨越数据中心机房的区域，延伸到同城备份中心、远程灾备中心。 一般情况下，多数据中心之间的连接是通过路由连通的，天然是一个三层网络。要实现通过三层网络连接的两个二层网络互通，就必须实现“L2 over L3”，即借助隧道的方式，将二层数据报文封装在三层报文中，跨越中间的三层网络，实现两地二层数据的互通。这种隧道就像一个虚拟的桥，将多个数据中心的二层网络贯穿在一起。

3.1.4　网络设计的约束因素

网络设计的约束因素是网络设计工作必须遵循的一些附加条件。一个网络设计如果不满足约束条件，将导致该网络设计无法实施。所以，在需求分析阶段，在确定用户需求的同时，也应对这些附加条件进行明确。一般来说，网络设计的约束因素主要来自于政策、预算、时间和应用目标检查方面。

1. 政策约束

了解政策约束的目标是发现隐藏在项目背后的可能导致项目失败的事务安排、持续的争论、偏见、利益关系或历史等因素。政策约束的来源包括法律、法规、行业规定、业务规范、技术规范等，政策约束的直接体现是法律法规条文、发表的暂行规定、国际/国家/行业标准、行政通知与发文等。

在网络开发中，设计人员需要与客户就协议、标准、供应商等方面的政策进行讨论，弄清楚客户在传输、路由选择、桌面或其他协议方面是否已经制定了标准，是否有关于开发和专有解决方案的规定，是否有认可供应商或平台方面的相关规定，是否允许不同厂商之间的竞争。在明确了这些政策约束后，才能开展后期的设计工作，以免出现设计失败或重复设计的现象。

2. 预算约束

预算是决定网络设计的关键因素，很多满足用户需求的优良设计，就是因为突破了用户的基本预算而不能实施。对于预算不能满足用户网络需求的情况，应该在统筹规划的基础上将网络建设工作划分为多个迭代周期，阶段性地实现网络建设目标。

网络预算一般分为一次性投资预算和周期性投资预算。一次性投资预算主要用于网络的初始建设，包括设备采购、购买软件、维护和测试系统、培训工作人员以及设计和安装系统的费用等。周期性投资预算主要用于后期的运营维护，包括人员消耗、设备维护消耗、软件系统升级消耗、材料消耗、信息费用、线路租用费用等多个方面。

3. 时间约束

网络设计的进度安排是需要考虑的另一个问题。项目进度表限定了项目最后的期限和重要的阶段。通常，项目进度是由客户负责管理，但网络设计者必须就该日程表是否可行提出自己的意见。

有许多种开发进度表的工具，在全面了解了项目之后，要对网络设计者自行安排的计划与进度表的时间进行对照分析，对于存在疑问的地方，要及时与客户进行沟通。

4. 应用目标检查

在进行下一阶段的任务之前，需要确定是否了解了客户的应用目标和所关心的事项。通过应用目标检查，可以避免用户需求的缺失。

在网络设计工作中，由于用户的不同群体存在着不同的需求和约定，经常会出现约束条件冲突的情况，这些约束条件的冲突问题可以依据两种思路来解决：一是由用户的信息主管部门协调解决；二是针对冲突的约束条件排定优先级，优先满足最高级别的约束条件。

3.1.5 网络设计文档

1. 文档的作用

文档是网络设计工作中的重点环节，覆盖了需求规范、通信规范、逻辑设计、物理设计、网络实施、运营维护等各个阶段，通过对网络分析、设计实现等阶段的细节进行描述，说明开发一个网络的步骤。文档的编制在网络项目开发工作中占有突出的地位。高效率、高质量地开发、分发、管理和维护文档对于转让、变更、修正、扩充和使用文档，以及充分发挥网络产品的效益都有着重要的意义。

网络开发过程中，网络开发人员需要制订一些工作计划或工作报告，这些计划和报告要提供给管理人员，并得到必要的支持。管理人员则可通过这些文档了解网络开发项目的安排、进度、资源使用和成果等。

从形式上看，文档大致可以分为两类：一类是网络设计过程中填写的各种图表，可称为工作表格；另一类是应编制的技术资料或技术管理资料，可称为文档或文件。文档的编制可以用自然语言，或特别设计的形式语言，或是介于两者之间的半形式语言（结构化语言）以及各类图表和表格来表示。文档可以书写，也可以在计算机支持的系统中产生，但它必须是可以阅读的。

2. 文档的质量

文档的编制必须保证质量，以发挥文档的指导作用，这有助于管理人员监督和管理系统开发，有助于用户了解系统开发的工作，有助于维护人员进行有效的修改和扩充。高质量的文档应当体现在以下方面：

（1）针对性：根据不同类型、不同层次的读者决定文档的具体内容。

（2）精确性：文档的行文应当十分确切，不能出现多义性的表述。

（3）清晰性：文档编写应力求简明，如有可能，配以适当的图表，使文档简洁明了。

（4）完整性：任何一个文档都应当是完整、独立、自成体系的。

（5）灵活性：各种不同的项目系统，其规模和复杂程度有着许多实际差别，需仔细、具体地分析、安排其内容。

3. 文档的管理和维护

在整个网络生命周期中，各种文档需作为半成品或是最终成品不断地生成、修改或补充。为了最终得到高质量的产品，达到所提出的质量要求，必须加强对文档的管理。

3.2　需求分析

3.2.1　建网目标分析

建网目标的分析内容包括最终目标分析和近期目标分析。

最终目标分析内容包括：网络建设到怎样的规模；如何满足用户需求；采用的是否是 TCP/IP；体系结构是 Intranet 还是非 Intranet（即是否为企业网）；计算模式是采用传统 C/S 模式、B/S 模式还是采用 B/S/D 模式；网络上最多站点数和网络最大覆盖范围；网络安全性的要求；网络上必要的应用服务和预期的应用服务；根据应用服务需求对整个系统的数据量、数据流量及数据流向进行估计，从而可以大致确定网络的规模及其主干设备的规模和选型。

网络建设的近期目标一般比较具体且容易实现，但是需要注意：近期建设目标所确定的网络方案必须有利于升级和扩展到最终建设目标；在升级和扩展到最终建设目标的过程中，尽可能保持近期建设目标的投资。

3.2.2　应用需求分析

1. 应用背景需求

确定应用目标之前需要分析应用背景需求，概括当前网络应用的技术背景，明确行业应用的方向和技术趋势，以及本企业网络信息化的必然性。同时应用背景需求分析需要考虑实施网络集成的问题，包括国外同行业的信息化程度，以及取得了哪些成效，国内同行业的信息化趋势，本企业信息化的目的，本企业拟采用的信息化步骤等。

（1）分析网络应用目标的工作步骤包括：

- 企业高层管理者收集商业需求；
- 收集用户群体需求；

- 收集支持用户和用户应用的网络需求。

（2）典型的网络设计目标包括：

- 加强对分支机构或部署的调控能力；
- 加强合作交流，共享重要数据资源；
- 降低电信及网络成本，包括与语音、数据、视频等独立网络有关的开销。

（3）明确网络设计项目范围，具体包括：

- 设计新网络还是修改网络；
- 网络规模是一个网段、一个（组）局域网、一个广域网，还是远程网络或完整的企业网；
- 明确用户的网络应用（网络应用统计表）。

2. 网络应用约束

网络规划设计是一个严谨的科学技术实施过程，期间有大量的约束存在。

（1）对于政策、法律法规方面的约束，在需求分析阶段要做到以下几点：

- 与用户详细讨论其办公政策和技术发展路线；
- 要与用户就协议、标准、供应商等方面的政策进行讨论；
- 不期待所有人都会使用用户新项目。

（2）对于预算、成本方面的约束，在需求分析阶段要做到以下几点：

- 网络规划设计的目标之一就是在预算内进行成本的有效控制；
- 预算包括设备采购、软件采购、维护和测试费用、培训费用和系统设计安装费用等，还可能包括数据处理费用和外包费用。

（3）对于时间方面的约束，在需求分析阶段要做到以下几点：

- 用项目进度表规定项目最终期限和重要阶段；
- 用户负责管理项目进度，但设计者必须确认日程表的可行性。

3.2.3 网络性能分析

网络规划设计有严谨科学的技术指标，可以实现对设计网络性能的定量分析，因此在进行网络需求分析阶段，需要确定网络性能的技术指标。很多国际组织定义了明确的网络性能技术指标，这些指标为我们设计网络提供了一条性能基线（Baseline），主要分为两大类：

- 网元级：网络设备的性能指标；
- 网络级：将网络看作一个整体，其端到端的性能指标。

1. 时延（Delay 或 Latency）

时延是从网络的一端发送一个比特到网络的另一端接收到这个比特所经历的时间。

总时延＝传播时延＋发送时延＋重传时延＋分组交换时延＋排队时延

2. 吞吐量（Throughput）

吞吐量是在单位时间内传输无差错数据的能力。吞吐量可针对某个特定连接或会话定义，也可以定义网络总的吞吐量。

$$吞吐量 = GP[发送成功]$$

其中，P（发送成功）是发送成功的概率。

3. 容量（Capability）

容量是数据通信设备发挥预定功能的能力，经常用来描述通信信道或连接的能力。

4. 网络负载

网络负载用 G 表示，指在单位时间内总共发送的平均帧数。

5. 分组丢失率（Packet Loss Rate）

分组丢失率是在某时段内，两点间传输中丢失分组与总的分组发送量的比率，也叫丢失率。这个指标是反映网络状况最为直接的指标，无拥塞时路径分组丢失率为 0，轻度拥塞时分组丢失率为 1%～4%，严重拥塞时分组丢失率为 5%～15%。一般来讲，分组丢失的主要原因是路由器的缓存队列溢出。与分组丢失率相关的一个指标是“差错率”，也称“误码率”，但是这个值通常极小。

6. 时延抖动（Jitter）

时延抖动是分组的单向时延的变化。变化量应小于时延的 1%～2%，即对于平均时延为 200ms 的分组，时延抖动为 2～4ms。时延抖动对视频和音频的干扰影响最大。

图 3-11 所示为上述网络性能指标之间的关系。

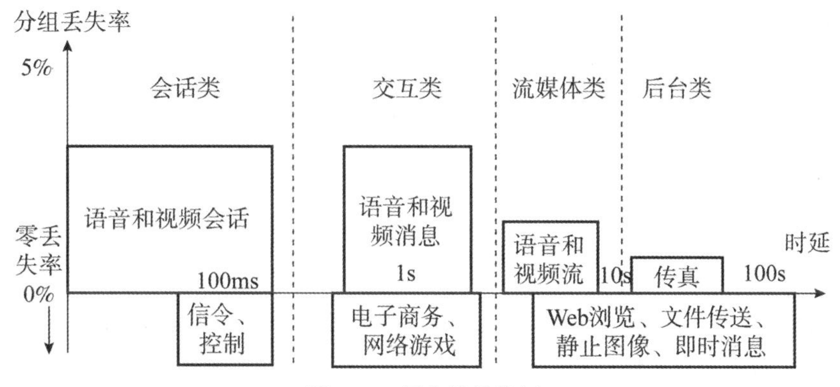

图 3-11　网络性能指标

7. 带宽（Bandwidth）

带宽分为瓶颈带宽和可用带宽。瓶颈带宽是指两台主机之间路径上的最小带宽链路（瓶颈链路）的值；可用带宽则是指沿着该路径当时能够传输的最大带宽。表3-1为几个典型应用的带宽需求。

表3-1 典型应用的带宽需求

应　　用	带　　宽
个人计算机通信	14.4kbit/s～50kb/s
数字音频	1Mbit/s～2Mb/s
压缩音频	2Mbit/s～10Mb/s
文档备份	10Mbit/s～100Mb/s
非压缩视频	1Gbit/s～2Gb/s

8. 响应时间（Respond Time）

响应时间是指从服务请求发出到接收到响应所花费的时间，经常用来特指客户机向主机交互地发出请求并得到响应信息所需要的时间。这也是用户比较关心的网络性能指标。一般来讲，当响应时间超过100ms（即1/10s）的时候，就会引起不良反应；超过100ms，就能意识到等待网络的传输。

9. 利用率（Utilization）

利用率指设备在使用时所能发挥的最大能力。例如，网络监测工具表明某网段的利用率是30%，这意味着有30%的容量在使用中。在网络分析与设计中，通常会考虑两种类型的利用率，即CPU利用率和链路利用率。

10. 效率（Efficiency）

效率是指为产生所需的输出要求的系统开销。网络效率明确了发送通信需要的系统开销，不论这些系统开销是否由冲突、差错、重定向或确认等原因所致。目前提高网络效率的方法主要有：一是尽可能提高MAC层允许的最大长度的帧；二是使用长帧要求链路层具有较低的差错率。

11. 可用性（Availability）

可用性是指网络或网络设备可用于执行预期任务的时间总量（百分比）。IP可用性指标用于衡量IP网络的性能，这是因为许多IP应用程序运行的好坏直接依赖于IP分组丢失率指标；当分组丢失率指标超过设定的阈值时，许多应用变得不可用。因此，该指标反映了IP分组丢失率对应用性能的影响。

12. 可扩展性（Scalability）

可扩展性是网络技术或设备随着用户需求的增长而扩充的能力。

13. 安全性（Security）

安全性总体目标是安全性问题不应干扰开展业务的能力。

14. 可管理性（Manageability）

可管理性是每个用户都可能有其不同的网络可管理性目标。

15. 适应性（Adaptability）

适应性是在用户改变应用要求时网络的应变能力。

16. 可购买性（Purchasability）

可购买性是基本目标在给定财务成本的情况下，使通信量最大。

3.2.4 网络流量分析

分析和确定当前网络通信量和未来网络容量需求是网络规划设计的基础。具体内容包括：

- 参考 Internet 流量当前的特征；
- 需要通过基线网络来确定通信数量和容量；
- 需要估算网络流量及预测通信增长量的实际操作方法。

具体步骤包括：

- 分析产生流量的应用特点和分布情况，因而需要搞清楚现有应用和新应用的用户组和数据存储方式；
- 将网络划分成易于管理的若干区域，这种划分往往与网络的管理等级结构是一致的；
- 在网络结构图上标注出工作组和数据存储方式的情况，定性分析出网络流量的分布情况；
- 辨别出网络逻辑边界和物理边界，进而找出易于进行管理的域。网络逻辑边界能够根据使用一个或一组特定的应用程序的用户群来区分，或者根据虚拟局域网确定的工作组来区分。网络物理边界可通过逐个连接来确定一个物理工作组，通过网络边界可以很容易地分割网络。

分析网络通信流量特征包括辨别网络通信的源点和目的地，并分析源点和目的地之间数据传输的方向和对称性。在某些应用中，流量是双向对称的；而在某些应用中，却不具有这些特征。例如，客户机发送少量的查询数据，而服务器则发送大量的数据；在广播式应用中，流量是单向非对称的。

在分析网络流量的最后，还需要对现有网络流量进行测量：一种是主动式的测量，通过主动发送测试分组序列测量网络行为；另一种是被动式的测量，通过被动俘获流经测试点的分组测量网络行为。通信流量的种类包括客户机/服务器方式（C/S）、对等方式（P2P）、分布式计算方式等。估算的通信负载一般包含应用的性质、每次通信的通信量、传输对象大小、并发数量、每天各种应用的使用频度等。

3.2.5 安全需求分析

满足基本的安全要求是网络成功运行的必要条件，在此基础上提供强有力的安全保障，是网络系统安全的重要原则。网络内部部署了众多的网络设备、服务器，保护这些设备的正常运行，维护主要业务系统的安全，是网络的基本安全需求。对于各种各样的网络攻击，如何在提供灵活且高效的网络通信及信息服务的同时，抵御和发现网络攻击并且提供跟踪攻击的手段是网络基本的安全要求，主要表现为以下几种情况：

- 网络正常运行，在受到攻击的情况下，能够保证网络系统继续运行；
- 网络管理/网络部署的资料不被窃取；
- 具备先进的入侵检测及跟踪体系；
- 提供灵活而高效的内外通信服务。

与普通网络应用不同的是，应用系统是网络功能的核心。对于应用系统应该具有最高的网络安全措施。应用系统的安全体系应包括以下内容：

- 访问控制。通过对特定网段、服务建立的访问控制体系，将绝大多数攻击阻止在到达攻击目标之前。
- 检查安全漏洞。通过对安全漏洞的周期检查，即使攻击可到达攻击目标，也可使绝大多数攻击无效。
- 攻击监控。通过对特定网段、服务建立的攻击监控体系，可实时检测出绝大多数攻击，并采取相应的行动（如断开网络连接、记录攻击过程、跟踪攻击源等）。
- 加密通信。主动的加密通信可使攻击者不能了解、修改敏感信息。
- 认证。良好的认证体系可防止攻击者假冒合法用户。
- 备份和恢复。良好的备份和恢复机制可在攻击造成损失时，尽快地恢复数据和系统服务。
- 多层防御。攻击者在突破第一道防线后延缓或阻断其到达攻击目标。
- 隐藏内部信息。使攻击者不能了解系统内的基本情况。
- 设立安全监控中心。为信息系统提供安全体系管理、监控、维护以及紧急情况服务平台安全的需求。

网络平台将支持多种应用系统，对于每种系统均在不同程度要求充分考虑平台安全与平台性能和功能的关系。通常，系统安全与性能和功能是一对矛盾的关系。如果某个系统不向外界提供任何服务（断开），外界是不可能对其构成安全威胁的。但是，若要提供更多的服务，将网络建成一个开放的网络环境，各种安全问题，包括系统级的安全问题也会随之产生。

3.2.6 网络容灾分析

容灾技术是系统的高可用性技术的组成部分，容灾系统更加强调处理外界环境对系统的影响，特别是灾难性事件对整个 IT 节点的影响，提供节点级别的系统恢复功能。根据容灾系统对灾难的抵抗程度，可分为数据容灾和应用容灾。数据容灾是指建立一个异地的数据系统，该系统对本地系统关键应用数据实时复制。当出现灾难时，可由异地系统迅速接替本地系统而保证业务的连续性。应用容灾比数据容灾层次更高，即在异地建立一套完整的、与本地数据系统相当的备份应用系统（可以同本地应用系统互为备份，也可与本地应用系统共同工作）。在灾难出现后，远程应用系统迅速接管或承担本地应用系统的业务运行。设计一个容灾备份系统，需要考虑多方面的因素，如备份/恢复数据量大小、应用数据中心和备援数据中心之间的距离和数据传输方式、灾难发生时所要求的恢复速度、备援中心的管理及投入资金等。根据这些因素和不同的应用场合，通常可将容灾备份分为 4 个等级。

第 0 级：没有备援中心。这一级容灾备份，实际上没有灾难恢复能力，它只在本地进行数据备份，并且被备份的数据只在本地保存，没有送往异地。

第 1 级：本地磁带备份，异地保存。在本地将关键数据备份，然后送到异地保存。灾难发生后，按预定数据恢复程序，恢复系统和数据。这种方案成本低、易于配置。但当数据量增大时，存在存储介质难管理的问题，并且当灾难发生时存在大量数据难以及时恢复的问题。为了解决此问题，灾难发生时，先恢复关键数据，后恢复非关键数据。

第 2 级：热备份站点备份。在异地建立一个热备份点，通过网络进行数据备份。也就是通过网络以同步或异步方式，把主站点的数据备份到备份站点。备份站点一般只备份数据，不承担业务。当出现灾难时，备份站点接替主站点的业务，从而维护业务运行的连续性。

第 3 级：活动备援中心。在相隔较远的地方分别建立两个数据中心，它们都处于工作状态，并进行相互数据备份。当某个数据中心发生灾难时，另一个数据中心接替其工作任务。这种级别的备份根据实际要求和投入资金的多少，又可分为两种：一是两个数据中心之间只限于关键数据的相互备份；二是两个数据中心之间互为镜像，即零数据丢失。零数据丢失是目前要求最高的一种容灾备份方式，它要求不管什么灾难发生，系统都能保证数据的安全。所以，它需要配置复杂的管理软件和专用的硬件设备，需要的投资相对而言是最大的，但恢复速度也是最快的。

3.2.7 需求说明书

通过需求收集工作，网络设计人员会获取大量的需求信息，这些信息由各种独立的表格、散乱的文字以及部分统计数据等构成，这些需求信息应整合形成正式的需求说明书，以便于后期设计、实施、维护工作开展。需求说明书是网络设计过程中第一个正式的可以传阅的重要文件，其目的在于对收集到的需求信息做清晰的概括整理。

1. 数据准备

数据准备工作是开始需求说明书编制的前期工作，主要由两个步骤构成：

- 第一步是将原始数据制成表，从各个表看其内在的联系及模式；
- 第二步是把大量的手写调查问卷或表格信息转换成电子表格或数据库。

另外，对于需求收集阶段产生的各种资料，包括手册、报表、原始单据等，都应该编辑目录并归档，便于后期查阅。

2. 需求说明书的组成

编写需求说明书是为了能够向管理人员提供决策用的信息，因此说明书应该尽量简明并且信息充分，以节省管理人员的时间。对网络需求说明书，存在两点要求：

（1）无论需求说明书的组织形式如何，都应包含业务、用户、应用、计算机平台、网络等五个方面的需求内容。

（2）为了规范需求说明书的编制，一般情况下，需求说明书应该包括以下5个部分：

① 综述。

需求说明书的第一部分内容是综述，应包括的内容如下：

- 对项目的简单概述；
- 设计过程中各个阶段的清单；
- 项目各个阶段的状态，包括已完成的阶段和现在正在进行的阶段。

② 需求分析阶段总结。

需求分析阶段总结主要是总结需求分析阶段的工作，总结内容包括：

- 接触过的群体和代表人名单；
- 标明收集信息的方法（访谈、集中访谈、调查等）；
- 访谈、调查总次数；
- 取得的原始资料数量（调查问卷、报表等）；
- 在调查工作中遇到的各种困难等。

③ 需求数据总结。

对从需求调查中获取的数据，需要认真总结并归纳出信息，并通过多种形式进行展现。在对需求数据进行总结时，应注意以下几点：

- 简单直接。提供的总结信息应该简单易懂，重点放在整体框架上，多使用行业术语。
- 说明来源和优先级。对需求进行分类，并明确各类需求的具体来源。
- 尽量多用图片。在需求数据总结中大量使用图片，尤其是数据表格的图形化展示。
- 指出矛盾的需求。对这些矛盾的需求进行说明，以使设计人员找到解决方法。

④ 按优先级排队的需求清单。

对需求数据进行整理总结之后，按照需求数据的重要性列出数据的优先级别清单。

⑤ 申请批准部分。

在编写需求说明书时，需要预留大量对需求进行确认或者申请批准的内容，确切地说，就是要预留大量用户管理人员签字的空间。

3. 修改需求说明书

由于需求经常发生变化，在编写需求说明书时也要考虑怎样修改说明书。如果的确需要修改，最好不要改变原来的数据和信息，可以考虑在需求说明书中附加一部分内容，说明修改的原因，解释管理层的决定，然后给出最终的需求说明。

3.3　通信规范分析

在网络的分析和设计过程中，通信规范分析处于第二个阶段，通过分析网络通信流量和通信模式，发现可能导致网络运行瓶颈的关键技术点，从而在设计工作中避免这种情况的发生。

通信规范分析工作中对通信流量的大小和通信模式的估测和分析，为逻辑设计阶段提供了重要的设计依据。由于网络的复杂性，通信规范分析的成果必然允许存在一定误差，但是这些成果依然可以为设计工作带来很大的便利，避免设计工作的盲目性。

3.3.1　通信模式分析

在计算机网络中，通信是通信模式和通信量的组合。应用软件按照网络处理模型可分为单机软件、对等网络软件、C/S 软件、B/S 软件、分布式软件，而这些应用对于网络设计来说，其数据的网络传递模式就是通信模式。

网络中每个节点工作在何种模式下，主要取决于网络资源、节点和应用程序的分布，大多数时候，网络节点会同时工作在多种模式下。例如，一台工作站既需要和同工作组的计算机进行对等通信，同时，由于安装了 C/S 软件，又需要和服务器之间进行通信。

通信模式基本与应用软件的网络处理模型相同，分为四种。

1. 对等通信模式

对等通信模式指相似计算机节点间的通信，在这种模式中，参与的网络节点都是平等角色，既是服务的提供者，也是服务的享受者。在对等通信模式中，流量通常是双向对称的。对等通信模式的最大用途在于局域网段中，计算机都被配置成为对等方式，不需要借助于中心服务器来完成通信；另外，随着 QQ、BT、视频会议等基于互联网的 P2P 应用的推广，对等通信模式开始突破局域网络，并开始对网络产生巨大的影响。

在对等通信模式中，每个节点都有可能与网络中的其他节点建立连接或者发送数据、进行数据传递，但是在进行通信规范分析时，可以把每个节点都抽象成一个双向的输入输出流，该流的输入和输出流量一致。

2. 客户机-服务器通信模式

客户机-服务器通信模式（Client/Server，C/S）是指在网络中存在一个服务器和多个客户机，由服务器负责进行应用计算，由客户机进行用户交互的通信模式，这也是目前应用最为广泛的一种通信方式。

客户机-服务器通信模式对客户机、服务器的选型并没有严格限制，应根据应用需要进行选择；与对等通信的随机模式不同的是，客户机-服务器通信模式有其方向性，通信流向取决于各个客户机使用的应用程序类型。

在客户机-服务器通信模式中，信息流量以双向非对称的方式流动，因此可以分解成客户机至服务器和服务器至客户机两个信息流向，在不同的应用中，这两个流向的通信流量是不同的，所以要分开进行计算。

3. 浏览器-服务器通信模式

浏览器-服务器通信模式（Brower/Server，B/S）是三层模式与四层模式的典型代表，其展现是通过客户端的浏览器，应用服务器负责业务逻辑，数据库服务器完成数据存储、计算、处理和检索。在浏览器-服务器通信模式中，存在应用服务器和多个客户机之间的通信以及应用服务器和数据库服务器之间的通信。

浏览器-服务器通信模式较为特殊，可以将应用服务器与客户机之间的通信看成是一个典型的C/S通信模式，而将应用服务器与数据库服务器之间的通信看成是一个只有一台客户机（应用服务器被看成客户机）的C/S通信模式。应用服务器与客户机之间的通信，一般情况下属于“服务器至客户机流量大”类型；而应用服务器与数据库服务器之间的通信，一般属于“双向流量大”类型。

4. 分布式计算通信模式

分布式计算是指多个计算节点协同工作来完成一项共同任务的应用，在解决分布式应用，提高性能价格比，提供共享资源的实用性、容错性以及可伸缩性方面有着巨大的发展潜力。

分布式计算的通信流量特征比较复杂，一般情况下系统中存在少量任务管理节点和大量计算节点。对于有些系统来说，任务管理节点很少明确告诉计算节点应当做什么，因此通信流量很少；而有些系统的任务管理节点及计算节点却很繁忙。由于任务管理节点根据当前资源的可用性及特定的资源分配策略分配任务，这使得通信流量难以预测。

3.3.2 通信边界分析

网络设计者必须清楚网络中的各种通信边界，这些边界当前主要以三种形式存在：一是局域网络中的通信边界；二是广域网络中的通信边界；三是虚拟专用网络的通信边界。

在网络设计中，通过对通信边界的分析，有助于设计人员找出网络中的关键点，因为通常情况下，通信的边界都是故障易发位置。

1. 局域网通信边界

局域网的通信边界主要是网络中的冲突域和广播域，在局域网络建设中，主要通过划分冲突域和广播域来限制通信量。

在网络中划分广播域可以采用两种方法：一种方法是采用交换机上提供的虚拟局域网（VLAN）技术；另外一种方法是采用路由器连接多个交换机形成的广播域。

VLAN 技术结合三层交换技术是当前建设园区网络的主流方式，局域网内部的多台交换设备划分为多个 VLAN，多个 VLAN 之间通过带有路由功能的三层交换设备互连，如图 3-12 所示。

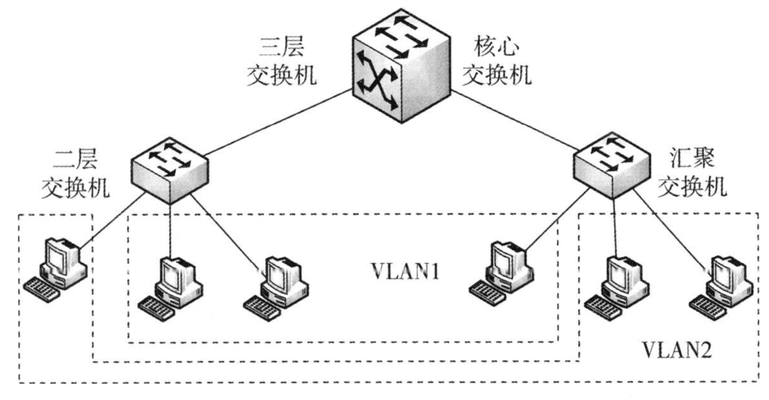

图 3-12　多个广播域划分

为了建立隔离的广播域，必须在第三层对网络进行网段划分，三层交换设备或路由器有效地将常规网络通信和广播式网络通信限制在每个网段内，只引导网段间的通信，从而提高了整个网络的有效吞吐能力。

由于 VLAN 物理的交换设备中，可以同时存在多个相互之间隔离的逻辑广播域，所以广播域边界可以采用物理边界和逻辑边界两种方式。

（1）广播域物理边界。

广播域的边界是局域网广播报文可以传递到的边界，通常情况下是网络设备的端口或者网卡。在传统局域网中，划分广播域边界的设备是路由器，一般情况下，路由器的一个端口就是一个独立的物理广播域。通过路由器，可以较为清晰地完成广播域的物理边界划分， 并且可以真正隔离网络广播风暴产生的网络拥塞。

在进行通信规范分析时，如采用物理边界，则各广播域的负载是独立的，不会产生叠加效应，广播风暴效应也不会相互影响，但是网络管理工作量较大。

（2）广播域逻辑边界。

在现代交换式局域网中，VLAN 技术对来自于不同广播域的数据帧进行数据封装，在一套交换设备中进行存储转发时，相互之间不会产生影响，因此可以实现多个虚拟广播域在一套物理交换设备中的共存。VLAN 的划分有基于设备端口、物理地址、网络地址、策略等多种方式，所以广播域的划分不再是静态的，而是动态变化的；另外，由于多个 VLAN 的共存关系，一个

VLAN的广播帧虽然不会传播至其他VLAN，但由于共用交换设备，所有VLAN需要共享交换设备的交换容量，所以当一个VLAN产生广播风暴导致交换设备阻塞时，也会对其他VLAN产生间接影响。

基于网络设备端口的VLAN划分方式是应用最广、最易于管理的方式，这种方式划分的广播域是静态的，因此在网络设计中，除非有特殊的用户需求，否则都采用这种方式划分广播域。在进行通信规范分析时，应以基于端口的划分方式为分析依据，分析广播域的负载是如何叠加至网络设备的。

图3-13就是一个典型的广播域逻辑边界划分，采用基于端口的划分方式，广播域的边界是交换机上划归VLAN的端口；局域网中的核心交换机承载着多个VLAN的通信负载，是所有VLAN通信流的总和，而汇聚交换机则根据承载的广播域内节点数量不同而不同。

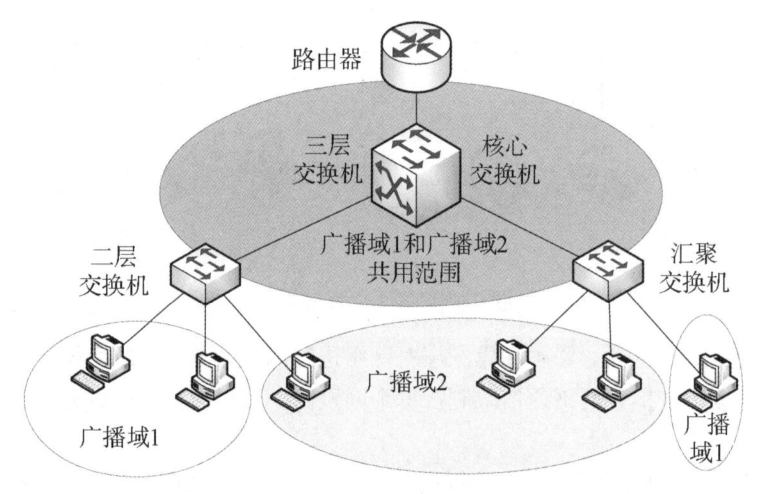

图3-13　广播域逻辑边界

通过两种通信边界的分析，可以看出其对通信规范分析工作的影响是不一样的。

2. 广域网通信边界

传统的广域网是由通信线路所形成的点对点网络，在这些单纯的点对点网络中，由于点对点线路的通信都是独立并且有通信服务质量保障的，所以并不存在通信边界问题。但是随着网络规模的不断发展，广域网络的情况越来越复杂，路由规划则成为广域网流量负载分布的关键。广域网的通信边界，主要由路由的自治区域、路由协议中的域、各局域网构成。

1）路由算法区域

内部网关协议中应用较广的路由协议是OSPF，该协议适用于网络规模较大的路由自治区域，需要将自治区域内的网络划分为多个域。域的划分方式是将所有运行OSPF的路由器人为地分成不同的组，以区域ID来标示。在OSPF中，路由域存在骨干域（即0号域）和非骨干域，其中连接不同域的路由器即路由域的边界，被称为区域边界路由器。

2）局域网

自治区域内部的粒度最小的区域就是一个局域网络。在现代网络中，这种局域网络不会是一个广播域，而是通过内部路由设备互连起来的多个广播域。这种网络属于自治区域，但是与其他局域网络存在明显的边界路由器，该局域网的网络地址在经过边界路由器对外时会宣布为一个网段，而在内部则由内部设备宣布为多个子网段。因此，局域网络的边界路由器在不由路由协议划分区域的情况下，就是局域网的通信边界。

通过以上的分析，可以看出广域网络中的各种通信边界全部是由各种路由器来实现的，图 3-14 是一个由各种路由器承担通信边界的示意图，而图中的自治区域边界路由器、区域边界路由器、局域网边界路由器都是广域网的通信边界，在进行通信规范分析时，应针对这些边界设备进行仔细的流量分析。

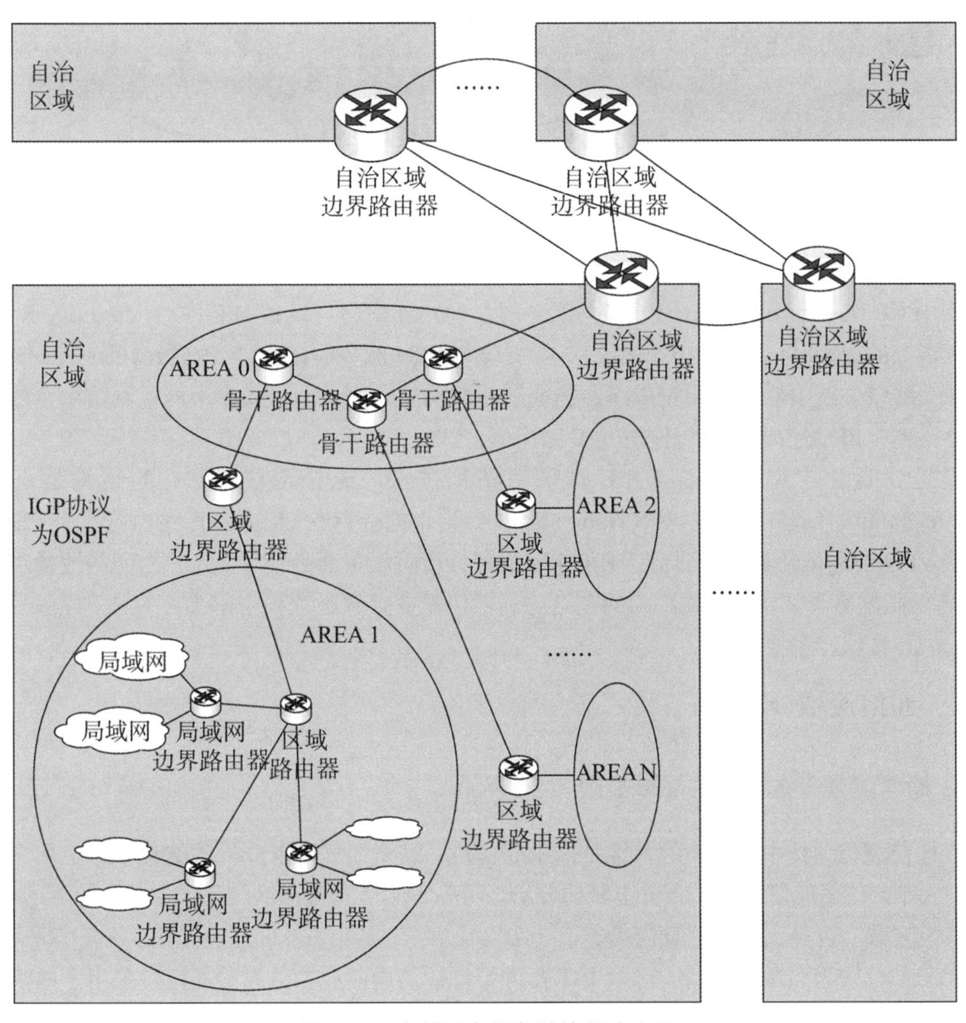

图 3-14　广域网中的各种边界路由器

3. 虚拟专用网络通信边界

实现VPN的协议分为三种：第一种是工作于第二层数据链路层的L2TP等隧道协议；第二种是工作于第三层网络层的IPSec、GRE等隧道协议；第三种是依据标签封装机制而形成的MPLSVPN技术。无论是哪种技术，都采用图3-15的网络结构。

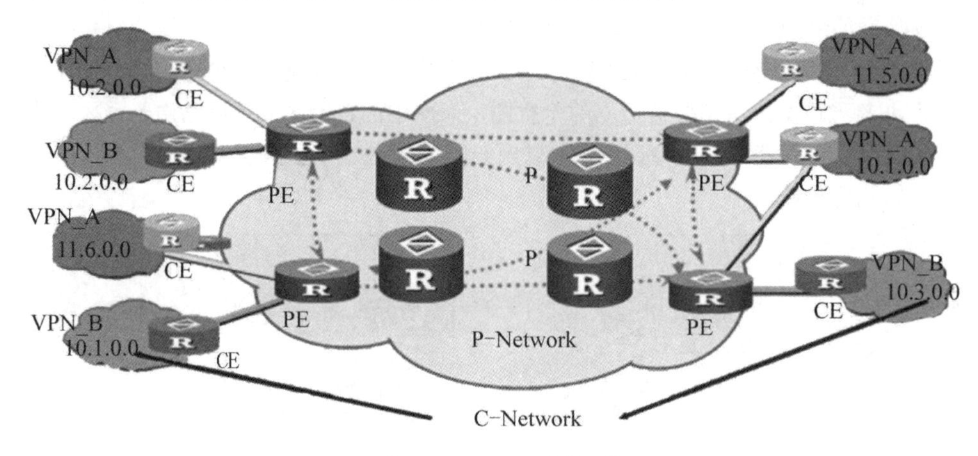

图3-15 VPN网络结构

图中CE（Customer Edge）是直接与服务提供商相连的用户设备；PE（Provider Edge Router）指骨干网上的边缘路由器，与CE相连，主要负责VPN业务的接入； P（Provider Router）指骨干网上的核心路由器，主要完成路由和快速转发功能。由于网络规模不同，网络中可能不存在P路由器，PE路由器也可能同时是P路由器。

无论在设计广域网络的VPN时采用哪种技术，无论形成VPN的结构是点对点（Point-to-Point）还是中心辐射状（Hub-and-Spoke），都会存在CE和PE路由器，而PE路由器就是VPN的通信边界，在进行VPN通信规范分析时，主要是统计各CE之间的流量形成对PE设备的传输容量要求，需要注意的是这些通信流量在计算时需要考虑加密算法、标签封装所产生的额外传输容量要求。

3.3.3 通信流量分析

1. 通信流量分布分析的简单规则

在通信规范分析中，最终的目标是产生通信量，需要依据需求分析的结果来产生单个信息流量的大小，依据通信模式、通信边界的分析，明确不同信息流在网络不同区域、边界的分布，从而获得区域、边界上的总信息流量。

对于部分较为简单的网络，可以不需要进行复杂的通信流量分布分析，仅采用一些简单的方法，例如80/20规则、20/80规则等，但是对于复杂的网络，仍必须进行复杂的通信流量分布分析。

1）80/20 规则

80/20 规则是传统网络中广泛应用的一般规则。80/20 规则是基于这样的可能性：在一个网段中，通信流量的 80%在该网段中流动，只有 20%的通信流量访问其他网段。

利用 80/20 规则进行通信流量分布分析的思路是：对一个网段内部的通信流量，不进行严格的分布分析，仅仅根据用户和应用需求的统计，产生网段内的通信总量大小，认为总量的 80%是在网段内部的流量，而 20%是对网段外部的流量。

80/20 规则适用于内部交流较多、外部访问相对较少、网络较为简单、不存在特殊应用的网络或网段。

2）20/80 规则

随着互联网络的发展，一些特殊的网络不断产生，例如小区内计算机用户形成的局域网络、大型公司用于实现远程协同工作的工作组网络等。这些网络的特征是：网段的内部用户之间相互访问较少，大多数对网络的访问都是对网段外的资源进行访问。对于这些流量分布恰好位于另一个极端的网络或网段，可以采用 20/80 规则。

利用 20/80 规则进行通信流量分布分析的思路是：根据用户和应用需求的统计，产生网段内的通信总量大小，认为总量的 20%是在网段内部的流量，而 80%是对网段外部的流量。

需要注意的是，虽然 80/20 规则和 20/80 规则很简单，但是这些规则是建立在大量的工程经验基础上的。通过这些规则的应用，可以很快完成一个复杂网络中大多数网段的通信流量分析工作，可以合理减少大型网络中的设计工作量。

2. 通信流量分析的步骤

对于复杂的网络，需要进行复杂的通信流量分析。通信流量分析从对本地网段上和对网络骨干某个特定部分的通信量进行估算开始，可采用如下步骤。

（1）把网络分成易管理的网段。

在通信流量分析的过程中，首要任务是依据需求分析阶段的网络需求、分段需求、工程经验将网络工程划分成若干个物理或者逻辑网段，并进行编号，同时选择适当的广域网拓扑结构，最终形成相应的各类网络边界；然后，从估算每个网段的通信模式、通信容量开始，分析在这些部分之间通信信息的流动方式；最后才产生通信流量。

网段划分时需要根据用户的需求：对于升级的网络，可以对现有网段划分方式进行改进，形成新的划分方案；对于新建网络，则是和网络管理员一起商量网段划分方式。一般情况下，是按照工作组或部门来划分网段，因为相同工作组或部门中的人们通常使用相同的应用程序，并且具有相同的基本需求。

由于网段主要属于局域网络范畴，在进行分析工作前，需要确定网段的局域网通信边界；如果网段的通信边界是物理边界，则这个网段是需要独立进行分析的；而如果多个网段的通信边界是逻辑边界，则这些网段不需要独立进行分析，而是作为一个整体网段来进行分析。

（2）确定个人用户和网段应用的通信流量。

在通信流量分析中，第二步是复查需求说明书中的业务需求、用户需求、应用需求、网络需求部分的内容，并根据通信流量的分析进行再次确定。在需求收集阶段，已经通过用户掌握对各种应用程序的估算使用量，其中反映流量的主要是应用需求和网络需求，但是这些估算使用量不仅仅包含网络流量，另外也没有根据通信模式进行流量分布分析。本步骤的工作在于，将需求分析中不同格式的统计表格再次确认后，根据通信模式，转化为统一的流量表格，以便于开始后续的分析工作。

（3）确定本地和远程网段上的通信流量分布。

在第一步确定网段、第二步确定单个应用的通信流量后，确定本地和远程网段上的通信流量分布是分析工作的第三步。该步骤的重要任务是明确多少通信流量存在于网络内部，而多少通信流量是访问其他网段的。

由于不同的设计人员采用的需求分析方式和表格不同，其计算的方法也不同，但是都可以获取网络层流量。例如，有些设计人员喜欢用在线用户数量、每个在线用户的平均流量来进行计算；有些设计人员喜欢用应用的用户每秒事务量和事务量大小来计算流量；还有些设计人员会考虑峰值情况，并以峰值速率作为设计依据，以避免网络在峰值时段出现拥塞。

（4）对每个网段重复上述步骤。

对每个网段重复上述步骤，其中个人应用收集的信息是每一个应用和网段都要用到的；然后，确定每一个本地网段的通信流量以及该网段对整个广域网和网络骨干的通信流量。

（5）分析基于各网段信息的广域网和网络骨干的通信流量。

通过对每个网段的分析，除了形成各网段自身的通信要求外，还可以形成与本网段有关的广域网、骨干网的通信要求。不同的网络工程中，用户对广域网拓扑结构的要求和建议不同，即使拓扑相同，信息的路由不同，对网络设备的要求是不同的。因此对广域网和网络骨干的通信流量分析必须参考用户意见，并且应当做到灵活机动。

（6）输出通信流量计算。

通信流量计算完成后，要把它们整理总结成一份文件，该文件将成为最终的通信规范说明书中的一部分。同时，用这些新的信息来提高当前逻辑网络图的质量，标明广播域、冲突域和子网的边界。如果通过通信流量计算，表现出了定向通信模式，也应在图上标出。

3. 网络基准

除了通过收集用户信息并计算通信流量的方法，还存在更为精确的基于通信流量的计算法，即基准法。基准法是通过测量一个网络的容量和效率来衡量网络性能要求的方法。通过网络的测试数据，可以发现网络中存在的问题，也可以把握网络发展趋势对网络性能带来的影响。对于升级的网络工程，基准法可替代通信流量计算法作为设计依据，也可以配合使用；对于新建的网络工程，可以使用基准法中的仿真机制，作为设计工作的验证机制。

网络基准是对网络活动和行为的测试，通过对网络行为进行提前的预测，实现周期性测量，并形成一系列的参数指标。例如，监测到高带宽应用时，应该在每个独立的网段、广域网链路以及网络骨干链路上运行独立的测试，获取基准测试指标值，这样就构成了整个网络的基准集。

采用基准法测量需要专门的监视器设备和应用软件。Sniffer是当前比较流行的网络分析工具，该类产品较多，产品的形式既可以是软件也可以是硬件，并且互联网上存在大量的开源自由软件，应用较广。只要条件允许，最好能同时使用估算法和基准法。

基准测量的结果是输出一个包含图表的基准报表，这些图表随时间的推移记录了每个网段的操作参数。除此之外，该报表还应该包括对异常情况和未来趋势的总结，对核心资源的利用率以及对报警阈值设置和监控的建议。

3.3.4　通信规范说明书

通信规范说明书包含了估测的或实测的网络通信容量以及大量的统计表格，是记录准确归纳和分析现存网络得到的结果，并根据该结果和需求说明书提出网络设计建议方案。通信规范说明书记录了网络当前的状态，包括网络的配置、网络互联设备水平以及共享资源的利用率。

通信规范说明书中，应尽量通过图表形式向用户展现实测结果，在重点内容处进行突出显示，并加入相应的说明文字，此外，应尽量避免使用技术术语，应该尽量使用非专业语言来解释专业的词汇。

通信规范说明书由下面的主要内容组成。

1. 执行情况概述

在执行情况概述中，为了让网络管理员清楚地了解进程的核心部分，此部分应该包含下列各项内容：对项目的简单概述；设计过程中各个阶段的清单；项目各个阶段的状态，包括已完成的阶段和现在正在进行的阶段。

2. 分析阶段概述

分析阶段主要描述如何收集信息和收集信息的时间，对于产生的信息，需要明确信息产生的方式，明确是估测信息还是实测信息。由于该文档是针对网络设计人员和网络管理员编写的，使用的语言应该是非专业人员能理解的描述性语言。

3. 分析数据总结

数据总结是通信规范说明书的核心，它同需求说明书中的数据总结一样重要。为准确展示当前网络的功能，通信规范说明书应包括下述内容：逻辑网络图、通信流量估测（当前的和将来的）、基准测量结果、CPU 利用率统计结果。

4. 设计目标建议

通信规范说明书应总结出网络设计的目标。为使新的网络满足需求分析，应在设计目标中说明哪些是必须被纠正的问题，哪些是必须添加的新功能。

5. 申请批准部分

在逻辑设计阶段之前，通信规范说明书必须已经通过了经理或核心成员组的批准和签字。该说明书的批准意味着管理部门认为通信规范说明书是真实的，同意逻辑设计列出的各项目标。

6. 修改说明书

因为通信规范说明书是基于现有网络这一客观事实或者是对高可靠性的估测，所以管理部门对这些数据不可能有太大的争议。但是，在所有重要负责人完全达成一致之前，可能需要修改一些地方。要修改或添加某个目标时，应该加上注释，解释为什么要修改或添加这个目标。

3.4 逻辑网络设计

网络的逻辑结构设计，来自于用户需求中描述的网络行为、性能等要求，逻辑设计要根据网络用户的分类、分布，选择特定的技术，形成特定的网络结构，该网络结构大致描述了设备的互连及分布，但是不对具体的物理位置和运行环境进行确定。

3.4.1 网络结构设计

传统意义上的网络拓扑，是将网络中的设备和节点描述成点，将网络线路和链路描述成线，用于研究网络的方法。随着网络的不断发展，单纯的网络拓扑结构已经无法全面描述网络。在逻辑网络设计中，网络结构的概念正在取代网络拓扑结构的概念，成为网络设计的框架。

网络结构是对网络进行逻辑抽象，描述网络中主要连接设备和网络计算机节点分布而形成的网络主体框架。网络结构与网络拓扑结构的最大区别在于：网络拓扑结构中，只有点和线，不会出现任何的设备和计算机节点；网络结构主要是描述连接设备和计算机节点的连接关系。

由于当前的网络工程主要由局域网和实现局域网互连的广域网构成，因此可以将网络工程中的网络结构设计分成局域网结构和广域网结构两个设计部分的内容，其中局域网结构主要讨论数据链路层的设备互连方式，广域网结构主要讨论网络层的设备互连方式。

1. 局域网结构

当前的局域网络与传统意义上的局域网络已经发生了很多变化，传统意义上的局域网络只具备二层通信功能，而现代意义上的局域网络不仅具有二层通信功能，同时具有三层甚至多层通信的功能。现代局域网络，从某种意义上说，应称为园区网络更为合适。

以下是在进行局域网络设计时，常见的局域网络结构。

1）单核心局域网结构

单核心局域网结构主要由一台核心二层或三层交换设备构建局域网络的核心，通过多台接入交换机接入计算机节点，该网络一般通过与核心交换机互连的路由设备（路由器或防火墙）接入广域网中。典型的单核心局域网结构如图 3-16 所示。

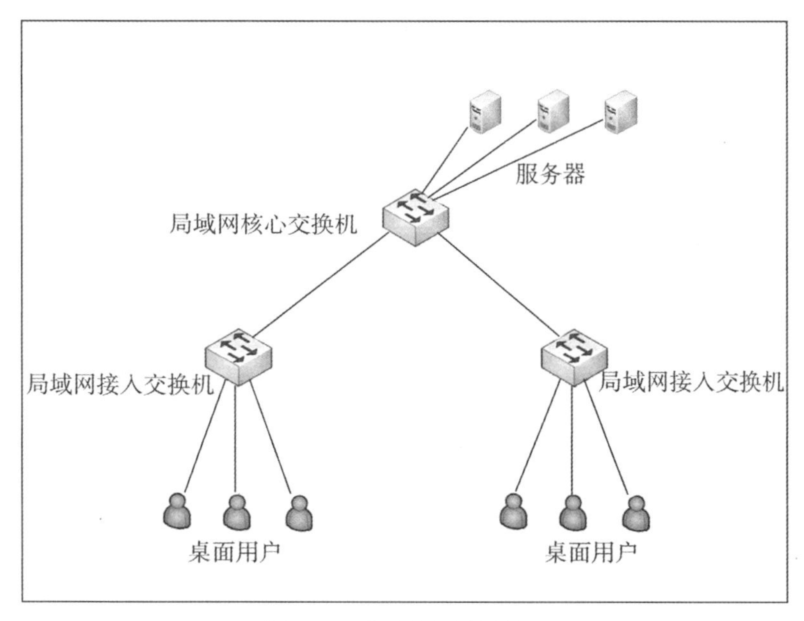

图 3-16　单核心局域网结构

单核心局域网结构具有以下特点：

- 核心交换设备在实现上多采用二层、三层交换机或多层交换机；
- 如采用三层或多层设备，可以划分成多个 VLAN，VLAN 内只进行数据链路层帧转发；
- 网络内各 VLAN 之间访问需要经过核心交换设备，并只能通过网络层数据包转发方式实现；
- 网络中除核心交换设备之外，不存在其他的带三层路由功能的设备；
- 核心交换设备与各 VLAN 设备间可以采用 10Mb/s/100Mb/s/1000Mb/s 以太网连接。
- 节省设备投资；
- 网络结构简单；
- 部门局域网络访问核心局域网以及相互之间访问效率高；
- 在核心交换设备端口富余的前提下，部门网络接入较为方便；
- 网络地理范围小，要求部门网络分布比较紧凑；
- 核心交换机是网络的故障单点，容易导致整网失效；
- 网络扩展能力有限；
- 对核心交换设备的端口密度要求较高；
- 除非规模较小的网络，否则推荐桌面用户不直接与核心交换设备相连，也就是核心交换机与用户计算机之间应存在接入交换机。

2）双核心局域网结构

双核心局域网结构主要由两台核心交换设备构建局域网核心，该网络一般也是通过与核心交换机互连的路由设备接入广域网，并且路由器与两台核心交换设备之间都存在物理链路。典型的双核心局域网结构如图 3-17 所示。

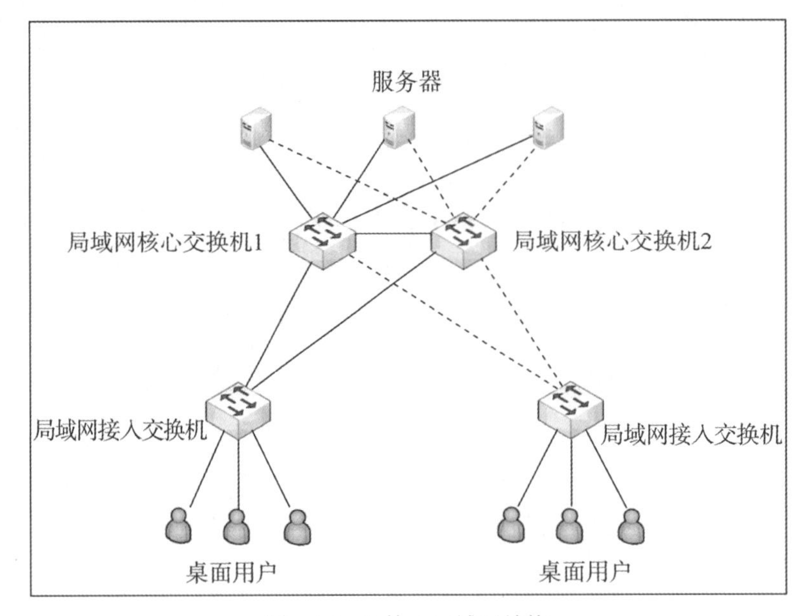

图 3-17 双核心局域网结构

双核心局域网结构具有以下特点：

- 核心交换设备在实现上多采用三层交换机或多层交换机；
- 网络内各 VLAN 之间访问需要经过两台核心交换设备中的一台；
- 网络中除核心交换设备之外，不存在其他的具备路由功能的设备；
- 核心交换设备之间运行特定的网关保护或负载均衡协议，例如 HSRP、VRRP、GLBP 等；
- 核心交换设备与各 VLAN 设备间可以采用 10M/100M/1000M 以太网连接；
- 网络拓扑结构可靠；
- 路由层面可以实现无缝热切换；
- 部门局域网络访问核心局域网以及相互之间有多条路径选择，可靠性更高；
- 在核心交换设备端口富余的前提下，部门网络接入较为方便；
- 设备投资比单核心局域网结构高；
- 对核心路由设备的端口密度要求较高；
- 核心交换设备和桌面计算机之间，存在接入交换设备，接入交换设备同时和双核心存在物理连接；
- 所有服务器都直接同时连接至两台核心交换机，借助于网关保护协议，实现桌面用户对服务器的高速访问。

3）环型局域网结构

环型局域网结构由多台核心三层设备连接成双 RPR 动态弹性分组环，来构建整个局域网络的核心，该网络通过与环上交换设备互连的路由设备接入广域网络。典型的环型局域网结构如图 3-18 所示。

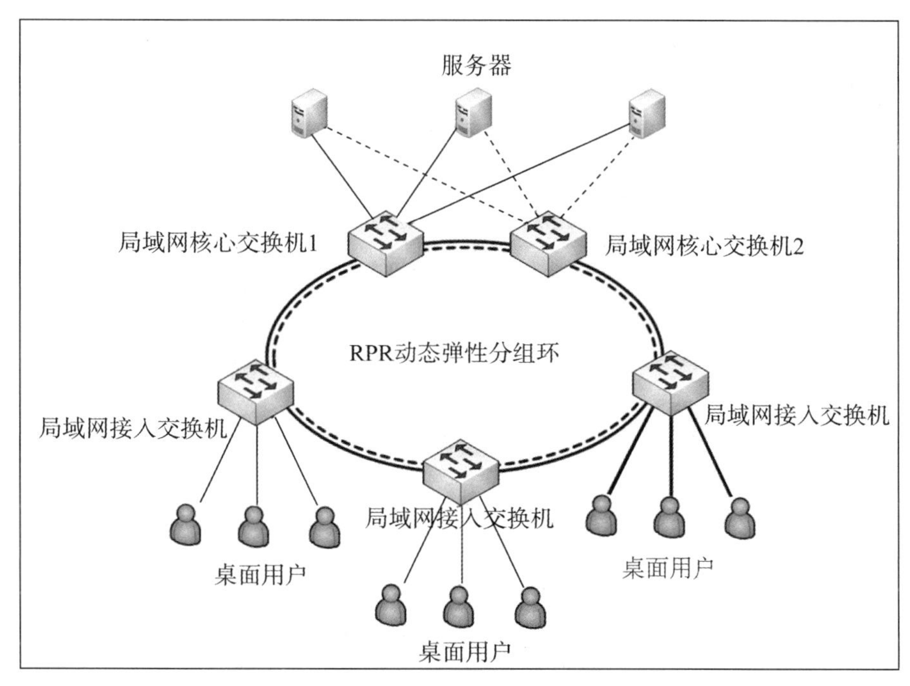

图 3-18　环型局域网结构

环型局域网结构具有以下特点：

- 核心交换设备在实现上多采用三层交换机或多层交换机；
- 网络内各 VLAN 之间访问需要经过 RPR 环；
- RPR 技术能提供 MAC 层的 50ms 自愈时间，能提供多等级、可靠的 QoS 服务；
- RPR 有自愈保护功能，节省光纤资源；
- RPR 协议中没有提及相交环、相切环等组网结构，当利用 RPR 组建大型城域网时，多环之间只能利用业务接口进行互通，不能实现网络的直接互通，因此它的组网能力相对 SDH、MSTP 较弱；
- 由两根反向光纤组成环型拓扑结构，其中一根顺时针，一根逆时针，节点在环上可从两个方向到达另一节点，每根光纤可以同时用来传输数据和同向控制信号，RPR 环双向可用；
- 利用空间重用技术实现的空间重用，使环上的带宽得到更为有效的利用，RPR 技术具有空间复用、环自愈保护、自动拓扑识别、多等级 QoS 服务、带宽公平机制和拥塞控制机制、物理层介质独立等技术特点；
- 设备投资比单核心局域网结构高；
- 核心路由冗余设计实施难度较高，容易形成路由环路。

4）层次局域网结构

层次局域网结构主要定义了根据功能要求不同将局域网络划分层次构建的方式，从功能上定义为核心层、汇聚层、接入层。层次局域网一般通过与核心层设备互连的路由设备接入广域网络。典型的层次局域网结构如图 3-19 所示。

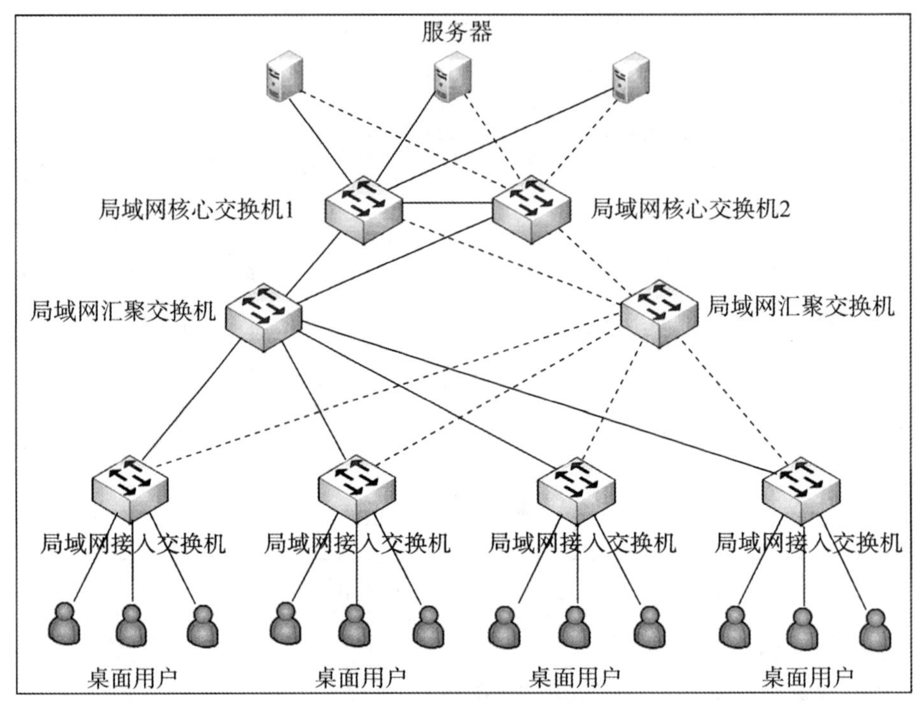

图 3-19　层次局域网结构

层次局域网结构具有以下特点：

- 核心层实现高速数据转发；
- 汇聚层实现丰富的接口和接入层之间的互访控制；
- 接入层实现用户接入；
- 网络拓扑结构故障定位可分级，便于维护；
- 网络功能清晰，有利于发挥设备最大效率；
- 网络拓扑利于扩展。

2. 广域网结构

在大多数网络工程中，会利用广域网实现多个局域网络的互连，形成整个网络的网络结构。在以下各广域网结构分析中，没有在局域网与广域网之间定义其他路由设备，但是在设计与实施时，可以根据需要添加特定的接入路由器或防火墙设备。在局域网络规模较为复杂时，可以添加接入路由器；在局域网络有安全需要时，可以添加防火墙。

1）单核心广域网结构

单核心广域网结构主要由一台核心路由设备互连各局域网络。典型的单核心广域网结构如图 3-20 所示。

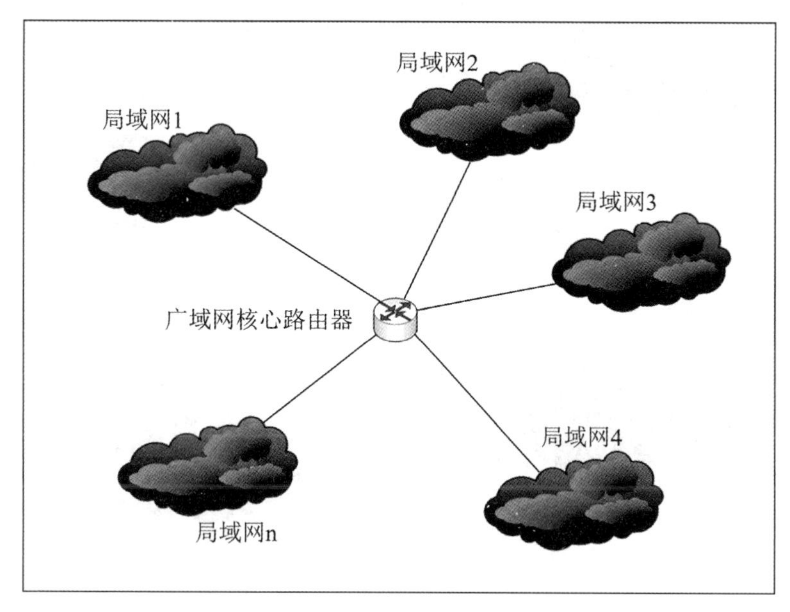

图 3-20　单核心广域网结构

单核心广域网结构具有以下特点：

- 核心路由设备在实现上多采用三层交换机或多层交换机；
- 网络内各局域网络之间访问需要经过核心路由设备；
- 网络中除核心路由设备之外，不存在其他路由设备；
- 各部门局域网至核心路由设备之间不采用点对点线路，而采用广播线路，路由设备与部门局域网络互连的接口属于该局域网；
- 核心路由设备与各局域网间可以采用 10M/100M/1000M 以太网连接；
- 节省设备投资；
- 网络结构简单；
- 部门局域网络访问核心局域网以及相互之间访问效率高；
- 在核心路由设备端口富余的前提下，部门网络接入较为方便；
- 核心路由器是网络的故障单点，容易导致整网失效；
- 网络扩展能力有限；
- 对核心路由设备的端口密度要求较高。

2）双核心广域网结构

双核心广域网结构主要由两台核心路由设备构建框架，并互连各局域网。典型的双核心广域网结构如图 3-21 所示。

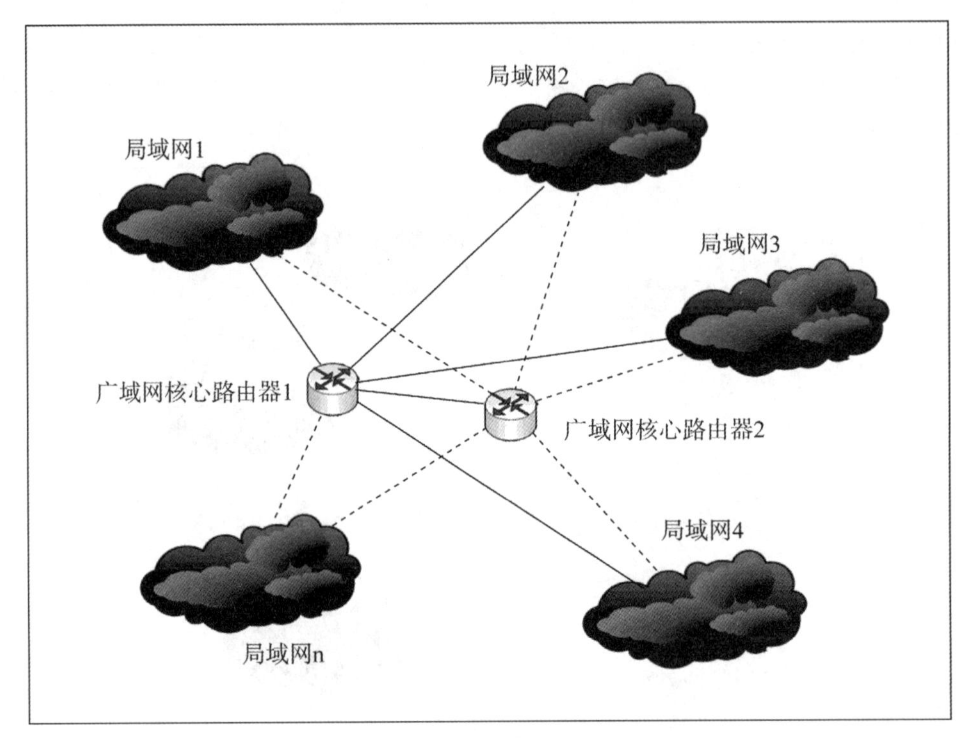

图 3-21　双核心广域网结构

双核心广域网结构具有以下特点：

- 核心路由设备在实现上多采用三层交换机或多层交换机；
- 网络内各局域网络之间访问需要经过两台核心路由设备中的一台；
- 网络中除核心路由设备之外，不存在其他的路由设备；
- 核心路由设备之间运行特定的网关保护或负载均衡协议，例如 HSRP、VRRP、GLBP 等；
- 核心路由设备与各局域网间可以采用 10M/100M/1000M 以太网连接；
- 网络拓扑结构可靠；
- 路由层面可以实现无缝热切换；
- 部门局域网络访问核心局域网以及相互之间有多条路径选择，可靠性更高；
- 在核心路由设备端口富余的前提下，部门网络接入较为方便；
- 设备投资比单核心广域网结构高；
- 对核心路由设备的端口密度要求较高。

3）环型广域网结构

环型广域网结构主要定义了由三台以上核心路由设备构成路由环路，连接各局域网并构建广域网的方式。在环型广域网结构中，任意核心路由器都和其他两台路由设备之间有连接。典型的环型广域网结构如图 3-22 所示。

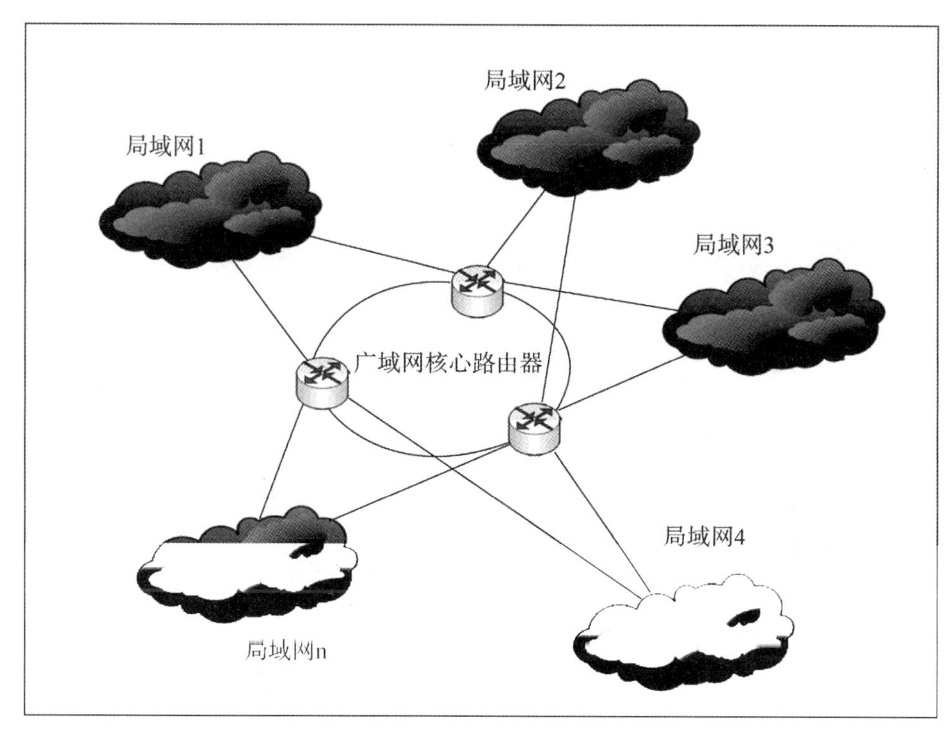

图 3-22　环型广域网结构

环型广域网结构具有以下特点：

- 核心路由设备在实现上多采用三层交换机或多层交换机；
- 网络内各局域网络之间访问需要经过核心路由设备构成的环；
- 网络中除核心路由设备之外，不存在其他的路由设备；
- 核心路由设备之间运行特定的网关保护或负载均衡协议，例如 HSRP、VRRP、GLBP 等，或具备环路控制功能协议，例如 OSPF、RIP 等；
- 核心路由设备与各局域网间可以采用 10M/100M/1000M 以太网连接；
- 网络拓扑结构可靠；
- 路由层面可以实现无缝热切换；
- 部门局域网络访问核心局域网以及相互之间有多条路径选择，可靠性更高；
- 在核心路由设备端口富余的前提下，部门网络接入较为方便；
- 设备投资比双核心广域网结构高；
- 核心路由器路由冗余设计实施难度较高，容易形成路由环路；
- 对核心路由设备的端口密度要求较高；
- 环拓扑占用较多的端口。

4）半冗余广域网结构

半冗余广域网结构主要定义了由多台核心路由设备连接各局域网并构建广域网络的方式。

在半冗余广域网结构中，任意核心路由器存在至少两条链接至其他路由设备。如果核心路由器和任何其他路由器都有链接，就是半冗余广域网结构的特例——全冗余广域网结构。典型的半冗余广域网结构如图 3-23 所示。

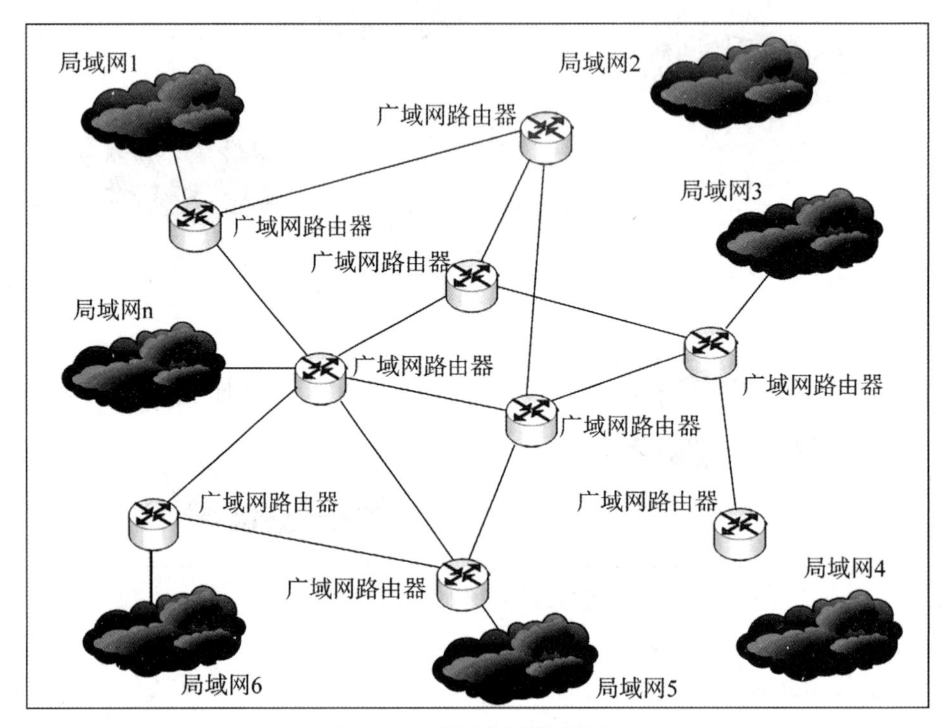

图 3-23 半冗余广域网结构

半冗余广域网结构具有以下特点：

- 半冗余网络结构灵活，方便扩展；
- 部分网络可以采用特定的网关保护或负载均衡协议，例如 HSRP、VRRP、GLBP 等，或具备环路控制功能协议，例如 OSPF、RIP 等；
- 网络拓扑结构相对可靠，呈网状；
- 路由层面路径选择比较灵活，可以有多条备选路径；
- 部门局域网络访问核心局域网以及相互之间有多条路径选择，可靠性高；
- 网络结构零散，管理和故障排除不太方便；
- 该网络结构适合部署 OSPF 等链路状态路由协议。

5）对等子域广域网结构

对等子域广域网结构是指将广域网的路由器划分成两个独立的子域，每个子域内路由器采用半冗余方式互连。对等子域广域网结构中，两个子域间通过一条或多条链路互连。对等子域广域网结构中，任何路由器都可以接入局域网络。典型的对等子域广域网结构如图 3-24 所示。

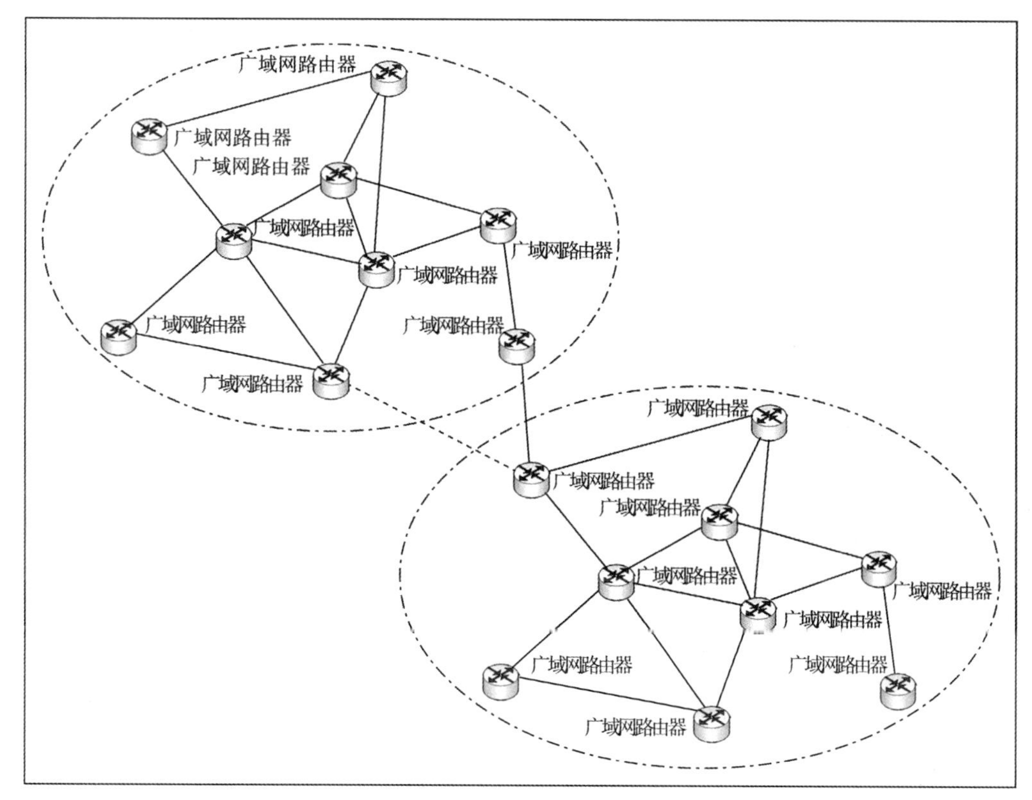

图 3-24　对等子域广域网结构

对等子域广域网结构具有以下特点：

- 对等子域之间的互访以对等子域之间的互连线路为主；
- 对等子域之间可以做到路由汇总或明细路由条目匹配，路由控制灵活；
- 子域间链路带宽应高于子域内链路带宽；
- 子域间路由冗余设计实施难度较高，容易形成路由环路或发布非法路由的问题；
- 对用于子域互访的域边界路由设备的路由性能要求较高；
- 路由协议的选择主要以动态路由协议为主；
- 对等子域适合于广域网络可以明显划分为两个区域，并且区域内部访问较为独立的情况。

6）层次子域广域网结构

层次子域广域网结构将大型广域网路由设备划分为多个较为独立的子域，每个子域内路由器采用半冗余方式互连。层次子域广域网结构中，多个子域之间存在层次关系，高层子域连接多个低层子域。层次子域广域网结构中，任何路由器都可以接入局域网络。典型的层次子域广域网结构如图 3-25 所示。

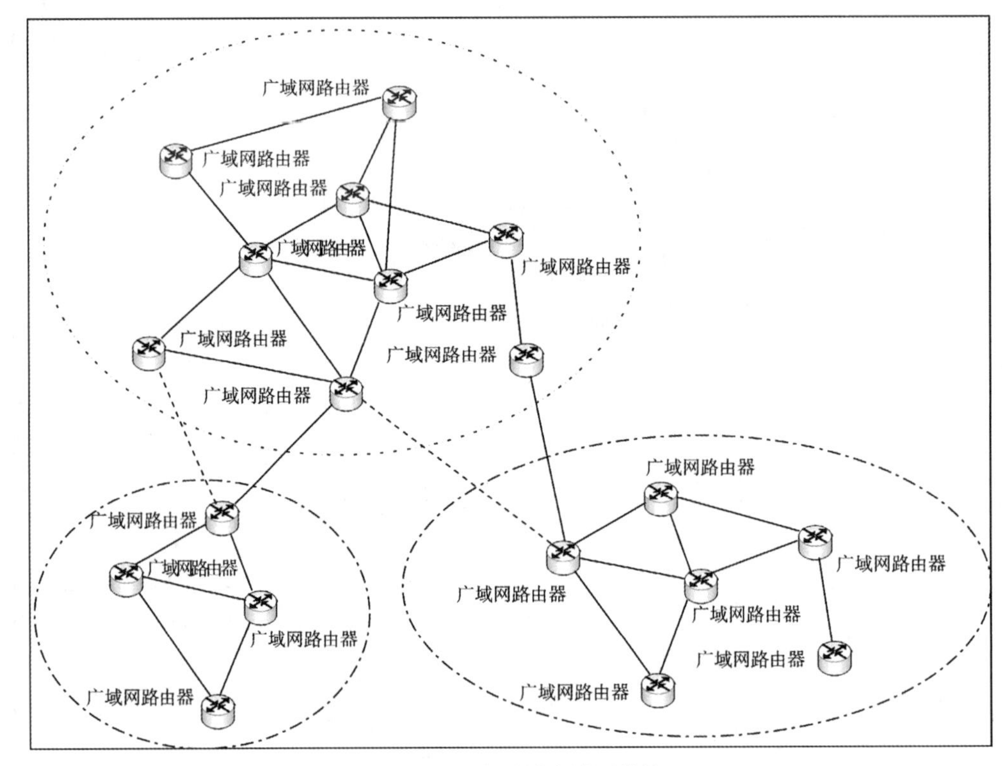

图 3-25 层次子域广域网结构

层次子域广域网结构具有以下特点：

- 低层子域之间的互访应通过高层子域完成；
- 层次子域广域网结构具有较好的扩展性；
- 子域间链路带宽应高于子域内链路带宽；
- 子域间路由冗余设计实施难度较高，容易形成路由环路或发布非法路由的问题；
- 对用于子域互访的域边界路由设备的路由性能要求较高；
- 路由协议的选择主要以动态路由协议为主，尤其适用于 OSPF 协议；
- 层次子域广域网结构与上层外网互连主要借助于高层子域完成，与下层外网互连主要借助于低层子域完成。

3.4.2 局域网技术选择

1. 虚拟局域网设计

虚拟局域网（VLAN）基本上可以看作是一个广播域，是根据逻辑位置而非物理位置划分的一组客户工作站的集合，这些工作站不在同一个物理网络中，但可以像在一个普通局域网上那样进行通信和信息交换。VLAN 是局域网建设中的重要内容，围绕 VLAN 的主要设计内容包括：

- VLAN 划分方法；
- VLAN 划分方案；
- VLAN 跨设备互连；
- VLAN 间路由。

2. 无线局域网设计

无线局域网（WLAN）以其灵活性而广泛流行。促进 WLAN 发展的主要原因在于其灵活性以及对用户服务的提升，比有线网络更节约成本。无论用户在哪里，只要无线信号可达的地方，WLAN 都可以让用户访问网络资源。现在越来越多的企业、机构意识到 WLAN 灵活性带来的好处，正在大量部署 WLAN。除了灵活性，WLAN 的另一个优势在于：有些地方部署有线 LAN 的成本较高，而部署 WLAN 的成本却很低。

进行无线局域网设计具体包括以下几个步骤：了解用户需求，确定相应的组网方式、无线设备选型、无线网络设计、无线网络安全以及无线网络管理等。

1）组网方式

WLAN 由无线接入点（Access Point，AP）和无线客户端设备组成。无线 AP 在无线客户端设备和有线网络之间提供连通性。无线客户端设备一般需要配备无线网卡（Wireless Network Interface Card，WNIC），设备使用 WNIC 进行通信，根据组网方式不同，可能是无线客户端设备之间通信，或者无线客户端设备与无线 AP 进行通信。

WLAN 组网一般采用单元结构，整个系统被分割成许多个单元，每个单元称为基本服务组（Basic Service Set，BSS）。BSS 的组成有以下 3 种方式：独立 BSS、有 AP 的 BSS 和扩展 BSS。

2）WLAN 通信原理

WLAN 中传输的帧分成以下几类：

- 数据帧：网络业务数据。
- 控制帧：使用请求发送、清除发送和确认信号控制对介质的访问，类似于调制解调器的模拟连接控制机制。
- 管理帧：类似于数据帧，与当前无线传输的控制有关。

其中只有数据帧与以太网的 802.3 帧相似，但以太网帧的大小不能超过 1518B，而无线网帧的大小可以达到 2346B。

无线站点可以通过两种方法选择 AP 进行数据帧转发：第一种方法是让无线站点主动发送探测帧扫描网络以寻找 AP，这种方法称为主动扫描；第二种方法是让 AP 定期发送一个宣告自己能力的信标帧，这些能力包括该 AP 支持的数据率，这种方法称为被动扫描。

3）WLAN 设计注意事项

设计 WLAN 需要考虑如下事项。

（1）站点测量。

为了最小化信道干扰，同时最大化覆盖范围，应该进行查勘，确定最理想的AP部署。信道覆盖的重叠会使得性能受到影响，从而使无线客户端和AP之间不能保持持续的连通性。因此必须进行站点测量、AP部署和信道规划。进行站点测量时要考虑如下问题：

- 哪一种无线网络更适合企业应用。
- 在天线之间是否存在可视距离的要求。
- 为了使AP尽可能地靠近客户端设备，应该把AP部署在哪里。
- 建筑物里存在哪些潜在的干扰源。例如，无绳电话、微波炉、天然的干扰或者使用相同信道的访问点。
- 在部署时需要考虑法律法规限制。

（2）WLAN漫游。

WLAN与有线网络相比的最大优势就是便于客户端设备自由移动。前面已经介绍过，吞吐量与到AP的距离有关，因此设置AP时还要考虑用户的漫游范围。此外，当一个用户离开AP时信号强度会减弱，此时连接应该无缝地跳到另一个有较强信号的AP。

（3）点到点网桥。

通常两个建筑物网络互连采用有线网络方式连接居多，如使用光缆、交换机等连接两个建筑物的LAN汇聚成一个3层广播域。但在有些情况下可能无法进行有线连接，如果此时两个建筑物距离合适并且直接相互可视，那么可以采用无线网桥进行连接，如图3-26所示。

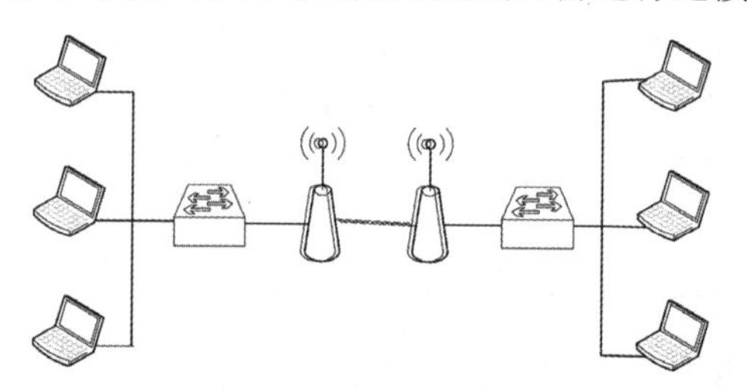

图3-26　点到点网桥连接

此时，两个AP作为一个两端口的逻辑网桥发挥作用，AP运行在点到点模式下，因此不能再作为无线访问点使用。这种点到点桥接方式可以在没有条件部署有线网络的情况下，作为近距离连接的一种解决方案。

3.4.3 广域网技术选择

1. 广域网互连技术

1）数字数据网络

数字数据网络（Digital Data Network，DDN）是一种利用数字信道提供数据信号传输的数据传输网，是一个半永久性连接电路的公共数字数据传输网络，为用户提供了一个高质量、高带宽的数字传输通道。

利用 DDN 网络实现局域网互连时，必须借助于路由器和 DDN 网络提供的数据终端设备 DTU。DTU 其实是 DDN 专线的调制解调器，直接和 DDN 网络通过专线连接，如图 3-27 所示。

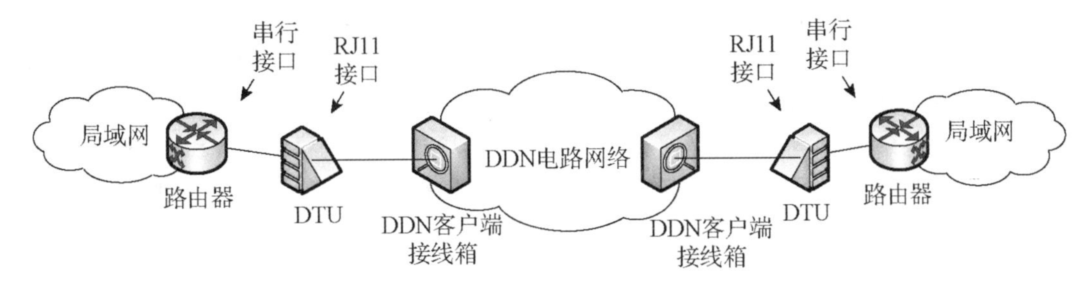

图 3-27　利用 DDN 实现局域网互连

DDN 网络可以为两个终端用户网络之间提供带宽最低为 9.6kb/s，最高为 2Mb/s 的数据业务，虽然面临各种新型传输技术的挑战，但由于 DDN 可以为任何信号和传输协议提供透明传递，至今为止 DDN 仍在广域网互连技术应用中占据一席之地。

2）SDH

SDH（Synchronous Digital Hierarchy，同步数字体系）网络是基于光纤的同步数字传输网络，采用分组交换和时分复用（TDM）技术，主要由光纤和挂接在光纤上的分插复用器（ADM）、数字交叉连接（DXC）、光用户环路载波系统（OLC）构成网络的主体，整个网络中的设备由高准确度的主时钟统一控制。SDH 网络基本的运行载体是双向运行的光纤环路，可根据需要采用单环、双环或者多环结构，SDH 支持多种网络拓扑结构，组网方式非常灵活，如图 3-28 所示。

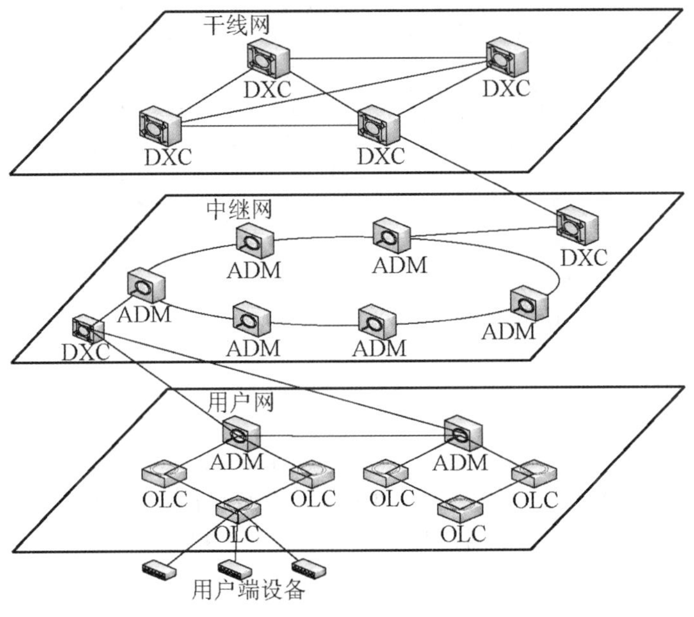

图 3-28　SDH 网结构

3）MSTP

基于 SDH 的多业务传送平台（Multi-Service Transport Platform，MSTP）是指基于 SDH 平台同时实现 TDM、ATM、以太网等业务的接入、处理和传送，提供统一网管的多业务节点。

图 3-29 是利用 MSTP 技术，实现一个企业不同局域网络之间连接的示例。MSTP 设备借助于 SDH 网络提供的链路，形成 MSTP 业务环，企业的不同局域网借助于路由器直接接入到 MSTP 设备的以太网接口。这些企业网络所有的局域网之间的连接并不需要占用多个 SDH 信道，而是共享一个传统 SDH 信道的带宽。通过这种方式，可以避免企业网络连接对 SDH 网络资源的大量浪费；同时由于各个局域网络之间访问的透明性、随机性和不确定性，企业用户的网络感受和传统 SDH 互连方式区别不大。

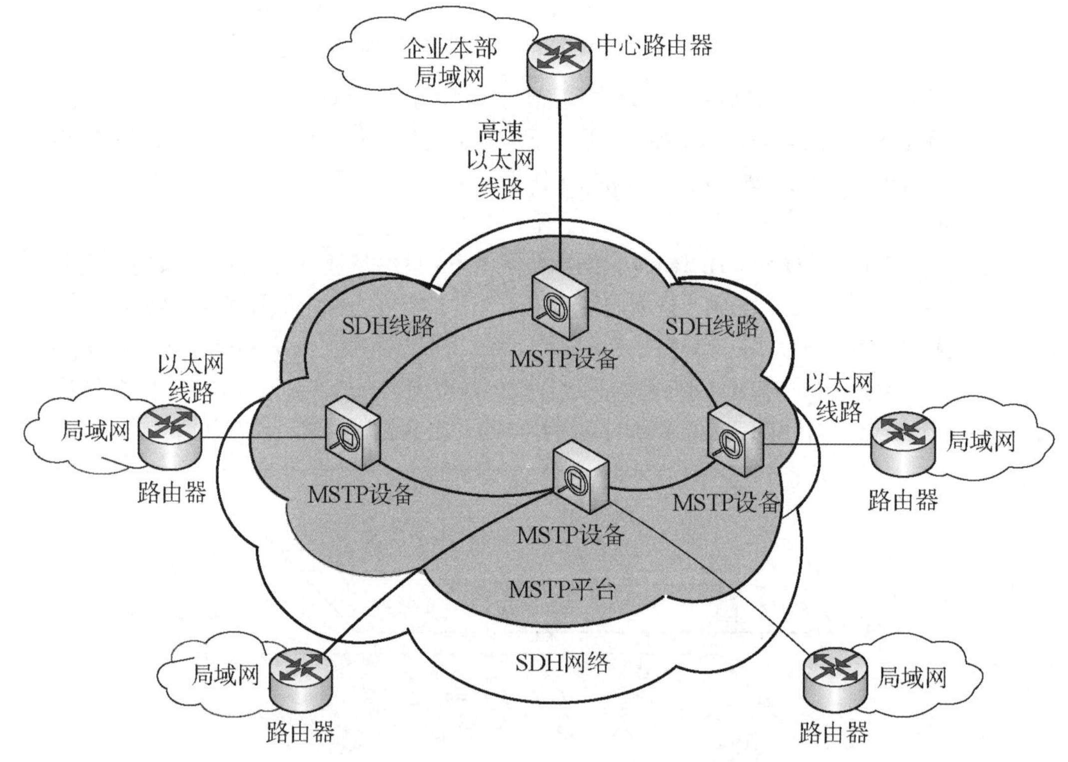

图 3-29 利用 MSTP 平台实现局域网互连

4）传统 VPN 技术

传统的 VPN 技术主要是基于实现数据安全传输的协议来完成，主要包括两个层次的数据安全传输协议，分别为二层协议和三层协议。二层协议的典型代表为 L2TP，主要用于利用拨号系统实现远程用户安全接入企业网络。典型的三层协议包括 IPSec 和 GRE，其中 IPSec 主要是在 IP 协议上实现封装；GRE 是一种规范，可以适用于多种协议的封装。

基于三层协议的 VPN 技术主要用于企业各局域网络之间的连接，分为点对点方式和中心辐射状方式，如图 3-30 所示。点对点方式（Point-to-Point）下，两个分支局域网络边界上部署

VPN 网关或者是带有 VPN 功能的防火墙、路由器，这些 VPN 网关通过物理链路接入互联网，并由 IPSec 协议或 GRE 协议形成两个路由器之间的逻辑隧道，实现局域网络之间的数据传递；中心辐射状方式（Hub-and-Spoke）下，核心局域网和各分支局域网的边界上都部署 VPN 网关，核心局域网路由器和每个分支局域网路由器之间建立逻辑隧道，完成多个局域网分支的互连，分支局域网之间的访问需要经过核心局域网的转发。

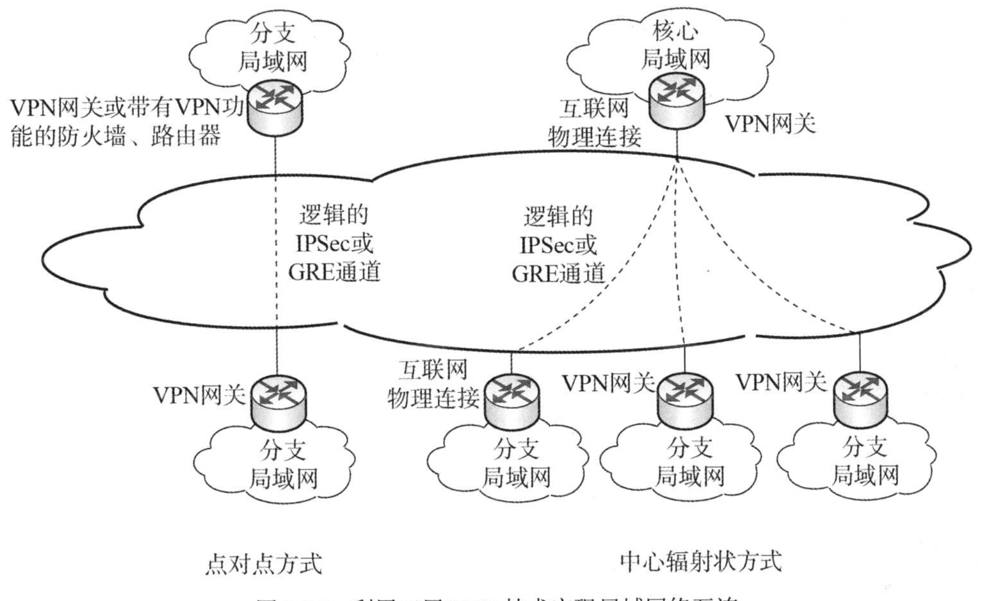

图 3-30　利用三层 VPN 技术实现局域网络互连

5）MPLS VPN 技术

MPLS VPN 是一种基于 MPLS 技术的 IP-VPN，是在网络路由和交换设备上应用 MPLS 技术，简化核心路由器的路由选择方式，利用结合传统路由技术的标记交换实现的 IP 虚拟专用网络（IP VPN），可用来构造合适带宽的企业网络、专用网络，满足多种灵活的业务需求。采用 MPLS VPN 技术可以把现有的 IP 网络分解成逻辑上隔离的网络，这种逻辑上隔离的网络可用在解决企业互连、政府相同/不同部门的互连，也可以用来提供新的业务，为解决 IP 网络地址不足、QoS 需求、专用网络等需求提供较好的解决途径，因此也成为新型典型运营商提供局域网络互连服务的主要手段。

一个典型的 MPLS VPN 承载平台如图 3-31 所示。

承载平台上的设备主要由各类路由器组成，这些路由器在 MPLS VPN 平台中的角色各不相同，分别被称为 P（Provider Router）设备、PE（Provider Edge Router）设备、CE（Customer Edge）设备。P 路由器是 MPLS 核心网中的路由器，这些路由器只负责依据 MPLS 标签完成数据包的高速转发；PE 路由器是 MPLS 核心网上的边缘路由器，与用户的 CE 路由器互连，PE 设备负责待传送数据包的 MPLS 标签的生成和弹出，负责将数据包按标签发送给 P 路由器或接收来自 P 路由器的含标签数据包，PE 路由器还将发起根据路由建立交换标签的动作；CE 路由器是直接与电信运营商相连的用户端路由器，该设备上不存在任何带有标签的数据包，CE路由器将用户网络的信息发送给 PE 路由器，以便于在 MPLS 平台上进行路由信息的处理。

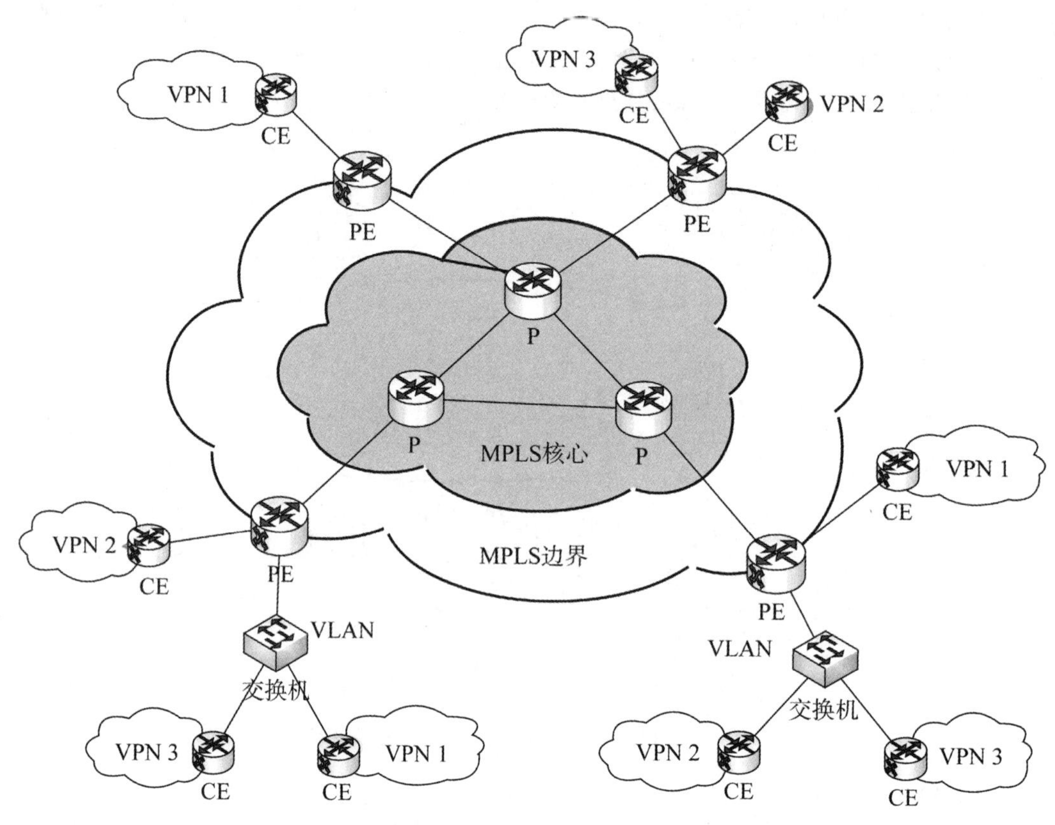

图 3-31 MPLS VPN 承载平台

如图 3-31 所示，一个企业可以借助于 MPLS VPN 承载平台，将由不同 CE 路由器互连的局域网络互连起来形成一个完整的企业网络。在这个 MPLS VPN 平台上，可以存在多个企业网络，这些网络之间除非特殊设置，否则相互之间是逻辑隔离的，不同企业网络之间不能直接互访。用户网络只需要提供 CE 路由器，并连接到 PE 路由器，由平台管理员完成 VPN 的互连工作。PE 路由器可以同时和多个 CE 路由器建立物理连接，也可以借助于支持 MPLS 协议的交换机，通过 VLAN 技术实现和多个 CE 路由器的互连，从而保证多个用户网络部分的接入。

2. 广域网性能优化

通过分析通信网络的所有组成部分，确定如何进行优化，提高总体性能并降低综合费用。广域网性能的优化，可以从以下方面进行考虑。

1）广域网网络瓶颈

在企业内部网中，无论各个局域网络内部的带宽如何冗余，一旦各局域网络的广域网连接不能提供局域网互访的带宽需求，都会形成企业网络的瓶颈，会严重影响企业网络的整体性能。

因此，在进行逻辑设计时，应在保证总体投资不超过预算的同时，尽量提升广域网络的带宽；另外，当借助于广域网将各局域网互连起来后，可以对这些网络之间的互访设计较为严格的访问控制策略，只允许必要的通信流量，提供对广域网带宽的合理利用和分配。

2）利用路由器实现广域网预留带宽

路由器不是实现局域网络互连的唯一设备，代理服务器、应用网关等设备也都可以实现各局域网络的互连，只是互连的层次不同。由于路由器工作在网络层，并且具有一些针对信息流的优化措施，因此应尽量使用路由器来完成局域网互连，这些优化措施包括：

- 路由器可过滤不必要的局域网通信量，包括广播通信流量、不支持路由协议的通信和发向未知网络的信息等。
- 路由器拥有较强的数据包检查、验证机制，并可以通过数据包的优先级别、队列机制等，对网络流量进行优化。
- 路由器可以针对不同的广域网技术，对各类协议参数进行优化，通过不断调整参数，达到整体网络性能的优化。
- 路由器可以将各类错误的影响限制在一个特定的区域内，限制了错误的影响范围。

3）压缩

采用数据压缩技术可以有效利用较小的广域网络带宽，这些压缩技术主要由广域网络中的路由器实现。实现数据传输压缩的方式主要有两种，分别是基于历史数据的压缩和所有数据包压缩。

4）链路聚合

当路由器上的一个广域网链接提供的带宽不能满足应用需求时，网络管理员可以考虑申请多个广域网链路，并且将这些链路聚合成一个虚拟的链路，从而实现对广域网络的优化。

5）数据优先权排序

数据包的优先权排序赋予管理员更多的灵活性，管理员可赋予传输队列中对时间敏感的消息更高的优先权，保证这些数据的优先发送和溢出保护。通常优先权方案为每个数据包分配确定的优先权，然后按紧急、高级、一般和低级 4 个级别为数据包赋予 4 个优先权队列之一。

网络关键信息（如有关拓扑结构改变的路由协议更新）自动被分配到紧急优先权队列中，紧急数据包在所有信息中具有最高优先权。紧急优先权队列中所有的数据包发送完以后，路由器再按照用户配置参数控制的顺序向广域网接口发送其他队列的数据包。

6）协议带宽预留

协议带宽预留可以让管理员为特殊的协议和应用按比例分配带宽。例如，网络管理员可以将广域网总带宽的 10%分配给 HTTP 协议，10%分配给 FTP 协议，20%分配给 SMTP 和 POP3 协议，其余的带宽不做分配。

协议带宽预留不同于数据优先权排序的方案，主要是根据协议的类型进行带宽预留约定。例如，当广域网络带宽的 10%预留给 HTTP 协议时，即使网络设备上还存在较高优先权的数据包需要发送，只要 HTTP 协议数据占据了 10%的带宽，这些高优先权的数据也不能占用 HTTP 的带宽；而预留的另外一个意思是，如果这些预留的带宽特定协议使用不了，则可以由其他协议占用。

7）对话公平

对话公平是对协议预留方案的增强，它保证通信平等地在所有用户间传输，不允许某个用户垄断广域网带宽。对话公平主要是为了防止一些用户长期占用网络资源，而影响了其他用户的网络访问。对话公平在协议带宽预留的基础上，将预留的网络带宽平均分配给所有的协议用户。例如总带宽的 10%被分配给了 HTTP 协议，而当前有 20 个 HTTP 对话连接，则每个连接的带宽都将被限制为 HTTP 协议预留带宽的 1/20，也就是总带宽的 0.5%，这样可以保证每个 HTTP 用户都能够均衡地访问网络。

3.4.4 IP 地址和路由规划

1. IP 地址规划

为了使网络正常运行，正确分配 IP 地址是很关键的，而且如果地址分配合理，可便于对地址进行汇总。地址汇总可以确保路由表更小，路由表查找效率更高，路由更新信息更少，减少对网络带宽的占用，而且更容易定位网络故障（因为网络变化影响到的路由器更少）。

1）确定所需 IP 地址数量

为了确定用户网络中需要 IP 地址的数量，要通过需求调研和实地考察的方式来确定哪些设备需要 IP 地址（这些设备包括路由器、交换机、防火墙、服务器、IP 电话和办公 PC 等），需要确定每个设备有几个接口需要 IP 地址。

此外，还要考虑由于网络的发展，需要保留一定地址，一般需要预留总数的 10%～20%。如果没能预留足够的地址空间，那么随着网络规模扩展，将不得不重新配置路由器，增加新的子网和路由信息。在最坏情况下，可能不得不需要为整个网络重新分配地址。

确定所需 IP 地址数量后，如果用户网络需要接入 Internet，则需要向相关网络地址管理机构申请地址，通常向提供 Internet 接入服务的 ISP 申请地址空间，包括申请 IPv4 地址和 IPv6 地址。

以某高校为例，作为中国教育科研网（CERNET）用户，CERNET 给其分配了 128 段 C 类地址块。该校又同时租用中国电信 100Mb/s 接入服务，中国电信给该校分配了一段 B 类地址中的 128 个 IPv4 地址。CERNET 为其分配的 IPv4 地址数量可以满足当前需求，但是不能保证远期发展有足够的 IPv4 地址，而且就目前 IPv4 地址紧缺的情况看，未来也难以向 CERNET 申请更多的 IPv4 地址，因此需要考虑使用私有地址。中国电信给该校提供的 IPv4 地址更少，仅用于校园网接入电信网时的 NAT 转换使用。

此外，该高校校园网同时支持 IPv6，接入了中国教育科研网 IPv6 网络 CERNET2。因此也需要申请 IPv6 地址，该校申请了前缀为 48 位的 IPv6 地址段（2001:250:200::/48），理论上有 2^{80} 个 IPv6 地址，足以满足相当长一段时间内网络的发展需要。

2） 网络地址转换（NAT）

因为可用的 IPv4 公有地址数量有限，往往无法从 ISP 那里申请足够的 IPv4 地址，而且未来申请 IPv4 地址会越来越困难，所以考虑到网络发展的需要，可以在网络内部使用 IPv4 私有地址。通常使用 NAT 设备来实现网络地址转换，如防火墙、路由器都可以提供 NAT 服务。

3）划分子网

路由器用于连接多个逻辑分开的网络。逻辑网络代表一个单独的网络或一个子网，通常为一个广播域。当数据从一个子网传输到另一个子网时，需要通过路由器判断数据的网络地址选择路径，完成数据转发工作。路由器要使用子网掩码完成计算网络地址的功能。

在配置路由器的接口地址时，需要配置 IP 地址和相应的掩码。路由器不仅要使用这些信息作为接口编址，还要确定接口所连子网的地址，把它记入路由表中，作为连接到该接口的直连逻辑网段。

4）层次化 IP 地址规划

IP 地址分配是一个重要步骤，分配不合理就会出现网络管理困难或混乱。层次化 IP 地址规划是一种结构化分配地址方式，而不是随机分配。

图 3-32 为某公司的网络拓扑结构，该单位申请到了 4 段 C 类地址：202.4.2.0/24、202.4.3.0/24、202.4.4.0/24 和 202.4.5.0/24。根据业务需要，划分了 8 个逻辑子网，每个子网最多能有 126 台主机。

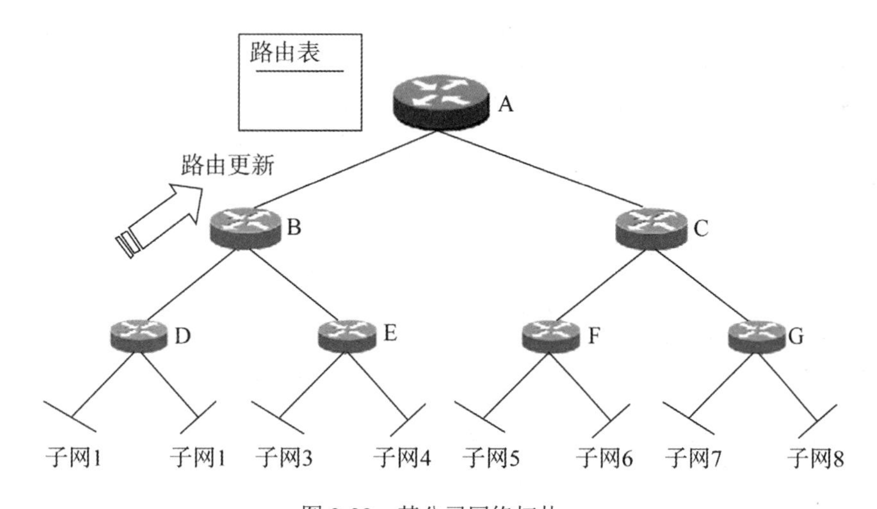

图 3-32 某公司网络拓扑

如果不采用层次化地址分配方式，每个子网 IP 地址随机分配如下：

子网 1：202.4.2.0/25　　子网 2：202.4.5.128/25

子网 3：202.4.3.128/25　　子网 4：202.4.4.0/25

子网 5：202.4.3.0/25　　子网 6：202.4.5.0/25

子网 7：202.4.4.128/25　　子网 8：202.4.2.128/25

使用层次化地址规划使得骨干网上的路由表更小，减轻了核心路由器的处理压力。另外，也意味着小型局部故障不需要在整个网络中通告。例如，如果路由器 D 和子网 1 相连的端口发生故障，此时汇总路由不必发生变化，去往子网 1 的流量由路由器 D 回复错误信息，因而故障不会通知到核心路由器和其他地区，减少了路由更新导致的网络和路由器开销。汇总路由后，路由器发送路由更新信息时，须采用 CIDR 格式，即 A.B.C.D/n 格式。

2. 路由规划

完成划分子网和 IP 地址层次化分配后，用户网络可能被划分成多个逻辑网络，每个逻辑网络都是一个广播域，不同逻辑网络之间的通信需要使用路由器来实现。路由器的功能就是将每个报文按照到达目的网络的最佳路径转发。而路由器必须使用一定的路由协议才能彼此学习路由信息，为报文选择最佳路径。因此在网络规划设计中，选择并配置合适的路由协议也是影响最终网络性能的关键因素。

1）路由表

我们知道路由器通过查询路由表进行 IP 报文转发。路由表中的每一项就是一条路由信息，一项路由信息应该包括目的地址/前缀长度、下一跳地址（Next Hop）和接口（Interface）。图 3-33 给出了某 Juniper 防火墙（带路由器功能）的路由表信息。

trust-vr

	IP/Netmask	Gateway	Interface	Protocol	Preference	Metric	Vsys	Configure
*	58.59.1.15/32	202.112.41.73	ethernet1/2	S	20	1	Root	Remove
*	58.59.1.16/31	202.112.41.73	ethernet1/2	S	20	1	Root	Remove
*	58.60.8.0/21	202.112.41.73	ethernet1/2	S	20	1	Root	Remove
*	58.61.32.0/23	202.112.41.73	ethernet1/2	S	20	1	Root	Remove
*	58.61.34.0/24	202.112.41.73	ethernet1/2	S	20	1	Root	Remove
*	58.61.164.0/23	202.112.41.73	ethernet1/2	S	20	1	Root	Remove
*	58.61.166.0/24	202.112.41.73	ethernet1/2	S	20	1	Root	Remove
*	58.61.224.0/19	202.112.41.73	ethernet1/2	S	20	1	Root	Remove
*	58.63.243.240/32	202.112.41.73	ethernet1/2	S	20	1	Root	Remove
*	58.68.128.72/32	202.112.41.73	ethernet1/2	S	20	1	Root	Remove
*	58.154.0.0/15	202.112.41.73	ethernet1/2	S	20	1	Root	Remove
*	58.192.0.0/12	202.112.41.73	ethernet1/2	S	20	1	Root	Remove
*	58.211.7.0/25	202.112.41.73	ethernet1/2	S	20	1	Root	Remove
*	58.211.15.0/24	202.112.41.73	ethernet1/2	S	20	1	Root	Remove

图 3-33 Juniper 防火墙路由表

路由表中往往包含一项特殊路由信息：前缀长度为 0，通常记为 0.0.0.0/0，这是默认路由。默认路由可以匹配任意 IP 地址，只有其他路由项和 IP 报文目的地址都不匹配时才采用默认路由。

当路由器需要转发 IP 报文时，它就在路由表中查找目的地址/前缀长度与 IP 报头中目的 IP 地址相匹配的那一项。具体方法如下：

（1）将路由表中目的地址与 IP 报文的目的 IP 地址从左向右进行比较，如果相同位的数目大于或等于前缀长度值，则匹配该项路由信息。

（2）如果有多项路由信息和IP报文的目的IP地址匹配，则按照“最长匹配前缀”选择，按照前缀长度最大的那条路由项转发报文。

（3）没有匹配的路由项时，如果存在默认路由，则按默认路由转发报文；如果没有默认路由，则丢弃此报文，向报文的源端发送一条目的不可达ICMP差错报文。

路由表中的路由项可以由管理员手工配置，这类称为静态路由；也可以是路由器通过路由协议动态学习生成，这类称为动态路由。

动态路由能适应网络拓扑的变化，但对于静态路由，当网络拓扑结构发生变化时，网络管理员必须手工修改路由器配置。但是静态路由也具有很多优点：当网络没有冗余线路时，静态路由是最有效的路由机制，不必因为学习路由而消耗网络带宽；此外静态路由可以根据需要确定IP报文传输路径，可用于加强安全访问控制。因此要根据实际需要，合理使用静态路由和动态路由，注意两者之间的协调。

2）路由度量

路由器的重要工作就是确定到达目标网络的最佳路径。路由协议要用一定的度量标准来评估哪一条路径最佳，主要有以下度量方法：

（1）跳数：到达目标网络所经过的路由器个数称为跳数，跳数最少的路径为最佳。

（2）带宽：网络链路的带宽，带宽最小的路径最不理想。

（3）时延：累计时延最小的路径为首选路径。如果采用时延度量，路由器可以通过发送一个“回应请求”报文，等接收到其他路由器的“回应响应”报文后，测出它到其他路由器的时延。

（4）代价：通常与带宽成反比，由最慢的链路组成的路径代价最高，因而是最不理想的路径。

（5）负载：路径的利用率（即当前使用了多少带宽）。因为负载经常发生变化，因此默认情况下不被列入路径的计算中。

（6）可靠性：成功传输报文的可能性。因为可靠性也经常发生变化，因此默认情况下不被列入路径的计算中。

一些路由协议使用组合度量，例如同时考虑带宽、时延等。

3）路由协议选择原则

（1）路由协议类型选择。

路由选择协议分为两大类：距离向量协议和链路状态协议。网络设计人员可以依据以下的条件在两种类型中进行选择。

当满足下列条件时，可以选择使用距离向量路由选择协议：

- 网络使用一种简单的、扁平的结构，不需要层次化设计；
- 网络使用的是简单的中心辐射状结构；
- 管理人员缺乏对路由协议的了解，路由操作能力差；

- 收敛时间对网络的影响较小。

当满足下列条件时，可以选择使用链路状态路由选择协议：

- 网络采用层次化设计，尤其是大型网络；
- 管理员对链路状态路由协议理解较深；
- 快速收敛对网络的影响较大。

（2）路由选择协议度量。

当网络中存在多条路径时，路由协议适用度量值来决定使用哪条路径。不同的路由选择协议的度量值是不同的，传统协议以路由器的跳数作为度量值，新一代的协议还将参考时延、带宽、可靠性及其他因素。

对度量值存在着两个方面的考虑：一是对度量值的限制设定，例如，如果设定基于跳数进行选择，路由协议的有效路径度量值必须小于16，这些度量值的设定直接决定了网络的连通性和效率；二是多个路由协议共存时的度量值转换，路由器上可能会运行多个协议，不同的路由协议对路径的度量值不同，设计人员需要建立起不同度量值之间的映射关系，让多个协议之间相互补充。

（3）路由选择协议顺序。

路由器上可能会存在多个不同的路由协议，针对一个目标网络，这些路由协议都会选择出具有最小度量值的路径，但是不同协议的度量值不同，可比较性较小。设计人员建立的协议度量值的转换关系只是用于不同路由协议之间的路由补充，不能用于具体路径的选择。

因此，设计人员可以在网络中运行多个路由选择协议，并约定这些协议之间的顺序，这些顺序可以用路由协议权值来表示，权值越小的协议顺序越靠前。一旦多个路由协议都选出了最优路径，则具有最小权值的路由协议的路径生效。

（4）层次化与非层次化路由选择协议。

路由协议从层次化角度可以分为支持和不支持两种。在非层次化协议中，所有路由器的角色都是一样的；在层次化协议中，不同路由器的角色不同，需要处理的路由信息量也不同。

对于采用层次化设计的网络来说，最好采用层次化路由选择协议。

（5）内部与外部路由选择协议。

路由协议根据自治区域的划分以及作用，可以分为内部网关协议和外部网关协议。设计人员需要选择正确的、合适的协议类型，例如对于内部网关协议，较为常见的是RIP、OSPF、IGRP；对于外部网关协议，多选择BGP协议。

（6）分类与无类路由选择协议。

分类与无类路由协议的选择在前文中已经进行了介绍，是进行网络路由设计时必须考虑的内容。

（7）静态路由选择协议。

静态路由指手工配置并且不依赖于路由选择协议进行更新的路由。静态路由经常用于连接一个末梢网络，也就是只能通过一条路径到达的网络部分。静态路由最常见的使用方法就是默认路由。网络设计人员应该对设计网络中的末梢网络进行区分，并设定这些末梢网络的默认路由。

静态路由一般情况下要比其他动态路由协议级别高，也就是说，即使通过动态路由协议选出了一条最优路径，数据包仍然会依据静态路由制定的路径进行传递。因此设计人员要根据实际需要来确定静态路由选择协议的范围，以免使动态路由协议失效。

最后，静态路由信息可以导入动态路由选择协议形成的路由表项中，形成路由信息的互补关系。

4）路由协议的选择

路由协议使路由器动态地学习如何到达其他网络以及如何与其他路由器交换路由信息。针对用户网络的特点，选择合适的路由协议，保证网络拓扑发生变化时能快速收敛，而且尽可能使路由更新信息较少，以减少网络带宽和设备处理的花费（这也是影响网络整体性能的关键点）。

为了确定哪一种路由协议更适合用户网络，应该理解用户的需求目标和不同路由协议的特征，从中选出最满足需求的路由协议。表3-2给出了常用路由协议对应的分类特点。

表3-2 路由协议对比表

路由协议	内部或外部	距离矢量或链路状态	支持层次型结构	类别化或无类别化	度 量	收敛时间	支持的网络规模
RIPv1	内部	距离矢量	不支持	类别化	跳数	慢	小型
RIPv2	内部	距离矢量	不支持	无类别化	跳数	慢	小型
IGRP	内部	距离矢量	不支持	类别化	组合	慢	中等
EIGRP	内部	混合型	支持	无类别化	组合	快	大型
OSPF	内部	链路状态	支持	无类别化	代价	快	大型
IS-IS	内部	链路状态	支持	无类别化	代价	快	超大型
BGP-4	外部	路径矢量	不支持	无类别化	路径属性	慢	超大型

设计网络时往往会使用层次化模型，选择路由协议时也可以根据核心层、分布层和接入层各层的不同需求选择不同的路由协议。

（1）核心层路由协议。

核心层是网络的骨干，提供高速链接，通常使用冗余链路保证网络的高可用性，而且应该能够实现同等路径之间的负载均衡。当链路失效时，应该能及时做出反应，并尽快适应改变。因此需要选择收敛快速的路由协议OSPF和IS-IS，IS-IS配置较为复杂，因此在核心层通常采用OSPF协议。距离矢量路由协议（如RIPv2）不适合作为核心层路由协议，因为它收敛慢，当链路发生变化时，可能导致网络连接中断。

（2）分布层路由协议。

分布层汇聚接入层，实现到核心层的连接，原则上可以使用任何内部路由协议，如RIP、OSPF和IS-IS，分布层不仅要进行路由，还要重新分配或过滤核心层和接入层之间的路由信息。

路由重新分配是指一个网络中运行了两种或两种以上路由协议，那么来自一种路由协议的信息被重新分给另一种路由协议（或为另一种路由协议共享）。路由的重新分配由运行多种路由协议的路由器完成。在路由重新分配中可能会产生回路，因此还需要考虑路由过滤，即禁止通告某些路由信息，以避免产生回路。

（3）接入层路由协议。

接入层向用户提供网络资源访问。接入层设备的内存和处理能力没有核心层和分布层大，因此选择路由协议时要加以考虑。由于接入层设备内存小，因此分布层应该对进入该层的路由信息进行过滤。接入层可选择使用静态路由，如果使用动态路由，可选择的路由协议包括 RIPv2 和 OSPF。

3.4.5 网络冗余设计

1. 备用路径与负载分担

网络冗余设计允许通过设置双重网络元素来满足网络的可用性需求，冗余减低了网络的单点失效，其目标是重复设置网络组件，以避免单个组件的失效而导致应用失效。在网络冗余设计中，对于通信线路常见的设计目标主要有两个：一个是备用路径；另外一个是负载分担。

1）备用路径

备用路径主要是为了提高网络的可用性。当一条路径或者多条路径出现故障时，为了保障网络的连通，网络中必须存在冗余的备用路径。备用路径由路由器、交换机等设备之间的独立备用链路构成，一般情况下，备用路径仅仅在主路径失效时投入使用。

设计备用路径时主要考虑以下因素：

（1）备用路径的带宽。备用路径带宽的依据，主要是网络中重要区域、重要应用的带宽需要，设计人员要根据主路径失效后哪些网络流量是不能中断的来形成备用路径的最小带宽需求。

（2）切换时间。切换时间指从主路径故障到备用路径投入使用的时间，切换时间主要取决于用户对应用系统中断服务时间的容忍度。

（3）非对称。备用路径的带宽比主路径的带宽小是正常的设计方法，由于备用路径大多数情况下并不投入使用，过大的带宽容易造成浪费。

（4）自动切换。设计备用路径时，应尽量采用自动切换方式，避免使用手工切换。

（5）测试。备用路径由于长期不投入使用，对线路、设备上存在的问题不容易发现，应设计定期的测试方法，以便于及时发现问题。

2）负载分担

负载分担是通过冗余的形式来提高网络的性能，是对备用路径方式的扩充。负载分担是通过并行链路提供流量分担来提高性能，其主要的实现方法是利用两个或多个网络接口和路径来同时传递流量。

关于负载分担，设计时主要考虑以下因素：

（1）对于网络中存在备用路径、备用链路的情况，就可以考虑加入负载分担设计；

（2）对于主路径、备用路径都相同的情况，可以实施负载分担的特例——负载均衡，也就是多条路径上的流量是均衡的；

（3）对于主路径、备用路径不相同的情况，可以采用策略路由机制，让一部分应用的流量分摊到备用路径上；

（4）在路由算法的设计上，大多数设备制造厂商实现的路由算法，都能够在相同带宽的路径上实现负载均衡，甚至于部分特殊的路由算法，例如IGRP和增强IERP中，可以根据主路径和备用路径的带宽比例实现负载分担。

2. 服务器冗余和负载均衡

为了提高服务器的性能和工作负载能力，企业通常会使用DNS服务器、网络地址转换等技术来实现多服务器负载均衡，特别是对外服务的Web网站，许多都是通过几台服务器来完成服务器访问的负载均衡。一般来说，实现服务器的冗余和负载均衡有多种方式。

1）使用负载服务均衡器

负载服务均衡器实际上是应用系统的一种控制服务器，所有用户的请求都首先到此服务器，然后由此服务器根据各个实际处理服务器的状态将请求具体分配到某个实际处理服务器中，对外公开的域名与IP地址都是负载服务均衡器的域名或IP地址。

负载服务均衡器上需要安装负载均衡控制与管理软件，这台服务器一般只做负载均衡任务分配，但不是实际对网络请求进行处理的服务器。

负载服务均衡器为了将负载均匀地分配给内部的多个服务器，就需要应用一定的负载均衡策略，例如基于CPU繁忙程度或内存占用程度等。对于常见的Web服务，可以借助于负载服务均衡器让多台服务器设备提供服务。每台服务器的状态可以设定为regular（正常工作）或backup（备份状态），或者同时设定为regular状态。负载服务均衡器根据设定好的负载均衡策略来将用户请求重定向到不同的服务器。

通过负载服务均衡器不仅可以实现各服务器群的流量动态负载均衡，并互为冗余备份，同时还具有一定的扩展性，可不断添加新的服务器加入负载均衡系统。

2）使用网络地址转换

支持负载均衡的地址转换网关可以将一个外部IP地址映射为多个内部IP地址，对每次TCP连接请求动态使用其中一个内部地址，达到负载均衡的目的。地址转换网关存在软件实现和硬件实现两种方式。

硬件实现方式指硬件厂商将这种技术集成在交换机中，作为第四层交换的一种功能，一般采用随机选择、根据服务器的连接数量或者响应时间进行选择的负载均衡策略来分配负载。但硬件实现方式的灵活性不强，不能支持更优化的负载均衡策略和更复杂的应用协议。

软件实现方式指在服务器上安装负载均衡的地址转换网关，可以对各服务器的CPU、磁盘I/O或网络I/O等多种资源进行实时监控，并根据各种策略来转发客户对服务器的请求，因此具有较大的灵活性。

3）使用 DNS 服务器

使用 DSN 服务器来提供负载均衡是 种较为简单的方法，提供服务的多个服务器独立运行，并拥有独立的 IP 地址，形成了一个可以提供服务的 IP 地址组。网络管理员在 DNS 服务器上进行注册，使得所有这些服务器的 IP 地址都拥有一个相同的域名，并对外只公布这个域名。当客户提交服务请求前，需要进行域名解析，DNS 服务器会针对这个域名的解析循环用 IP 地址组中的 IP 地址来应答，使得每次客户访问的服务器 IP 地址都不同，从而达到负载均衡。

使用 DNS 是一种简单的负载均衡方式，不可能根据各服务器的负载情况而动态调整 DNS 的解析，甚至服务器组中的一台服务器出现故障而不能提供服务时，DNS 仍不会将该服务器的 IP 地址从循环解析列表中清除，导致一部分请求失效。

4）高可用性技术

双机热备份高可用（High Availability，HA）系统，又称为高可用性集群，一般由两台服务器构成，通过对关键部件的冗余设计，可以保证系统硬件具有很高的可用性，对于一般非关键应用场合，其硬件系统的可用性可以达到 99.99%。在正常工作时，两台服务器同时工作或一台工作另一台热备，通过以太网和 RS232 口互相进行监测，并不断完成同步操作，数据保存在共享磁盘阵列中。

传统的高可用性集群的工作模式主要是单活（Active/Passive）、双活（Active/Active）。

单活（Active/Passive）指服务器集群中，一台服务器处于活跃状态，对外提供服务，另外一台为热备方式，通过网卡和串行线路监控活跃服务器并实现数据同步，一旦发现活跃服务器出现故障，则通过 IP 地址漂移等技术接管服务，如图 3-34 所示。

双活（Active/Active）指服务器集群中，两台服务器都处于活跃状态，并同时提供服务，相互之间通过网卡和串行线路相互监控并实现数据同步，一旦一台服务器出现故障，则另外一台服务器接管所有的服务负载，如图 3-35 所示。

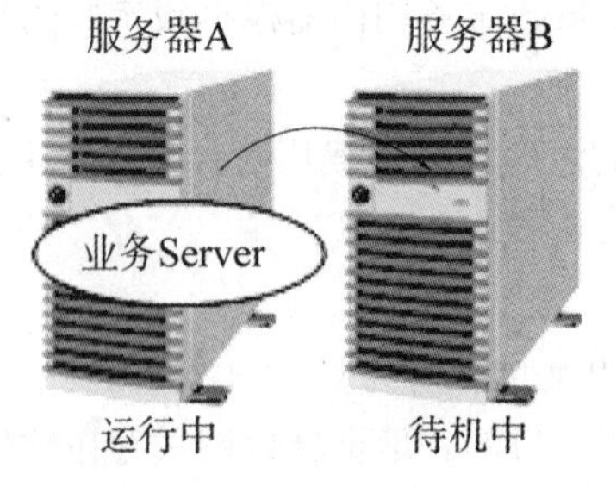

图 3-34 单活（Active/Passive）模式

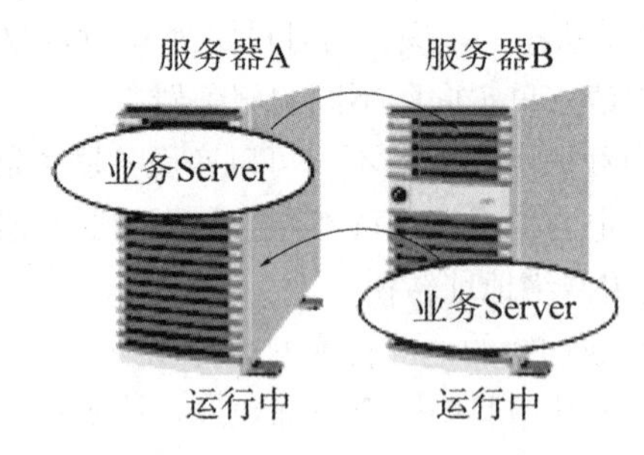

图 3-35 双活（Active/Active）模式

高可用性服务集群主要应用于数据库服务器和各种应用服务器，这些服务器之间通过串行线路或者网络线路的心跳线来实现服务器监控和数据同步，并且所有服务器都通过光纤通道连接至磁盘阵列，实现高速的磁盘访问。

服务器操作系统一级的高可用性集群主要借助于操作系统提供的集群软件来实现，可以采用单活或者双活方式。

数据库应用一级的高可用性集群主要借助于数据库管理系统软件提供的应用集群软件实现。常用的数据库管理系统产品中，SQL Server 主要采用单活模式，Oracle 主要采用双活模式。

各类应用服务软件一级的高可用集群主要借助于应用软件提供的集群软件实现。

3. 数据容灾与恢复

数据容灾机制保证企业网络核心业务数据在灾难发生后的及时恢复，数据容灾机制应符合以下总体要求：有运行维护人员执行定期的数据备份任务；有专门的运维人员定期检查数据备份情况；应制定数据恢复预案，并由相关部门备案；备份的数据必须有效且能进行恢复。

1）容灾系统建设

（1）建设地址的选择。

灾难恢复与灾难备份中心的建设地点应满足以下要求：

- 应与核心网络中心距离大于十千米以上；
- 网络基础设施较完善，能提供足够带宽的广域网络线路；
- 应能够提供充足的双回路电力保障；
- 不能在地震、洪涝、台风、雷击等地质灾害和天气灾害的多发地区；
- 不能在重要设施密集地区；
- 不能在交通要道附近；
- 不能与重要建筑和标志性建设相临。

（2）基础建设的要求。

备用基础设施包括支持灾难备份系统运行的机房、数据备份中心的存储基础设施和备份运行系统的服务器等。建设要求如下：

- 机房的建设要求应符合国标；
- 存储基础设施应建立有效的存储系统，以保证数据的安全性、备份的简单性和易管理性；
- 服务器应根据需要，针对核心网络中的主要服务设立备份服务器。

（3）网络线路的备份。

备用网络系统包含备用网络通信设备和备用数据通信线路，并应满足以下要求：

- 配备与核心网络相同等级的通信线路和网络设备，包括通信线路、路由器、交换机和防火墙等，使最终用户可通过网络同时接入主、备中心；
- 应部署一定的安全系统以保证容灾系统的安全，包括入侵检测等。

（4）建设方式。

数据备份系统设施的建设方式可采用单位自行建设、运行；多方共建或通过互惠协议获取；租用其他机构的系统，如商业化灾难备份中心的基础设施；事先与厂商签订紧急供货协议。

2）数据备份与恢复

数据备份与恢复应满足以下要求：

- 应提供本地数据备份与恢复功能，完全数据备份应每天一次；
- 重要数据应定期从运行的系统中备份到本地的光盘、海量磁盘、磁带或磁带库等介质中；
- 应制定合理的备份策略，包括介质的分类、标记、查找方法，介质的使用、维护、保养、销毁，数据备份频率、保存时间等；
- 对数据备份策略的实施情况定期进行检查；
- 采用异地备份方式，数据可通过网络系统定时自动地备份到异地的磁盘阵列；
- 当某些因素引起数据不完整、不连续、不可靠、丧失业务的连续性或者数据库需要重建时，就应该进行业务数据的恢复；
- 数据恢复时，数据库管理员应填写数据恢复申请表，制订数据恢复计划，报请主管批准，而后按恢复计划执行恢复操作；
- 业务数据恢复前的检查，即严格审查数据是否已经丧失连续生产的可能，严格审查数据库是否需要重建，严格检查备份介质、备份数据是否有效；
- 对数据恢复工具进行严格控制，尽可能地防止误操作。并且数据的恢复工具应有详细的操作说明、操作步骤以及注意事项说明。

3.4.6 网络安全设计

1. 网络安全准则

1）安全域划分

网络平台安全域通常可以划分为：核心局域网安全域、部门网络安全域、分支机构网络安全域、异地备灾中心安全域、互联网门户网站安全域、通信线路运营商广域网安全域等。另外，核心局域网安全域又可以划分为中心服务器子区、数据存储子区、托管服务器子区、核心网络设备子区、线路设备子区等多个子区域。在实际的网络工程中，设计人员可根据需要自行进行安全域的划分。

2）边界安全策略

网络的边界安全访问总体策略为：允许高安全级别的安全域访问低安全级别的安全域，限制低安全级别的安全域访问高安全级别的安全域，不同安全域内部分区进行安全防护，做到安全可控。

下列设计规则将依据常见的安全区域方法，对主要的边界规则进行介绍。

（1）核心网络与互联网的边界安全措施设计应符合以下要求：

- 应部署逻辑隔离措施，主要是防火墙隔离；
- 允许互联网用户访问网络DMZ区域的互联网门户网站等相关服务器的对外开放服务；

- 对于特殊的应用，允许互联网移动办公人员通过安全认证网关访问位于 DMZ 的业务应用；
- 禁止互联网用户访问内部网络应用系统；
- 关闭网络病毒相关端口，无特殊需要禁止开放；
- 应对进出网络的数据流进行监控、分析和审计；
- 应阻止来自互联网的各种攻击。

（2）核心网络与部门、分支机构网络的边界安全措施设计应符合以下要求：

- 中小型网络，不需要在该边界添加任何隔离设备；
- 大型网络，可根据需要添加逻辑隔离设备（如防火墙或启用了过滤规则的路由器）；
- 应对进出核心局域网的数据流进行监控；
- 关闭网络病毒相关端口，无特殊需要禁止开放；
- 允许核心网络访问部门或分支网络系统；
- 禁止核心网络的普通终端用户直接访问基础数据库服务子区域；
- 允许部门和分支网络用户在受控的前提下，访问核心网络中的服务器资源。

（3）核心网络与异地容灾中心的边界安全措施设计应符合以下要求：

- 如采用数据级容灾，则不需要进行逻辑隔离，但是必须保护线路的物理安全；
- 如采用应用级容灾，则可以添加逻辑隔离设备，只允许开放远程数据存储和备份所需的相关服务。

3）路由交换设备安全配置

路由交换设备的安全配置应符合以下要求：

- 每台设备上要求安装经认可的操作系统，并及时修补漏洞；
- 路由器设置加长口令，网络管理人员调离或退出本岗位时口令应立即更换；
- 路由器密码不得以明文形式出现在纸质材料上，密码应隐式记录，记录材料应存放于保险柜中；
- 限制逻辑访问，合理处置访问控制列表，限制远程终端会话；
- 监控配置更改，改动路由器配置时，进行监控；
- 定期备份配置和日志；
- 明确责任，维护人员对更改路由器配置的时间、操作方式、原因和权限需要明确，在进行任何更改之前，制定详细的逆序操作规程。

4）防火墙安全配置

在不同的安全域之间或安全域内部不同安全级别的子区域之间可根据需要部署防火墙，防火墙的安全配置与路由交换设备基本相同，但是需要添加一项内容——防火墙产品应有国家相关安全部门的证书。

5）网闸安全配置

网络中如存在安全级别较高的区域，则可以通过网闸设备实施隔离。同时，网闸隔离尤其适用于工作性质较为特殊的单位，其内部网络中含有一定的敏感信息，可以通过网闸在受控的情况下与外部网进行连接。网闸的安全配置要求同防火墙。

6）入侵检测安全配置

入侵检测的安全配置应符合以下要求：

- 中大型网络平台应部署基于网络的入侵检测系统（NIDS）；
- 网络入侵检测系统应对核心局域网、DMZ 区域进行检测；
- 如需要对大型网络的部门、分支机构网络进行入侵检测，应采用分布式方式部署入侵检测系统；
- 入侵检测产品应有国家相关安全部门的证书；
- 监控配置更改，改动入侵检测系统配置时，进行监控；
- 定期备份配置和日志；
- 入侵检测系统设置加长口令；
- 如采用分布式部署方式，各级入侵检测系统宜采用分级管理方式进行管理。

7）抗 DDoS 攻击安全配置

抗 DDoS 攻击的安全配置应符合以下要求：

- 网络平台应针对其对外提供服务的区域，例如 DMZ 区域部署抗 DDoS 设备；
- 抗 DDoS 攻击一般不部署于核心网络，而是部署于网络边界；
- 对于大型网络，可以采用独立的抗 DDoS 攻击设备，中小型网络可以采用带有抗 DDoS 攻击模块的防火墙或路由器产品。

8）虚拟专用网（VPN）功能要求

无论是企业网络内多个局域网的 VPN 互连，还是提供外部网络用户访问内部网络的 VPN 网关，其技术要求都必须包括：

- 应提供灵活的 VPN 网络组建方式，支持 IPSec VPN 和 SSL VPN，保证系统的兼容性；
- 支持多种认证方式，如支持用户名+口令、证书、USB+证书+口令三因素等认证方式；
- 支持隧道传输保障技术，可以穿越网络和防火墙；
- 支持网络层以上的 B/S 和 C/S 应用；
- 必须能够为用户分配专用网络上的地址并确保地址的安全性；
- 对通过互联网络传递的数据必须经过加密，确保网络其他未授权的用户无法读取该信息；
- 应能提供审计功能。

9）流量管理部署与功能要求

在带宽资源较为紧张的网络线路上，应可调节网上各应用类型的数据流量，调整和限定带宽，保证重要应用系统的网络带宽。通常情况下，流量管理设备部署于内部网络与互联网或者外部网络的出口处。流量管理部署应符合以下要求：

- 提供基于 IP 的总流量的控制；

- 提供多时段的网络流量统计分析；
- 提供网络实时负载分析；
- 提供关键业务流的实时流量监控；
- 提供应用流量带宽分配与控制；
- 提供用户分组管理，实现基于 IP 和基于用户的管理。

10）网络监控与审计部署与功能要求

网络监控与审计部署应符合以下要求：

- 应在核心网络中部署网络监控系统，采集和监控网络中的流量和事件、设备运行状况等信息，通过对这些信息的分析发现异常事件；
- 应实现对监控事件的实时性响应和多种方式的报警功能；
- 应实现对相关事件的关联处理、分析能力，实现对不良事件的应急处理能力；
- 应对异常事件及其处理进行审计；
- 应对审计中的异常信息建立相关的处理流程。

11）访问控制部署与功能要求

访问控制部署应符合以下要求：

- 应在网络边界部署访问控制设备，启用访问控制功能；
- 应能根据会话状态信息为数据流提供明确的允许/拒绝访问的能力，控制粒度为端口级；
- 应对进出网络的信息内容进行过滤，实现对应用层 HTTP、FTP、Telnet、SMTP、POP3 等协议命令级的控制；
- 应在会话处于非活跃一定时间或会话结束后终止网络连接；
- 应限制网络最大流量数及网络连接数；
- 重要网段应采取技术手段防止地址欺骗；
- 应按用户和系统之间的允许访问规则，决定允许或拒绝用户对受控系统进行资源访问，控制粒度为单个用户；
- 严格限制拨号用户对网络不同区域的访问。

2. 网络安全设计

1）网络安全层次模型

网络安全层次模型如图 3-36 所示。物理层安全是安全防范的基础，其次要依次考虑网络层安全、系统层安全和应用层安全。合理的网络管理和安全策略涉及各个层次的安全因素。

物理层安全包括通信线路的安全、物理设备的安全和机房的安全等。物理层的安全主要体现在通信线路的可靠性（如线路备份、网管软件和传输介质）、软硬件设备的安全性（如替换设备、拆卸设备和增加设备）、设备的备份、防灾害能力、防干扰能力、设备的运行环境（如温度、湿度和灰尘）以及不间断电源保障等。

系统层安全问题来自网络内使用的操作系统安全，如Windows、UNIX和Linux等。系统层安全主要表现在三方面：一是操作系统本身的缺陷带来的不安全因素，主要包括身份认证、访问控制和系统漏洞等；二是对操作系统的安全配置问题；三是病毒对操作系统的威胁。

网络层安全问题主要体现在网络方面的安全性，包括网络层身份认证、网络资源的访问控制、数据传输的保密与完整性、远程接入的安全、域名系统的安全、路由系统的安全、入侵检测的手段以及网络设施防病毒等。

应用层安全问题主要由提供服务的应用软件和数据的安全性产生，包括Web服务、电子邮件系统和DNS等。此外，还包括病毒对应用系统的威胁。

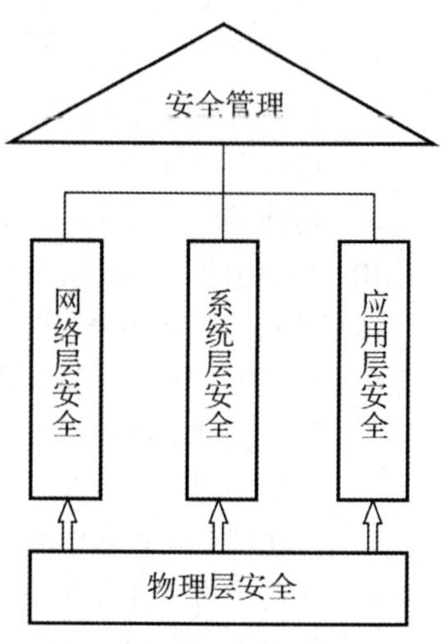

图 3-36 网络安全层次模型

（5）安全管理

安全管理包括安全技术和设备的管理、安全管理制度、部门与人员的组织规章等。管理的制度化极大地影响着整个网络的安全，严格的安全管理制度、明确的部门安全职责划分以及合理的人员角色配置都可以在很大程度上降低各个层次的安全漏洞。

2）网络安全设计原则

基于网络安全层次模型，可以采用模块化的安全设计方法，将一个大的网络划分成模块来处理设计上的问题。模块化的设计方法有助于确保在设计阶段能够对网络的每个关键部分进行考虑，并且保证了网络的可扩展性。

模块化安全设计中要考虑以下问题：

- 保护Internet连接；
- 公共服务器保护；
- 电子商务服务器的保护；
- 保护远程访问和虚拟专用网；
- 保护网络服务和网络管理；
- 企业数据中心保护；
- 提供用户服务；
- 保护无线网络。

3.4.7 网络管理设计

为了成功地管理一个网络，要考虑如何选择合适的网络管理系统并集成到管理策略中。

1. 网络管理策略

制定网络管理策略的工作是十分重要的，因为网络管理策略详细描述了应从每台设备上采集哪些信息以及如何分析这些信息。在策略制定过程中，可以从前面介绍的协议工具中选择合适的工具。

策略中需要设置一些阈值，这样，当参数一旦超出了设置的范围会产生一些告警或警报。为了确定这些阈值级别应该是多少，需要使用基本的测量方法为当前正在运行的网络生成一个快照。与基本测量方法相关的告警和警报有助于网络管理者在网络正常运行被影响之前主动地解决问题，而不再是等到网络出现故障了再做反应。

建议采用以下这些网络管理的最佳方法：

（1）保存软件映像（如思科网络设备的 IOS）和所有设备配置的归档备份。

（2）保存最新的清单，并对任何配置和软件的更改作日志。

（3）监测关键的参数，包括所有对网络重要的日志报告的错误、SNMP 陷阱和 RMON 统计。

（4）使用工具识别所有的配置差异。

2. 网络管理设计

网络管理包括向网络提供监测、日志、安全和其他管理功能。进行网络管理设计的第一步是了解网络和它的发展，必须知道网络所使用的设备类型，网络是如何组织的，对于将来的发展有什么计划。然后，列出必须拥有的网络管理要点。另一个关键元素是基本平台，加上第三方开发者所提供的功能。另外必须清楚不同的产品有何特性，它们将怎样和网络管理软件一起工作。

任何网络管理解决方案都必须能适应客户的特殊需求，能适应主要业务的突然变化。例如，某公司并购了另一家拥有 5000 多个节点的公司，应该不用重新设计其网络管理体系结构，也不需要去购买其他的节点管理授权，而只需去管理这些新增设备。网管软件应该能灵活地处理网络流量、事件数量和类型的突增，或者新增的网络资源。

实现网络管理是一个渐进的过程，在实际应用中，各个企业的网络不尽相同。结合前面网络管理的发展情况，在规划网管系统时，要重点考虑以下几个方面：

（1）基于现有网络，且需要时能方便升级额外的功能。

（2）符合工业标准，最好是基于 SNMP 的管理系统。

（3）支持第三方插件的能力，允许应用开发人员开发其他的模块，以支持其他公司的产品。

（4）支持专用数据库，数据库的统一能使网络管理员在不同的网络管理平台上进行管理，而不需建立不同的映像和相应的数据库。

虽然网管软件和网管系统是用来管理网络、保障网络正常运行的关键手段，但在实际应用中，并不能完全依赖于网管产品。由于网络系统的复杂和多变，现成的产品往往难以解决所有的网管问题。另外，网管系统的运行和单位的管理机制、人员分配、职责划分等管理因素有着密切的关系，在进行网管系统的规划和建设时还要保证单位的管理体制能够配合网管系统的实施和运行。

3.4.8 逻辑网络设计文档

逻辑网络设计文档是所有网络设计文档中技术要求最详细的文档之一，该文档是需求、通信分析到实际的物理网络建设方案的一个过渡阶段文档，但也是指导实际网络建设的一个关键性文档。在该文档中，网络设计者针对通信规范说明书中所列出的设计目标，明确描述网络设计的特点，所制定的每项决策都必须有通信规范说明书、需求说明书、产品说明书以及其他事实作为凭证。

编写逻辑网络设计文档必须使用非技术性描述的语言，并与客户就业务需求详细讨论网络设计方案，从而设计出符合用户需要的网络方案。

在正式编写逻辑网络设计文档之前，需要进行数据准备。例如，需求说明书、通信规范说明书、设备说明书、设备手册、设备售价、网络标准以及其他设计者在选择网络技术时所用到的信息等，这些可能都是逻辑网络设计阶段需要的原始数据。虽然逻辑网络设计文档只包含其中的一小部分数据，但是与所有的原始数据一样，应当对这些数据进行有条理的整理，以便以后查阅。

逻辑网络设计文档对网络设计的特点及配置情况进行了描述，它由下列主要元素组成。

1. 主管人员评价

主管人员需要对项目进行概述，其内容如下：

- 简短描述项目。
- 列出项目设计过程各阶段的清单。
- 项目各个阶段目前的状态，包括已完成的阶段和正在进行的阶段。

除了上述这些要点，还应回顾一下双方已经达成共识的需求分析说明书和通信规范说明书。

2. 逻辑网络设计讨论

当网络设计者讨论逻辑网络设计时，应当将重点放在要解决的问题上，而不是解决问题所用的工具上。因此，逻辑网络设计文档应着眼于通信规范中的设计目标，并给出每个目标实现的技术方案。设计目标讨论的内容包括以下方面：

- 具体设计目标：描述设计目标实现的关键数据。
- 提出解决方案：为了排除故障或满足商业需求，详细阐述设计目标的实现方案。解决方案中要说明是否需要使用现有设备、购置新设备或者二者都需用。
- 成本估测：虽然在物理网络设计尚未完成之前，不可能做出精确的成本估测，但是也要尽可能地对每个方法的技术成本做出估测，以确定设计方案是否超出了预算。

3. 新的逻辑网络设计图表

逻辑网络设计必须能清晰地表明新网络的特点及所需要的配置情况，包括新设备、链路或实施安全级别等，图表应当清晰地表示出新网络和现有网络的区别。

4. 总成本估测

要考虑一次性成本和需要重复支出的成本，还要考虑包含新的培训成本、咨询服务费用以及雇用新员工等在内的成本。如果提出的方案成本估算已经超出了预算，那么要把方案在商业上的优点列出来，然后提出一个满足预算的替代方案。如果方案成本估算在预算的范围内，就不用缩减预算了，但要提醒管理者安装成本还是必须要考虑到最后的预算之中。

5. 审批部分

在物理网络设计阶段开始前，逻辑网络设计方案必须经过高层人员审批。逻辑网络设计方案通过批准，管理层同意接受提出的功能性解决方案，同时获得相应的实现技术。最后，为使文档生效，需要各个管理者在逻辑网络设计文档说明书上签名，网络设计组代表也要签名。

6. 修改逻辑网络设计方案

对于每次的修改，需要保存好修改的备份、后继版本号，包括在文档开始前，概述中的版本及修改的注释等信息。

3.5 物理网络设计

物理网络设计是网络设计过程中，紧随逻辑网络设计的一个重要设计部分，通过对逻辑网络设计的物理化，提供了网络实施所必需的信息。物理网络设计的输入是需求说明书、通信规范说明书和逻辑网络设计说明书。

物理网络设计的任务是为所设计的逻辑网络设计特定的物理环境平台，主要包括综合布线系统设计、机房设计、设备选型、网络实施，这些内容要有相应的物理设计文档。由于逻辑网络设计是物理网络设计的基础，因此逻辑网络设计的商业目标、技术需求、网络通信特征等因素都会影响物理网络设计。

3.5.1 综合布线系统设计

综合布线系统（Premises Distributed System，PDS）是建筑物与建筑综合布线系统的简称，它是指一建筑物内（或综合性建筑物内）或建筑群体中的信息传输媒介系统，它将相同或相似的缆线（如对绞线、同轴电缆或光缆）以及连接硬件（如配线架）按一定关系和通用秩序组合，集成为一个具有可扩展性的柔性整体，构成一套标准规范的信息传输系统。

综合布线系统是目前国内外推广使用的比较先进的综合布线方式，它是一套完整的系统工程，包括传输媒体（双绞线、铜缆及光纤）、连接硬件（跳线架、模块化插座、适配器和工具等）以及安装、维护管理及工程服务等。

综合布线系统在国际、国内都有相关的行业标准，如美国标准有 EIA/TIA 制定的 EIA/TIA 568《商业建筑通信布线标准》、EIA/TIA 569《电信通路和空间商用建筑标准》、EIA/TIA 570《住宅和轻工业建筑布线标准》等。国际标准化组织 ISO 也有对应的标准：ISO/IEC 11801《信息技术—用户场所的综合布线》等。我国在 GB/T 50311－2000《建筑与建筑群综合布线系统工程设计规范》中将综合布线系统命名为 GCS（Generic Cabling System）。

综合布线系统架构如图 3-37 所示。

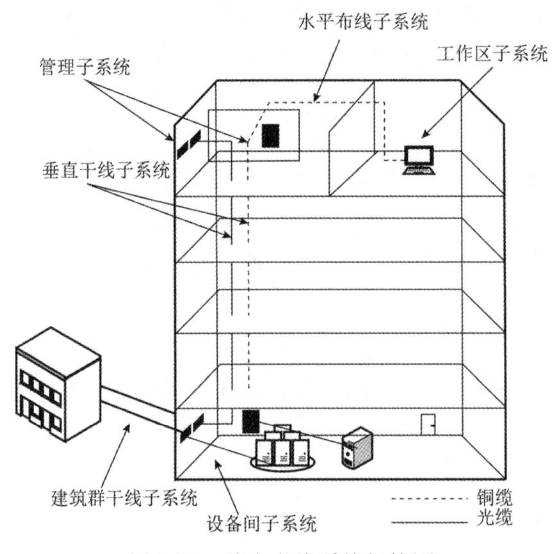

图 3-37 综合布线系统架构图

综合布线系统包含 6 个子系统：工作区子系统、水平布线子系统、管理子系统、垂直干线子系统、设备间子系统和建筑群干线子系统。

3.5.2 数据中心设计

为规范数据中心的设计，确保电子信息系统安全、稳定、可靠地运行，做到技术先进、经济合理、安全适用、节能环保，根据中华人民共和国住房和城乡建设部《关于印发 2011 年工程建设标准规范制订、修订计划的通知》（建标〔2011〕17 号）的要求，由中国电子工程设计院会同有关单位对原国家标准《电子信息系统机房设计规范》GB 50174-2008 进行修订的基础上，编制新国家标准《数据中心设计规范》，编号为 GB 50174-2017，自 2018 年 1 月 1 日起实施。其中，第 8.4.4、13.2.1、13.2.4、13.3.1、13.4.1 条为强制性条文，必须严格执行。

本规范适用于新建、改建和扩建的数据中心的设计。本规范包括的设计要求分类如下：

- 分级与性能要求；
- 选址及设备布置；

- 环境要求；
- 建筑与结构；
- 空气调节；
- 电气；
- 电磁屏蔽；
- 网络与布线系统；
- 智能化系统；
- 给水排水；
- 消防与安全。

3.5.3 设备选型

在物理网络设计阶段，根据需求说明书、通信规范说明书和逻辑网络设计说明书选择设备的品牌和型号，是较为关键的任务之一。

在进行设备的品牌、型号的选择时，应该考虑以下几方面的内容。

1. 产品技术指标

产品的技术指标是决定设备选型的关键，所有可以选择的产品，都必须满足通信规范分析中产生的技术指标，也必须满足逻辑网络设计中形成的逻辑功能。

2. 成本因素

除了产品的技术指标之外，设计人员和用户最关心的就是成本因素，网络中各种设备的成本主要包括购置成本、安装成本、使用成本。设计人员要针对不同品牌、型号产品的成本进行估算，并形成相应的对照表，以便于用户进行选择。

3. 原有设备的兼容性

在产品选型过程中，与原有设备的兼容性是设计人员必须考虑的内容。购置的网络设备必须与原有设备能够实现线路互连、协议互通，才能有效地利用现有资源，实现网络投资的最优化；另外，保证与原有设备的兼容性，也降低了网络管理人员的管理工作量，利于实现全网统一管理。

4. 产品的延续性

产品的延续性是设计人员保证网络生命周期的关键因素，产品的延续性主要体现在厂商对某种型号的产品是否继续研发、继续生产、继续保证备品配件供应、继续提供技术服务。

5. 设备可管理性

设备可管理性是进行设备选型时的一个非关键因素，但也是必须考虑的内容。设计人员在购置设备时，必须考虑设备的管理手段，以及是否能够纳入现有或规划的管理体系中。

6. 厂商的技术支持

厂商的技术支持一般包括定期巡检、电话咨询服务、现场故障排除、备品备件等。设计人员在选择产品时，可以比较不同品牌在本地的分支机构、服务人员数量、售后服务电话、技术支持价格等因素，为设备选型提供一定的依据。

7. 产品的备品备件库

设计人员可以将备品备件库作为设备选型的一个参考因素，在其他条件相同的情况下，尽量选择本地或附近城市具有良好备品备件库的产品。对于一些不能中断服务的特殊网络，例如电力系统的生产调度网络来说，备品备件库的要求就不再是一个参考因素，而是一个决定性因素了。

8. 综合满意度分析

在进行设备选型时，设计人员和用户会面对多种设备的选择，同时又会面临不同的选择角度，这些角度之间甚至是相互矛盾的。为解决这种问题，可以采用综合满意度分析方法，组织有关人员和技术专家对待选的产品进行满意度评定，对多个评定结果计算平均值，根据最终满意度决定产品型号的首选以及候选产品。

3.5.4 物理网络设计文档

物理网络设计文档的作用是说明在什么样的特定物理位置实现逻辑网络设计方案中的相应内容，以及怎样有逻辑、有步骤地实现每一步的设计。此文档详细地说明了连接到网络设备的线缆的类型，以及网络中设备和连接器的布局，即线缆要经过什么地方，设备和连接器要安放的位置，以及它们是如何连接起来的。

物理网络设计文档要清楚、简明，还必须正确和完整，需包括以下要素。

1. 主管人员评价

相应主管人员需要对项目做简要概述，概述内容如下：

- 简要地描述项目；
- 列出设计过程各个阶段的内容；
- 项目各个阶段目前的状态，包括已完成阶段和正在进行的阶段。

2. 物理网络设计图表

物理网络设计图表给出的是一张详细的比例设计草图，是物理网络设计的结构蓝图。可以用它来估计所需线缆的数量，决定每部分线缆是否满足要求的长度等。由于物理网络的实施都要使用这些图表，所以必须保证其正确性和清晰性。

3. 注释和说明

为了帮助设计人员和非设计人员在较短的时间内了解物理网络图，应该在图表中的相应位置加上说明和注释，用于具体说明设备连接的方式和安装的位置。这些注释应该说明所需线缆的类型，所遵循的布线方案，所考虑到的物理安全问题，以及其他促使做出这些决定的依据。

4. 软硬件清单

物理网络设计文档中除了物理网络图外，较为重要的一项就是详细描述网络实施所需的软硬件清单。列表清单内容如下：

- 新的工具和零件。列出进行安装所需要的所有工具和零件，包括连接器、安装工具、软件以及书籍等。并把每个网络设备厂商的产品价格用表格的方式列出来。
- 利用网络中现有的设备。如果部分或全部设备必须改装或升级，那么可以把相关材料源加到设备列表清单中。
- 未应用的设备。对未应用的原有设备应该加以注释，说明这些设备是否可以用在其他网络的设计中，或者是否已经被淘汰。

5. 最终的费用估计

在物理网络设计完成以前，应该明确新建网络所需的硬件设备数量，然后使用先前已经得到审批的设计方案来进行招标，选择网络安装承包商，并估计人力费用和整个网络的安装费用。

6. 审批部分

在物理网络设计方案实施前，必须通过高层人员的审批，并需要各个主管人员和网络设计组代表在物理网络设计文档说明书上签名。

7. 物理网络设计的修改

物理网络设计是最接近施工的设计，设计方案的一项改动，都会直接影响工程的实施，因此，必须有关于物理网络设计的修改约定，对可能产生变更的方面以及变更后的应对措施进行明确。

3.6 网络测试运行和维护

3.6.1 网络测试概述

1. 网络测试方法

网络测试有多种测试方法，根据测试中是否向被测网络注入测试流量，可以将网络测试方法分为主动测试和被动测试。

主动测试是指利用测试工具有目的地主动向被测网络注入测试流量，并根据这些测试流量的传送情况来分析网络技术参数的测试方法。主动测试具备良好的灵活性，它能够根据测试环境明确控制测量中所产生的测量流量的特征，如特性、采样技术、时标频率、调度、包大小、类型（模拟各种应用）等，主动测试使测试能够按照测试者的意图进行，容易进行场景仿真。主动测试的问题在于安全性。主动测试主动向被测网络注入测试流量，是“入侵式”的测量，必然会带来一定的安全隐患。如果在测试中进行细致的测试规划，可以降低主动测试的安全隐患。

被动测试是指利用特定测试工具收集网络中活动的元素（包括路由器、交换机、服务器等设备）的特定信息，以这些信息作为参考，通过量化分析，实现对网络性能、功能进行测量的方法。常用的被动测试方式包括：通过 SNMP 协议读取相关 MIB 信息，通过 Sniffer、Ethereal 等专用数据包捕获分析工具进行测试。被动测试的优点是它的安全性。被动测试不会主动向被测网络注入测试流量，因此就不会存在注入、DDoS、网络欺骗等安全隐患；被动测试的缺点是不够灵活，局限性较大，而且因为是被动地收集信息，并不能按照测试者的意愿进行测试，会受到网络机构、测试工具等多方面的限制。

2. 网络测试工具

网络测试工具主要有线缆测试仪、网络协议分析仪、网络测试仪。线缆测试仪用于检测线缆质量，可以直接判断线路的通断状况。网络协议分析仪多用于网络的被动测试，分析仪捕获网络上的数据报和数据帧，网络维护人员根据捕获的数据，经过分析，可迅速检查网络问题。网络测试仪是专用的软硬件结合的测试设备，具有特殊的测试板卡和测试软件，这类设备多用于网络的主动测试，能对网络设备、网络系统以及网络应用进行综合测试，具备典型的三大功能：数据报捕获、负载产生和智能分析。网络测试仪多用于大型网络的测试。

3. 网络测试的安全性

根据防范安全攻击的安全需求、需要达到的安全目标、对应安全机制所需的安全服务等因素，参照 SSE-CMM（系统安全工程能力成熟度模型）和 ISO17799（信息安全管理标准）等国际标准，综合考虑可实施性、可管理性、扩展性、综合完备性、系统均衡性等方面，得到网络对测试方法的安全性要求，包括以下内容：

（1）在采用主动测试方法时，需要将测试流量注入网络，所以不可避免地会对网络造成影响。对于被动测试技术，由于需要采集网络上的数据分组，因此会将用户数据暴露给无意识的接收者，对网络服务的客户造成潜在的安全问题。

（2）在网络中，测试活动本身也可以看作是网络所提供的一种特殊的服务，因此要防止网络中的破坏行为对测试主机的攻击。

4. 网络工程信息安全等级划分

橘皮书是美国国家安全局（NSA）的国家计算机安全中心（NCSC）颁布的官方标准，其正式的名称为“受信任计算机系统评价标准”（Trusted Computer System Evaluation CRITERIA，TCSEC）。2015 年，橘皮书是权威性的计算机系统安全标准之一，它将一个计算机系统可接受的信任程度给予分级，依照安全性从高到低划分为 A、B、C、D 四个等级，这些安全等级不是线性的，而是指数级上升的。橘皮书标准（D1、C1、C2、B1、B2、B3 和 A1 级）中，D1 级是不具备最低安全限度的等级，C1 和 C2 级是具备最低安全限度的等级，B1 和 B2 级是具有中等安全保护能力的等级，B3 和 A1 级属于最高安全等级。

3.6.2 网络设备与子系统测试

1. 网络设备测试

1）路由器设备检测

网络系统中使用的路由器设备的接口功能、通信协议功能、数据包转发功能、路由信息维护、管理控制功能、安全功能及性能指标应符合 YD/T 1096—2001、YD/T 1097—2001 的规定及产品明示要求。路由器设备检测主要包括以下内容：

- 检查路由器，包括设备型号、出厂编号及随机配套的线缆；检测路由器软硬件配置，包括软件版本、内存大小、MAC 地址、接口板等信息。
- 检测路由器的系统配置，包括主机名、各端口 IP 地址、端口描述、加密口令、开启的服务类型等。
- 检测路由器的端口配置，包括端口类型、数量、端口状态。
- 路由器内的模块（路由处理引擎、交换矩阵、电源、风扇等）具有冗余配置时，测试其备份功能。
- 对上述的各种检测数据和状态信息做好详细记录。

2）交换机设备检测

网络系统中使用的交换机的端口密度、数据帧转发功能、数据帧过滤功能、数据帧转发及过滤的信息维护功能、运行维护功能、网络管理功能及性能指标应符合 YD/T 1099—2001、YD/T 1255—2003 的规定和产品明示要求。交换机设备检测主要包括以下内容：

- 检查交换机的设备型号、出厂编号及软硬件配置。
- 检测交换机的系统配置，包括主机名、加密口令及 VLAN 的数量、VLAN 描述、VLAN 地址、生成树配置等。
- 检测交换机的端口，包括端口类型、数量、端口状态。
- 交换机内的模块（交换矩阵、电源、风扇等）具有冗余配置时，测试其备份功能。
- 对上述的各种检测数据和状态信息做好详细记录。

3）服务器设备检测

服务器设备检测主要包括以下内容：

- 检测服务器设备的主机配置，包括 CPU 类型及数量、总线配置、图形子系统配置、内存、内置存储设备（软盘驱动器、硬盘、CD 驱动器、磁带机）、网络接口、外存接口等。

- 检测服务器设备的外设配置，例如，显示器、键盘、海量存储设备（外置硬盘、磁带机等）、打印机等。
- 检测服务器设备的系统配置，包括主机名称、操作系统版本、所安装的操作系统补丁情况；检查服务器中所安装软件的目录位置、软件版本。
- 检查服务器的网络配置，如主机名、IP 地址、网络端口配置、路由配置等。
- 服务器内的模块（电源、风扇等）具有冗余配置时，测试其备份功能。
- 对上述的各种检测数据和状态信息做好详细记录。

4）网络安全设备检测

网络安全设备检测主要包括以下内容：

- 检测安全设备的硬件配置是否与工程要求一致。
- 检测安全设备的网络配置，如名称、IP 地址、端口配置等。
- 检测设置的安全策略是否符合用户的安全需求。
- 对上述的各种检测数据和状态信息做好详细记录。

2. 子系统测试

1）节点局域网测试

若节点局域网中存在几个网段或进行虚拟网（VLAN）划分，测试各网段或 VLAN 之间的隔离性，不同网段或 VLAN 之间应不能进行监听。检查生成树协议（STP）的配置情况。

2）路由器基本功能测试

路由器基本功能测试主要包括以下内容：

- 对路由器的测试可使用终端从路由器的控制端口接入或使用工作站远程登录。
- 检查路由器配置文件的保存。
- 检查路由器所开启的管理服务功能（DNS、SNMP 等）。
- 检查路由器所开启的服务质量保证措施。

3）服务器基本功能测试

服务器基本功能测试主要包括以下内容：

- 根据服务器所用的操作系统，测试其基本功能。例如，系统核心、文件系统、网络系统、输入/输出系统等。
- 检查服务器中启动的进程是否符合此服务器的服务功能要求。
- 测试服务器中应用软件的各种功能。
- 在服务器有高可用集群配置时，测试其主备切换功能。

4）节点连通性测试

节点连通性测试主要包括以下内容：

- 测试节点各网段中的服务器与路由器的连通性。

- 测试节点各网段间的服务器之间的连通性。
- 测试本节点与同网内其他节点、与国内其他网络、与国际互联网的连通性。

5）节点路由测试

节点路由测试主要包括以下内容：

- 检查路由器的路由表，并与网络拓扑结构，尤其是本节点的结构比较。
- 测试路由器的路由收敛能力，先清除路由表，检查路由表信息的恢复。
- 路由信息的接收、传播与过滤测试，根据节点对路由信息的需求及节点中路由协议的设置，测试节点路由信息的接收、传播与过滤，检查路由内容是否正确。
- 路由的备份测试，当节点具有 1 个以上的出入口路由时，模拟某路由的故障，测试路由的备份情况。
- 路由选择规则测试，测试节点对于路由选择规则的实现情况，对于业务流向安排是否符合设计要求的流量疏通的负载分担实现情况，网络存在多个网间出入口时流量疏通对于出入口的选择情况等。

6）节点安全测试

节点安全测试包括路由器安全配置测试和服务器安全配置测试。

（1）路由器安全配置测试主要包括以下内容：

- 检查路由器的口令是否加密。
- 测试路由器操作系统口令验证机制，屏蔽非法用户登录的功能。
- 测试路由器的访问控制列表功能。
- 对于接入路由器，测试路由器的反向路径转发（RFP）检查功能。
- 检查路由器的路由协议配置，是否启用了路由信息交换安全验证机制。
- 检查路由器上应该限制的一些不必要的服务是否关闭。

（2）服务器安全配置测试主要包括以下内容：

- 测试服务器的重要系统文件基本安全性能，如用户口令应加密存放，口令文件、系统文件及主要服务配置文件的安全，其他各种文件的权限设置等。
- 测试服务器系统被限制的服务是否被禁止。
- 测试服务器的默认用户设置及有关账号是否被禁止。
- 测试服务器中所安装的有关安全软件的功能。
- 测试服务器上的其他安全配置内容。

3.6.3　综合布线系统的测试

为保证综合布线系统测试数据准确可靠，对测试环境、测试温度、测试仪表都有严格的规定。

（1）测试环境。综合布线测试现场应无产生严重电火花的电焊、电钻和产生强磁干扰的设备作业，被测综合布线系统必须是无源网络，测试时应断开与之相连的有源、无源通信设备。

（2）测试温度。综合布线测试现场的温度在20~30℃，湿度宜在30%~80%，由于衰减指标的测试受测试环境温度影响较大，当测试环境温度超出上述范围时，需要按有关规定对测试标准和测试数据进行修正。

（3）测试仪表的精度要求。测试仪表的精度表示综合布线电气参数的实际值与仪表测量值的差异程度，测试仪的精度直接决定测量数值的准确性，用于综合布线测试现场的测试仪表至少应满足实验室二级精度。

1. 综合布线系统测试种类

综合布线系统测试从工程的角度分为验证测试和认证测试两种。验证测试一般是在施工的过程中由施工人员边施工边测试，以保证所完成的每一个部件连接的正确性；认证测试是指对布线系统依照一定的标准进行逐项检测，以确定布线是否能达到设计要求。

它们的区别是：验证测试只注重综合布线的连接性能，主要是确认现场施工时施工人员穿缆、连接相关硬件的安装工艺，常见的连接故障有电缆标签错、连接短路、连接开路、双绞线连接图错等。事实上，施工时人员不可避免地会发生连接出错，尤其是在没有测试工具的情况下。因此，施工人员应边施工边测试，即“随装随测”，每完成一个信息点就用测试工具测试该点的连接性，发现问题及时解决，既可以保证质量又可以提高施工速度。

认证测试既注重连接性能测试，又注重电气性能的测试，它不能提高综合布线的通道传输性能，只是确认安装的线缆及相关硬件连接、安装工艺是否达到设计要求。此外，除了正确的连接外，还要满足有关的标准，如电气参数是否达到有关规定的标准，这需要用特定的测试仪器（如 FLUKE—620/DSP100 等）按照一定的测试方法进行测试，并对测试结果按照一定的标准进行比较分析。

目前综合布线主要有两大标准：一是北美的 EIA/TIA 568A（由美国制定）；二是国际标准，即 ISO/IEC 11801。中国工程建设标准化协会于 1997 年颁布了 CECS 89:97 建筑与建筑群综合布线系统工程施工及验收规范》和《CECS 72:97 建筑与建筑群综合布线系统工程设计规范》两项行业规范，该规范是以 EIA/TIA 568A 的 TSB-67 的标准要求为基础，全面包括了电缆布线的现场测试内容、方法及对测试仪器的要求，主要包括长度、接线图、衰减、近端串扰等内容。

2. 综合布线系统链路测试

TSB-67 定义了两种标准的链路测试模型：基本链路（Basic link）测试和通道（Channel）测试。如果传输介质是光纤，还需要进行光纤链路测试。基本链路是建筑物中的固定电缆部分，它不含插座至末端的连接电缆。基本链路测试用来测试综合布线中的固定部分，它不含用户端使用的线缆，测试时使用的是测试仪提供的专用软线电缆，它包括最长为 90m 的水平布线，两端可分别有一个连接点并各有一条测试用 2m 长连接线，被测试的是基本链路设施。通道是指从网络设备至网络设备的整个连接，即用户电缆被当成链路的一部分，必须与测试仪相连。通道测试用来测试端到端的链路整体性能，它是用户连接方式，又称用户链路，用以验证包括用户跳线在内的整体通道性能，它包括不超过 90m 长的水平线缆、1 个信息插座、1 个可选的转接点、配线架和用户跳线。通道总长度不得超过 100m。

1）链路连接性能测试

该项测试关注的是线缆施工时连接的正确性，不关心布线通道的性能，通常采用基本连接测试模型。根据 GB/T50312—2016《综合布线系统工程验收规范》的要求，综合布线线缆进场后，应对相应线缆进行测试。

测试中发现的主要问题包括链路开路或短路、线对反接、线对错对连接和线对串扰连接。其中造成链路开路或短路的原因主要是，施工时的工具或工具使用技巧，以及墙内穿线技术问题。线对反接通常是由于同一对线在两端针位接反。线对错对连接是指将一对线接到另一端的另一对线上。线对串扰是指在连接时没有按照一定标准而将原有的两个线对拆开又分别组成了新的两对线，从而会产生很高的近端串扰，对网络产生严重的影响。

2）电气性能测试

电气性能测试是检查布线系统中链路的电气性能指标是否符合标准。对于双线布线，一般需要测试以下项目：连接图、线缆长度、近端串扰（NEXT）、特性阻抗、直流环路电阻、衰减、近端串扰与衰减差（ACR）、传播时延和其他项目（如回波损耗、链路脉冲噪声电平）等。

3）光纤链路测试

对光纤或光纤系统，基本的测试内容为：测量光纤输入/输出功率、分析光纤的衰减/损耗、确定光纤的连续性和发生光损耗的部位等。光缆开盘后应先检查光缆外表有无损伤，光缆端头封装是否良好。综合布线系统工程采用光缆时，应检查光缆合格证及检验测试数据，在必要时，可测试光纤衰减和光纤长度。

光纤的连续性测试是光纤基本的测试之一，通常把红色激光、发光二极管（LED）或者其他可见光注入光纤，在末端监视光的输出，同时光通过光纤传输后功率会发生变化，由此可以测出光纤的传导性能，即光纤的衰减/损耗。光纤链路损耗一般为 15dB/km，连接器损耗为 0.75dB/个，一次连接衰减应小于 3dB。光纤测试可用光损耗测试仪现场测试安装的链路，检验损耗是否低于“规定的”损耗预算；用光时域反射计（OTDR）诊断未能通过损耗测试的链路，识别缺陷的成因和/或位置，查看散射回来的光，测量反射系数，确定故障位置；用光纤放大镜检验带连接器的光纤两端，检验连接器打磨和清洁程度。在问题诊断中，通常第一步是使用放大镜进行清洁和目视检查。

3.6.4　局域网测试

局域网测试主要是检验网络是否为应用系统提供了稳定、高效的网络平台，如果网络系统不够稳定，网络应用就不可能快速稳定。对于常规的以太网进行系统测试，主要包括系统连通性、链路传输速率、吞吐率、传输时延、丢包率及链路层健康状况测试等基本功能测试。

1. 系统连通性

所有联网的终端都必须按使用要求全部连通。系统连通性测试结构示意图如图 3-38 所示。

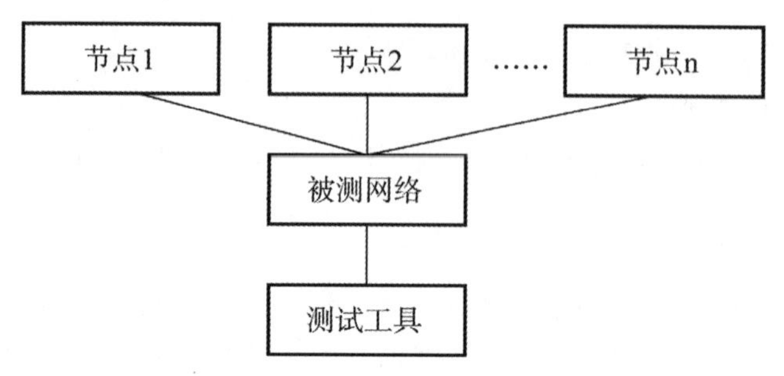

图 3-38 系统连通性测试结构示意图

系统连通性的测试方法具体如下：

（1）将测试工具连接到选定的接入层设备的端口，即测试点。

（2）用测试工具对网络的关键服务器、核心层和汇聚层的关键网络设备（如交换机和路由器），进行 10 次 Ping 测试，每次间隔 1s，以测试网络连通性。测试路径要覆盖所有的子网和 VLAN。

（3）移动测试工具到其他位置测试点，重复步骤（2），直到遍历所有测试抽样设备。

2. 链路传输速率

链路传输速率是指设备间通过网络传输数字信息的速率。对于 10M 以太网，单向最大传输速率应达到 10Mbit/s；对于 100M 以太网，单向最大传输速率应能达到 100Mbit/s；对于 1000M 以太网，单向最大传输速率应能达到 1000Mbit/s。发送端口和接收端口的利用率对应关系应符合表 3-3 的规定。

表 3-3 发送端口和接收端口的利用率对应关系

网络类型	全双工交换式以太网		共享式以太网/半双工交换式以太网	
	发送端口利用率	接收端口利用率	发送端口利用率	接收端口利用率
10M 以太网	100%	≥99%	50%	≥45%
100M 以太网	100%	≥99%	50%	≥45%
1000M 以太网	100%	≥99%	50%	≥45%

3. 吞吐率

吞吐率是指空载网络在没有丢包的情况下，被测网络链路所能达到的最大数据包转发速率。

吞吐率测试需按照不同的帧长度（包括 64、128、256、512、1024、1280、1518 字节）分别进行测量。系统在不同帧大小情况下，从两个方向测得的最低吞吐率应符合表 3-4 的规定。

表 3-4　系统的吞吐率要求

测试帧长（字节）	10M 以太网		100M 以太网		1000M 以太网	
	帧/秒	吞吐率	帧/秒	吞吐率	帧/秒	吞吐率
64	≥14 731	99%	≥104 166	70%	≥1 041 667	70%
128	≥8361	99%	≥67 567	80%	≥633 446	75%
256	≥4483	99%	≥40 760	90%	≥362 318	80%
512	≥2326	99%	≥23 261	99%	≥199 718	85%
1024	≥1185	99%	≥11 853	99%	≥107 758	90%
1280	≥951	99%	≥9519	99%	≥91 345	95%
1518	≥804	99%	≥8046	99%	≥80 461	99%

4. 传输时延

传输时延是指数据包从发送端口（地址）到目的端口（地址）所需经历的时间。通常传输时延与传输距离、经过的设备和信道的利用率有关。在网络正常情况下，传输时延应不影响各种业务（如视频点播、基于 IP 的语音/VoIP、高速上网等）的使用。

考虑到发送端测试工具和接收端测试工具实现精确时钟同步的复杂性，传输时延一般通过环回方式进行测量，单向传输时延为往返时延除以 2。系统在 1518 字节帧的长情况下，从两个方向测得的最大传输时延应不超过 1 ms。

5. 丢包率

丢包率是指网络在 70%流量负荷的情况下，由于网络性能问题造成部分数据包无法被转发的比例。在进行丢包率测试时，需按照不同的帧长度（包括 64、128、256、512、1024、1280、1518 字节）分别进行测量，测得的丢包率应符合表 3-5 的规定。

表 3-5　丢包率要求

测试帧长（字节）	10M 以太网		100M 以太网		1000M 以太网	
	流量负荷	丢包率	流量负荷	丢包率	流量负荷	丢包率
64	70%	≤0.1%	70%	≤0.1%	70%	≤0.1%
128	70%	≤0.1%	70%	≤0.1%	70%	≤0.1%
256	70%	≤0.1%	70%	≤0.1%	70%	≤0.1%
512	70%	≤0.1%	70%	≤0.1%	70%	≤0.1%
1024	70%	≤0.1%	70%	≤0.1%	70%	≤0.1%
1280	70%	≤0.1%	70%	≤0.1%	70%	≤0.1%
1518	70%	≤0.1%	70%	≤0.1%	70%	≤0.1%

6. 链路层健康状况

链路层健康状况指标要求如表 3-6 所示。

表 3-6 链路层健康状况指标要求

测试指标	技术要求	
	共享式以太网 / 半双工交换式以太网	全双工交换式 以太网
链路平均利用率（带宽%）	≤40%	≤70%
广播率（帧/秒）	≤50	≤50
组播率（帧/秒）	≤40	≤40
错误率（占总帧数%）	≤1%	≤1%
冲突（碰撞）率（占总帧数%）	≤5%	0%

3.6.5 测试报告

测试完成后最终应提供一份完整的测试报告，测试报告应对这次测试中的测试对象、测试工具、测试环境、测试内容、测试结果等进行详细论述。测试报告是整个网络工程情况的查阅资料的重要组成部分，人们对工程满意程度和对工程质量的认可很大程度上来源于这份报告。

测试报告的形式并不固定，可以是一个简短的总结，也可以是很长的书面文档。通常测试报告包含以下信息：

（1）测试目的：用一两句话解释本次测试的目的。

（2）结论：从测试中得到的信息和推荐下一步的行动。

（3）测试结果总结：对测试进行总结并由此得出结论。

（4）测试内容和方法：简单地描述测试是怎样进行的，应该包括负载模式、测试脚本和数据收集方法，并且要解释采取的测试方法怎样保证测试结果和测试目的相关，测试结果是否可重现。

（5）测试配置：网络测试配置用图形表示出来。

测试报告包括对各测试项目的测试结果，应以数字、图形、列表等方式记录下来，结论则以书面文档方式叙述。完整、客观的测试报告是网络运行与维护的重要参考。

3.7 网络故障分析与处理

网络环境越复杂，发生故障的可能性就越大，引发故障的原因也就越难确定。网络故障往往具有特定的故障现象。这些现象可能比较笼统，也可能比较特殊。利用特定的故障排除工具及技巧，在具体的网络环境下观察故障现象，细致分析，最终必然可以查找出一个或多个引发故障的原因。一旦能够确定引发故障的根源，那么故障都可以通过一系列的步骤得到有效的处理。

3.7.1 网络故障排除思路

在排除网络中出现的故障时，使用非系统化的方法可能会浪费大量宝贵的时间及资源，事倍功半，使用系统化的方法往往更为有效。系统化的方法流程如下：定义特定的故障现象，根据特定现象推断出可能发生故障的所有潜在的问题，直到故障现象不再出现为止。

图 3-39 给出了一般性故障问题的解决模型。这一流程并不是解决网络故障时必须严格遵守的步骤，只是为建立特定网络环境中的故障排除流程提供了基础。

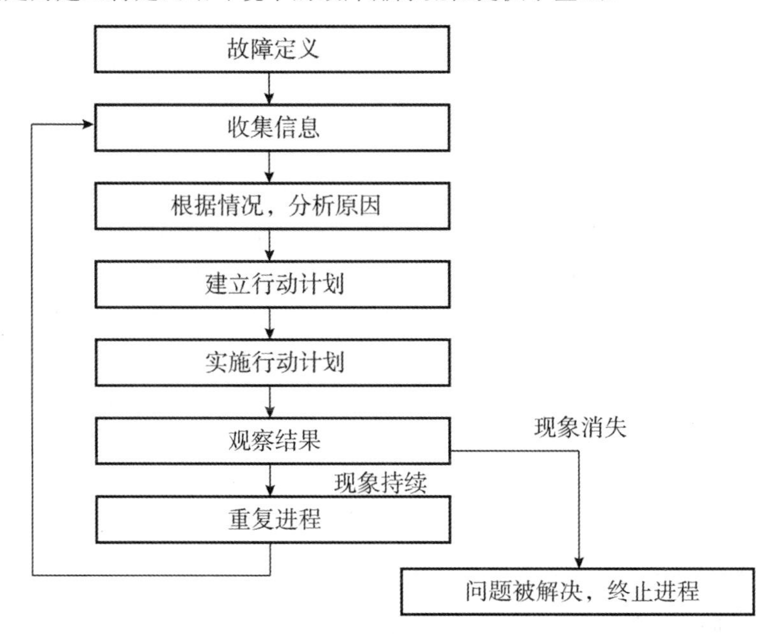

图 3-39　一般性故障问题的解决模型

一般性故障问题的解决步骤如下：

（1）分析网络故障时，要对网络故障有清晰的描述，并根据故障的一系列现象以及潜在的症结来对其进行准确的定义。

要想对网络故障做出准确的分析，首先应该了解故障表现出来的各种现象，然后确定可能会产生这些现象的故障根源或现象。例如，主机没有对客户机的服务请求做出响应（一种故障现象），可能产生这一现象的原因主要包括主机配置错误、网络接口卡损坏或路由器配置不正确等。

（2）收集有助于确定故障症结的各种信息。向受故障影响的用户、网络管理员、经理及其他关键人员询问详细的情况。从网络管理系统、协议分析仪的跟踪记录、路由器诊断命令的输出信息以及软件发行注释信息等信息源中收集有用的信息。

（3）依据所收集到的各种信息考虑可能引发故障的症结。利用所收集到的这些信息可以排除一些可能引发故障的原因。例如，根据收集到的信息也许可以排除硬件出现问题的可能性，于是就可以把关注的焦点放在软件问题上。应该充分利用每一条有用的信息，尽可能缩小目标范围，从而制定出高效的故障排除方法。

（4）根据剩余的潜在症结制订故障的排查计划。从最有可能的症结入手，每次只做一处改动。之所以每次只做一处改动，是因为这样有助于确定针对固定故障的排除方法。如果同时做了两处或多处改动，也许能排除故障，但是难以确定到底是哪些改动消除了故障现象，而且对日后解决同样的故障也没有太大的帮助。

（5）实施制订好的故障排除计划，认真执行每一步骤，同时进行测试，查看相应的现象是否消失。

（6）当做出一处改动时，要注意收集相应操作的反馈信息。通常，应该采用在步骤（2）中使用的方法（利用诊断工具并与相关人员密切配合）进行信息的收集工作。

（7）分析相应操作的结果，并确定故障是否已被排除。如果故障已被排除，那么整个流程到此结束。

（8）如果故障依然存在，就得针对剩余的潜在症结中最可能的一个制订相应的故障排除计划。回到步骤（4），依旧每次只做一处改动，重复此过程，直到故障被排除为止。

如果能提前为网络故障做好准备工作，那么网络故障的排除也就变得比较容易了。对于各种网络环境来说，最为重要的是保证网络维护人员总能够获得有关网络当前情况的准确信息。只有利用完整、准确的信息才能够对网络的变动做出明智的决策，才能够尽快、尽可能简单地排除故障。因此，在网络故障的排除过程中，最为关键的是确保当前掌握的信息及资料是最新的。

对于每个已经解决的问题，一定要记录其故障现象以及相应的解决方案。这样，就可以建立一个问题/回答数据库，今后发生类似的情况时，公司里的其他人员也能参考这些案例，从而极大地降低对网络进行故障排除的时间，最小化对业务的负面影响。

3.7.2 网络故障排除工具

排除网络故障的常用工具有多种，总的来说可以分为三类：设备或系统诊断命令、网络管理工具以及专用故障排除工具。

1. 设备或系统诊断命令

许多网络设备及系统本身就提供大量的集成命令来帮助监视并对网络进行故障排除。下面介绍一些常用命令的基本用法：

- show 可以用于监测系统的安装情况与网络的正常运行状况，也可以用于对故障区域的定位。
- debug 命令帮助分离协议和配置问题。
- ping 命令用于检测网络上不同设备之间的连通性。
- trace 命令可以用于确定数据包在从一个设备到另一设备直至目的地的过程中所经过的路径。

2. 网络管理工具

一些厂商推出的网络管理工具如 Cisco Works、HP OpenView 等都含有监测以及故障排除功能，这有助于对网络互连环境的管理和故障的及时排除。下面以 Cisco Works 2000 为例介绍网络管理工具在排除网络故障方面的主要功能：

- Cisco View 提供动态监视和故障排除功能，包括 Cisco 设备、统计信息和综合配置信息的图形显示。
- 网络性能监视器（Internetwork Performance Monitor，IPM）使网络工程师能够利用实时和历史报告主动地对网络响应进行故障诊断与排除。
- TrafficDirector RMON 应用程序是一个远程监测工具，它能够收集数据、监测网络活动并查找潜在的问题。
- VlanDirector 交换机管理应用程序是一个针对 VLAN（虚拟局域网）的管理工具，它能够提供对 VLAN 的精确描绘。

3. 专用故障排除工具

在许多情况下专用故障排除工具可能比设备或系统中集成的命令更有效。例如，在网络通信负载繁重的环境中，运行需要占用大量处理器时间的 debug 命令将会对整个网络造成巨大影响。然而，如果在"可疑"的网络上接入一台网络分析仪，就可以尽可能少地干扰网络的正常工作，并且很有可能在不打断网络正常工作的情况下获取到有用的信息。以下为一些典型的用于排除网络故障的专用工具：

- 欧姆表、数字万用表及电缆测试器可以用于检测电缆设备的物理连通性。
- 时域反射计（Time Domain Reflectors，TDR）与光时域反射计（Optical Time Domain Reflectors，OTDR）可以用于测定电缆断裂、阻抗不匹配以及电缆设备其他物理故障的具体位置。
- 断接盒（Breakout Boxes）、智能测试盘和 BERT / BLERT 可以用于外围接口的故障排除。
- 网络监测器通过持续跟踪穿越网络的数据包，能每隔一段时间提供网络活动的准确图像。
- 网络分析仪（例如，NAI 公司的 Sniffer）可以对 OSI 所有 7 层上出现的问题进行解码，自动实时地发现问题，对网络活动进行清晰的描述，并根据问题的严重性对故障进行分类。

3.7.3　常见的网络故障

在信息化社会，各企事业单位对网络的依赖程度越来越高，网络随时都可能发生故障，影响正常工作。所以，必须掌握相应的技术及时排除故障。有些单位如电信、电子商务公司、游戏运营商等使用的网络一旦发生故障，若不能及时排除，会产生很大的损失。这些单位一般会安装网络故障处理软件，通过软件来管理和排除网络的故障。从网络故障本身来说，经常会遇到的故障有：

- 物理层故障；

- 数据链路层故障；
- 网络层故障：
- 以太网络故障；
- 广域网络故障；
- TCP/IP 故障：
- 服务器故障；
- 其他业务故障等。

根据相关资料的统计，网络发生故障的具体分布为：

- 应用层占 3%；
- 表示层占 7%；
- 会话层占 8%；
- 传输层占 10%；
- 网络层占 12%；
- 数据链路层占 25%；
- 物理层占 35%。

引起网络故障的原因有以下几种。

1. 逻辑故障

逻辑故障中最常见的情况有两类：一类是配置错误，是因为网络设备的配置错误而导致的网络异常或故障。配置错误可能是路由器端口参数设定有误，或路由器的路由配置错误，以至于路由循环找不到远端地址，或者是路由掩码设置错误等；另一类是一些重要进程或端口被关闭，主要是系统的负载过高，路由器的负载过高。

2. 配置故障

配置错误也是导致故障发生的重要原因之一 。配置故障主要表现在不能实现网络所提供的各种服务，如不能接入 Internet，不能访问某种代理服务器等。配置故障通常表现为以下几种情况：

- 网络链路测试正常，却无法连接到网络；
- 只能与某些计算机，而不能与全部计算机进行通信；
- 计算机只能访问内部网络中的服务器，但无法接入 Internet，这可能是路由器配置错误，也可能是交换机配置错误；
- 计算机无法登录至域控制器；
- 计算机无法访问任何其他设备。

3. 网络故障

网络故障的原因是多方面的，一般分为物理故障和逻辑故障。物理故障，又称硬件故障，包括线路、线缆、连接器件、端口、网卡、网桥、集线器、交换机或路由器的模块出现故障。

4. 协议故障

计算机和网络设备之间的通信是靠协议来实现的，协议在网络中扮演着非常重要的角色。协议故障通常表现为以下几种情况：

- 计算机无法登录至服务器；
- 计算机在网上邻居中既看不到自己，也看不到其他计算机或查找不到其他计算机；
- 计算机在网上邻居中能看到自己和其他计算机，但无法在局域网络中浏览 Web、收发 E-mail；
- 计算机无法通过局域网接入 Internet；
- 与网络中其他计算机的名称重复，或者与其他计算机使用的 IP 地址相同。

5. DDoS 攻击

由于遭受 DDoS 攻击引起的网络资源不可用。

6. 网络管理员差错

网络管理员差错占整个网络故障的 5%以上，主要发生在网络层和传输层，是由于安装没有完全遵守操作指南，或者网络管理员对某个处理过程没有给予足够的重视造成的。

7. 海量存储问题

数据处理故障的最主要原因是硬盘问题，据有关报道，有超过 26%的系统失效都归结到海量存储的介质故障。

8. 计算机硬件故障

大约有 25%的故障是由计算机硬件引起的，如显示器、键盘、鼠标、CPU、RAM、硬盘驱动器、网卡、交换机和路由器等。

9. 软件问题

软件引起的故障也不鲜见，表现为：

- 软件有缺陷，造成系统故障；
- 网络操作系统缺陷，造成系统失效。

10. 使用者发生的差错

使用者没有遵守网络赋予的权限。例如：

- 超权访问系统和服务；

- 传入其他系统；
- 操作其他用户的数据资料；
- 共享账号；
- 非法复制。

3.7.4 网络故障分层诊断

网络故障诊断是管好、用好网络，使网络发挥最大作用的重要技术工作。网络故障诊断是从故障现象出发，以网络诊断工具为手段获取诊断信息，确定网络故障点，查找问题的根源，排除故障，恢复网络的正常运行。

诊断网络故障的过程应沿着OSI七层模型从物理层开始向上进行。首先检查物理层，然后检查数据链路层，以此类推，确定故障点。故障诊断的步骤如下：

（1）确定故障的具体现象，分析造成这种故障现象的原因。例如，主机不响应客户请求服务，可能的故障原因是主机配置问题、接口卡故障或路由器命令丢失等。

（2）收集需要的用于帮助确定可能故障原因的信息。从网络管理系统、协议分析仪的跟踪记录、路由器诊断命令的输出报告或软件说明书中收集有用的信息。

（3）根据收集到的情况考虑可能的故障原因，排除某些故障原因。例如，根据某些资料可以排除硬件故障，把注意力放在软件原因上。

（4）根据最后的可能故障原因，建立一个诊断计划。开始仅用一个最可能的故障原因进行诊断活动，这样更容易恢复到故障的原始状态。如果一次同时考虑多个故障原因，返回故障原始状态就困难多了。

（5）执行诊断计划，认真做好每一步的测试和观察，每改变一个参数都要确认其结果。分析结果，确定问题是否解决，如果没有解决，继续下去，直到故障现象消失。

1. 物理层及其诊断

物理层是OSI分层结构体系中最基础的一层，它建立在通信媒体的基础上，实现系统和通信媒体的物理接口，为数据链路实体之间进行透明传输，为建立、保持和拆除计算机和网络之间的物理连接提供服务。

物理层的故障主要表现在设备的物理连接方式是否恰当；连接电缆是否正确。确定路由器端口物理连接是否完好的最佳方法是使用Show Interface命令，检查每个端口的状态，解释屏幕输出信息，查看端口状态、协议建立状态和EIA状态。

2. 数据链路层及其诊断

数据链路层的主要任务是使网络层无须了解物理层的特征而获得可靠的传输。数据链路层具有为通过链路层的数据进行打包和解包、差错检测和一定的校正能力，并协调共享介质。在数据链路层交换数据之前，协议关注的是形成帧和同步设备。查找和排除数据链路层的故障，需要查看路由器的配置，检查连接端口的共享同一数据链路层的封装情况。每对接口要和与其通信的其他设备有相同的封装。通过查看路由器的配置检查其封装，或者使用 show 命令查看相应接口的封装情况。

3. 网络层及其诊断

网络层提供建立、保持和释放网络层连接的手段，包括路由选择、流量控制、传输确认、中断、差错及故障恢复等。排除网络层故障的基本方法是：沿着从源到目标的路径，查看路由器路由表，同时检查路由器接口的 IP 地址。如果路由没有在路由表中出现，应该通过检查来确定是否已经输入适当的静态路由、默认路由或者动态路由。然后手工配置一些丢失的路由，或者排除一些动态路由选择过程的故障，包括 RIP 或者 IGRP 路由协议出现的故障。例如，对于 IGRP 路由选择信息只在同一自治系统号（AS）的系统之间交换数据，查看路由器配置的自治系统号的匹配情况。

4. 应用层及其诊断

应用层提供最终用户服务，如文件传输、电子信息、电子邮件和虚拟终端接入等。排除应用层故障的基本方法是：首先可在服务器上检查配置，测试服务器是否正常运行，如果服务器没有问题，再检查应用客户端是否正确配置。

3.8 网络性能管理

3.8.1 网络性能及指标概述

网络性能管理（Network Performance Management）是指评价系统资源的运行状况及通信效率等系统性能。网络性能管理的目的是维护网络服务质量（QoS）和网络运营效率。其能力包括监视和分析被管网络及其所提供服务的性能机制，性能管理收集分析有关被管网络当前状况的数据信息并维持和分析性能日志，性能分析的结果可能会触发某个诊断测试过程或重新配置网络以维持网络的性能。

1. 网络性能管理的功能

网络性能管理的功能包括以下几个方面。

1）性能监控

性能监控是对网络工作状态信息的收集和整理，是网络监视中最主要的部分，由用户定义被管对象及其属性。被管对象类型包括线路和路由器；被管对象属性包括流量、延迟、丢包率、CPU 利用率、温度、内存余量。对于每个被管对象，定时采集性能数据，自动生成性能报告。

2）阈值控制

可对每一个被管对象的每一条属性设置阈值，对于特定被管对象的特定属性，可以针对不同的时间段和性能指标进行阈值设置。可通过设置阈值检查开关控制阈值检查和告警，提供相应的阈值管理和溢出告警机制。

3）性能分析

对历史数据进行分析、统计和整理，计算性能指标，对性能状况做出判断，为网络规划提供参考。

4）可视化的性能报告

对数据进行扫描和处理，生成性能趋势曲线，以直观的图形反映性能分析的结果。

5）实时性能监控

提供了一系列实时数据采集、分析和可视化工具，用以对流量、负载、丢包率、温度、内存、延迟等网络设备和线路的性能指标进行实时检测，可任意设置数据采集间隔。

2. 网络性能管理的工具

网络性能管理工具主要包括以下几种。

1）网络性能分析测试工具——SmartBits

SmartBits 网络性能分析系统为十兆、百兆、千兆和万兆以太网、ATM、POS、光纤通道、帧中继网络的性能测试，以及网络设备的高端口密度测试提供了行业标准。

作为一种强健而通用的平台，SmartBits 提供了测试 xDSL、电缆调制解调器、 IP QoS、VoIP、MPLS、IP 多播、TCPP、IPv6、路由、SAN 和 VPN 的测试应用。

SmartBits 使用户可以测试、仿真、分析、开发和验证网络基础设施并查找故障。从网络最初的设计到对最终网络的测试，SmartBits 提供了产品生命周期各个阶段的分析解决方案。

SmartBits 产品线包括便携和高密度机架，支持不同技术、协议和接口的模块，以及软件应用程序和脚本。旗舰级 SMB-6000B 在一个机架中最多可支持 96 个 10/100 Mbit/s 以太网端口、24 个千兆以太网端口、6 个万兆以太网端口、24 个光纤通道端口、24POS 端口或上述端口的任意组合。

2）网络流量检测工具——MRTG

MRTG（Multi Router Traffic Grapher）是一个监控网络链路流量负载的工具软件，它通过 SNMP 协议从一个设备得到另一个设备的流量信息，并将流量负载以包含 PNG 格式的图形 HTML 文档方式显示给用户，以非常直观的形式显示流量负载。

作为目前最为通用的网络流量监控软件，MRTG 具有以下特点：

- 可移植性；
- 源码开放；
- 高可移植性的 SNMP 支持；
- 支持 SNMPv2c；
- 可靠的接口标识；
- 常量大小的日志文件；

- 自动配置功能；
- PNG 格式图形；
- 可定制性。

3）网络性能测试工具——Netperf

Netperf 可以测试服务器网络性能，主要针对基于 TCP 或 UDP 的传输。Netperf 根据应用的不同，可以进行不同模式的网络性能测试，即批量数据传输（Bulk Data Transfer）模式和请求/应答（Request/Response）模式。Netperf 测试结果所反映的是一个系统能够以多快的速度向另外一个系统发送数据，以及另外一个系统能够以多快的速度接收数据。

Netperf 工具以 Client/Server 方式工作。Server 端是 Netserver，用来侦听来自 Client 端的连接，Client 端是 Netperf，用来向 Server 发起网络测试。在 Client 与 Server 之间，首先建立一个控制连接，传递有关测试配置的信息，以及测试的结果；在控制连接建立并传递了测试配置信息以后，Client 与 Server 之间会再建立一个测试连接，用来传递特殊的流量模式，以测试网络的性能。

3. 网络性能指标

除了在 3.2.3 小节中所述的网络技术指标外，还需关注的网络性能指标如下。

1）分组转发率

单位时间内转发的数据分组的数量。路由器的分组转发率，也称端口吞吐量，是指路由器在某端口进行数据分组转发的能力，单位通常使用 pps（分组每秒）来衡量。一般来讲，低端的路由器分组转发率只有几千分组每秒（kpps）到几十千分组每秒（kpps），而高端的路由器则能达到几十兆分组每秒（Mpps）（百万分组每秒）甚至上百兆分组每秒（Mpps）。如果是小型办公使用，则选购转发速率较低的低端路由器即可；如果是大中型企业部门应用，就要严格看待这个指标，建议性能越高越好。

2）信道利用率

一段时间内信道为占用状态的时间与总时间的比值。信道利用率并非越高越好。这是因为，根据排队的理论，当某信道的利用率增大时，该信道引起的时延也就迅速增加。

如果 D_0 表示网络空闲时的时延，D 表示当前网络时延，可以用简单公式 $D=D_0/(1-U)$ 来表示 D、D_0 和利用率 U 之间的关系。U 的值为 0~1。当网络的利用率接近最大值 1 时，网络的时延就趋近于无穷大。

3）信道容量

信道的极限带宽。信道能无错误传送的最大信息率。对于只有 1 个信源和 1 个信宿的单用户信道，它是一个数，单位是比特/秒或比特/符号。它代表每秒或每个信道符号能传送的最大信息量，或者说小于这个数的信息率必能在此信道中无错误地传送。对于多用户信道，当信源和信宿都是 2 个时，它是平面上的一条封闭线。坐标 R1 和 R2 分别是 2 个信源所能传送的信息率，也就是 R1 和 R2 落在这条封闭线内部时能无错误地被传送。当有 m 个信源和信宿时，信道容量将是 m 维空间中一个凸区域的外界“面”。

4）带宽利用率

实际使用的带宽与信道容量的比率。带宽利用率可以表示网络的流量情况、繁忙程度，它是衡量网络状况的最基本参数。带宽利用率的计算公式通常为：

$$带宽利用率=\frac{网络总流量}{理论带宽\times时间}$$

利用率实际上是一个时间段的概念，所以在分析的时候，时间段的选择相当重要。不同的分析需求，时间段的确定是不一样的：分析突发流量，时间越短越好；分析流量趋势，时间应延长。

5）分组丢失

在一段时间内网络传输及处理中丢失或出错的数据分组的数量。数据在 Internet 上是以数据分组为单位传输的，每分组大小一定，不多也不少。这就是说，不管网络线路有多好、网络设备性能多高，数据都不会是以线性（就像打电话一样）传输的，中间总是有空洞的。数据分组的传输不可能百分之百完成，因为种种原因，总会有一定的损失。碰到这种情况，Internet 会自动让双方的计算机根据协议来补分组和重传该分组。如果网络线路好、速度快，分组的损失会非常小，补分组和重传的工作也相对较易完成，因此可以近似地将所传输的数据看作是无损的。但是，如果网络线路较差，数据的损失量就会非常大，补分组工作又不是完全完成的。在这种情况下，数据的传输就会出现空洞，造成分组丢失。

6）分组损失率

在某时段内在两点间传输中丢失的分组与总的分组发送量的比率。这个指标是反映网络状况最为直接的指标，无拥塞时路径分组丢失率为 0，轻度拥塞时分组丢失率为 1%~4%，严重拥塞时分组丢失率为 5%~15%。一般来讲，分组丢失的主要原因是路由器的缓存队列溢出。与分组丢失率相关的一个指标是“差错率”（误码率），但是这个值通常极小。

3.8.2 网络性能测试类型与方法

1. 网络性能测试的类型

网络性能测试的目的是在不同的负载条件下监视和报告网络的行为。这些数据将用来分析网络的运行状态，并根据对额外负载的期望值安排后续的发展。根据所需要的容量和网络当前的性能，还可以计算与今后项目的发展计划有关的成本。网络性能测试分为以下几个类别。

1）负载测试

负载测试可以理解为确定所要测试的业务或系统的负载范围，然后对其进行测试。负载测试的主要目的是验证业务或系统在给定的负载条件下的处理性能。负载测试还需要关注响应时间、TPS 和其他相关指标。

2）压力测试

压力测试可以理解为没有预期的性能指标，不断地加压，测试系统崩溃的门限值，以此来确定系统的瓶颈或者不能接受的性能拐点，以获得系统的最佳并发数、最大并发数。压力测试可以看作负载测试的一种，即高负载下的负载测试。

3）稳定性测试

稳定性测试就是长时间运行，在这段时间内观察系统的出错概率、性能变化趋势等，以期大大减少系统上线后的崩溃等现象。一般持续的时间为 N×24 小时。稳定性测试注意事项如下：

- 一般稳定性测试需要在系统成型后进行，并且没有严重缺陷存在；
- 场景的设计以模拟真实用户的实际操作为佳。

4）基准测试

基准测试是一种衡量和评估软件性能指标的活动。可以在某个时候通过基准测试建立一个已知的性能水平（称为基准线），当系统的软硬件环境发生变化后再进行一次基准测试，以确定哪些变化对性能有影响。与基准测试相关的配置如下：

- 服务器硬件和服务器数量；
- 数据库大小；
- 测试客户机在网络中的位置；
- 两种影响负载的因素：SSL 与非 SSL，图像检索。

2. 测试方法

1）客户机

这个系统用于模拟多个用户访问网络，通常通过负载测试工具进行测试，可以使用测试参数（如用户数量）进行配置，从而得到响应时间的测试结果（最少/最多/平均）。负载测试工具可以模拟处于不同层的用户，从而有效地跟踪和报告响应时间。此外，为了确保客户机没有过载，且服务器上有足够的负载，应当监视客户机 CPU 的使用情况。

2）服务器

网络的 Web 应用程序和数据库服务器应当使用某个工具来监视，如 Windows Server 2003 Monitor（性能监视器）。有一些负载测试工具为了完成这项任务还内置了监视程序。对全部服务器平台进行性能测试的重点在于以下几个方面：CPU，占全部处理器时间的百分比；内存，用字节数（千字节）和每秒出现的页面错误率表示；硬盘，占硬盘时间的百分比；网络，每秒的总字节数。

3）Web 服务器

除了“服务器”中介绍的几项之外，所有 Web 服务器还应包含“文件字节/秒”“最大的同时连接数”“误差测试”等性能测试项目。

4）数据库服务器

所有数据库服务器都应当包含“访问记录/秒”和“缓存命中率”这两种性能测试项目。

5）网络

为了确保网络没有成为网络的瓶颈，监视网络以及任何子网的带宽是非常重要的。可以使用各种软件或者硬件设备（如 LAN 分析器）来监视网络。在交换式以太网中，因为每两个连接彼此之间相对独立。所以，必须监视每个单独服务器连接的带宽。

第4章　网络资源设备

本章介绍了网络服务器、网络存储系统、云计算机和虚拟化、备份系统、网络视频会议系统及其他网络资源设备等。

4.1　网络服务器

4.1.1　网络服务器分类

按服务器的处理器架构（即服务器 CPU 所采用的指令系统）可以把服务器划分为 RISC 架构服务器和 IA 架构服务器。

1. RISC 架构服务器

该类服务器采用 RISC 专用处理器，主要支持 UNIX 操作系统，是封闭、专用的计算机系统，一般称为 RISC 服务器或 UNIX 服务器，国内习惯称之为“小型机”。RISC（Reduced Instruction Set Computing，精简指令集计算）的指令系统相对简单，它只要求硬件执行很有限且最常用的那部分指令，大部分复杂的操作则使用成熟的编译技术，由简单指令合成。RISC 架构服务器采用的主要是封闭的发展策略，即由单个厂商提供垂直的解决方案，从服务器的系统硬件到操作系统通常由一家制造商开发和提供，由此可以提供最可靠的硬件以及稳定的操作系统，具有很高的 RAS（Reliability 可靠性、Availability 可用性、Serviceability 可服务性）特性。主要的 RISC 处理器芯片及生产商有：Oracle 公司（2010 年收购 Sun）、Fujitsu 公司的 SPARC 系列处理器、IBM 公司的 Power 系列处理器、HP 公司的 PA-RISC、Alpha 处理器、MIPS 公司的 MIPS 等。

RISC 架构的服务器除处理器各不相同外，I/O 总线也不相同，例如 Fujitsu 是 PCI，Sun 是 SBUS 等，不同厂商的 RISC 服务器上的插卡（如网卡、显示卡、SCSI 卡等）也是专用的。操作系统一般是基于 UNIX 的，例如 Sun、Fujitsu 是用 Sun Solaris，HP 是用 HP-UNIX，IBM 是用 AIX 等，所以 RISC 架构的服务器是相对封闭、专用的计算机系统，使用该架构的用户一般是看中 UNIX 操作系统的安全性、可靠性和专用服务器的高速运算能力。

随着 x86、ARM（Advanced RISC Machine）架构的快速发展，其目前已经占据大部分处理器市场，RISC 架构服务器的市场在逐渐萎缩，厂商的研发投入也逐步减少，2005 年 HP 发布 PA-8900 处理器后，宣称放弃 PA-RISC 系列处理器的开发，转向安腾系列。2017 年 Oracle 宣称将放弃 SPARC M9 的研发计划，Fujitsu 也转向 ARM 架构，SPARC 系列处理器重蹈 Alpha 覆辙，逐渐退出市场，2019 年华为发布基于 ARM 架构的鲲鹏 920（Kunpeng920）处理器，采用

7nm 工艺，具有芯片面积小、功耗低、集成度更高等优点。截至 2018 年年底，各厂家公布的最新的 RISC 服务器有：Oracle SPARC M8、Fujitsu SPARC64 XII、IBM Power9 等。2018 年，IBM 与浪潮电子信息产业股份有限公司合资共建浪潮商用机器有限公司，在中国国内研发、生产、销售基于 Power 技术的服务器，同年推出基于 Power9 处理器的全线新产品及解决方案。

2. IA 架构服务器

通常将采用 Intel（英特尔）处理器的服务器称为 IA（Intel Architecture）架构的服务器，也习惯称为 PC Server 服务器。IA 架构的服务器采用了开放体系结构，性能可靠，价格低廉，并且实现了工业化标准技术，在国内外有大量的硬件和软件厂商支持。在这个阵营中主要的技术领头者是最大的 CPU 制造商 Intel，国外其他著名的 IA 服务器制造商有 IBM（2014 年联想收购 IBM X86 服务器业务）、HPE（2015 年 HP 拆分为惠普企业 HPE 和惠普公司）、Dell 等，国内主要的 IA 架构服务器的制造商有华为、浪潮、曙光、H3C、联想等。

（1）CISC 架构

CISC（Complex Instruction Set Computing）指复杂指令集计算。早期的桌面软件是按 CISC 设计的，并一直延续到现在，所以，微处理器（CPU）厂商一直在走 CISC 的发展道路，包括 Intel、AMD，还有其他一些现在已经更名的厂商，如 TI（德州仪器）、Cyrix 以及 VIA（威盛）等。在 CISC 微处理器中，程序的各条指令是按顺序串行执行的，每条指令中的各个操作也是按顺序串行执行的。顺序执行的优点是控制简单，但计算机各部分的利用率不高，执行速度慢。

CISC 架构的服务器主要以 IA-32 架构为主，而且多数为中低档服务器所采用。

（2）VLIW 架构

VLIW（Very Long Instruction Word，超长指令集）架构采用了先进的 EPIC（Explicitly Parallel Instruction Computing，清晰并行指令）设计，业界也把这种构架叫作“IA-64 架构”。每时钟周期，例如 IA-64 可运行 20 条指令，而 CISC 通常只能运行 1~3 条指令，RISC 能运行 4 条指令，可见 VLIW 要比 CISC 和 RISC 强大得多。VLIW 的最大优点是简化了处理器的结构，删除了处理器内部许多复杂的控制电路，这些电路通常是超标量芯片（CISC 和 RISC）协调并行工作时必须使用的，VLIW 的结构简单，能够使其芯片制造成本降低，价格低廉，能耗少，而且性能也要比超标量芯片高得多。目前基于这种指令架构的微处理器主要有 Intel 的 IA-64 和 AMD 的 x86-64 两种。

IA-64 是纯 64 位架构，不兼容 32 位架构，造成市场越来越狭窄，而 AMD 提出了向下兼容 32 位的 x86-64 更有利于行业过渡，最终 Intel 全面采纳 x86-64，2017 年 5 月，Intel 发布的安腾 9700 系列可能是 IA-64 架构处理器的最终型号，不会再有发展了，2018 年 Intel 发布公告，2021 年 3 月 5 日停止安腾 9500 的供货。目前市场上的服务器产品基本都采用 x86-64 处理器，有 Inter Xeon、AMD EPYC™等，如 HPE 服务器，仅有少部分关键业务服务器采用安腾 9500 和 SPARC 处理器，其他服务器基本采用 Inter Xeon E7、E5 处理器；国内服务器厂商浪潮，除 K1 Power 系列采用 Power 9 处理器，部分 K1 采用安腾 9500 处理器外，其他服务器基本采用 Inter Xeon E7、E5 处理器和新至强 Purley Skylake 系统处理器。

4.1.2 性能要求及配置要点

1. 性能要求

网络服务器是整个支撑业务应用的核心，如何选择与业务规模相适应的服务器，是有关决策者和技术人员都要考虑的问题。下面是选择网络服务器应当注意的事项：

（1）性能要稳定。为了保证业务能正常运转，服务器一般要求 7×24 小时工作，选择的服务器首先要确保稳定，因为一个性能不稳定的服务器，即使配置再高、技术再先进，也不能保证正常运转，严重的话可能给使用者造成难以估计的损失。

（2）以够用为准则。由于本身的信息资源以及资金实力有限，不可能一次性投资太多经费去采购档次很高、技术很先进的服务器。对于建设单位而言，最重要的是根据实际情况，并参考以后的发展规划，有针对性地选择满足目前信息化建设的需要又不投入太多资源的解决方法。

（3）应考虑扩展性。由于计算机技术处于不断发展之中，快速增长的应用不断对服务器的性能提出新的要求，为了减少更新服务器带来的额外开销和对工作的影响，服务器应当具有较高的可扩展性，可以及时调整配置来适应发展。

（4）要便于操作管理。如果服务器产品具有良好的易操作性和可管理性，当出现故障时无需厂商支持也能将故障排除。所谓便于操作和管理主要是指用相应的技术来提高系统的可靠性能，简化管理因素，降低维护费用成本。

（5）满足特殊要求。不同业务应用侧重点不同，对服务器性能的要求也不一样。比如 VOD 服务器要求具有较高的存储容量和数据吞吐率，而 Web 服务器和 E-mail 服务器则要求 24 小时不间断运行。如果网络服务器中存放的信息有敏感资料，这就要求选择的服务器有较高的安全性。

（6）配件搭配合理。为了能使服务器更高效地运转，要确保购买的服务器的内部配件的性能必须合理搭配。例如，购买了高性能的服务器，但是服务器内部的某些配件使用了低价的兼容组件，就会出现有的配件处于瓶颈状态，有的配件处于闲置状态的情况，最后的结果是整个服务器系统的性能下降。一台高性能的服务器不是一件或几件设备的性能优异，而是所有部件的合理搭配。要尽量避免小马拉大车，或者是大马拉小车的情况。低速、小容量的硬盘、小容量的内存，任何一个产生系统瓶颈的配件都有可能制约系统的整体性。

（7）理性看待价格。无论购买什么产品，用户都会很看重产品的价格。当然一分价钱一分货，高档服务器的价格比低档服务器的价格高是无可非议的事情。但对于一些应用来说，不一定非得购买那些价格昂贵的服务器，尽管高端服务器功能很多，但是这些功能对普通应用来说使用率不高。性能稳定、价格适中的服务器应该是建设单位建设网络的理性选择。

（8）售后服务要好。由于服务器的使用和维护包含一定的技术含量，这就要求操作和管理服务器的人员必须掌握一定的使用知识。因此选择售后服务好的 IT 产品，对建设单位来说是明智的决定。

2. 配置要点

目前最基本的服务器应用有数据库服务器、文件服务器、Web 服务器、邮件服务器、虚拟化服务器等。这些应用对于服务器配置要求的侧重点不同，根据不同应用采购不同配置的服务器可以使服务器资源得到充分利用，避免资金和服务器资源的浪费。在下文中将逐一对这几种服务器的配置需求侧重点进行分析，为企业提供参考。

1）数据库服务器

在企业的信息化建设中，数据库是最为广泛的一种应用。构建数据库服务器可以将企业内部数据合理进行存储和组织，使企业信息的检索和查询执行更为高效。目前主流应用的数据库产品有 Oracle、微软 SQL Server、MySQL、PolarDB、TDSQL、GBase 南大通用、达梦、人大金仓等，随着国产数据库产品的不断发展，Oracle 等国外数据库产品的市场占比不断下降。

数据库服务器对系统各个方面要求都很高，要处理大量的随机 I/O 请求和数据传送，对内存、磁盘以及 CPU 的运算能力均有一定的要求。

内存方面，数据库服务器需要高速高容的内存来节省处理器访问硬盘的时间，提高服务器的响应速度。同时，一些数据库产品，例如 Oracle，对于硬件的要求比较高，Oracle 的体系结构决定了其大量使用内存，所以内存的大小将直接影响 Oracle 数据库的性能。

在磁盘方面，高速的磁盘子系统也可以提高数据库服务器查询应答的速度，这就要求磁盘具有高速的接口和转速，目前常用的存储介质有 10k 转（即 10 000 转/分）、15k 转（即 15 000 转/分）的 SAS 硬盘或者固态硬盘。

数据库服务器对于处理器性能要求也很高。数据库服务器需要根据需求进行查询，然后将结果反馈给用户。如果查询请求非常多，比如大量用户同时查询的时候，如果服务器的处理能力不够强，无法处理大量的查询请求并做出应答，那么服务器可能会出现应答缓慢甚至死机的情况。

综上，数据库服务器对于硬件需求的优先级为内存、磁盘、处理器（三者可合理搭配）。

2）文件服务器

文件服务器是用来提供网络用户访问文件、目录的并发控制和安全保密措施的局域网服务器。

首先，文件服务器要承载大容量数据在服务器和用户磁盘之间的传输，所以，对于网速具有较高要求。

其次是对磁盘的要求比较高，文件服务器要进行大量数据的存储和传输，所以对磁盘子系统的容量和速度都有一定的要求。选择高转速、高接口速度、大容量缓存的磁盘，并且组建磁盘阵列，可以有效提升磁盘系统传输文件的速度。

除此之外，大容量的内存可以减少读写硬盘的次数，为文件传输提供缓冲，提升数据传输速度。文件服务器对于 CPU 等其他部件的要求不是很高。

综上，文件服务器对于硬件需求的优先级为网络系统、磁盘系统和内存。

3）Web服务器

不同的网站内容对于Web服务器硬件需求也是不同的。如果Web站点是静态的，对Web服务器硬件要求从高到低依次是：网络系统、内存、磁盘系统、CPU。如果Web服务器主要进行密集计算（例如动态产生Web页），则对服务器硬件需求从高到低依次为：内存、CPU、磁盘子系统和网络系统。

4）邮件服务器

邮件服务器是对实时性要求不高的一个系统，对于处理器性能要求不是很高，但是由于要支持一定数量的并发连接，对于网络子系统和内存有一定的要求。邮件服务器软件对于内存需求也较高。同时，邮件服务器需要较大的存储空间用来存储邮件及一些文件，但是对中小企业来说，企业邮箱的数量一般只在几百个以下，所以对于服务器的配置要求并不高，一台入门级的服务器完全可以承载几百个邮件客户端的需求。

邮件服务器对于硬件的要求程度从高到低依次为内存、磁盘、网络系统、处理器。

5）虚拟化服务器

虚拟化服务器主要安装服务器虚拟化软件或者桌面虚拟化管理系统，将服务器的磁盘、CPU、内存分别池化，形成存储资源池、CPU计算资源池、内存资源池等，根据需求，分配给不同的虚拟机使用。由于现有虚拟化软件对CPU的分配使用最小单位为一个物理内核，所以尽量选用多核低频的CPU，内存配置尽量大，可以创建更多的虚拟机。针对桌面虚拟化，需要考虑启动风暴等原因，尽量配置固态硬盘作为本次磁盘安装虚拟化系统。虚拟机存储对存储性能要求并不高，在超融合架构下，很多厂商都采用7200转/分的STAT磁盘或者10k转/分的SAS磁盘。

总结：上文列出了几种最为常用的服务器角色对于硬件需求的优先级，从总体来看，这几种应用角色对服务器的处理器、内存、磁盘、网络系统的需求程度并不相同，所以在服务器规划选型的时候，不要一味地追求服务器的处理速度。

4.1.3 服务器相关技术

1. 64位计算

64位指的是CPU GPRs（General-Purpose Registers，通用寄存器）的数据宽度为64位，64位指令集就是运行64位数据的指令，也就是说处理器一次可以运行64bit数据。由于32位计算能力的限制，使得“企业计算平台统一化”的进程在经历了前几年高速发展之后，开始遇到了瓶颈。64位计算与32位计算的最大区别在于“寻址能力”和“数据处理能力”，64位计算平台基于64位长的“寄存器”，提供比32位更大的数据带宽和寻址能力。基于x86服务器的Intel至强处理器、AMD Opteron以64位计算，有效解决了32位计算系统的瓶颈。

2. 双核和多核处理器

多核技术也称为芯片上多处理器技术（CMP），在一个处理器内有多个核心处理器，处理器之间通过CPU内部总线进行通信，目前已经成为当前微处理器发展的方向。多内核的想法脱胎于摩尔定律（芯片上晶体管的数目每两年增加一倍）。过去，为了增加高速缓存（用于快速数据访问的集成的存储池）的尺寸，或者为了增强其他提高性能的部件（比如指令水平并行度，允许芯片每个时钟周期执行多个任务），经常要使用更多的晶体管。但是，现在芯片厂商用更多的晶体管来制造更多核心，以提高性能，这种方法不会显著增加芯片功耗。

3. PCI-E 技术

与传统 PCI 以及更早期的计算机总线的共享并行架构相比，PCI Express 采用设备间的点对点串行连接（Serial Interface），即允许每个设备都有自己的专用连接，是独占的，并不需要向整个总线请求带宽；同时利用串行的连接特点能将数据传输速度提高到 2.5Gbit/s 的单向单线连接的频率，达到远超出 PCI 总线的传输速率。针对不同的设备可以实现 x1、x2、x4、x8、x12、x16 或 x32 灵活的配置，满足带宽的不同要求。串行连接还可以大大减少电缆间的信号和电磁干扰，由于传输线条数有所减少，更能节省空间和连接更远的距离，简化了 PCI 的设计，降低了系统成本。

4. ECC 内存技术

ECC（Error Checking and Correcting，错误检查和纠正）不是一种内存类型，只是一种内存技术。ECC 纠错技术也需要额外的空间来储存校正码，但其占用的位数跟数据的长度并非呈线性关系。

通俗地讲，一个 8 位的数据产生的 ECC 码要占用 5 位的空间，而一个 16 位数据 ECC 码只需在原来基础上再增加一位，也就是 6 位；而 32 位的数据则只需再在原来基础上增加一位，即 7 位的 ECC 码即可，如此类推。ECC 码将信息进行 8 比特位的编码，采用这种方式可以恢复 1 比特的错误。每一次数据写入内存的时候，ECC 码使用一种特殊的算法对数据进行计算，其结果称为校验位（Check Bits）。将所有校验位加在一起的和是“校验和”（Checksum），校验和与数据一起存放。当这些数据从内存中读出时，采用同一算法再次计算校验和，并和前面的计算结果相比较，如果结果相同，说明数据是正确的，反之说明有错误，ECC 可以从逻辑上分离错误并通知系统。当只出现单比特错误的时候，ECC 可以把错误改正过来，不影响系统运行。

除了能够检查到并改正单比特错误之外，ECC 码还能检查到（但不改正）单 DRAM 芯片上发生的任意两个随机错误，并最多可以检查到 4 比特的错误。当有多比特错误发生的时候，ECC 内存会生成一个不可隐藏（Non-Maskable Interrupt）的中断，会中止系统运行，以避免出现数据恶化。ECC 内存技术虽然可以同时检测和纠正单一比特错误，但如果同时检测出两个以上比特的数据有错误，则无能为力。

5. 刀片服务器

刀片服务器（Blade Server）是一种 HAHD（High Availability High Density，高可用高密度）的低成本服务器平台，是专门为特殊应用行业和高密度计算机环境设计的。其中每一块“刀片”实际上就是一块系统主板，它可以通过本地硬盘启动自己的操作系统，如 Windows、Linux 等等，类似于一个独立的服务器。在这种模式下，每一个主板运行自己的系统，服务于指定的不同用户群，相互之间没有关联。不过可以用系统软件将这些主板集合成一个服务器集群。在集群模式下，所有的主板可以连接起来提供高速的网络环境，可以共享资源，为相同的用户群服务。在集群中插入新的“刀片”，就可以提高整体性能。而由于每块“刀片”都是热插拔的，所以，系统可以轻松地进行替换，从而便于进行升级、维护。

服务器集群作为一种实现负载均衡的技术，可以有效地提高服务的稳定性和核心网络服务的性能，还可以提供冗余和容错功能。理论上，服务器集群可以扩展到无限数量的服务器。显然，服务器集群和 RAID 镜像技术的诞生为计算机和数据池的 Internet 应用提供了一个新的解决方案，其成本远远低于传统的高端专用服务器。但是，服务器集群的集成能力低，管理这样的集群使很多 IDC 都非常头疼。尤其是集群扩展的需求越来越大，维护这些服务器的工作量很大，包括服务器之间的内部连接和摆放空间的要求。这些物理因素都限制了集群的扩展。刀片服务器的出现适时地解决了这样的问题。高密度服务器内置了监视器和管理工具软件，可以几十个甚至上百个地堆放在一起。配置一台高密度服务器就可以解决一台到一百台服务器的管理问题。如果需要增加或者删除集群中的服务器，只要插入或拔出一个 CPU 板即可。就这个意义上来说，Blade Server 克服了服务器集群的缺点。

6. SMP 技术

SMP（Symmetrical Multi-Processing，对称多处理）技术是相对非对称多处理技术而言的、应用十分广泛的并行技术。在这种架构中，多个处理器运行操作系统的单一复本，并共享内存和一台计算机的其他资源。所有的处理器都可以平等地访问内存、I/O 和外部中断。

在非对称多处理系统中，任务和资源由不同处理器进行管理，有的 CPU 只处理 I/O，有的 CPU 只处理操作系统的提交任务，显然非对称多处理系统是不能实现负载均衡的。在对称多处理系统中，系统资源被系统中所有 CPU 共享，工作负载能够均匀地分配到所有可用处理器之上。

目前，大多数 SMP 系统的 CPU 是通过共享系统总线来存取数据，实现对称多处理的。如某些 RISC 服务器厂商使用 Crossbar 或 Switch 方式连接多个 CPU，虽然性能和可扩展性优于 Intel 架构，但 SMP 的扩展性仍有限。

在 SMP 系统中增加更多处理器的难点是系统不得不消耗资源来支持处理器抢占内存，以及内存同步这两个主要问题。抢占内存是指当多个处理器共同访问内存中的数据时，它们并不能同时去读写数据，虽然一个 CPU 正读一段数据时，其他 CPU 可以读这段数据，但当一个 CPU 正在修改某段数据时，该 CPU 将会锁定这段数据，其他 CPU 要操作这段数据就必须等待。

显然，CPU 越多，这样的等待问题就越严重，系统性能不仅无法提升，甚至下降。为了尽可能地增加更多的 CPU，现在的 SMP 系统基本上都采用增大服务器 Cache 容量的方法来减少抢占内存问题，因为 Cache 是 CPU 的“本地内存”，它与 CPU 之间的数据交换速度远远高于内存总线速度。又由于 Cache 支持不共享，这样就不会出现多个 CPU 抢占同一段内存资源的问题了，许多数据操作就可以在 CPU 内置的 Cache 或 CPU 外置的 Cache 中顺利完成。

然而，Cache 的作用虽然解决了 SMP 系统中的抢占内存问题，但又引起了另一个较难解决的所谓“内存同步”的问题。在SMP系统中，各CPU通过Cache访问内存数据时，要求系统必须经常保持内存中的数据与Cache中的数据一致，若Cache的内容更新了，内存中的内容也应该相应更新，否则就会影响系统数据的一致性。由于每次更新都需要占用CPU，还要锁定内存中被更新的字段，而且更新频率过高又必然影响系统性能，更新间隔过长也有可能导致因交叉读写而引起数据错误，因此，SMP的更新算法十分重要。目前的SMP系统多采用侦听算法来保证CPU Cache中的数据与内存保持一致。Cache越大，抢占内存再现的概率就越小，同时由于Cache的数据传输速度高，Cache的增大还提高了CPU的运算效率，但系统保持内存同步的难度也很大。

7. 集群技术

集群（Cluster）是一组相互独立的计算机，利用高速通信网络组成一个单一的计算机系统，并以单一系统的模式加以管理。其出发点是提供高可靠性、可扩充性和抗灾难性。一个集群包含多台拥有共享数据存储空间的服务器，各服务器通过内部局域网相互通信。当一台服务器发生故障时，它所运行的应用程序将由其他服务器自动接管。在大多数模式下，集群中所有的计算机拥有一个共同的名称，集群内的任一系统上运行的服务都可被所有的网络客户使用。采用集群系统通常是为了提高系统的稳定性和网络中心的数据处理能力及服务能力。

常见集群技术有如下几种。

1）服务器镜像技术

服务器镜像技术是将建立在同一个局域网之上的两台服务器通过软件或其他特殊的网络设备（比如镜像卡）将两台服务器的硬盘做镜像。其中，一台服务器被指定为主服务器，另一台为从服务器。客户只能对主服务器上的镜像的卷进行读写，即只有主服务器通过网络向用户提供服务，从服务器上相应的卷被锁定以防对数据的存取。主/从服务器分别通过心跳监测线路互相监测对方的运行状态，当主服务器因故障宕机时，从服务器将在很短的时间内接管主服务器的应用。

服务器镜像技术的特点是成本较低，提高了系统的可用性，保证了在一台服务器宕机的情况下系统仍然可用，但是这种技术仅限于两台服务器的集群，系统不具有可扩展性。

2）错误接管集群技术

错误接管集群技术是将建立在同一个网络里的两台或多台服务器通过集群技术连接起来，集群节点中的每台服务器各自运行不同的应用，具有自己的广播地址，对前端用户提供服务，同时每台服务器又监测其他服务器的运行状态，为指定服务器提供热备份服务。

错误接管集群技术通常需要共享外部存储设备，例如磁盘阵列柜，两台或多台服务器通过SCSI电缆或光纤与磁盘阵列柜相连，数据都存放在磁盘阵列柜上。这种集群系统中通常是两个节点互为备份的，而不是几台服务器同时为一台服务器备份，集群系统中的节点通过串口、共享磁盘分区或内部网络来互相监测对方的心跳。

错误接管集群技术经常用在数据库服务器、MAIL服务器等的集群中。这种集群技术由于采用共享存储设备，所以增加了外设费用。目前在提高系统的可用性方面用得比较广泛的是应用程序错误接管集群技术，如双机热备，两台服务器连接共用的外部存储系统，一台处于工作状态，另外一台处于备份状态，当处于工作状态的服务器故障时，自动切换到备用服务器，由于数据在外部的共用存储系统中，所有业务不会中断，此模式一般需要集群软件支持。

3）容错集群技术

容错集群技术的一个典型应用是容错机，在容错机中，每一个部件都具有冗余设计。在容错集群技术中，集群系统的每个节点都与其他节点紧密地联系在一起，它们经常需要共享内存、硬盘、CPU 和 I/O 等重要的子系统，容错集群系统中各个节点被共同映像成为一个独立的系统，并且所有节点都是这个映像系统的一部分。在容错集群系统中，各种应用在不同节点之间的切换可以很平滑地完成，不需切换时间。

容错集群技术的实现往往需要特殊的软硬件设计，因此成本很高，但是容错系统最大限度地提高了系统的可用性，是财政、金融和安全部门的最佳选择。

8. 模块化结构

模块化服务器主要包括计算模块、I/O 模块和海量存储器模块。这些模块协同工作，构成一个模块化服务器系统。在一个模块化服务器系统中，可以分别对每一个模块进行升级、故障查找，或用新模块替换旧模块，同类模块也可以随时加入到模块化服务器中，以便对系统进行扩展。

模块化服务器的最大好处之一，就是可以保护客户的投资。模块化服务器是一种可伸缩的服务器，客户可以随着业务需要，通过向服务器中添加各种模块，扩展他们的服务器系统；另一个显著优点是维护管理十分方便。模块化服务器增强了系统的可用性和容错性。从高性能多处理器计算机体系结构观点来看，ccNUMA 体系结构把多个处理器通过路由器光纤互连在一起，系统带宽可随系统规模扩大而增加，从而克服了基于总线的 SMP 体系结构所造成的瓶颈。ccNUMA 结构采用超立方体的多维互连特性，加上模块化计算所带来的灵活性，使系统的可伸缩性达到了前所未有的水平，同时节省了费用。因此，模块化的 NUMA 服务器在灵活性和经济性方面达到了一个新境界。

9. ISC

ISC（Intel Server Control，Intel 服务器控制）是一种网络监控技术，只适用于使用 Intel 架构的带有集成管理功能主板的服务器。采用这种技术后，用户在一台普通的客户机上，就可以监测网络上所有使用 Intel 主板的服务器，监控和判断服务器是否“健康”。一旦服务器中机箱、电源、风扇、内存、处理器、系统信息、温度、电压或第三方硬件中的任何一项出现错误，就会报警提示管理人员。值得一提的是，监测端和服务器端之间的网络可以是局域网也可以是广域网，可直接通过网络对服务器进行启动、关闭或重新置位，极大地方便了管理和维护工作。

10. EMP

EMP（Emergency Management Port，应急管理端口）是服务器主板上所带的一个用于远程管理服务器的接口。远程控制机可以通过 Modem 与服务器相连，控制软件安装于控制机上。远程控制机通过 EMP Console 控制界面可以对服务器进行下列工作：

（1）打开或关闭服务器的电源。

（2）重新设置服务器，甚至包括主板 BIOS 和 CMOS 的参数。

（3）监测服务器内部情况，如温度、电压、风扇情况等。

11. 热插拔

热插拔（Hot Swap）功能就是允许用户在不关闭系统、不切断电源的情况下取出和更换损坏的硬盘、电源或板卡等部件，从而提高了系统对灾难的及时恢复能力、扩展性和灵活性等，例如一些面向高端应用的磁盘镜像系统都可以提供磁盘的热插拔功能。如果没有热插拔功能，即使磁盘损坏不会造成数据的丢失，用户仍然需要暂时关闭系统，以便能够对硬盘进行更换，而使用热插拔技术只要简单地打开连接开关或者转动手柄就可以直接取出硬盘，而系统仍然可以不间断地正常运行。

4.2　网络存储系统

4.2.1　硬盘接口

1. 接口分类

硬盘接口是硬盘与主机系统间的连接部件，作用是在硬盘缓存和主机内存之间传输数据。每种接口协议拥有不同的技术规范，具备不同的传输速度，其存取效能的差异较大，所面对的实际应用和目标市场也各不相同。

目前常见的硬盘接口主要包括：

- 用于 ATA 指令系统的 IDE 接口。
- 用于 ATA 指令系统的 SATA 接口。
- 用于 SCSI 指令系统的并行 SCSI 接口。
- 用于 SCSI 指令系统的串行 SCSI（SAS）接口。
- 用于 SCSI 指令系统的 IBM 专用串行 SCSI 接口（SSA）。
- 用于 SCSI 指令系统的并且承载于 Fibre Channel 协议的串行 FC 接口（FCP）。

IDE 接口，也称为 PATA（Parallel ATA，并行传输 ATA）接口，在 20 世纪 90 年代开始应用于台式电脑，该接口发展过多个版本，其数据传输速度最高支持到 133MB/s，不过，随着 SATA 接口硬盘的出现，各硬盘厂商停止了对其的开发，IDE 接口硬盘基本退出市场。

SATA（Serial ATA，串行传输 ATA）接口是作为并行 ATA（PATA）的硬盘接口的升级技术而出现的，2001 年 Seagate 宣布了 Serial ATA 1.0 标准，正式宣告了 SATA 规范的确立。2005

年随着SATA2.0产品的出现，SATA接口硬盘已基本替代了IDE接口硬盘。SATA1.0接口硬盘数据传输速率能达到150MB/s，SATA2.0接口硬盘数据传输速率能达到300MB/s，相对于IDE接口硬盘，SATA 接口硬盘具有成本低、数据传输速度高、可靠性强、扩配实现简单、减少系统布线的复杂度等优点，受到业界的重视和欢迎。

SCSI接口的硬盘则主要应用于服务器市场。SAS（Serial Attached SCSI）即串行连接SCSI，是并行SCSI接口之后开发出的新一代SCSI技术。与SATA硬盘相同，都是采用串行技术以获得更高的传输速度，并通过缩短连接线改善内部空间等。此接口的设计是为了改善存储系统的效能、可用性和扩充性，并且提供与SATA硬盘的兼容性。

2. SCSI 接口

SCSI（Small Computer System Interface，小型计算机系统接口）是一种专门为小型计算机系统设计的存储单元接口模式，具备与多种类型的外设进行通信的能力。SCSI采用ASPI（高级SCSI编程接口）的标准软件接口使驱动器和计算机内部安装的SCSI适配器进行通信，具有应用范围广、多任务、带宽大、CPU占用率低以及热插拔等优点。

SCSI 接口为存储产品提供了强大、灵活的连接方式和很高的性能。不过其缺点是价格比ATA协议硬盘贵，一般需要主机提供SCSI控制卡，并且在安装、设置时没有IDE或者SATA硬盘方便。

SCSI规范发展到今天，已经是第六代技术了，从刚创建时的SCSI-1（8bit）到今天的Ultra 320 SCSI，速度从5MB/s到现在的320MB/s，有了质的飞跃。各阶段SCSI规范的性能参数比较如表4-1所示。目前的主流SCSI硬盘都采用了Ultra 320 SCSI接口，能提供320MB/s的接口传输速度。SCSI硬盘也有专门支持热插拔技术的SCA2接口（80-pin），与SCSI背板配合使用，就可以轻松实现硬盘的热插拔。

表4-1 各阶段SCSI规范的性能参数比较

SCSI 规范		传输频率（MHz）	数据频宽（bit）	传输率（MB/s）	可连接设备（不含接口卡）
SCSI-1		5	8	5	7
SCSI-2	Fast	10	8	10	7
	Wide	10	16	20	15
SCSI-3	Ultra(Fast-20)	20	8	20	7
	Ultra Wide	20	16	40	15
Ultra2	Ultra2(Fast-40)	40	8	40	7
	Ultra2 Wide	80	16	80	15
Ultra3	Ultra160	80	16	160	15
Ultra4	Ultra320	80	16	320	15

相比于 ATA 硬盘，SCSI 体现出了更适合中、高端存储应用的技术优势：

（1）SCSI 相对于 ATA 硬盘的接口支持数量更多。

ATA 硬盘采用 IDE 插槽与系统连接，而每个 IDE 插槽即占用一个 IRQ（中断号），而每两个 IDE 设备就要占用一个 IDE 通道，虽然附加 IDE 控制卡等方式可以增加所支持的 IDE 设备数量，但总共可连接的 IDE 设备数最多不能超过 15 个。而 SCSI 的所有设备只占用一个中断号（IRQ），因此它支持的磁盘扩容量要比 ATA 多。

（2）SCSI 的带宽更宽。

Ultra 320 SCSI 能支持的最大总线速度为 320MB/s，虽然这只是理论值，但在实际数据传输率方面，即使最快的 ATA/SATA 硬盘和 SCSI 硬盘相比，无论在稳定性还是传输速率上，都有一定的差距。不过如果单纯从速度的角度来看，用户未必需要选择 SCSI 硬盘，RAID 技术可以更加有效地提高磁盘的传输速度。

（3）SCSI 硬盘 CPU 占用率低、并行处理能力强。

虽然 ATA/SATA 硬盘也能实现多用户同时存取，但当并行处理人数超过一定数量后，ATA/SATA 硬盘就会暴露出很大的 I/O 缺陷，传输速率大幅下降。同时，硬盘磁头的来回摆动也会造成硬盘发热性能不稳定。

对于 SCSI 而言，它有独立的芯片负责数据处理，当 CPU 将指令传输给 SCSI 后，随即去处理后续指令，其他的相关工作就交给 SCSI 控制芯片来处理；当 SCSI“处理器”处理完毕后，再次发送控制信息给 CPU，CPU 再接着进行后续工作，因此 SCSI 系统对 CPU 的占用率很低，而且 SCSI 硬盘允许一个用户对其进行数据传输的同时，另一位用户同时对其进行数据查找，这是 SCSI 硬盘并行处理能力的体现。

SCSI 硬盘较贵，但其品质性能更高，其独特的技术优势保障 SCSI 一直在中端存储市场上占据主导地位。普通的 ATA 硬盘转速是 5400 或者 7200 RPM；SCSI 硬盘是 10k 或者 15k RPM，SCSI 硬盘的平均无故障时间达到 1 200 000 小时。另外，下一代 SCSI 技术 SAS 的诞生，则更好地兼容了性能和价格，具有双重优势。

早期因为 SCSI 接口卡和设备昂贵，并且几乎各种外设都有较便宜的接口可替代，SCSI 并未受到青睐，可用的 SCSI 设备不多。反观今天，支持 SCSI 接口的外设产品从原本仅有硬盘、磁带机两种，增加到扫描仪、光驱、刻录机、MO 等各种设备。再加上制造技术的进步，SCSI 卡与外设的价格下降幅度较大，表明 SCSI 市场已经相当成熟。

3. SCSI 控制卡

在系统中应用 SCSI 必须要有专用的 SCSI 控制器，即 SCSI 控制卡，才能与 SCSI 设备相连接。在 SCSI 控制器上有一个相当于 CPU 的芯片，它对 SCSI 设备进行控制，能处理大部分的工作，减少了 CPU 的负担。同时提供一个或以上（一个接口通过电缆可连接 15 个 SCSI 设备）的 SCSI 接口内置板卡，它可插在服务器（或其他设备）主板上的普通 PCI（或服务器上的 PCI-X）插槽上，提供多个 SCSI 接口，以方便连接多个 SCSI 设备。

4.2.2 独立磁盘冗余阵列（RAID）

1. RAID 是什么

RAID（Redundant Array of Independent Disks，独立磁盘冗余阵列）有时也简称磁盘阵列，指将许多价格较便宜的磁盘组成一个容量巨大的磁盘组。由美国加利福尼亚大学伯克利分校的 D.A.Patterson 教授在 1988 年提出，将多块独立的硬盘（物理硬盘）按不同的方式组合起来形成一个硬盘组（逻辑硬盘），作为逻辑上的一个磁盘驱动器来使用，从而提供比单个硬盘更高的存储性能和数据冗余的技术。按照组成磁盘阵列的不同方式分成若干 RAID 级别（RAID Levels）。在使用者看来，组成的磁盘组就像是一个硬盘，用户可以对它进行分区、格式化等操作，多个磁盘驱动器可以同时传输数据，可以增加存储的 I/O 性能，而磁盘上存储的数据一旦发生损坏后，利用备份信息可以使损坏数据得以恢复，从而保障了数据的安全性。总之，对磁盘阵列的操作与单个硬盘一样，不同的是，磁盘阵列的存储性能要比单个硬盘高很多，而且可以提供数据冗余。

2. RAID 相关概念

1）条带化

如图 4-1 RAID 0 系统示意图所示，条带化就是将一块数据划分成一系列连续编号的 Data Block 存储到多个物理磁盘上，在多个进程同时访问数据的不同部分时不会造成磁盘冲突，特别是进行顺序访问的时候，可以获得最大程度上的 I/O 并行能力。

	磁盘0	磁盘1	磁盘2	磁盘3
Stripe 0	Data Block 0 Data Block 1 Data Block 2 Data Block 3	Data Block 4 Data Block 5 Data Block 6 Data Block 7	Data Block 8 Data Block 9 Data Block 10 Data Block 11	Data Block 12 Data Block 13 Data Block 14 Data Block 15 (Depth)
Stripe 1	Data Block 16 Data Block 17 Data Block 18 Data Block 19	Data Block 20 Data Block 21 Data Block 22 Data Block 23	Data Block 24 Data Block 25 Data Block 26 Data Block 27	Data Block 28 Data Block 29 Data Block 30 Data Block 31
Stripe 2	Data Block 32 Data Block 33 Data Block 34 Data Block 35	Data Block 36 Data Block 37 Data Block 38 Data Block 39	Data Block 40 Data Block 41 Data Block 42 Data Block 43	Data Block 44 Data Block 45 Data Block 46 Data Block 47
Stripe N	⋮	⋮	⋮	⋮

图 4-1 RAID 0 系统示意图

2）扇区、块、段、条带、条带长度、条带深度

在图 4-1 中，磁盘组被划分成的一条条的、横跨各磁盘的每一条称为条带（Stripe）；一个条带在单块磁盘上所占的区域称为段（Segment）；每个段所包含的数据块（Data Block）的个数或者字节容量称为条带深度（Stripe Depth）；一个条带横跨过的所有磁盘的数据块（Data Block）的个数或者字节容量称为条带长度。如：磁盘 0 上的数据块 Data Block0、Data Block1、Data Block2、Data Block3 组成的区域称为段（Segment），假设每个数据块大小为 4KB，则条带深度为 4KB×4=16KB，条带长度为 4KB×16=64KB。

3）I/O 相关的几个概念

磁盘 I/O 即磁盘的输入输出，输入指的是对磁盘写入数据，输出指的是从磁盘读出数据。一般读写类型分为读/写 I/O、大/小块 I/O、连续/随机 I/O、顺序/并发 I/O、持续/间断 I/O 等。

读/写 I/O：读 I/O 就是控制器发出指令从磁盘读取某段序号连续的扇区的内容，一个 I/O 所有读取的扇区段一定是连续的，否则，就得放入多个 I/O 分别执行。指令一般先通知磁盘开始扇区的位置，然后给出需要从这个初始扇区往后读取的连续扇区个数，同时给出动作是读还是写，磁盘收到这条指令后就会按照要求读或者写数据。控制器从发出这条指令到获得执行回执的过程就是一次 I/O 读或者写。

大/小块 I/O：指控制器的指令中连续读取扇区的多少。大小块并无严格区分，比如 128、64 等，可以算大块 I/O，如 1、4、8 可以算小块 I/O。

连续/随机 I/O：连续 I/O 指的是本次 I/O 给出的初始扇区地址和上一次 I/O 的结束扇区地址是完全连续或者相隔不多的。如果相差很大，则算作一次随机 I/O。如果是连续 I/O ，磁头几乎不用换道，或者换道的时间很短；而随机 I/O 会导致磁头不停地换道，造成效率大大降低。因此，连续 I/O 比随机 I/O 效率高。

顺序/并发 I/O：顺序 I/O 是指文件系统下发的 I/O 队列只能按顺序一个一个地执行；而并发 I/O 则指向一块磁盘发送 I/O 指令后不必等待回应，接着向另外一块磁盘发送 I/O 指令，即可以同时向一个 RAID 系统中的多个磁盘发送 I/O 指令。并发 I/O 在某些特定应用场景下可以极大地提高效率和速度。

持续/间断 I/O：持续不断地发送或者接收 I/O 请求数据量，则为持续 I/O；I/O 数据量时断时续则为间断 I/O。

I/O 并发：单块磁盘时，因为一块磁盘同一时间只能进行一次 I/O，同时最多 1 个 I/O，无 I/O 并发；由 2 块磁盘组成的 RAID 0，同时最多 2 个 I/O，故最大 I/O 并发为 2；由 3 块磁盘组成的 RAID 5，由于争用校验盘的问题，同时最多 1 个 I/O，无 I/O 并发；由 4 块磁盘组成的 RAID 5，由于校验块分布在不同磁盘上，所有同时最多 2 个 I/O，故 I/O 并发为 2。

IOPS：即每秒磁盘可以进行多少次 I/O 读写。较高的 I/O 并发率和较低的单次 I/O 用时都会提升 IOPS，我们知道完成一次 I/O 所用时间为寻道时间+旋转延迟时间+数据传输时间，受磁盘转速影响，寻道时间相对于数据传输时间要大很多，所以 7200rmp、10 000rmp、15 000rmp 转速的磁盘对 IOPS 的影响明显。

每秒 I/O 吞吐量：即每秒磁盘 I/O 的流量，为磁盘读取和写入数据之和。每秒 I/O 吞吐量

=IOPS×平均 I/O 大小。由此可知，I/O 大小越大、寻道时间越短，吞吐量越高。

3. RAID 的基本工作模式

RAID 技术经过不断的发展，现在已拥有了从 RAID 0 到 RAID 6 这七种基本的 RAID 级别。另外，还有一些基本 RAID 级别的组合形式，如 RAID 10（RAID 0 与 RAID 1 的组合）、RAID 50（RAID 0 与 RAID 5 的组合）等。不同的 RAID 级别代表着不同的存储性能、数据安全性和存储成本。最为常用的是下面的几种 RAID 形式。

1）RAID 0

RAID 0 又称为 Stripe 或 Striping（条带化），把连续的数据分散到多个磁盘上存储，这样，系统有数据请求就可以被多个磁盘并行地执行，每个磁盘执行属于它自己的那部分数据请求。这种数据上的并行操作可以充分利用总线的带宽，显著提高磁盘整体存取性能。在所有 RAID 级别中，RAID 0 的存取性能最高。

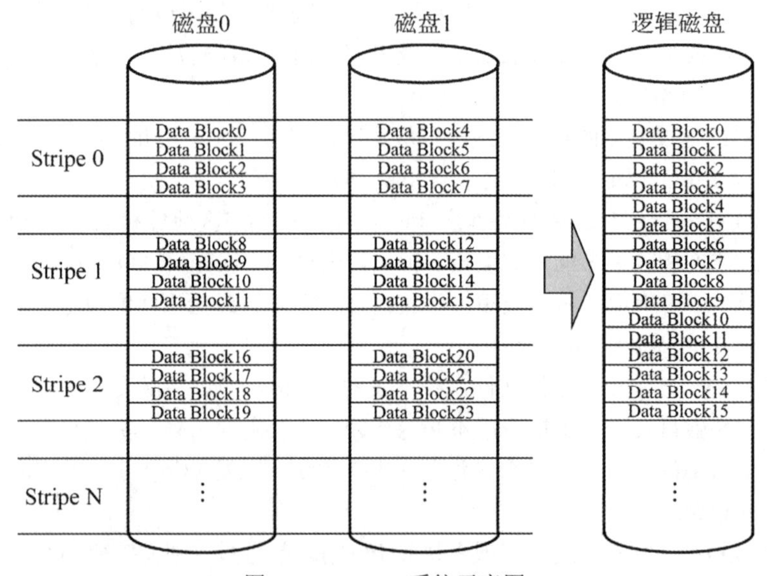

图 4-2 RAID 0 系统示意图

如图 4-2 所示，把连续的数据分散到多个磁盘上存储，参与形成 RAID 0 的各个物理盘会组成一个逻辑上连续、物理上也连续的虚拟磁盘。通过建立 RAID 0，原本顺序的数据请求被分散到所有的三块硬盘中同时执行。系统向两个磁盘组成的逻辑硬盘（RAID 0 磁盘组）发出的 I/O 数据请求被转化为两项操作，其中的每一项操作都对应于一块物理硬盘。从图中可以清楚地看到，通过建立 RAID 0，原先顺序的数据请求被分散到所有的硬盘中同时执行。从理论上讲，两块硬盘的并行操作使同一时间内磁盘读写速度提升了 2 倍。但由于总线带宽等多种因素的影响，实际的提升速率肯定会低于理论值，但是，大量数据并行传输与串行传输比较，提速效果显著显然毋庸置疑。

RAID 0 的缺点是不提供数据冗余，因此一旦数据或者磁盘损坏，损坏的数据将无法得到恢复，RAID 0 特别适用于对性能要求较高，而对数据安全要求低的领域。

2）RAID 1

RAID 1 又称为 Mirror 或 Mirroring（镜像），它的宗旨是最大限度地保证用户数据的可用性和可修复性。RAID 1 的操作方式是把用户写入硬盘的数据百分之百地自动复制到另外一个硬盘上。

如图 4-3 所示，当读取数据时，系统先从 RAID 1 的源盘读取数据，如果读取数据成功，则系统不去管备份盘上的数据；如果读取源盘数据失败，则系统自动转而读取备份盘上的数据，不会造成用户工作任务的中断。当然，应当及时地更换损坏的硬盘并利用备份数据重新建立 Mirror，避免备份盘在发生损坏时，造成不可挽回的数据损失。

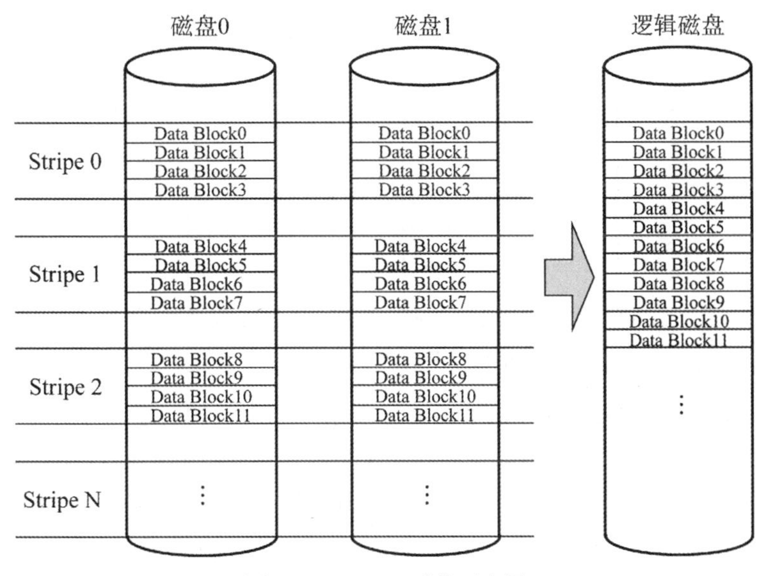

图 4-3 RAID 1 系统示意图

由于对存储的数据进行完全的备份，在所有 RAID 级别中，RAID 1 提供最高的数据安全保障。同样，由于数据的完全备份，备份数据占了总存储空间的一半，因而 Mirror（镜像）的磁盘空间利用率低，存储成本高。

相比于 RAID 0 无数据冗余，RAID 1 通过数据镜像加强了数据安全性，使其尤其适用于存放重要数据。

3）RAID 3

如图 4-4 所示，RAID 3 由一块校验盘和多块数据盘组成，将条带长度设置为和文件系统块大小一致，对一个 I/O 尽量分割成小块，让每次 I/O 都能尽可能地使用更多的磁盘，最好是所有磁盘都参与，即 I/O SIZE 不小于条带长度，这样多磁盘同时工作，单次 I/O 的性能就高，深度随磁盘数量而定，但是最小深度为 1 个扇区。例如，一般文件系统常用的块大小为 4KB，则 RAID 3 的条带长度就设置为 4KB，如果使用 4 块数据盘，则条带深度为两个扇区或者 1KB；如果使用 8

块数据盘，则条带深度为 1 个扇区或者 512B。总之，会保持条带长度为上层块的大小，而上层的 I/O 一般都会以块为单位，这样就可以保证在连续写的情况下，以条带为单位写入，大大提高磁盘并行度。不过，RAID 3 的并发是一次 I/O 的多磁盘并发读写，并不是多 I/O 并发，这样的设置并不适合多 I/O 并发的业务，会造成 I/O 等待，所以 RAID 3 最适合连续大块 I/O 的业务。

	磁盘0	磁盘1	磁盘2	磁盘3
Stripe 0	P	D	D	D
Stripe 1	P	D	D	D
Stripe 2	P	D	D	D
Stripe N	⋮	⋮	⋮	⋮

图 4-4 RAID 3 系统示意图

RAID 3 在数据校验和容错方面，对 RAID 2 中多块校验盘的问题进行了优化，采用一块校验盘，把数据盘的每一位通过 XOR 运算，将结果写入校验盘的对应位置。当一块磁盘故障后，可以利用校验盘和其他数据盘，通过 XOR 运算，恢复故障磁盘的数据。这样既提升了校验效率，减少了成本，又实现了数据冗余，但缺点是 XOR 算法无法纠错。

4）RAID 4

RAID 4 针对 RAID 3 无法实现 I/O 并发的问题进行了改进，设置条带长度和深度足够大，使得 I/O SIZE 总是小于 Stripe SIZE，保证每个 I/O 总是尽可能少地占用磁盘，甚至一个 I/O 只占用一个磁盘，这样就可以实现多个 I/O 并发。这样的设计对于读 I/O 来说，是可以提升 I/O 并发能力的。但是对于写 I/O，由于每次写都需要对校验盘进行 I/O 写操作，就会出现多个 I/O 争用校验盘的现象，即出现写校验盘排队现象，这成为 I/O 并发的新瓶颈。

例如，图 4-5 所示的 RAID 4 阵列，有 1 块校验盘和 3 块数据盘，某时刻一个 I/O 占用了校验盘和磁盘 1，此时，虽然磁盘 2 和磁盘 3 是空闲的，可以同时接受新的 I/O 请求，但是新的写 I/O 同样需要使用校验盘，由于一块物理磁盘同一时间只能处理一个 I/O，所以新的写 I/O 只能等待旧的写 I/O 完成后，才能写入校验，这样就出现了数据盘可并发而校验盘不能并发的情况。

RAID 4 的 I/O 并发可以通过文件系统层配合进行优化，将多个 I/O 合并写入，数据块尽量同时写到一个条带中，实现整条带的写入，实现多 I/O 并发。目前 RAID 4 使用得很少，面临淘汰，只有 NetApp 的 WAFL 文件系统还在用，WAFL 文件系统对 RAID 4 做了优化。

	磁盘0	磁盘1	磁盘2	磁盘3
Stripe 0	Parity0 Parity1 Parity2 Parity3	Data Block0 Data Block1 Data Block2 Data Block3	Data Block4 Data Block5 Data Block6 Data Block7	Data Block8 Data Block9 Data Block10 Data Block11
Stripe 1	Parity4 Parity5 Parity6 Parity7	Data Block12 Data Block13 Data Block14 Data Block15	Data Block16 Data Block17 Data Block18 Data Block19	Data Block20 Data Block21 Data Block22 Data Block23
Stripe 2	Parity8 Parity9 Parity10 Parity11	Data Block24 Data Block25 Data Block26 Data Block27	Data Block28 Data Block29 Data Block30 Data Block31	Data Block32 Data Block33 Data Block34 Data Block35
Stripe N	⋮	⋮	⋮	⋮

图 4-5　RAID 4 系统示意图

5）RAID 5

为了解决 RAID 4 系统争用校验盘、不能 I/O 并发的问题，发展出了 RAID 5，RAID 5 采用分布式校验盘的做法，将校验盘打散在 RAID 组的每块磁盘上，如图 4-6 所示。每个条带都有一个校验 Segment，但是不同条带的校验 Segment 分布在不同的磁盘上，在相邻条带之间循环分布。同时为了实现 I/O 并发，RAID 5 将条带大小做得较大，以保证每次 I/O 数据不会占满整条带。

	磁盘0	磁盘1	磁盘2	磁盘3
Stripe 0	Parity0 Parity1 Parity2 Parity3	Data Block0 Data Block1 Data Block2 Data Block3	Data Block4 Data Block5 Data Block6 Data Block7	Data Block8 Data Block9 Data Block10 Data Block11
Stripe 1	Data Block12 Data Block13 Data Block14 Data Block15	Parity4 Parity5 Parity6 Parity7	Data Block16 Data Block17 Data Block18 Data Block29	Data Block20 Data Block21 Data Block22 Data Block23
Stripe 2	Data Block24 Data Block25 Data Block26 Data Block27	Data Block28 Data Block29 Data Block30 Data Block31	Parity8 Parity9 Parity10 Parity11	Data Block32 Data Block33 Data Block34 Data Block35
Stripe N	⋮	⋮	⋮	⋮

图 4-6　RAID 5 系统示意图

图4-7所示的写I/O始终只占用磁盘0和3，而磁盘1和2处于空闲状态，此时，如果刚好有个写I/O需要写数据到D5，而该条带的校验Segment在P2，这两个段又分布在磁盘1和2上，这样两个写I/O就可是并发。所以，RAID 5磁盘越多，并发概率越高。

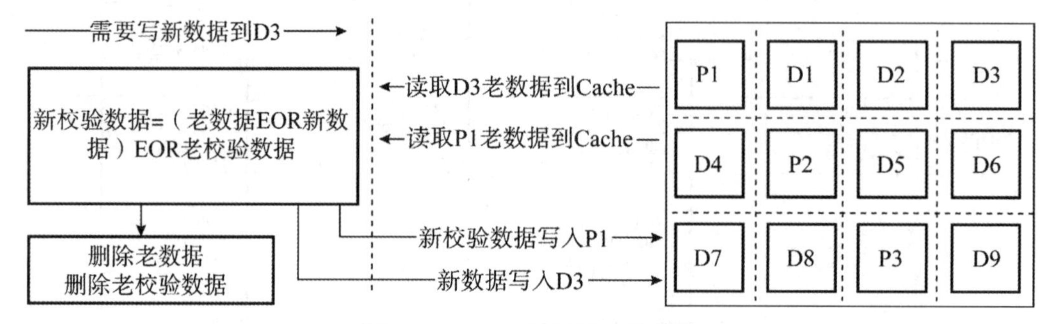

图4-7　RAID 5读写模式示意图

RAID 5 是一种存储性能、数据安全和存储成本兼顾的存储解决方案。RAID 5不对存储的数据进行备份，而是把数据和相对应的奇偶校验信息存储到组成RAID 5的各个磁盘上，并且奇偶校验信息和相对应的数据分别存储于不同的磁盘上。当RAID 5的一个磁盘数据发生损坏后，利用剩下的数据和相应的奇偶校验信息去恢复被损坏的数据。RAID 5可以为系统提供数据安全保障，但保障程度要比Mirror低，而磁盘空间利用率要比Mirror高。RAID 5具有和RAID 0相近似的数据读取速度，只是多了一个奇偶校验信息，写入数据的速度比对单个磁盘进行写入操作稍慢。同时由于多个数据对应一个奇偶校验信息，RAID 5的磁盘空间利用率要比RAID 1高，存储成本相对较低。从图4-7可知，RAID 5因为数据写入需要奇偶校验，存在写惩罚，同时磁盘组中最多允许坏一块磁盘，否则数据无法恢复。

6）RAID 6

RAID 5以及之前的RAID级别，最多有一块校验盘，也就是最多允许坏掉一块磁盘，而不影响使用或者丢失数据，当有第二块磁盘坏掉时，系统就无法正常使用并且会丢失数据。为了提高冗余度，在RAID 5的基础上增加一块校验盘，创建RAID 6。如图4-8所示，RAID 6的磁盘组中包括两块校验盘和多块数据盘，同RAID 5一样，RAID 6的两块校验盘也是打散分布式存储在每一块磁盘上的。RAID 6通过不同数学算法，计算出两种不同的校验数据，分别存入两个校验Segment，保证在同时坏掉两块盘的情况下，通过联立这两个数学关系等式来求出丢失的数据，进行数据恢复。RAID 6的写性能比RAID 5更差，因为它需要读出2次校验数据，计算后还需要再写入，写惩罚更严重，不过数据安全性提高了很多。

7）RAID 0+1/RAID 10

正如其名字一样，RAID 0+1是RAID 0和RAID 1的组合形式，也称为RAID 10。

以四个磁盘组成的RAID 10为例，其数据存储方式如图4-9所示。首先，磁盘0和磁盘1组成RAID 1，磁盘2和磁盘3组成RAID 1，然后这两个RAID 1再组成RAID 0。RAID 10是存储性能和数据安全兼顾的方案，它在提供与RAID 1一样的数据安全保障的同时，也提供了与RAID 0近似的存储性能。

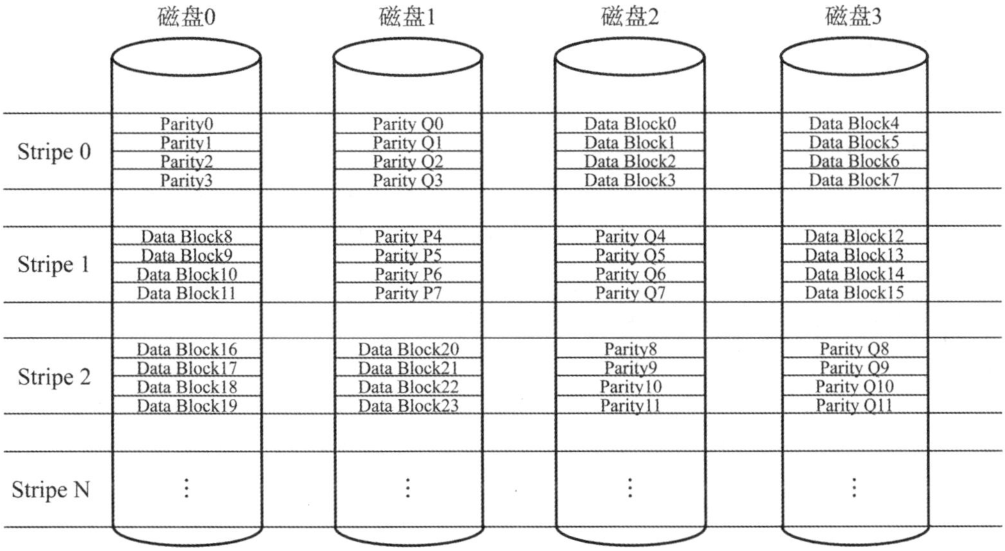

图 4-8　RAID 6 系统示意图

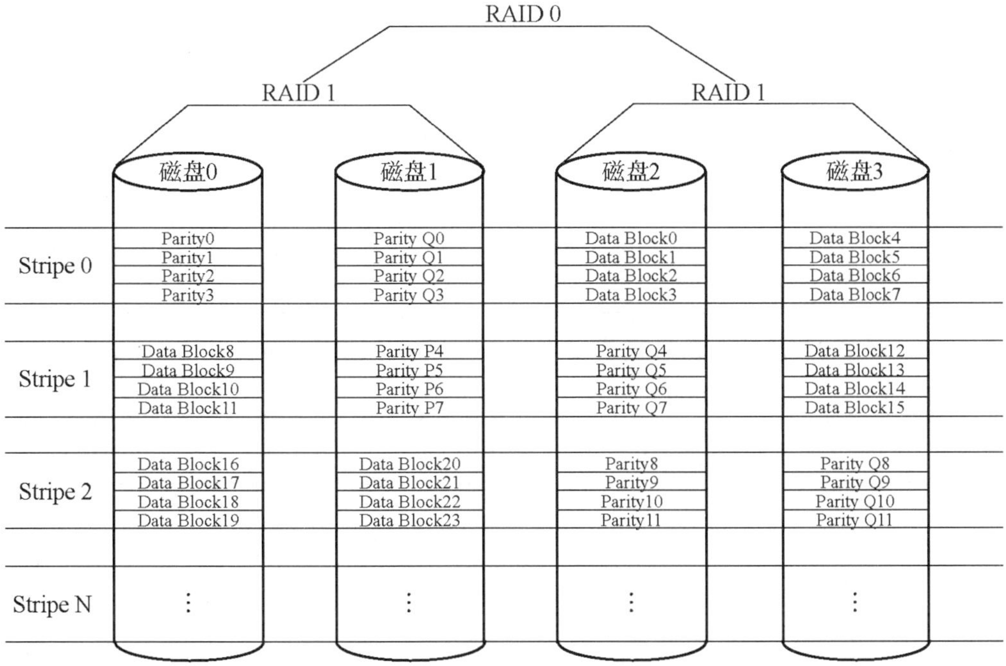

图 4-9　RAID 10 系统示意图

由于 RAID 10 也通过数据的 100%备份功能提供数据安全保障，因此 RAID 10 的磁盘空间利用率与 RAID 1 相同，存储成本高。RAID 10 的特点使其特别适用于既有大量数据需要存取，同时又对数据安全性要求严格的领域，如银行、金融、商业超市、仓储库房、各种档案管理等。

4. RAID 级别的选择

RAID 级别的选择有三个主要因素：可用性（数据冗余）、性能和成本。如果不要求可用性，选择 RAID 0 以获得最佳性能。如果可用性和性能是重要的，而成本不是一个主要因素，则根据硬盘数量选择 RAID 1。如果可用性、成本和性能都同样重要，则根据一般的数据传输和硬盘的数量选择 RAID 5。各个 RAID 级别的性能比较如表 4-2 所示。

表 4-2　各个 RAID 级别性能比较

RAID 级别	RAID 0	RAID 1	RAID 3	RAID 5	RAID 10
别名	条带	镜像	专用奇偶位条带	分布奇偶位条带	镜像阵列条带
容错性	没有	有	有	有	有
冗余类型	没有	复制	奇偶校验	奇偶校验	复制
热备盘选项	没有	有	有	有	有
读性能	高	低	高	高	中间
随机写性能	高	低	最低	低	中间
连续写性能	高	低	低	低	中间
需要的磁盘数	一个或多个	只需2个或2N个	三个或更多	三个或更多	只需4个或2N个
可用容量	总的磁盘的容量	只能用磁盘容量的50%	(n-1)/n 的磁盘容量，其中 n 为磁盘数	(n-1)/n 的磁盘容量，其中 n 为磁盘数	只能用磁盘容量的50%
典型应用	无故障的迅速读写，要求安全性不高，如图形工作站等	随机数据写入，要求安全性高，如服务器、数据库存储领域	连续数据传输，要求安全性高，如视频编辑、大型数据库等	随机数据传输，要求安全性高，如金融、数据库、存储等	要求数据量大，安全性高，如银行、金融等领域

4.2.3 磁带库

1. 磁带驱动技术

磁带驱动技术是指磁带驱动器遵循的标准，它规定了数据格式、记录方式、定位方式、走带路径、校验方式、压缩算法、介质尺寸、介质生产工艺以及驱动器的接口标准等。在驱动器和磁带的生产过程中，都必须遵从某一种驱动技术的标准。只有采用相同标准生产出来的驱动器和磁带才能一起工作。

每个磁带驱动器都对应着某个特定的磁带驱动技术，例如 Sony AIT 磁带机采用的就是 AIT 技术，而 Quantum 的 DLT 磁带机采用的是 DLT 技术。但是磁带库本身与磁记录技术则没有任何必然的联系，也就是说一台带库可以支持多种不同的磁带驱动器，甚至可以支持混装。带库能够支持多少种驱动技术，反映了它的开放性。一般来说，企业信息系统都非常注重开放性，防止在系统扩展时受到某种技术和产品的限制。但是在一些特殊领域，则可能由于行业特点或行业习惯一直沿用某种产品，而不是非常重视开放性。

目前主流的磁带驱动技术包括 Quantum 公司的 DLT 和 SuperDLT，IBM、HP 和 Seagate 共同制定的 LTO，STK 的 9840、9940，IBM 的 3590，Exabyte 的 Mammoth-2，Sony 的 AIT-2、AIT-3、DTF、DTF-2 等。

磁带驱动技术最主要的指标是数据传输率和单盘容量，因为这直接关系到做一次备份所需的时间和介质数量。查看这 2 个指标时要注意区分厂家给出的数值是未压缩模式下的还是在 2:1 或更高压缩比下的；另外还要注意区分峰值数据传输率和持续数据传输率的不同，峰值传输率是指瞬间可达的最大传输率，它不能反映带机的整体性能，用户真正应该关心的是持续传输率。反映带机性能的另一个指标是载入时间，是指将一盘磁带插入带机，至带机准备好，再到可进行读写操作所需的时间，一般为几秒到几十秒。相对于备份任务所需的全部时间，载入时间是非常微不足道的。但当带库用于数据迁移（Storage Migration）系统时，由于需要频繁交换磁带，带机的载入时间长短就比较重要了。

除了容量和性能外，一般用户比较关心的要算可靠性了，特别是对那些需要带机高负荷工作的系统，可靠性就更为重要。衡量可靠性的一个最常用指标是 MTBF（平均无故障时间），它是指带机在出现故障之前平均的正常工作时间。这一指标并不是通过实测得到的，而是综合了影响带机运作的各种因素，以一定的公式计算得出。目前主流的驱动技术，其 MTBF 都可达到十几万到几十万小时。带机内部的稳定性，与磁头设计、走带路径造成的张力和磨损等因素有关。表 4-3 简单对比了几种主流的磁带驱动技术。

表 4-3　主流磁带驱动技术指标对比

磁带驱动技术	单盘容量（GB）	持续传输率（MB/s）	记录方式	介质类型	介质寿命（年）
LTO	100	15	线性	MP	30
SuperDLT	110	11	线性	AMP	>30
9940	60	10	线性	AMP	15-30
3590	20/40/60	14	线性	AMP	15-30
AIT-3	100	12	螺旋扫描	AME	>30
DTF-2	200/60	24	螺旋扫描	AMP	>30
Mammoth-2	60	12	螺旋扫描	AME	30

2. 虚拟磁带库

虚拟磁带库（Virtual Tape Library，VTL）是使用磁盘阵列效仿标准的磁带库的一种新概念产品。VTL 通过光纤连接到备份服务器，为数据存储备份提供了高速、高效及安全的解决方案，极大地缩短了数据备份所需时间。更重要的是，VTL 通过冗余和热插拔设计保证了系统的不停顿及备份工作连续运行。

从中国存储市场的现状看，大多数用户仍是使用磁带承担备份和归档的双重任务，究其原因，也是因为磁带远比磁盘价廉。但在使用常规磁带库时可能会被下列问题困扰：

（1）机械手、驱动器、磁带，多个暴露的机械装置中任一单点故障，均会导致备份失败；

（2）备份磁带组中任一盘磨损、卡带、变形、受潮等，均可能导致整体备份无法恢复；

（3）耗时的文件查找困扰日常运营，严重制约 IT 服务能力。

随着 ATA、SATA 磁盘阵列的出现，ATA、SATA 磁盘的成本正逐渐接近甚至低于磁带，基于磁盘的备份技术正在成为一种潮流，磁盘有取代磁带成为备份主流介质的趋势。虽然 VTL 问世的时间不长，在国外却是相当热门的产品，从市场层面来看，主要的存储设备供货商都开始开发 VTL 产品线。

4.2.4 DAS 技术

DAS（Direct Attached Storage）即直连方式存储。在这种方式中，存储设备是通过电缆（通常是 SCSI 接口电缆）直接连接服务器。I/O（输入/输出）请求直接发送到存储设备。DAS 也可称为 SAS（Server Attached Storage，服务器附加存储）。它依赖于服务器，其本身是硬件的堆叠，不带有任何存储操作系统。图 4-10 为典型的 DAS 结构图。DAS 的适用环境为：

（1）服务器在地理分布上很分散，通过 SAN（存储区域网络）或 NAS（网络直接存储）在它们之间进行互连非常困难时；

（2）存储系统必须被直接连接到应用服务器（如 Microsoft Cluster Server 或某些数据库使用的“原始分区”）上时；

（3）包括许多数据库应用和应用服务器在内的应用，它们需要直接连接到存储器上时。

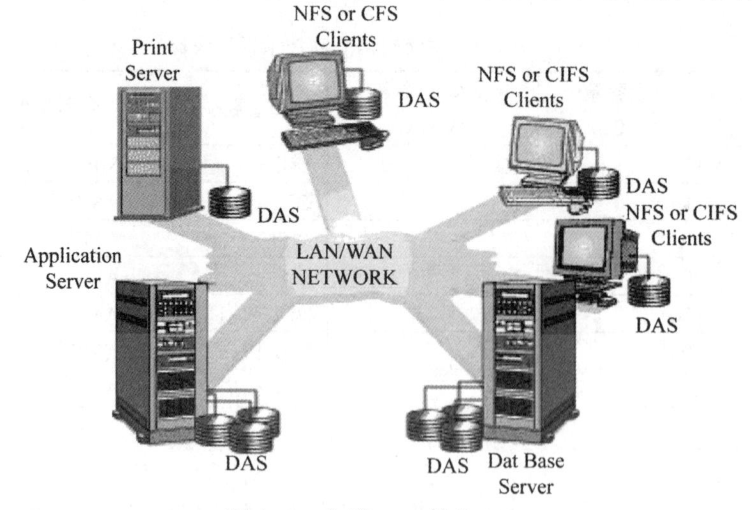

图 4-10 典型 DAS 结构

对于多个服务器或多台 PC 的环境，使用 DAS 方式，设备的初始费用可能比较低，可是这种连接方式下，每台 PC 或服务器单独拥有自己的存储磁盘，容量的再分配困难；对于整个环境下的存储系统管理，工作烦琐而重复，没有集中管理解决方案。所以整体的拥有成本（TCO）较高。目前 DAS 基本被 NAS 或者 SAN 所代替。

4.2.5 NAS 技术

NAS（Network Attached Storage）是网络附加存储。在 NAS 存储结构中，存储系统不再通过 I/O 总线附属于某个特定的服务器或客户机，而是直接通过网络接口与网络直接相连，用户通过网络来访问。

NAS 常见的有两种：一种是 NAS 软件+磁盘阵列（或分布式存储）；一种是 NAS 一体机，磁盘阵列机头包含 NAS 功能。

图 4-11 所示即为 NAS 软件+磁盘阵列方式。NAS 软件安装在服务器上，服务器连接磁盘阵列，直接管理磁盘阵列的 LUN，根据业务需求创建多个专属文件系统，通过 NFS 或者 CIFS 协议对用户提供共享服务，用户通过网络驱动器映射或者 Mount 的方式，添加 NAS 的文件系统。用户访问 NAS 如同访问本机的硬盘资源一样方便，NAS 创建的文件为弹性空间，可根据用户需求在线扩容或者缩减。

NAS 一体机实际上是一个带有瘦服务的存储设备，其作用类似于一个专用的文件服务器，不过把显示器、键盘、鼠标等设备省去，NAS 用于存储服务，可以大大降低存储设备的成本。另外 NAS 中的存储信息都是采用 RAID 方式进行管理的，从而有效地保护了数据。

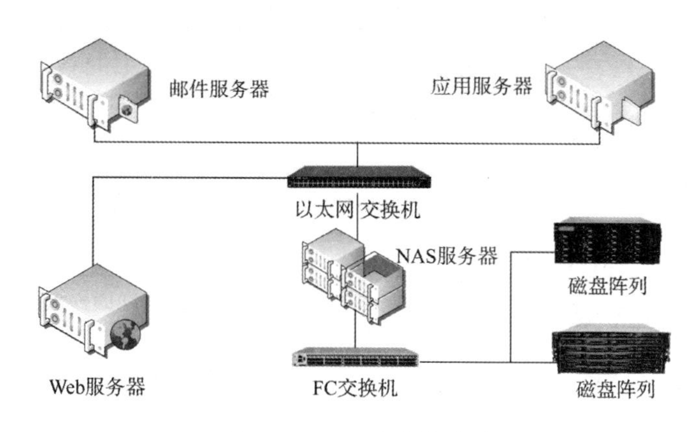

图 4-11 NAS 系统结构图

NAS 软件和 NAS 一体机方式各有优缺点。NAS 软件由于与存储系统相对独立，系统扩容相对方便，扩大存储空间可以通过增加磁盘阵列来实现，提升系统性能可以通过扩展 NAS 服务器节点来实现，相互之间影响较小，不过对系统运维能力要求较高。代表性的 NAS 软件厂商有 NetApp、Veritas、华为，其最新的 NAS 方案都采用分布式存储而非图 4-11 所示的集中式存储，但对于 NAS 服务来说，本质上并无区别。NAS 一体机产品以国内存储厂商为主，如华为、浪潮等，在存储系统上增加 NAS 功能，NAS 软件和存储系统集成一体，兼容性好，运维方便简单，但是系统扩容、性能升级等受到原设备厂家一定程度的制约。

NAS 典型应用如图 4-12 所示，应用于多业务节点共享处理非结构文档的业务需求。

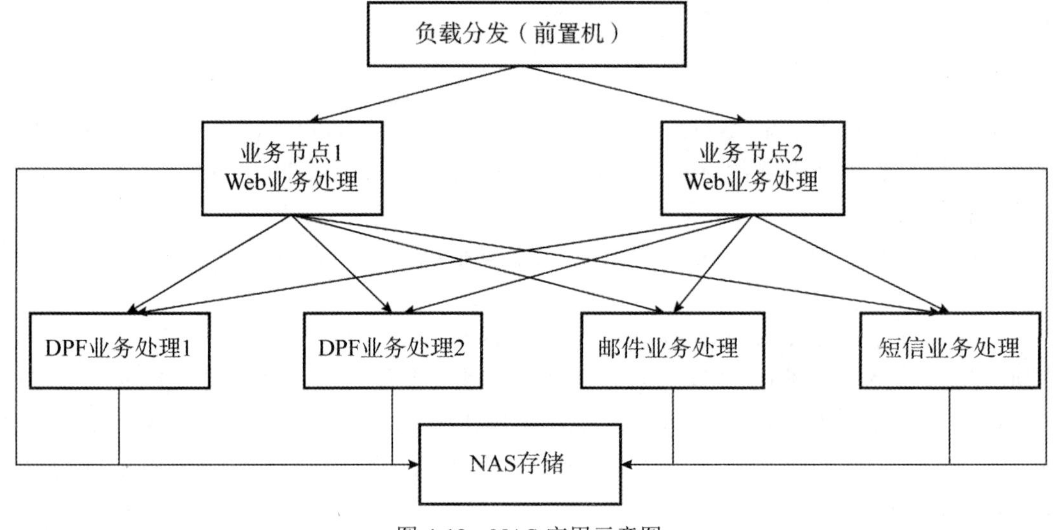

图 4-12 NAS 应用示意图

NAS 与 DAS 的比较情况如表 4-4 所示。

表 4-4 NAS 与 DAS 的比较

比较项目	NAS	DAS
核心技术	基于 Web 开发的软硬件集合于一身的 IP 技术，部分 NAS 是软件实现 RAID 技术	硬件实现 RAID 技术
支持操作平台	完全跨平台文件共享，支持所有的操作系统	不能提供跨平台文件共享功能，受限于某个独立的操作系统
连接方式	直接在网络上传输数据，可接 10M/100M/1G/10G 网络	通过 SCSI 线接在服务器上，通过服务器的网卡向网络上传输数据
安装	安装简便快捷，即插即用	通过 LCD 面板设置 RAID 较简单，连上服务器操作时较复杂
操作系统	独立的操作系统，完全不受服务器干预	无独立的存储操作系统，需相应服务器的操作系统支持
存储数据结构	集中式数据存储模式，将不同系统平台下的文件存储在一台 NAS 设备上，方便网络管理员集中管理大量的数据，降低维护成本	分散式数据存储模式，网络管理员需要耗费大量时间到不同服务器下分别管理各自的数据，维护成本增加
数据管理	管理简单，基于 Web 的 GUI 管理界面使 NAS 设备的管理一目了然	管理较复杂，需要服务器附带的操作系统支持
软件功能	自身支持多种协议的管理软件，功能多样，支持日志文件系统，且一般集成本地备份软件	没有自身管理软件，需要针对现有系统情况另行购买

续表

比较项目	NAS	DAS
扩充性	轻松在线增加设备，无需停顿网络，而且与已建立起的网络完全融合，充分保护用户原有投资，良好的扩充性完全满足 24×7 不间断服务	增加硬盘后重新作 RAID 一般要停机，会影响网络服务
总拥有成本（TCO）	价格低，不需要购买服务器及第三方软件，以后的投入会很少，降低用户的后续成本，从而使总拥有成本降低	价格适中，需要购买服务器及操作系统，总拥有成本较高
数据备份与灾难恢复	集成本地备份软件，可实现无服务器的网络数据备份。双引擎设计理念，即使服务器发生故障，用户仍可进行数据存取	可备份直连服务器及工作站的数据，对多台服务器和数据备份较难
RAID 级别	RAID 0、1、5 等	RAID 0、1、3、5 或 JBOD
硬件架构	冗余电源、多风扇、热插拔	冗余电源、多风扇、热插拔、背板化结构

4.2.6　SAN 技术

SAN（存储局域网）是通过专用高速网将一个或多个网络存储设备和服务器连接起来的专用存储系统，未来的信息存储将以 SAN 存储方式为主。SAN 主要采取数据块的方式进行数据和信息的存储，目前主要用于以太网和光纤通道两类环境中。

通过 IP 协议或以太网的数据存储，IP 存储使得性价比较好的 SAN 技术能应用到更广阔的市场中。它利用廉价、货源丰富的以太网交换机、集线器和线缆来实现低成本、低风险的基于 IP 的 SAN 存储。

光纤通道是一种存储区域网络技术，它实现了主机互连，企业间共享存储系统的需求。可以为存储网络用户提供高速、高可靠性以及稳定安全性的传输。光纤通道是一种高性能、高成本的技术。

另外，无限带宽技术（InfiniBand）是一种高带宽、低延迟的下一代互连技术，构成新的网络环境，实现 IB SAN 的存储系统。

NAS 与 SAN 的比较情况如表 4-5 所示。

表 4-5　NAS 与 SAN 的比较

比较项目	NAS	SAN
文件系统	NAS 是基于 File System 的	SAN 是基于 LUN 的
连接方式	NAS 是连接在 LAN 里面的存储服务器	SAN 是由 FC 交换机组成的一个存储网络
操作系统	NAS 是和 Cluster 无关的，NAS 设备有自己的 OS	SAN 是和 Cluster 密切相关的，SAN 中的存储设备没有 OS
存储数据结构	NAS 上的数据是不排外的，同一个逻辑区域可以被多个服务器读取和修改	SAN 上的数据是放在 LUN 上的，同一个区域需要 Lock Manager 来控制，不允许同时读写

续表

比较项目	NAS	SAN
体系结构	NAS 主要作为散布在 LAN 中的各个分开的存储系统	SAN 主要作为一个整体概念存在于企业中，可以看作一个单独的存储系统
协议集	NAS 是廉价的，使用 TCP/IP 协议	SAN 是昂贵的，使用 FC 相关协议集
总拥有成本（TCO）	NAS 的性能/价格比较好，适合中小企业的中央存储	SAN 的性能优秀，但是价格昂贵，适合大型企业和关键应用的核心存储系统

下面分别对 FC SAN、IP SAN 和 IB SAN 进行介绍。

1. FC SAN 技术

由于应用的不断要求，光纤通道技术已经确立成为 SAN 互连的精髓，可以为存储网络用户提供高速、高可靠性以及稳定安全性的传输。光纤通道技术是基于美国国家标准协会（ANSI）的 X3.230-1994 标准（ISO 14165-1）而创建的基于块的网络方式。该技术详细定义了在服务器、转换器和存储子系统（例如磁盘列阵或磁带库）之间建立网络结构所需的连接和信号。光纤通道几乎可以传输任何大小的流量。

光纤通道采用光纤以 4Gbps、8Gbps、16Gbps 的速率传输 SAN 数据，延迟时间短。例如，典型的光纤通道转换所产生的延时仅有数微秒，正是由于光纤通道结合了高速度与延迟性低的特点，在时间敏感或交易处理的环境中，光纤通道成为理想的选择。同时，这些特点还支持强大的扩展能力，允许更多的存储系统和服务器互连。光纤通道同样支持多种拓扑结构，既可以在简单的点对点模式下实现两个设备之间的运行，也可以在经济型的仲裁环下连接 126 台设备，或者（最常见的情况）在强大的交换式结构下为数千台设备提供同步全速连接。

2. IP SAN 技术

1）什么是 IP SAN

IP SAN 存储技术，顾名思义是在传统 IP 以太网上架构一个 SAN 存储网络把服务器与存储设备连接起来的存储技术。IP SAN 其实在 FC SAN 的基础上更进一步，它把 SCSI 协议完全封装在 IP 协议之中。简单来说，IP SAN 就是把 FC SAN 中光纤通道解决的问题通过更为成熟的以太网实现了。从逻辑上讲，它是彻底的 SAN 架构，即为服务器提供块级服务。

2）IP SAN 的特性

IP SAN 技术有其独特的优点：节约大量成本、加快实施速度、优化可靠性以及增强扩展能力等。采用 iSCSI 技术组成的 IP SAN 可以提供和传统 FC SAN 相媲美的存储解决方案，而且普通服务器或 PC 机只需要具备网卡，即可共享和使用大容量的存储空间。与传统的分散式直连存储方式不同，它采用集中的存储方式，极大地提高了存储空间的利用率，方便了用户的维护管理。

iSCSI 是基于 IP 协议的，它能容纳所有 IP 协议网络中的部件。通过 iSCSI ，用户可以穿越标准的以太网线缆，在任何需要的地方创建实际的 SAN 网络，而不需要专门的光纤通道网络在服务器和存储设备之间传送数据。iSCSI 可以实现异地间的数据交换，使远程镜像和备份成为可能。因为没有光纤通道对传输距离的限制，IP SAN 使用标准的 TCP/IP 协议，数据即可在以太网上进行传输。

3）IP SAN 和 FC SAN 的比较

FC SAN 的网络介质为光纤通道（Fibre Channel），而 IP SAN 使用标准的以太网。采用 IP SAN 可以将 SAN 为服务器提供的共享特性以及 IP 网络的易用性很好地结合在一起，并且为用户提供了类似服务器本地存储的较高的性能体验。SAN 是一种进行块级服务的存储架构，一直以来，光纤通道 SAN 发展相对迅速，因此，人们一度认为只能通过光纤通道来实现 SAN，然而，通过传统的以太网仍然可以构建 SAN，那就是 IP SAN。

iSCSI 是实现 IP SAN 最重要的技术。在 iSCSI 出现之前，IP 网络与块模式（主要是光纤通道）是两种完全不兼容的技术。由于 iSCSI 是运行在 TCP/IP 之上的块模式协议，它将 IP 网络与块模式的优势很好地结合起来，且 IP SAN 的成本低于 FC SAN。

4）IP SAN 解决方案

IP SAN 存储解决方案有着广泛的行业适用性。在备份和恢复、高可用性、业务连续性、服务器和存储设备整合等方面，采用 iSCSI 技术组成的 IP SAN 存储可与 FC SAN 相媲美。IP SAN 构建成本更低，而且可以连接更远的距离，对于电信、企业、教育、政府、专业设计公司、音/视频处理、新闻出版、ISP\ICP 、科研院所、信息中心等行业用户都比较适用。

图 4-13 为比较简单的 IP SAN 结构图。其中使用千兆以太网交换机搭建网络环境，由非编工作站、文件服务器和磁盘阵列及磁带库组成。图 4-13 使用 iSCSI HBA（Host Bus Adapter，主机总线适配卡）连接服务器和交换机，由 iSCSI HBA 卡硬件处理对 SCSI 协议的封装，不再占用服务器 CPU，减少对服务器性能的影响。如果不使用 iSCSI HBA 卡，而使用以太网卡，也可以用软件实现 SCSI 协议和 TCP/IP 协议之间的转换，需要占用服务器 CPU 将 SCSI 协议封装为 TCP/IP 协议。

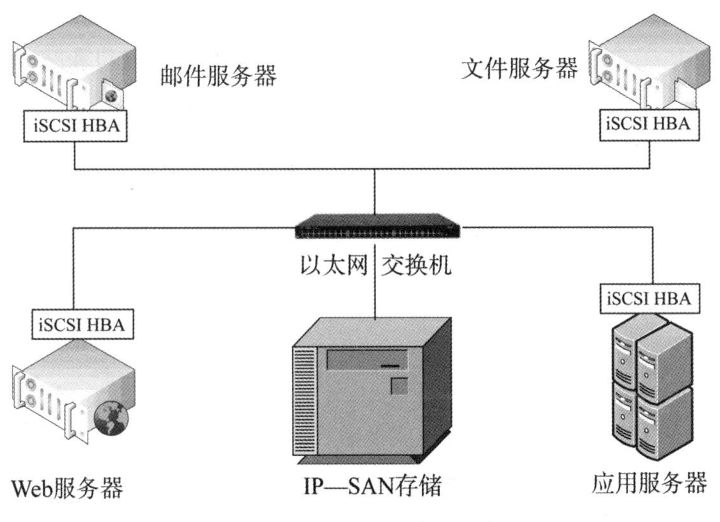

图 4-13　IP SAN 系统结构图

3. IB SAN 技术

1）什么是 IB SAN

InfiniBand（IB）是一种交换结构 I/O 技术，其设计思路是通过一套中心机构 InfiniBand 交换机在远程存储器、网络以及服务器等设备之间建立一个单一的连接链路，并由中心 InfiniBand 交换机来指挥流量，它的结构设计得非常紧密，大大提高了系统的性能、可靠性和有效性，能缓解各硬件设备之间的数据流量拥塞。而这是许多共享总线式技术没有解决好的问题，例如，这是基于 PCI 的机器最头疼的问题，甚至最新的 PCI-X 也存在这个问题。因为在共享总线环境中，设备之间的连接都必须通过指定的端口建立单独的链路。

InfiniBand 的设计主要是围绕着点对点以及交换结构 I/O 技术，这样，从简单廉价的 I/O 设备到复杂的主机设备都能被堆叠的交换设备连接起来。InfiniBand 主要支持两种环境：模块对模块的计算机系统（支持 I/O 模块附加插槽）；在数据中心环境中的机箱对机箱的互连系统、外部存储系统和外部 LAN/WAN 访问设备。

InfiniBand 支持的带宽比现在主流的 I/O 载体（如 SCSI、Ethernet、Fibre Channel）还要高，另外，由于使用 IPv6 的报头，InfiniBand 还支持与传统 Internet/Intranet 设施的有效连接。用 InfiniBand 技术替代总线结构所带来的最重要的变化就是建立了一个灵活、高效的数据中心，省去了服务器复杂的 I/O 部分。

InfiniBand SAN 采用层次结构，将系统的构成与接入设备的功能定义分开，不同的主机可通过 HCA（Host Channel Adapter）、RAID 等网络存储设备利用 TCA（Target Channel Adapter）接入 InfiniBand SAN。

InfiniBand 应用于服务器群和存储区域网络（SAN），在这种环境中性能问题至关重要。该种结构可以基于信道的串口替代共用总线，从而使 I/O 子系统和 CPU/内存分离。所有系统和设备（一般称作节点）可通过信道适配器逻辑连接到该结构，它们可以是主机（服务器）适配器（HCA）或目标适配器（TCA）。该种结构（包括 InfiniBand 交换机和路由器）还可轻松实现扩展，从而满足不断增长的需求。InfiniBand 协议可满足各种不同的需求，包括组播、分区、IP 兼容性、流控制和速率控制等。

2）IB SAN 的特性

InfiniBand SAN 主要具有如下特性：

- 可伸缩的 Switched Fabric 互连结构；
- 由硬件实现的传输层互连高效、可靠；
- 支持多个虚信道（Virtual Lanes）；
- 硬件实现自动的路径变换（Path Migration）；
- 高带宽，总带宽随 IB-Switch 规模成倍增长；
- 支持 SCSI 远程 DMA 协议（SRP）；
- 具有较高的容错性和抗毁性，支持热插拔。

3）IB SAN 的应用与发展

在 InfiniBand 体系结构下，可以实现不同形式的存储系统，包括 SAN 和 NAS。基于 InfiniBand I/O 路径的 SAN 存储系统有两种实现途径：其一是 SAN 存储设备内部通过 InfiniBand I/O 路径进行数据通信，InfiniBand I/O 路径取代 PCI 或高速串行总线，但与服务器/主机系统的连接还是通过 FC I/O 路径；其二是 SAN 存储设备和主机系统利用 InfiniBand I/O 路径取代 FC I/O 路径，实现彻底的基于 InfiniBand I/O 路径的存储体系结构。

InfiniBand 有可能成为未来网络存储的发展趋势，原因在于：（1）InfiniBand 体系结构经过特别设计，支持安全的信息传递模式、多并行通道、智能 I/O 控制器、高速交换机以及高可靠性、可用性和可维护性；（2）InfiniBand 体系结构具有性能可伸缩性和较广泛的适用性；（3）InfiniBand 由多家国际大公司共同发起，是一个影响广泛的业界活动。

InfiniBand 应用于服务器群和存储区网络（SAN），但它的模块化、可扩展的结构以及灵活性使其能够广泛应用于各种高性能 I/O 的结构。InfiniBand 将与其他标准兼容，如以太网和其他 LAN 及 WAN。InfiniBand 可作为一种“通用载体”技术进行应用，这使得它具备了解决大型集成问题的潜力。

4.2.7 分布式存储系统

1. 概述

随着大数据云计算的快速发展和广泛应用，传统的集中式存储系统已经难以满足大规模数据存储的性能和安全要求，因此，越来越多的厂家利用多台 x86 服务器构建分布式网络存储系统，将数据分散地存储在多台独立的设备上，如 Google GFS、Amazon 的 S3 等。在开源社区也有很多基于 x86 服务器构建的分布式存储系统，常见的有 HDFS、GlusterFS、MooseFS、OpenStack Swife 等。上述这些分布式存储系统主要是文件存储和对象存储，主要应用于对带宽和吞吐要求比较高的业务，但是对于 VDI（Virtual Desktop Infrastructure，虚拟桌面基础架构）、数据库 OLAP（Online Analytical Processing，联机分析处理）和 OLTP（Online Transaction Processing，联机事务处理）等大量随机 I/O 和时延敏感型的应用，通常需要运行在分布式块存储系统上。

下面以 HDFS 为例简单介绍分布式文件存储系统的组成和数据读写过程。

如图 4-14 所示，分布式文件存储架构由三个部分组成：客户端、元数据节点和数据存储节点。客户端负责发送读写请求。元数据节点负责管理元数据和处理客户端的请求，是整个系统的核心组件。数据存储节点负责存放文件数据，保证数据的可用性和完整性。

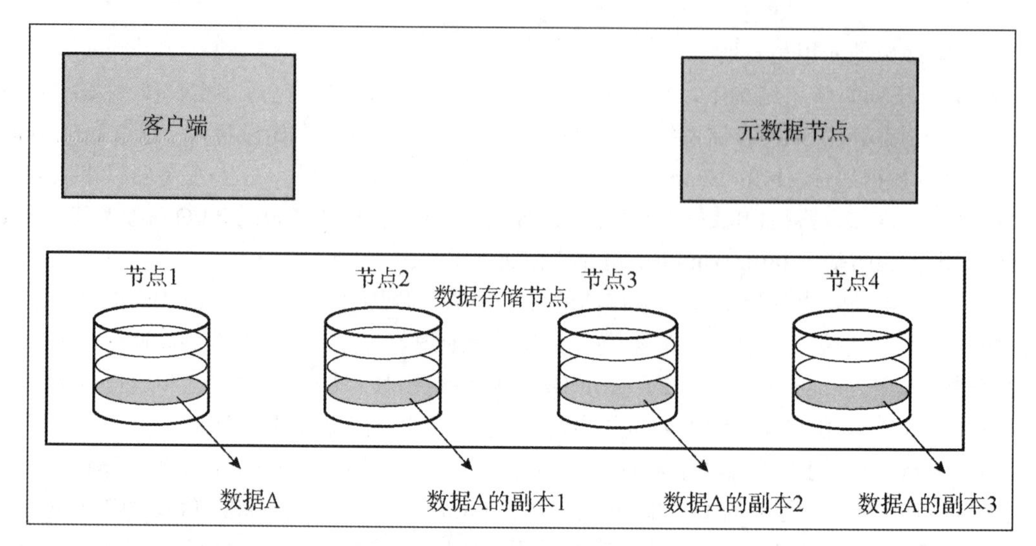

图 4-14　分布式文件存储架构图

分布式文件存储系统读取数据和写入数据的过程分别如图 4-15、图 4-16 所示。

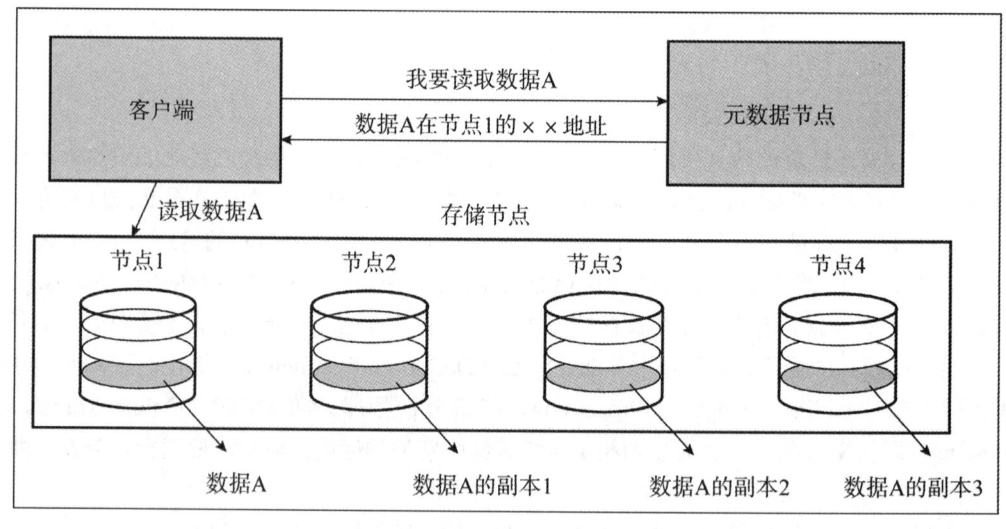

图 4-15　分布式文件存储系统读取数据示意图

2. 特点

分布式存储系统具有如下特点：

（1）高扩展性：分布式存储系统支持在线动态横向扩展，在采用冗余策略的情况下任何一个存储节点的上线和下线对前端的业务没有任何的影响，完全是透明的，并且系统在扩充新的存储节点后可以选择自动负载均衡，所有数据的压力均匀分配在各存储节点上。

（2）高性能：分布式存储系统相比传统存储，可以提供更高的聚合 IOPS 和吞吐量，并且随着存储节点的增加而线性增长，满足高并发业务的快速响应需求。

（3）大容量：分布式存储系统通常采用 x86 服务器作为存储节点，可根据业务需要横向无限扩展存储节点，形成一个统一的共享存储池。

（4）高可靠性：传统存储系统采用 RAID 来保障数据可靠性，而分布式存储系统采用多副本备份的方式进行数据冗余保护，每份数据都会在不同存储节点上保存多个副本，当某个节点发生故障时，其他节点保存的副本数据保证数据不会丢失，同时系统会把该节点的故障数据在其他服务器上重建，来满足副本数的保证性要求，重建时会把数据分散重建到其他多个不同的存储节点上，通过多服务器并发会大大加快重建速度，相比于传统 RAID 数据重建要快很多。

（5）低成本：分布式存储系统一般采用 x86 服务器这样的低成本设备存储，通过自动容错、自动负载均衡等功能保障存储性能，其新建成本低、扩容成本低。

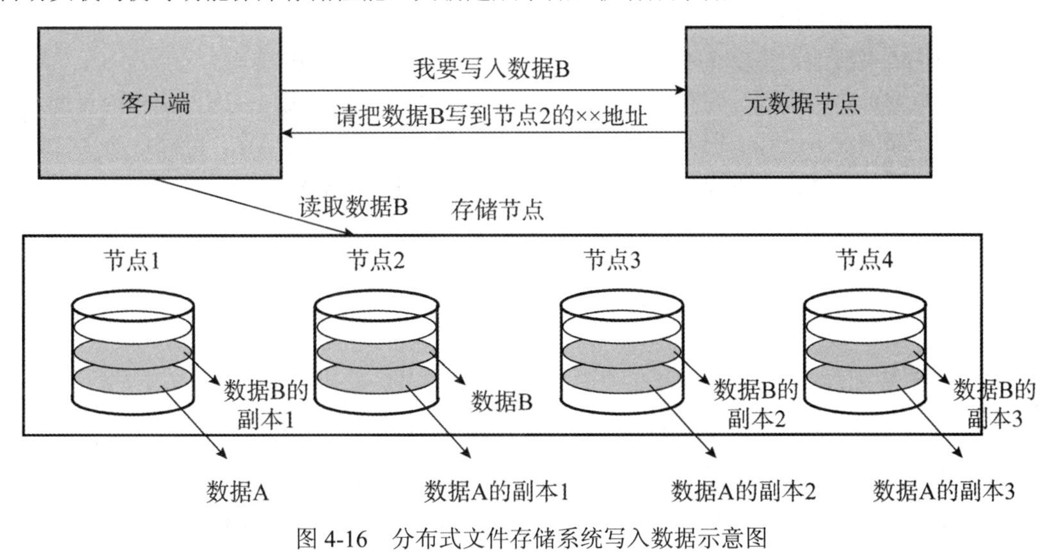

图 4-16　分布式文件存储系统写入数据示意图

3. 运维管理

传统的存储系统一般使用大量的高端存储设备（如 EMC、IBM、NetApp、华为、浪潮等），设备出厂前，已经预安装好大量商业软件和管理系统，很多用户会购买厂家服务，企业的运维管理人员一般仅负责最基本的运维管理，运维难度低。而分布式存储系统一般为大容量、大规模的存储系统，面对高并发的数据访问，需随时关注系统性能指标，合理有效地处理瓶颈问题，同时需要保证系统的可用性和随时扩展能力。分布式存储系统一般都是采用低成本的通用服务器和以太网构建，使用的多为普通磁盘，运维人员将会面对大量的硬件故障问题。由此可见，分布式存储系统的管理包括存储的配置、租户、容量、性能、事件以及变更管理工作，如何管理和运维好大规模分布式存储系统，对习惯于传统存储系统运维的存储管理员来说是个挑战。

分布式存储系统的维护关键包括可用性、资源利用率、变更效率。

可用性是指在某个时间段，系统能够正常运行的概率。可用性是设备或者系统的一个重要衡量指标。各个可用性级别的情况如表 4-6 所示。

表 4-6 可用性级别表

描述	可用性级别	年度停机时间
基本可用性	99%	87.6 小时
较高可用性	99.9%	8.8 小时
故障自动恢复能力的可用性	99.99%	53 分钟
高可用性	99.999%	5 分钟

资源利用率是对所有服务器的 CPU 利用率、内存利用率、磁盘容量利用率、磁盘性能利用率、网络利用率等设备资源使用情况进行统计汇总。

提升分布式存储系统的资源利用率有以下常用办法：

（1）使用大资源池，将多个业务应用部署在同一个存储资源池中。

（2）根据业务需求合理分配资源，通过监控服务器资源使用情况，及时回收空闲资源。

变更包括新增业务上线、旧业务下线、系统升级等。通过部署自动化、监控自动化、测试自动化、分步骤发布等提升系统变更效率，保障分布式存储系统的稳定运行。

4.3 云计算和虚拟化

4.3.1 云计算

云计算（Cloud Computing）最初是指分布式计算，目前所说的云计算是指与信息技术、软件、互联网相关的一种服务，把许多计算资源、存储资源、网络资源、应用软件等集合起来，采用虚拟化技术，将这些资源池化，组成资源共享池，我们一般把这个共享池叫作“云”。 云计算将计算能力、存储能力等商品化，根据客户的定制化需求，这些能力和资源能够快速提供服务，当客户不再需要时，可回收资源，提供给其他客户使用，具有灵活性高、扩展性强、性价比高等特点。

云计算的服务类型分为三类，即基础设施即服务（IaaS）、平台即服务（PaaS）和软件即服务（SaaS）。

基础设施即服务，指把 IT 基础设施作为一种服务通过网络对外提供，并根据用户对资源的实际使用量或占用量进行计费的一种服务类型，个人或组织不再需要建设数据中心等基础硬件设施，通过租赁的方式，由云计算提供商提供各类虚拟化资源，如虚拟机、存储、网络和操作系统。

平台即服务，是把软件研发的平台作为一种服务，为开发人员提供通过全球互联网构建应用程序和服务的平台，PaaS 为开发、测试和管理软件应用程序提供按需开发环境，也包括该平台的技术支持服务，如提供 Web 发布的 WebLogic、Tomcat 等中间件容器平台。

软件即服务，通过互联网提供按需软件付费应用程序，云计算提供商托管和管理软件应用程序，并允许其用户连接到应用程序并通过全球互联网访问应用程序。该服务模式下，软件不再是一次性购置商品，而是按次收费的服务，如某连锁企业不再需要购置管理软件、部署环境等信息化基础设施，只需购买某云计算提供商提供的连锁企业管理软件服务即可，降低成本，可享受更专业化的服务。

1. 云计算的发展

20 世纪 90 年代末，随着互联网的快速发展和普及，企业信息化规模扩大，应用场景增多，为满足数据运算需求，需要购置运算能力更强的服务器，或者是建设数据中心，由此导致建设成本、运行成本较高。2006 年，亚马逊、Google 等公司开始将弹性计算能力作为云服务售卖，标志着云计算这种新的商业模式诞生。Google 最初开发云计算平台只是为了能把大量廉价的服务器集成起来，完成超级计算机的计算和存储功能；亚马逊则是向商家和网站出售计算能力。2008 年微软发布云计算战略和平台 Windows Azure Platform，尝试将技术和服务托管化、线上化；同年，网购的快速发展使得淘宝用户激增，传统 IOE 架构已经无法应对快速增长的数据处理需求，使得阿里巴巴出现数据处理瓶颈，至此开启阿里云建设。2009 年，腾讯为应对 QQ 农场“偷菜”的火爆，购置大量的服务器资源，同时对客户开放腾讯的计算能力和流量，开启腾讯云的原型。2010 年，腾讯云正式对外提供云服务。自 2010 年后，华为云、京东云、天翼云、青云 QingCloud、金山云等云计算平台如雨后春笋般出现，大量企业信息化业务上云和资本市场的大量涌入，快速推动云计算产业发展。

2. 云计算的核心技术

云计算主要包括以下几项核心技术：

（1）虚拟化技术。利用虚拟化技术，将服务器、存储、网络等资源组成一个逻辑的资源池，可根据用户的需求弹性分配资源。

（2）数据存储技术，主要包括海量数据和结构化数据的存储。如 GFS（Google File System）文件系统，应用场景主要是大文件、连续读、高并发，可以支持 PB 级别的大文件；BigTable 是一个为管理大规模结构化数据而设计的分布式存储系统，可以扩展到 PB 级数据和上千台服务器；开源的 HBase 是一个分布式的、面向列的开源数据库，适合非结构化数据存储。

（3）任务和资源管理技术。如何将云计算平台的众多服务器组织起来完成一项大型任务呢，这就需要任务和资源管理工具。如 MapReduce 工具可以将一个大型任务分解为无数小任务，派发到不同的服务器去完成，然后再把每一台服务器上完成的小任务合并起来，最终完成整个大任务；开源的 Hadoop 工具就是一个分布式计算平台，同时具有存储和计算资源管理功能。

3. 云计算的特点

云计算具有以下特点：

（1）方便的数据和信息共享。云计算使得用户可以通过互联网，随时随地访问和处理信息，因为数据都在云端，可以非常方便地和别人共享信息。

（2）虚拟化，包括资源虚拟化和应用虚拟化。采用虚拟化技术，将CPU、内存、硬盘等资源池化，实现资源虚拟化；将应用程序与操作系统解耦合，把应用对底层的系统和硬件的依赖抽象出来，为应用程序提供了一个虚拟的运行环境，实现应用虚拟化。

（3）按需部署。用户可以根据不同的应用需求，选择合适的计算、存储服务能力和软件服务，也可以根据业务繁忙程度和业务处理需求，按不同时段购买合适的服务，节约成本。

（4）安全可靠。当单台设备故障时，虚拟化平台会将当前应用的计算、存储自动迁移或者在其他服务器上快速恢复，不会影响业务正常运行。

（5）兼容性强。云计算平台将CPU、内存、存储系统、网络设备、支撑软件等软硬件资源虚拟化后，在资源池中进行管理，可以兼容不同配置的机器、不同厂商的硬件产品。

4.3.2 虚拟化

虚拟化是一种资源管理技术，通过软件的方法将计算机的各种实体资源（例如服务器、网络、存储等）予以抽象、转换后呈现出来，打破实体结构间的不可切割的障碍，使用户可以更方便地应用这些资源，可以实现IT资源的动态分配、灵活调度、跨域共享，提高IT资源利用率。常见的虚拟化应用有服务器虚拟化、桌面虚拟化、网络虚拟化、存储虚拟化等，下面详细介绍服务器虚拟化和桌面虚拟化。

1. 服务器虚拟化

通过虚拟化软件将服务器物理资源抽象成逻辑资源，让一台服务器变成几台甚至上百台相互隔离的虚拟服务器，不再受限于物理上的界限，让CPU、内存、磁盘、I/O等硬件变成可以动态管理的“资源池”，从而提高资源的利用率，简化系统管理，实现服务器整合，让IT对业务的变化更具适应力。

传统体系结构与虚拟化体系结构的对比如图 4-17 所示。传统方式下，操作系统和应用软件都基于物理计算机运行，物理计算机与其运行的软件之间存在一对一的关系，这种关系会导致大多数计算机资源未得到充分利用；除此之外，物理服务器的安装、配置都需要花费较多时间。通过虚拟化技术可以改变服务器的使用方式，可以利用虚拟化软件构建多对一的关系，一台物理服务器上配置多个虚拟机，可以有效地利用资源，轻松完成虚拟机备份和还原、虚拟机的跨物理机迁移、克隆和模板部署虚拟机、快速重启虚拟机等功能。

如图 4-18 所示，虚拟机包含一组规范和配置文件，并由物理主机提供物理资源，每个虚拟机都配有虚拟资源，包括CPU、内存、网络适配器、磁盘和控制器、串行和并行端口等，这些虚拟资源设备可提供与物理硬件相同的功能，但管理更方便。虽然多个虚拟机共享一台物理主机的资源，但每个虚拟机之间相互隔离，不会发生软件依赖性冲突，如果一台虚拟机上的操作系统出现故障也不会影响其他虚拟机的正常运行。

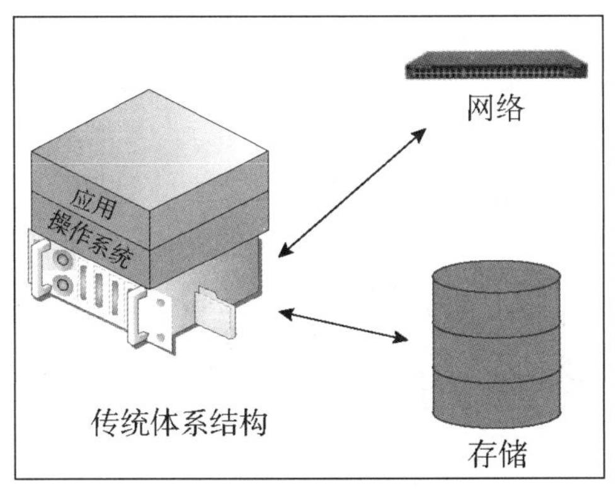

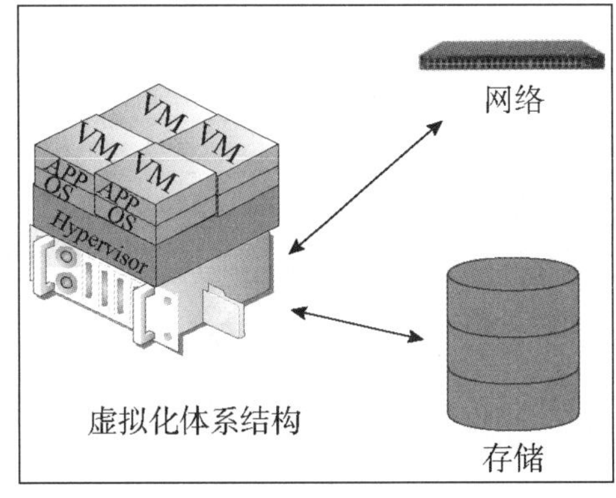

图 4-17　传统体系结构与虚拟化体系结构对比图

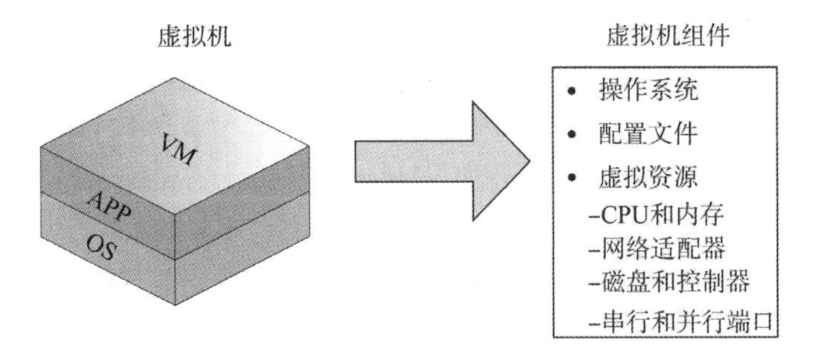

图 4-18　虚拟机组件

如图 4-19 所示，物理主机的 CPU 按需求分配给不同的虚拟机，虚拟机在需要时直接使用 CPU 运行指令，而非仿真模式，当多台虚拟机争用 CPU 时，主机将为所有虚拟机分配物理机 CPU 的使用时段，这样，每台虚拟机运行时就像拥有指定数量的虚拟 CPU 一样。

如图 4-20 所示，虚拟机通过虚拟交换机同物理主机的网络适配器通信，一个虚拟机可以配置一个或多个虚拟机以太网适配器，通过虚拟交换机，同一台物理主机上的虚拟机可以使用与物理交换机相同的协议相互通信，虚拟交换机还支持与其他网络设备的标准 VLAN 兼容的 VLAN。通过虚拟网络交换机，虚拟机可以连接到外部网络，虚拟交换机同物理交换机一样，可以在数据链路层转发数据帧，虚拟交换机可以将物理主机的多个网络适配器绑定，实现链路聚合功能，提高网络带宽。每台虚拟机的网络是相互隔离的，因此虚拟交换机查找的每个目标只能与发出帧的同一虚拟交换机上的端口匹配，提高网络安全性，防止黑客破坏虚拟交换机隔离。虚拟交换机还支持基于端口的 VLAN 划分，因此可以将每个端口配置为访问端口或中继端口，从而提供对单个或多 VLAN 的访问。但与物理交换机不同，虚拟交换机不需要生成树协议，因为它强制使用单层网络连接拓扑，多个虚拟交换机相互之间无法连接，同一台主机内，网络通信流量无法在虚拟交换机之间直接流动。

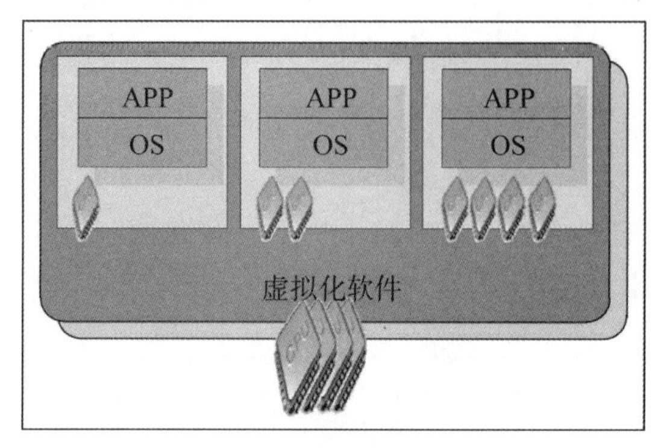

图 4-19　CPU 虚拟化示意图

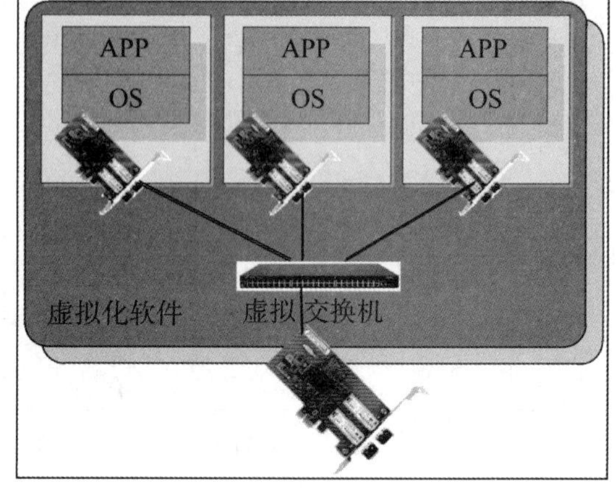

图 4-20　网络适配器虚拟化示意图

如图 4-21 所示，多台物理主机连接共享存储，使得虚拟机对存储池进行共享访问，虚拟机的数据存储于共享存储上，可以实现虚拟机的实时迁移、负载均衡、容错等功能。各虚拟化软件厂家有不同的虚拟化集群文件系统，如 VMware vSphere 的 VMFS 文件系统，为存储资源提供了一个接口，方便用户通过多种存储协议（光纤通道、以太网光纤通道、iSCSI）访问虚拟机所在的存储系统。VMFS 采用分布式锁定方法，加强了虚拟机与存储资源之间的联系，使得虚拟机可以无缝地加入到集群中。

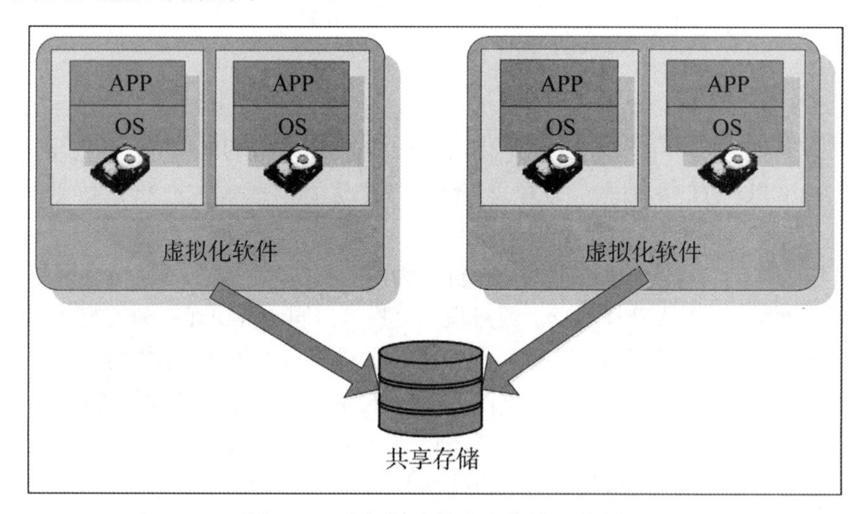

图 4-21　虚拟机连接共享存储示意图

常见的服务器虚拟化厂家有 VMware、华为、新华三等。从市场占有来看，VMware 产品优势明显，一家独大，不过随着国产虚拟化软件的快速发展，以华为、新华三为代表的国产虚拟化软件在不断挤占国外虚拟化产品的市场份额。

虚拟化软件的常用存储方式有两种：一种是连接独立的存储系统，为各计算节点提供共享存储，该方式建设成本高，虚拟机迁移速度快；另一种是利用计算节点的存储资源，基于分布式存储架构，将各计算节点的存储资源组成逻辑的存储池，如 VMware 的 vSAN、华为的超融合，该方式利用廉价磁盘，有效降低建设成本，但是虚拟机跨节点迁移较慢。

2. 桌面虚拟化

桌面虚拟化以服务器虚拟化为基础，允许多个用户桌面以虚拟机的形式独立运行，同时共享 CPU、内存、网络连接和存储器等底层物理硬件资源。这种架构将虚拟机彼此隔离开来，同时可以实现精确的资源分配，并能保护用户免受由其他用户活动所造成的应用程序崩溃和操作系统故障的影响。用户通过网络使用瘦客户机登录桌面虚拟化系统，使用服务器的 CPU、内存、网络连接和存储器等资源，瘦客户机仅提供用户桌面的显示输出，以及键盘鼠标输入。

如图 4-22 所示，桌面虚拟化由桌面虚拟化软件、服务器、存储系统、瘦客户机等组成。在多台服务器上安装虚拟化软件，将服务器池化，池化后 VDI 桌面服务器组成集群。在一台服务器上虚拟出多台虚拟机，提供弹性的虚拟桌面，服务器为用户提供 CPU、内存等计算资源，每个用户有一个专属虚拟机，各虚拟机之间相互隔离，虚拟机在集群里可以实现定制策略迁移、手动热迁移、故障热迁移，具有高可靠、平滑扩容特性，便于管理、监控。授权用户连接至集中式虚拟桌面，安全而方便地访问虚拟桌面，升级和修补工作都从虚拟化桌面管理控制台集中进行，因此可以有效地管理数百甚至数千个桌面，从而节约时间和资源。

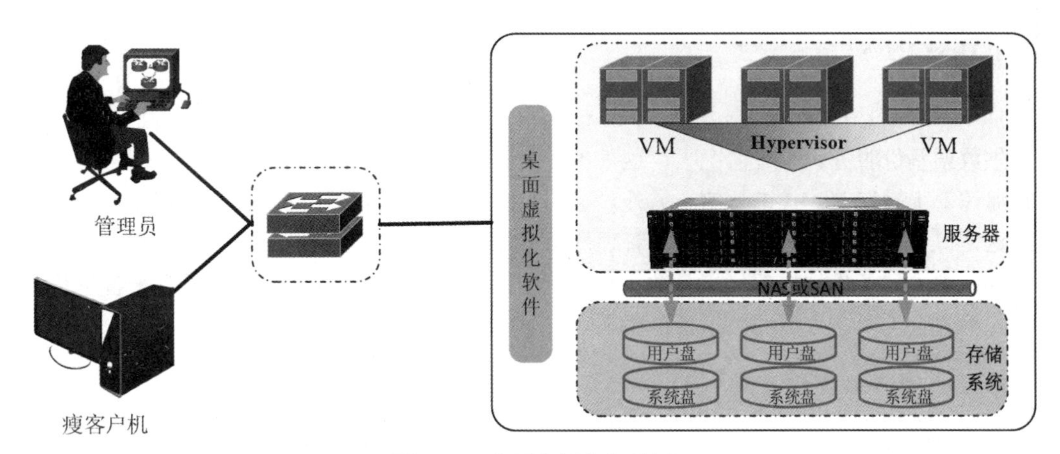

图 4-22　桌面虚拟化架构图

传统 PC 模式与桌面虚拟化的对比情况如表 4-7 所示。

表 4-7 传统 PC 模式与桌面虚拟化对比表

项目	传统 PC	桌面虚拟化
数据安全	业务数据直接在网络上传输	网络上仅传输键盘鼠标信号及远程屏幕图片，不传输业务数据
	业务数据存储在终端上	所有数据存放在服务器上，终端上不存储业务数据
终端管理	对终端缺少集中控制手段，特别是外包人员终端	集中对终端用户权限进行控制，例如禁止上传下载、禁止访问特定应用等
应用部署	部署成本高，尤其是对客户端软件版本存在特殊要求	应用软件安装配置集中化，减少管理和支持成本，灵活支持应用对客户端软件版本的特殊要求
	终端选型与应用设计密切相关	支持常见的终端设备和操作系统，如 Windows、Linux
带宽占用	所有应用所需带宽之和	每个终端占用较少带宽，与应用数据传输无关
监管审计	缺少用户行为监控手段	对用户的操作进行录像监控

4.4 备份系统

4.4.1 数据备份结构

常见的数据备份系统主要有 Host-Based、LAN-Based 和基于 SAN 结构的 LAN-Free、LAN Server-Free 等多种结构。

1. Host-Based 备份方式

Host-Based 是传统的数据备份结构，该结构中磁带库直接接在服务器上，而且只为该服务器提供数据备份服务。一般情况下，这种备份大多采用服务器上自带的磁带机，而备份操作通常是通过手工操作的方式进行的。另外，不同的操作系统平台使用的备份恢复程序一般也不相同，这使得备份工作和对资源的总体管理变得更加复杂。

Host-Based 备份结构的优点是数据传输速度快，备份管理简单；缺点是不利于备份系统的共享，不适合于现在大型的数据备份要求。

2. LAN-Based 备份方式

在 LAN-Based 数据备份结构中，数据的传输是以网络为基础的。其中配置一台服务器作为备份服务器，由它负责整个系统的备份操作。磁带库则接在某台服务器上，在数据备份时备份对象把数据通过网络传输到磁带库中实现备份。

LAN-Based 备份结构的优点是节省投资、磁带库共享、集中备份管理；缺点是对网络传输压力大。

3. LAN-Free 备份方式

LAN-Free 和 Server-Free 的备份系统是建立在 SAN（存储区域网）的基础上的。基于 SAN 的备份是一种彻底解决传统备份方式需要占用 LAN 带宽问题的方案。它采用一种全新的体系结构，将磁带库和磁盘阵列各自作为独立的光纤节点，多台主机共享磁带库备份时，数据流不再经过网络而直接从磁盘阵列传到磁带库内，是一种无需占用网络带宽（LAN-Free）的解决方案。

目前随着 SAN 技术的不断进步，LAN-Free 的结构已经相当成熟。LAN-Free 的优点是数据备份统一管理、备份速度快、网络传输压力小、磁带库资源共享；缺点是投资高。

4. LAN Server-Free 备份方式

LAN Server-Free 备份方式是以全面的释放网络和服务器资源为目的的。它的核心是在 SAN 的交换层实现数据的复制工作，这样备份数据不仅无需经过网络，而且也不必经过应用服务器的总线，完全保证了网络和应用服务器的高效运行。目前一些厂商在这方面推出了相关产品和解决方案，但是比较成熟且开放性好的产品还在进一步发展中。到目前为止，LAN Server-Free 技术已经成为所有相关厂商争相追逐的目标，无疑是备份技术领域内最大的热点，相信在不久之后，用户就可以真正享受到这一新技术带来的成果。

目前主流的备份软件，如 IBM Tivoli、Veritas 等，均支持 LAN-Based、LAN-Free、LAN Serve-Free 三种备份方案。这三种方案中，LAN-Based 备份数据量最小，对服务器资源占用最多，成本最低；LAN-Free 备份数据量大一些，对服务器资源占用小一些，成本高一些；LAN Server-Free 备份方案能够在短时间备份大量数据，对服务器资源占用最少，但成本最高。

4.4.2 备份软件

一般磁带驱动器的厂商并不提供设备的驱动程序，对磁带驱动器的管理和控制工作完全是备份软件的任务，磁带的卷动、吞吐磁带等机械动作，都要靠备份软件的控制来完成。所以，备份软件和磁带机之间存在一个兼容性的问题，这两者之间必须互相支持，备份系统才能得以正常工作。

与磁带驱动器一样，磁带库的厂商也不提供任何驱动程序，机械动作的管理和控制全部由备份软件负责。与磁带驱动器相区别的是，磁带库具有更复杂的内部结构，备份软件的管理相应的也就更复杂。例如，机械手的动作和位置、磁带仓的槽位等。这些管理工作的复杂程度比单一磁带驱动器要高出很多，所以几乎所有的备份软件都是免费支持单一磁带机的管理，而对磁带库的管理则要收取一定的费用。

作为全自动的系统，备份软件必须对备份下来的数据进行统一管理和维护。在简单的情况下，备份软件只需要记住数据存放的位置就可以了，这一般是依靠建立一个索引来完成的。然而随着技术的进步，备份系统的数据保存方式也越来越复杂多变。例如，一些备份软件允许多个文件同时写入一盘磁带，这时备份数据的管理就不再像传统方式下那么简单了，往往需要建立多重索引才能定位数据。

数据格式也是一个需要关心的问题。就像磁盘有不同的文件系统格式一样，磁带的组织也有不同的格式。一般备份软件会支持若干种磁带格式，以保证自己的开放性和兼容性，但是使用通用的磁带格式也会损失一部分性能。所以，大型备份软件一般还是偏爱某种特殊的格式。这些专用的格式一般都具有高容量、高备份性能的优势，但是需要注意的是，特殊格式对恢复工作来说，是一个不小的隐患。

备份策略制定同样是一个重要部分。需要备份的数据都存在一个2/8原则，即20%的数据被更新的概率是80%。这个原则说明，每次备份都完整地复制所有数据是一种非常不合理的做法。事实上，真实环境中的备份工作往往是基于一次完整备份之后的增量或差量备份。那么完整备份与增量备份和差量备份之间如何组合，才能最有效地实现备份保护，这正是备份策略所关心的问题。

另外，还有工作过程控制。根据预先制定的规则和策略，备份工作何时启动，对哪些数据进行备份，以及工作过程中意外情况的处理，这些都是备份软件需要注意的问题。这其中包括了与数据库应用的配合接口，也包括了一些备份软件自身的特殊功能。例如，很多情况下需要对打开的文件进行备份，这就需要备份软件能够在保证数据完整性的情况下，对打开的文件进行操作。另外，由于备份工作一般都是在无人看管的环境下进行的，一旦出现意外，正常工作无法继续时，备份软件必须能够具有一定的意外处理能力。

进行数据备份是为了数据恢复，所以数据恢复功能自然也是备份软件的重要部分。很多备份软件对数据恢复过程都给出了相当强大的技术支持和保证。一些中低端备份软件支持智能灾难恢复技术，即用户几乎无需干预数据恢复过程，只要利用备份数据介质，就可以迅速自动地恢复数据。而一些高端的备份软件在恢复时，支持多种恢复机制，用户可以灵活地选择恢复程度和恢复方式，极大地方便了用户。

4.4.3 备份介质

除了备份架构的新进展之外，在备份介质的选择上，也出现了一些新的趋势。

传统的备份介质主要是以磁带设备为主，这主要是因为磁带在单位容量的成本上较之其他介质具有非常大的优势。但是随着技术的发展进步，尤其是ATA技术的发展，硬盘的成本在迅速下降。现在，在一些场合下，磁盘作为备份介质的优势已经越来越明显。一些厂商正在着力劝说用户采用更加方便高效的磁盘代替磁带作为备份介质，更有一些厂商甚至推出了包含磁盘和备份软件的整体设备，即备份一体机。

事实上，磁盘作为备份介质的最大好处，就是其介质管理工作的简化和性能的提升。前面提到过，一个磁带库的管理工作非常的复杂烦琐，如果考虑到对不同厂家的不同型号的磁带库产品都提供良好支持的话，工作无疑是极其艰巨的，而磁盘介质则几乎不存在这样的问题。这也是备份软件厂商看好磁盘备份的理由之一。

然而，磁带介质本身的技术发展并没有受到这一理念的冲击。相反，就在磁盘介质向离线存储领域进军的同时，磁带介质也借由数据迁移技术的发展，大踏步地向在线存储领域发展着。

数据迁移技术也称为分层存储管理，是一种将离线存储与在线存储整合的技术。传统上，离线数据是静态的，无法实时地被访问，而数据迁移技术冲破了这一限制，将离线的数据与在线的数据统一调度，从而实现所有数据的实时访问。与磁盘备份技术相反，这一技术的主要目的就是以一定的存储系统性能为代价，换取大型海量存储系统的总体拥有成本。

数据迁移的工作原理比磁盘备份技术略为复杂，如图 4-23 所示。简单来说，就是将大量不经常访问的数据存放在磁带库等离线介质上，在磁盘阵列上只保存少量访问频率高的数据。当那些磁带介质上的数据被访问时，系统自动地把这些数据回迁到磁盘阵列中；同样，磁盘阵列中很久未访问的数据被自动迁移到磁带介质上。从某种意义上讲，磁盘阵列以一个磁带库的“中间缓存”的方式被使用，既保证了大多数情况下数据访问的响应性能，也避免了大量利用率低的数据长期占用成本较高的磁盘空间。

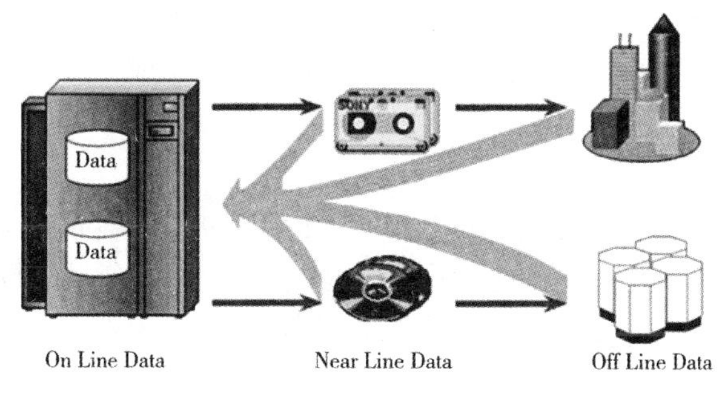

图 4-23　数据迁移的工作原理

4.5　网络视频会议系统

视频会议系统是一种支持远距离通信，使处于不同地域的人们进行实时信息交流、开展协同工作的应用系统。该系统不仅能实时传输视频和音频信息，使各成员可以远距离进行直观、真实的音视频交流，还可利用其他媒体技术的支持，帮助各成员处理会议中的共享信息。作为一种现代通信方式，视频会议也是一个国家或地区通信发展水平的重要标志之一。

4.5.1　网络视频会议系统的工作原理

目前在网络上运行的视频会议按技术不同可分为两类：一是基于单播网络和 H.323 协议族的视频会议；二是基于组播网络和开放软件的视频会议。

基于单播网络和 H.323 协议的视频会议系统，通过多点控制单元（MCU）建立视频会议网络的控制平台，实现视频会议终端任意多点的视频会议功能。从理论上说，只要 IP 网络铺设到的地方均可以安装视频会议终端，成为会议室或远程会议点。多点视频会议的实施还需要做很多工作，如通过 BGP 调整配置来保证音视频数据传输流畅；使用基于 LDAP 协议的分布式目录服务完成动态地址之间的通信等，以保证高质量视频会议的完成。

基于 IP 组播网络的视频会议系统，利用 IP 组播（Multicast）技术可构建具有组播能力的网络。组播允许路由器一次将数据包复制到多个通道上，降低了网络带宽要求，有效节省传输带宽，这对于需要在多点之间传输流媒体的视频会议尤其具有重要意义。同时，IP 组播视频会议系统平台不需要 MCU，通过软件来实现视频会议终端任意多点的视频会议功能，大大节省了系统成本。

典型的H.323协议体系涉及终端设备、视频、音频和数据传输、通信控制、网络接口方面的内容，还包括组成多点会议的多点控制单元（MCU）、网关（GW）以及网守（GK）等设备。

视频终端包括：可软件升级的H.323编码器、摄像机、话筒、屏幕等。

网关的主要功能是信令处理H.323协议功能、语音编码和解码以及路由协议处理等功能，对外分别提供与 PSTN连接的中继接口以及和IP网络连接的接口。

网守的主要功能是地址解析、带宽管理、用户认证、路由管理、安全管理和区域管理。

多点控制单元（MCU）用于支持三个以上端点设备的会议。在H.323系统中，一个多点控制单元由一个多点控制器（MC）和几个多点处理器（MP）组成，可以不包含MP。

4.5.2 网络视频会议系统的解决方案

现阶段视频会议系统的解决方案主要有硬件和软件两类，两者各有其特点。一般而言，硬件视频系统图像质量高，价格比软件视频系统高出许多倍，对各个节点也有硬件环境要求。

1. 基于硬件的视频会议系统

随着网络技术的不断发展，视频会议网络端设备技术也不断发展，传统的语音采用 PSTN传输、视频采用ISDN（H.320）的传输方式最终被IP（H.323）网络传输所代替。基于IP 技术的视频会议系统为用户提供语音、视频和数据的三网合一的服务。基于硬件的视频会议系统的主要技术特点如下：

（1）符合国家规定的行业技术标准，如ITU-T的H.323、H.320标准。

（2）音频支持G.711、G.722、G.728等协议。

（3）视频支持H.261、H.263、H.263+、H.264等协议。

（4）采用MCU控制管理，MCU 具有可扩展性。

（5）具有双视、双流等新功能。

基于硬件的视频会议系统由于采用的是硬件编解码技术，要求的网络带宽在512kbps以上，具有良好的显示效果，因此，显示终端多采用大屏幕电视机和投影机。

2. 基于软件的视频会议系统

软件的视频会议系统可以利用现有的Internet网络环境和计算机设备，能够提供较高的音视频质量和更为丰富的数据协作功能。基于软件的视频会议系统的主要技术特点如下：

（1）兼容ITU-T的H.323、H.320标准。

（2）视频支持MPEG4、H.264等视频压缩算法。

（3）音频采用G.723.1、G.711和GIPS压缩算法。

（4）采用服务器作为MCU，通用性好。

基于软件的视频会议系统着力于解决低带宽下的网络视频会议的需要，主动降低了图像的传送帧数和分辨率（对应关系见表 4-8），因此显示终端常采用计算机显示屏，在网络带宽较高且比较稳定的情况下，也可采用大屏幕电视或投影机。

表 4-8　带宽、帧数和分辨率对应关系表

带宽	图像分辨率	传输速率（帧/秒）
4Mbps	1080P（1920×1080）	30/60
2Mbps	720P（1280×720）	30/60
1.5Mbps	4CIF（704×576）	25
128kbps～384kbps	CIF（352×288）	15～25
	QCIF（176×144）	20～25
64kbps～128kbps	QCIF（176×144）	15~20
56kbps	QCIF（176×144）	4～6

4.5.3　网络视频会议系统选型

1. 制定具体需求

视频会议系统在选型时应明确如下需求：

（1）要考虑是用软件视频会议系统还是硬件视频会议系统，还是软件硬件相结合。

（2）要考虑是需要国外知名品牌产品还是国内知名产品，还是基本实现视频功能。

（3）确定视频会议同时在线的点数（尤其是对软件视频会议，因为很多点都可以装客户端），硬件则以建设的会议室数或办公室数来确定。

（4）确定视频会议网络情况，主要确定是内部局域网还是专线网或互联网。

（5）确定会议带宽（一般是 384kbps、768kbps、1Mbps、1.5Mbps、2Mbps、4Mbps、8Mbps 等，以 1Mbps、2Mbps、4Mbps 居多）。

（6）确定是否需要高清视频。

（7）判断是否需要双流（主要是计算机资料或第二路视频显示使用，多用在数据会议和远程培训上）。

（8）判断是否需要远控（主要是远程控制摄像机）。

（9）如果是硬件视频会议终端，判断是需要机顶盒式产品还是分体式产品。

（10）注意不同品牌的视频会议终端摄像机的配置情况，是内置还是外购。

（11）确定是否需要会议录制和点播、直播功能。

（12）如果是硬件视频会议系统，判断是否需要电视墙功能（就是将从 MCU 取得的信号分路独立显示在不同的监视设备上）。

2. 设备选型原则

视频会议系统的设备选型原则具体如下：

（1）关键设备选用基于 IP 的网络视频会议产品，符合当前视频会议系统发展方向。

（2）系统具备多媒体通信应用平台的特性，可扩展性强，能满足未来发展要求。

（3）视频方面支持 MPEG-4 压缩技术，支持多种视频格式，支持多分屏显示及任意切换。若需高清视频，则系统需支持 H.264 视频标准。

（4）音频方面语音清晰流畅，支持音频双向传输。

（5）具备必要的辅助功能，如电子白板、远程 PPT 等。

（6）界面友好、使用方便、操作简洁。

（7）在一定网络丢包率的情况下，视频和语音是否清晰流畅。

（8）实现指定分辨率、帧传输率的最小带宽要求。

4.5.4 网络视频会议系统部署实例

1. 设备配置

视频会议系统的设备由三部分组成，即中控系统、主会场的设备和分会场的设备，如图 4-24 所示。中控系统包括：MCU（多点控制单元）、会议管理系统、防火墙穿越系统、录播服务器。主会场的设备包括：显示屏幕、视频会议硬件终端、摄像头（或摄像机）、麦克风和音箱。分会场的设备包括：视频会议硬件终端、屏幕、摄像头（或摄像机）、麦克风和音箱。

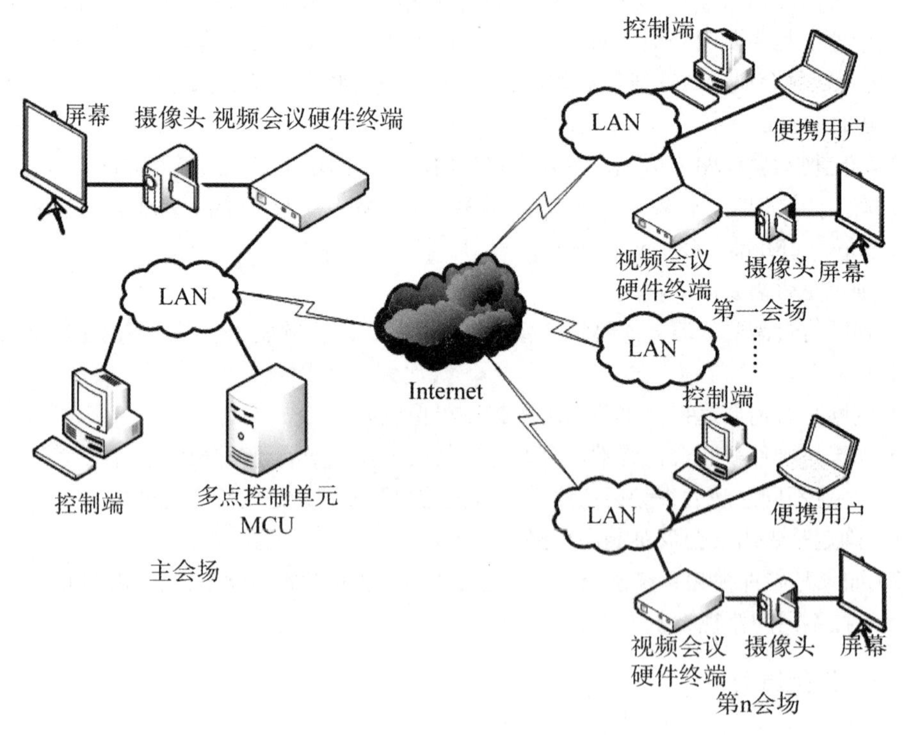

图 4-24 网络视频会议系统

2. 系统结构组成

中控系统：MCU（多点控制单元）负责整个系统的音、视频交换。会议管理系统对所有视频资产如 MCU、GK、终端、录播服务器进行集中管理，具有内置 GK 注册管理、会议控制、会议预约、拓扑图生成、告警提示等功能。录播服务器负责会议视频录制，包括语音、双流的录制、点播以及直播，最好可以支持通过手机、PAD 等移动智能设备实现点播。防火墙穿越系统负责公私网的穿越、SIP 协议用户的接入等。

主会场：核心设备是视频服务器、视频会议硬件终端。视频信号和音频信号通过视频会议硬件终端传输到网络中。系统服务器端软件安装在主会场，并在主会场控制端电脑里安装客户端软件，管理员可通过视频软件随意跟任何一个分会场的参会人员通话，并且可以通过监控软件对分会场的图像和声音进行控制。

分会场：核心设备是视频会议硬件终端。视频信号和音频信号直接通过视频会议硬件终端与网络连接。视频会议硬件终端与分会场的屏幕相连，分会场的与会人员可以通过麦克风与主会场的人员通话，主会场的图像和声音可以通过电视和音箱来接收。

常见的视频会议系统的品牌有：华为、宝利通（Polycom）。

4.6 其他网络资源设备

4.6.1 网络打印机

网络打印机是指通过打印服务器将打印机接入局域网或者 Internet 的独立设备。网络打印机摆脱了一直以来作为电脑外设的附属地位，成为网络中一个独立的节点，一个信息管理与输出的终端，用户可以直接访问并使用网络打印机。

1. 接入与控制

网络打印机要正常工作，一定要先接入网络。目前有两种接入的方式：一种是打印机自带打印服务器（也称内置打印服务器），打印服务器上有网络接口，只需插入网线分配 IP 地址便可工作；另一种是打印机使用外置的打印服务器，外置打印服务器一般配备一个外接电源，打印机通过并口或 USB 口与打印服务器连接，打印服务器再与网络连接。

网络打印机一般配有管理软件，通过管理软件可以从远程配置打印机的参数，查看并控制打印任务。网络打印管理软件须根据打印需求对网络连接性能进行优化，同时还需要与打印机内部控制器很好地匹配，具有一定的网络流量管理和打印队列管理能力。同时用户可以通过它实现打印机的全方位管理和控制，同时还可以通过网络及时进行升级。

2. 性能指标

网络打印机多为企业、单位办公所采用，应具有较高的打印速度和较好的打印效果。出于环保和打印成本的考虑，还应具有较低的打印噪声和较低的打印成本。网络打印机的传统打印部分大多采用激光打印方式，一些特殊情况则根据需要采用喷墨或其他打印方式。

网络打印机的硬件构成分为打印部分和网络部分，这两方面的性能共同决定了整机的性能。综合考虑有几个重要指标是值得关注的：打印质量、打印速度、介质处理能力、网络打印方式、设备接口、兼容性、管理软件、辅助功能。下面分别介绍。

1）打印质量

打印质量是一个重要的指标，随着人们处理数据的类型越来越多，图像、图形、视频、动画、CAD、CAM、GIS等高精度信息内容的打印也越来越多，对网络打印质量的要求也越来越高。高端产品与低端产品的区别往往通过该指标来体现。不同的用户对打印质量有不同的需求，用户应根据自身需求来决定。

现在600dpi的分辨率已是激光打印机的最低标准，用户选购时应选择高于600dpi的机型。1200dpi的机型对于一般用户来说是较好的选择。

2）打印速度

网络打印机一般工作量比较大，打印速度直接影响办公效率。 如果对打印速度要求较高，需选用打印引擎速度较快的机型。

此外，与普通打印机不同，网络打印机的打印速度还受到内置处理器速度和内存大小的影响。网络打印机内置的处理器一般采用RISC处理器，工作频率从50MHz到166MHz或者更高。内存则是打印机专用的DIMM内存，一般具有升级功能，以便日后扩充内存。有的网络打印机还配有内置硬盘，打印时一次读取打印数据存储到硬盘上，不用再到服务器上重新读取，从而提高了批处理的速度。因此是否选择内置高主频的处理器、具备大容量内存或硬盘的网络打印机，用户应根据自身需求来决定。

3）介质处理能力

介质处理能力也是衡量打印机性能的一个重要方面。首先就是打印机可打印的纸张幅面。常用的网络打印机的幅面有A4和A3两种，用户可以根据日常处理文档的幅面自行选择。一般A3幅面的机器价格要比A4幅面的机器价格高出很多，在选购时应本着够用的原则。否则会造成资源的浪费。

网络打印机的打印任务较普通打印机更为繁重，因而它存储纸张的数量也是一个重要指标。网络打印机应有多种不同类型的存纸匣以满足不同需要，总容量应超过千张。另外，彩色激光打印也日益普及，不过价格稍高。在这方面，用户要根据自己的实际情况来选择。

4）网络打印方式

实现网络打印目前主要有两种方式：外置打印服务器+网络打印机，称之为“外置式”；带内置打印服务器的网络打印机，称之为“内置式”。两者的区别在于它们实现与网络相连的方式不同。外置式是通过外置打印服务器来转换从网线上传来的打印任务，然后通过打印机并口或USB口送到打印机上。而内置式是直接与网络相连，打印任务是直接从网络接收下来的。外置式的传输速率要受到并口或USB口速度的限制，内置式则直接利用打印机内部总线传输，速度比外置式快。外置式实现方法要容易些，可以充分利用已有的打印机资源，而内置式则只能用于专用型号的打印机。所以低端的机型一般采用外置式的方案来实现网络打印，而高端的机型则采用内置网络打印服务器来实现网络打印。

5）设备接口

网络打印机内置打印服务器时，网络接口一般是自适应10M/100M的。可以直接连接到企业内部局域网上，并且支持AppleTalk、IPX/SPX、TCP/IP等网络协议。兼容多种网络系统平台，包括Windows、Macintosh、UNIX等操作系统。

网络打印机采用外置打印服务器时，则应注意在接口上要与公司实际网络接口类型保持一致，否则所购买的打印服务器乃至打印机都不能在自己的网络上使用。一般在打印服务器上都会有多种连接接口供选择，如RJ-45的“以太网接口”和“令牌网接口”，BNC的同轴电缆接口，九针串行通信接口，Mini-Din 8芯接口等。选择时一定要注意打印服务器所适应的接口类型。

6）兼容性

目前网络打印机的主要生产厂家，在打印服务器标准上并没有达成一致，也就是说彼此还不能互相兼容，且多数生产厂家把打印服务器内置在打印机主板上，但也有少许型号的网络打印机的打印服务器是可选配的，所以这时首先就要看清楚你所选购的打印服务器是用在什么型号的网络打印机上的。

7）管理软件

网络打印机与其他普通打印机的一个主要区别就在于，不仅需要打印机的驱动程序，而且还需要一个网络打印机管理软件来管理网络打印机。随着网络技术的飞速发展，网络打印机的管理软件在管理方式上也得到了质的飞跃，一些专业的打印机制造商，如HP公司等，就把网络打印机的管理软件从本地电脑搬到了Web上。如果有这方面的要求，就要选择能应用此类管理软件的网络打印机。

8）辅助功能

在其他的一些辅助功能上，各厂商也大都有各自的特色，如EPSON的“作业平衡”，HP的“ColorSmart II”等，在选择时应该多了解所选择的网络打印机的此类辅助功能。

4.6.2　网络电话系统

网络电话系统是一种利用VoIP（Voice over Internet Protocol）技术，透过互联网实时传输音频信息及实现双边对话的网络应用系统。网络电话系统一般包括语音网关（GW）、网守（GK）、网络电话机等设备。

语音网关扮演公众电话网络及IP网络间的桥梁角色，负责不同网络之间信令和控制信息的转换以及媒体信息变换和复用。它主要的功能有语音的压缩/解压缩、封包化、封包遗失补正、回音的消除、计费与网络流量的监控等。有时也含有网关管理的功能，如安全查验、用户授权、保存通话记录资料、频宽的动态管理、实时性的网络资源管理、平衡流量等。网守处于高层，提供对端点（终端、网关、多点控制单元统称为端点）和呼叫的管理功能，是网络电话系统中的重要管理实体。网守的主要功能有：地址解析、接入控制、带宽管理、区域管理等四项基本功能；此外，还能提供呼叫控制信令、呼叫管理等其他功能。网络电话机是在IP网络上遵循一定的协议标准进行实时通信的端点设备。

1. 方案及设备选型

对于网络电话的部署，有不同的通信方案，根据具体需求在不同情况下又需要采取不同的组网方案和设备。目前网络电话系统涉及的产品包括IP网关、IP PBX（IP电话交换机）、PC PBX（基于PC服务器的小型IP电话交换机）。

（1）方案一：VoIP网关+网守+PBX+ IP电话/模拟电话。

VoIP网关提供传统的语音接口，与企业现有的电话交换机（PBX）或集团电话连接，同时连接IP网络，完成模拟语音信号与IP数据信号之间的相互转换。其主要特点是充分利用现有的网络资源，节省用户的长途话费，与现有的传统电话交换机（PBX）或集团电话相结合，可以将传统语音电话转移到IP电话上。VoIP网关产品作为一种成熟的IP电话解决方案，在许多大型单位中也得到应用。同时一些小型VoIP网关产品的出现，也给中小型用户带来极大好处，这类产品一般能够提供1路、4路或8路电话中继接口，同时提供简单的路由功能和网络接口，能够方便地将单位分支机构的电话交换机或集团电话通过IP网络连接起来。

VoIP网关型的应用是将IP语音网关的专用接口同总部或分支机构的PBX（小型交换机或集团电话）直接相连，当需要打长途电话时，将话音转到 VoIP 网关上，通过因特网传输。用户在使用时只需在分机上先拨IP电话特服号，便可直接拨打IP电话。

在这个方案中，若要像普通电话那样进行数字号码拨号，就得经过网守的路由管理，这种设备较昂贵，小型单位可借用电信运营公司的网守来实现，否则只能拨打IP号。网守处于高层，提供对端点和呼叫的管理功能。

（2）方案二：IP PBX+PBX+ IP电话/模拟电话。

IP PBX（IP电话交换机）是一种基于IP的电话交换系统，它具有传统PBX交换机的所有功能，它的目标是取代单位内部原有的PBX。这个系统可以完全将话音通信集成到IP网络中，从而建立能够连接分布各地办公地点和员工的统一语音数据网络。IP PBX最显著的特征是成为一个集成通信系统，通过互联网，仅需要单一设备即可为用户提供语音、传真、数据和视频等多种通信方式，建立中、小型的呼叫中心。在采用IP PBX构建的VoIP平台上，用户具有可移动的特性，形象地说就是同一个用户在A地用的是011的号码，到了B地还是011的号码，号码随着人走。IP PBX还支持语音信箱、多方会议、视频会议等传统PBX没有的功能，有助于移动办公和异地协同办公。

在总部和分支机构均部署IP PBX，内部人员可以使用IP电话或是普通模拟电话连接到不同的IP PBX上。对于经常出差的人士，可以使用SIP的软件电话，通过笔记本实现移动通话。

若总部和所有分支单位都使用固定公网IP上互联网，各点的IP PBX就可以通过IP对IP实现"点对点"通信，能直接找到双方。若使用的是浮动IP，IP不断变化，就需要通过网守（GateKeeper）来进行地址解析了，浮动IP节点会在IP变更时向GateKeeper进行IP更新的通知动作。若IP PBX集成有网守或可添加网守模块，那网守可由总部设定，若没有，则需要通过注册GateKeeper虚拟运营商来解决。

（3）方案三：PC PBX+PBX+ IP 电话/模拟电话。

基于 IP PBX 交换机的平台虽然较稳定，但价格昂贵，规模较小的单位可能无法接受。虽然这些单位自身的规模较小，但同样也需要稳定、性能好的系统的保证。于是，PC PBX 应运而生，业界通常称之为“应用服务器”。这类系统基于 PC 服务器单独用电话板卡加软件实现了 PBX、自动电话应答（IVR）、自动呼叫分配（ACD）等功能。

PC PBX 综合了 VoIP 网关和 IP PBX 的特点，可以使用现有电话线路和电话机，使用 VoIP 板卡实现跨 IP 网络的长途电话。PC PBX 产品提供了灵活拓展的余地，使得用户能得到功能丰富的 IP 通信，且无需高昂的费用成本。

构建基于PC服务器+呼叫管理软件的PC PBX系统作为在总部设立内部IP电话网的控制中心。该控制中心以软件方式工作，安装在一台服务器内。采用数字中继网关与原有 PBX 的 E1 中继接口相连。在控制中心的服务器上对 IP 电话号码进行分配，或对原分机电话的拨号方式进行设定。在各分支机构安装 IP 话机或语音网关，根据实际需求为 IP 话机、语音网关配置公网电话号码。

该方案除安装和配置都非常简便外，还具有良好的可扩展性，在带宽许可的范围内，直接加装语音网关并分配号码，便立刻实现了电话扩容。在保持原 PBX 编号方案不变的情况下，系统内通话只需拨分机号。

2. 系统部署案例

系统部署案例如图 4-25 所示，主要功能是实现 N 个分部 VoIP 通话，各分部内部也能实现各自的 VoIP 通话。

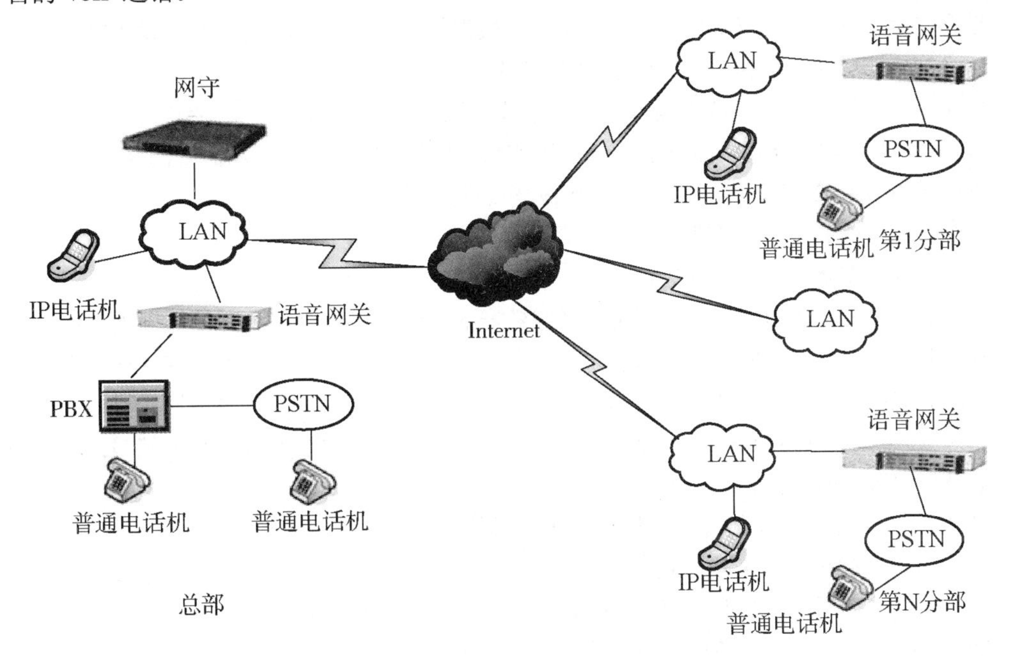

图 4-25　网络电话网络结构图

案例中所涉及的关键设备有：在总部部署网关和网守设备各一台，各分部部署一台网关。语音网关提供了E1中继接口和模拟接口，同时提供简单的路由功能和网络接口，方便地将各分部的电话通过IP网络连接起来。网守负责实现地址解析、接入控制、带宽管理、区域管理等核心控制功能。

一般有两种号码规划方法：一种是纯VoIP电话方案，自定义本单位内部的VoIP电话号码；另一种是使用原有的电信市话号码作为VoIP电话的电话号码，并做“1∶1绑定”。

（1）自定义VoIP电话号码。这种方案一般使用三位或四位数字来规划，号码随意制订。这种“纯”的VoIP电话组网，也就是没有接入市话线路，因此不需跟市话号码做“1∶1绑定”。采用自定义三位（数字）小号，在前面加各市区号来组合成VoIP电话号码，本地（指语音网关内部）通话直拨小号，跨市区通话，前面加拨区号，由网守来路由。

（2）使用原有电信市话号码作为对应的VoIP电话号码。这种方案使用桌面电话的原有电信市话号码作为内部VoIP电话的号码，这样最终使用电话的用户还是按照原来的拨号方式打电话，用户并不知道在打的电话是经过IP网络还是经过电信公司的市话线路。在VoIP网络通畅时，电话是优先经过VoIP链路通话的，只有在VoIP出现故障或打外线电话时，才会通过电信公司市话线路通话。

4.6.3 负载均衡系统

负载均衡（Load Balance）的意思就是负载分摊到多个操作单元上进行执行。常见的有链路负载均衡和应用负载均衡。

链路负载均衡是在多条网络链路的网络内，根据每条链路和子网的流量负载情况、可用性，通过负载策略或算法，进行有效管理，保障链路的灵活性和可用性。

应用负载均衡是将业务请求根据负载策略或算法，分摊到多服务节点上进行执行，如Web服务器、FTP服务器、企业关键应用服务器和其他关键任务服务器等，从而共同完成工作任务。应用负载均衡常见的有基于4层和7层的两种负载均衡方式。

负载均衡系统常用算法有散列法、轮询算法、最少连接、加权轮询算法、加权最少连接、最大加权值及动态负载均衡算法等。

轮询算法（Round Robin）是轮流选择服务器的算法，不考虑服务器的处理能力而同等对待所有服务器。如有三台服务器对外提供服务，第一次选择第一台服务器，其次选择第二台服务器，然后选择第三台服务器。当所有服务器的处理能力相同时，轮询算法比较有效率。

最少连接（Least Connection）是通过实时确认一个服务中每台服务器的连接数，选择当前连接数最少的服务器的算法。

图4-26所示为链路负载均衡工作过程图。具体过程如下：

（1）Host A向Server A发送数据包。

（2）负载均衡系统收到此数据包后，确认数据包是否符合链路负载的过滤条件，过滤条件有源/目的IP地址、协议、端口等。如果有一个以上链路负载服务，先适用优先级最高的服务的过滤条件，如果不符合此条件再与其次服务的过滤条件进行比较。

（3）当数据包符合过滤条件时，根据相应的链路负载服务的负载均衡算法选择一条链路，如路由器（Router A）。

（4）使用 NAT 功能，将数据包的源 IP 地址转换为 NAT IP 地址后，发送至外部网络。

（5）Server A 收到此数据包后，发送目的 IP 为 NAT IP 的应答数据包。

（6）　负载均衡系统收到应答数据包后，通过条目将应答数据包的目的 IP 地址（NAT IP）转换为 Host A 的 IP 地址，并发送至内部网络。

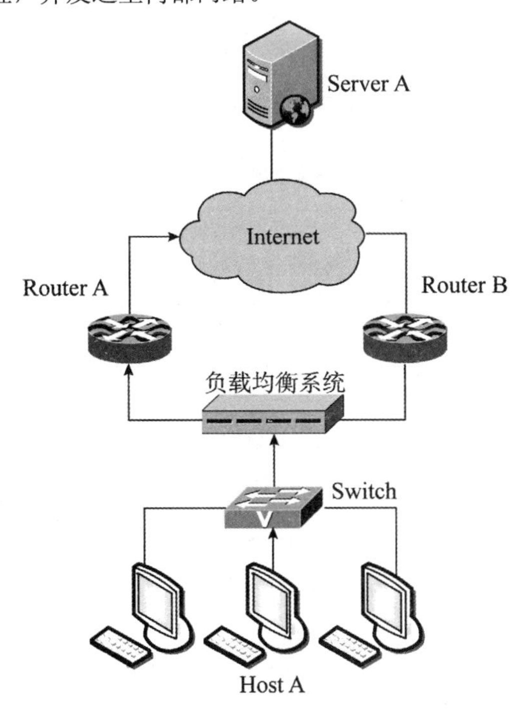

图 4-26　链路负载均衡工作过程图

对于客户端（Host A）的请求，负载均衡系统将客户端请求的虚拟 IP 转换为内部地址，并根据负载均衡策略，转发给服务器（Server A）。对于服务器的应答，负载均衡系统将服务器（Server A）的内部地址转换为虚拟 IP 后转发给客户端。图 4-27 为 L4 服务器应用负载均衡服务中，客户端和真实服务器之间数据包的源/目的 IP 地址的转换过程图。根据业务需求，服务器应用负载均衡有多重解决方案，图 4-27 仅为其中一种实现方式。

L4 负载均衡是根据 TCP/IP 协议中的 IP 地址和 TCP/UDP 端口号进行负载均衡，而 L7 负载均衡是通过检查 TCP 有效负载直接利用应用层数据进行负载均衡。

L7 负载均衡工作过程如图 4-28 所示，HTTP 请求根据域名或者其他规则进行匹配，再根据负载均衡策略转发到具体服务器，进行响应。目前，L7 所转发的基本都是基于 HTTP 80 或者 HTTPS 443，一般厂家的设备不可选择服务端口。

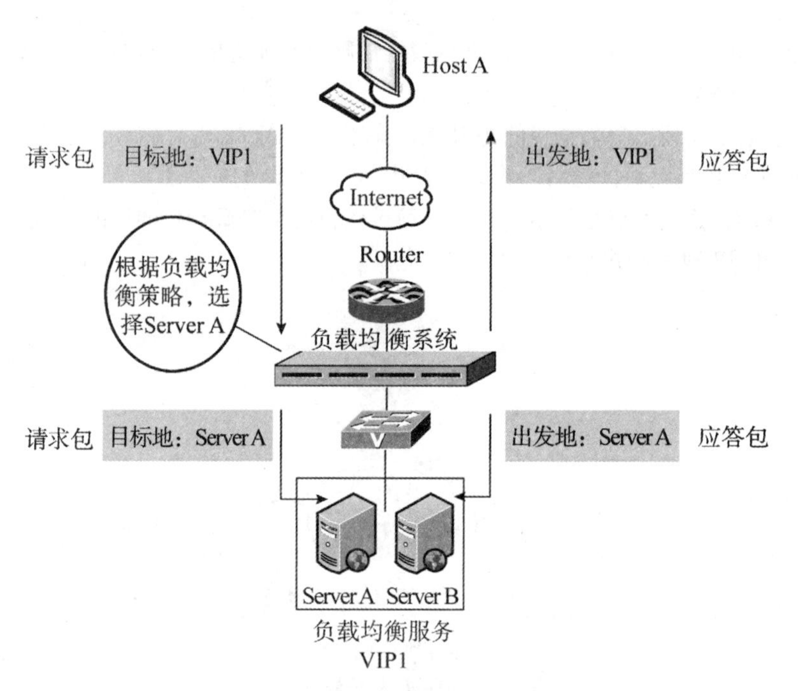

图 4-27　L4 应用负载均衡工作过程图

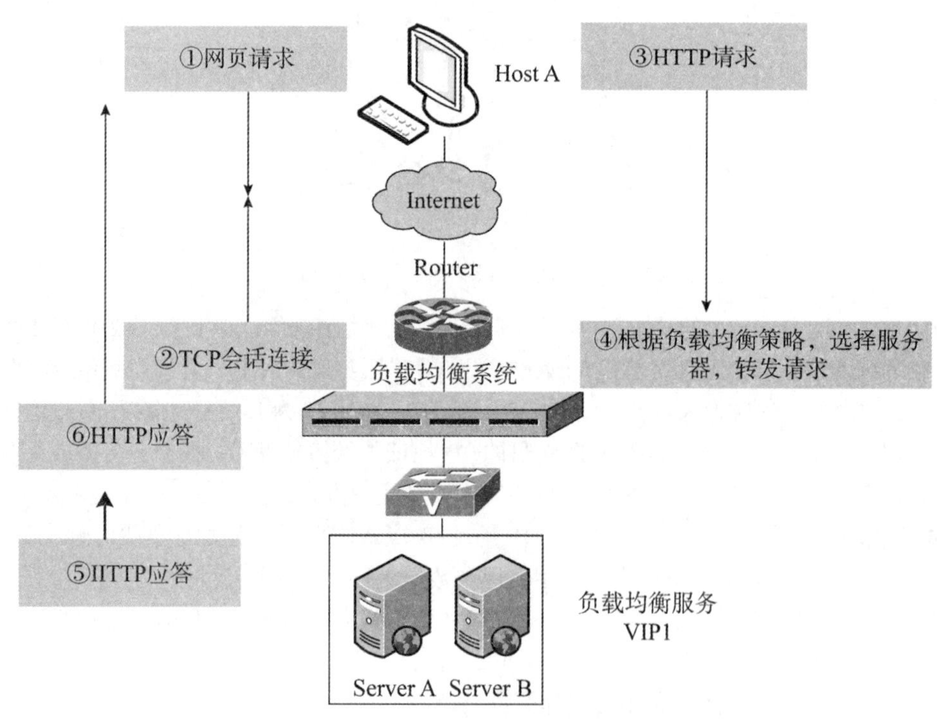

图 4-28　L7 应用负载均衡工作过程图

第5章 网络安全

互联网的开放性也存在着较大的安全隐患。本章从网络安全管理制度、面临的威胁、数据通信的加密、认证技术等方面，讨论互联网目前面临和存在的问题及其解决思路和方案。

5.1 安全管理策略和制度

网络安全是一个综合性很强的领域，技术防范无疑是其最为重要的一个方面，设备的管理、环境要求的管理等管理制度和工作人员操作规范符合安全要求也是其非常重要的一个方面。本节主要讨论网络安全管理方面的问题。

5.1.1 信息安全策略

信息安全策略是信息安全管理的重要组成部分。在制定信息安全策略时必须遵循三个原则：严格的法律、法规是保障信息系统安全的坚强后盾；先进的网络安全技术与安全产品是信息安全的根本保证；先进严格的安全管理是确保信息安全策略实施的基础。随着网络应用以及网络安全技术的不断发展，安全策略的制定和实施是一个动态的延续过程，可以请有经验的安全专家或购买服务商的专业服务。网络安全服务建设不可能仅依靠公司提供的安全服务，不是所有的网络都需要所有的安全技术，何况有些安全技术本身并不成熟，只有采取适当防护、重点突出的策略，才能有的放矢，不会盲目跟风。不同的网络有不同的安全需求，内部局域网和互联网接入有不同的要求，涉密计算机的管理与非涉密计算机的管理不同。应该遵照国家和本部门有关信息安全的技术标准和管理规范，针对本部门专项应用，对数据管理和系统流程的各个环节进行安全评估，确定使用的安全技术，设定安全应用等级，明确人员职责，制定安全分步实施方案，达到安全和应用的科学平衡。网络安全最大的威胁不是来自外部，而是内部人员对网络安全知识的缺乏。人是信息安全目标实现的主体，网络安全需要全体人员共同努力，避免出现“木桶效应”。信息安全策略应该全面地保护信息系统整体的安全，在设计时主要考虑如下几个方面的问题。

1. 物理安全策略

物理安全是指在物理介质层次上对存储和传输的网络信息进行安全保护，是网络信息安全的基本保障。建立物理安全体系结构应从三个方面考虑：一是自然灾害、物理损坏和设备故障；二是电磁辐射、乘虚而入、痕迹泄露等；三是操作失误、意外疏漏等。

物理网络的基础设施包括物理介质的选择和网络拓扑结构。从安全的角度看，应根据电缆中所传输信息的敏感程度来为不同网段选择线缆的类型。

物理安全控制是对物理基础设施、物理设备安全和物理访问的控制。对于现有的网络，如果为了适应已经改变的环境而正在创建或修改安全策略，就有必要更改物理基础设施，改变某些关键设备的物理位置，使安全策略更容易实施。如果已经将物理安全控制与安全策略相结合，那么当企业需要扩充和增加新的站点时，就应该在创建站点的同时考虑网络的物理安全控制。受限区域的物理访问需要主要根据分析或物理安全调查的结果来决定，严格限制接近机柜和关键网络基础设施设备所在地，除非经过授权或因工作需要，否则将禁止接近这些区域。为保护关键的网络资源，必须安装和实施充分的环境安全保护。环境安全保护包括：水灾的预防、监测和恢复；水害预防、监测和恢复；电源保护；温度控制；湿度控制；保护免受自然灾害的侵袭，包括地震、闪电和风暴等；保护不受过量磁场干扰；制定良好的清洁制度，减少尘土和垃圾。

机房和办公场地（放置终端计算机设备）的环境条件应具有基本的防震、防风和防雨等能力，避免在建筑物的高层或地下室，避免设在强电场、强磁场、强震动源、强噪声源、重度环境污染、易发生火灾、水灾、易遭受雷击的地区。为了业务或安全管理需要，需对机房划分区域，并设置有效的物理隔离装置（如隔墙等），对各个区域都有专门的管理要求，同时设置门禁系统等。

设备和介质等应该有防止丢失的保护措施，主要设备放置位置做到安全可控，设备或主要部件进行固定和标记，通信线缆敷设在隐蔽处，设置冗余或并行的通信线路，对机房安装的防盗报警系统和监控报警系统进行定期维护检查。网络设备、传输介质、工具等需妥善保存，并在机房设置防盗报警设施、摄像、传感等监控报警系统，运行记录和报警记录确保正常运行。各类管理、资料文档有序存放。

机房防雷措施。为防止雷击事件发生，机房建筑设置通过验收或国家有关部门的技术检测的避雷装置，机房计算机系统接地设置专用地线，符合 GB 50174－2017《数据中心设计规范》的要求，安装避雷装置并定期维护。机房要设置灭火设备和自动检测火情、自动报警、自动灭火的自动消防系统，有专人负责维护该系统的运行。机房应该按照 GB/T 2887—2011《计算机场地通用规范》的标准要求，采用必要的接地等防静电措施和控制机房湿度的措施，机房应该配备恒温恒湿系统，保证温湿度符合要求。

计算机系统供电线路与其他供电分开，设置稳压器、过电压防护设备和短期备用电源设备（如 UPS）。机房的电力供应安全设计/验收文档中标明单独为计算机系统供电，配备稳压器、过电压防护设备、备用电源设备以及冗余或并行的电力电缆线路等要求与机房电力供应实际情况是否一致。有防止外界电磁干扰和设备寄生耦合干扰的措施，并且对处理秘密级信息的设备采取防止电磁泄漏的措施。对设备外壳进行良好的接地，电源线和通信线缆隔离，处理秘密级信息的设备为低辐射设备，安装满足 BMB4　2000《电磁干扰器技术要求和测试方法》要求的二级电磁干扰器。

2. 网络安全策略

为保护网络的安全，必须对访问系统及其数据的人进行识别，并检查其合法身份，对进入网络系统进行控制。访问控制首先要把用户和数据进行分类，然后根据需要把二者匹配起来，把数据的不同访问权限授予用户，只有被授权的用户才能访问相应的数据。在大型网络中，从源节点到目的节点可能有多条线路，有些线路可能是安全的，有些是不安全的。通过选择路由控制机制，可使信息发送者选择特殊路由，以保证数据的安全。网络安全中的访问控制分为两类：入系统访问控制和选择性访问控制。入系统访问控制为系统提供了第一层访问控制，控制着可以登录到服务器网络操作系统并获取系统资源的用户，通过用户名识别和验证、用户口令识别和验证以及用户账号的默认限制检查进入系统。选择性访问控制是基于主体或主体所在组的身份的，这种访问控制是可选择性的，如果一个主体具有某种访问权，则它可以直接或间接地把这种控制权传递给别的主体。选择性访问控制被内置于许多操作系统当中，是任何安全措施的重要组成部分。文件拥有者可以授予一个用户或一组用户访问权。网络上的选择性访问控制应对用户的访问权限进行控制：某人可以访问什么程序和服务？某人可以访问什么文件？谁可以创建、读或删除某个特定的文件？谁是管理员或“超级用户”？谁可以创建、删除和管理用户？某人属于什么组，以及相关的权利是什么？当使用某个文件或目录时，用户有哪些权利？访问控制还包括对网络服务、数据库和其他应用系统的控制。

3. 系统安全策略

系统安全策略可以分为两大类来考虑，即强制安全策略和自主安全策略。系统的策略实施机制也划分为两部分：强制安全策略实施机制和自主安全策略实施机制。强制安全策略具有更好的普遍适用性，由系统强制提供，可涉及保密性、完整性、可用性、责任可查性等。自主安全策略将反映用户自主的安全需求。由于用户自主安全需求的多样性，为尽可能实施灵活的自主安全策略，系统应为用户提供方便的自主安全策略表达机制，如安全规则的说明工具。用户说明的与自主安全策略对应的规则集有时非常复杂，需要有专门的策略检查机制来确保规则的完备性、正确性和一致性。这些自主说明的安全规则只有通过检查处理后，才能形成适合于自主安全策略实施机制使用的系统内部自主安全策略（或规则集）。规则的内涵及内部表示方式的不同，又对自主安全策略实施机制提出了不同的要求，自主安全策略实施机制应能够为不同类型的规则提供执行能力。系统安全从低到高分为四级：D级是最低的安全级别，拥有这个级别的操作系统就像一个门户大开的房子，任何人都可以自由进出，是完全不可信的。C级有两个安全子级别，即C1和C2。C1级被称为选择性安全保护系统，描述了一种典型的用在UNIX系统上的安全级别。这种级别的系统对硬件有某种程度的保护，用户拥有注册账号和口令，系统通过账号和口令来识别用户是否合法，并决定用户对程序和信息拥有什么样的访问权，但硬件受到损害的可能性仍然存在。除了C1级包含的特性外，C2级别应具有访问控制环境权力。该环境具有进一步限制用户执行某些命令或访问某些文件的权限，而且还加入了身份认证级别。B级中有三个级别，B1级是支持多级安全（例如秘密和绝密）的第一个级别，这个级别说明处于强制性访问控制之下的对象，系统不允许文件的拥有者改变其许可权限；B2级要求计算机系统中所有的对象都要加上标签，而且给设备（磁盘、磁带和终端）分配单个或多个安全级别，它是提供较高安全级别的对象与较低安全级别的对象相通信的第一个级别；B3级使用安装硬件的方式来加强域的安全，例如，内存管理硬件用于保护安全域免遭无授权访问或其他安全域对象的修改。A级是当前橙皮书的最高级别，它包括了一个严格的设计、控制和验证过程，该级别包含了较低级别的所有特性。黑客对系统的攻击和计算机病毒是系统安全的两大威胁，对于网络操作系统的安全管理，系统安装完后，应该给予指定的系统管理员与Supervisor/Admin等同的管理权限，获取对操作系统有访问权的用户，给予注册、登记，授予对系统访问的账户和口令，定期做好操作系统和应用程序的备份，对系统在运行过程中发生的错误做出详细的记录和归档，认真细致地分析每天的日志，对系统进行事后审计、监督和跟踪，建立操作系统所有资料的使用管理机制，及时做好系统版本的升级、打补丁、防病毒和系统的加固。

4. 数据加密策略

访问控制只是控制可以获准进入计算机信息系统的对象，在计算机的应用中会产生大量需要存储和传输的数据，此时，有意的计算机犯罪和无意的数据破坏成为了最大的威胁，数据保密就是保护网络中各系统之间的交换数据，防止因数据被截获而造成泄密。数据保密主要包括连接保密（对某个连接上的所有用户数据提供保密）、选择字段保密（对协议数据单元的一部分选择字段进行保密）、信息流保密（对可能从观察信息流就能推导出的信息提供保密）。数据完整性保证接收方收到的信息与发送方发送的信息完全一致，它包括可恢复的完整性、无恢复的完整性、选择字段的完整性，主要通过数字签名技术来实现。对称密码和公钥密码是当前计算机信息系统中的两类基本加密算法。信息加密策略的制定应该根据网络系统的实际情况和需求来定，没有一个固定的模式，一般包括信息的分类和存储、信息的传输、备份介质存储。对于敏感信息，策略应该描述加密压缩的软件、转交的服务器名称、存储目录体系和归档时间。PKI是一种具有普遍适用性的网络安全基础设备，是一套硬件、软件系统和安全策略的集合，它提供了一种安全机制，使用户在不知道对方身份和分布地的情况下，以数字证书为基础，通过一系列的信任关系来实现信息的真实性、完整性、保密性和不可否认性。PKI定义了密码系统使用的处理方法和原则，建立了一个组织信息安全方面的指导方针，包含在实践中增强和支持安全策略的一些操作过程的详细文档、处理密钥和有价值信息的方法和根据风险级别定义安全控制级别。

5. 信息安全组织管理策略

信息安全组织管理的目标和任务是利用管理学的原理构建信息安全团队，对信息安全事件做出及时、快速、准确的响应，确定并及时排除突发事件，使其服务对象的风险和损失降到最低。无论是何种信息安全团队，其组织架构基本上是一样的，主要由决策层、管理层、执行层和信息管理系统四个部分组成。决策层负责制定信息安全团队的工作方针、政策以及相关的规章制度，对团队的建立负有决定性的作用，必须对安全事件的响应做出正确的判断。管理层主要负责团队的日常工作、内外部信息资产、财物和工作人员的管理。执行层负责对系统运行进行日常的维护和管理，对安全事故进行响应支持，对相关人员进行安全技术培训。信息管理系统负责决策层和管理层、管理层与执行层、执行层与用户层、决策层与执行层之间信息的处理和传递。关于人员录用，应指定或授权专门的部门或人员负责人员录用，严格规范人员录用过程，对被录用人员的身份、背景、专业资格和资质等进行审查，对其所具有的技术技能进行考核，签署保密协议，从内部人员中选拔从事关键岗位的人员，并签署岗位安全协议。关于人员离岗，应制定有关管理规范，严格规范人员离岗过程，及时终止离岗员工的所有访问权限，收回各种身份证件、钥匙、徽章等以及机构提供的软硬件设备，办理严格的调离手续，并承诺调离后的保密义务后方可离开。关于人员考核，应定期对各个岗位的人员进行安全技能及安全认知的考核，应对关键岗位的人员进行全面、严格的安全审查和技能考核，应建立保密制度，并定期或不定期地对保密制度执行情况进行检查或考核，应对考核结果进行记录并保存。

5.1.2　信息安全管理制度

信息安全管理制度是通过维护信息的机密、完整性和可用性，来识别、评估、管理和保护组织所有的信息资产，制定和实施安全策略、安全标准、安全方针和安全措施的一种体制。计算机及其网络系统的安全管理是计算机安全的重要组成部分，安全管理贯穿于计算机网络系统设计、运行和维护的各个阶段，既包括行政手段，又包括技术措施。在系统的设计阶段，应该制定出网络系统的安全策略；在工程设计阶段，应该按照安全策略的要求制定系统的安全机制；在系统的运行中，应该强制执行安全机制所要求的各项安全措施和安全管理原则，并且经过风险分析和安全审计来检查和评估，不断补充、改进和完善安全措施。

安全管理制度主要包括：管理制度、制定和发布、评审和修订。不同等级的基本要求在安全管理制度的三个方面都有所体现。一级安全管理制度要求：主要明确了制定日常的管理制度，并对管理制度的制定和发布提出基本要求。二级安全管理制度要求：在控制点上增加了评审和修订，管理制度增加了总体方针和安全策略，和对各类重要操作建立规程的要求，并且管理制度的制定和发布要求组织论证。三级安全管理制度要求：在二级要求的基础上，要求机构形成信息安全管理制度体系，对管理制度的制定要求和发布过程进一步严格和规范，对安全制度的评审和修订要求领导小组的负责。四级安全管理制度要求：在三级要求的基础上，主要考虑了对带有密级的管理制度的管理和管理制度的日常维护等。表 5-1 表明了不同等级的安全管理制度在控制点上逐级变化的特点。

表 5-1　不同等级的安全管理制度控制点的逐级变化

控制点	一级	二级	三级	四级
管理制度	√	√	√	√
制定和发布	√	√	√	√
评审和修订		√	√	√
合计	2	3	3	3

下面对安全管理制度的三个方面分别进行介绍。

1）管理制度

信息安全管理制度文件通过为机构的每个人提供基本的规则、指南、定义，从而在机构中建立一套信息安全管理制度体系，防止员工的不安全行为引入风险。信息安全管理制度体系分为三层结构：总体方针、具体管理制度、各类操作规程。信息安全方针应当阐明管理层的承诺，提出机构管理信息安全的方法；具体的信息安全管理制度是在信息安全方针的框架内，为保证安全管理活动中的各类管理内容的有效执行而制定的具体的信息安全实施规则，以规范安全管理活动，约束人员的行为方式；操作规程是为进行某项活动所规定的途径或方法，是有效实施信息安全政策、安全目标与要求的具体措施。这三层体系化结构完整地覆盖了机构进行信息安全管理所需的各类文件化指导。

2）制定和发布

制定安全管理制度是规范各种保护单位信息资源的安全活动的重要一步，制定人员应充分了解机构的业务特征（包括业务内容、性质、目标及其价值），只有这样才能发现并分析机构业务所处的实际运行环境，并在此基础上提出合理的、与机构业务目标相一致的安全保障措施，定义出与管理相结合的控制方法，从而制定有效的信息安全政策和制度。机构高级管理人员参与制定过程，有利于：

（1）制定的信息安全政策与单位的业务目标一致；

（2）制定的安全方针政策、制度可以在机构上下得到有效的贯彻；

（3）可以得到有效的资源保障，比如在制定安全政策时必要的资金与人力资源的支持，及跨部门之间的协调问题等，都必须由高层管理人员来推动。

在制定安全管理制度中，各种文档的制定非常重要，这些文档主要包括：

（1）网络建设方案文档：网络技术体制、网络拓扑结构、设备配置、IP地址和域名分配方案等相关技术文档；

（2）机房管理制度文档：包括对网络机房实行分域控制，保护重点网络设备和服务器的物理安全；

（3）各类人员职责分工：根据职责分离和多人负责的原则，划分部门和人员职责，包括对领导、网络管理员、安全保密员和网络用户职责进行分工；

（4）安全保密规定文档：制定颁布本部门计算机网络安全保密管理规定；

（5）网络安全方案：网络安全项目规划、分步实施方案、安全监控中心建设方案、安全等级划分等整体安全策略；

（6）安全策略文档：建立防火墙、入侵检测、安全扫描和防病毒系统等安全设备的安全配置和升级策略以及策略修改登记；

（7）口令管理制度：严格网络设备、安全设备、应用系统以及个人计算机的口令管理制度；

（8）系统操作规程：对不同应用系统明确操作规程，规范网络行为；

（9）应急响应方案：建立网络数据备份策略和安全应急方案，确保网络的应急响应；

（10）用户授权管理：以最小权限原则对网络用户划分数据库等应用系统操作权限，并做记录；

（11）安全防护记录：记录重大网络安全事件，对网络设备和安全系统进行日志分析，并提出修复意见，定期对系统运行、用户操作等进行安全评估，提交网络安全报告。

3）评审和修订

安全政策和制度文件制定实施后，机构要定期评审安全政策和制度，并进行持续改进，尤其当发生重大安全事故、出现新的漏洞以及技术基础结构发生变更时。因为机构所处的内外环境是不断变化的，信息资产所面临的风险也是一个变数，机构中人的思想、观念也在不断变化。在这个不断变化的世界中，要想保证本系统的安全性，就要对控制措施和信息安全政策与制度持续改进，使之在理论上、标准上及方法上与时俱进。

其他制度文档还有信息发布审批、设备安装维护管理规定、人员培训和应用系统等，以及全面建立计算机网络各类文档，堵住安全管理漏洞。

在安全管理中，最活跃的因素是人，对人的管理包括法律、法规与政策的约束、安全指南的帮助、安全意识的提高、安全技能的培训、人力资源管理措施以及企业文化的熏陶，这些功能的实现都是以完备的安全管理政策和制度为前提的。信息安全有三条基本的管理原则：从不单独工作、限制使用期限和责任分散。从不单独工作原则指的是在人员条件许可的情况下，由最高领导人指派两个或者多个可靠而且能够胜任工作的专业人员，共同参与每项与安全相关的活动，并且通过签字、记录和注册等方式证明。限制使用期限原则指的是任何人都不能在一个与安全有关的岗位上工作太长时间，工作人员应该经常轮换工作，这种轮换依赖于全体人员的诚实度。责任分散原则指的是在工作人员素质和数量允许的情况下，不集中于一人实施全部与安全有关的功能，由不同的人和小组来执行。安全管理制度包括信息安全工作的总体方针、策略、规范，各种安全管理活动的管理制度以及管理人员或操作人员日常操作的操作规程。安全风险管理、安全策略和安全教育构成了整个信息安全管理体系。

5.2　网络安全威胁与网络安全体系

网络安全威胁是利用网络中所存在的缺陷，从而导致系统出现非授权访问、信息泄露、资源消耗或者被破坏等情况。伴随着网络的快速普及和发展，网上的数据量呈指数级快速增加，这种潜在的威胁一旦形成实质的破坏，其破坏力将是巨大的，所造成的后果也将十分严重。

5.2.1　网络安全威胁

“安全”是一个相对的概念。在网络中，绝对的安全软件、设备或者体系结构是不存在的。同时，安全与效率是一对相互制约的关系实体。因此在网络安全中，在一定的环境中，应该选择使用一种“适合”的安全策略和安全制度，以增加系统安全程度的同时，保证高效率的生产或工作。

1. 网络安全威胁的类型

随着网络技术的不断发展，网络安全所面临的威胁来自多个方面，并且处在不断发展变化中。网络安全威胁有以下几类。

1）网络攻击类

网络攻击是指通过技术手段获取非授权资源或者达到预定攻击目标的行为。在法律上对网络攻击的定义是：网络攻击“仅仅发生在入侵行为完全完成而且入侵者已经在目标网络内”。业内的观点是：凡是能够使得一个网络受到破坏的行为都被认为是攻击。

网络攻击分为以下几类。

（1）被动攻击。被动攻击是指攻击者通过对网络中现有的正常数据流进行监视、分析等操作，以获得有用信息的一种攻击方式。被动攻击方式由于其对现有系统在短期内不会造成任何故障或者现象，因此是最为隐蔽的一种攻击方式，针对被动攻击的重点是预防，例如采用数据加密等。被动攻击主要包括：

- 窃听。在早期的广播式网络中，网络系统内的任意节点均能够接收到网络中传输的所有数据。在现有网络中，也可以采用搭线窃听或者安装专门的窃听软件来对通信内容进行截获。同时，由于网络管理的原因，网络体系结构允许网络监视器接收所有数据帧，这种特性会使得网络数据被窃听或发生非授权访问的现象变得更加隐蔽。无线网络的广泛使用，也是网络数据泄露风险加剧的一个因素。
- 流量分析。通过对网络中的流量进行监视和分析，以得到有价值的信息。

（2）主动攻击。主动攻击是指攻击者试图通过技术手段突破预设的网络安全防护，以获取有价值的信息的攻击方式。这种攻击会对现有网络数据进行篡改、截获或对现有网络系统造成运行故障等。对于这种攻击方式，除了进行预防之外，重点是对其进行检测。主动攻击主要包括：

- 假冒。假冒是指网络上的一个实体或终端，通过技术手段假扮成另一个实体或终端，以达到非授权访问或获取非法资源的目的。
- 重放。将网络中的报文进行完全复制或者部分复制，从而达到被授权的目的。
- 数据完整性破坏。通过技术手段有意或者无意地对信息系统进行破坏，或者通过非法手段对数据进行篡改的一种攻击方式。
- 拒绝服务。通过合法的手段，对特定目标进行访问或者使其资源“合法”耗尽，从而使其无法获得应有的访问的一种攻击方式。
- 数据泄露。有意或者无意地对信息系统进行攻击或者破坏，造成数据信息的泄露或者被非法访问。

（3）内部人员攻击。内部人员攻击是指由单位内部的职工或者工作人员实施的，有意或者无意的“攻击”。此种攻击一般是由内部被授权人员对信息系统或者网络系统进行操作过程中产生的，尤其是无意识的操作对信息系统或者网络系统造成的破坏。此种类型应加强对工作人员的教育、培训和管理，严格落实网络安全管理制度和操作规范。例如，在核心部门员工辞职后，及时更换系统口令、门禁等，以防止此类事件的发生。

2）网络安全漏洞类

当前，网络系统中的网络设备、网络终端、操作系统、数据库、信息系统等都存在各种各样的安全漏洞。因此，对现有系统中存在的漏洞的掌握和了解，是预防网络攻击的最主要的发展方向，也是反攻击工具的主要设计思路。

在网络攻击中，病毒类攻击一般是利用了上述系统中的各种漏洞所发起的攻击。计算机病毒或者网络病毒已改变了之前对单机进行攻击的策略，目前的病毒多采用通过网络传播并感染网络终端的方式，以造成大量网络终端的感染或者数据泄露。目前，随着智能手机的广泛使用，手机病毒已成为网络病毒的一大威胁。

5.2.2　网络安全体系

网络安全体系是一个非常复杂的结构，涉及各个层次和环节的内容，需要将安全技术体系、安全管理体系、认证体系等手段进行有机融合，构建一体化的安全屏障。ISO 在 OSI 网络七层体系结构上确立了网络安全体系结构，在 OSI 七层的每一层都确立了对应的安全机制和安全服务。其安全体系结构图如图 5-1 所示，其中 Y 轴表示网络七层模型，X 轴表示对应的八种安全机制，Z 轴表示对应的五种安全服务。

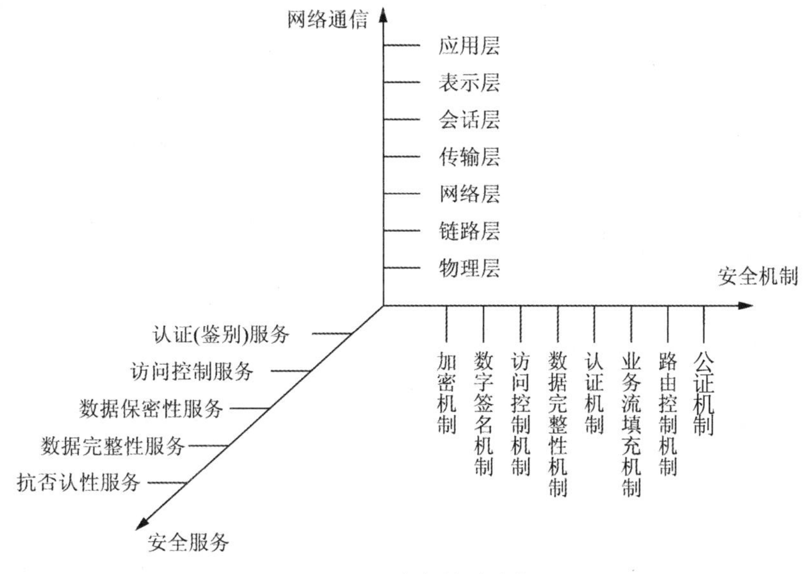

图 5-1　OSI 安全体系结构图

八种安全机制对应五种安全服务，下面分别进行讲解：

（1）加密机制：加密机制对应数据保密性服务。加密是提高数据安全性的最简便方法。通过对数据进行加密，有效提高了数据的保密性，能防止数据在传输过程中被窃取。常用的加密算法有对称加密算法（如 DES 算法）和非对称加密算法（如 RSA 算法）。

（2）数字签名机制：数字签名机制对应认证（鉴别）服务。数字签名是有效的鉴别方法，利用数字签名技术可以实施用户身份认证和消息认证，它具有解决收发双方纠纷的能力，是认证（鉴别）服务最核心的技术。在数字签名技术的基础上，为了鉴别软件的有效性，又产生了代码签名技术。常用的签名算法有RSA算法和DSA算法等。

（3）访问控制机制：访问控制机制对应访问控制服务。通过预先设定的规则对用户所访问的数据进行限制。通常情况下，首先是通过用户的用户名和口令进行验证，其次是通过用户角色、用户组等规则进行验证，最后用户才能访问相应的限制资源。一般的应用常使用基于用户角色的访问控制方式。

（4）数据完整性机制：数据完整性机制对应数据完整性服务。数据完整性的作用是为了避免数据在传输过程中受到干扰，同时防止数据在传输过程中被篡改，以提高数据传输完整性。通常可以使用单向加密算法对数据加密，生成唯一验证码，用以校验数据完整性。常用的加密算法有MD5和SHA。

（5）认证机制：认证机制对应认证（鉴别）服务。认证的目的在于验证接收方所接收到的数据是否来源于所期望的发送方，通常可以使用数字签名来进行验证。常用算法有RSA算法和DSA算法等。

（6）业务流填充机制：也称为传输填充机制。业务流填充机制对应数据保密性服务。业务流填充机制通过在数据传输过程中传输随机数的方式，混淆真实的数据，加大数据破解的难度，提高数据的保密性。

（7）路由控制机制：路由控制机制对应访问控制服务。路由控制机制为数据发送方选择安全网络通信路径，避免发送方使用不安全路径发送数据，提高数据的安全性。

（8）公证机制：公证机制对应抗否认性服务。公证机制的作用在于解决收发双方的纠纷问题，确保两方利益不受损害。类似于现实生活中，合同双方签署合同的同时，需要将合同的第三份交由第三方公证机构进行公证。

5.3 恶意软件、黑客攻击及防治

恶意软件和网络黑客的恶意攻击，是网络中存在的主要安全威胁之一。本节讨论恶意软件、恶意病毒和黑客攻击方面的主要问题。

5.3.1 恶意软件和病毒

1. 恶意软件的定义

根据中国互联网协会2006年公布的最终版本的“恶意软件”定义，恶意软件是指在未明确提示用户或未经用户许可的情况下，在用户计算机或其他终端上安装运行，侵害用户合法权益的软件，但不包含我国法律法规规定的计算机病毒。

具有下列特征之一的软件可以被认为是恶意软件：

（1）强制安装：指未明确提示用户或未经用户许可，在用户计算机或其他终端上安装软件的行为。

（2）难以卸载：指未提供通用的卸载方式，或在不受其他软件影响、人为破坏的情况下，卸载后仍然有活动程序的行为。

（3）浏览器劫持：指未经用户许可，修改用户浏览器或其他相关设置，迫使用户访问特定网站或导致用户无法正常上网的行为。

（4）广告弹出：指未明确提示用户或未经用户许可，利用安装在用户计算机或其他终端上的软件弹出广告的行为。

（5）恶意收集用户信息：指未明确提示用户或未经用户许可，恶意收集用户信息的行为。

（6）恶意卸载：指未明确提示用户、未经用户许可，或误导、欺骗用户卸载其他软件的行为。

（7）恶意捆绑：指在软件中捆绑已被认定为恶意软件的行为。

（8）其他侵害用户软件安装、使用和卸载知情权、选择权的恶意行为。

2. 计算机病毒的定义

计算机病毒（Computer Virus）最早是由美国计算机病毒研究专家 F.Cohen 博士提出。1994 年 2 月 18 日，我国正式颁布实施了《中华人民共和国计算机信息系统安全保护条例》（以下简称《条例》），在《条例》第二十八条中明确对计算机病毒进行了定义，定义指出：“计算机病毒，是指编制或者在计算机程序中插入的破坏计算机功能或者毁坏数据，影响计算机使用，并能自我复制的一组计算机指令或者程序代码。”计算机病毒的特征可以归纳为传染性、程序性、破坏性、隐蔽性、潜伏性、可触发性和不可预见性。

3. 计算机病毒的分类

1）网络蠕虫病毒

网络蠕虫是一段可以通过网络进行自我传播的破坏性程序或代码，其不需要用户的干预来触发执行。其通常利用系统漏洞进行传播，因而其可以直接获得对方系统的控制权而自动执行蠕虫代码或程序。

2）特洛伊木马病毒

特洛伊木马是一个程序，它看起来具有某个有用的或善意的目的，但是实际上有一些隐藏的恶意功能。其欺骗用户或者系统管理员安装，或者在计算机上与“正常”的程序一起混合运行，将自己伪装得看起来属于该系统。

特洛伊木马通常由被控制端和控制端组成。其对用户的个人隐私和机密数据造成极大威胁。

3）宏病毒

宏病毒是一种寄存在文档或模板的宏中的计算机病毒。一旦打开这样的文档，其中的宏就会被执行，于是宏病毒就会被激活，转移到计算机上，并驻留在 Normal 模板上。从此以后，所有自动保存的文档都会“感染”上这种宏病毒，而且如果其他用户打开了感染病毒的文档，宏病毒又会转移到他的计算机上。

4）ARP 病毒

ARP 病毒并不是某一种病毒的名称，而是对利用 ARP 协议的漏洞进行传播的一类病毒的总称。ARP 协议是 TCP/IP 协议组中的一个协议，能够把网络地址翻译成物理地址（又称 MAC 地址）。通常此类攻击的手段有两种：路由欺骗和网关欺骗。这是一种入侵计算机的木马病毒，对计算机用户私密信息的威胁很大。

5）震网病毒

震网病毒又名 Stuxnet 病毒。该病毒于 2010 年 6 月首次被检测出来，是第一个专门定向攻击真实世界中基础（能源）设施（比如核电站、水坝、国家电网）的“蠕虫”病毒。震网病毒已经感染了全球超过 45 000 个网络，其中伊朗遭到最为严重的攻击，60%的个人计算机感染了这种病毒，其次为印尼（约 20%）和印度（约 10%）。

震网病毒利用了微软视窗操作系统之前未被发现的 4 个漏洞。它与通常意义上的病毒或者黑客不同，通常意义上的犯罪性黑客会利用这些漏洞来获取非法收入。而震网病毒与常见的恶意软件不同，它并非普通程序员单打独斗能够研制出来的，需要花费巨额的成本来研制该病毒。

该病毒是有史以来最高端的“蠕虫”病毒。“蠕虫”是一种典型的计算机病毒，它能自我复制，并将副本通过网络传输，任何一台个人计算机只要和染毒计算机相连，就会被感染。

这种新病毒采取了多种先进技术，因此具有极强的隐身和破坏力。只要电脑操作员将被病毒感染的 U 盘插入 USB 接口，这种病毒就会在神不知鬼不觉的情况下取得一些工业用计算机系统的控制权。

6）勒索病毒

勒索病毒是 2017 年出现的一种恶意的计算机程序，它会阻止受害者进入他们的计算机或者通过高强度加密算法加密受害者的文档，可对上百种格式文档进行高强度加密，使得受害者不能使用他们的文档，并要求他们支付赎金才能对文档进行解密，正常使用。

有几种不同的勒索软件程序，它们都使用了不同的方法来让计算机用户支付赎金。目前已知的有以下几种不同的版本：

（1）加密文件的勒索软件。该类勒索软件渗入计算机后，它会自动找出用户最常使用的图片、音视频等文件，然后对其加密，并对受害者进行提示，告知受害者如果他们想要解密这些被加密的数据，唯一的方法就是支付赎金。该类勒索软件大多数是依靠木马程序传播的。

（2）非加密类型的勒索软件。这个类型的勒索软件会封锁整个计算机系统并威胁受害者支付赎金。它一旦渗入系统，就会找出受害者计算机上存有的非法文件，比如色情内容或未经授权的程序版本，然后病毒即会锁住计算机并开始显示一个看似来自政府当权者的巨大警告信息。在这种情况下，受害者会被通知他/她的计算机在经过扫描后检测到了非法文件，受害者需支付罚款以避免牢狱之灾。

（3）锁住浏览器的勒索软件。这类勒索软件版本并不感染计算机系统，它是依靠 JavaScript 来封锁浏览器，然后显示巨大的警告信息。这个伪造的通知与来自“非加密类型的勒索软件”的警告非常相似，它通常会告知用户曾经在网上进行了哪些非法活动，然后要求用户支付赎金以免除牢狱灾害。当然，这些勒索软件与联邦调查局（FBI）、欧洲刑警组织（Europol）和其他政府机构根本没有任何关联。

5.3.2 黑客攻击及防御

1. 黑客和黑客攻击

黑客（Hacker）在当前的网络世界中有褒贬二重的含义。从褒义方面讲，黑客特指一些特别优秀的程序员或技术专家。1998 年日本出版的《新黑客字典》对黑客的定义是："喜欢探索软件程序奥秘，并从中增长其个人才干的人。他们不像绝大多数计算机使用者，只规规矩矩地了解别人指定了解的范围狭小的部分知识。"他们对于操作系统和编程语言有着深刻的认识，乐于探索操作系统的奥秘且善于通过探索了解系统中的漏洞及其原因所在。他们恪守这样一条准则：永不破坏任何系统。从贬义方面讲，黑客是一些蓄意破坏计算机和电话系统的人。真正的黑客把这些人叫作"骇客"（Cracker），并不屑与之为伍。本节主要介绍一些黑客的基本知识，包括信息的收集和攻击的方式。

1）信息的收集

黑客攻击的效果和他们对目标的了解程度有着直接的相关性。因此，信息收集在攻击过程中占据着头等重要的位置，包括财务数据、硬件配置、人员结构、网络架构和整体利益等诸多方面。而且互联网上的共享资源可以为几乎任何攻击阶段提供有价值的信息。信息收集的主要方式如下：

（1）网络监测：一类快速检测网络中计算机漏洞的工具，包括嗅探应用软件，能在计算机内部或通过网络来捕捉传输过程中的密码等数据信息。

（2）社会工程：运用操纵技巧来获取信息。例如，在喝酒交谈过程中询问对方密码或账号等信息，或是伪装成另一个人骗取信息。

（3）公共资源和垃圾：从公开的广告资料甚至是垃圾中收集信息。

（4）后门工具：这是一些工具包，用来掩盖计算机安全已受到威胁的事实。

2）黑客的攻击方式

黑客主要的攻击方式有以下几种：

（1）拒绝服务攻击。

（2）缓冲区溢出攻击。

（3）漏洞攻击。

（4）欺骗攻击。

下面分别对这几种攻击方法及其防御进行介绍。

2. 拒绝服务攻击与防御

拒绝服务攻击（Denial of Service，DoS）是由人为或非人为发起的行动，使主机硬件、软件或者两者同时失去工作能力，使系统不可访问并因此拒绝合法的用户服务要求。拒绝服务攻击的主要企图是借助于网络系统或网络协议的缺陷和配置漏洞进行网络攻击，使网络拥塞、系统资源耗尽或者系统应用死锁，妨碍目标主机和网络系统对正常用户服务请求的及时响应，造成服务的性能受损甚至导致服务中断。

由于目前个人计算机或者服务器系统的性能逐渐在提升，网络带宽也由原来的 10Mbps 逐步提升到 1Gbps 甚至是 10Gbps，由个人对其他主机发起攻击行为，要使其性能受损或者服务中断，非常困难。目前常见的拒绝服务攻击为分布式拒绝服务攻击（Distributed Denial of Service，DDoS）。

要对服务器实施拒绝服务攻击，有两种思路：一种是服务器的缓冲区满，不接收新的请求；另一种是使用 IP 欺骗，迫使服务器把合法用户的连接复位，影响合法用户的连接，这也是拒绝服务攻击实施的基本思想。

1）传统拒绝服务攻击的分类

拒绝服务攻击有许多种，网络的内外部用户都可以发动这种攻击。内部用户可以通过长时间占用系统的内存、CPU 处理时间使其他用户不能及时得到这些资源，而引起拒绝服务攻击；外部黑客也可以通过占用网络连接使其他用户得不到网络服务。本节主要讨论外部用户实施的拒绝服务攻击。

外部用户针对网络连接发动拒绝服务攻击主要有以下几种模式：

（1）消耗资源。计算机和网络需要一定的条件才能运行，如网络带宽、内存、磁盘空间、CPU 时间。攻击者利用系统资源有限这一特征，或者是大量地申请系统资源，并长时间地占用；或者是不断地向服务程序发出请求，使系统忙于处理自己的请求，而无暇为其他用户提供服务。攻击者可以针对以下几种资源发起拒绝服务攻击：

① 针对网络连接的拒绝服务攻击。

② 消耗磁盘空间。

③ 消耗 CPU 资源和内存资源。

（2）破坏或更改配置信息。计算机系统配置上的错误也可能造成拒绝服务攻击，尤其是服务程序的配置文件以及系统、用户的启动文件。这些文件一般只有该文件的属主才可以写入，如果权限设置有误，攻击者（包括已获得一般访问权的黑客与恶意的内部用户）可以修改配置文件，从而改变系统向外提供服务的方式。

（3）物理破坏或改变网络部件。这种拒绝服务针对的是物理安全，一般来说，其通过物理破坏或改变网络部件以达到拒绝服务的目的。其攻击的目标有计算机、路由器、网络配线室、网络主干段、电源、冷却设备，及其他的网络关键设备。

（4）利用服务程序中的处理错误使服务失效。最近出现了一些专门针对 Windows 系统的攻击方法，如局域网拒绝服务（LAND）攻击等。被这些工具攻击之后，目标机的网络连接就会莫名其妙地断掉，不能访问任何网络资源，或者出现莫名其妙的蓝屏，系统进入死锁状况。这些攻击方法主要利用服务程序中的处理错误，发送一些该程序不能正确处理的数据包，引起该服务进入死循环。

2）分布式拒绝服务攻击

分布式拒绝服务攻击是对传统拒绝服务攻击的发展，攻击者首先侵入并控制一些计算机，然后控制这些计算机同时向一个特定的目标发起拒绝服务攻击。传统的拒绝服务攻击有受网络资源的限制和隐蔽性差两大缺点，而分布式拒绝服务攻击却克服了传统拒绝服务攻击的这两个致命弱点。分布式拒绝服务攻击的隐蔽性更强，通过间接操纵网络上的计算机实施攻击，突破了传统攻击方式从本地攻击的局限性。受到分布式拒绝服务攻击时可能的现象有：

（1）被攻击主机上有大量等待的 TCP 连接。

（2）大量到达的数据分组（包括 TCP 分组和 UDP 分组）并不是网站服务连接的一部分，往往指向机器的任意端口。

（3）网络中充斥着大量的无用的数据包，源地址为假。

（4）制造高流量的无用数据，造成网络拥塞，使受害主机无法正常和外界通信。

（5）利用受害主机提供的服务和传输协议上的缺陷，反复发出服务请求，使受害主机无法及时处理所有正常请求。

（6）严重时会造成死机。

分布式拒绝服务攻击引入了分布式攻击和 Client/Server 结构，使拒绝服务攻击的威力激增。同时，分布式拒绝服务攻击囊括了已经出现的各种重要的拒绝服务攻击方法，比拒绝服务攻击的危害性更大。现有的分布式拒绝服务攻击工具一般采用三级控制结构，如图 5-2 所示，其中 Client（客户端）运行在攻击者的主机上，用来发起和控制分布式拒绝服务攻击；Handler（主控端）运行在已被攻击者侵入并获得控制的主机上，用来控制代理端；Agent（代理端）运行在已被攻击者侵入并获得控制的主机上，从主控端接收命令，负责对目标实施实际的攻击。

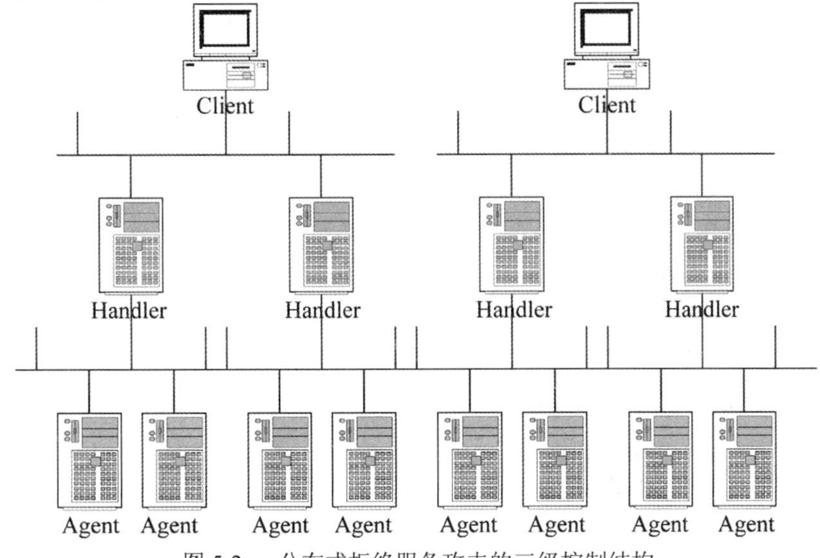

图 5-2　分布式拒绝服务攻击的三级控制结构

3）拒绝服务攻击的防御方法

操作系统和网络设备的缺陷在不断地被发现并被攻击者所利用来进行恶意的攻击。如果清楚地认识到这一点，应当使用下面的方法尽量阻止拒绝服务攻击：

（1）加强对数据包的特征识别，攻击者在传达攻击命令或发送攻击数据时，虽然都加入了伪装甚至加密，但是其数据包中还是有一些特征字符串。通过搜寻这些特征字符串，就可以确定攻击服务器和攻击者的位置。

（2）设置防火墙监视本地主机端口的使用情况。对本地主机中的敏感端口进行监视，如UDP 31335、UDP 27444、TCP 27665，如果发现这些端口处于监听状态，则系统很可能受到攻击。即使攻击者已经对端口的位置进行了一定的修改，但如果外部主机主动向网络内部高标号端口发起连接请求，则系统也很可能受到侵入。

（3）对通信数据量进行统计也可获得有关攻击系统的位置和数量信息。例如，在攻击之前，目标网络的域名服务器往往会接收到远远超过正常数量的反向和正向的地址查询。在攻击时，攻击数据的来源地址会发出超出正常极限的数据量。

（4）尽可能地修正已经发现的问题和系统漏洞。

3. 欺骗攻击与防御

1）ARP 欺骗

ARP 欺骗的原理是：某机器 A 要向主机 C 发送报文，会查询本地的 ARP 缓存表，找到 C 的 IP 地址对应的 MAC 地址后，就会进行数据传输。如果未找到，则广播一个 ARP 请求报文（携带主机 A 的 IP 地址 Ia——物理地址 AA:AA:AA:AA），请求 IP 地址为 Ic 的主机 C 回答物理地址 Pc。网上所有主机包括 C 都收到 ARP 请求，但只有主机 C 识别自己的 IP 地址，于是向 A 主机发回一个 ARP 响应报文。其中就包含 C 的 MAC 地址 CC:CC:CC:CC，A 接收到 C 的应答后，就会更新本地的 ARP 缓存。接着使用这个 MAC 地址发送数据（由网卡附加 MAC 地址）。因此，本地高速缓存的这个 ARP 表是本地网络流通的基础，而且这个缓存是动态的。

ARP 协议并不只在发送了 ARP 请求时才接收 ARP 应答。当计算机接收到 ARP 应答数据包的时候，就会对本地的 ARP 缓存进行更新，将应答中的 IP 和 MAC 地址存储在 ARP 缓存中。因此，局域网中的机器 B 首先攻击 C 使 C 瘫痪，然后向 A 发送一个自己伪造的 ARP 应答，而如果这个应答是 B 冒充 C 伪造的，即 IP 地址为 C 的，而 MAC 地址是 B 的，则当 A 接收到 B 伪造的 ARP 应答后，就会更新本地的 ARP 缓存，这样在 A 看来 C 的 IP 地址没有变，而它的 MAC 地址已经变成 B 的了。由于局域网的网络流通不是根据地址进行，而是按照 MAC 地址进行传输。如此就造成 A 传送给 C 的数据实际上传送到 B。这就是一个简单的 ARP 欺骗，如图 5-3 所示。

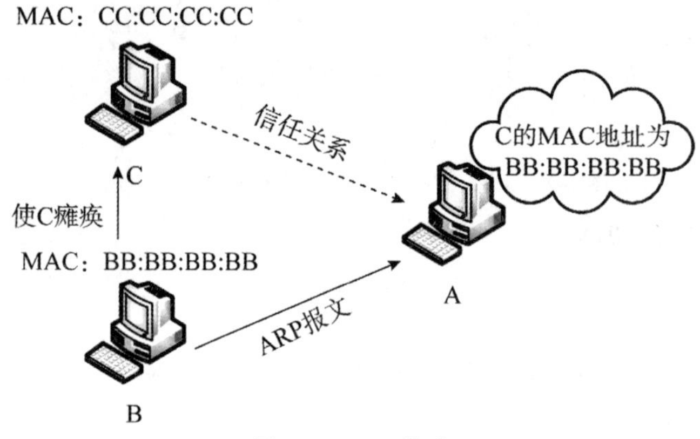

图 5-3 ARP 欺骗

ARP 欺骗的防范措施具体如下：

（1）在 WinXP 下输入命令 arp -s gate-way-ip gate-way-mac 固化 ARP 表，阻止 ARP 欺骗。

（2）使用 ARP 服务器。通过该服务器查找自己的 ARP 转换表来响应其他机器的 ARP 广播。确保这台 ARP 服务器不被黑。

（3）采用双向绑定的方法解决并且防止 ARP 欺骗。

（4）使用 ARP 防护软件——ARP Guard。通过系统底层核心驱动，无须安装其他任何第三方软件（如 WinPcap），以服务及进程并存的形式随系统启动并运行，不占用计算机系统资源。无须对计算机进行 IP 地址及 MAC 地址绑定，从而避免了大量且无效的工作量。也不用担心计算机会在重启后新建 ARP 缓存列表，因为此软件是以服务与进程相结合的形式存在于计算机中的，当计算机重启后软件的防护功能也会随操作系统自动启动并工作。

2）DNS 欺骗

DNS 欺骗是一种比较常见的攻击手段。一个著名的利用 DNS 欺骗进行攻击的案例，是全球著名网络安全销售商 RSA Security 的网站所遭到的攻击。其实 RSA Security 网站的主机并没有被入侵，而是 RSA 的域名被黑客劫持，当用户连上 RSA Security 时，发现主页被改成了其他的内容。

（1）DNS 欺骗的原理：DNS 欺骗首先是冒充域名服务器，然后把查询的 IP 地址设为攻击者的 IP 地址，这样的话，用户上网就只能看到攻击者的主页，而不是用户想要取得的网站的主页了。DNS 欺骗其实并不是真的“黑掉”了对方的网站，而是冒名顶替、招摇撞骗罢了。

（2）DNS 欺骗的实现过程：如图 5-4 所示，www.xxx.com 的 IP 地址为 202.109.2.2，如果 www.angel.com 向 www.xxx.com 的子域 DNS 服务器查询 www.xxx.com 的 IP 地址时，www.heike.com 冒充 DNS 向 www.angel.com 回复 www.xxx.com 的 IP 地址为 200.1.1.1，这时 www.angel.com 就会把 200.1.1.1 当作 www.xxx.com 的地址了。当 www.angel.com 连接 www.xxx.com 时，就会转向那个虚假的 IP 地址了，这样对 www.xxx.com 来说，就算是被黑掉了。因为别人根本连接不上它的域名。

（3）DNS 欺骗的检测：根据检测手段的不同，将其分为被动监听检测、虚假报文探测和交叉检查查询三种。

① 被动监听检测：该检测手段是通过旁路监听的方式，捕获所有 DNS 请求和应答数据包，并为其建立一个请求应答映射表。如果在一定的时间间隔内，一个请求对应两个或两个以上结果不同的应答包，则怀疑受到了 DNS 欺骗攻击，因为 DNS 服务器不会给出多个结果不同的应答包，即使目标域名对应多个 IP 地址，DNS 服务器也会在一个 DNS 应答包中返回，只是有多个应答域（Answer Section）而已。

② 虚假报文探测：该检测手段采用主动发送探测包的方式来检测网络内是否存在 DNS 欺骗攻击者。这种探测手段基于一个简单的假设：攻击者为了尽快地发出欺骗包，不会对域名服务器 IP 地址的有效性进行验证。这样，如果向一个非 DNS 服务器发送请求包，正常来说不会收到任何应答，但是由于攻击者不会验证目标 IP 地址是否是合法 DNS 服务器，他会继续实施欺骗攻击，因此，如果收到了应答包，则说明受到了攻击。

③ 交叉检查查询：所谓交叉检查即在客户端收到DNS应答包之后，向DNS服务器反向查询应答包中返回的IP地址所对应的DNS名字，如果二者一致说明没有受到攻击，否则说明被欺骗。

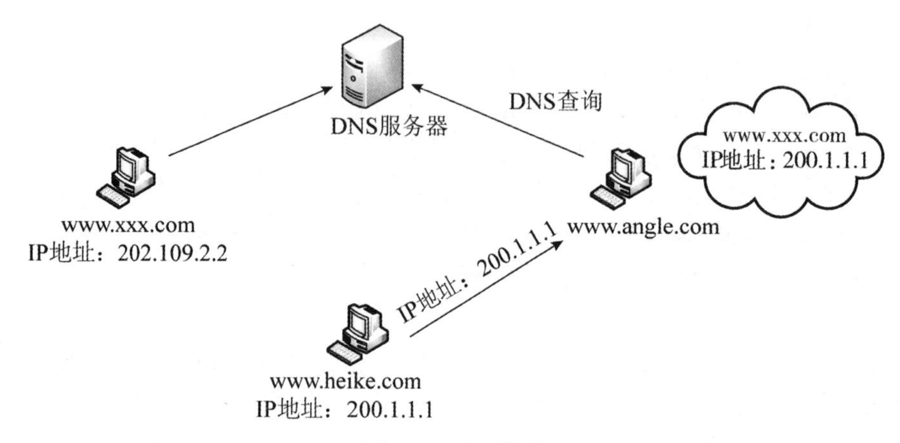

图5-4 DNS欺骗

3）IP欺骗

（1）IP欺骗的原理。通过编程的方法可以随意改变发出的包的IP地址，但工作在传输层的TCP协议是一种相对可靠的协议，不会让黑客轻易得逞。由于TCP是面向连接的协议，所以在双方正式传输数据之前，需要用“三次握手”来建立一个值得信赖的连接。假设是HOST A和HOST B两台主机进行通信，HOST B首先发送带有SYN标志的数据段通知HOST A建立TCP连接，TCP的可靠性就是由数据包中的多位控制字来提供的，其中最重要的是数据序列SYN和数据确认标志ACK。HOST B将TCP报头中的SYN设为自己本次连接中的初始值（ISN）。假如想冒充HOST B对HOST B进行攻击，就要先使HOST B失去工作能力，也就是所谓的拒绝服务攻击，让HOST B瘫痪。

（2）IP欺骗的防范。虽然IP欺骗攻击有着相当大的难度，但这种攻击非常广泛，入侵往往由这里开始。预防这种攻击可以删除UNIX中所有的/etc/hosts.equiv、$HOME/.rhosts文件，修改/etc/inetd.conf文件，使得RPC机制无法应用。另外，还可以通过设置防火墙过滤来自外部而信源地址却是内部IP地址的报文。

4. 端口扫描

网络中的每一台计算机如同一座城堡，在这些城堡中，有的对外完全开放，有的却是紧锁城门。在网络技术中，把这些城堡的城门称为计算机的“端口”。端口扫描是入侵者搜集信息的几种常用手法之一，也正是这一过程最容易使入侵者暴露自己的身份和意图。一般来说，扫描端口有如下目的：

（1）判断目标主机上开放了哪些服务；

（2）判断目标主机的操作系统。

如果入侵者掌握了目标主机开放了哪些服务，运行何种操作系统，他们就能够使用相应的手段实现入侵。

1）端口扫描原理

“端口”在计算机网络领域中是个非常重要的概念。它是专门为计算机通信而设计的，它不是硬件，不同于计算机中的“插槽”，可以说是个“软插槽”。如果有需要的话，一台计算机中可以有上万个端口。

端口是由计算机的通信协议 TCP/IP 协议定义的。其中规定，用 IP 地址和端口作为套接字，它代表 TCP 连接的一个连接端，一般称为 Socket。具体来说，就是用[IP：端口]来定位一台主机中的进程。可以做这样的比喻，端口相当于两台计算机进程间的大门，可以随便定义，其目的只是让两台计算机能够找到对方的进程。计算机就像一座大楼，这个大楼有好多入口（端口），进到不同的入口中就可以找到不同的公司（进程）。如果要和远程主机 A 的程序通信，那么只要把数据发向[A：端口]就可以实现通信了。

端口扫描就是尝试与目标主机的某些端口建立连接，如果目标主机该端口有回复（见三次握手中的第二次），则说明该端口开放，即为“活动端口”。

2）扫描类型

常见的扫描类型有以下几种：

（1）全 TCP 连接。这种扫描方法使用三次握手，与目标计算机建立标准的 TCP 连接。需要说明的是，这种古老的扫描方法很容易被目标主机记录。

（2）半打开式扫描（SYN 扫描）。在这种扫描技术中，扫描主机自动向目标计算机的指定端口发送 SYN 数据段，表示发送建立连接请求。

- 如果目标计算机的回应 TCP 报文中 SYN=1，ACK=1，则说明该端口是活动的，接着扫描主机传送一个 RST 给目标主机拒绝建立 TCP 连接，从而导致三次握手过程的失败。
- 如果目标计算机的回应是 RST，则表示该端口为“死端口”，这种情况下，扫描主机不用做任何回应。

由于扫描过程中，全连接尚未建立，所以大大降低了被目标计算机记录的可能性，并且加快了扫描的速度。

（3）FIN 扫描。在前面介绍过的 TCP 报文中，有一个字段为 FIN，FIN 扫描则依靠发送 FIN 来判断目标计算机的指定端口是否活动。

发送一个 FIN=1 的 TCP 报文到一个关闭的端口时，该报文会被丢掉，并返回一个 RST 报文。但是，如果 FIN 报文到一个活动的端口时，该报文只是被简单地丢掉，不会返回任何回应。

从 FIN 扫描可以看出，这种扫描没有涉及任何 TCP 连接部分，因此，这种扫描比前两种都安全，可以称之为秘密扫描。

（4）第三方扫描。第三方扫描又称“代理扫描”，这种扫描是利用第三方主机来代替入侵者进行扫描。这个第三方主机一般是入侵者通过入侵其他计算机而得到的，该第三方主机常被入侵者称为“肉鸡”。这些“肉鸡”一般为安全防御系数极低的个人计算机。

5. 强化 TCP/IP 堆栈以抵御拒绝服务攻击

针对 TCP/IP 堆栈的攻击方式有多种类型，下面分别介绍攻击原理及抵御方法。

1）同步包风暴（SYN Flooding）

同步包风暴是当前最流行的拒绝服务攻击与分布式拒绝服务攻击的方式之一，是应用最广泛的一种拒绝服务攻击方式，它的原理虽然简单，但使用起来却十分有效。

问题出在 TCP 连接的三次握手中，假设一个用户向服务器发送了 SYN 报文后突然死机或掉线，那么服务器在发出 SYN＋ACK 应答报文后是无法收到客户端的 ACK 报文的（第三次握手无法完成），这种情况下服务器端一般会重试（再次发送 SYN＋ACK 给客户端）并等待一段时间后丢弃这个未完成的连接，这段时间的长度称为 SYN Timeout，一般来说这个时间是分钟的数量级（一般为 30 秒～2 分钟）。一个用户出现异常导致服务器的一个线程等待 1 分钟并不是很大的问题，但如果有一个恶意的攻击者大量模拟这种情况，服务器端将为了维护一个非常大的半连接列表而消耗非常多的资源，数以万计的半连接，即使是简单的保存并遍历也会消耗非常多的 CPU 时间和内存，何况还要不断对这个列表中的 IP 进行 SYN＋ACK 的重试。实际上如果服务器的 TCP/IP 堆栈不够强大，最后的结果往往是堆栈溢出崩溃。即使服务器端的系统足够强大，服务器端也将忙于处理攻击者伪造的 TCP 连接请求而无暇理睬客户的正常请求（毕竟客户端的正常请求比率非常之小），此时从正常客户的角度看来，服务器失去响应，这种情况称作服务器端受到了 SYN Flooding 攻击。

如果攻击者盗用的是某台可达主机 X 的 IP 地址，由于主机 X 没有向主机 D 发送连接请求，所以当它收到来自 D 的 SYN＋ACK 包时，会向 D 发送 RST 包，主机 D 会将该连接重置。因此，攻击者通常伪造主机 D 不可达的 IP 地址作为源地址。攻击者只要发送较少的来源地址经过伪装而且无法通过路由达到的 SYN 连接请求至目标主机提供 TCP 服务的端口，将目的主机的 TCP 缓存队列填满，就可以实施一次成功的攻击。实际情况下，攻击者往往会持续不断地发送 SYN 包，故称为“SYN 洪水”。

可以通过修改注册表防御 SYN Flooding 攻击，修改键值位于注册表项 HKEY_LOCAL_MACHINE\System\CurrentControlSet\Services 的下面，如表 5-2 所示。

表 5-2 防御 SYN Flooding 所需修改键值

值名称	值（REG_DWORD）
SynAttackProtect	2
TcpMaxPortsExhausted	1
TcpMaxHalfOpen	500
TcpMaxHalfOpenRetried	400
TcpMaxConnectResponseRetransmissions	2
TcpMaxDataRetransmissions	2
EnablePMTUDiscovery	0
KeepAliveTime	300 000（5 分钟）
NoNameReleaseOnDemand	1

2）ICMP 攻击

ICMP 协议是 TCP/IP 协议集中的一个子协议，主要用于在主机与路由器之间传递控制信息，包括报告错误、交换受限控制和状态信息等。当遇到 IP 数据无法访问目标、IP 路由器无法按当前的传输速率转发数据包等情况时，会自动发送 ICMP 消息。我们可以通过 Ping 命令发送 ICMP 回应请求消息并记录收到的 ICMP 回应回复消息，通过这些消息来对网络或主机的故障提供参考依据。

ICMP 协议本身的特点决定了它非常容易被用于攻击网络上的路由器和主机。比如，前面提到的“Ping of Death”攻击就是利用操作系统规定的 ICMP 数据包最大尺寸不超过 64KB 这一规定，达到使 TCP/IP 堆栈崩溃、主机死机的效果。

可以通过修改注册表防御 ICMP 攻击，修改键值位于注册表项
HKLM\System\CurrentControlSet\Services\AFD\Parameters 的下面，如表 5-3 所示。

表 5-3　防御 ICMP 所需修改键值

值名称	值（REG_DWORD）
EnableICMPRedirect	0

3）SNMP 攻击

SNMP 是 TCP/IP 网络中标准的管理协议，它允许网络中的各种设备和软件，包括交换机、路由器、防火墙、集线器、甚至操作系统、服务器产品和部件等，能与管理软件通信，汇报其当前的行为和状态。但是，SNMP 还能被用于控制这些设备和产品，重定向通信流，改变通信数据包的优先级，甚至断开通信连接。总之，入侵者如果具备相应能力，就能完全接管你的网络。

可以通过修改注册表防御 ICMP 攻击，修改键值位于注册表项
HKLM\System\CurrentControlSet\Services\Tcpip\Parameters 的下面，如表 5-4 所示。

表 5-4　防御 SNMP 所需修改键值

值名称	值（REG_DWORD）
EnableDeadGWDetect	0

6. 系统漏洞扫描

系统漏洞扫描是对重要计算机信息系统进行检查，发现其中可能被黑客利用的漏洞。系统漏洞扫描的结果是对系统安全性能的一个评估，指出哪些攻击是可能的，因此，其成为安全方案的一个重要组成部分。目前，系统漏洞扫描从底层技术来划分，可以分为基于网络的扫描和基于主机的扫描这两种类型。

1）基于网络的漏洞扫描

基于网络的漏洞扫描器，是通过网络来扫描远程计算机中的漏洞。比如，利用低版本的 DNS Bind 漏洞，攻击者能够获取 root 权限侵入系统，或者攻击者能够在远程计算机中执行恶

意代码。使用基于网络的漏洞扫描工具，能够监测到这些低版本的DNS Bind是否在运行。一般来说，基于网络的漏洞扫描工具可以看作一种漏洞信息收集工具，根据不同漏洞的特性，构造网络数据包，发给网络中的一个或多个目标服务器，以判断某个特定的漏洞是否存在。基于网络的漏洞扫描器，一般有以下几个方面组成：

（1）漏洞数据库模块：漏洞数据库包含了各种操作系统的各种漏洞信息，以及如何检测漏洞的指令。

（2）用户配置控制台模块：用户配置控制台与安全管理员进行交互，用来设置要扫描的目标系统，以及扫描哪些漏洞。

（3）扫描引擎模块：扫描引擎是扫描器的主要部件。根据用户配置控制台部分的相关设置，扫描引擎组装好相应的数据包，发送到目标系统，将接收到的目标系统的应答数据包与漏洞数据库中的漏洞特征进行比较，来判断所选择的漏洞是否存在。

（4）当前活动的扫描知识库模块：通过查看内存中的配置信息，该模块监控当前活动的扫描，将要扫描的漏洞的相关信息提供给扫描引擎。

（5）结果存储器和报告生成工具：报告生成工具，利用当前活动扫描知识库中存储的扫描结果，生成扫描报告。

基于网络的漏洞扫描器具有如下优点：

（1）价格相对来说比较便宜。

（2）在操作过程中，不需要涉及目标系统的管理员。

（3）在检测过程中，不需要在目标系统上安装任何东西。

（4）维护简便。当企业的网络发生变化的时候，只要某个节点能够扫描网络中的全部目标系统，基于网络的漏洞扫描器就不需要进行调整。

2）基于主机的漏洞扫描

基于主机的漏洞扫描器扫描目标系统的漏洞的原理，与基于网络的漏洞扫描器的原理类似，但是，两者的体系结构不一样。基于主机的漏洞扫描器通常在目标系统上安装一个代理（Agent）或者是服务（Services），以便能够访问所有的文件与进程，这也使得基于主机的漏洞扫描器能够扫描更多的漏洞。

基于主机的漏洞扫描器具有如下优点：

（1）扫描的漏洞数量多。

（2）集中化管理。基于主机的漏洞扫描器通常都有个集中的服务器作为扫描服务器。所有扫描的指令，均从服务器进行控制，这一点与基于网络的漏洞扫描器类似。服务器下载到最新的代理程序后，再分发给各个代理。这种集中化的管理模式，使得基于主机的漏洞扫描器在部署上能够快速实现。

（3）网络流量负载小。由于ESM管理器与ESM代理之间只有通信的数据包，漏洞扫描部分都由ESM代理单独完成，这就大大减少了网络的流量负载。当扫描结束后，ESM代理再次与ESM管理器进行通信，将扫描结果传送给ESM管理器。

5.4　防火墙及访问控制技术

防火墙的本义是指古代构筑和使用木制结构房屋的时候，为防止火灾的发生和蔓延，人们将坚固的石块堆砌在房屋周围作为屏障，这种防护构筑物就被称为“防火墙”。在网络安全防护体系中，与防火墙一起起作用的是安全策略，即对特定目标的访问控制策略的制定和实施。

5.4.1　防火墙技术概述

防火墙是设置在两个或多个网络之间的安全阻隔，用于保证本地网络资源的安全，通常是包含软件部分和硬件部分的一个系统或多个系统的组合。内部网络被认为是安全和可信赖的，而外部网络（通常是 Internet）被认为是不安全和不可信赖的。

如果按防火墙的软、硬件形式进行分类，防火墙可以分为硬件防火墙、软件防火墙和嵌入式防火墙。

防火墙技术可根据防范的方式和侧重点的不同而有所区别。如果按防火墙技术进行分类，防火墙可以分为包过滤型防火墙、应用层网关防火墙、代理服务型防火墙。

防火墙的经典体系结构主要有三种形式：双重宿主主机体系结构、被屏蔽主机体系结构和被屏蔽子网体系结构。

5.4.2　分布式防火墙

1. 分布式防火墙（Distributed Firewalls）技术的产生

传统的边界式防火墙只对企业网络的周边提供保护。边界式防火墙对从外部网络进入企业内部局域网的流量进行过滤和审查，它们并不能确保企业内部网络用户之间的安全访问。据统计，60%的攻击和越权访问来自内部，边界式防火墙在对付网络内部威胁时束手无策。

另外，由于边界式防火墙把检查机制集中在网络边界处的单点上，产生了网络的瓶颈和单点故障隐患。从性能的角度来说，防火墙极易成为网络流量的瓶颈。

分布式防火墙可以很好地解决边界式防火墙的以上不足，把防火墙的安全防护系统延伸到网络中的各台主机。该技术一方面保证用户的投资低，另一方面给网络所带来的安全防护是非常全面的。

2. 分布式防火墙的结构

分布式防火墙负责对网络边界、各子网和网络内部各节点之间的安全防护。根据其所需完成的功能，分布式防火墙的体系结构包含如下部分：

（1）网络防火墙（Network Firewall）。它用于内部网与外部网之间，以及内部网各子网之间的防护。在功能上与传统的边界式防火墙类似，但与传统边界式防火墙相比，它多了一种用于对内部子网之间的安全防护层，这样整个网络的安全防护体系就显得更加全面，更加可靠。

（2）主机防火墙（Host Firewall）。它用于对网络中的服务器和桌面机进行防护，达到了应用层的安全防护，比起网络层更加彻底。这是传统边界式防火墙所不具有的，是对传统边界式防火墙在安全体系方面的一个完善。

（3）中心管理系统（Central Management System）。这是分布式防火墙管理器软件，负责总体安全策略的策划、管理、分发及日志的汇总。提高了防火墙的安全防护灵活性，同时具备高可管理性。

3. 分布式防火墙的主要特点

分布式防火墙具有如下特点：

（1）主机驻留。分布式防火墙的最重要特征是驻留在被保护的主机上，该主机以外的网络，不管是处在网络内部还是网络外部都认为是不可信任的，因此可以针对该主机上运行的具体应用和对外提供的服务设定针对性很强的安全策略。使得安全策略不仅仅停留在网络与网络之间，而是把安全策略推广延伸到每个网络末端。

（2）嵌入操作系统内核。这主要是针对纯软件式的分布式防火墙而言的。操作系统自身存在许多安全漏洞是众所周知的。纯软件式的分布式主机防火墙也运行在主机上，所以其运行机制是主机防火墙的关键技术之一。为自身的安全和彻底堵住操作系统的漏洞，主机防火墙的安全监测核心引擎要以嵌入操作系统内核的形态运行，直接接管网卡，把所有数据包进行检查后再提交操作系统。

（3）安全策略的统一管理与部署。针对桌面应用的主机防火墙安全策略由整个系统的管理员统一安排和设置，除了对该桌面机起到保护作用外，也可以对该桌面机的对外访问加以控制，并且这种安全机制是桌面机的使用者不可见和不可改动的。主机防火墙、网络防火墙、统一的安全策略管理中心三者共同构成一个面向企业级客户的整体安全防护系统中不可分割的部分，整个系统的安全检查机制分散布置在整个分布式防火墙体系中。

5.4.3 内部防火墙系统

防火墙一般位于网络边界，所以又称为边界防火墙。但是现在的网络内部安全形势也不容乐观，于是防火墙的安全防护职责也就由外向内渗透了，一些防火墙设备开发商就专门针对内网安全控制需求而开发了专用于内网的防火墙产品，使得防火墙的应用更加广泛。

1. 内部防火墙规则

内部防火墙监视外围区域和信任的内部区域之间的通信。由于这些网络之间的通信类型和数据流的复杂性，内部防火墙的技术要求比外围防火墙的技术要求更加复杂。通常，内部防火墙在默认情况下，或者通过设置需要遵循以下规则：

- 默认情况下，阻止所有数据包。
- 在外围接口上，阻止看起来好像来自内部 IP 地址的传入数据包，以阻止欺骗。
- 在内部接口上，阻止看起来好像来自外部 IP 地址的传出数据包，以限制内部攻击。

- 允许从内部 DNS 服务器到 DNS 解析程序 Bastion 主机（堡垒主机）的基于 UDP 的查询和响应。
- 允许从 DNS 解析程序 Bastion 主机到内部 DNS 服务器的基于 UDP 的查询和响应。
- 允许从内部 DNS 服务器到 DNS 解析程序 Bastion 主机的基于 TCP 的查询，包括对这些查询的响应。
- 允许从 DNS 解析程序 Bastion 主机到内部 DNS 服务器的基于 TCP 的查询，包括对这些查询的响应。
- 允许 DNS 广告商 Bastion 主机和内部 DNS 服务器主机之间的区域传输。
- 允许从内部 SMTP 邮件服务器到出站 SMTP Bastion 主机的传出邮件。
- 允许从入站 SMTP Bastion 主机到内部 SMTP 邮件服务器的传入邮件。
- 允许来自 VPN 服务器后端的通信到达内部主机并且允许响应返回到 VPN 服务器。
- 允许验证通信到达内部网络上的 RADIUS 服务器并且允许响应返回到 VPN 服务器。
- 来自内部客户端的所有出站 Web 访问将通过代理服务器，并且响应将返回客户端。
- 在外围域和内部域的网段之间支持 Windows Server 2000/2003 域验证通信。
- 至少支持五个网段，在所有加入的网段之间执行数据包的状态检查（线路层防火墙——第 3 层和第 4 层）。
- 支持高可用性功能，如状态故障转移。
- 在所有连接的网段之间路由通信，而不使用网络地址转换。

Bastion 主机是位于外围网络中的服务器，向内部和外部用户提供服务，包括 Web 服务器、E-mail 邮件服务器、FTP 服务器和 VPN 服务器等需要为公众提供服务的服务器。

2. 内部防火墙的可用性需求

内部防火墙的应用环境与传统的边界防火墙不太一样，所需的策略规则也不一样，因此对内部防火墙的可用性要求也有所区别。基于硬件的防火墙通常在专用的硬件平台上运行特殊编制的代码，是基于它们可以处理的连接个数和运行的软件的复杂性来衡量的。基于软件的防火墙也可以根据并发连接的数量和防火墙软件的复杂程度进行配置。同时，还应该考虑可能在防火墙服务器上运行的其他软件，如负载均衡和 VPN 软件。此时，可能就需要考虑向上和向外调整防火墙的方法了，如通过添加附加处理器、内存和网卡增加系统的能力，以及使用多系统和负载均衡来分担防火墙任务。目前一些企业级防火墙产品还利用对称多重处理（SMP）来提高性能，就像企业级服务器一样。Windows Server 2003 的网络负载均衡服务可以为一些软件防火墙产品提供容错、高可用性、高效率，但相比硬件的负载均衡方案来说要逊色不少。

在内部防火墙方案中，根据具体的实际需求，可以采用不同的防火墙系统配置方案，如可以是单一无冗余组件的防火墙，也可以是单一有冗余组件的，还可以是合并了某些类型的故障转移和负载均衡机制的容错防火墙集。

3. 内部容错防火墙集配置

在实现内部容错防火墙集（经常称为群集）时，有“主动/被动内部容错防火墙集”和“主动/主动内部容错防火墙集”两种不同的配置方法，下面分别予以介绍。

1）主动/被动内部容错防火墙集

在主动/被动内部容错防火墙集中，一个设备（也称为活动节点）将处理所有通信，而另一个设备（被动节点）既不转发通信也不执行筛选，只是保持活动，监视主动节点的状态。这类似于服务器双机容错方案中的“冷备份”方式。

通常，在这种容错方式中，每个节点都传达其可用性和到其伙伴节点的连接状态。此通信经常称为检测信号（服务器容错中称之为“心跳”），每个系统每秒向其他系统发几次检测信号以确保这些连接正在由伙伴节点进行处理。如果被动节点没有接收到来自主动节点的检测信号的时间超过特定的或者由用户设定的间隔，说明主动节点已经失败，然后被动节点将承担主动节点的角色。

主动/被动内部容错防火墙集的优点包括以下几个方面：

（1）配置简单 。此配置的设置比后面将要介绍的“主动/主动内部容错防火墙集”方式要简单，因为任何时候只有一个网络路径是活动的。

（2）可预测故障转移负载。因为在故障转移时，整个通信负载将切换到被动节点上，因此需要被动节点管理的通信可以很容易地进行规划。

主动/被动内部容错防火墙集的缺点则是所有冷备份方式共有的，就是低利用率，因为在正常工作和不增加吞吐量期间，被动节点对网络不提供任何有用的功能，在投资上是一种浪费。

2）主动 / 主动内部容错防火墙集

在主动 / 主动内部容错防火墙集中，两个或多个节点主动侦听发送到每个节点共享的虚拟IP 地址的所有请求，与服务器双机容错方案中的“热备份”类似。

在这种容错方式中，负载将通过容错机制唯一使用的算法或者通过基于静态用户的配置在节点之间进行分布。无论使用哪种方法，结果都是每个节点主动地筛选不同的通信。在一个节点失败的事件中，仍存活的节点将分发已失败的节点曾承担的负载的处理。

主动 / 主动内部容错防火墙集的优点包括以下几个方面：

（1）效率高：由于所有防火墙都向网络提供服务，因此它们的利用率更高。

（2）吞吐量大：在正常操作期间，与“主动 / 被动内部容错防火墙集”的配置相比，此配置可以处理更高级别的通信量，因为所有的防火墙可以同时向网络提供服务。

主动 / 主动内部容错防火墙集的缺点包括以下几个方面：

（1）可能超负荷：如果一个节点发生故障，剩余节点上的硬件资源可能不足以处理整体的吞吐量要求。相应地对此进行规划，了解由于在一个节点失败时，仍存活的节点将承担附加的工作量，由此可能会导致性能下降，这很重要。

（2）复杂程度增加：由于网络通信可以通过多个路由，因此网络配置和故障排除可能更为复杂。

4. 内部防火墙系统设计的其他因素要求

在前面我们对内部防火墙系统设计的可用性方面的要求做了详细介绍。除此之外，内部防火墙系统设计还需要考虑许多其他因素，如安全性、可伸缩性（也就是通常所说的“可扩展性”）、整合能力和所支持的标准等。下面分别予以介绍。

1）安全性

防火墙产品的安全性极为重要。虽然没有防火墙安全性的行业标准，但是与供应商无关的国际计算机安全协会（ICSA）正在进行一个认证计划，旨在测试已面市的防火墙产品的安全性。ICSA将对现在市场上可用的大量防火墙产品进行测试。

必须确保防火墙能够达到所需的安全标准，实现此目标的一种方式是选择达到ICSA认证的防火墙。此外，应该留所选择防火墙的跟踪记录。Internet上有一些安全漏洞数据库，应当尽早查看这些数据库，以获得有关正在考虑购买的产品的漏洞信息。除了确定要购买的产品的漏洞数量和严重程度外，还应评估供应商对已暴露的漏洞的应对措施。

2）可伸缩性

防火墙的可伸缩性主要由所使用的设备的性能特征决定。有两种实现可伸缩性的基本方式：

（1）垂直扩展（向上扩展）。所谓“向上扩展”是指通过增加单一设备的硬件配置数量等手段实现的扩展。无论防火墙是硬件设备还是在服务器上运行的软件解决方案，通过增加内存数量、CPU处理能力以及网络接口的吞吐量都可以获得各种不同程度的可伸缩性。但是，就可以垂直伸缩的程度来说，每个设备或服务器都有一定的上限。例如，如果购买了一个具有四个CPU插槽的服务器并且先使用了两个，那么仅可再添加两个CPU。

（2）水平扩展（向外扩展）。所谓“向外扩展”是指通过硬件性能提高或者多个不同设备的集群连接等手段实现的扩展。当服务器垂直方向上的扩展到达极限时，则需要进行水平扩展。大多数防火墙（基于硬件的和基于软件的）都可以通过使用某种形式的负载均衡来降低负载。在这种情况下，将多个服务器组成一个集群，对于网络上的客户端来说，它们就像是一个服务器。

增加硬件防火墙容量可能很难。但是，一些硬件防火墙制造商提供了减少负载的解决方案，可以将设备进行堆叠，使之作为单个、负载均衡的单元运行。而一些基于软件的防火墙设计为通过使用多个处理器来增加容量。

多重处理是由基础操作系统控制的，防火墙软件不需要了解附加的处理器，除非防火墙软件可以在多任务方式下操作，否则可能无法实现多个处理器的全部优势。这种方法允许在单一或冗余设备上进行伸缩，通常必须符合在制造时内置的硬件限制。大多数设备类防火墙是按设备可以处理的并发连接的个数来分类的。如果连接要求超过了设备的固定比例的模型可用的连接，硬件设备经常需要进行替换。

如前所述，容错可以内置在防火墙服务器的操作系统中。对于硬件防火墙而言，要实现容错功能则可能要花费额外的成本。

3）整合能力

整合意味着将防火墙服务合并到另一个设备中，或者将其他服务合并到此防火墙中。整合的好处有以下几个方面：

（1）较低的购买价格。例如，在路由器中通过将防火墙服务合并到另一个服务中，节省了硬件设备的成本，虽然仍然必须购买防火墙软件。同样，如果可以将其他服务合并到防火墙中，就可以节省附加硬件的成本。

（2）减少库存和管理成本。硬件设备数目的减少可以减少操作成本。由于需要较少的硬件升级，布线已经简化，管理变得更简单。

（3）更高的性能。根据所合并的内容，可能会提升性能。例如，将Web服务器缓存合并到防火墙中可能会减少附加设备，并且服务将能高速对话而不用通过以太网电缆。

在防火墙系统中，可以采取的合并方式包括以下两种：

（1）将防火墙服务添加到路由器中。

大多数路由器可以将防火墙服务合并到其中。此防火墙服务的功能在低成本路由器中可能很简单，但是高端路由器通常具有非常有用的防火墙服务。拥有一个将内部网络中的以太网分段链接在一起的路由器，通过将防火墙合并到其中，可以节省成本。即使实现了特定的防火墙设备，但是在路由器中实现一些防火墙功能仍然可能有助于限制内部入侵。

（2）将防火墙服务添加到内部交换机中。

可以将使用的内部交换机作为一个单元添加到内部防火墙中，从而减少成本并且提高性能。在考虑将其他设备合并到提供防火墙服务的相同服务器或设备中时，必须确保使用给定的服务不会损害防火墙的可用性、安全性或者可管理性。性能方面的考虑也很重要，因为由附加的服务生成的负载将降低防火墙服务的性能。

将服务合并到提供防火墙服务的相同设备或服务器中的替换方法，是将防火墙硬件设备作为一个单元合并到交换机中。这一方法的成本通常比各种类型的独立防火墙要低，并可以利用交换机的可用性功能，如双电源。这种配置也较容易管理，因为它不涉及单独的设备。此外使用这种解决方案的系统通常运行较快，因为它使用交换机中的总线，比使用外部线路更快。

4）支持的标准

使用Internet协议版本4（IPv4）的大多数Internet协议可以由防火墙来进行保护。这包括较低级别的协议（如TCP和UDP）和较高级别的协议（如HTTP、STMP和FTP）。应该检查在考虑之中的防火墙产品以确保它支持所需的通信类型。某些防火墙还可以解释GRE，这是某些VPN实现中使用的点对点隧道协议（PPTP）的封装协议。

一些防火墙具有适用于协议，如HTTP、SSL、DNS、FTP、SOCKSv4、RPC、SMTP、H.323和邮局协议（POP）的内置应用程序层筛选器。即使当前正在使用IPv4，还应该考虑将来使用TCP/IP协议和IPv6，以及这是否应该是一个对所有防火墙的强制要求。

以上介绍了内部网络防火墙产品的选择过程。本过程覆盖了防火墙设计的所有方面，包括确定一个解决方案所需的各种评估和分类过程。但事实上没有任何防火墙是百分之百安全的。本节中简要列出的防火墙策略和设计过程只应被看作是整个安全策略的一部分。如果在网络的其他部分中存在弱点，那么强大的防火墙的价值将是有限的。必须将安全策略应用到网络的每个组件中，并且必须为每个组件定义针对环境中固有风险的安全策略。

5.4.4　访问控制技术

访问控制是指主体依据某些控制策略或权限对客体本身或是其资源进行的不同授权访问。访问控制包括三个要素，即主体、客体和控制策略。访问控制模型是一种从访问控制的角度出发，描述安全系统，建立安全模型的方法。

主体（Subject）：是可以对其他实体施加动作的主动实体，记为 S。有时我们也称为用户（User）或访问者（被授权使用计算机的人员），记为 U。主体的含义是广泛的，可以是用户所在的组织（以后我们称为用户组）、用户本身，也可以是用户使用的计算机终端、卡机、手持终端（无线）等，甚至可以是应用服务程序或进程。

客体（Object）：是接受其他实体访问的被动实体，记为 O。客体的概念也很广泛，凡是可以被操作的信息、资源、对象都可以认为是客体。在信息社会中，客体可以是信息、文件、记录等的集合体，也可以是网路上的硬件设施，无线通信中的终端，甚至一个客体可以包含另外一个客体。

控制策略：是主体对客体的操作行为集和约束条件集，记为 KS。简单来讲，控制策略是主体对客体的访问规则集，这个规则集直接定义了主体可以对客体的作用行为和客体对主体的条件约束。控制策略体现了一种授权行为，也就是客体对主体的权限允许，这种允许不超越规则集，由其给出。

访问控制的实现首先要考虑对合法用户进行验证，然后是对控制策略的选用与管理，最后要对非法用户或是越权操作进行管理。所以，访问控制包括认证、控制策略实现和审计三方面的内容。

（1）认证。主体对客体的识别认证和客体对主体的检验认证。主体和客体的认证关系是相互的，当一个主体受到另外一个客体的访问时，这个主体也就变成了客体。一个实体可以在某一时刻是主体，而在另一时刻是客体，这取决于当前实体的功能是动作的执行者还是动作的被执行者。

（2）控制策略的具体实现。如何设定规则集合从而确保正常用户对信息资源的合法使用，既要防止非法用户，也要考虑敏感资源的泄漏，对于合法用户而言，更不能越权行使控制策略所赋予其权利以外的功能。

（3）审计。审计具有重要意义，比如客体的管理者，即管理员有操作赋予权，他有可能滥用这一权利，这是无法在策略中加以约束的，因此必须对这些行为进行记录，从而达到威慑和保证访问控制正常实现的目的。

1. 访问控制的实现技术

建立访问控制模型和实现访问控制都是抽象和复杂的行为，实现访问的控制不仅要保证授权用户使用的权限与其所拥有的权限对应，制止非授权用户的非授权行为，还要防止敏感信息的交叉感染。为了便于讨论这一问题，我们以文件的访问控制为例，对访问控制的实现做具体说明。通常用户访问信息资源（文件或是数据库），可能的行为有读、写和管理。为方便起见，用 Read 或是 R 表示读操作，用 Write 或是 W 表示写操作，用 Own 或是用 O 表示管理操作。

1）访问控制矩阵

访问控制矩阵（Access Control Matrix，ACM）是通过矩阵形式表示访问控制规则和授权用户权限的方法。对每个主体而言，都拥有对哪些客体的哪些访问权限；而对客体而言，又有哪些主体对它可以实施访问。将这种关联关系加以阐述，就形成了控制矩阵。其中，特权用户或特权用户组可以修改主体的访问控制权限。

访问控制矩阵是以主体为行索引，以客体为列索引的矩阵，矩阵中的每一个元素表示一组访问方式，是若干访问方式的集合。矩阵中第 i 行第 j 列的元素记录着第 i 个主体 S_i 可以执行的对第 j 个客体 O_j 的访问方式，比如 M_{ij} 表示 S_i 可以对 O_j 进行读和写访问。

访问控制矩阵的实现很易于理解，但是查找和实现起来有一定的难度，而且，如果用户和文件系统要管理的文件很多，那么访问控制矩阵将会成几何级数增长。因为在大型系统中访问控制矩阵很大而且其中会有很多空值，所以目前使用的实现技术都不是保存整个访问控制矩阵，而是基于访问控制矩阵的行或者列来保存信息。

2）访问控制表

访问控制表 ACL（Access Control List）是目前最流行、使用最多的访问控制实现技术。每个客体有一个访问控制表，是系统中每一个有权访问这个客体的主体的信息。这种实现技术实际上是按列保存访问控制矩阵。访问控制表提供了针对客体的方便的查询方法，通过查询一个客体的访问控制表，很容易决定某一个主体对该客体的当前访问权限。删除客体的访问权限也很方便，把该客体的访问控制表整个替换为空表即可。但是用访问控制表来查询一个主体对所有客体的所有访问权限是很困难的，必须查询系统中所有客体的访问控制表，来获得其中每一个与该主体有关的信息。类似地，删除一个主体对所有客体的所有访问权限也必须查询所有客体的访问控制表，删除与该主体相关的信息。

3）能力表

能力表（Capability Lists）对应于访问控制表，这种实现技术实际上是按行保存访问控制矩阵。每个主体有一个能力表，是该主体对系统中每一个客体的访问权限信息。使用能力表实现的访问控制系统可以很方便地查询某一个主体的所有访问权限，只需要遍历这个主体的能力表即可。然而查询对某一个客体具有访问权限的主体信息就很困难了，必须查询系统中所有主体的能力表。20 世纪 70 年代，很多操作系统的访问控制安全机制是基于能力表实现的，但并没有取得商业上的成功，现代的操作系统大多改用基于访问控制表的实现技术，只有少数实验性的安全操作系统使用基于能力表的实现技术。在一些分布式系统中，也使用了能力表和访问控制表相结合的方法来实现其访问控制安全机制。

4）授权关系表

访问控制矩阵也有既不对应于行也不对应于列的实现技术，那就是对应访问矩阵中每一个非空元素的实现技术——授权关系表（Authorization Relations）。授权关系表的每一行（或者说元组）就是访问控制矩阵中的一个非空元素，是某一个主体对应于某一个客体的访问权限信息。如果授权关系表按主体排序，查询时就可以得到能力表的效率；如果按客体排序，查询时就可以得到访问控制表的效率。安全数据库系统通常用授权关系表来实现其访问控制安全机制。

2. 访问控制表

ACL 适用于所有的被路由协议，如 IP、IPX、AppleTalk 等。ACL 的定义也是基于每一种协议的。如果路由器接口配置成支持三种协议（IP、AppleTalk 以及 IPX）的情况，那么，用户必须定义三种 ACL 来分别控制这三种协议的数据包。

1）ACL 的作用

ACL 可以限制网络流量、提高网络性能。例如，ACL 可以根据数据包的协议，指定数据包的优先级。

ACL 提供对通信流量的控制手段。例如，ACL 可以限定或简化路由更新信息的长度，从而限制通过路由器某一网段的通信流量。

ACL 是提供网络安全访问的基本手段。例如，ACL 允许主机 A 访问某资源网络，而拒绝主机 B 访问。

ACL 可以在路由器端口处决定哪种类型的通信流量被转发或被阻塞。例如，用户可以允许 E-mail 通信流量被路由，拒绝所有的 Telnet 通信流量。

2）ACL 的执行过程

一个端口执行哪条 ACL，这需要按照列表中的条件语句执行顺序来判断。如果一个数据包的报头跟表中某个条件判断语句相匹配，那么后面的语句就将被忽略，不再进行检查。当不匹配时，则继续匹配下一条语句，如果所有的 ACL 判断语句都不匹配，则该数据包将视为被拒绝而被丢弃（这里要注意，ACL 不能对本路由器产生的数据包进行控制）。

3）ACL 的分类

目前有两种主要的 ACL：标准 ACL 和扩展 ACL。标准 ACL 只检查数据包的源地址；扩展 ACL 既检查数据包的源地址，也检查数据包的目的地址、协议类型、端口号等。网络管理员可以使用标准 ACL 阻止来自某一网络的所有通信流量，或者允许来自某一特定网络的所有通信流量。扩展 ACL 提供了更广泛的控制范围，例如，网络管理员如果希望做到“允许外来的 Web 通信流量通过，拒绝外来的 FTP 和 Telnet 等通信流量”，就可以使用扩展 ACL。

3. 访问控制的模型发展

访问控制安全模型一般包括主体、客体，以及为识别和验证这些实体的子系统和控制实体间访问的参考监视器。由于网络传输的需要，访问控制的研究发展很快，有许多访问控制模型被提出来。建立规范的访问控制模型，是实现严格访问控制策略所必须的。20 世纪 70 年代，Harrison、Ruzzo 和 Ullman 提出了 HRU 模型。接着，Jones 等人在 1976 年提出了 Take-Grant 模型。随后，1985 年美国军方提出可信计算机系统评估准则 TCSEC，其中描述了两种著名的访问控制模型：自主访问控制模型（DAC）和强制访问控制模型（MAC）。基于角色的访问控制（RBAC）由 Ferraiolo 和 Kuhn 在 1992 年提出的。考虑到网络安全和传输流，基于对象和基于任务的访问控制又被提出。后面几节将对一些重要模型做简要阐述。

5.5 IDS 与 IPS 原理及应用

IDS（Intrusion Detection System，IDS），即入侵检测系统，是依照一定的安全策略，通过对网络系统中软、硬件的运行状况进行监视，尽可能发现各种攻击企图、攻击行为或者攻击结果，并在第一时间向网络管理员发出警报。IPS（Intrusion Prevention System，IPS），即入侵防御系统，是为了弥补 IDS 的不足，除了发出警报外，IPS 能够通过丢包等方式，主动地阻止具备攻击性的行为。

5.5.1 入侵检测系统概述

1. IDS 的定义

为了确保计算机网络安全，必须建立一整套安全防护体系，进行多层次、多手段的检测和防护。入侵检测系统就是安全防护体系中重要的一环，它所具有的实时性、动态检测和主动防御等特点，弥补了防火墙等静态防御工具的不足，能够及时识别网络中发生的入侵行为并实时报警。

入侵检测系统是一种主动保护自己，使网络和系统免遭非法攻击的网络安全技术，它依照一定的安全策略，对网络、系统的运行状况进行监视，尽可能发现各种攻击企图、攻击行为或攻击结果，以保证网络系统资源的机密性、完整性和可用性。

入侵检测系统是对防火墙的一个极其有益的补充，我们做一个形象的比喻：假如防火墙是一栋大楼的门锁，那么 IDS 就是这栋大楼里的监视系统。一旦小偷爬窗进入大楼，或者内部人员有越界行为，只有实时监视系统才能发现情况并发出警告。

2. IDS 的作用

入侵检测系统作为一种积极主动的安全防护工具，提供了对内部攻击、外部攻击和误操作的实时防护，在计算机网络和系统受到危害之前进行报警、拦截和响应。它具有以下主要作用：

（1）通过检测和记录网络中的安全违规行为，惩罚网络犯罪，防止网络入侵事件的发生；

（2）检测其他安全措施未能阻止的攻击或安全违规行为；

（3）检测黑客在攻击前的探测行为，预先给管理员发出警报；

（4）报告计算机系统或网络中存在的安全威胁；

（5）提供有关攻击的信息，帮助管理员诊断网络中存在的安全弱点，利于其进行修补；

（6）在大型、复杂的计算机网络中布置入侵检测系统，可以显著提高网络安全管理的质量。

3. IDS 的组成

一个 IDS 系统通常由几个部件组成：探测器（Sensor）、分析器（Analyzer）、响应单元（Response Units）、事件数据库（Event Databases）。

事件是 IDS 中所分析的数据的统称，它可以是从系统日志、应用程序日志中所产生的信息，也可以是在网络中抓到的数据包。

探测器主要负责收集数据。入侵检测的第一步就是收集数据，内容包括任何可能包含入侵行为线索的系统数据，比如网络数据包、日志文件和系统调用记录等。通常需要在计算机网络系统中的若干个不同的关键点（不同网段和不同主机）收集数据，这是因为入侵检测在很大程度上依赖于收集数据的正确性和可靠性。有时从一个数据源来的数据有可能看不出问题，但是从几个数据源来的数据的不一致却是可疑行为或入侵的最好标识。探测器将这些数据收集起来后，发送到分析器进行处理。

分析器，又称分析部件，它的作用是分析从探测器中获得的数据，主要包括两个方面的作用：一是监控进出主机和网络的数据流，看是否存在对系统的入侵行为；另一个是评估系统关键资源和数据文件的完整性，看系统是否已经遭受了入侵。前者的作用是在入侵行为发生时发现它，从而避免遭受攻击；后者是在遭受攻击时未能及时发现和阻止攻击行为，但可以通过攻击行为留下的痕迹了解攻击行为的一些情况，从而避免再次遭受攻击，对系统资源完整性的检查也有利于对攻击行为进行取证。

响应单元，又称控制台部件，它的作用是对分析所得结果做出相应的动作，或者是报警，或者是更改文件属性，或者是阻断网络连接等。

事件数据库，又称日志部件，存放的是各种中间数据，记录攻击的基本情况。

4. IDS 的实现技术

根据数据来源和系统结构的不同，入侵检测系统可以分为基于主机、基于网络和混合型入侵检测系统三类。

（1）基于主机的入侵检测系统（Host-based Intrusion Detection System，HIDS）通常在被重点检测的主机上运行一个代理程序，用于监视、检测对于主机的攻击行为（如可疑的网络连接、系统日志检查、非法访问等），通知用户并进行响应。HIDS 最适合配置来对抗内部的威胁，因为它能监视并响应用户特殊的行为以及对主机文件的访问行为。因此，它保护的一般是所在的系统。由于这种类型的系统依赖于审计数据或系统日志的准确性和完整性以及安全事件的定义，所以若入侵者设法逃避审计或进行合作入侵，则基于主机的检测系统就会暴露出弱点，特别是在现在的网络环境下，单独依靠主机审计信息进行入侵检测已难以适应网络安全的需要。

（2）基于网络的入侵检测系统（Network Intrusion Detection System，NIDS）数据源是网络上的数据包，在这种类型的入侵检测系统中，往往将一台机器的网卡设置为混杂模式，监听所有本网段内的数据包并进行判断。一般基于网络的入侵检测系统担负着保护整个网段的任务。它不停地监视网段中的各种数据包，对每一个可疑的数据包进行特征分析，如果数据包与内置的某些规则吻合，入侵检测系统就会发出警报甚至直接切断网络连接。目前，大部分入侵检测产品是基于网络的。基于网络的IDS易于配置，易于作为一个独立的组件来进行管理，而且它们对受保护系统的性能也不产生影响或影响很小。在网络入侵检测系统中，有多个久负盛名的开放源码软件，例如Snort、NFR、Shadow等。图5-5是一个典型的基于网络的入侵检测系统的模型。

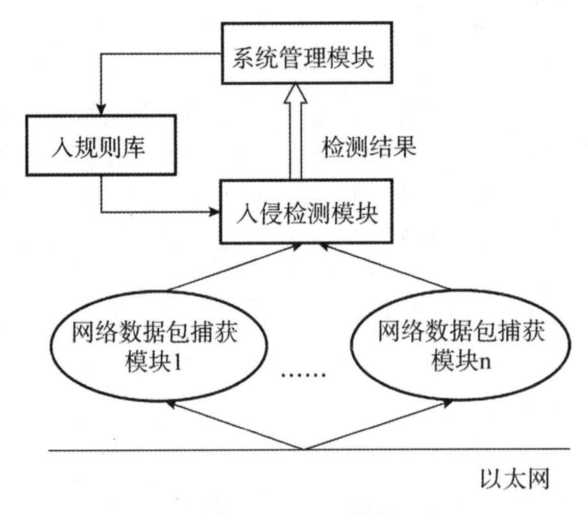

图5-5 NIDS模型

（3）混合型是基于主机和基于网络的入侵检测系统的结合，它为前两种方案提供了互补，还提供了入侵检测的集中管理，采用这种技术能实现对入侵行为的全方位检测。

5. 异常检测与误用检测

异常检测（Abnormal Detection）指能够根据异常行为和使用计算机资源的情况检测出来的入侵。该技术通过流量统计分析建立系统正常行为的轨迹，当系统运行时的数值超过正常阈值则认为可能受到攻击，其技术本身就导致了漏报误报率较高。

误用检测（Misuse Detection）技术是建立在使用某种模式或者特征描述方法能够对任何已知攻击进行表达这一理论基础上的，其关键是如何正确表达入侵的模式，把真正的入侵与正常行为区分开来。误用检测可以直接识别攻击，误报率低，缺点是只能检测已定义的攻击方法，对新的攻击方法无能为力，必须及时更新模式库。

6. 分布式入侵检测系统

传统的集中式IDS的基本模型是在网络的不同网段放置多个探测器收集当前网络状态的信息，然后将这些信息传送到中央控制台进行分析处理。这种方式存在明显的缺陷。首先，对于大规模分布式攻击，中央控制台的负荷将会超过其处理极限，这种情况会造成大量信息处理的遗漏，导致漏警率的增高。其次，多个探测器收集到的数据在网络上的传输会在一定程度上增加网络负担，导致网络系统性能的降低。再者，由于网络传输的时延问题，中央控制台处理的网络数据包中所包含的信息只反映了探测器接收到它时网络的状态，不能实时反映当前网络状态。

现代 IDS 必须能够实现局部实时检测，全局信息共享，只有这样才能够有效应对现代网络的特点。因此，分布式入侵检测系统（Distributed Intrusion Detection System，DIDS）应运而生。DIDS 采用了分布式智能代理的结构方式，由几个中央智能代理和大量分布的本地代理组成，其中本地代理负责处理本地事件，而中央代理负责整体的分析工作。与集中式模型不同，它强调的是通过全体智能代理协同工作来分析入侵者的攻击策略，中央代理扮演的是协调者和全局分析员的角色，但绝对不是唯一的事件处理者，其地位就像是战场上的元帅，根据对全局形势的判断指挥部下开展行动。本地代理有较强的自主性，可以独立对本地攻击进行有效的检测；同时，它也和中央代理和其他本地代理通信，接受中央代理的调度指挥并与其他代理协同工作。

一个简单的分布式入侵检测系统如图 5-6 所示。

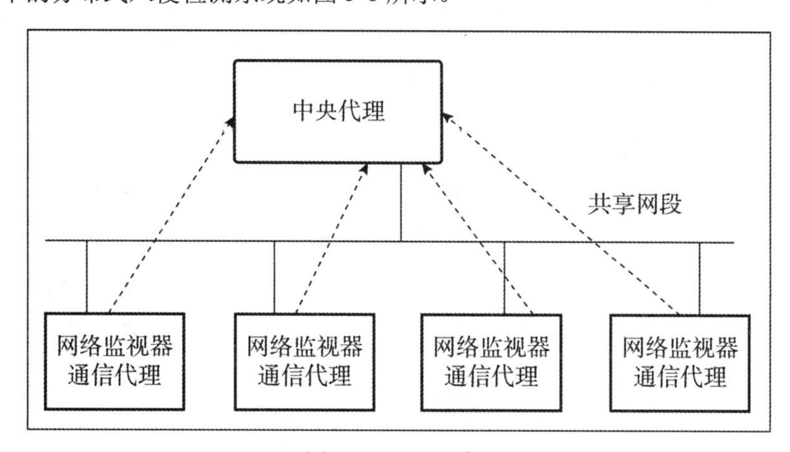

图 5-6　DIDS 系统

其组成部分包括：

- 用户接口：主要负责给安全管理者提供友好的人机界面。
- 通信管理器：主要负责控制整个系统的信息流。
- 网络监视器：主要负责监视网络中的数据，通过通信代理模块向 DIDS 中央控制台发送信息。

5.5.2　入侵检测系统实例

NIP6550ED 是华为技术有限公司推出的新一代专业入侵检测产品，主要应用于企业、IDC（Internet Data Center）和校园网等场景，为客户应用和流量的安全提供保障。其在传统 IPS 产品的基础上进行了扩展：增加对所保护的网络环境感知能力、深度应用感知能力、内容感知能力，以及对未知威胁的防御能力，实现了更精准的检测能力和更优化的管理体验。更好地保障应用和业务安全，实现对网络基础设施、服务器、客户端以及网络带宽性能的全面防护。

NIP6550ED 通常旁路部署在网络中，能够实时监控网络安全状况、分析网络中的流量，当发现攻击时产生告警并记录攻击事件，作为后续评估网络状况和审计的依据。同时，NIP6550ED 还可以与防火墙等具备阻断能力的设备进行联动进而对攻击进行有效防御。设备如图 5-7 所示。

图 5-7　华为 NIP6550ED 入侵检测设备

NIP6550ED 的主要应用场景是监控网络安全状况，通常旁路部署于网络中，当发现攻击时产生告警并记录攻击事件。产品的核心功能是安全事件管理，主要用来记录各类攻击事件和网络应用流量信息，进而进行网络安全事件审计和用户行为分析。其应用场景如图 5-8 所示。旁路部署的关键在于 NIP6550ED 需要将获取到的镜像业务流量进行检测而不参与流量转发。可以将 NIP6550ED 连接到交换机的观察端口上，或者使用侦听设备（如分光器），通过镜像或分光的方式把流量复制到 NIP6550ED 上。

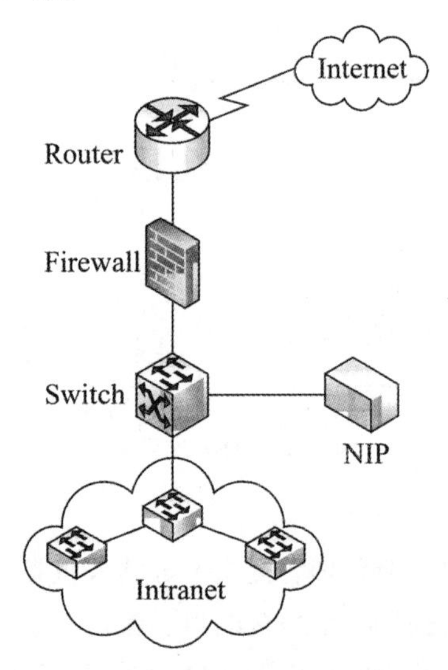

图 5-8　NIP6550ED 应用场景

5.5.3　入侵防御系统

1. 入侵防御系统概述

随着网络攻击技术的发展，对安全技术提出了新的挑战。防火墙技术和 IDS 自身具有的缺陷阻止了它们进一步的发展，如防火墙不能阻止内部网络的攻击，对于网络上流行的各种病毒也没有很好的防御措施；IDS 只能检测入侵而不能实时地阻止攻击，而且 IDS 具有较高的漏报和误报率。

在这种情况下，入侵防御系统（Intrusion Prevention System，IPS）成了新一代的网络安全技术。IPS 提供主动、实时的防护，其设计旨在对网络流量中的恶意数据包进行检测，对攻击性的流量进行自动拦截，使它们无法造成损失。IPS 如果检测到攻击企图，就会自动地将攻击包丢掉或采取措施阻断攻击源，而不把攻击流量放进内部网络。

IPS 与防火墙的区别：从所处的位置来看，IPS 很像传统的防火墙技术。但是，传统防火墙只能对网络层和传输层进行检查，不能检测应用层的内容。防火墙的包过滤技术不会针对每一个字节进行检查，因而很多攻击将不会被发现，而 IPS 不仅可以做到对流量进行逐字节的检查，而且可以将经过的数据包还原为完整的数据流，通过对数据流的监控来发现正在进行的网络攻击。

IPS 与 IDS 的区别：IPS 和 IDS 的部署方式不同。串接式部署是 IPS 和 IDS 区别的主要特征，IDS 产品在网络中是旁路式工作，IPS 产品在网络中是串接式工作。串接式工作保证所有网络数据都经过 IPS 设备，IPS 检测数据流中的恶意代码，核对策略，在未转发到服务器之前，将信息包或数据流拦截，如图 5-9 所示。由于是在线操作，因而能保证处理方法适当而且可预知。

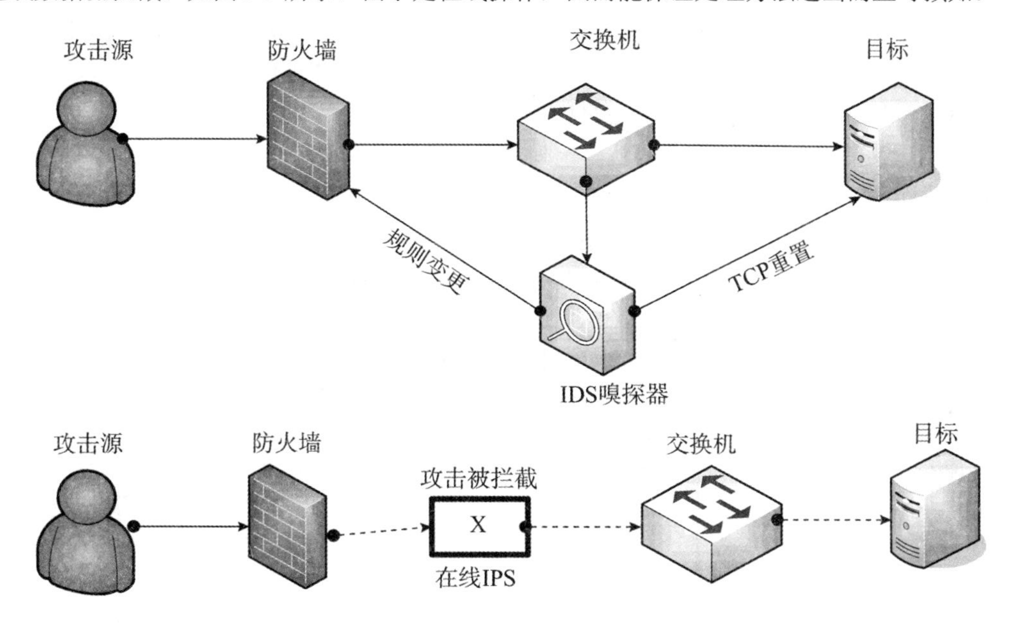

图 5-9　IDS 与 IPS 的区别

IPS 系统根据部署方式可以分为 3 类：基于主机的入侵防护（HIPS）、基于网络的入侵防护（NIPS）、应用入侵防护（AIPS）。

从 IPS 的功能模式来看，必须具备如下技术特征：

（1）嵌入式运行：只有以嵌入模式运行的 IPS 设备才能够实现实时的安全防护，实时阻拦所有可疑的数据包。

（2）深入分析和控制：IPS必须具有深入分析能力，以确定哪些恶意流量已经被拦截，根据攻击类型、策略等来确定哪些流量应该被拦截。

（3）入侵特征库：高质量的入侵特征库是IPS高效运行的必要条件，IPS还应该定期升级入侵特征库，并快速应用到所有传感器。

（4）高效处理能力：IPS必须具有高效处理数据包的能力，对整个网络性能的影响保持在低水平。

2. 入侵防御系统的原理

IPS是通过直接嵌入到网络流量中来实现这一功能的，即通过一个端口接收来自外部系统的流量，经过检查确认其中不包含异常活动或可疑内容后，再通过另外一个端口将它传送到内部系统中。这样，有问题的数据包以及所有来自同一数据流的后续数据包，都能在IPS设备中被清除掉。如果有攻击者利用Layer2（数据链路层）至Layer7（应用层）的漏洞发起攻击，IPS能够从数据流中检查出这些攻击并加以阻止，传统的防火墙只能对Layer3（网络层）或Layer4（传输控制层）进行检查，不能检测应用层的内容。防火墙的包过滤技术不会针对每一个字节进行检查，因而也就无法发现攻击活动，而IPS可以做到逐一字节地检查数据包。所有流经IPS的数据包都被分类，分类的依据是数据包中的报头信息，如源IP地址和目的IP地址、端口号和应用域。每种过滤器负责分析相对应的数据包。通过检查的数据包可以继续前进，包含恶意内容的数据包就会被丢弃，被怀疑的数据包则需要接受进一步的检查。IPS的基本工作原理如图5-10所示。

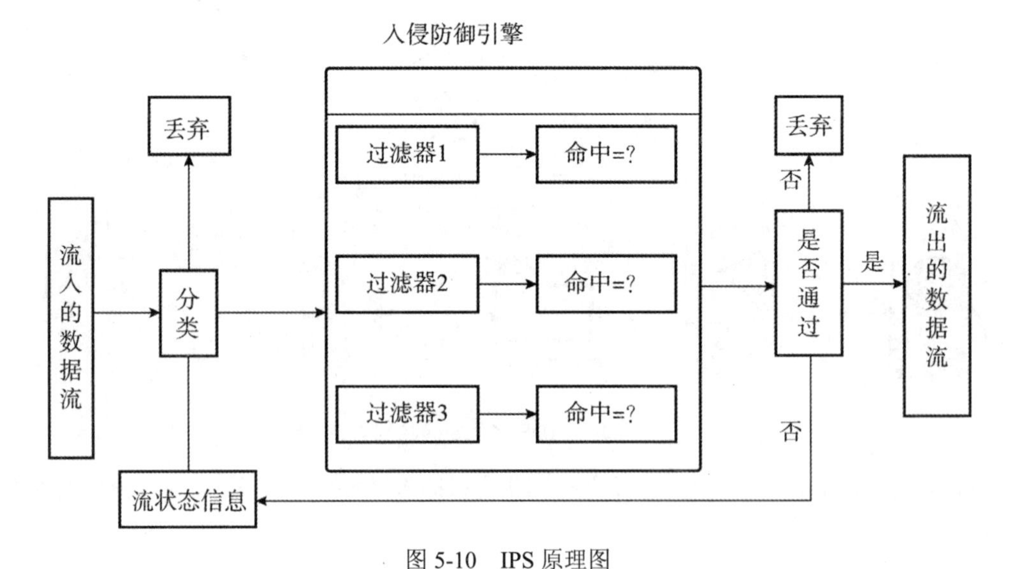

图5-10 IPS原理图

IPS的基本工作过程如下：

（1）根据数据包头和流信息，如源目的地址、源目的端口和应用层关键的信息，每个数据包都会被分类，同时协议类型和流量统计等信息都送到流处理模块分析、审计。

（2）根据数据包的分类，相关的过滤器将被调用，用于检查数据包的流状态信息。

（3）所有相关过滤器都是并行使用，如果任何数据包符合过滤规则，则数据包中的 match 位置 1。macth 位置 1 的数据包将被丢弃，与之相关的流信息将更新，指示系统删除关于该数据流的信息。

针对不同的攻击行为，IPS 需要不同的过滤器。每种过滤器都设有相应的过滤规则，为了确保准确性，这些规则的定义非常广泛。在对传输内容进行分类时，过滤引擎还需要参照数据包的信息参数，并将其解析至一个有意义的域中进行上下文分析，以提高过滤准确性。过滤引擎集合了流水和大规模并行处理硬件，能够同时执行数千次的数据包过滤检查。并行过滤处理可以确保数据包能够不间断地快速通过系统，不会对速度造成影响。

如果在网络边界检查到攻击包的同时将其直接抛弃，则攻击包将无法到达目标，从而可以从根本上避免黑客的攻击。这样，在新漏洞出现后，只需要撰写一个过滤规则，就可以防止此类攻击的威胁了。

3. IPS 的检测技术

目前大部分 IPS 的检测技术沿用了传统 IDS 的相关技术，本文在原有检测技术基础上，根据现在网络上流行的各种攻击技术，提炼并分析了针对这些攻击的更细粒度的检测技术。为了提高检测的精确度，IPS 最好使用多种综合检测机制，实现深度检测。

（1）基于特征的匹配技术。特征匹配技术的前提是建立入侵特征库。入侵特征库建立的依据是攻击技术的特征、应用协议设计上的缺陷和漏洞、系统误用模式等。当数据包来到时，该技术通过检测数据包内容来提取相关信息，然后和入侵特征库中的规则进行匹配，从而发现违背安全策略的行为。一般来讲，一种攻击模式可以用一个过程（如执行一条指令）或一个输出（如获得权限）来表示。该方法的最大优点是只需要收集相关的特征集合，显著减少系统负担，且已相当成熟。它与病毒防火墙采用的方法一样，检测准确率和效率都相当高。但是，该方法存在的弱点是需要不断地升级特征库以对付不断出现的攻击技术，且不能检测到未知的攻击，也不能检测混合型的攻击。

（2）协议分析技术。协议分析是一种较新的入侵检测技术，它充分利用网络协议的高度有序性，并结合高速数据包捕捉和协议分析，来快速检测某种攻击特征。协议分析正在逐渐进入成熟应用阶段。协议分析能够理解不同协议的工作原理，以此分析这些协议的数据包，来寻找可疑或不正常的访问行为。协议分析不仅仅基于协议标准。通过协议分析，IPS 能够针对反 IDS 的插入（Insertion）与规避（Evasion）攻击进行检测。

与传统防火墙不同的是，IPS 不但要分析和跟踪 IP、ICMP、UDP、TCP 这几种网络层、传输层的协议，而且还要对 HTTP、HTTPS、FTP、TFTP、SNMP、Telnet、SMTP、POP、DNS、RPC、LDAP 等众多的应用协议，包括常用的 QQ、微信、微博、社交媒体等应用进行分析、跟踪。在该技术中，所有流经 IPS 的数据包，首先经过预处理，这个预处理过程主要完成对数据包的重组，以便 IPS 能够看清楚具体的应用协议。在此基础上，IPS 根据不同应用协议的特征与攻击方式，将重组后的包进行筛选，将一些可疑数据包送入专门的特征库进行对比。由于经过了筛选，可疑数据量大大减少，因此可以大幅度减少 IPS 处理的工作量，同时降低误报率。

（3）抗 DDoS/DoS 技术。DDoS 攻击是在 DoS 攻击的基础上产生的一类攻击方式，攻击者使用协同控制的方式控制多台网络主机同时向目标主机发起拒绝服务攻击，构成对互联网的威胁。检测此类攻击可有两种方法：基于数据包特征的分析和基于流量的统计。

（4）智能化检测技术。随着人工智能和数据挖掘技术的发展，出现了智能化检测技术。现阶段的常用方法有神经网络、遗传算法、模糊技术等，这些方法用于入侵特征的辨识与泛化。利用具有学习能力的专家系统，可以实现知识库的不断升级与扩展，使系统的防范能力不断增强，具有更广泛的应用前景。此外，由于信息和数据数量庞大，借用数据挖掘的方法，包括关联、序列等，可以有效提高入侵检测的精确性。

（5）蜜罐技术。美国著名的蜜罐技术专家 L.Spizner 曾对蜜罐做了这样的定义：蜜罐是一种资源，它的价值是被攻击或攻陷。这就意味着蜜罐是用来被探测、被攻击甚至最后被攻陷的，蜜罐不会修补任何东西，这样就为使用者提供了额外的、有价值的信息。一个合格的蜜罐需要具有如下功能：发现攻击、产生警告、强大的记录能力、欺骗、协助调查。

为了吸引攻击者，通常在蜜罐系统上留下一些安全后门，或者放置一些网络攻击者希望得到的敏感信息，当然这些信息都是虚假的信息。当有攻击者进入时，蜜罐将把攻击者从关键系统引开，同时开始收集攻击者的活动信息，并且吸引攻击者在系统停留，便于记录攻击者的行为。蜜罐技术最重要的功能也就是对攻击者所有操作和行为进行监视和记录，然后把结果保存在日志服务器上，便于管理员查看与分析，为进一步完善系统的安全措施提供依据。

蜜罐不会直接提高计算机网络安全，但它却是一种不可缺少的主动防御技术，目前很多 IPS 产品中都集成了蜜罐技术。

4. IPS 存在的问题

目前 IPS 技术面临着很多挑战，主要有以下四个方面：

（1）单点故障：设计要求 IPS 必须以嵌入模式工作在网络中，这就可能造成单点故障。如果嵌入式 IPS 设备出现问题，就会严重影响网络的正常运转；如果 IPS 因故障而关闭，则合法用户无法访问网络提供的服务。

（2）性能瓶颈：IPS 嵌入式接入，即使 IPS 设备不出现故障，但仍然是一个潜在的网络瓶颈。所有流量的数据包都通过 IPS 进行检测，当检测特征库规则数量庞大时，不可避免地会给传输带来延迟。

（3）误报率和漏报率：在繁忙的网络当中，一旦生成了警报，最基本的要求就是 IPS 能够对警报进行有效处理。如果入侵特征编写得不是十分完善，那么“误报”就有了可乘之机，导致合法流量也有可能被意外拦截。对于实时在线的 IPS 来说，一旦拦截了“攻击性”数据包，就会对来自可疑攻击者的所有数据流进行拦截。如果产生了误报警报的流量恰好是某个合法用户，其结果可想而知，这个用户整个会话就会被关闭，而且此后该用户所有重新连接到网络的合法访问都会被“尽职尽责”的 IPS 拦截。

（4）规则库更新：IPS 规则库与病毒库一样，需要不断更新。但是安全事件的种类和数量太多，不易提取特征，IPS 更新规则库难度较大。

5.6　VPN 技术

VPN（Virtual Private Network），即虚拟专用网络。VPN 是指利用公共网络建立私有专用网络，数据通过安全的“加密隧道”在公共网络中传播，连接在 Internet 上的位于不同地方的两个或多个企业内部网之间建立一条专有的通信线路，就像是架设了一条专线一样，但是它并不需要真正去敷设光缆之类的物理线路。VPN 利用公共网络基础设施为企业各部门提供安全的网络互连服务，能够使运行在 VPN 之上的商业应用享有几乎和专用网络同样的安全性、可靠性、优先级别和可管理性。企业只需要租用本地的数据专线，连接上本地的公共信息网，各地的机构就可以互相传递信息。同时，企业还可以利用公共信息网的拨号接入设备，让自己的用户拨号到公共信息网上，就可以安全地连接进入企业网。使用 VPN 有节省成本、提供远程访问、扩展性强、便于管理和实现全面控制等好处，是目前和今后企业网络发展的趋势。

5.6.1　IPSec

IPSec 协议是 Internet 工程任务组为保证 IP 及其上层协议的安全而制定的一个开放安全标准，IPSec 协议不是一个单独的协议，它给出了应用于 IP 层上网络数据安全的一整套体系结构，包括网络认证协议 Authentication Header（AH）、封装安全载荷协议 Encapsulating Security Payload（ESP）、密钥管理协议 Internet Key Exchange（IKE）和用于网络认证及加密的一些算法等。IPSec 规定了如何在对等层之间选择安全协议、确定安全算法和密钥交换，向上提供了访问控制、数据源认证、数据加密等网络安全服务。

1. IPSec 协议体系结构

IPSec 协议是 IETF 于 1998 年 11 月公布的 IP 安全标准，IPSec 的设计目的是在 Internet 上建立安全的 IP 连接，用来填补目前 Internet 在安全方面的空白。IPSec 对于 IPv4 是可选的，对于 IPv6 是强制性的。

如图 5-11 所示，IPSec 体系结构的第一个主要部分是安全结构。IPSec 使用两个协议提供数据包的安全：认证头（Authentication Header，AH）和封装安全载荷（Encapsulating Security Payload，ESP）。AH 协议支持访问控制、数据源认证、无连接的完整性和抗重放攻击。ESP 协议提供访问控制、数据机密性、无连接的完整性、抗重放攻击和有限的通信流机密性等安全服务。AH 协议和 ESP 协议都是接入控制的手段，建立在加密密钥的分配和与这些安全协议相关的通信流量管理的基础上。

IPSec 协议使用 IKE（Internet Key Exchange）协议实现安全协议的自动安全参数协商。IKE 协商的安全参数包括加密及鉴别算法、加密及鉴别密钥、通信的保护模式（传输或隧道模式）、密钥的生存期等。IKE 还负责这些安全参数的刷新。

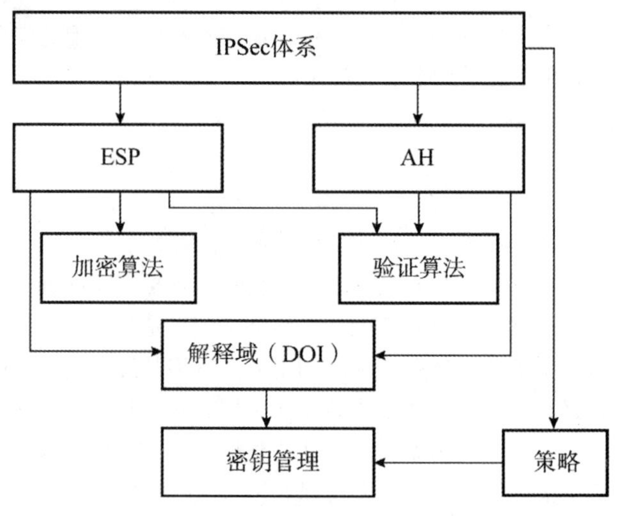

图 5-11 IPSec 体系结构

解释域 DOI（Domain of Interpretation）是整个 IPSec 协议中很重要的部分，它将所有 IPSec 小组的文献捆绑在一起，通过对解释域的访问可以得到相关协议各字节位的含义解释。它可以被认为是所有的 IPSec 安全参数的主数据库，这些参数可以被与 IPSec 服务相关的系统参考调用。

对于 IPSec 数据流处理而言，有两个必要的数据库，即安全关联数据库（Security Association Database，SAD）和安全策略数据库（Security Policy Database，SPD）。SAD 包含活动的 SA 参数；SPD 指定了用于到达或者源自特定主机或网络的数据流的策略。对于 SPD 和 SAD 都需要单独的输入和输出数据库。

2. AH 和 ESP

IPSec 的基本协议包括 AH 和 ESP。

1）AH 协议

AH 协议为通信提供数据源认证、数据完整性和抗重放保证。AH 的工作原理是在每一个数据包上添加一个身份验证报头。此报头包含一个带密钥的 Hash 散列，此 Hash 散列在整个数据包中计算，因此对数据的任何更改将致使散列无效，这样就提供了完整性保护。AH 报头位置在 IP 报头和传输层协议报头之间。AH 由 IP 协议号“51”标识，该值包含在 AH 报头之前的协议报头中，如 IP 报头。AH 可以单独使用，也可以与 ESP 协议结合使用。ESP 协议也提供可选择的认证服务，AH 与 ESP 二者的认证服务的差别在于它们计算时所覆盖的范围不同。

AH 报头的格式如图 5-12 所示。

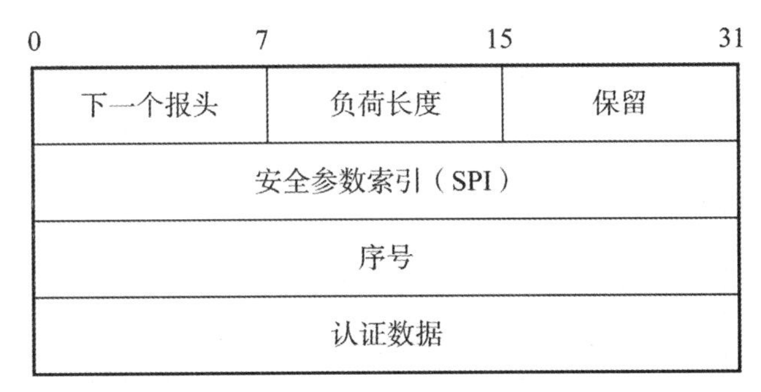

图 5-12　AH 报头的格式

AH 报头各字段的含义如下：

- 下一个报头：是一个 8 位的字段，指明 AH 报头之后的载荷类型。字段的值取自于 IANA 的 IP 协议号定义。
- 负荷长度：采用以 32 位的字为单位的值减 2 表示 AH 报头长度。
- 保留：这个 16 位的字段被保留为将来使用，因为目前没有使用，必须将它设为 0。
- 安全参数索引：SPI 是一个任意的 32 位值，被接收者用来识别对进入包进行身份验证的安全关联 SA。它与数据包的目的 IP 地址、安全协议类型一起，唯一地确定了这一数据包所用的安全关联 SA。SPI 值 0 被保留来表明“没有安全关联存在”。
- 序号：从 1 开始的 32 位单增序列号，不允许重复，唯一地标识了每一个发送数据包，为安全关联提供抗重放保护。接收端校验序列号为该字段值的数据包是否已经被接收过，若是，则拒收该数据包。
- 认证数据：这个字段的长度是可变的，但总是一个 32 位字的整数倍。该认证数据被称为数据包的完整性校验值（ICV）。用来生成 ICV 的算法由 SA 指定。如果一个 IPv4 数据包的 ICV 域的长度不是 32 的整数倍，必须添加填充比特使 ICV 域的长度达到所需要的长度。

2）ESP 协议

ESP 提供数据保密、数据源认证、无连接的完整性、抗重放服务和有限的数据流保密。实际上，ESP 提供同 AH 类似的服务，但增加了两个额外的服务，即数据保密和有限的数据流保密服务。一个 IP 数据包所使用的具体 ESP 服务由相应的安全关联规定。保密服务是 ESP 的主要功能，如果在没有认证的情况下使用保密功能，这个 IP 数据包有可能受到主动攻击的威胁。数据源认证和完整性认证（统称认证）作为一个整体，是 ESP 的可选用服务。抗重放功能仅在有 ESP 认证时生效，并且具体处理取决于报文的接收方。流量保密需要使用 ESP 隧道模式，一般在安全网关处实施，这样可隐藏报文的实际收发地址。

ESP 报头的格式如图 5-13 所示。

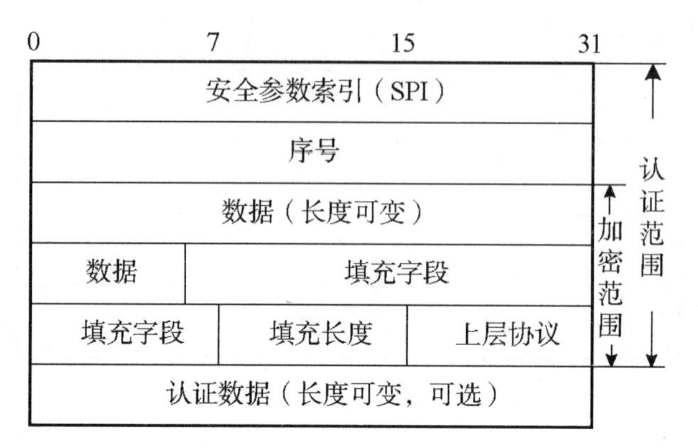

图 5-13　ESP 报头的格式

ESP 报头各字段的含义如下：

- 安全参数索引：用于标识一个安全关联。
- 序号：单向递增的计数器值，用于防止重放攻击。
- 数据：载荷数据是非定长的域，用来存放经 ESP 协议处理过的数据，这些数据所属的类型由“下一协议头”字段定义。
- 填充字段：额外的字节。有些加密算法要求明文长度是分组的某个整倍数，也可用来隐藏载荷数据的真实长度。
- 填充长度：表示填充的字节数。
- 上层协议：指出载荷数据所包含的内容。
- 认证数据：长度可变的字段，用于填入 ICV。ICV 的计算范围为 ESP 包中除掉验证数据字段的部分。

3. 实施模式

SA 可定义为以下两种模式：

（1）传输模式。一个传输模式 SA 是两台主机间的一个安全关联。在 IPv4 环境中，一个传输模式安全协议头紧接在 IP 头和任意选项之后，且在任何更高层协议之前。在 ESP 的情况下，一个传输模式 SA 仅为那些更高层协议提供安全服务，而并不为 ESP 头之前的 IP 头或任意扩展头提供服务。在 AH 情况下，这种保护也被扩展到 IP 头的可选部分、扩展头的可选部分和可选项。

（2）隧道模式。一个隧道模式 SA 本质上是运用于一个 IP 隧道的 SA。只要一个安全关联的任意一端是一个安全网关，SA 就必须是隧道模式。因此两个安全网关之间的一个 SA 总是隧道模式 SA，同样地，一个主机和一个安全网关间的一个 SA 也是这样的。

这两种模式的区别在于隧道模式保护整个 IP 数据包，传输模式保护 IP 包内的数据载荷。对应于上面介绍的 AH 协议和 ESP 协议，使用不同的模式，其报文格式有所不同。如图 5-14 和图 5-15 所示，AH 有两种操作模式：传输模式和隧道模式。

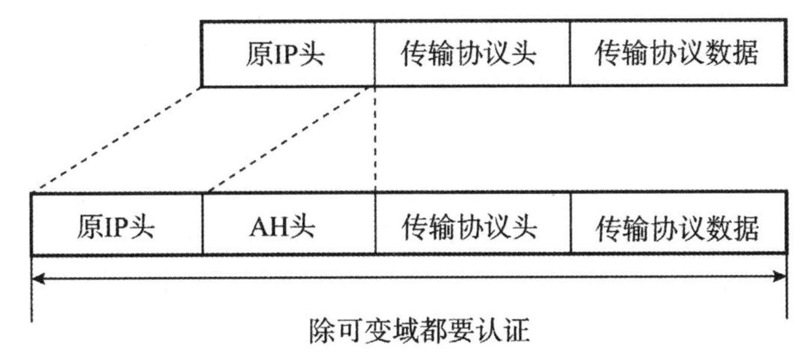

图 5-14　传输模式的 AH 封装

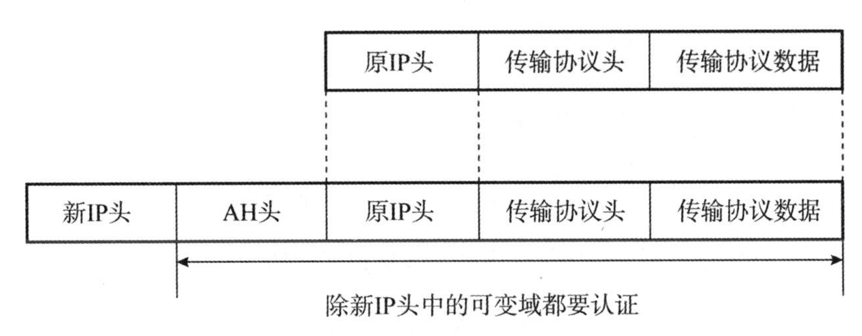

图 5-15　隧道模式的 AH 封装

ESP 协议有两种工作模式。在传输模式中，ESP 协议将上层协议数据作为 ESP 封装的载荷数据，而原 IP 报头仍作为封装后的 IP 分组的报头。在隧道模式中，原 IP 分组被作为载荷数据封装入 ESP，ESP 为封装后的 ESP 载荷构造一个新的 IP 头。

两种模式的封装格式如图 5-16 和图 5-17 所示。

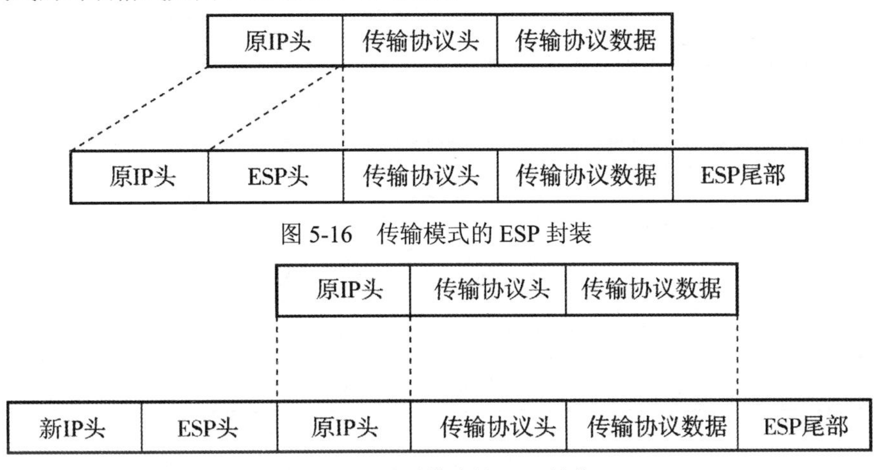

图 5-16　传输模式的 ESP 封装

图 5-17　隧道模式的 ESP 封装

5.6.2　GRE

GRE（Generic Routing Encapsulation，通用路由封装）协议是对某些网络层协议（如 IP 和

IPX）的数据报进行封装，使这些被封装的数据报能够在另一个网络层协议中传输。GRE 是 VPN 的第三层隧道协议，同 IPSec 协议一样，GRE 也是在协议层之间采用了 Tunnel（隧道）技术。

1. GRE 报文格式

在最简单的情况下，系统接收到一个需要封装和路由的数据报，我们称之为有效报文（Payload）。这个有效报文首先被 GRE 封装，然后被称为 GRE 报文。这个报文接着被封装在 IP 报头中，然后完全由 IP 层负责此报文的转发（Forwarded），也称这个负责转发的 IP 协议为传递（Delivery）协议或传输（Transport）协议。整个被封装的报文形式如下。

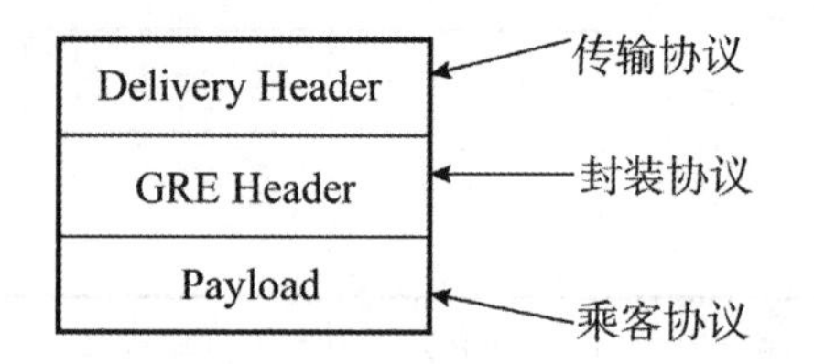

举例来说，一个封装在 IP Tunnel 中的 IPX 传输报文的格式如下。

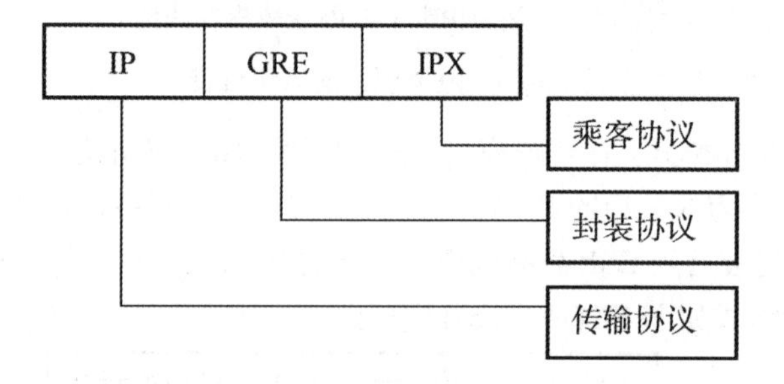

其中 GRE 报文头的格式如图 5-18 所示。

0	7		15	31
C R K S s	Resource	Flags	Ver	Protocol Type
Checksum（optional）				Offset（optional）
Key（optional）				
Sequence Number（optional）				
Routing（optional）				

图 5-18　GRE 报文头的格式

下面详细说明各个位的含义：

（1）GRE 报头的前 32 位（4 个字节）是必须要有的，构成了 GRE 的基本报头。其中前 16 位是 GRE 的标记码，其详细说明如下：

第 0 位——校验有效位（Checksum Present）。

第 1 位——路由有效位（Routing Present）。

第 2 位——密钥有效位（Key Present）。

第 3 位——顺序号有效位（Sequence Number Present）。

第 4 位——严格源路由有效位（Strict Source Route）。

第 5 位——递归控制位（Recursion Control）。

第 6~12 位——被保留将来使用，目前必须都被置为 0。

第 13~15 位——保留的版本信息位（Version Number）。

（2）GRE 报头的后 16 位是 Protocol Type（协议类型）字，说明了有效数据报的协议类型。最基本的是 IP 协议和以太网协议 IPX，分别对应的协议号为 0x800、0x8137。

（3）下面是可选的 GRE 报头区（缺省都没有）：

Checksum（校验信息区）16 位：校验信息区包含 GRE 头和有效分组补充的 IP 校验。如果路由有效位或校验有效位有效则此区域有效，而仅当校验位有效时此区域包含有效信息。

Offset（位移量区）16 位：位移量区表示从路由区开始到活动的被检测的源路由入口（Source Route Entry）的第一个字节的偏移量。如果路由有效位或校验有效位有效则此区域有效，而仅当路由有效位有效时其中的信息有效。

Key（密钥区）32 位：密钥区包含封装操作插入的 32 位二进制数，它可以被接收者用来证实分组的来源。当密钥位有效时此区域有效。

Sequence Number（顺序号）32 位：顺序号区包括由封装操作插入的 32 位无符号整数，它可以被接收方用来对那些做了封装操作再传输到接收者的报文建立正确的次序。

（4）最后是长度不定的 Routing（路由）区。

一个完整的 GRE 报文头即由上述的数据格式所构成。

2. GRE 的工作过程

因为 GRE 是 Tunnel 接口的一种封装协议，所以要进行 GRE 封装首先必须建立 Tunnel。一旦隧道建立起来，就可以进行 GRE 的加封装和解封装。

1）加封装过程

首先交由 IPX 模块处理，IPX 模块检查 IPX 报头中的目的地址域，确定如何路由此包。如果报文的目的地址被发现要路由经过网号为 1f 的网络（为虚拟网号），则将此包发给网号为 1f 的端口，即 tunnel 端口。tunnel 收到此包后交给 GRE 模块进行封装，GRE 模块封装完成后交由 IP 模块处理，IP 模块做完相应处理后根据此包的目的地址及路由表交由相应的网络接口处理。

2）解封装过程

解封装的过程则和上述加封装的过程相反。从 tunnel 接口收到的报文交给 IP 模块，IP 模块检查此包的目的地址，发现是此路由器后进行相应的处理（和普通的 IP 数据报相同），剥掉 IP 报头然后交给 GRE 模块，GRE 模块进行相应处理后（如检验密钥等），去掉 GRE 报头然后交给 IPX 模块，IPX 模块将此包按照普通的 IPX 数据报处理即可。

3. GRE 的应用

GRE 主要能实现以下几种服务类型。

（1）多协议的本地网通过单一协议的骨干网传输。

如图 5-19 所示，Group1 和 Group2 是运行 IPX 协议的本地网，Term1 和 Term2 是运行 IP 协议的本地网。通过在 Router A 和 Router B 之间采用 GRE 协议封装的隧道（Tunnel），Group1 和 Group2、Term1 和 Term2 可以互不影响地进行通信。

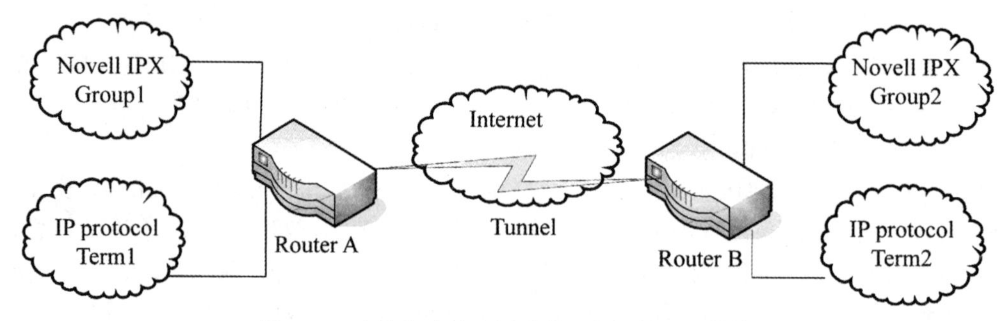

图 5-19 多协议本地网通过单一协议骨干网传输

（2）扩大了步跳数受限协议的网络的工作范围。

如图 5-20 所示的两台终端之间的步跳数超过 15，它们将无法通信。而通过在网络中使用隧道（Tunnel）可以隐藏一部分步跳，从而扩大网络的工作范围。

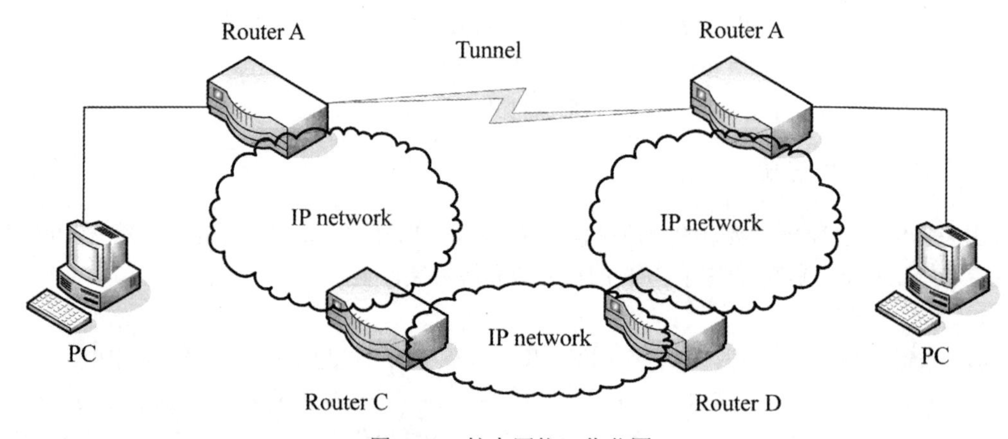

图 5-20 扩大网络工作范围

（3）将一些不能连续的子网连接起来，用于组建 VPN。

运行 IPX 协议的两个子网 Group1 和 Group2 分别在不同的城市，通过使用隧道可以实现跨越广域网的 VPN，如图 5-21 所示。

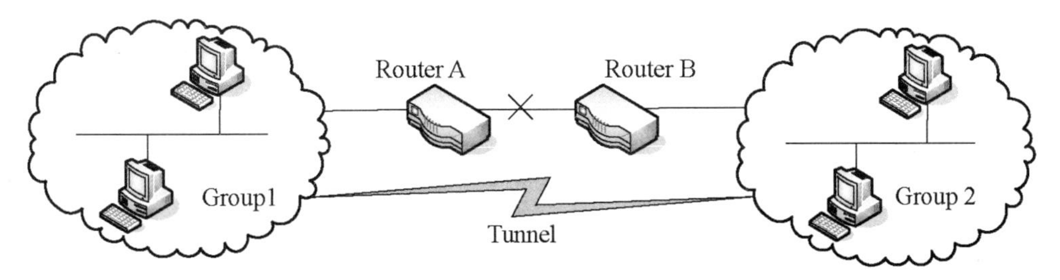

图 5-21　Tunnel 连接不连续子网

（4）与 IPSec 结合使用。

对于诸如路由协议、语音、视频等数据先进行 GRE 封装，然后再对封装后的报文进行 IPSec 的加密处理，如图 5-22 所示。

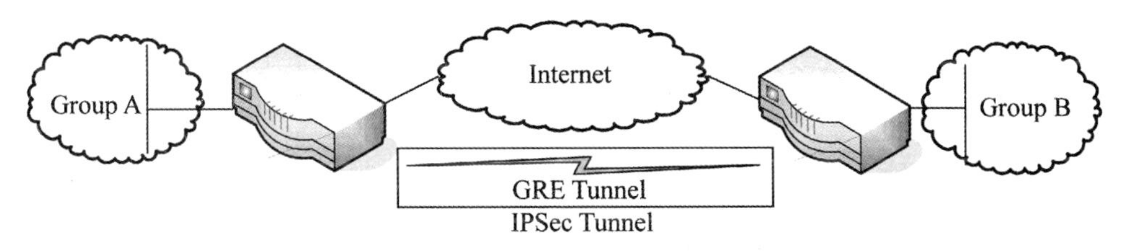

图 5-22　GRE-IPSec 隧道结合

另外，GRE 还支持由用户选择记录 Tunnel 接口的识别关键字，和对封装的报文进行端到端校验。

由于 GRE 收发双方要进行加封装、解封装处理，以及由于封装造成的数据量增加等因素的影响，导致使用 GRE 会造成路由器的数据转发效率有一定程度的下降。

5.6.3　MPLS VPN

基于 MPLS 的 VPN 是 VPN 的一种解决方案。在 MPLS 中，网络供应商为每个 VPN 提供一个唯一的 VPN 标识符（VPN-ID），称之为路由识别符（Route Distinguisher，RD），这个标识符在服务提供商的网络中是独一无二的。转发表中包括一个独一无二的地址，叫作 VPN-IP 地址，是由 RD 和用户的 IP 地址连接形成的。每一个 VPN 用户只能与自己的 VPN 网络中的成员进行通信，且只有 VPN 的成员才有权进入该 VPN。

BGP 是一个路由信息分布协议，它利用多协议扩展和共有属性来定义 VPN 的连接性，在基于 MPLS 的 VPN 中，BGP 只对同一个 VPN 的成员发布信息，通过流量分离来提供基本的安全性。因为数据是通过使用 LSP 来转发的，LSP 定义一条不可改变的路径，以保证其安全性。这种基于标签的模式可与帧中继和 ATM 一样提供安全性。这种解决方案的优势在于，服务提供商可以通过相同的网络结构支持多种 VPN，并不需要为每一个用户建立单独的网络。而且，这种方案将 IP VPN 的能力内置于网络本身。所以，服务提供商可以为所有租用者配置一个网络提供专用的 IP 服务，如 Internet 和 Extranet，而无需管理隧道或 VC 机制。服务质量保证可与基于 MPLS 的 VPN 无缝结合，因为两者都是基于标签的技术。基于 MPLS 的 VPN 网络可以很容易地与基于 IP 的用户网络结合起来。租用者可与供应商提供的服务无缝结合，不必改变 Internet 应用，因为这些网络具有通晓性、保密性，且将服务质量内置于网络中，用户能够使用他们专有的 IP 地址而无需网络地址翻译（NAT）。

这种网络结构目前可支持多种 VPN，可减轻每一个新网络实施工作的负担。这种方案易于进行 VPN 的添加、移动和改变。如果某个公司需要在自己的 VPN 中增加一个站点，服务提供商只需告诉客户端设备的路由器如何与网络连接，并配置 LSR 识别来自于 PE 的 VPN 成员，BGP 会自动更新 VPN 成员。与增加一台设备需要大量操作的覆盖 VPN 相比，这种方案要简单、迅速且便宜得多。

5.7 加密和数字签名

信息加密、认证和数字签名技术是网络安全防范技术中的有效措施，在保证数据和系统的机密性、可靠性、可用性方面发挥着巨大的作用。

5.7.1 文件加密技术

文件加密是一种常见的密码学应用。文件加密技术是下面三种技术的结合：

（1）密码技术，包括对称密码和非对称密码，可能是分组密码，也可能采用序列密码。文件加密的底层技术是数据加密。

（2）操作系统。文件系统是操作系统的重要组成部分，对文件的输入输出操作或文件的组织和存储形式进行加密也是文件加密的常用手段。对动态文件进行加密尤其需要熟悉文件系统的细节。文件系统与操作系统其他部分的关联，如设备管理、进程管理、内存管理等，都可被用于文件加密。

（3）文件分析技术。不同的文件类型的语义操作体现在对该文件类型进行操作的应用程序中，通过分析文件的语法结构和关联的应用程序代码而进行一些置换和替换，在实际应用中经常可以达到一定的文件加密效果。

利用以上技术，文件加密主要包括以下内容：

（1）文件的内容加密，通常采用二进制加密的方法。

（2）文件的属性加密。

（3）文件的输入输出和操作过程的加密，即动态文件加密。

通常一个完整的文件加密系统包括操作系统的核心驱动、设备接口、密码服务组件和应用层几个部分。

5.7.2 EFS 文件加密技术

1. EFS 概述

通过文件加密，可以保护敏感数据。Windows Server 2003 通过登录认证和 NTFS 权限可控制用户对文件的非授权存取，但如果用户在同一台计算机上安装并启动不同的操作系统，从而绕过登录认证和 NTFS 的权限设置，此时存放在硬盘上的数据就会变得非常脆弱。为消除这种安全漏洞，Microsoft 提供了加密文件系统 EFS（Encrypting File System），与 NTFS 文件系统紧密集成，给敏感数据提供深层保护。当文件被 EFS 加密后，只有加密用户和数据恢复代理用户才能解密加密文件，其他用户即使取得该文件的所有权也不能解密。

Microsoft 公司的 EFS 使用对称密钥和非对称密钥技术相结合的方法来提供文件的保护，对称密钥用于加密文件，非对称密钥中的公钥用于加密对称密钥。

在使用 EFS 时，EFS 首先检查用户是否有有效的 EFS 用户证书，如果没有，EFS 请求在线企业 CA 发布证书，如果企业 CA 不可得到，EFS 就为用户创建一个证书和用于以后 EFS 操作的公/私钥对。

EFS 加密发生在文件系统层而不在应用层，因此，其加密和解密过程对加密用户和应用程序是透明的。用户在使用加密文件时，感觉与普通文件一样。如打开文件调用 Win32 APIs 的 CreateFile()和 OpenFile()函数，读文件调用 ReadFile()、ReadFileEx()和 ReadFileScatter()函数，写文件调用 WriteFile()、WriteFileEx()和 WriteFileScatter()函数等。

2. EFS 的基本原理和结构

当用户生成加密文件时，随机密码产生器生成一个对称密钥 FEK，EFS 使用 FEK 加密文件中的数据，然后使用 EFS 用户证书中的公开密钥加密 FEK 得到数据解密域 DDF（Data Decryption Fields），再使用数据恢复代理 DRA（Data Recovery Agent）证书中的公钥加密 FEK，由于数据恢复代理可有多个，所以可能存在多个不同 DRA 证书中公钥加密的 FEK，所有这些经 DRA 证书中公钥加密的 FEK 组合在一起得到数据恢复域 DRF（Data Recovery Fields）。最后 EFS 将 DDF、DRF 作为加密文件头和经 FEK 加密的数据组合得到加密文件，其结构如图 5-23 所示。

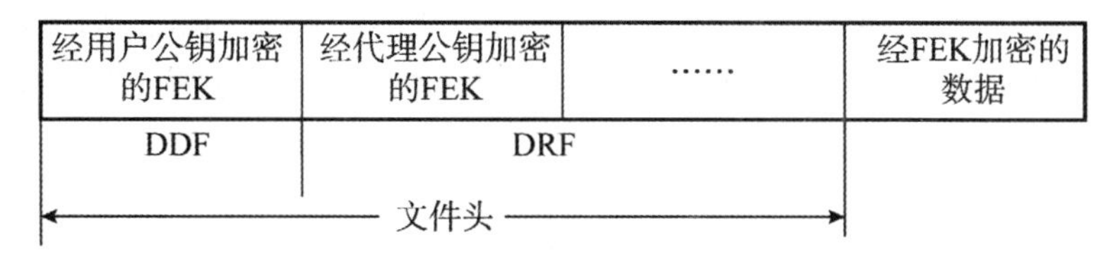

图 5-23　EFS 加密文件的结构

为保证 EFS 系统对用户透明的操作，EFS 组件存在于操作系统的多个层上，主要分为用户模式和内核模式。用户模式主要包括 Win32 API 层、EFS 服务（EFS Service）、微软加密应用程序编程接口 CryptoAPI（Cryptographic Application Programming Interface）、加密服务提供者 CSP（Cryptographic Service Provider）。内核模式主要包括 EFS 驱动（EFS Driver）、EFS 文件系统运行库 FSRTL（File System Run-Time Library）。其关系如图 5-24 所示。

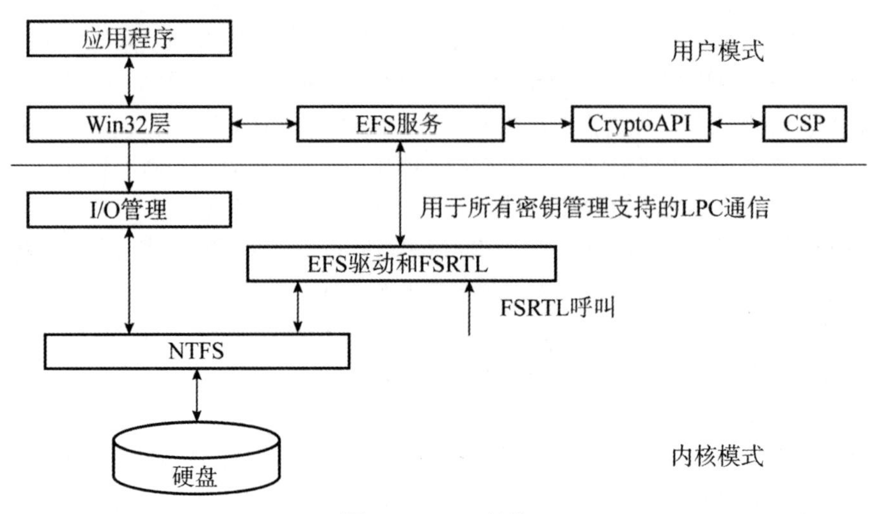

图 5-24 EFS 结构

下面对 EFS 各组件进行介绍。

1）CSP

在 Windows Server 2003 中，EFS 使用默认的对称密钥加密算法 AES（Advanced Encryption Standard），其密钥长度达到 256 位，该加密强度足以保证一般用户的数据安全需求。在非对称密钥方面，EFS 默认使用 Microsoft Base Provider，其默认密钥长度为 1024 位，可以通过修改注册表 HKLM\SOFTWARE\Microsoft\ WindowsNT\Current Version\EFS\RSAKeyLength 中的 DWORD 键值来增加加密强度，DWORD 键值的范围从 1024 位到 16384 位。要注意的是，如果设置值大于 1024，EFS 将使用 Microsoft Enhanced Provider 生成密钥。

2）CryptoAPI

CryptoAPI 包含一组函数，并通过 EFS 服务为 Win32 层提供服务，包括公/私钥和对称密钥的密钥生成、密钥管理与密钥的安全存储、密钥交换、加密、解密、Hash 值计算、数字签名、签名验证等。在使用时，对 EFS 来说，CryptoAPI 中的所有操作都是暗箱式的，EFS 只要调用相应函数来实现相应功能，而不必关心实现的细节。

3）Win32 层

Win32 层实质是一组 Win32 APIs，它为应用程序提供编程接口，如加密明文函数 EncryptFile ()、解密密文函数 DecryptFile()、复制加密文件信息函数 DuplicateEncryptionInfoFile()、加密文件状态函数 FileEncryptionStatus()等，这些函数的详细调用方法可参阅 MSDN Library for Visual Studio.NET 2003。所有的 Win32 API 由系统动态链接库 Advapi32.dll 提供。

4）EFS 服务

EFS 服务调用 CryptoAPI 来为一个数据文件获得文件加密密钥 FEK，再调用 CryptoAPI 获得 EFS 用户证书中的公钥和 DRA 证书中的公钥，分别加密 FEK 形成 DDF 和 DRF。同时，通过本地过程调用 LPC（Local Procedure Call）通信模块与 EFS 驱动传递 FEK、DDF 和 DRF。

5）EFS 驱动

EFS 驱动与 NTFS 文件系统紧密集成，并位于 NTFS 逻辑上的最高层。EFS 驱动和 EFS 服务通信，请求 FEK、DDF 和 DRF，然后再把这些信息传递给 FSRTL 实现各种透明的文件操作，如打开文件、读文件、写文件等。

6）EFS FSRTL

EFS FSRTL 实现由 NTFS 呼叫要求处理的各种文件系统操作，如读、写、打开加密文件和文件数据在写入或从磁盘中读出时的加密、解密及恢复数据等操作。在 EFS 结构中，EFS 驱动和 EFS FSRTL 以一个组件出现，但它们之间不直接通信，而是通过 NTFS 文件控制呼叫机制来彼此传递信息，这样确保了 NTFS 能参与到所有的文件操作中。通过 NTFS 文件控制呼叫机制实现的操作包括写 DDF、DRF 及传递在 EFS 服务中计算得到的 FEK 等。

3. EFS 加密解密文件的过程

EFS 本地加密文件的过程如下：

（1）EFS 服务调用 FileEncryptionStatus()确认文件是否可以加密，系统文件和存放于%systemroot%文件夹中的文件不能被加密。若文件可加密，EFS 服务独占式地打开文件。

（2）EFS 服务调用 CryptoAPI 随机产生一个对称密钥 FEK。

（3）EFS 自动从用户证书中获取公钥并使用 RSA 加密算法加密 FEK 得到 DDF；EFS 自动从 DRA 证书中获取公钥并使用 RSA 加密算法加密 FEK，若有多个 DRA，则用每个 DRA 证书中的公钥加密 FEK 的每个备份，所有经 DRA 公钥加密后的 FEK 形成 DRF。其中 DRA 证书区别于 EFS 用户证书的标志是证书中的 EKU（Enhanced Key Usage）字段。所有的 DDF、DRF，再加上 EFS 版本信息和加密算法信息形成 EFS 元数据。

（4）EFS 在一个临时系统文件夹下建立一个临时文件，把要加密的源文件中所有数据流复制到临时文件。然后，EFS 将 EFS 元数据写入源文件，再将临时文件中的数据利用 FEK 通过 AES 加密算法逐块加密后形成加密块链附加到源文件，最后形成加密文件。因为元数据内容通常小于 1024 字节，而用 AES 加密算法加密数据后没有增加额外的数据，所以加密文件的大小与源文件相差无几。

（5）EFS 校验生成的加密文件，若校验成功，则删除临时文件。

当用户保存一个新文件到加密文件夹时，其过程除没有建立临时文件外，其余类似于上述过程。

EFS 本地解密文件的过程如下：

（1）NTFS 发送一个解密请求呼叫到 EFS 驱动。

（2）EFS 驱动从加密文件获得 DDF 并传递给 EFS 服务。

（3）EFS 服务从用户配置文件中获得用户的私钥解密 DDF 得到 FEK，再将 FEK 传递给 EFS 驱动。

（4）EFS 驱动使用 FEK 解密加密文件中应用程序需要的部分。要注意的是，因为 EFS 使用加密块链，所以 EFS 驱动只使用 FEK 解密应用程序需要的部分。

（5）EFS 驱动将解密后数据传递到 NTFS，再由 NTFS 发送到应用程序。

5.7.3 数字签名

1. 可用的数字签名的条件

可用的数字签名应保证以下几个条件：

（1）签名是可信的。签名使文件的接收者相信签名者是慎重地在文件上签字的。

（2）签名不可伪造。签名证明是签字者而不是其他人慎重地在文件上签字。

（3）签名不可重用。签名是文件的一部分，不法之徒不可能将签名移到不同的文件上。

（4）签名的文件是不可改变的。在文件签名后，文件不能改变。

（5）签名是不可抵赖的。签名和文件是物理的东西。签名者事后不能声称他没有签过名。

在现实生活中，关于签名的这些特性没有一个是完全真实的。签名能够被伪造，签名能够从文章中盗用移到另一篇文章中，文件在签名后能够被改变。在计算机上做这种事情，同样存在一些问题。首先计算机文件易于复制。即使某人的签名难以伪造（例如，手写签名的图形），但是从一个文件到另一个文件，剪切和粘贴有效的签名都是很容易的。这种签名并没有什么意义。其次文件在签名后也易于修改，并且不会留下任何修改的痕迹。为解决这些问题，数字签名技术就应运而生。

2. 对称密钥签名

Alice 想对数字消息签名，并发送给 Bob。在 Trent 和对称密码系统的帮助下，她能对数字消息签名，并安全地发送给 Bob。

Trent 是一个有权的、值得依赖的仲裁者。他能同时与 Alice 和 Bob（也可以是其他想对数据文件签名的任何人）通信。他和 Alice 共享秘密密钥 K_A，和 Bob 共享另一个不同的秘密密钥 K_B。这些密钥在协议开始前就早已建好，并且为了多次签名可多次重复使用。

利用对称密钥签名进行通信的过程如下：

Step1：Alice 用 K_A 加密她准备发送给 Bob 的信息，并把它传送给 Trent。

Step2：Trent 用 K_A 解密信息。

Step3：Trent 把这个解密信息和他收到 Alice 信息的声明，一起用 K_B 加密。

Step4：Trent 把加密的信息包传给 Bob。

Step5：Bob 用 K_B 解密信息包，他就能读 Alice 所发的信息和 Trent 的证书，证明信息来自 Alice。

整个过程如图 5-25 所示。

Trent 怎么知道信息是从 Alice 而不是从其他冒名顶替者那里来的呢？是从信息的加密推断出来的。由于只有他和 Alice 共享他们两人的秘密密钥，所以只有 Alice 能用这个密钥加密信息。

对该过程进行分析：

（1）这个签名是可信的。Trent 是可信的仲裁者，并且知道消息是从 Alice 那里来的，Trent 的证书对 Bob 起着证明的作用。

（2）这个签名是不可伪造的。只有 Alice（和 Trent，但每个人都相信 Trent）知道 K_A，因此只有 Alice 才能把用 K_A 加密的信息传给 Trent。如果有人冒充 Alice，Trent 在 Step2 马上就会察觉，并且不会去证明它的可靠性。

（3）这个签名是不能重新使用的。如果 Bob 想把 Trent 的证书附到另一个信息上，Alice 可能就会大叫受骗了。仲裁者（可能是 Trent 或者可存取同一信息的完全不同的仲裁者）就会要求 Bob 同时提供信息和 Alice 加密后的信息，然后仲裁者就用 K_A 加密信息，他马上就会发现它与 Bob 提供的加密信息不相同。很显然，Bob 由于不知道 K_A，他不可能提供加密信息使它与用 K_A 加密的信息相符。

（4）签名文件是不能改变的。Bob 想在接收后改变文件，Trent 就可用刚才描述的同样的办法证明 Bob 的愚蠢行为。

（5）签名是不能抵赖的。即使 Alice 以后声称她没有发信息给 Bob，Trent 的证书会说明不是这样的。因为 Trent 是每个人都信任的，他说的都是正确的。

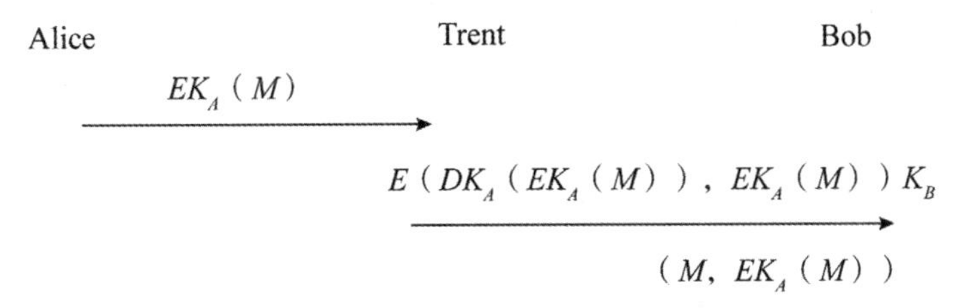

图 5-25　Alice 和 Bob 利用对称密钥签名进行的通信过程

如果 Bob 想把 Alice 签名的文件给 Carol 阅读，他不能把自己的秘密密钥交给她，他还得通过 Trent。具体过程如下：

Step1：Bob 把信息和 Trent 关于信息是来自 Alice 的声明用 K_B 加密，然后送回给 Trent。

Step2：Trent 用 K_B 解密信息包。

Step3：Trent 检查他的数据库，并确认原始信息是从 Alice 那里来的。

Step4：Trent 用他和 Carol 共享的密钥 K_C 重新加密信息包，并把信息包送给 Carol。

Step5：Carol 用 K_C 解密信息包，她就能阅读信息和 Trent 证实信息来自 Alice 的证书。

这些协议是可行的，但对 Trent 来说是非常耗时的。他不得不整天加密、解密信息，在彼此想发送签名文件的每一对人之间充当中间人。他必须备有数据库信息（虽然可以通过把发送者加密的信息的拷贝发送给接收者来避免）。在任何通信系统中，即使他是毫无思想的软件程序，他都是通信瓶颈。更困难的是产生和保持像 Trent 那样的网络用户都信任的人。Trent 必须是完善无缺的，即使他在 100 万次签名中只犯了一个错误，也将不会有人再信任他。Trent 必须是完全安全的，如果他的秘密密钥数据库泄漏了，或有人能修改他的程序代码，所有人的签名可能是完全无用的。一些声称是数年前签名的假文件便可能出现，这将引起混乱。理论上这种协议或许是可行的，但实际上不能很好地运转。

3. 公开密钥签名

在对称密码体制中，由于加密密钥和解密密钥是可以相互推导的，密钥暴露会使系统变得不安全。对称密码体制的一个严重缺陷在于：通信双方在传送密文之前必须要使用一个安全信道预先通信密钥 K。在实际中找到一个满足要求的安全信道是很不容易的，一般都是通过物理方式交换密钥，如在约定地点秘密交换密钥。而公钥密码体制可以很容易地解决密钥交换问题。在公钥密码系统中，解密密钥和加密密钥是不同的，并且很难从一个推导出另外一个。

密码算法的密钥都是一对的，一个是私钥，用户自动保存并保密；另外一个是公钥，用户可以将它分发给任何需要的人。这样通信双方不用预先交换密钥就可以建立保密通信了。

公开密钥签名的基本协议过程如图 5-26 所示。具体流程如下：

Step1：Alice 用她的私钥对文件加密，从而对文件签名。

Step2：Alice 将签名的文件传给 Bob。

Step3：Bob 用 Alice 的公钥解密文件，从而验证签名。

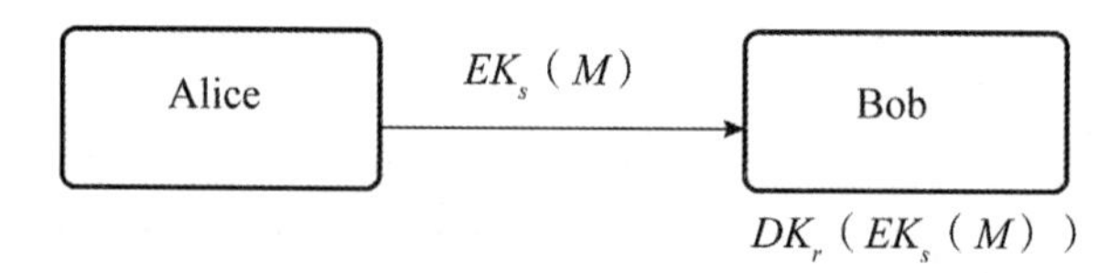

图 5-26 Alice 和 Bob 利用公开密钥签名进行的通信过程

这个协议比以前的算法更好。不需要 Trent 去签名和验证。他只需要证明 Alice 的公钥的确是她的。甚至协议的双方不需要 Trent 来解决争端；如果 Bob 不能完成 Step3，那么他知道签名是无效的。

数字签名的基本过程如图 5-27 所示。这个协议也满足我们期待的特征：

（1）签名是可信的。当 Bob 用 Alice 的公钥验证信息时，他知道是由 Alice 签名的。

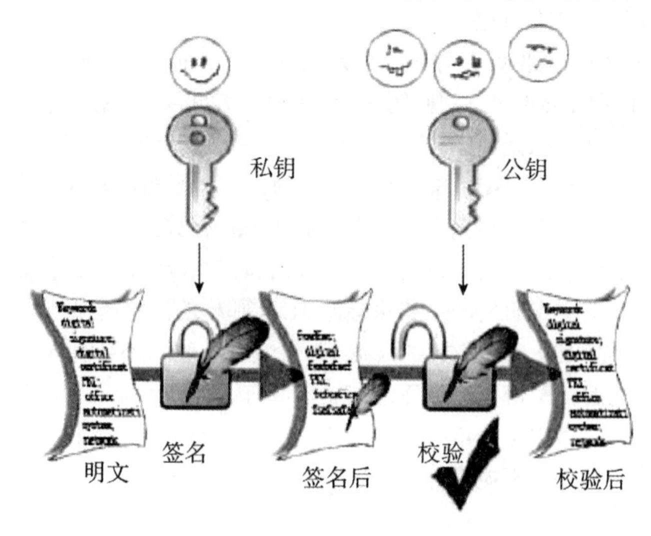

图 5-27 数字签名的基本过程

（2）签名是不可伪造的。只有 Alice 知道她的私钥。

（3）签名是不可重用的。签名是文件的函数，并且不可能转换成另外的文件。

（4）被签名的文件是不可改变的。如果文件有任何改变，文件就不可能用 Alice 的公钥验证。

（5）签名是不可抵赖的。Bob 不用 Alice 的帮助就能验证 Alice 的签名。

4. 基于消息摘要的签名

在实践中，采用公钥密码算法对长文件签名效率太低。为了节约时间，数字签名协议经常和单向 Hash 函数一起使用。Alice 并不对整个文件签名，只对文件的 Hash 值签名。在这个协议中，单向 Hash 函数和数字签名算法是事先就协商好了的。具体过程如下：

Step1：Alice 产生文件的单向 Hash 值。

Step2：Alice 用她的私钥对 Hash 加密，凭此表示对文件签名。

Step3：Alice 将文件和 Hash 签名送给 Bob。

Step4：Bob 用 Alice 发送的文件产生文件的单向 Hash 值，然后用数字签名算法对 Hash 值运算，同时用 Alice 的公钥对签名的 Hash 解密。如果签名的 Hash 值与自己产生的 Hash 值匹配，签名就是有效的。

基于消息摘要的数字签名的基本过程如图 5-28 所示。

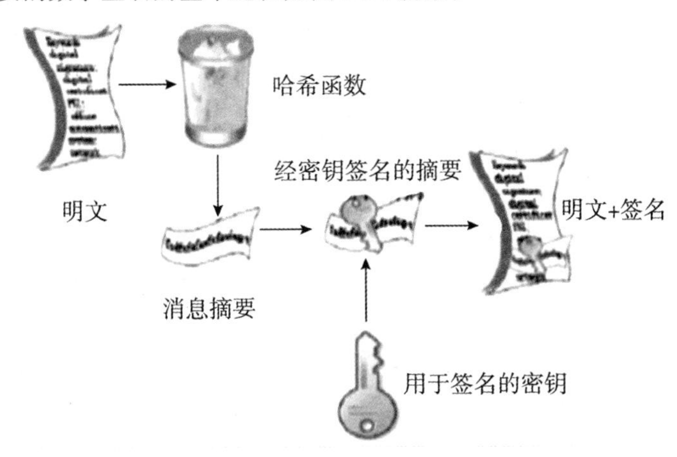

图 5-28　基于消息摘要的签名过程

基于消息摘要的签名计算速度大大地提高了，并且两个不同的文件有相同的 160 比特 Hash 值的概率为 1/2。因此，使用 Hash 函数的签名和文件签名一样安全。如果使用非单向 Hash 函数，可能很容易产生多个文件使它们的 Hash 值相同，这样对一特定的文件签名就可复制用于对大量的文件签名。

该协议还有其他优点。首先，签名和文件可以分开保存。其次，接收者对文件和签名的存储量要求大大降低了。档案系统可用这类协议来验证文件的存在而不需保存它们的内容。中央数据库只存储各个文件的 Hash 值，根本不需要看文件。用户将文件的 Hash 值传给数据库，然后数据库对提交的文件加上时间标记并保存。如果以后有人对某文件的存在发生争执，数据库可通过找到文件的 Hash 值来解决争端。这里可能牵连到大量的隐秘：Alice 可能有某文件的版权，但仍保持文件的秘密。只有当她想证明她的版权时，她才不得不把文件公开。

5.8 网络安全应用协议

开放的互联网在快速发展的同时，也因其“开放”带来了诸多安全隐患。网络上的各种应用在数据传输过程中，采用明文或者弱加密传输，造成信息丢失或者“失窃”，其威胁不可谓不大。随着互联网的不断发展，人们通过互联网办理日常业务的需求量飞速增长，如网上购物、即时通信、网上银行等，这也对网络安全和信息安全提出了更高的要求。本节讨论在加强互联网安全方面的几个常用协议。

5.8.1 SSL 协议

1. SSL 协议概述

SSL（Security Socket Layer）安全套接层协议是网景（Nestscape）公司提出的基于 Web 应用的安全协议。SSL 协议指定了一种在应用层协议和 TCP/IP 协议之间提供数据安全性分层的机制，它为 TCP/IP 连接提供数据加密、服务器认证、消息完整性以及可选的客户机认证，可以在两个通信应用程序之间提供数据的加密性和可靠性。SSL 能在 TCP/IP 和应用层间无缝实现 Internet 协议栈处理，而不对其他协议层产生任何影响。

1995 年，Netscape 公司提出了 SSL2.0 之后，很快就成为一个事实上的标准，并为众多的厂商所采用。1996 年，Netscape 公司发布了 SSL3.0，该版本增加了对除了 RSA 算法之外的其他算法的支持和一些安全特性，并且修改了前一个版本中一些小的问题，相比 SSL2.0 更加成熟和稳定。1999 年 1 月 IETF 将 SSL 做了标准化，即 RFC 2246，Netscape 公司宣布支持该开放的标准用在 WAP 的环境下，由于手机及手持设备的处理和存储能力有限，WAP 论坛在 TLS 的基础上做了 WTLS 协议（Wireless Transport Layer Security），以适应无线的特殊环境。

SSL 协议提供的安全连接具有以下几个基本特性：

（1）连接安全。在初始化握手结束后，SSL 使用加密方法来协商一个秘密的密钥，数据加密使用对称密钥技术（如 DES、RC4 等）。

（2）身份认证。可以通过非对称（公钥）加密技术（如 RSA、DSA 等）认证对方的身份。

（3）可靠性连接。传输的数据包含有数据完整性的校验码，使用安全的哈希函数（如 SHA、MD5 等）计算校验码。

SSL 协议主要包括记录协议、告警协议和握手协议。下面分别进行介绍。

2. SSL 记录协议

SSL 本身是一个分层协议，每一层的消息块都包含长度、描述和内容。SSL 在传输前将消息打包成消息块，在此过程中可进行压缩、生成 MAC、加密等。接收方则对消息块进行解压、MAC 验证和解密，并进行重装配，再传给上一层。这些是通过记录协议层来规定的。SSL 协议的记录协议层在客户机和服务器之间传输应用数据和 SSL 控制数据，即用于交换应用数据，包括了记录头和记录数据格式的规定。在 SSL 协议中，所有的传输数据都被封装在记录中。记录是由记录头和长度不为 0 的记录数据组成的。SSL 的记录数据包含三个部分：MAC 数据、实际数据和粘贴数据。所有的 SSL 通信包括握手消息、安全空白记录和应用数据都使用 SSL 记录层。应用程序消息被分割成可管理的数据块，还可以压缩，并产生一个 MAC（消息认证代码），然后将结果加密并传输。接收方接收数据并对它解密，校验 MAC，解压并重新组合，再把结果提供给应用程序协议。

SSL 记录协议的操作过程如图 5-29 所示。

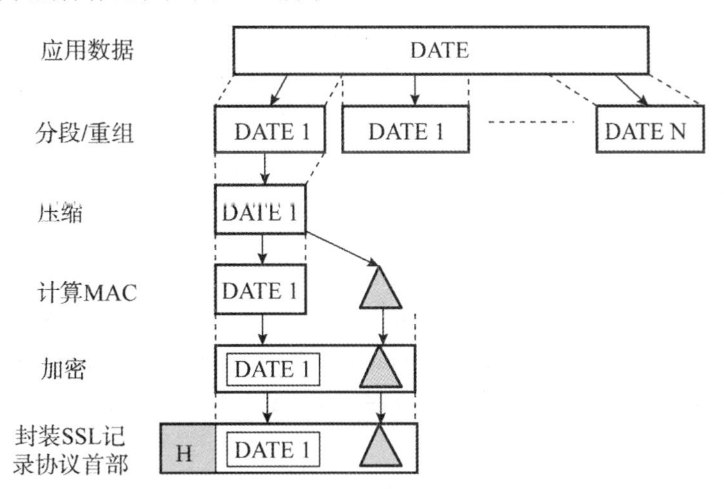

图 5-29　SSL 记录协议的操作过程

具体过程如下：

（1）分段。对应用层数据都要进行分段，使其符合规定的长度。

（2）压缩。压缩是可选的，SSL 没有指定压缩算法，压缩必须是无损的。

（3）给压缩后的数据计算消息验证码。MAC 使用下面公式进行计算：

- Hash（MAC_write_secret+pad_2+hash（MAC_write_secret+pad_1+ seq_num+ SSLCompressed. type+SSLCompressed.length+SSLCompressed.fragment））
- 其中，MAC_write_secret 为客户服务器共享的秘密；
- pad_1 为字符 0x36 重复 48 次（MD5）或 40 次（SHA）；
- pad_2 为字符 0x5c 重复 48 次（MD5）或 40 次（SHA）；
- seq_num 为消息序列号；
- hash 为哈希算法；
- SSLCompressed.type 为处理分段的高层协议类型；
- SSLCompressed.length 为压缩分段的长度；

- SSLCompressed.fragment 为压缩分段，没有压缩时，就是明文分段。

（4）使用对称加密算法给添加了 MAC 的压缩消息加密。

（5）添加 SSL 记录协议首部。

3. 告警协议

告警协议用来为对等实体传递 SSL 的相关警告。用于标示在什么时候发生了错误或两个主机之间的会话在什么时候终止。当其他应用协议使用 SSL 时，根据当前的状态来确定。告警消息都封装成 8 位比特，同时进行编码、压缩和加密。

4. 握手协议

SSL 握手协议是 SSL 中最复杂的部分。SSL 握手协议位于 SSL 记录协议层之上，用于产生会话状态的密码参数，允许服务器和客户机相互验证、协商加密和 MAC 算法及秘密密钥，用来保护在 SSL 记录中传送的数据。握手协议是在应用程序传输之前使用的。当 SSL 客户端与服务器第一次开始通信时，它们要确认协议版本的一致性，选择加密算法和认证方式，并使用公钥技术来生成共享密钥。

这个过程可以总结如下：

（1）客户方向服务方发送一个 CH（Client Hello）消息，服务方以一个 SH（Server Hello）消息应答，否则通信中止。CH 和 SH 包括协议版本、会话 ID、密码配置和压缩方法等内容，此外还要交换两个随机数，记为 ClientHello.random 和 ServerHello.random。其中，密码配置表明了 SSL 客户端和 SSL 服务器都支持的某个密码组。SSL 3.0 协议规范定义了 31 种密码配置，配置主要包含三个方面的内容：

- 密钥交换方法（Key Exchange Method）；
- 数据传输加密算法（Cipher for Data Transfer）；
- 计算消息认证码的消息摘要方法（Message Digest for Creating the MAC）。

（2）若应用层需要对服务方进行认证，服务方将发送它的证书，若服务方无证书或其证书只做签名用，服务方可发送一个 SKE（Server Key Exchang）消息，以进行密钥交换。

（3）服务方向客户方请求一个与其密码配置相匹配的客户方证书。

（4）以上工作完成，服务方可发送 SHD（Server Hello Done）消息，标志着问候结束。服务器进入等待客户方响应状态。

（5）客户方在收到服务方的请求证书的消息之后，应响应一条包含证书的消息，若无证书，将响应一条无证书提示的警告。然后发送 CKE（Client Key Exchange）消息，消息内容是基于双方认可的公钥算法。

（6）若客户方发送了含签名功能的证书，则还需发送一条 DSCV（Digitally-Signed Certificate Verify）消息，以告知服务方对证书进行验证。

（7）客户方发送一条 CCS（Change Cipher Spec）消息，确认密码配置将进行更新，并更新会话的密码配置，然后用新的算法和密钥发送一条 CHF（Client HandShaking Finished）消息，表明握手结束。

（8）服务方作为回应，也发送一条 CCS（Change Cipher Spec）消息，并更新会话的密码配置，然后用新的算法和密钥发送一条 SHF（Server HandShaking Finished）消息，表明握手过程结束。至此，整个握手过程结束，客户方和服务方开始交换应用层数据。

在以上的过程中，有些消息的发送是可选的。图 5-30 表明了整个握手的流程，其中消息名称之后带“*”号的是可选的。

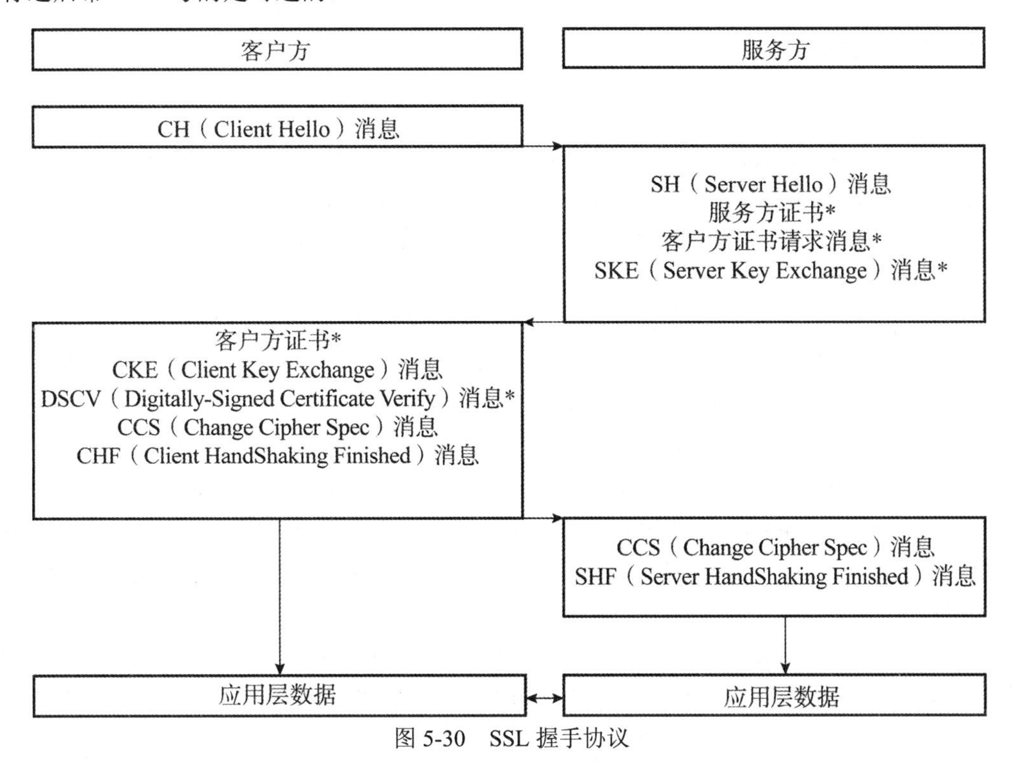

图 5-30　SSL 握手协议

5.8.2　SET 协议

1. SET 协议概述

1995 年，包括 MasterCard、IBM 和 Netscape 在内的联盟开始着手进行安全电子支付协议（SEPP）的开发，VISA 和微软组成的联盟开始开发安全交易技术（STT）。由于两大信用卡组织 MasterCard 和 VISA 分别支持独立的网络支付解决方案，影响了网络支付的发展。1996 年这些公司宣布它们将联合开发一种统一的标准，叫安全电子交易（SET）。1997 年 5 月，SET 协议由 VISA 和 MasterCard 两大信用卡公司联合推出，在 Internet 支付产业中许多重要的组织，如 IBM、HP、Microsoft、Netscape、GTE、VeriSign 等都声明支持 SET。SET 协议已获得 IETF

标准认可，已成为事实上的工业标准。SET主要由3个文件组成，分别是SET业务描述、SET程序员指南和SET协议描述。

SET主要是为了解决用户、商家和银行之间通过信用卡支付的交易而设计的，以保证支付信息的机密、支付过程的完整、商户及持卡人的合法身份以及可操作性。SET非常详细而准确地反映了交易各方之间存在的各种关系。它定义了加密信息的格式和付款支付交易过程中各方传输信息的规则。SET提供了持卡人、商家和银行之间的认证，确保了网上交易数据的机密性、数据的完整性及交易的不可抵赖性。

2. SET协议的参与者

在SET协议系统中，交易的参与者主要有：

（1）持卡人（Cardholder）：在电子商务环境中，持卡人通过计算机和网络访问电子商家，购买商品。为了在电子商务环境中安全地进行支付操作，持卡人需要安装一套基于SET标准的软件（通常嵌入在浏览器中），并使用由发卡行发行的支付卡，而且需要从认证中心获取自己的数字签名证书。

（2）商家（Merchant）：在电子商务环境中，商家通过自己的网站向客户提供商品和服务。同时商家必须与相关的收单行达成协议，保证可以接受信用卡的支付。而且商家也需要从认证中心获取相应的数字证书（包括签名证书和交换密钥证书）。

（3）发卡行（Issuer）：发卡行为每一个持卡人建立一个账户，并发放支付卡。一个发卡行必须保证对经过授权的交易进行付款。

（4）收单行（Acquirer）：收单行为每一个网上商家建立一个账户，且处理付款授权和付款结算等。收单行不属于安全电子商务的直接组成部分，但它是授权交易与付款结算操作的主要参与者。

（5）支付网关（Payment Gateway）：支付网关是指收单行或指定的第三方运行的一套设备。它负责处理支付卡的授权和支付。同时，它要能够同收单行的交易处理主机通信，还需要从认证中心获取相应的数字证书（包括签名证书和交换密钥证书）。

（6）品牌（Brand）：通常金融机构需要建立不同的支付卡品牌，每种支付卡品牌都有不同的规则，支付卡品牌将确定发卡行、收单行与持卡人和商家之间的关系。

（7）认证中心（Certificate Authority）：它负责颁发和撤销持卡人、商家和支付网关的数字证书；同时，它还要向商家和支付网关颁发交换密钥证书，以便在支付过程中交换会话密钥。

在实际的系统中，发卡行和收单行可以由同一家银行担当，支付网关也可由该银行来运行，这些需要根据具体的情况来决定。

3. SET协议的安全机制

SET协议同时是PKI框架下的一个典型实现。其安全核心技术主要有公开密钥加密、数字签名、数字信封、消息摘要、数字证书等，主要应用于B2C模式中保障支付信息的安全性。任何一个信任CA的通信方，都可以通过验证对方数字证书上的CA数字签名来建立起与对方的信任关系，并且获得对方的公钥。为了保证 CA 所签发证书的通用性，通常证书格式遵守 ITUX.509 标准。

根据 SET 标准，对证书通过信任级联关系用分层结构进行管理。SET 定义了一套完备的证书信任链，每个证书连接一个实体的数字签名证书。沿着信任树可以到一个众所周知的信任机构，用户可以确认证书的有效性。对于所有使用 SET 的实体来说，只有唯一的根 CA。图 5-31 描述了这种信任层次。在 SET 中用户对根节点的证书是无条件信任的，如果从证书所对应的节点出发沿着信任树逐级验证证书的数字签名，若能够到达一个已知的信任方所对应的节点或根节点，就能确认该证书是有效的。换言之，信任关系是从根节点到树叶传播的。根密钥（RootKey）由 CA 自己签名发布，而根密钥证书由软件开发商插入他们的软件中。软件通过向 CA 发出一个初始化请求（包括证书的 Hash 值），可以确定一个根密钥的有效性。根密钥也需定期更换。为了保证根证书的真实性，根证书和下一次的替换密钥的公钥的散列值一起颁发。在根证书被新的证书替代时，可通过验证证书中公钥的散列值与最近的旧证书一起颁发的散列值是否相同来对新证书的真实性进行验证。

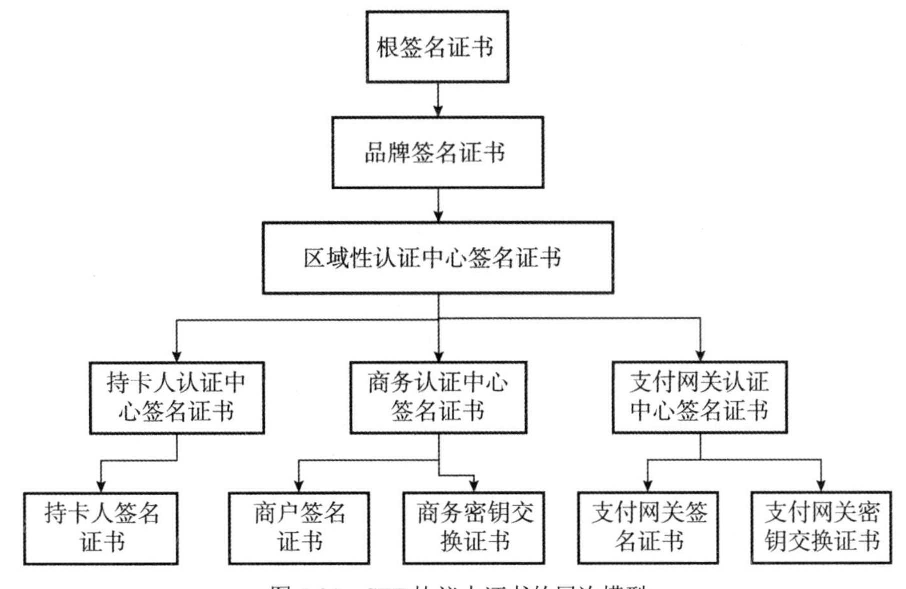

图 5-31　SET 协议中证书的层次模型

持卡人证书、商户证书、支付网关证书分别由持卡人认证中心（CCA）、商户认证中心（MCA）、支付网关认证中心（PCA）进行颁发，而 CCA 证书、MCA 证书和 PCA 证书则由品牌认证中心（BCA）或区域性认证中心（GCA）进行颁发。BCA 的证书由根认证中心（RCA）进行颁发。

（1）持卡人证书（Cardholder Certificates）：持卡人证书相当于支付卡的电子表示，它可以由付款银行数字签名后发放。由于证书的签名私钥仅为付款银行所知，所以证书中的内容不可能被任何第三方更改。持卡人证书只有在付款银行的同意下发给持卡人。该证书同购买请求和加密后的付款指令一起发给商家，商家在验证此证书有效后，就可以认为持卡人为合法的使用者。持卡人的证书是一个数字签名证书，用于验证持卡人的数字签名，而不能用于会话密钥的交换。任何持卡人只有在申请到数字证书之后，才能够进行电子交易。

（2）商家证书（Merchant Certificates）：商家证书表示商家与收单行有联系，收单行同意商家接受付款卡支付。商家证书由收单行数字签名后颁发。商家要加入SET的交易至少要拥有一对证书：一个为签名证书，用来让其他用户验证商家对交易信息的数字签名；另一个为交换密钥证书，用来在交易过程中交换用于加密交易信息的会话密钥。事实上，一个商家通常拥有多对证书，以支持不同品牌的付款卡。

（3）支付网关证书（Payment Gateway Certificates）：支付网关证书用于商家和持卡人在进行支付处理时对支付网关进行确认以及交换会话密钥，因此一个支付网关也应该拥有两个证书，即签名证书和交换密钥证书。持卡人在支付时从支付网关的交换密钥证书中得到保护他的支付卡账号及密码的公开密钥。通常支付网关证书由付款卡品牌CA发给收单行。

（4）收单行证书（Acquirercertificates）：收单行必须拥有一个证书以便运行一个证书颁发机构，它接受和处理商家通过公共网络或私有网络传来的证书请求和授权信息。收单行证书由付款卡品牌CA发给收单行。

（5）发卡行证书（Issuer CertifiCates）：发卡行必须拥有一个证书以便运行一个证书颁发机构，它接受和处理持卡人通过公共网络或私有网络传来的证书请求和授权信息。发卡行证书由付款卡品牌CA发给发卡行。

SET协议使用密码技术来保障交易的安全，这些密码技术主要包括散列函数、对称加密算法和非对称加密算法等。SET中默认使用的散列函数是SHA，对称密码算法则通常采用DES，公钥密码算法一般采用RSA。

在用RSA加密时，如果直接对明文加密，那么对密文进行分析，从而得到明文的一些比特是可能的，而且这样的技术确实存在。因此，SET在数字信封中用RSA加密会话密钥或是持卡人账号的时候，首先用OAEP算法对明文编码。OAEP算法的作用是使消息的各比特之间相互联系在一起，从而使得根据密文来求解明文的任意比特的难度是相同的。

4. SET协议的数据封装

SET协议经常使用的数据封装格式包括数字信封封装和双数字签名封装以及相应的数据封装格式。

1）持卡人账号的盲化及散列消息封装

散列函数在SET中除了与签名算法结合使用以及进行消息的完整性验证之外，还用来保护持卡人账号的安全。在持卡人证书中不直接包含账号信息，而是把它盲化以后放入证书中。在盲化账号时，使用散列函数和持卡人与CCA共享的密码值。将共享的密码值（记为k）作为密钥，以账号、有效期等相关信息作为信息（记为t），计算带密钥的散列值HMAC（t，k）作为盲化的账号放入证书。因此只有CCA、持卡人和发卡行才能对账号进行认证。

2）数字签名（Digital Signature）封装

在 SET 协议中，数字签名的数据的封装格式使用 PKCS#10 中 SignedData 数据格式，如图 5-32 所示。

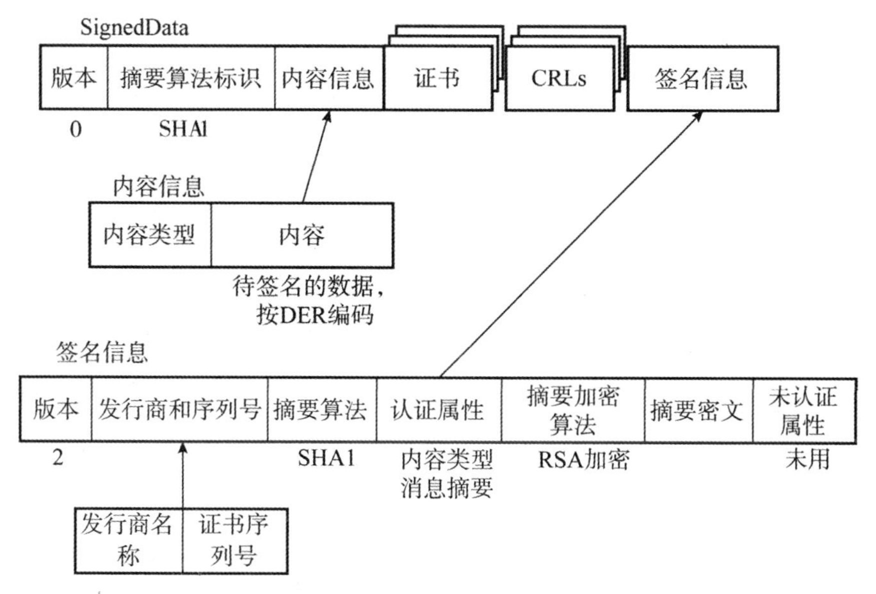

图 5-32　SignedData 数据格式

3）数字信封（Digital Envelope）封装

在 SET 中，数字信封的封装的详细格式使用了 PKCS#10 中的 EnvelopedData，如图 5-33 所示。其中加密数据的封装格式使用了 PKCS#10 中的 EncryptedData。

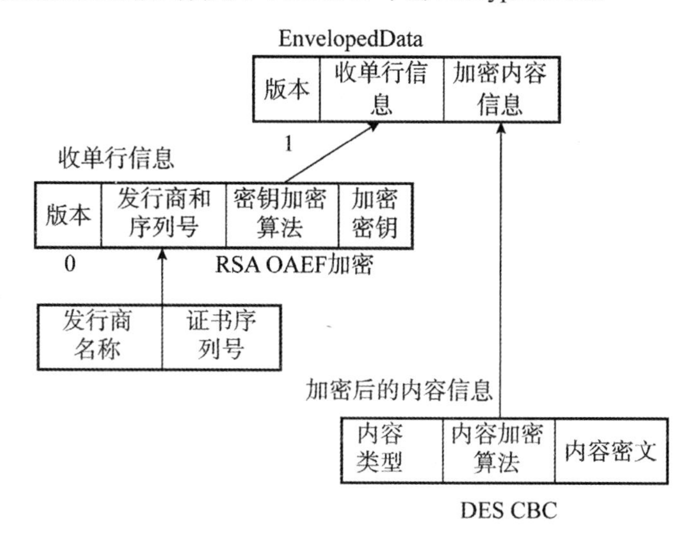

图 5-33　EnvelopedData 数据格式

4）双数字签名（Dual Digital Signature）封装

在SET的交易流程中，持卡人在支付的时候需要对订单信息（OI）和支付信息（PI）进行双数字签名。双数字签名的作用是：一方面使得商家能够验证持卡人确实对OI和PI进行了签名，但只能看到OI，而不知道PI的具体内容；另一方面使得支付网关能够验证持卡人确实对OI和PI进行了签名，但只能看到PI，而不知道OI的具体内容。事实上双数字签名只是对签名的内容和数据的封装做了改动。双数字签名的实现过程如图5-34所示。具体过程如下：

（1）持卡人分别计算OI和PI的消息摘要OI Digest和PI Digest。

（2）计算OI Digest | PI Digest的消息摘要Digest，表示比特串的连接。

（3）持卡人用自己的签名私钥对Digest签名。

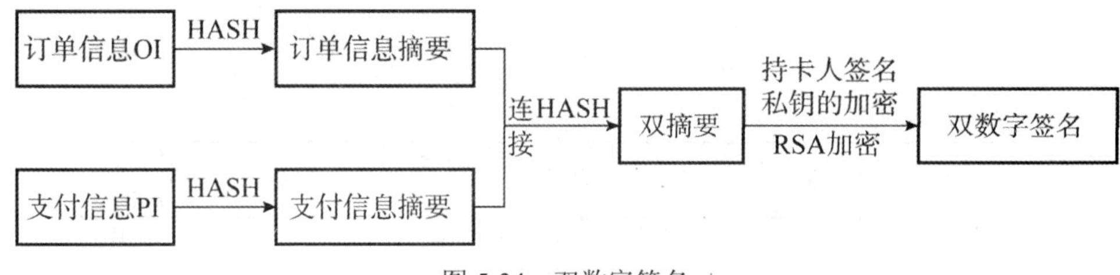

图5-34 双数字签名

持卡人将PI Digest、OI和双数字签名经数字信封加密后发送给商家，将OI Digest、PI和双数字签名经数字信封加密后经由商家转发给支付网关。商家解开信封，生成订单的摘要后和账号的摘要连接起来，用持卡人证书的签名公钥即可验证签名。

5. SET协议的交易流程

SET 安全电子交易的整个过程大体可分为以下几个阶段：持卡人（C）注册、商家（M）注册、购买请求、付款授权和付款结算。

1）持卡人注册（Cardholder Registration）

持卡人C在实施电子交易之前必须先向其金融机构（发卡行）注册登记，以便得到一个签名证书。在这个过程中，C为了保证信息的机密性，需要使用CCA的交换密钥的公钥。它是从CCA的交换密钥证书（在初始响应中由CCA发送）中得到的。图5-35描述了持卡人通过SET协议申请证书的信息流程。

注册的具体步骤如下：

（1）C向CCA发送初始请求CardCInitReq。

（2）CCA接到初始请求，生成初始响应CardCInitRes，并对初始响应进行数字签名；CCA把CardCInitRes连同证书一起发给C。

（3）C接到初始响应，并验证CCA的证书；接着验证CCA对响应的数字签名。

（4）C输入账号，生成注册表请求RegFormReq；C随机生成对称密钥K_1，用K_1对注册表请求消息加密，K_1与账号一起用CCA的交换密钥的公钥加密；C发送加密后的RegFormReq给CCA。

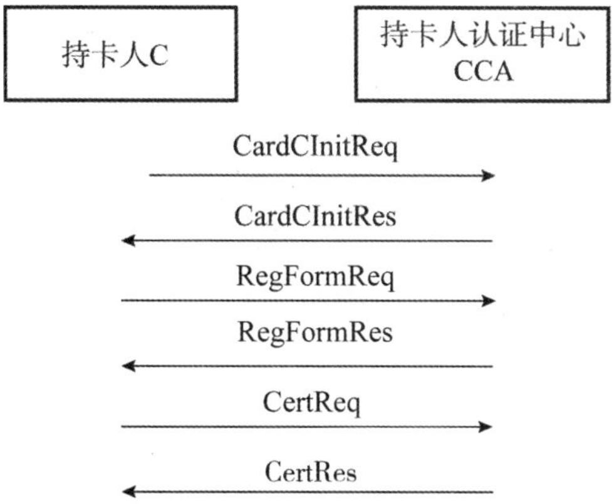

持卡人C

持卡人认证中心 CCA

CardCInitReq →

← CardCInitRes

RegFormReq →

← RegFormRes

CertReq →

← CertRes

图 5-35 持卡人申请证书的流程

（5）CCA 用交换密钥的私钥解密 K_1 和账号，用 K_1 解密加密的 RegFormReq。

（6）CCA 选择合适的注册表，生成注册表响应 RegFormRes，并对其进行数字签名；CCA 发送加密的 RegFormRes 及 CCA 的证书给 C。

（7）C 接收 RegFormRes 并验证 CCA 的证书；接着验证 CCA 对注册表的数字签名；C 产生一对公开/秘密密钥 SignatureKeyPair 和一个秘密的用于注册账号的随机数 R_1；C 填写注册表并生成证书请求 CertReq。

（8）C 生成由 CertReq、C 的公开密钥和新生成的对称密钥 K_2 组成的消息，并签名；C 将此消息用密钥 K_3 加密，K_3、R_1 与账号一起用 CCA 的交换密钥的公钥加密；C 发送这个消息（包括加密的账号和 R_1 等）给 CCA。

（9）CCA 用交换密钥的私钥解密 K_3、随机数 R_1 和账号，用 K_3 解密加密后的证书请求；CCA 验证 C 的数字签名，用账户信息和注册表信息对 C 进行必要的验证（SET 中没有具体规定）；根据验证结果，CCA 生成随机数 R_2，将 R_2、R_1、C 的账号、有效期等信息的散列值包含在证书中，并签名，生成证书。

（10）CCA 生成证书应答 CertRes（包含加密的 R_2）并签名；CCA 将 CertRes 用 K_2 加密后发送给 C。

（11）C 验证 CCA 的证书并用 K_2 解密消息 CertRes；C 验证 CCA 对证书的数字签名后保留证书以及 CCA 产生的秘密随机数 R_2。

在持卡人注册过程中，C 的证书不直接包含 C 的账号，而是包含相关信息的散列值。因此仅有证书提供的信息是不可能推知账号信息的，这样就保护了持卡人的敏感信息；此外，C 没有交换密钥证书，会话密钥总是由 C 产生并通过 CCA 的交换密钥的公钥加密传递。

2）商家注册（Merchant Registration）

商家 M 在进行电子交易之前，必须先向其金融机构（收单行）注册登记，以便得到签名证书和交换密钥证书。而支付网关的证书获取过程同商家的一样。图 5-36 描述了商家（或支付网关）通过 SET 协议申请证书的流程。

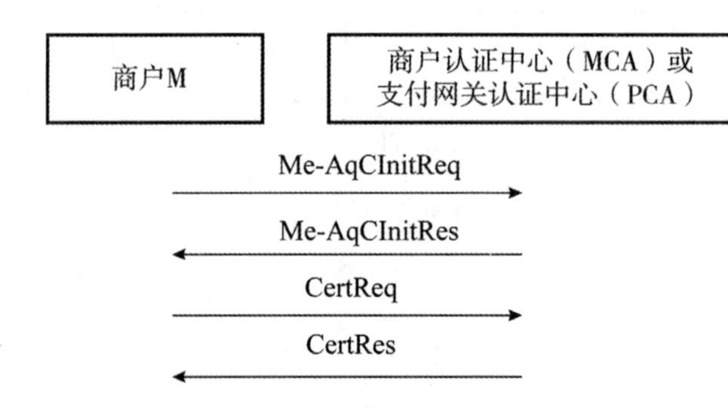

图 5-36 商家（或支付网关）申请证书的流程

注册的具体步骤如下：

（1）M 发送初始请求 Me-AqCInitReq 给 MCA。

（2）MCA 接收到消息 Me-AqCInitReq，选择合适的注册表，生成初始响应 Me-AqCInitRes，并对其进行数字签名；MCA 发送 Me-AqCInitRes 及 MCA 的证书给 M。

（3）M 验证 MCA 对消息的数字签名，并产生两对公开/秘密密钥：Key-ExchangeKeyPair 和 SignatureKeyPair；M 填写注册表并生成证书请求 CertReq；M 生成请求和两个公开密钥构成的消息并签名；M 将消息用随机生成的密钥 K_1 加密，K_1 及 M 的账户信息用 MCA 的交换密钥的公钥加密；M 把消息发送给 MCA。

（4）MCA 收到消息，用交换密钥的私钥解密 K_1 和 M 的账户信息，并用 K_1 解密消息；MCA 验证 M 的数字签名，使用 M 的有关信息证实 CertReq；根据验证，MCA 生成 M 的证书并对其签名；MCA 生成证书响应 CertRes 并签名；MCA 发送证书和 CertRes 给 M。

（5）M 验证 CertRes 的签名，接着验证 MCA 颁发的证书的数字签名，并保留证书。

3）购买请求（Purchase Request）

购买请求的具体步骤如下：

（1）C 通过一定的方式挑选商品。选完后，C 发送初始请求给 M。

（2）M 接收初始请求，并生成初始响应，对其进行数字签名；M 把初始响应、M 和 PG 的证书发送给 C。

（3）C 接收到初始响应，并验证所有的证书；C 验证 M 对初始响应的数字签名；C 生成订单信息 OI 和付款指令信息 PI，并对 OI 和 PI 进行双数字签名；C 用随机生成的对称密钥 K_1 对 PI 加密，K_1 和 C 的账户信息用 PG 的交换密钥的公钥加密；C 发送 OI 及加密的 PI 给 M。

（4）M 验证 C 的证书及 C 的双数字签名；M 处理购买请求，生成购买响应（包括 M 的证书）并对其签名，发送给 C。

（5）若交易已经授权，则 M 履行合同。

（6）C 接收购买响应后，验证 M 的证书，进一步验证 M 对购买响应的数字签名；C 保留购买响应。

在购买请求中，双数字签名的作用是使商家可以验证 OI 和 PI 是由持卡人进行签名的，但商家却不能看到 PI 的具体内容；而对于支付网关而言，它也能够验证 OI 和 PI 是由持卡人进行签名的，但它不能看见 OI 的具体内容。使用双数字签名的好处是不仅能够对消息源、消息完整性进行认证，而且使信息得到了最大程度的保护。

4）付款授权（Payment Authorization）

在购买请求的过程中，M 还要在发送购买响应之前完成付款授权，其具体步骤如下：

（1）M 生成授权请求，并对其进行签名；M 将授权请求用随机生成的对称密钥 K_2 加密，K_2 则用 PG 的交换密钥的公钥加密；M 将加密后的信息和 M 的证书一起发送给 PG。

（2）PG 验证 M 的证书，用自己的交换密钥私钥解密 K_2，用 K_2 解密授权请求；PG 验证 M 对授权请求的签名；接着，验证 C 的证书，用自己的交换密钥私钥解密 K_1，用 K_1 解密付款指令 PI；PG 验证 C 的双数字签名，验证 M 的授权请求与 C 的付款指令的一致性；PG 将授权请求通过金融网络发送给 C 的金融机构。

（3）PG 生成授权响应并对其进行数字签名，用 K_3 对授权响应加密，而 K_3 用 M 的交换密钥公钥加密；PG 生成结算标记并签名，并用 K_4 加密，K_4 及 C 的账户信息用 PG 的交换密钥公钥加密；PG 将加密的响应及自己的证书发送给 M。

（4）M 验证 PG 的证书，用自己的交换密钥私钥解密 K_3，用 K_3 解密响应消息；M 验证 PG 对授权响应的数字签名，M 保留结算标记供以后使用，并完成购买请求。

5）付款结算（Payment Capture）

M 在履行合同之后要求结算付款。在付款授权和付款结算之间经常有较长的时间间隔。具体的付款结算步骤如下：

（1）M 生成结算请求，并把自己的证书加入结算请求中，进行数字签名；M 将结算请求用 K_5 加密，K_5 用 PG 的交换密钥公钥加密，发送加密的结算请求及在授权过程中保留的加密了的结算标记给 PG。

（2）PG 首先验证 M 的证书，用自己的交换密钥私钥解密 K_5，用 K_5 解密结算请求；PG 验证 M 对结算请求的数字签名，用自己的交换密钥私钥解密 K_4，用 K_4 解密结算标记，确认结算请求与结算标记的一致性。

（3）PG 生成结算响应消息（包括 PG 的证书），并签名；PG 将结算响应用 K_6 加密，K_6 用 M 的交换密钥公钥加密，发送给 M。

（4）M 验证 PG 的证书，用自己的交换密钥私钥解密 K_6，用 K_6 解密结算响应；M 验证 PG 对结算响应的签名，保留结算响应以便用来从收单行提款。

5.8.3 HTTPS

1. HTTPS 的概念

HTTPS（Hyper Text Transfer Protocol over Secure Socket Layer），即基于 SSL 协议的 HTTP。HTTPS 是一个安全通信通道，用于在客户计算机和服务器之间交换信息。它使用安全套接字层（SSL）进行信息交换，所有的数据在传输过程中都是加密的。HTTPS 最初的研发由网景公司进行，提供了身份验证与加密通信方法，现在它被广泛用于全球信息网上安全敏感的通信，例如交易支付方面。

严格来说，HTTPS 不是一个单独的协议，而是两个协议的结合，即在加密的安全套接层（SSL）或传输层安全（TLS）上进行普通的 HTTP 交互传输。这种方式提供了一种免于窃听者或中间人攻击的合理保护。

要使一个网络服务器接受 HTTPS 连接，管理员必须为服务器生成一个电子证书。在基于 UNIX 的服务器上，这些证书可以通过一些工具，诸如 OpenSSL 的 ssl-ca 或 SUSE 的 gen ssl cert 来产生。

当使用 SSL/TLS（通常使用 https：// URL）向站点进行 HTTP 请求时，服务器将向客户机发送一个证书。客户机使用已安装的公共证书验证服务器的身份，然后检查 IP 名称（机器名）与客户机连接的机器是否匹配。客户机生成一些可以用来生成对话的私钥（称为会话密钥）的随机信息，然后用服务器的公钥对它加密并将它发送到服务器。服务器用自己的私钥解密消息，然后用该随机信息派生出和客户机一样的私有会话密钥。通常在这个阶段使用 RSA 公钥算法。然后，客户机和服务器使用私有会话密钥和私钥算法（通常是 RC4）进行通信。使用另一个密钥的消息认证码来确保消息的完整性。

在 RFC 2818 中，描述了如何将 TLS 应用于 Internet 上的安全的 HTTP 连接。

要注意的是，HTTPS 不同于 EIT 开发的 SHTTP 协议，SHTTP 协议（Secure Hyper Text Transfer Protocol，安全超文本转换协议）是一个 HTTPS URI Scheme 的可选方案，也是为互联网的 HTTP 加密通信而设计。SHTTP 定义于 RFC 2660。

2. HTTPS 的初始化连接

作为 HTTP 客户的代理同时也作为 TLS 的客户。在 HTTPS 初始化连接时，HTTP 客户代理向服务器的适当端口发起一个连接，然后发送 TLS ClientHello 来开始 TLS 握手。当 TLS 握手完成，客户可以初始化第一个 HTTP 请求。所有的 HTTP 数据必须作为 TLS 的“应用数据”发送。当然，正常的 HTTP 行为，如保持连接等，和 HTTP 是一样的。

3. HTTPS 的关闭连接

TLS 提供了安全关闭连接的机制。当收到一个有效的关闭警告时，这个连接上不再接收任何数据。TLS 的实现在关闭连接之前发起交换关闭请求。TLS 实现可能在发送关闭请求后，不等待对方发送关闭请求即关闭该连接，产生一个“不完全的关闭”。

一个未成熟请求并不质疑数据已被安全地接收，而仅意味着接下来数据可能被截掉。由于 TLS 并不知道 HTTP 的请求/响应边界，为了解数据截断是发生在消息内还是在消息之间，有必要检查 HTTP 数据本身（即 Content-Length 头）。

1）客户行为

由于 HTTP 使用连接关闭表示服务器数据的终止，客户端实现上对任何未成熟的关闭要作为错误对待，对收到的数据认为有可能被截断。在某些情况下 HTTP 协议允许客户知道截断是否发生，这样如果客户收到了完整的应答，则在遵循“严出松入[RFC 1958]”的原则下可容忍这类错误，经常数据截断不体现在 HTTP 协议数据中。有两种情况特别值得注意：

- 一个无 Content-Length 头的 HTTP 响应。在这种情况下数据长度由连接关闭请求通知，我们无法区分由服务器产生的未成熟关闭请求及由网络攻击者伪造的关闭请求。
- 一个带有有效 Content-Length 头的 HTTP 响应在所有数据被读取完之前关闭。由于 TLS 并不提供面向文档的保护，所以无法知道是服务器对 Content-Length 计算错误还是攻击者已截断连接。

以上规则有一个例外。当客户遇到一个未成熟关闭时，客户把所有已接收到的数据同 Content-Length 头指定的一样多的请求视为已完成。

客户检测到一个未完成关闭时应予以有序恢复，它可能恢复一个以这种方式关闭的 TLS 对话。客户在关闭连接前必须发送关闭警告。未准备接收任何数据的客户可能选择不等待服务器的关闭警告而直接关闭连接，这样在服务器端产生一个不完全的关闭。

2）服务器行为

RFC 2616 允许 HTTP 客户在任何时候关闭连接，并要求服务器有序地恢复它。

服务器应准备接收来自客户的不完全关闭，因为客户往往能够判断服务器数据的结束。服务器应乐于恢复以这种方式关闭的 TLS 对话。

在实现上，在不使用永久连接的 HTTP 实现中，服务器一般期望能通过关闭连接通知数据的结束。但是，当 Content-Length 被使用时，客户可能早已发送了关闭警告并断开了连接。

服务器必须在关闭连接前试图发起同客户交换关闭警告。服务器可能在发送关闭警告后关闭连接，从而形成了客户端的不完全关闭。

4. HTTPS 的端口和 URI 格式

HTTPS 是一个 URI Scheme（抽象标识符体系），用于安全的 HTTP 数据传输，句法类同“http：”体系。“https：URL”表明它使用了 HTTP，但 HTTPS 存在不同于 HTTP 的默认端口及一个加密/身份验证层（在 HTTP 与 TCP 之间）。“https：URL”连接可以指定 TCP 端口，否则使用默认的 443 端口（普通 HTTP 连接一般使用 80 端口）。

HTTP 服务器期望最先从客户端收到的数据是 Request-Line production。TLS 服务器期望最先收到的数据是 ClientHello。因此，一般做法是在一个单独的端口上运行 HTTP/TLS，以区分是在使用哪种协议。当在 TCP/IP 连接上运行 HTTP/TLS 时，缺省端口是 443。这并不排除 HTTP/TLS 运行在其他传输上。TLS 只假设有可靠的、面向连接的数据流。

HTTP/TLS 和 HTTP 的 URI 不同，使用协议描述符 https 而不是 http。使用 HTTP/TLS 的一个 URI 例子是：

https：//www.example.com/~smith/home.html

5. 端标识

1）服务器身份

通常，解析一个 URI 产生 HTTP/TLS 请求。结果客户得到服务器的主机名。若主机名可用，为防止有人在中间攻击，客户必须把它同服务器证书信息中的服务器的身份号比较检查。

若客户有相关服务器标志的外部信息，主机名检查可以忽略。（例如，客户可能连接到一个主机名和IP地址都是动态的服务器上，但客户了解服务器的证书信息。）在这种情况下，为防止有人攻击，尽可能缩小可接受证书的范围就很重要。在特殊情况下，客户简单地忽略服务器的身份是可以的，但必须意识到连接对攻击是完全敞开的。

若dNSName类型的subjectAltName扩展存在，则必须被用作身份标识。否则，在证书的Subject字段中必须使用Common Name字段。虽然使用Common Name是通常的做法，但不被推荐，而Certification Authorities被推荐使用dNSName。

使用[RFC 2459]中的匹配规则进行匹配。若在证书中给定类型的身份标识超过一个（也就是，超过一个dNSName和集合中的相匹配），名字可以包括通配符*，表示和单个域名或其中的一段相匹配。例如，*.a.com和foo.a.com匹配但和bar.foo.a.com不匹配；f*.com和foo.com匹配但和bar.com不匹配。

在某些情况下，URI定义的不是主机名而是IP地址。在这种情况下，证书中必须有iPAddress subjectAltName字段且必须精确匹配在URI中的IP地址。

若主机名和证书中的标识不相符，面向用户的客户端必须或者通知用户（客户端可以给用户机会来继续连接）或终止连接并报证书错。自动客户端必须将错误记录在适当的审计日志中（若有的话）并应该终止连接（带一证书错）。自动客户端可以提供选项禁止这种检查，但必须提供选项使能它。

注意，在很多情况下URI本身是从不可信任的源得到的。以上描述的检查并未提供对危害源的攻击的保护。例如，若URI是从一个未采用HTTP/TLS的HTML页面得到的，某个人可能已在中间替换了URI。为防止这种攻击，用户应仔细检查服务器提供的证书是否是期望的。

2）客户标识

典型情况下，服务器并不知道客户的标识是什么，也就无法检查（除非有合适的CA证书）。若服务器知道的话（通常是在HTTP和TLS之外的源得到的），它应该像上面描述的那样检查。

5.9 安全审计

美国国家标准《可信计算机系统评估准则》对于安全审计系统给出如下定义：一个安全的审计系统，是对系统中任何一个或者所有安全相关的事件进行记录、分析和再现的处理系统，通过对一些重要的事件进行的记录，在系统发现错误或者受到攻击时能够定位错误和找到攻击成功的原因，是事故后调查取证的基础。在信息安全的三个基本要素——保护、检测和恢复中，安全属于检测的范围。从广义上来说，安全审计是对网络的脆弱性进行测试评估和分析，最大限度地保障业务的安全正常运行的一切行为和手段。

5.9.1　安全审计的内容

1. 安全审计概述

安全审计包括识别、记录、存储、分析与安全相关行为的信息，审计记录用于检查与安全相关的活动和负责人。

1）安全审计自动响应（AU_APR）

安全审计自动响应定义在被测事件指示出一个潜在的安全攻击时做出的响应，它是管理审计事件的需要，这些需要包括报警或行动，例如包括实时报警的生成、违例进程的终止、中断服务、用户账号的失效等。根据审计事件的不同系统将做出不同的响应。其响应方式包括增加、删除、修改等操作。

2）安全审计数据生成（AU_GEN）

该功能要求记录与安全相关的事件的出现，包括鉴别审计层次、列举可被审计的事件类型以及鉴别由各种审计记录类型提供的相关审计信息的最小集合。系统可定义可审计事件清单，每个可审计事件对应于某个事件级别，如低级、中级、高级。产生的审计数据有以下几方面：

- 对于敏感数据项（例如，口令等）的访问；
- 目标对象的删除；
- 访问权限或能力的授予和废除；
- 改变主体或目标的安全属性；
- 标识定义和用户授权认证功能的使用；
- 审计功能的启动和关闭。

每一条审计记录中至少应含以下信息：事件发生的日期、时间、事件类型、主题标识、执行结果（成功、失败）、引起此事件的用户的标识以及对每一个审计事件及与该事件有关的审计信息。

3）安全审计分析（AU_SAA）

此部分功能定义了分析系统活动和审计数据来寻找可能的或真正的安全违规操作。它可以用于入侵检测或对安全违规的自动响应。当一个审计事件集出现或累计出现一定次数时可以确定一个违规的发生，并执行审计分析。事件的集合能够由经授权的用户进行增加、修改或删除等操作。审计分析分为潜在攻击分析、基于模板的异常检测、简单攻击试探和复杂攻击试探等几种类型。

- 潜在攻击分析。系统能用一系列的规则监控审计事件，并根据规则指示系统的潜在攻击。
- 基于模板的异常检测。检测系统不同等级用户的行动记录，当用户的活动等级超过其限定的登记时，应指示出此为一个潜在的攻击。
- 简单攻击试探。当发现一个系统事件与一个表示对系统潜在攻击的签名事件匹配时，应指示出此为一个潜在的攻击。

- 复杂攻击试探。当发现一个系统事件或事件序列与一个表示对系统潜在攻击的签名事件匹配时，应指示出此为一个潜在的攻击。

4）安全审计浏览（AU_SAR）

该功能要求审计系统能够使授权的用户有效地浏览审计数据，包括审计浏览、有限审计浏览、可选审计浏览。

- 审计浏览。提供从审计记录中读取信息的服务。
- 有限审计浏览。要求除注册用户外，其他用户不能读取信息。
- 可选审计信息。要求审计浏览工具根据相应的判断标准选择需浏览的审计数据。

5）安全审计事件选择（AU_SEL）

系统能够维护、检查或修改审计事件的集合，能够选择对哪些安全属性进行审计，例如与目标标识、用户标识、主体标识、主机标识或事件类型有关的属性。系统管理员将能够有选择地在个人识别的基础上审计任何一个用户或多个用户的动作。

6）安全审计事件存储（AU_STG）

系统将提供控制措施以防止由于资源的不可用丢失审计数据。能够创造、维护、访问它所保护的对象的审计踪迹，并保护其不被修改、非授权访问或破坏。审计数据将受到保护直至授权用户对它进行访问。它可保证某个指定量度的审计记录被维护，并不受以下事件的影响：

- 审计存储用尽；
- 审计存储故障；
- 非法攻击；
- 其他任何非预期事件。

系统能够在审计存储发生故障时采取相应的动作，能够在审计存储即将用尽时采取相应的动作。

信息安全的目标分为系统安全、数据安全和事务安全。根据被审计的对象的不同，安全审计包含以下几种类型：

- 系统的安全审计；
- 数据的安全审计；
- 应用的安全审计。

但是通常的审计系统都含有上述三种审计目的。审计系统必须支持各种操作系统（如UNIX/Linux/Windows）、网络设备（多种网络交换机、路由器）、支持服务和应用系统（如 IIS 服务器、APAEHE 服务器、Web 服务器、E-mail 服务器、FTP 服务器、DNS 服务器等）、支持新设备和系统日志的审计。

2. 安全审计的功能

安全审计系统就是根据一定的安全策略记录和分析历史操作事件及数据，发现能够改进系统运行性能和系统安全的地方。安全审计的作用包括：对潜在的攻击者起到震慑或警告的作用、检测和制止对安全系统的入侵、发现计算机的滥用情况、为系统管理员提供系统运行的日志，从而能发现系统入侵行为和潜在的漏洞，并对已经发生的系统攻击行为提供有效的追纠证据。安全审计系统通常有一个统一的集中管理平台，支持集中管理，并支持对日志代理、安全审计中心、日志、数据库的集中管理，并具有事件响应机制和联动机制。中国信息安全产品测评认证中心基于 CC 标准来制定国家标准，网络安全审计系统所实现的功能主要遵照 CC 标准具体功能如下。

（1）监视网络上的反常行为。此功能对应于 CC 标准的安全审计分析功能和安全审计数据生成功能。基于网络的审计代理以旁路（Bypass）方式连接在被审计的网络上，实时监测网络上的传输内容，根据规则分析，辨别出异常行为，如系统入侵、攻击尝试、内部违规、非法访问等行为。它不但能够检测到外来入侵，也能发现内部人员的违规或误操作。审计系统能够通过分析系统活动和审计数据来确认安全违规操作。当一个审计事件集出现或累计出现一定次数时可以确定一个违规的发生，并对此事件集进行分析。授权的用户能够对事件集合进行增加、修改或删除等操作。

（2）收集操作系统和应用系统内部所产生的审计数据。此功能对应于 CC 标准的安全审计分析功能和安全审计数据生成功能。基于主机的审计代理嵌入在被审计主机系统内部，收集操作系统或应用系统所产生的审计信息，如系统日志、报警消息、操作记录等。该功能主要防止因操作系统或应用系统的日志文件或相关信息被黑客删除或意外丢失而带来的损失，是一种取证功能。

（3）实时报警。此功能对应于 CC 标准的安全审计自动响应功能。当审计系统检测到网络违规行为或异常情况时进行实时报警，以提醒管理人员及时发现问题，并采取有效措施控制事态发展。系统根据不同事件级别产生不同级别的报警，如不同的报警声音或不同的记录形式。

（4）网络控制。此功能对应于 CC 标准的安全审计自动响应功能。当审计系统发现严重的违规现象或网络入侵时，可通过自动或手动的方式中断此网络连接，使入侵不能继续进行，能有效地减少损失，维护网络秩序，保证网络安全。

（5）审计数据维护和查询加密，权限控制。此功能对应于 CC 标准的安全审计数据生成、安全审计浏览和安全审计事件存储功能。所有触发审计系统的事件都在审计系统内按照 CC 标准生成完备的审计数据，并加密存储在审计系统内，同时能够根据存储的记录和操作者的权限进行查询、统计、管理、维护等操作，并且能够在必要时从记录中抽取所需要的资料，例如：

- 一个或多个用户的行动；
- 对一个特定目标或资源采取的行动；
- 审计例外的情况；
- 与特定安全属性有关的行动。

审计系统能够提供控制措施以防止丢失审计数据。能够创造、维护、访问它所保护的对象的审计记录，并保护其不被修改、非授权访问或破坏。

（6）规则制定。此功能对应于 CC 标准的安全审计事件选择功能。系统根据管理员所制定的规则来运作，以适应不同应用的需求，使得审计系统与信息系统更加贴切。在审计系统中能定义可审计的事件清单。

（7）附加功能。除了提供以上符合 CC 标准的功能之外，审计系统还提供审计接口，能够与其他安全产品协同工作，联合防御。

3. 安全审计模型

安全审计模型如图 5-37 所示。在安全审计模型中，当检测出一个事件后，必须做出决定，判断该事件是安全相关事件还是与安全无关的事件，事件鉴别器接收到事件后，确定应该产生安全审计消息，或者产生安全报警消息，或者两者都产生。安全审计消息发送到审计记录器，安全报警消息发送到报警记录器，等待下一步的评估和行动。安全审计消息被格式化，转换成安全审计记录，包括在安全审计跟踪里。部分安全审计跟踪可能存档，安全审计跟踪和安全审计跟踪的存档都用来产生安全审计报告，这些报告的来源是针对特别的标准选择特别的安全审计跟踪记录。总之，安全审计跟踪可能用于分析、安全审计报告或者安全报警的产生。

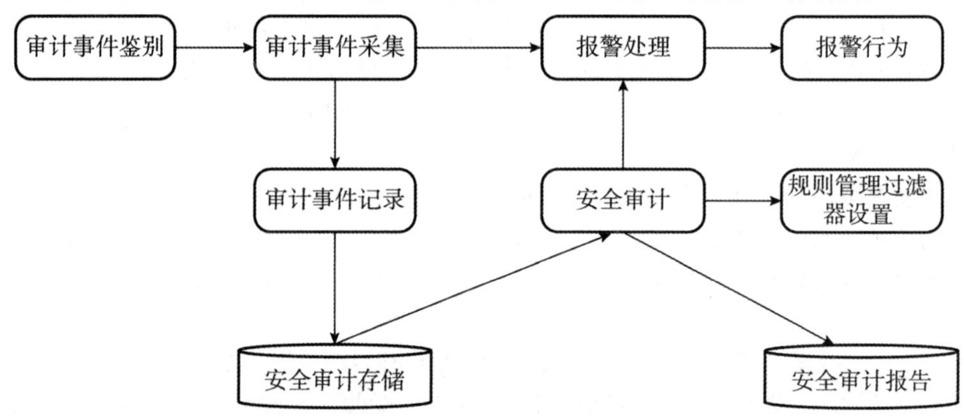

图 5-37 安全审计模型

安全审计规则管理为保证系统在有安全保障的条件下有效运行，为审计管理员提供了详细的规则管理，包括对来访 IP 的过滤，对特定注册用户的过滤，对恶意刷新可自定义设置次数/秒数的屏蔽，以及对数据库审计的各种接口的管理。

安全审计事件鉴别在实施审计过滤体系前对审计事件进行鉴别，以确定哪些事件需要重点审计，据此来配置相应的过滤器链，开发相应的审计事件的记录组件等。

安全审计日志采集完成了安全审计的核心功能，实现了在线日志采集和离线日志采集。在线日志通过访问者的 SessionID 可以得到用户访问的序列，而离线日志则会触发过滤器组件或者数据库层触发器，存储审计日志于数据库中。

安全审计日志采用数据库存储，主要包括用户的访问日志和数据库审计视图。其中，用户的访问日志主要包括会话标识符、用户名、IP 地址、资源等主要信息；数据库审计视图是数据库系统的一个特性，通过具体审计策略的定义，可以得到相关实体操作、权限操作的记录，以供审计使用。

安全审计报告要为管理员提供各种查询统计的接口，以做到有效的追踪，对具体操作的有据可考。具体包括对各类别日志的自定义模糊查询、提取高频率信息流、对大量访问日志的细度分析、对海量日志的转储方案等。

安全审计报警处理及报警行为对于违规访问及恶意刷新进行报警处理，自动提取来访或用户名，将其置入危险库或者拒绝服务用户库，再次的访问将被服务器拒绝。

同时，日志作为安全审计系统得到的核心数据，考虑其安全性也是十分必要的，项目中通过数据库系统设置和文件过滤器的配合，来控制对日志物理文件的访问，以确保日志文件不被非授权访问和篡改。

4. 安全审计的流程

电子数据安全审计工作的流程是：收集来自内核和核外的事件，根据相应的审计条件，判断是否是审计事件。对审计事件的内容按日志的模式记录到审计日志中。当审计事件满足报警阀的报警值时，则向审计人员发送报警信息并记录其内容。当事件在一定时间内连续发生，满足逐出系统阈值，则将引起该事件的用户逐出系统并记录其内容。

安全审计过程如下：

（1）记录和搜集有关的审计信息，产生审计数据记录。

（2）对数据记录进行安全违反分析，以检查安全违反与安全入侵原因。

（3）对其分析产生相应的分析报表。

（4）评估系统安全，并提出改进意见。

上述过程可简化为三个功能模块，如图 5-38 所示。

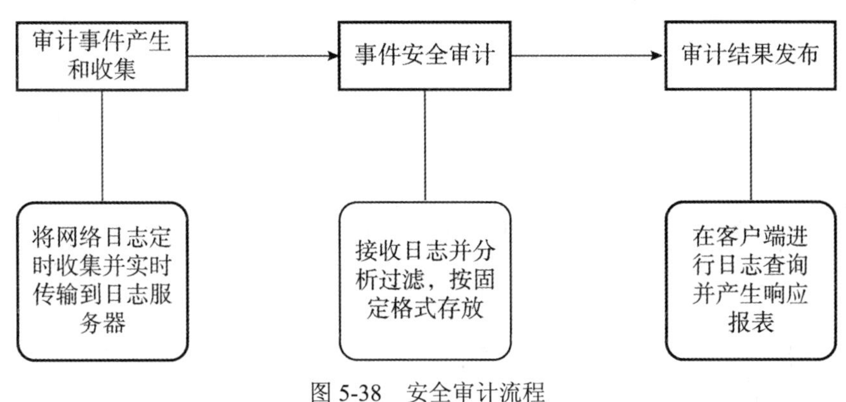

图 5-38　安全审计流程

常用的报警类型有：用于实时报告用户试探进入系统的登录失败报警以及用于实时报告系统中病毒活动情况的病毒报警等。审计人员可以查询、检查审计日志以形成审计报告。检查的内容包括：审计事件类型，事件安全级，引用事件的用户，报警，指定时间内的事件以及恶意用户表等。上述内容可结合使用。

基于主机的安全审计是对每个用户在计算机系统上的操作做一个完整的记录，主要包括系统启动、运行情况，管理员登录、操作情况，系统配置更改（如注册表、配置文件、用户系统等）以及病毒或蠕虫感染，资源消耗情况的审计，硬盘、CPU、内存、网络负载、进程、操作系统安全日志，系统内部事件，对重要文件的访问记录，以便于发现、调查、分析以及事后追查责任。一般来说，安全审计过程的实现分为三步：收集审计事件，产生审计日志记录，根据记录进行安全分析、生成报警信息。审计范围包括操作系统和各应用程序。其中，操作系统的审计主要是检测和判定对系统的渗透，识别误操作、文件操作和操作命令的选择，文件的定义和自动转换，文件系统完整性的定时检测，信息的格式和输出媒体的格式，报警阈值的选择和设置，审计日志记录及其数据的安全保护等。各应用程序的审计主要是以应用程序的某些操作作为审计对象进行监视和实时记录，并且根据记录结果判断此应用程序是否被修改、安全控制和正确运行，判断程序和数据是否完整，依靠使用者的身份、口令验证、终端保护等方法控制应用程序的正确运行。审计包括人工审计，计算机手动分析、处理审计记录并与审计人员最后决策相结合的半自动审计，依靠专家系统做出判断结果的自动化的智能审计等。为了支持审计工作，要求数据库管理系统具有高可靠性和高完整性。数据库管理系统要为审计的需要设置相应的特性。

5. 基于网络的安全审计系统

网络安全审计是一个安全的网络必须支持的功能特性。审计是记录用户使用计算机网络系统进行所有活动的过程，它不仅能够识别谁访问了系统，还能指出系统正被怎样地使用，对于确定是否有网络被攻击的情况以及确定攻击源也很重要。同时，系统事件的记录能够更迅速和系统地识别问题，是网络事故处理的重要依据，能够为网络犯罪行为及泄密行为提供取证基础。另外，通过对安全事件的不断收集、积累并加以分析，可以有选择地对某些主机和用户进行审计跟踪和监控。

从网络管理角度讲，安全审计便是实现内部监督的重要手段。内部网络的管理和安全的程度是互联网成熟的标志。因此，内部的安全监督必不可少，安全审计系统可以有效地实现对内网的安全监督。在我国网络快速发展和应用的过程中，包括政府、学校、企事业单位、军队等在内的办公自动化系统、数字化校园系统、电子商务系统、电子政务、金融网络等系统的规模越来越大，构成系统的网络、计算机系统不同，使用人员的技术水平、安全意识参差不齐，因此确保信息网络安全已经成为必须要考虑的紧迫问题。

当前，网络安全审计系统的发展相对落后，这和用户的需求形成了鲜明对比。网络安全审计系统重点审计网络访问行为及网络报文（Message），就现实情况而言，国内大部分的企业都已经建立起了自己的计算机网络，即企业网（Enterprise Network，通常指 Intranet），但一般都没有建立相应的网络安全审计系统，这一方面是由于缺乏比较好的网络安全审计技术，更重要的一个原因是大家对网络安全审计的认识存在不足，这从我国每年不断发生的网络泄密事件可见一斑。与 Internet 互连的网络安装防火墙、IDS、杀毒软件可在一定程度上解决网络黑客与病毒入侵等问题，但是对于一个单位的网络来说，仅仅有这样的配置是不够的。一个单位的网络常常既要处理来自外部的入侵，也要对内部用户访问外部网络的行为进行监控，只有这样，一个单位内部网络连接到外部网络时，才是比较安全的。显然，研究并建立一套与实际应用需求相适应的网络安全审计系统具有重要的现实意义。

网络安全审计系统在设计上采用了分布式审计和多层次审计相结合的独特方案。网络安全审计系统是对网络系统多个层次上的全面审计。多层次审计是指整个审计系统不仅能对网络数据通信操作进行底层审计（如网络上的各种 Internet 应用），还能对系统和平台（包括操作系统和应用平台）进行中层审计，以及为应用软件服务提供高层审计。这使它区别于传统的审计产品和 IDS 系统。

同时，对于一个地点分散、主机众多、各种联网方式共存的大规模网络，网络安全审计系统应该覆盖整个系统，即网络安全审计系统应对每个子系统都能进行安全审计，这样才能保证整体的安全。因此，网络安全审计系统除了是一个多层次审计系统之外，还是一个分布式的审计系统。网络安全审计系统由各种特定类型的审计代理（Audit Agent）、审计收发器（Audit Transceiver）、审计中心（Audit Center）、审计控制台（Audit Console）四部分组成。审计代理安置在所有被监视的网络节点以及关键的主机节点，进行审计数据的收集、审计数据的分析、审计事件的上报、审计事件的实时反映等工作。审计收发器负责收集该主机上所有审计代理产生的审计事件，将审计事件上报审计中心或将审计事件在整个审计域中相关的审计代理间广播；同时根据审计中心或审计控制台发出的审计指令对该主机上的审计组件进行控制，如更新配置、重启、自检等。审计中心则完成审计事件的分析、统计、存储等。审计控制台提供图形化的用户接口，完成审计事件的实时报警、安全规则的制定、审计组件的控制管理等工作。同时，网络安全审计系统还提供了审计接口。审计接口为其他网络安全设备及各种应用程序提供了进行审计的手段。其他网络安全产品，如防火墙等，可通过审计接口与审计组件进行信息交换，使得审计系统能够和其他安全产品进行联合防御，以提高网络安全程度。同时，用户所开发的应用程序也可以通过审计接口使得应用程序能够被审计系统进行审计，以保护应用程序不受侵害。

各组件的关系描述如下：

（1）网络安全审计系统可以分布在任意多个主机上，每个主机上可以有任意多个审计代理。

（2）在同一主机上的所有审计代理向位于该主机上的审计收发器发送信息。

（3）每台主机只能有一个收发器，负责监督和控制该主机上的所有代理，可以向代理发送控制命令，也可对代理发送来的数据进行数据精简。

（4）审计收发器向审计中心报告审计事件。

（5）审计中心监督和控制所有的审计收发器。

（6）审计控制台负责同用户进行交互，对整个审计系统进行管理，从用户界面获取控制命令，向用户实时报警等。

（7）所有部件都为其他部件及用户提供 API，实现相互之间的调用。

网络安全审计系统的各部分的具体功能如下。

1）审计代理

整个审计体系的基础由分布在审计节点上的审计代理构成。这些审计代理是独立运行的软件或模块，根据不同的需求安装在不同的系统中，完成不同的功能。这些代理通过网络旁路接入和系统嵌入的方式与实际运行的系统连接，采用被动或主动的方式获取信息，根据事先定义好的安全策略进行分析，生成审计事件，上报审计中心，并且在某些情况下还将作用于实际运行系统配合响应机制的完成。其主要功能有：

- 审计数据生成；
- 分析审计数据，生成审计事件；
- 审计事件的记录和跟踪；
- 安全事件的实时报警；
- 及时对网络及设备进行控制，消除安全威胁。

产生审计事件的因素有：

- 身份认证机构不能确认的身份；
- 访问安全等级不相符合的数据；
- 对系统运行产生重要影响的动作；
- 其他与安全相关的动作。

这些审计代理大致分为四类：

- 网络监听式审计代理：安装在专用审计硬件系统上，或者通用 PC Server 的 NT 操作系统上，通过对网络上传输的数据包进行截获和分析的方式运行。如入侵检测审计代理，流量监控审计代理，典型应用审计代理，文件共享审计代理，网管操作审计代理。
- 主机操作系统审计代理：安装在服务器上，嵌入在 UNIX 或者 NT 操作系统中，通过收集操作系统日志和内部安全事件的方式运行。如 NT 操作系统审计代理，Solaris 操作系统审计代理，HP_UX 操作系统审计代理。
- 主动获取式审计代理：通过主动向预定的目标以标准格式发送请求，接收回应，然后判断的方式运行。如网络设备 MIB 采样审计代理，漏洞扫描审计代理。
- 应用型审计代理：本身是一个应用，但能够向审计中心发送审计事件，进行报警或通报日常数据。如文件完整性审计代理等。
- 审计代理同时也具有很强的自治性。其自治性主要体现在它们是独立运行的实体，可以将它们看成一个独立的进程或进程组，它们的执行只与操作系统的调度有关，而与其他进程无关。尽管代理间可能需要进行数据通信，但仍认为它是自治的。自治代理的引入可以改善网络安全审计系统的健壮性和可扩展性。由于代理是相互独立运行的实体，它们的运行和删除不会影响到其他组件的运行，使得整个系统不用重启。可以根据系统的需要，灵活地增加任意多的代理和开发新的针对特定应用的代理，只要它们符合审计系统各组件间的逻辑关系并以同样的审计协议进行数据通信。

2）审计收发器

审计收发器作为该主机上的审计代理与审计域中其他的审计组件进行通信的中介，其主要功能有：

- 收集该主机上所有审计代理产生的审计事件；
- 将审计事件上报审计中心；
- 将审计事件在相关审计代理间广播；
- 对该主机上的审计组件进行控制。

3）审计中心

审计中心收集由审计收发器送来的审计事件，具有分析、统计、存储等功能。具体如下：

- 分析：分析安全审计事件与系统运行状况。
- 统计：根据审计事件进行统计汇总。
- 存储：对审计事件进行分析后存入相应的数据库。

4）审计控制台

审计控制应是审计系统的图形化用户接口。系统管理员通过该接口对整个安全审计系统进行控制管理，通过它能创造、维护、访问审计系统所保护的对象的审计踪迹，对系统进行配置等。具体功能如下：

- 实时报警：安全事件的实时浏览。
- 分级控制：不同级别的用户能对审计系统进行不同程度的控制管理。
- 检索：供系统管理员检索历史的安全事件。
- 审计事件选择：为各个审计代理设置特定的安全策略。
- 审计组件管理：包括组件的配置、存储管理、时钟管理、数据库管理。

5.9.2 审计工具

1. 审计工具分类

审计的内容多种多样，为了不同的目的可以采取不同的方法和工具。审计工具按照不同的目的可以分为以下四种：行为审计、内容审计、主机审计和数据库审计。

2. 审计工具简介

1）LogBase

LogBase 日志管理综合审计系统以保障信息系统的稳定安全为出发点，全面获取和收集各类信息日志，通过实时和事后的审计分析，为用户预防和及时发现整个系统各组成部分（网络、服务器、应用、安全设备、终端）的运行故障、敏感操作和安全事件，独有的日志专用数据库和动态索引机制，可以满足海量日志信息的集中存储和高速检索，为各类异常事件的追查和恢复提供有效依据。该系统能够审计的日志包括各类网络设备（交换机、路由器）的系统日志、各类 UNIX/Linux 操作系统的系统日志及其他审计信息、Windows 平台事件的日志内容及其他审计信息、各类应用服务的系统和访问日志、各类网络安全设备日志等。

2）NetSC

NetSC 日志审计系统由 LogServer、LogViewer 和 LogAuditer 三个部分组成，可以和清华得实所有的自有产品无缝集成，具有操作界面简单、直观易用、稳定性好、易维护及易移植等诸多特性，与清华得实开发的其他产品配合使用，可以为企事业内部局域网和连接 Internet 用户提供一套全面安全的解决方案。该系统能实时地监测网络上和用户系统中发生的与安全相关的事件，并将这些情况真实、详尽而完善地进行记录，在必要时能提供宝贵的数据，并具有防销毁和篡改的功能，同时该系统提供了完善的日志审计功能，可以从不同的角度进行查询和统计，并将结果以不同的方式进行显示。

3）XLog

XLog 网络日志审计系统，可以与路由器、交换机等网络设备共同组网，根据用户要求采集不同类型的网络流量信息，并通过聚合、分析与统计，为网络管理员提供用户行为审计、流量异常监控和网络部署优化的数据基础和决策依据。XLog 支持多种类型网络流量日志的处理，管理员可以依据网络设备的特性、网络拓扑的特点以及日志分析的目标等因素灵活选择日志采集和分析模式，实时记录稍纵即逝的网络流量信息。

基于日志的网络安全审计系统采用了 B/S 结构。HF 防火墙、IDS 入侵监测系统、IPPS 信息保护系统将产生的日志实时地发送给基于日志的网络安全审计系统，用户可以通过安全审计系统的用户控制台审计分析日志。

第6章 标准化和软件知识产权

6.1 标准化基础知识

标准（Standard）是对重复性事物和概念所做的统一规定。规范（Specification）、规程（Code）都是标准的一种形式。标准化（Standardization）是在经济、技术、科学及管理等社会实践中，以改进产品、过程和服务的适用性，防止贸易壁垒，促进技术合作，促进最大社会效益为目的，对重复性事物和概念通过制定、发布和实施标准达到统一，获得最佳秩序和社会效益的过程。

6.1.1 基本概念

标准是标准化活动的产物，其目的和作用都是通过制定和贯彻具体的标准来体现的。标准化不是一个孤立的事物，而是一个活动过程。标准化活动过程一般包括标准产生（调查、研究、形成草案、批准发布）子过程、标准实施（宣传、普及、监督、咨询）子过程和标准更新（复审、废止或修订）子过程等。

1. 标准的分类

可以从不同的角度和属性将标准进行分类。

1）根据适用范围分类

根据标准制定的机构和标准适用的范围，可将其分为国际标准、国家标准、区域标准、行业标准、企业（机构）标准及项目（课题）规范。

（1）国际标准（International Standard）。国际标准是指国际标准化组织（ISO）、国际电工委员会（IEC）所制定的标准，以及ISO出版的《国际标准题内关键词索引（KWIC Index）》中收录的其他国际组织制定的标准。国际标准在世界范围内统一使用，各国可以自愿采用，不强制使用。

（2）国家标准（National Standard）。国家标准是由政府或国家级的机构制定或批准的、适用于全国范围的标准，是一个国家标准体系的主体和基础，国内各级标准必须服从且不得与之相抵触。常见的国家标准如下：

① 中华人民共和国国家标准（GB）。GB是我国最高标准化机构——中华人民共和国国家技术监督局所公布实施的标准，简称为“国标”。

② 美国国家标准（ANSI）。ANSI是美国国家标准协会（American National Standards Institute，ANSI）制定的标准。

③ 英国国家标准（British Standard，BS）。BS是英国标准协会（BSI）制定的标准。

④ 日本工业标准（Japanese Industrial Standard，JIS）。JIS是日本工业标准调查会（JISC）制定的标准。

（3）区域标准（Regional Standard）。区域标准（也称地区标准）泛指世界上按地理、经济或政治划分的某一区域标准化团体所通过的标准。它是为了某一区域的利益建立的标准。通常，地区标准主要是指太平洋地区标准大会（PASC）、欧洲标准化委员会（CEN）、亚洲标准咨询委员会（ASAC）、非洲地区标准化组织（ARSO）等地区组织所制定和使用的标准。

（4）行业标准（Specialized Standard）。行业标准是由行业机构、学术团体或国防机构制定，并适用于某个业务领域的标准。包括以下一些标准：

① 美国电气与电子工程师协会标准（IEEE）。IEEE通过的标准常常要报请ANSI审批，使其具有国家标准的性质。因此，IEEE公布的标准常冠有ANSI字头。例如，ANSI/IEEE Str 828—1983《软件配置管理计划标准》。

② 中华人民共和国国家军用标准（GJB）。GJB是由我国国防科学技术工业委员会批准，适用于国防部门和军队使用的标准。例如，1988年发布实施的GJB 473-88《军用软件开发规范》。我国的行业标准是由我国各主管部、委（局）批准发布，在该部门范围内统一使用的标准。

③ 美国国防部标准（Department Of Defense-Standards，DOD-STD），适用于美国国防部门。美国军用标准MIL-S（Military-Standards）。DOD-STD适用于美军内部。

（5）企业标准（Company Standard）。企业标准是由企业或公司批准、发布的标准，某些产品标准由其上级主管机构批准、发布。例如，美国IBM公司通用产品部（General Products Division）1984年制定的“程序设计开发指南”，仅供该公司内部使用。

（6）项目规范（Project Specification）。由某一科研生产项目组织制定，且为该项任务专用的软件工程规范。例如，计算机集成制造系统（CIMS）的软件工程规范。

根据《中华人民共和国标准化法》的规定，我国标准分为国家标准、行业标准、地方标准和企业标准四类。这四类标准主要是适用的范围不同，不是标准技术水平高低的分级。

（1）国家标准。由国务院标准化行政主管部门制定的需要全国范围内统一的技术要求。

（2）行业标准。没有国家标准而又需在全国某个行业范围内统一的技术标准，由国务院有关行政主管部门制定并报国务院标准化行政主管部门备案的标准。

（3）地方标准。没有国家标准和行业标准而又需在省、自治区、直辖市范围内统一的工业产品的安全、卫生要求，由省、自治区、直辖市标准化行政主管部门制定并报国务院标准化行政主管部门和国务院有关行业行政主管部门备案的标准。

（4）企业标准。企业生产的产品没有国家标准、行业标准和地方标准，由企业自行组织制定、作为组织生产依据的相应标准，或者在企业内制定适用的，比国家标准、行业标准或地方标准更严格的企业（内控）标准，并按省、自治区、直辖市人民政府的规定备案的标准（不含内控标准）。

2）根据标准的性质分类

根据标准的性质可将其分为技术标准、管理标准和工作标准。

（1）技术标准（Technique Standard）。技术标准是针对重复性的技术事项而制定的标准，是从事生产、建设及商品流通时需要共同遵守的一种技术依据。

（2）管理标准（Administrative Standard）。管理标准是管理机构为行使其管理职能而制定的具有特定管理功能的标准，主要用于规定人们在生产活动和社会实践中的组织结构、职责权限、过程方法、程序文件、资源分配以及方针、目标、措施、影响管理的因素等事宜，它是合理组织国民经济、正确处理各种生产关系、正确实现合理分配、提高生产效率和效益的依据。在实际工作中通常按照标准所起的作用不同，将管理标准分为技术管理标准、生产组织标准、经济管理标准、行政管理标准、业务管理标准和工作标准等。

（3）工作标准（Work Standard）。为协调整个工作过程，提高工作质量和效率，针对具体岗位的工作制定的标准，是对工作的内容、方法、程序和质量要求所制定的标准。工作标准的内容包括各岗位的职责和任务，每项任务的数量、质量要求及完成期限，完成各项任务的程序和方法，与相关岗位的协调、信息传递方式，工作人员的考核与奖罚方法等。对生产和业务处理的先后顺序、内容和要达到的要求所作的规定称为工作程序标准。以管理工作为对象所制定的标准称为管理工作标准。管理工作标准的内容主要包括工作范围、内容和要求，与相关工作的关系，工作条件，工作人员的职权与必备条件，工作人员的考核、评价及奖惩办法等。

3）根据标准化的对象和作用分类

根据标准的对象和作用，标准可分为基础标准、产品标准、方法标准、安全标准、卫生标准、环境保护标准和服务标准等。

4）根据法律的约束性分类

根据标准的法律约束性，可将其分为强制性标准和推荐性标准。

（1）强制性标准。根据《中华人民共和国标准化法》的规定，企业和有关部门对涉及其经营、生产、服务、管理有关的强制性标准都必须严格执行，任何单位和个人不得擅自更改或降低标准。对违反强制性标准而造成不良后果以至重大事故者，由法律、行政法规规定的行政主管部门依法根据情节轻重给予行政处罚，直至由司法机关追究刑事责任。

强制性标准是国家技术法规的重要组成，它符合世界贸易组织贸易技术壁垒协定关于“技术法规”的定义，即“强制执行的规定产品特性或相应加工方法的包括可适用的行政管理规定在内的文件。技术法规也可包括或专门规定用于产品、加工或生产方法的术语、符号、包装标志或标签要求”。为使我国强制性标准与 WTO/TBT 规定衔接，其范围限制在国家安全、防止欺诈行为、保护人身健康与安全、保护动物植物的生命和健康以及保护环境等方面。

（2）推荐性标准。在生产、交换、使用等方面，通过经济手段或市场调节而自愿采用的一类标准称为推荐性标准。这类标准不具有强制性，任何单位均有权决定是否采用，违反这类标准，不构成经济或法律方面的责任。应当指出的是，推荐性标准一经接受并采用，或由各方商定后同意纳入经济合同中，就成为各方必须共同遵守的技术依据，具有法律上的约束性。

2. 标准的代号和编号

1）国际标准 ISO 的代号和编号

国际标准 ISO 的代号和编号的格式为 ISO+标准号+[杠+分标准号]+冒号+发布年号（方括

号中的内容可有可无）。例如，ISO 8402：1987 和 ISO 9000-1：1994 是 ISO 标准的代号和编号。

2）国家标准的代号和编号

我国国家标准的代号由大写汉语拼音字母构成，强制性国家标准的代号为 GB，推荐性国家标准的代号为 GB/T。

国家标准的编号由国家标准的代号、标准发布顺序号和标准发布年代号（4 位数）组成，表示方法如下：

（1）强制性国家标准编号：GB ×××××—××××。

（2）推荐性国家标准编号：GB/T ×××××—××××。

3）行业标准的代号和编号

行业标准的代号由汉语拼音大写字母组成，由国务院各有关行政主管部门提出其所管理的行业标准范围的申请报告，国务院标准化行政主管部门审查确定并正式公布该行业标准代号。已正式公布的行业代号有 QJ（航天）、SJ（电子）、JB（机械）和 JR（金融系统）等。

行业标准的编号由行业标准代号、标准发布顺序及标准发布年代号（4 位数）组成，表示方法如下：

- 收强制性行业标准编号：×× ××××—××××。
- 推荐性行业标准编号：××/T ××××—××××。

4）地方标准的代号和编号

地方标准的代号由大写汉语拼音 DB 加上省、自治区、直辖市行政区划代码的前两位数字（如北京市 11、天津市 12、上海市 31 等）组成。后面加上“/T”表示推荐性地方标准，不加表示强制性地方标准，表示方法如下：

- 强制性地方标准代号：DB××。
- 推荐性地方标准代号：DB××/T。

地方标准的编号由地方标准代号、地方标准发布顺序号和标准发布年代号（4 位数）三个部分组成，表示方法如下：

- 强制性地方标准编号：DB×× ×××—××××。
- 推荐性地方标准编号：DB××/T ×××—××××。

5）企业标准的代号和编号

企业标准的代号由汉语拼音大写字母 Q 加斜线再加企业代号组成，企业代号可用汉语拼音大写字母、阿拉伯数字或两者兼用组成。企业代号按中央所属企业和地方企业分别由国务院有关行政主管部门或省、自治区、直辖市标准化行政主管部门会同同级有关行政主管部门加以规定。例如，Q/×××。企业标准一经制定颁布，即对整个企业具有约束性，是企业法规性文件，没有强制性企业标准和推荐性企业标准之分。

企业标准的编号由企业标准代号、标准发布顺序号和标准发布年代号（4 位数）组成，表示方法为 Q/×××××××—××××。

3. 国际标准和国外先进标准

国际标准和国外先进标准集中了一些先进工业国家的技术经验，世界各国都积极采用国际标准或先进的国外标准。

1）国际标准

国际标准是指国际标准化组织、国际电工委员会所制定的标准，以及 ISO 出版的《国际标准题内关键词索引（KWIC Index）》中收录的其他国际组织制定的标准。1983 年 3 月出版的 KWIC 索引（第 1 版）中共收录了 24 个国际组织制定的 7600 个标准，其中 ISO 标准占 68%，IEC 标准占 18.5%，其他 22 个国际组织的标准共 968 个，占 13.5%。1989 年出版的 KWIC 索引（第 2 版）共收录了 ISO 与 IEC 制定的 800 个标准，以及其他 27 个国际组织的 1200 多条标准。ISO 推荐列入 KWIC 索引的有 27 个国际组织，一些未列入 KWIC 索引的国际组织所制定的某些标准也被国际公认。这 27 个国际组织制定的标准化文献主要有国际标准、国际建议、国际公约、国际公约的技术附录和国际代码，也有经各国政府认可的强制性要求。对国际贸易业务服务和信息交流具有重要影响。

2）国外先进标准

国外先进标准是指国际上有权威的区域性标准，世界上经济发达国家的国家标准和通行的团体标准，包括知名企业标准在内的其他国际上公认的先进标准。具体包括以下几种：

（1）国际上有权威的区域性标准。如欧洲标准化委员会（CEN）、欧洲电工标准化委员会（CENELEC）、欧洲广播联盟（EBU）、亚洲大洋洲开放系统互联研究会（AOW）、亚洲电子数据交换理事会（ASEB）等制定的标准。

（2）世界经济技术发达国家的国家标准。如美国国家标准、德国国家标准（DIN）、英国国家标准、日本工业标准、瑞典国家标准（SIS）、法国国家标准（NF）、瑞士标准协会标准（SNV）、意大利国家标准（UNI）和俄罗斯国家标准（TOCTP）等。

（3）国际公认的行业性团体标准。如美国材料与试验协会标准（ASTM）、美国石油学会标准（API）、美国军用标准（MIL）、美国电气制造商协会标准（NEMA）、美国电影电视工程师协会标准（SMPTE）、美国机械工程师协会标准（ASME）和英国石油学会标准（IP）等。

（4）国际公认的先进企业标准。如美国 IBM 公司、美国 HP 公司、芬兰诺基亚公司和瑞士钟表公司等的企业标准。

3）采用国际标准和国外先进标准的原则

在采用国际标准和国外先进标准时，应遵循如下原则：

（1）根据我国国民经济发展的需要，确定一定时期采用国际标准和国外先进标准的方向、任务。当国民经济处于建立社会主义经济体系初期，采用国际标准和国外先进标准就是要从战略上、从国家长远利益上考虑，突出国际标准中的重大基础标准、通用方法标准的采用问题。当国民经济发展到一定阶段，如产品质量要赶超世界先进水平时，对国际标准和国外先进标准中的先进产品标准和质量标准就成为采用的重要对象。

（2）很多国际标准是在国际上取得多年实践经验后被公认的，一般来说不必都去进行实践验证。为加快采用国际标准和国外先进标准的速度，一般都简化制定手续，基本上采取“先拿来用，然后实践验证，再补充修改”的模式。

（3）促进产品质量水平的提高是当前采用国际标准和国外先进标准的一项重要原则。产品质量问题首先有标准问题，只有采用了先进的国际标准或先进的国外标准，才能提高我国的标准水平。只有提高了标准水平，才能有力地促进产品质量的提高。如果要赶超世界先进水平，就要采用国际标准和国外先进标准。

（4）要紧密结合我国实际情况、自然资源和自然条件，需符合国家的有关法令、法规和政策，做到技术先进、经济合理、安全可靠、方便使用、促进生产力发展。

（5）对于国际标准中的基础标准、方法标准、原材料标准和通用零部件标准，需要先行采用。通过的基础标准、方法标准以及有关安全、卫生和环境保护等方面的标准，一般应与国际标准协调一致。

（6）在技术引进和设备进口中采用国际标准，应符合《技术引进和设备进口标准化审查管理办法（试行）》中的规定。例如，原则上不引进和进口英制设备，等等。

（7）当国际标准不能满足要求或尚无国际标准时，应参照上述原则积极采用国外先进标准。

4）采用程度

采用国际标准或国外先进标准的程度，分为等同采用、等效采用和非等效采用。

（1）等同采用，指国家标准等同于国际标准，仅有少量或没有编辑性修改。编辑性修改是指不改变标准技术的内容的修改，如纠正排版或印刷错误，标点符号的改变，增加不改变技术内容的说明、提示等。因此，可以认为等同采用就是指国家标准与国际标准相同，不做或稍做编辑性修改，编写方法完全相对应。

（2）等效采用，指国家标准等效于国际标准，技术内容上只有很小差异。编辑上不完全相同，编写方法不完全相对应。如奥地利标准 ONORMS 5022 内河船舶噪声测量标准中，包括一份试验报告的推荐格式，而相应的国际标准 ISO 2922 中没有此内容。

（3）非等效采用，指国家标准不等效于国际标准，在技术上有重大技术差异。即国家标准中有国际标准不能接受的条款，或者在国际标准中有国家标准不能接受的条款。在技术上有重大差异的情况下，虽然国家标准制定时是以国际标准为基础，并在很大程度上与国际标准相适应，但不能使用“等效”这个术语。通常包括以下三种情况：

① 国家标准包含的内容比国际标准少。国家标准较国际要求低或选国际标准中的部分内容。国家标准与国际标准之间没有互相接受条款的“逆定理”情况。

② 国家标准包含的内容比国际标准多。国家标准增加了内容或类型，且具有较高要求等，也没有“逆定理”情况。

③ 国家标准与国际标准有重叠。部分内容完全相同或技术上相同，但在其他内容上却互不包括对方的内容。

采用国际标准或国外先进标准，按国家标准 GB 161 的规定编写。采用程度符号用缩写字母表示，等同采用用 idt 或 IDT 表示，等效采用用 eqv 或 EQV 表示，非等效采用用 neq 或 NEQ 表示。具体如下：

① 等同采用：GB ××××—××××（idt ISO ××××—××××）。

② 等效采用：GB ××××—××××（eqv ISO ××××—××××）。

③ 非等效采用：GB ××××—××××（neq ISO ××××—××××）。

6.1.2 信息技术标准化

信息技术标准化是围绕信息技术开发、信息产品的研制和信息系统建设、运行与管理而开展的一系列标准化工作。其中主要包括信息技术术语、信息表示、汉字信息处理技术、媒体、软件工程、数据库、网络通信、电子数据交换、电子卡、管理信息系统和计算机辅助技术等方面的标准化。

1. 信息编码标准化

编码是一种信息表现形式和信息交换的技术手段。对信息进行编码实际上是对文字、音频、图形和图像等信息进行处理，使之量化，从而便于利用各种通信设备进行信息传递和利用计算机进行信息处理。作为一种信息交换的技术手段，必须保证信息交换的一致性。为了统一编码系统，人们借助了标准化这个工具，制定了各种标准代码，如国际上比较通用的 ASCII 码（美国信息交换标准代码）。

2. 汉字编码标准化

汉字编码是对每一个汉字按一定的规律用若干个字母、数字、符号表示出来。汉字编码的方法很多，主要有数字编码，如电报码、四角号码；拼音编码，即用汉字的拼音字母对汉字进行编码；字形编码，即用汉字的偏旁部首和笔画结构与各个英文字母相对应，再用英文字母的组合代表相应的汉字。对于每一种汉字编码，计算机内部都有一种相应的二进制内部码，不同的汉字编码在使用上不能替换。

我国在汉字编码标准化方面取得的突出成就是《信息交换用汉字编码字符集》国家标准的制定。该字符集共有 6 集。其中，GB 2312—1980 信息交换用汉字编码字符集是基本集，收入常用基本汉字和字符 7445 个。GB 7589—1987 和 GB 7590—1987 分别是第二辅助集和第四辅助集，各收入现代规范汉字 7426 个。GB/T 12345—1990 是辅助集，它与第三辅助集和第五辅助集分别是与基本集、第二辅助集和第四辅助集相对应的繁体字的汉字字符集。除汉字编码标准化外，汉字信息处理标准化的内容还包括汉字键盘输入的标准化，汉字文字识别输入和语音识别输入的标准化，汉字输出字体和质量的标准化，汉字属性和汉语词语的标准化等。

3. 软件工程标准化

软件工程的目的是改善软件开发的组织，降低开发成本，缩短开发时间，提高工作效率，提高软件质量。它在内容上包括软件开发的软件概念形成、需求分析、计划组织、系统分析与设计、结构程序设计、软件调试、软件测试和验收、安装和检验、软件运行和维护，以及软件运行的终止。同时还有许多技术管理工作，如过程管理、产品管理、资源管理，以及确认与验证工作，如评审与审计、产品分析等。软件工程最显著的特点就是把个别的、自发的、分散的、手工的软件开发变成一种社会化的软件生产方式。软件生产的社会化必然要求软件工程实行标准化。

软件工程标准化的主要内容包括过程标准（如方法、技术和度量等）、产品标准（如需求、设计、部件、描述、计划和报告等）、专业标准（如道德准则、认证等）、记法标准（如术语、表示法和语言等）、开发规范（准则、方法和规程等）、文件规范（文件范围、文件编制、文件内容要求、编写提示）、维护规范（软件维护、组织与实施等）以及质量规范（软件质量保证、软件配置管理、软件测试和软件验收等）等。

我国1983年5月成立"计算机与信息处理标准化技术委员会"，下设13个分技术委员会，其中程序设计语言分技术委员会和软件工程分技术委员会与软件相关。我国推行软件工程标准化工作的总原则是向国际标准靠拢，对于能够在我国适用的标准全部按等同采用的方法，以促进国际交流。现已得到国家批准的软件工程国家标准如下：

（1）基础标准，具体包括：

① 信息处理　程序构造及其表示的约定 GB/T 13502—1992。

② 信息处理系统　计算机系统配置图符号及约定 GB/T 14085—1993。

③ 信息技术　软件工程术语 GB/T 11457—2006。

（2）开发标准，具体包括：

① 信息技术　软件生存周期过程 GB/T GB 8566—2007。

② 计算机软件测试规范 GB/T 15532—2008。

（3）文档标准，具体包括：

① 计算机软件文档编制规范 GB/T 8567—2006。

② 计算机软件需求规格说明规范 GB/T 9385—2008。

③ 计算机软件测试文件编制规范 GB/T 9386—2008。

4）管理标准，具体包括：

① 计算机软件可靠性和可维护性管理 GB/T 14394—2008。

② 系统与软件工程　系统与软件质量要求和评价（SQuaRE）　第10部分：系统与软件质量模型 GB/T 25000.10—2016。

6.1.3 标准化组织

ISO和IEC是世界上两个最大、最具有权威的国际标准化组织。目前，由ISO确认并公布的国际标准化组织还有国际计量局（BIPM）、联合国教科文组织（UNESCO）、世界卫生组织（WHO）、世界知识产权组织（WIPO）、国际信息与文献联合会（FID）、国际法制计量组织（OIML）等27个国际组织。

（1）国际标准化组织（International Organization for Standardization，ISO）。国际标准化组织是世界上最大的非政府性的，由各国标准化团体（ISO成员团体）组成的世界性联合专门机构。它成立于1947年2月，其宗旨是在世界范围内促进标准化工作的发展，以利于国际资源的交流和合理配置，扩大各国在知识、科学、技术和经济领域的合作。其主要活动是制定国际标准，协调世界范围内的标准化工作，组织各成员国和技术委员会进行交流，以及与其他国际性组织进行合作，共同研究有关标准问题，颁布 ISO 国际标准。制定国际标准的工作通常由 ISO 的技术委员会完成，各成员团体若对某技术委员会确立的项目感兴趣，均有权参加该委员会的工作。与 ISO 保持联系的各国际组织（官方的或非官方的）也可参加有关工作。此外，ISO 还负责协调世界范围内的标准化工作，组织各成员国和技术委员会进行情报交流，并和其他国际性组织保持联系和合作，共同研究感兴趣的有关标准化问题。在电工技术标准化方面，ISO 与 IEC 保持密切合作关系。ISO 的工作语言是英文、法文、俄文，会址设在日内瓦。

ISO 的成员团体分正式成员和通信成员。正式成员是指由各国最有代表性的标准化机构代表其国家或地区参加，并且只允许每个国家有一个组织参加。通信成员是尚未建立全国性标准化机构的国家，一般不参与 ISO 的技术工作，但可参与了解工作进展，当条件成熟时，可以通过一定程序成为正式成员。1947 年，ISO 成立时只有 25 个成员团体，但经过多年的发展，现有 165 个成员（包括国家和地区）。

成员全体大会是 ISO 的最高权力机构。理事会是 ISO 常务机构，由正、副主席、司库和 18 个理事国代表组成，每年召开一次会议，理事会成员任期三年，每年改选 1/3 的成员。理事会下设若干专门委员会，其中之一是技术委员会（TC），技术委员会完成 ISO 的技术工作，ISO 按专业性质设立技术委员会，各技术委员会根据工作需要可设立若干分委员会（SC），TC 和 SC 下面可设立若干工作组（WG）。TC 和 SC 的成员分为积极参加成员（P 成员）和观察员（O 成员）两种。P 成员可参与 TC、SC 的技术工作，而 O 成员则只能了解工作进度和得到技术组织的信息资料，不参加技术工作。每个 TC 或 SC 均从 P 成员中任命一个成员主持秘书处并领导该委员会或分委员会。

（2）国际电工委员会（International Electrotechnical Commission，IEC）。国际电工委员会成立于 1906 年，是世界上最早的非政府性国际电工标准化机构，是联合国经社理事会（ECOSOC）的甲级咨询组织。自 1947 年 ISO 成立后，IEC 曾作为一个电工部并入 ISO，但在技术上和财务上仍保持独立。1976 年，双方又达成新协议，IEC 从 ISO 中分离出来，两组织各自独立，自愿合作，互为补充，共同建立国际标准化体系，IEC 负责有关电气工程及电子领域国际标准化工作，其他领域则由 ISO 负责。

IEC 的工作领域包括电工领域各个方面，如电力、电子、电信和原子能方面的电工技术等。理事会是 IEC 的最高权利机构，会址设在日内瓦。IEC 理事会下设执行委员会和合格评定局。执行委员会负责管理技术委员会和技术咨询委员会；合格评定局管理各认证委员会，在组织上自成体系。它是世界范围的自愿认证机构，其宗旨是促进国家或国际间的自由贸易。按照严格的认证程序，以国际标准为依据对电工产品生产厂家的技术力量和管理水平实行全面的审核和评审；对要求认证的元器件，按标准要求进行测试检验。对符合质量要求的产品授以合格证书，以确保产品质量达到和保持标准要求的质量水平。

（3）区域标准化组织。区域是指世界上按地理、经济或民族利益划分的区域。参加组织的机构有的是政府性的，有的是非政府性的，是为发展同一地区或毗邻国家间的经济及贸易，维护该地区国家的利益，协调本地区各国标准和技术规范而建立的标准化机构。其主要职能是制定、发布和协调该地区的标准。主要包括：

① 欧洲标准化委员会（CEN）。CEN 成立于 1961 年，是由欧洲经济共同体（EEC）、欧洲自由联盟（EFTA）所属国家的标准化机构所组成的，主要任务是协调各成员国的标准，制定必要的欧洲标准（EN），实行区域认证制度。

② 欧洲电工标准化委员会（CENELEC）。CENELEC 是 1973 年由欧洲电工标准协调委员会（CENEL）和欧洲电工标准协调委员会共同市场小组（CENEL COM）合并组成的，主要是协调各成员国电器和电子领域的标准，以及电子元器件质量认证，制定部分欧洲标准。

③ 亚洲标准咨询委员会（ASAC）。ASAC 成立于 1967 年，由联合国亚洲及太平洋经社委员会协商建立，主要是在 ISO、IEC 标准的基础上，协调各成员国标准化活动，制定区域性标准。

④ 国际电信联盟（International Telecommunication Union，ITU）。ITU 于 1865 年 5 月在巴黎成立，1947 年成为联合国的专门机构，是世界各国政府的电信主管部门之间协调电信事务的一个国际组织，研究制定有关电信业务的规章制度，通过决议提出推荐标准，收集有关情报。ITU 的目的和任务是维持和发展国际合作，以改进和合理利用电信，促进技术设施的发展及有效应用，以提高电信业务的效率。

（4）行业标准化组织。行业标准化组织是指制定和公布适应于某个业务领域标准的专业标准化团体，以及在其业务领域开展标准化工作的行业机构、学术团体或国防机构。主要包括：

① 美国电气与电子工程师协会（Institute of Electrical and Electronics Engineers，IEEE）。IEEE 是由美国电气工程师协会（AIEE）和美国无线电工程师协会（IRE）于 1963 年合并而成，是美国规模最大的专业协会。IEEE 主要制定的标准内容有电气与电子设备、试验方法、元器件、符号、定义以及测试方法等。近年来，该协会专门成立了软件标准分技术委员会（SESS），积极开展软件标准化活动，取得了显著成果，受到了软件界的关注。IEEE 通过的标准常常要报请 ANSI 审批，使其具有国家标准的性质。因此，IEEE 公布的标准常冠有 ANSI 字头。例如，ANSI/IEEE Str 828—1983《软件配置管理计划标准》。

② 美国国防部批准、颁布，适用于美国国防部门和美军内部使用的标准，代号为 DOD（采用公制计量单位的以 DOD 表示）和 MIL。

③ 我国国防科学技术工业委员会批准、颁布适合于国防部门和军队使用的标准，代号为 GJB。例如，1988 年发布实施的 GJB 473-88《军用软件开发规范》。

（5）国家标准化组织。国家标准化组织是指在国家范围内建立的标准化机构，以及政府确认（或承认）的标准化团体，或者接受政府标准化管理机构指导并具有权威性的民间标准化团体。这些组织主要如下：

① 美国国家标准协会（ANSI）。ANSI 是非营利性质的民间标准化团体，但它实际上已成为美国国家标准化中心，美国各界标准化活动都围绕它开展。通过它使政府有关系统和民间系统相互配合，起到了政府和民间标准化系统之间的桥梁作用。ANSI 协调并指导美国全国的标准化活动，给标准制定、研究和使用单位以帮助，提供国内外标准化情报。ANSI 本身很少

制定标准，主要是将其他专业标准化机构的标准经协商后冠以 ANSI 代号，成为美国国家标准。

② 英国标准协会（BSI）。BSI 是世界上最早的全国性标准化机构，它是政府认可的、独立的、非营利性的民间标准化团体，主要任务是为增产节约而努力协调生产者和用户之间的关系，促进生产，达到标准化；制定和修订英国标准，并促进其贯彻执行；以协会名义，对各种标志进行登记，并颁发许可证；必要时采取各种行动，保护协会利益；对外代表英国参加国际或区域标准化活动。

③ 德国标准化协会（DIN）。DIN 始建于 1917 年，当时称为德国工业标准委员会（NADI），1926 年改为德国标准委员会（DNA），1975 年又改名为联邦德国标准化学会。DIN 是一个经注册的公益性民间标准化团体，前联邦政府承认它为联邦德国和西柏林的标准化机构。

④ 法国标准化协会（AFNOR）。AFNOR 成立于 1926 年，它是一个公益性的民间团体，也是一个被政府承认，为国家服务的组织。1941 年 5 月 24 日颁布的一项法令确认 AFNOR 接受法国政府的标准化管理机构“标准化专署”指导，按政府指导开展工作，并定期向标准化专员汇报工作。AFNOR 负责标准的制订、修订工作，宣传、出版、发行标准，实施产品质量认证。

6.1.4 ISO 9000 标准简介

ISO 9000 标准是一系列标准的统称。ISO 9000 系列标准由 ISO/TC176 制定。TC176 是 ISO 的第 176 个技术委员会（质量管理和质量保证技术委员会），专门负责制定质量管理和质量保证技术的标准。经过 TC176 多年的协调以及有关国家质量管理专家近 10 年的不懈努力，总结了美国、英国和加拿大等工业发达国家的质量保证技术实践的经验，于 1986 年 6 月 15 日正式发布了 ISO 8402《质量——术语》标准，又于 1987 年 3 月正式公布了 ISO 9000～ISO 9004 的 5 项标准，这 5 项标准与 ISO 8402：1986 一起统称为 ISO 9000：1987 系列标准。2000 年 12 月 15 日，ISO 9000：2000 系列标准正式发布实施。

ISO 9000 系列标准的质量管理模式为企业管理注入新的活力和生机，给质量管理体系提供了评价基础，为企业进行世界贸易带来质量可信度。从 ISO 9000 系列标准的演变过程可见，ISO 9001：1987 系列标准从自我保证的角度出发，更多关注的是企业内部的质量管理和质量保证；ISO 9001：1994 系列标准则通过 20 个质量管理体系要素，把用户要求、法规要求及质量保证的要求纳入标准的范围中；ISO 9001：2000 系列标准在标准构思和标准目的等方面体现了具有时代气息的变化，过程方法的概念，顾客需求的考虑，以及将持续改进的思想贯穿于整个标准，把组织的质量管理体系满足顾客要求的能力和程度体现在标准的要求之中。

1. ISO 9000：2000 系列标准文件结构

ISO 9000：2000 系列标准现有 14 项标准，由 4 个核心标准、一个支持标准、6 个技术报告、3 个小册子和一个技术规范构成，如表 6-1 所示。

表 6-1 ISO 9000：2000 系列标准文件结构

核心标准	ISO 9000：2000《质量管理体系 基础和术语》
	ISO 9001：2000《质量管理体系 要求》
	ISO 9004：2000《质量管理体系 业绩改进指南》
	ISO 19011：2000《质量和（或）环境管理体系审核指南》
支持标准	ISO 10012《测量设备的质量保证要求》
技术报告	ISO 10006《项目管理质量指南》
	ISO 10007《技术状态管理指南》
	ISO 10013《质量管理体系 文件管理指南》
	ISO 10014《质量管理 财务与经济效益实现指南》
	ISO 10015《质量管理 培训指南》
	ISO 10017《统计技术在 ISO 9001:2000 国际标准中的应用指南》
小册子	质量管理原理
	选择和使用指南
	小型企业的应用指南

2. ISO 9000：2000 核心标准简介

ISO 9000：2000 包括以下四个核心标准：

（1）ISO 9000：2000《质量管理体系 基础和术语》。该标准描述了质量管理体系的基础，并规定了质量管理体系的术语和基本原理。术语标准是讨论问题的前提，统一术语是为了明确概念，建立共同的语言。

该标准在总结了质量管理经验的基础上，明确了一个组织在实施质量管理中必须遵循的 8 项质量管理原则，也是 ISO 9000：2000 系列标准制定的指导思想和理论基础。该标准提出的 10 个部分，87 个术语，在语言上强调采用非技术性语言，使所有潜在用户易于理解。为便于使用，在标准附录中，推荐了以“概念图”方式来描述相关术语的关系。

（2）ISO 9001：2000《质量管理体系 要求》。该标准提供了质量管理体系的要求，供组织证实其提供满足顾客和适用法规要求产品的能力时使用。组织通过有效地实施体系，包括过程的持续改进和预防不合格，使顾客满意。该标准是用于第三方认证的唯一质量管理体系要求标准，通常用于企业建立质量管理体系以及申请认证。它主要通过对申请认证组织的质量管理体系提出各项要求来规范组织的质量管理体系，主要分为 5 大模块的要求，即质量管理体系、管理职责、资源管理、产品实现、测量分析和改进，构成一种过程方法模式的结构，符合 PDCA 循环规则，且通过持续改进的环节使质量管理体系的水平达到螺旋式上升的效应，其中每个模块中又有许多分条款。

（3）ISO 9004：2000《质量管理体系 业绩改进指南》。该标准给出了改进质量管理体系业绩的指南，描述了质量管理体系应包括持续改进的过程，强调通过改进过程，提高组织的业绩，使组织的顾客和其他相关方满意。

该标准是和 ISO 9001：2000 协调一致并可一起使用的质量管理体系标准，两个标准采用相同的原则，但应注意其适用范围不同，而且 ISO 9004 标准不拟作为 ISO 9001 标准的实施指南。通常情况下，当组织的管理者希望超越 ISO 9001 标准的最低要求，追求增长的业绩改进时，一般以 ISO 9004 标准作为指南。

（4）ISO 19011：2001《质量和（或）环境管理体系审核指南》。该标准提供了质量管理体系和环境管理体系审核的基本原则、审核方案的管理、环境和质量管理体系的实施以及对环境和质量管理体系评审员资格要求提供了指南。

该标准是 ISO/TC 176 与 ISO/TC 207（环境管理技术委员会）联合制定的，按照“不同管理体系，可以共同管理和审核”的原则，在术语和内容方面兼容了质量管理体系和环境管理体系两方面的特点。

3. ISO 9000：2000 系列标准确认的 8 项原则

ISO 9000 系列质量管理体系在 ISO 9000：2000 和 ISO 9004：2000 标准中提及的 8 项质量管理原则是以顾客为中心、领导作用、全员参与、过程方法、管理的系统方法、持续改进、基于事实的决策方法、互利的供方关系。

6.1.5　ISO/IEC 15504 过程评估标准简介

ISO/IEC 15504 由 ISO/IEC JTC1/SC7/WG10 与其项目组软件过程改进和能力评定（Software Process Improvement and Capability Determination，SPICE）和国际项目管理机构共同完成，并收集整理了来自 20 多个国家的工业、政府以及大学专家的意见和建议，同时得到世界各地软件工程师的帮助，包括与美国 SEI、加拿大贝尔合作。

ISO/IEC 15504 提供了一个软件过程评估的框架，它可以被任何软件企业用于软件的设计、管理、监督、控制以及提高获得、供应、开发、操作、升级和支持的能力。ISO/IEC 15504 提供了一种有组织的、结构化的软件过程评估方法，以便实施软件过程的评估。在 ISO/IEC 15504 中定义的过程评估办法旨在为描述工程评估结果的通用方法提供一个基本原则，同时也对建立在不同但兼容的模型和方法上的评估进行比较。

在 ISO/IEC 15504 文件中涉及了过程评估的各个方面，其文档主要包括以下几个部分。

1. 概念和绪论指南

该部分给出了关于软件过程改进和过程评估概念及其在过程能力评定方面的总体信息。它描述了 ISO/IEC 15504 文档的各部分是如何组织在一起的，并为选择和使用各部分提供指南。此外，本部分还解释了 ISO/IEC 15504 中所包含的要求对执行评估的适用性；支持工具的建立与选择以及在附加过程的建立和发展方面所起的作用。

2. 过程和过程能力参考模型

该部分从内容上说是在比较高的层次上详细定义了一个用于过程评估的二维参考模型。此模型中描述了过程和过程能力。通过将过程中的特点与不同的能力等级相比较，可以用此模型中定义的一系列过程和框架对过程能力加以评估。

3. 实施评估

为了确保等级评定的一致性和可重复性（即标准化），ISO/IEC 15504 为软件过程评估提供了一个框架并为进行评审提出了最低要求。这些要求有助于确保评估输出内在的一致性，并为评级和验证与要求的一致性提供了依据。该部分以及与该部分有关的内容详细定义了实施评估时的需要，这样得到的评估结果才有可重复性、可信性以及可持续性。

4. 评估实施指南

通过这部分内容，可以指导使用者如何进行软件过程评估。这个具有普遍意义的指导可适用于所有企业，同时也适用于采用不同的方法、技术以及支持工具的过程评估。它包括如何选择并使用兼容的评估，如何选择用于支持评估的方法，如何选择适合于评估的工具与手段。该部分内容对过程评估做了概述，并且以指南形式对用于评估的兼容模型、文件化的评估过程以及工具的使用和选择等方面的需求做了解释。

5. 评估模型和标志指南

这部分内容为支持过程评估提出了一个评估模型的范例，此评估模型与第二部分所描述的参考模型相兼容，具体表述了任何兼容评估模型都期望具有的核心特征。该指南是以此评估模型中所包含的指示标志的形式给出的，这些指示标志可在过程改进程序中加以使用，还有助于评价和选择评估模型、方法或工具。采用这种方式并结合可靠的方法，有可能对过程能力做出一致的且可重复的评估。

6. 评估师能力指南

这部分提供了关于评估师进行软件过程评估的资格和准备的指南。它详细说明了一些可用于验证评估师胜任能力和相应的教育、培训和经验，还包括可能用于验证胜任能力和证实受教育程度、培训情况和经验的一些机制。

7. 过程改进应用指南

该部分提供了关于使用软件过程评估作为首要方法去理解一个企业软件过程的当前状态，以及使用评估结果去形成并优化改进方案方面的指南。一个企业可以根据它的具体情况和需要从参考模型中选择所有的或一部分软件过程用于评估或改进。

8. 确定供方能力应用指南

该部分内容为过程能力确定目的而进行的过程评审提供应用指南。它讲述了为对过程能力加以判断，应如何定义输入和如何运用评估结果。该部分中关于过程能力的判断方法不仅适合于任何希望确定其自身软件过程的过程能力的企业，也同样适应于对供应商的能力进行判断。

9. 词汇

本部分定义了 ISO/IEC TR 15504 整个技术报告中使用的术语。术语首先按字母顺序排列以便于参考，然后再按逻辑类进行分类以便于理解（将相互相关的术语安排在一类）。

6.2　知识产权基础知识

知识产权（也称为智慧财产权）是现代社会发展中不可缺少的一种法律制度。知识产权是指人们基于自己的智力活动创造的成果和经营管理活动中的经验、知识而依法享有的权利。《中华人民共和国民法典》规定，知识产权是指民事权利主体（公民、法人）基于创造性的智力成果。

6.2.1　基本概念

根据有关国际公约规定（世界知识产权组织公约第二条），知识产权的保护对象包括下列各项有关权利：

（1）文学、艺术和科学作品。

（2）表演艺术家的表演以及唱片和广播节目。

（3）人类一切活动领域的发明。

（4）科学发现。

（5）工业品外观设计。

（6）商标、服务标记以及商业名称和标志。

（7）制止不正当竞争。

（8）在工业、科学、文学艺术领域内由于智力创造活动而产生的一切其他权利。

在世界贸易组织协议的知识产权协议中，第一部分第一条所规定的知识产权范围，还包括“未披露过的信息专有权”，这主要是指工商业经营者所拥有的经营秘密和技术秘密等商业秘密。知识产权保护制度是随着科学技术的进步而不断发展和完善的。随着科学技术的迅速发展，知识产权保护对象的范围不断扩大，不断涌现新型的智力成果，如计算机软件、生物工程技术、遗传基因技术和植物新品种等，这些都是当今世界各国所公认的知识产权的保护对象。知识产权可分为工业产权和著作权两类。

（1）工业产权。根据《保护工业产权巴黎公约》第一条的规定，工业产权包括专利、实用新型、工业品外观设计、商标、服务标记、厂商名称、产地标记或原产地名称、制止不正当竞争等项内容。此外，商业秘密、微生物技术和遗传基因技术等也属于工业产权保护的对象。近年来，在一些国家可以通过申请专利对计算机软件进行专利保护。对于工业产权保护的对象，可以分为“创造性成果权利”和“识别性标记权利”。发明、实用新型和工业品外观设计等属于创造性成果权利，它们都表现出比较明显的智力创造性。其中，发明和实用新型是利用自然规律做出的解决特定问题的新的技术方案，工业品外观设计是确定工业品外表的美学创作，完成人需要付出创造性劳动。商标、服务标记、厂商名称、产地标记或原产地名称以及我国反不正当竞争法第5条中规定的知名商品所特有的名称、包装、装潢等为识别性标记权利。

（2）著作权。著作权（也称为版权）是指作者对其创作的作品享有的人身权和财产权。人身权包括发表权、署名权、修改权和保护作品完整权；财产权包括作品的使用权和获得报酬权，即以复制、表演、播放、展览、发行、摄制电影、电视、录像或者改编、翻译、注释、编辑等方式使用作品的权利，以及许可他人以上述方式使用作品并由此获得报酬的权利。按照《保护文学艺术作品伯尔尼公约》第二条的规定，著作权保护的对象包括文学、科学和艺术领域内的一切作品，不论其表现形式或方式如何，诸如书籍、小册子和其他著作，讲课、演讲和其他同类性质作品，戏剧或音乐作品，舞蹈艺术作品和哑剧作品，配词或未配词的乐曲，电影作品以及与使用电影摄影艺术类似的方法表现的作品，图画、油画、建筑、雕塑、雕刻和版画，摄影作品以及使用与摄影艺术类似的方法表现的作品，与地理、地形建筑或科学技术有关的示意图、地图、设计图、草图和立体作品等。

有些智力成果可以同时成为这两类知识产权保护的客体，例如，计算机软件和实用艺术品受著作权保护的同时，权利人还可以通过申请发明专利和外观设计专利获得专利权，成为工业产权保护的对象。在美国和欧洲的一些国家，如果计算机软件自身包含技术构成，软件又能实现某方面的技术效果，如工业自动化控制等，则不应排除专利保护。按照世界知识产权组织公约，科学发现也被列为知识产权。《中华人民共和国民法典》规定了科学发现权的法律地位，但很难将其归属于工业产权或著作权。可见，新产生的一些知识产权不一定就归为这两个类别。

1. 知识产权的特点

知识产权具有如下特点：

（1）无形性。知识产权是一种无形财产权。知识产权的客体指的是智力创作性成果（也称为知识产品），是一种没有形体的精神财富。它是一种可以脱离其所有者而存在的无形信息，可以同时为多个主体所使用，在一定条件下不会因多个主体的使用而使该项知识财产自身遭受损耗或者灭失。

（2）双重性。某些知识产权具有财产权和人身权双重性。例如著作权，其财产权属性主要体现在所有人享有的独占权以及许可他人使用而获得报酬的权利，所有人可以通过独自实施获得收益，也可以通过有偿许可他人实施获得收益，还可以像有形财产那样进行买卖或抵押；其人身权属性主要是指署名权等。有的知识产权具有单一的属性。例如，发现权只具有名誉权属性，而没有财产权属性；商业秘密只具有财产权属性，而没有人身权属性；专利权、商标权主要体现为财产权。

（3）确认性。无形的智力创作性成果不像有形财产那样直观可见，因此，智力创作性成果的财产权需要依法审查确认，以得到法律保护。例如，我国的发明人所完成的发明，其实用新型或者外观设计，已经具有价值和使用价值，但是，其完成人尚不能自动获得专利权，完成人必须依照专利法的有关规定，向国家专利局提出专利申请，专利局依照法定程序进行审查，申请符合专利法规定条件的，由专利局做出授予专利权的决定，颁发专利证书，只有当专利局发布授权公告后，其完成人才享有该项知识产权。又如，商标权的获得，大多数国家（包括中国）都实行注册制，只有向国家商标局提出注册申请，经审查核准注册后，才能获得商标权。文学艺术作品以及计算机软件的著作权虽然是自作品完成其权利即自动产生，但有些国家也要实行登记或标注版权标记后才能得到保护。

（4）独占性。由于智力成果具有可以同时被多个主体所使用的特点，因此，法律授予知识产权一种专有权，具有独占性。未经权利人许可，任何单位或个人不得使用，否则就构成侵权，应承担相应的法律责任。法律对各种知识产权都规定了一定的限制，但这些限制不影响其独占性特征。少数知识产权不具有独占性特征，例如技术秘密的所有人不能禁止第三人使用其独立开发完成的或者合法取得的相同技术秘密，可以说，商业秘密不具备完全的财产权属性。

（5）地域性。知识产权具有严格的地域性特点，即各国主管机关依照本国法律授予的知识产权，只能在其本国领域内受法律保护，例如中国专利局授予的专利权或中国商标局核准的商标专用权，只能在中国领域内受保护，其他国家则不给予保护，外国人在我国领域外使用中国专利局授权的发明专利，不侵犯我国专利权。所以，我国公民、法人完成的发明创造要想在外国受保护，必须在外国申请专利。著作权虽然自动产生，但它受地域限制，我国法律对外国人的作品并不都给予保护，只保护共同参加国际条约国家的公民作品。同样，公约的其他成员国也按照公约规定，对我国公民和法人的作品给予保护。还有按照两国的双边协定，相互给予对方国民的作品保护。

（6）时间性。知识产权具有法定的保护期限，一旦保护期限届满，权利将自行终止，成为社会公众可以自由使用的知识。至于期限的长短，依各国的法律确定。例如，我国发明专利的保护期为 20 年，实用新型专利权和外观设计专利权的期限为 10 年，均自专利申请日起计算。我国公民的作品发表权的保护期为作者终生及其死亡后 50 年。我国商标权的保护期限自核准注册之日起 10 年内有效，但可以根据其所有人的需要无限地延长权利期限，在期限届满前 6 个月内申请续展注册，每次续展注册的有效期为 10 年，续展注册的次数不限。如果商标权人逾期不办理续展注册，其商标权也将终止。商业秘密受法律保护的期限是不确定的，该秘密一旦被公众所知悉，即成为公众可以自由使用的知识。

2. 中国知识产权法规

目前，我国已形成了比较完备的知识产权保护的法律体系，保护知识产权的法律主要有《中华人民共和国民法典》《中华人民共和国著作权法》《中华人民共和国专利法》《中华人民共和国公司法》《中华人民共和国商标法》《中华人民共和国产品质量法》《中华人民共和国反不正当竞争法》《中华人民共和国刑法》《中华人民共和国计算机信息系统安全保护条例》《计算机软件保护条例》《中华人民共和国著作权法实施条例》等。

6.2.2 计算机软件著作权

1. 计算机软件著作权的主体与客体

1）计算机软件著作权的主体

计算机软件著作权的主体是指享有著作权的人。根据《中华人民共和国著作权法》和《计算机软件保护条例》的规定，计算机软件著作权的主体包括公民、法人和其他组织。《中华人民共和国著作权法》和《计算机软件保护条例》未规定对主体的行为能力限制，同时对外国人、无国籍人的主体资格，奉行“有条件”的国民待遇原则。

（1）公民。公民（即指自然人）通过以下途径取得软件著作权主体资格：

① 公民自行独立开发软件（软件开发者）。

② 订立委托合同，委托他人开发软件，并约定软件著作权归自己享有。

③ 通过转让途径取得软件著作财产权主体资格（软件权利的受让者）。

④ 公民之间或与其他主体之间，对计算机软件进行合作开发而产生的公民群体或者公民与其他主体成为计算机软件作品的著作权人。

⑤ 根据《中华人民共和国民法典》的规定，通过继承取得软件著作财产权主体资格。

（2）法人。法人是具有民事权利能力和民事行为能力，依法独立享有民事权利和承担义务的组织。计算机软件的开发往往需要较大投资和较多的人员，法人则具有资金来源丰富和科技人才众多的优势，因而法人是计算机软件著作权的重要主体。法人取得计算机软件著作权主体资格一般通过以下途径：

① 由法人组织并提供创作物质条件所实施的开发，并由法人承担社会责任。

② 通过接受委托、转让等各种有效合同关系而取得著作权主体资格。

③ 因计算机软件著作权主体（法人）发生变更而依法成为著作权主体。

（3）其他组织。其他组织是指除去法人以外的能够取得计算机软件著作权的其他民事主体，包括非法人单位、合作伙伴等。

2）计算机软件著作权的客体

计算机软件著作权的客体是指著作权法保护的计算机软件著作权的范围（受保护的对象）。根据《中华人民共和国著作权法》第三条和《计算机软件保护条例》第二条的规定，著作权法保护的计算机软件是指计算机程序及其有关文档。著作权法对计算机软件的保护是指计算机软件的著作权人或者其受让者依法享有著作权的各项权利。

（1）计算机程序。根据《计算机软件保护条例》第三条第一款的规定，计算机程序是指为了得到某种结果而可以由计算机等具有信息处理能力的装置执行的代码化指令序列，或者可被自动转换成代码化指令序列的符号化语句序列。计算机程序包括源程序和目标程序，同一程序的源程序文本和目标程序文本视为同一软件作品。

（2）计算机软件的文档。根据《计算机软件保护条例》第三条第二款的规定，计算机程序的文档是指用自然语言或者形式化语言所编写的文字资料和图表，用来描述程序的内容、组成、设计、功能规格、开发情况、测试结果及使用方法等。文档一般以程序设计说明书、流程图和用户手册等表现。

2. 计算机软件受著作权法保护的条件

《计算机软件保护条例》规定，依法受到保护的计算机软件作品必须符合下列条件：

（1）独立创作。受保护的软件必须由开发者独立开发创作，任何复制或抄袭他人开发的软件不能获得著作权。当然，软件的独创性不同于专利的创造性。程序的功能设计往往被认为是程序的思想概念，根据著作权法不保护思想概念的原则，任何人都可以设计具有类似功能的另一件软件作品。但是，如果用了他人软件作品的逻辑步骤的组合方式，则对他人软件构成侵权。

（2）可被感知。受著作权法保护的作品应当是作者创作思想在固定载体上的一种实际表达。如果作者的创作思想未表达出来不可以被感知，就不能得到著作权法的保护。因此，《计算机软件保护条例》规定，受保护的软件必须固定在某种有形物体上，例如固定在存储器、磁盘和磁带等设备上，也可以是其他的有形物，如纸张等。

（3）逻辑合理。逻辑判断功能是计算机系统的基本功能。因此，受著作权法保护的计算机软件作品必须具备合理的逻辑思想，并以正确的逻辑步骤表现出来，才能达到软件的设计功能。

根据《计算机软件保护条例》第六条的规定，除计算机软件的程序和文档外，著作权法不保护计算机软件开发所用的思想、概念、发现、原理、算法、处理过程和运算方法。也就是说，利用已有的上述内容开发软件，并不构成侵权。因为开发软件时所采用的思想、概念等均属计算机软件基本理论的范围，是设计开发软件不可或缺的理论依据，属于社会公有领域，不能被个人专有。

3. 计算机软件著作权的权利

《中华人民共和国著作权法》规定，软件作品享有两类权利：一类是软件著作权的人身权（精神权利）；另一类是软件著作权的财产权（经济权利）。

1）计算机软件的著作人身权

《计算机软件保护条例》规定，软件著作权人享有发表权和开发者身份权，这两项权利与软件著作权人的人身权是不可分离的。

（1）发表权。发表权是指决定软件作品是否公之于众的权利，即指软件作品完成后，以复制、展示、发行或者翻译等方式使软件作品在一定数量不特定人的范围内公开。发表权具体内容包括软件作品发表的时间、发表的形式以及发表的地点等。

（2）开发者身份权（也称为署名权）。开发者身份权是指作者为表明身份在软件作品中署自己名字的权利。署名可有多种形式，既可以署作者的姓名，也可以署作者的笔名，或者作者自愿不署名。对于一部作品来说，通过署名即可对作者的身份给予确认。《中华人民共和国著作权法》规定，如无相反证明，在作品上署名的公民、法人或非法人单位为作者。因此，作品的署名对确认著作权的主体具有重要意义。开发者的身份权不随软件开发者的消亡而丧失，且无时间限制。

2）计算机软件的著作财产权

著作权中的财产权是指能够给著作权人带来经济利益的权利。财产权通常是指由软件著作权人控制和支配，并能够为权利人带来一定经济效益的权利。《计算机软件保护条例》规定，软件著作权人享有下述软件财产权：

（1）使用权。使用权即在不损害社会公共利益的前提下，以复制、展示、修改、发行、翻译和注释等方式使用其软件的权利。

（2）复制权。复制即将软件作品制作一份或多份的行为。复制权就是版权所有人决定实施或不实施上述复制行为或者禁止他人复制其受保护作品的权利。

（3）修改权。修改即对软件进行增补、删节，或者改变指令、语句顺序等以提高、完善原软件作品的做法。修改权即指作者享有的修改或者授权他人修改软件作品的权利。

（4）发行权。发行是指为满足公众的合理需求，通过出售、出租等方式向公众提供一定数量的作品复制件。发行权即以出售或赠与方式向公众提供软件的原件或者复制件的权利。

（5）翻译权。翻译是指以不同于原软件作品的一种程序语言转换该作品原使用的程序语言，而重现软件作品内容的创作。简单地说，翻译权也就是指将原软件从一种程序语言转换成另一种程序语言的权利。

（6）注释权。软件作品的注释是指对软件作品中的程序语句进行解释，以便更好地理解软件作品。注释权是指著作权人对自己的作品享有进行注释的权利。

（7）信息网络传播权。信息网络传播权是指以有线或者无线信息网络方式向公众提供软件作品，使公众可在其个人选定的时间和地点获得软件作品的权利。

（8）出租权。出租权即有偿许可他人临时使用计算机软件的复制件的权利，但是软件不是出租的主要标的的除外。

（9）使用许可权和获得报酬权。使用许可权和获得报酬权即许可他人以上述方式使用软件作品的权利（许可他人行使软件著作权中的财产权）和依照约定或者有关法律规定获得报酬的权利。

（10）转让权。转让权即向他人转让软件的使用权和使用许可权的权利。软件著作权人可以全部或者部分转让软件著作权中的财产权。

3）软件合法持有人的权利

根据《计算机软件保护条例》的规定，软件的合法复制品所有人享有下述权利：

（1）根据使用的需要把软件装入计算机等能存储信息的装置内。

（2）根据需要进行必要的复制。

（3）为了防止复制品损坏而制作备份复制品。这些复制品不得通过任何方式提供给他人使用，并在所有人丧失该合法复制品所有权时，负责将备份复制品销毁。

（4）为了把该软件用于实际的计算机应用环境或者改进其功能性能而进行必要的修改。但是，除合同约定外，未经该软件著作权人许可，不得向任何第三方提供修改后的软件。

4. 计算机软件著作权的行使

计算机软件著作权的行使分为许可使用和转让使用。

1）软件经济权利的许可使用

软件经济权利的许可使用是指软件著作权人或权利合法受让者，通过合同方式许可他人使用其软件，并获得报酬的一种软件贸易形式。许可使用的方式可分为以下几种：

（1）独占许可使用。权利人通过书面合同授权，被授权方可以根据合同规定的方式、条件和时间确定独占性，权利人不得将软件使用权授予第三方，权利人自己不能使用该软件。

（2）独家许可使用。权利人通过书面合同授权，被授权方可以根据合同规定的方式、条件和时间确定独占性，权利人不得将软件使用权授予第三方，权利人自己可以使用该软件。

（3）普通许可使用。权利人通过书面合同授权，被授权方可以根据合同规定的方式、条件和时间确定独占性，权利人可以将软件使用权授予第三方，权利人自己可以使用该软件。

（4）法定许可使用和强制许可使用。在法律特定的条款下，不经软件著作权人许可，使用其软件。

2）软件经济权利的转让使用

软件经济权利的转让使用是指软件著作权人将其享有的软件著作权中的经济权利全部转移给他人。软件经济权利的转让将改变软件权利的归属，原始著作权人的主体地位随着转让活动的发生而丧失，软件著作权受让者成为新的著作权主体。《计算机软件保护条例》规定，软件著作权转让必须签订书面合同。同时，软件转让活动不能改变软件的保护期。转让方式包括出买、赠与、抵押和赔偿等，可以定期转让或者永久转让。

5. 计算机软件著作权的保护期

根据《中华人民共和国著作权法》和《计算机软件保护条例》的规定，计算机软件著作权的权利自软件开发完成之日起产生，保护期为 50 年。保护期满，除开发者身份权以外，其他权利终止。一旦计算机软件著作权超出保护期，软件就进入公有领域。计算机软件著作权人的单位终止和计算机软件著作权人的公民死亡均无合法继承人时，除开发者身份权以外，该软件的其他权利进入公有领域。软件进入公有领域后成为社会公共财富，公众可无偿使用。

6. 计算机软件著作权的归属

《中华人民共和国著作权法》对著作权的归属采取了“创作主义”原则，明确规定著作权属于作者，除非另有规定。《计算机软件保护条例》第九条规定：“软件著作权属于软件开发者，本条例另有规定的情况除外。”这是我国计算机软件著作权归属的基本原则。

计算机软件开发者是计算机软件著作权的原始主体，也是享有权利最完整的主体。软件作品是开发者从事智力创作活动所取得的智力成果，是脑力劳动的结晶。其开发创作行为使开发者直接取得该计算机软件的著作权。因此，《计算机软件保护条例》第九条明确规定“软件著作权属于软件开发者”，即以软件开发的事实来确定著作权的归属，谁完成了计算机软件的开发工作，软件的著作权就归谁享有。

但在实际执行时会有一些特殊情况，下面分别介绍。

1）职务开发软件著作权的归属

职务软件作品是指公民在单位任职期间为执行本单位工作任务所开发的计算机软件作品。《计算机软件保护条例》第十三条对此做出了明确的规定，即公民在单位任职期间所开发的软件，如果是执行本职工作的结果，即针对本职工作中明确指定的开发目标所开发的，或者是从事本职工作活动所预见的结果或自然的结果，则该软件的著作权属于该单位。根据《计算机软件保护条例》规定，可以得出这样的结论：当公民作为某单位的雇员时，如其开发的软件属于执行本职工作的结果，该软件著作权应当归单位享有。若开发的软件不是执行本职工作的结果，其著作权就不属单位享有。如果该雇员主要使用了单位的设备，按照《计算机软件保护条例》第十三条第三款的规定，不能属于该雇员个人享有。

对于公民在非职务期间创作的计算机程序，其著作权属于某项软件作品的开发单位，还是从事直接创作开发软件作品的个人，可按照《计算机软件保护条例》第十三条规定的三条标准确定。具体如下：

（1）所开发的软件作品不是执行其本职工作的结果。任何受雇于一个单位的人员，都会被安排在一定的工作岗位和分派相应的工作任务，完成分派的工作任务就是他的本职工作。本职工作的直接成果也就是其工作任务的不断完成。当然，具体工作成果又会产生许多效益、产生范围更广的结果。但是，该条标准指的是雇员本职工作最直接的成果。若雇员开发创作的软件不是执行本职工作的结果，则构成非职务计算机软件著作权的条件之一。

（2）开发的软件作品与开发者在单位中从事的工作内容无直接联系。如果该雇员在单位担任软件开发工作，引起争议的软件作品不能与其本职工作中明确指定的开发目标有关，软件作品的内容也不能与其本职工作所开发的软件的功能、逻辑思维和重要数据有关。雇员所开发的软件作品与其本职工作没有直接的关系，则构成非职务计算机软件著作权的第二个条件。

（3）开发的软件作品未使用单位的物质技术条件。开发创作软件作品所使用的物质技术条件，即开发软件作品所必须的设备、数据、资金和其他软件开发环境，不属于雇员所在的单位所有。没有使用受雇单位的任何物质技术条件构成非职务软件著作权的第三个条件。

雇员进行本职工作以外的软件开发创作，必须同时符合上述三个条件，才能算是非职务软件作品，雇员个人才享有软件著作权。常有软件开发符合前两个条件，但使用了单位的技术情报资料、计算机设备等物质技术条件的情况。处理此种情况较好的方法是对该软件著作权的归属应当由单位和雇员双方协商确定，如对于公民在非职务期间利用单位物质条件创作的与单位业务范围无关的计算机程序，其著作权属于创作程序的作者，但作者许可第三人使用软件时，应当支付单位合理的物质条件使用费，如计算机机时费等。若通过协商不能解决，按上述三条标准做出界定。

2）合作开发软件著作权的归属

合作开发软件是指两个或两个以上公民、法人或其他组织订立协议，共同参加某项计算机软件的开发并分享软件著作权的形式。《计算机软件保护条例》第十条规定：“由两个以上的自然人、法人或者其他组织合作开发的软件，其著作权的归属由合作开发者签订书面合同约定。无书面合同或者合同未作明确约定，合作开发的软件可以分割使用的，开发者对各自开发的部分可以单独享有著作权；但是，行使著作权时，不得扩展到合作开发的软件整体的著作权。合作开发的软件不能分割使用的，其著作权由合作开发者共同享有，通过协商一致行使；如不能协商一致，又无正当理由，任何一方不得阻止他方行使除转让权以外的其他权利，但是所得收益应合理分配给所有合作开发者。”根据此规定，对合作开发软件著作权的归属应掌握以下四点：

（1）由两个或两个以上的单位、公民共同开发完成的软件属于合作开发的软件。对于合作开发的软件，其著作权的归属一般是由各合作开发者共同享有；但如果有软件著作权的协议，则按照协议确定软件著作权的归属。

（2）由于合作开发软件著作权是由两个及以上单位或者个人共同享有，因而为了避免在软件著作权的行使中产生纠纷，规定“合作开发的软件，其著作权的归属由合作开发者签订书面合同约定”。

（3）对于合作开发的软件著作权按以下规定执行：“无书面合同或者合同未作明确约定，合作开发的软件可以分割使用的，开发者对各自开发的部分可以单独享有著作权；但是，行使著作权时，不得扩展到合作开发的软件整体的著作权。合作开发的软件不能分割使用的，其著作权由合作开发者共同享有，通过协商一致行使；如不能协商一致，又无正当理由，任何一方不得阻止他方行使除转让权以外的其他权利，但是所得收益应合理分配给所有合作开发者。”

（4）合作开发者对于软件著作权中的转让权不得单独行使。因为转让权的行使将涉及软件著作权权利主体的改变，所以软件的合作开发者在行使转让权时，必须与各合作开发者协商，在征得同意的情况下方能行使该项专有权利。

3）委托开发的软件著作权归属

委托开发的软件作品属于著作权法规定的委托软件作品。委托开发软件作品著作权关系的建立，一般由委托方与受委托方订立合同而成立。委托开发软件作品关系中，委托方的责任主要是提供资金、设备等物质条件，并不直接参与开发软件作品的创作开发活动。受托方的主要责任是根据委托合同规定的目标开发出符合条件的软件。关于委托开发软件著作权的归属，《计算机软件保护条例》第十一条规定：“接受他人委托开发的软件，其著作权的归属由委托者与受委托者签订书面合同约定；无书面合同或者合同未作明确约定的，其著作权由受托人享有。”根据该条的规定，委托开发的软件著作权的归属按以下标准确定：

（1）委托开发软件作品是根据委托方的要求，由委托方与受托方以合同确定的权利和义务的关系而进行开发的软件。因此，软件作品著作权归属应当作为合同的重要条款予以明确约定。对于当事人已经在合同中约定软件著作权归属关系的，如事后发生纠纷，软件著作权的归属仍应当根据委托开发软件的合同来确定。

（2）若在委托开发软件活动中，委托者与受委托者没有签订书面协议，或者在协议中未对软件著作权归属作出明确的约定，则软件著作权属于受委托者，即属于实际完成软件的开发者。

4）接受任务开发的软件著作权归属

根据社会经济发展的需要，对于一些涉及国家基础项目或者重点设施的计算机软件，往往采取由政府有关部门或上级单位下达任务的方式，完成软件的开发工作。《计算机软件保护条例》第十二条对此作出了明确的规定：“由国家机关下达任务开发的软件，著作权的归属与行使由项目任务书或者合同规定；项目任务书或者合同中未作明确规定的，软件著作权由接受任务的法人或者其他组织享有。”

5）计算机软件著作权主体变更后软件著作权的归属

计算机软件著作权的主体，可能因一定的法律事实而发生变更，如作为软件著作权人的公民的死亡，单位的变更，软件著作权的转让以及人民法院对软件著作权的归属作出裁判等。软件著作权主体的变更必然引起软件著作权归属的变化。对此，《计算机软件保护条例》也作了一些规定。因计算机软件主体变更引起的权属变化有以下几种：

（1）公民继承的软件权利归属。《计算机软件保护条例》第十五条规定：“在软件著作权的保护期内，软件著作权的继承者可根据《中华人民共和国民法典》的有关规定，继承本条例第八条项规定的除署名权以外的其他权利。”按照该条的规定，软件著作权的合法继承人依法享有继承被继承人享有的软件著作权的使用权、使用许可权和获得报酬权等权利。继承权的取得、继承顺序等均按照《中华人民共和国民法典》的规定进行。

（2）单位变更后软件权利归属。《计算机软件保护条例》第十五条规定：“软件著作权属于法人或其他组织的，法人或其他组织变更、终止后，其著作权在本条例规定的保护期内由承受其权利义务的法人或其他组织享有。”按照该条的规定，作为软件著作权人的单位发生变更（如单位的合并、破产等），而其享有的软件著作权仍处在法定的保护期限内，可以由合法的权利承受单位享有原始著作权人所享有的各项权利。依法承受软件著作权的单位，成为该软件的后续著作权人，可在法定的条件下行使所承受的各项专有权利。一般认为，“各项权利”包括署名权等著作人身权在内的全部权利。

（3）权利转让后软件著作权归属。《计算机软件保护条例》第二十条规定：“转让软件著作权的，当事人应当订立书面合同。”计算机软件著作财产权按照该条的规定发生转让后，必然引起著作权主体的变化，产生新的软件著作权归属关系。软件权利的转让应当根据我国有关法规以签订、执行书面合同的方式进行。软件权利的受让者可依法行使其享有的权利。

（4）司法判决、裁定引起的软件著作权归属问题。计算机软件著作权是公民、法人和其他组织享有的一项重要的民事权利。因而在民事权利行使、流转的过程中，难免发生涉及计算机软件著作权作为标的物的民事、经济关系，也难免发生争议和纠纷。争议和纠纷发生后由人民法院的民事判决、裁定而产生软件著作权主体的变更，引起软件著作权归属问题。因司法裁判引起的软件著作权的归属问题主要有四类：第一类是由人民法院对著作权归属纠纷中权利的最终归属作出司法裁判，从而变更了计算机软件著作权原有归属；第二类是计算机软件的著作权人为民事法律关系中的债务人（债务形成的原因可能多种多样，如合同关系或者损害赔偿关系等），人民法院将其软件著作财产权判归债权人享有抵债；第三类是人民法院作出民事判决判令软件著作权人履行民事给付义务，在判决生效后的执行程序中，其无其他财产可供执行，将软件著作财产权执行给对方折抵债务；第四类是根据《中华人民共和国企业破产法》的规定，软件著作权人被破产还债，软件著作财产权作为法律规定的破产财产构成的“其他财产权利”，作为破产财产由人民法院判决分配。

（5）保护期限届满权利丧失。软件著作权的法定保护期限可以确定计算机软件的主体能否依法变更。如果软件著作权已过保护期，该软件进入公有领域，便丧失了专有权，也就没有必要改变权利主体了。根据《计算机软件保护条例》的规定，计算机软件著作权主体变更必须在该软件著作权的保护期限内进行，转让活动的发生不改变该软件著作权的保护期。也就是说，转让活动也不能延长该软件著作权的保护期限。

7. 计算机软件著作权侵权的鉴别

侵犯计算机软件著作权的违法行为的鉴别，主要依靠保护知识产权的相关法律来判断。违反《中华人民共和国著作权法》《计算机软件保护条例》等法律禁止的行为，便是侵犯计算机著作权的违法行为，这是鉴别违法行为的本质原则。对于法律规定不禁止，也不违反相关法律基本原则的行为，不认为是违法行为。在法律无明文具体条款规定的情况下，违背《中华人民共和国著作权法》和《计算机软件保护条例》等法律的基本原则，以及社会主义公共生活准则和社会善良风俗的行为，也应该视为违法行为。在一般情况下，损害他人著作财产权或人身权的行为，总是违法行为。

1）计算机软件著作权侵权行为

根据《计算机软件保护条例》第二十三条的规定，凡是行为人主观上具有故意或者过失对《中华人民共和国著作权法》和《计算机软件保护条例》保护的计算机软件人身权和财产权实施侵害行为的，都构成计算机软件的侵权行为。该条规定的侵犯计算机软件著作权的情况，是认定软件著作权侵权行为的法律依据。计算机软件侵权行为主要有以下几种：

（1）未经软件著作权人的同意而发表或者登记其软件作品。软件著作权人享有对软件作品的公开发表权，未经允许，著作权人以外的任何其他人都无权擅自发表特定的软件作品。如果实施这种行为，就构成侵犯著作权人的发表权。

（2）将他人开发的软件当作自己的作品发表或者登记。此种行为主要侵犯了软件著作权的开发者身份权和署名权。侵权行为人欺世盗名，剽窃软件开发者的劳动成果，将他人开发的软件作品假冒为自己的作品而署名发表。只要行为人实施了这种行为，不管其发表该作品是否经过软件著作权人的同意，都构成侵权。

（3）未经合作者的同意将与他人合作开发的软件当作自己独立完成的作品发表或者登记。此种侵权行为发生在软件作品的合作开发者之间。作为合作开发的软件，软件作品的开发者身份为全体开发者，软件作品的发表权也应由全体开发者共同行使。如果未经其他开发者同意，又将合作开发的软件当作自己的独创作品发表，即构成本条规定的侵权行为。

（4）在他人开发的软件上署名或者更改他人开发的软件上的署名。这种行为是指在他人开发的软件作品上添加自己的署名，或者替代软件开发者署名，以及将软件作品上开发者的署名进行更改的行为。这种行为侵犯了软件著作权人的开发者身份权及署名权。此种行为与第（2）

条规定行为的区别主要是对已发表的软件作品实施的行为。

（5）未经软件著作权人或者其合法受让者的许可，修改、翻译其软件作品。此种行为侵犯了著作权人或其合法受让者的使用权中的修改权、翻译权。对不同版本计算机软件，新版本往往是旧版本的提高和改善。这种提高和改善实质上是对原软件作品的修改、演绎。此种行为应征得软件作品原版本著作权人的同意，否则构成侵权。如果征得软件作品著作人的同意，修改和改善新增加的部分，创作者应享有著作权。

（6）未经软件著作权人或其合法受让者的许可，复制或部分复制其软件作品。此种行为侵犯了著作权人或其合法受让者的使用权中的复制权。计算机软件的复制权是计算机软件最重要的著作财产权，也是通常计算机软件侵权行为的对象。这是由于软件载体价格相对低廉，复制软件简单易行，效率极高，而销售非法复制的软件即可获得高额利润。因此，复制是常见的侵权行为，是防止和打击的主要对象。当软件著作权经当事人的约定合法转让给转让者以后，软件开发者未经允许不得复制该软件，否则也构成本条规定的侵权行为。

（7）未经软件著作权人及其合法受让者同意，向公众发行、出租其软件的复制品。此种行为侵犯了著作权人或其合法受让者的发行权与出租权。

（8）未经软件著作权人或其合法受让者同意，向任何第三方办理软件权利许可或转让事宜，这种行为侵犯了软件著作权人或其合法受让者的使用许可权和转让权。

（9）未经软件著作权人及其合法受让者同意，通过信息网络传播著作权人的软件。这种行为侵犯了软件著作权人或其合法受让者的信息网络传播权。

（10）侵犯计算机软件著作权存在着共同侵权行为。两人以上共同实施《计算机软件保护条例》第二十三条和第二十四条规定的侵权行为，构成共同侵权行为。对行为人并没有实施《计算机软件保护条例》第二十三条和第二十四条规定的行为，但实施了向侵权行为人进行侵权活动提供设备、场所或解密软件，或者为侵权复制品提供仓储、运输条件等行为，构成共同侵权应当在行为人之间具有共同故意或过失行为。其构成的要件有两个：一是行为人的过错是共同的，而不论行为人的行为在整个侵权行为过程中所起的作用如何；二是行为人主观上要有故意或过失的过错。如果这两个要件具备，各个行为人实施的侵权行为虽然各不相同，也同样构成共同侵权。两个要件如果缺乏一个，不构成共同的侵权，或者是不构成任何侵权。

2）不构成计算机软件侵权的合理使用行为

我国《计算机软件保护条例》第八条第四项和第十六条规定，获得使用权或使用许可权（视合同条款）后，可以对软件进行复制而无须通知著作权人，也不构成侵权。对于合法持有软件复制品的单位、公民在不经著作权人同意的情况下，也享有复制与修改权。合法持有软件复制品的单位、公民，在不经软件著作权人同意的情况下，可以根据自己使用的需要将软件装入计算机，为了存档也可以制作复制品，为了把软件用于实际的计算机环境或者改进其功能时也可以进行必要的修改，但是复制品和修改后的文本不能以任何方式提供给他人。超过以上权利，即视为侵权行为。区分合理使用与非合理使用的判别标准一般有以下几个：

（1）软件作品是否合法取得。这是合理使用的基础。

（2）使用目的是非商业营利性的。如果使用的目的是为商业性营利，就不属于合理使用的范围。

（3）合理使用一般为少量的使用。所谓少量的界限，根据其使用的目的以行业惯例和人们的一般常识综合确定。超过通常被认为的少量界限，即可被认为不属于合理使用。

我国《计算机软件保护条例》第十七条规定：“为了学习和研究软件内含的设计思想和原理，通过安装、显示、传输或者存储软件的方式使用软件的，可以不经软件著作权人许可，不向其支付报酬。”

3）计算机软件著作权侵权行为的识别

计算机软件明显区别于《中华人民共和国著作权法》保护的其他客体，它具有以下特点：

（1）技术性。计算机软件的技术性是指其创作开发的高技术性。具有一定规模的软件的创作开发，一般开发难度大、周期长、投资高，需要良好组织、严密管理且各方面人员配合协作，借助现代化高技术和高科技工具生产创作。

（2）依赖性。计算机程序的依赖性是指人们对其的感知依赖于计算机的特性。著作权保护的其他作品一般都可以依赖人的感觉器官所直接感知。但计算机程序则不能被人们所直接感知，它的内容只能依赖计算机等专用设备才能被充分表现出来，才能被人们所感知。

（3）多样性。计算机程序的多样性是指计算机程序表达的多样性。计算机程序的表达较《中华人民共和国著作权法》保护的其他对象特殊，其既能以源代码表达，还可以以目标代码和伪码等表达，表达形式多样。计算机程序表达的存储媒体也多种多样，同一种程序分别可以被存储在纸张、磁盘、磁带、光盘和集成电路上等。计算机程序的载体大多数轻巧灵便。此外，计算机程序的内容与表达难以严格区别界定。

（4）运行性。计算机程序的运行性是指计算机程序功能的运行性。计算机程序不同于一般的文字作品，它主要的功能在于使用。也就是说，计算机程序的功能只能通过对程序的使用、运行才能充分体现出来。计算机程序采用数字化形式存储、转换，复制品与原作品一般无明显区别。

根据计算机软件的特点，对计算机软件侵权行为的识别可以通过将发生争议的某一计算机程序与比照物（权利明确的正版计算机程序）进行对比和鉴别，从两个软件的相似性或是否完全相同来判断，做出侵权认定。软件作品常常表现为计算机程序的不唯一性，两个运行结果相同的计算机程序，或者两个计算机软件的源代码程序不相似或不完全相似，前者不一定构成侵权，而后者不一定不构成侵权。

8. 计算机软件著作权侵权的法律责任

当侵权人侵害他人的著作权、财产权或著作人身权，造成权利人财产上的或非财产上的损失，侵权人不履行赔偿义务，法律即强制侵权人承担赔偿损失的民事责任。

计算机软件著作权侵权的法律责任包括以下几种。

1）民事责任

侵犯计算机著作权以及有关权益的民事责任是指公民、法人或其他组织因侵犯著作权发生的后果依法应承担的法律责任。我国《计算机软件保护条例》第二十三条规定了侵犯计算机著作权的民事责任，即侵犯著作权或者与著作权有关的权利的，侵权人应当按照权利人的实际损失给予赔偿；实际损失难以计算的，可以按照侵权人的违法所得给予赔偿。赔偿数额还应当包括权利人为制止侵权行为所支付的合理开支。权利人的实际损失或者侵权人的违法所得不能确定的，由人民法院根据侵权行为的情节，判决给予五十万元以下的赔偿。有下列侵权行为的，应当根据情况承担停止侵害、消除影响、公开赔礼道歉或赔偿损失等民事责任。

（1）未经软件著作权人许可发表或者登记其软件的。

（2）将他人软件当作自己的软件发表或者登记的。

（3）未经合作者许可，将与他人合作开发的软件当作自己单独完成的作品发表或者登记的。

（4）在他人软件上署名或者涂改他人软件上的署名的。

（5）未经软件著作权人许可，修改、翻译其软件的。

（6）其他侵犯软件著作权的行为。

2）行政责任

我国《计算机软件保护条例》第二十四条规定了相应的行政责任，即对侵犯软件著作权行为，著作权行政管理部门应当责令停止违法行为，没收非法所得，没收、销毁侵权复制品，并可处以每件一百元或者货值金额二至五倍的罚款。有下列侵权行为的，应当根据情况承担停止侵害、消除影响、公开赔礼道歉或赔偿损失等行政责任。

（1）复制或者部分复制著作权人软件的。

（2）向公众发行、出租、通过信息网络传播著作权人软件的。

（3）故意避开或者破坏著作权人为保护其软件而采取的技术措施的。

（4）故意删除或者改变软件权利管理电子信息的。

（5）许可他人行使或者转让著作权人的软件著作权的。

3）刑事责任

侵权行为触犯刑律的，侵权者应当承担刑事责任。《中华人民共和国刑法》第二百一十七条、第二百一十八条和第二百二十条规定，构成侵犯著作权罪、销售侵权复制品罪的，由司法机关追究刑事责任。

6.2.3 计算机软件的商业秘密权

关于商业秘密的法律保护，各国采取不同的法律，有的制定单行法，有的规定在反不正当竞争法中，有的适用一般侵权行为法。《中华人民共和国反不正当竞争法》规定了商业秘密的保护问题。

1. 商业秘密

1）商业秘密的定义

《中华人民共和国反不正当竞争法》中对商业秘密的定义为："不为公众所知悉的、能为权利人带来经济利益、具有实用性并经权利人采取保密措施的技术信息和经营信息。"经营秘密和技术秘密是商业秘密的基本内容。经营秘密，即未公开的经营信息，是指与生产经营销售活动有关的经营方法、管理方法、产销策略、货源情报、客户名单、标底和标书内容等专有知识。技术秘密，即未公开的技术信息，是指与产品生产和制造有关的技术诀窍、生产方案、工艺流程、设计图纸、化学配方和技术情报等专有知识。

2）商业秘密的构成条件

商业秘密的构成条件是：商业秘密必须具有未公开性，即不为公众所知悉；商业秘密必须具有实用性，即能为权利人带来经济效益；商业秘密必须具有保密性，即采取了保密措施。

3）商业秘密权

商业秘密是一种无形的信息财产，与有形财产相区别。商业秘密不占据空间，不易被权利人所控制，不发生有形损耗，其权利是一种无形财产权。商业秘密的权利人与有形财产所有权人一样，依法享有占有、使用和收益的权利，即有权对商业秘密进行控制与管理，防止他人采取不正当手段获取与使用；有权依法使用自己的商业秘密，而不受他人干涉；有权通过自己使用或者许可他人使用以至转让所有权，从而取得相应的经济利益；有权处理自己的商业秘密，包括放弃占有、无偿公开、赠与或转让等。

4）商业秘密的丧失

一项商业秘密受到法律保护的依据是必须具备上述构成商业秘密的三个条件，当缺少上述三个条件之一时就会造成商业秘密丧失保护。

2. 计算机软件与商业秘密

《中华人民共和国反不正当竞争法》保护计算机软件，是以计算机软件中是否包含着“商业秘密”为必要条件的。而计算机软件是人类知识、智慧、经验和创造性劳动的成果，本身就具有商业秘密的特征，即包含着技术秘密和经营秘密。即使是软件尚未开发完成，在软件开发中所形成的知识内容也可构成商业秘密。

1）计算机软件商业秘密的侵权

侵犯商业秘密，是指行为人（负有约定的保密义务的合同当事人；实施侵权行为的第三人；侵犯本单位商业秘密的行为人）未经权利人（商业秘密的合法控制人）的许可，以非法手段（包括直接从权利人那里窃取商业秘密并加以公开或使用；通过第三人窃取权利人的商业秘密并加以公开或使用）获取计算机软件商业秘密并加以公开或使用的行为。根据《中华人民共和国反不正当竞争法》第十条的规定，侵犯计算机软件商业秘密的具体表现形式主要如下：

（1）以盗窃、利诱、胁迫或其他不正当手段获取权利人的计算机软件商业秘密。盗窃商业秘密，包括单位内部人员盗窃、外部人员盗窃、内外勾结盗窃等手段；以利诱手段获取商业秘密，通常指行为人向掌握商业秘密的人员提供财物或其他优惠条件，诱使其向行为人提供商业秘密；以胁迫手段获取商业秘密，是指行为人采取威胁、强迫手段，使他人在受强制的情况下提供商业秘密；以其他不正当手段获取商业秘密。

（2）披露、使用或允许他人使用以不正当手段获取的计算机软件商业秘密。披露是指将权利人的商业秘密向第三人透露或向不特定的其他人公开，使其失去秘密价值；使用或允许他人使用是指非法使用他人商业秘密的具体情形。以非法手段获取商业秘密的行为人，如果将该秘密再行披露或使用，即构成双重的侵权；倘若第三人从侵权人那里获悉了商业秘密而将秘密披露或使用，同样构成侵权。

（3）违反约定或违反权利人有关保守商业秘密的要求，披露、使用或允许他人使用其所掌握的计算机软件商业秘密。合法掌握计算机软件商业秘密的人，可能是与权利人有合同关系的对方当事人，也可能是权利人的单位工作人员或其他知情人，他们违反合同约定或单位规定的保密义务，将其所掌握的商业秘密擅自公开，或自己使用，或许可他人使用，即构成侵犯商业秘密。

（4）第三人在明知或应知前述违法行为的情况下，仍然从侵权人那里获取、使用或披露他人的计算机软件商业秘密。这是一种间接的侵权行为。

2）计算机软件商业秘密侵权的法律责任

根据《中华人民共和国反不正当竞争法》和《中华人民共和国刑法》的规定，计算机软件商业秘密的侵权者将承担行政责任、民事责任以及刑事责任。

（1）侵权者的行政责任。《中华人民共和国反不正当竞争法》第二十五条规定了相应的行政责任，即对侵犯商业秘密的行为，监督检查部门应当责令停止违法行为，而后可以根据侵权的情节依法处以1万元以上20万元以下的罚款。

（2）侵权者的民事责任。计算机软件商业秘密的侵权者的侵权行为对权利人的经营造成经济上的损失时，侵权者应当承担经济损害赔偿的民事责任。《中华人民共和国反不正当竞争法》第二十条规定了侵犯商业秘密的民事责任，即经营者违反该法规定，给被侵害的经营者造成损害的，应当承担损害赔偿责任。被侵害的经营者的合法权益受到损害的，可以向人民法院提起诉讼。

（3）侵权者的刑事责任。侵权者以盗窃、利诱、胁迫或其他不正当手段获取权利人的计算机软件商业秘密；披露、使用或允许他人使用以不正当手段获取的计算机软件商业秘密；违反约定或违反权利人有关保守商业秘密的要求，披露、使用或允许他人使用其所掌握的计算机软件商业秘密，其侵权行为对权利人造成重大损害的，侵权者应当承担刑事责任。《中华人民共和国刑法》第二百一十九条规定了侵犯商业秘密罪，即实施侵犯商业秘密行为，给商业秘密的权利人造成重大损失的，处3年以下有期徒刑或者拘役，并处或者单处罚金；造成特别严重后果的，处3年以上7年以下有期徒刑，并处罚金。

6.2.4 专利权概述

1. 专利权的保护对象与特征

发明创造是产生专利权的基础。发明创造是指发明、实用新型和外观设计，是《中华人民共和国专利法》主要保护的对象。《中华人民共和国专利法实施细则》第二条第一款规定：“专利法所称的发明，是指对产品、方法或者其改进所提出的技术方案。”实用新型（也称小发明）则因国而异，《中华人民共和国专利法实施细则》第二条第二款规定：“实用新型是指对产品的形状、构造或者其组合所提出的新的技术方案。”外观设计是指对产品的形状、图案、色彩或者它们的结合所做出的富有美感的并适于工业应用的新设计。

专利的发明创造是无形的智力创造性成果，不像有形财产那样直观可见，必须经专利主管机关依照法定程序审查确定，在未经审批以前，任何一项发明创造都不得成为专利。

下列各项属于《中华人民共和国专利法》不适用的对象，因此不授予专利权：

（1）违反国家法律、社会公德或者妨害公共利益的发明创造。

（2）科学发现，即人们通过自己的智力劳动对客观世界已经存在的但未揭示出来的规律、性质和现象等的认识。

（3）智力活动的规则和方法，即人们进行推理、分析、判断、运算、处理、记忆等思维活动的规则和方法。

（4）疾病的诊断和治疗方法，即以活的人或者动物为实施对象，并以防病治病为目的，是医护人员的经验体现，而且因被诊断和治疗的对象不同而有区别，不能在工业上应用，不具有实用性。

（5）动物和植物品种。但是动物植物品种的生产方法，可以依照专利法规定授予专利权。

（6）用原子核变换方法获得的物质，即用核裂变或核聚变方法获得的单质或化合物。

2. 授予专利权的条件

授予专利权的条件是指一项发明创造获得专利权应当具备的实质性条件。一项发明或者实用新型获得专利权的实质条件为新颖性、创造性和实用性。

（1）新颖性。新颖性是指在申请日以前没有同样的发明或实用新型在国内外出版物公开发表过，在国内公开使用过或以其他方式为公众所知，也没有同样的发明或实用新型由他人向专利局提出过申请并且记载在申请日以后公布的专利申请文件中。在某些特殊情况下，尽管申请专利的发明或者实用新型在申请日或者优先权日前公开，但在一定的期限内提出专利申请的，仍然具有新颖性。《中华人民共和国专利法》规定，申请专利的发明创造在申请日以前 6 个月内，有下列情况之一的，不丧失新颖性：

① 在中国政府主办或者承认的国际展览会上首次展出的。

② 在规定的学术会议或者技术会议上首次发表的。

③ 他人未经申请人同意而泄露其内容的。

（2）创造性。创造性是指同申请日以前已有的技术相比，该发明有突出的实质性特点和显著的进步，该实用新型有实质性特点和进步。例如，申请专利的发明解决了人们渴望解决但一直没有解决的技术难题；申请专利的发明克服了技术偏见；申请专利的发明取得了意想不到的技术效果；申请专利的发明在商业上获得成功。一项发明专利具有创造性，前提是该项发明具备新颖性。

（3）实用性。实用性是指该发明或者实用新型能够制造或者使用，并且能够产生积极的效果，即不造成环境污染、能源或者资源的严重浪费，损害人体健康。如果申请专利的发明或者实用新型缺乏技术手段；申请专利的技术方案违背自然规律；利用独一无二的自然条件所完成的技术方案，则不具有实用性。

《中华人民共和国专利法》规定，外观设计获得专利权的实质条件为新颖性和美观性。新颖性是指申请专利的外观设计与其申请日以前已经在国内外出版物上公开发表的外观设计不相同或者不相近似；与其申请日前已在国内公开使用过的外观设计不相同或者不相近似。美观性是指外观设计被使用在产品上时能使人产生一种美感，增加产品对消费者的吸引力。

3. 专利的申请

1）专利申请权

专利申请权是指公民、法人或者其他组织依据法律规定或者合同约定享有的就发明创造向专利局提出专利申请的权利。一项发明创造产生的专利申请权归谁所有，主要有由法律直接规定的情况和依合同约定的情况。专利申请权可以转让，不论专利申请权在哪一个时间段转让，原专利申请人便因此丧失专利申请权，由受让人获得相应的专利申请权。专利申请权可以被继承或赠与。专利申请人死亡后，其依法享有的专利申请权可以作为遗产，由其合法继承人继承。

2）专利申请人

专利申请人是指对某项发明创造依法律规定或者合同约定享有专利申请权的公民、法人或者其他组织。专利申请人包括职务发明创造的单位及专利申请权的受让人；非职务发明创造的专利申请人为完成发明创造的发明人或者设计人；共同发明创造的专利申请人是共同发明人或者设计人，或者其所属单位；委托发明创造的专利申请人为合同约定的人。

3）专利申请的原则

专利申请人及其代理人在办理各种手续时都应当采用书面形式。一份专利申请文件只能就一项发明创造提出专利申请，即“一份申请一项发明”原则。两个或者两个以上的人分别就同样的发明创造申请专利的，专利权授给最先申请人。

4）专利申请文件

发明或者实用新型申请文件包括请求书、说明书、说明书摘要和权利要求书。外观设计专利申请文件包括请求书、图片或照片。

5）专利申请日

专利申请日（也称关键日）是专利局或者专利局指定的专利申请受理代办处收到完整专利申请文件的日期。如果申请文件是邮寄的，以寄出的邮戳日为申请日。

6）专利申请的审批

专利局收到发明专利申请后，一个必要程序是初步审查，经初步审查认为符合本法要求的，自申请日起满 18 个月，即行公布（公布申请），专利局可根据申请人的请求，早日公布其申请。自申请日起三年内，专利局可以根据申请人随时提出的请求，对其申请进行实质审查。实质审查是专利局对申请专利的发明的新颖性、创造性和实用性等依法进行审查的法定程序。

《中华人民共和国专利法》规定：“实用新型和外观设计专利申请经初步审查没有发现驳回理由的，专利局应当做出授予实用新型专利权或者外观设计专利权的决定，发给相应的专利证书，并予以登记和公布。”由此规定可知，对实用新型和外观设计专利申请只进行初步审查，不进行实质审查。

7）申请权的丧失与恢复

《中华人民共和国专利法》及《中华人民共和国专利法实施细则》有许多条款规定，如果申请人在法定期间或者专利局所指定的期限内未办理相应的手续或者没有提交有关文件，其申请就被视为撤回或者丧失提出某项请求的权利，或者导致有关权利终止后果。因耽误期限而丧失权利之后，可以在自障碍消除后两个月内，最迟自法定期限或者指定期限届满后两年内或者自收到专利局通知之日起两个月内，请求恢复其权利。

4. 专利权行使

1）专利权的归属

根据《中华人民共和国专利法》的规定，执行本单位的任务或者主要是利用本单位的物质条件所完成的职务发明创造，申请专利的权利属于该单位。申请被批准后，专利权归该单位持有（单位为专利权人）。执行本单位的任务所完成的职务发明创造是指：

（1）在本职工作中做出的发明创造。

（2）履行本单位交付的本职工作之外的任务所做出的发明创造。

（3）工作变动（退职、退休或者调离）后短期内做出的，与其在原单位承担的本职工作或者原单位分配的任务有关的发明创造。

本单位的物质技术条件包括本单位的资金、设备、零部件、原材料或者不对外公开的技术资料等。

非职务发明创造，申请专利的权利属于发明人或者设计人；在中国境内的外资企业和中外合资经营企业的工作人员完成的职务发明创造，申请专利的权利属于该企业，申请被批准后，专利权归申请的企业或者个人所有；两个以上单位协作或者一个单位接受其他单位委托的研究、设计任务所完成的发明创造，除另有协议的以外，申请专利的权利属于完成或者共同完成的单位，申请被批准后，专利权归申请的单位所有或者持有。

2）专利权人的权利

专利权是一种具有财产权属性的独占权以及由其衍生出来的相应处理权。专利权人的权利包括独占实施权、转让权、实施许可权、放弃权和标记权等。专利权人有缴纳专利年费（也称专利维持费）和实际实施已获专利的发明创造两项基本义务。

专利权人通过专利实施许可合同将其依法取得的对某项发明创造的实施权转移给非专利权人行使。任何单位或者个人实施他人专利的，除《中华人民共和国专利法》第十四条规定的以外，都必须与专利权人订立书面实施许可合同，向专利权人支付专利使用费。被许可人无权允许合同规定以外的任何单位或者个人实施该专利。专利实施许可的种类包括独占许可、独家许可、普通许可和部分许可。

5. 专利权的限制

根据《中华人民共和国专利法》的规定，发明专利权的保护期限为自申请日起 20 年；实用新型专利权和外观设计专利权的保护期限为自申请日起 10 年。发明创造专利权的法律效力所及的范围如下：

（1）发明或者实用新型专利权的保护范围以其权利要求的内容为准，说明书及附图可以用于解释权利要求。

（2）外观设计专利权的保护范围以表示在图片或者照片中的该外观设计专利产品为准。

公告授予专利权后，任何单位或个人认为该专利权的授予不符合《中华人民共和国专利法》规定条件的，可以向专利复审委员会提出宣告该专利权无效的请求。专利复审委员会对这种请求进行审查，做出宣告专利权无效或维持专利权的决定。《中华人民共和国专利法》规定，提出无效宣告请求的时间（启动无效宣告程序的时间）始于“自专利局公告授予专利权之日起”。

专利权因某种法律事实的发生而导致其效力消灭的情形称为专利权终止。导致专利权终止的法律事实如下：

（1）保护期限届满。

（2）在专利权保护期限届满前，专利权人以书面形式向专利局声明放弃专利权。

（3）在专利权的保护期限内，专利权人没有按照法律的规定交年费。专利权终止日应为上一年度期满日。

专利权的限制，是指《中华人民共和国专利法》允许第三人在某些特殊情况下，可以不经专利权人许可而实施其专利，且其实施行为并不构成侵权的一种法律制度。专利权限制的种类包括强制许可、不视为侵犯专利权的行为和国家计划许可。

6. 专利侵权行为

专利侵权行为是指在专利权的有效期限内，任何单位或者个人在未经专利权人许可，也没有其他法定事由的情况下，擅自以营利为目的实施专利的行为。专利侵权行为主要包括以下方面：

（1）为生产经营目的制造、使用、销售其专利产品，或者使用其专利方法以及使用、销售依照该专利方法直接获得的产品。

（2）为生产经营目的制造、销售其外观设计专利产品。

（3）进口依照其专利方法直接获得的产品。

（4）产品的包装上标明其专利标记和专利号。

（5）用非专利产品冒充专利产品的或者用非专利方法冒充专利方法等。

对未经专利权人许可，实施其专利的侵权行为，专利权人或者利害关系人可以请求专利管理机关处理。在专利侵权纠纷发生后，专利权人或者利害关系人既可以请求专利管理机关处理，又可以请求人民法院审理。侵犯专利权的诉讼时效为两年，自专利权人或者利害关系人知道或者应当知道侵权行为之日起计算。如果诉讼时效期限届满，专利权人或者利害关系人不能再请求人民法院保护，同时也不能再向专利管理机关请求保护。

6.2.5 企业知识产权的保护

高新技术企业大多是以知识创新开发产品，当知识产品进入市场后，则完全依赖于对其知识产权的保护。知识产权是一种无形的产权，是企业的重要财富，应当把保护软件知识产权作为现代企业制度的一项基本内容。

1. 知识产权的保护和利用

目前，计算机技术和软件技术的知识产权法律保护已形成以《中华人民共和国著作权法》保护为主，《中华人民共和国著作权法》（包括《计算机软件保护条例》）和《中华人民共和国专利法》《中华人民共和国商标法》《中华人民共和国反不正当竞争法》《中华人民共和国合同法》实施交叉和重叠保护为辅的趋势。例如，源程序及设计文档作为软件的表现形式用《中华人民共和国著作权法》保护，同时作为技术秘密又受《中华人民共和国反不正当竞争法》的保护。由于软件具有技术含量高的特点，使得对软件法律保护成为一种综合性的保护，对于企业来说，仅依靠某项法律或法规不能解决软件的所有知识产权问题。应在保护企业计算机软件成果知识产权方面实施综合性的保护，例如，在新技术的开发中重视技术秘密的管理，也应重视专利权的取得，而在命名新产品名称时，也应重视商标权的取得，以保护企业的知识产权。企业保护软件成果知识产权的一般途径如下：

（1）明确软件知识产权归属。明确知识产权是归企业还是制作、设计、开发人员所有，避免企业内部产生权属纠纷。

（2）及时对软件技术秘密采取保密措施。对企业的软件产品或成果中的技术秘密，应当及时采取保密措施，以便把握市场优势。一旦发生企业“技术秘密”被泄露的情况，则便于认定为技术秘密，依法追究泄密行为人的法律责任，保护企业的权益。

（3）依靠专利保护新技术和新产品。我国采用的是先申请原则，如果有相同技术内容的专利申请，只有最先提出专利申请的企业或者个人才能获得专利权。企业的软件技术或者产品构成专利法律要件的，应当尽早办理申请专利权登记事宜，不能因企业自身的延误，造成企业软件成果新颖性的丧失，从而失去申请专利的时机。

（4）软件产品进入市场之前的商标权和商业秘密保护。企业的软件产品已经冠以商品专用标识或者服务标识，要尽快完成商标或者服务标识的登记注册，保护软件产品的商标专用权。

（5）软件产品进入市场之前进行申请软件著作权登记。申请软件著作权登记以起到公示的作用。软件著作权登记只要求软件的独创性，并不以软件的技术水平作为著作权是否有效的条件，不能等到软件达到某种技术水平后再进行登记，若其他企业或者个人抢先登记，则不利于企业权益的保护。

2. 建立经济约束机制，规范调整各种关系

软件企业需要按照经济合同规范各种经济活动，明确权利与义务的关系。建立企业内部以及企业与外部的各种经济约束机制。从目前存在的比较突出的问题来看，软件企业应建立以下各项合同规范：

（1）劳动关系合同。软件企业与企业职工、外聘人员之间应建立合法的劳动关系，以及应该就企业的商业秘密（技术秘密和经营秘密）的保密事宜进行约定，建立劳动利益关系合同以

及保守企业商业秘密的协议。一些目前不宜马上实行劳动合同的单位，也通过建立或者健全本单位的有关规章制度的方式进行过渡，以鼓励企业员工的创造性劳动，明确企业开发过程中产生的软件技术成果归属关系，以预防企业技术人员流动时造成的技术流失和技术泄密等问题。

（2）软件开发合同。软件企业与外单位合作开发、委托外单位开发软件时，应建立软件权利归属关系等事宜的协议，可按照有关规定签订软件开发合同，约定软件开发各方面尚未开发的软件享有的权利与义务的关系，以及软件技术成果开发完成后的权利归属关系和经济利益关系等。如果软件开发方在合作中发现了合同的缺陷，应及早对合同进行补充和完善。

（3）软件许可使用（或者转让）合同。软件企业在经营本企业的软件产品时，应当建立"许可证"（或是转让合同）制度，用软件许可合同（授权书）或者转让合同的方式来明确规定软件使用权的许可（转让）方式、条件、范围和时间等事宜，避免因合同条款的约定不清楚、不明确而导致当事人之间发生扯皮等不愉快的事情，或者因合同条款无法界定而引发的软件侵权纠纷。

第 7 章 网络系统分析与设计案例

网络规划设计师要求考生深入掌握网络系统所涉及的各种理论、技术，来进行网络系统方案的分析与设计。本章介绍了案例分析与设计的解答技巧及相关案例分析。

7.1 案例分析要求与解答技巧

1. 案例分析试题的要求

案例是指在网络工程实践中某个真实记录或者客观的描述，通常是指在具体环境中的典型网络系统实践。案例是对已经完成的项目工作过程的反映，是一个客观结果。案例分析一般包含面对的问题及对解决方案的分析与评价。案例的问题一般从具有启发性的角度切入，通过对原始材料进行筛选，考查的是关键性的细节内容。解决方案的分析与评价从网络系统的立项规划、实施过程、结果或者效益方面对问题进行分析，不是网络相关知识的罗列，更多的是就事论事，是对具体事项的灵活运用能力的考查。

案例分析试题主要考查考生三个方面的能力：

（1）考生是否具有熟练运用网络系统理论的能力。

案例是沟通理论与实践的桥梁，通过具体的例子把理论与工作实践紧密地结合起来，借助分析、阐述来说明实践的合理性与可行性。例如，对于网络系统规划中，局域网络的结构可以是三层也可以是两层。但在具体的网络系统实践中，就要从网络系统的规模、网络系统建设的投入、网络系统设备选型等多个方面综合考虑，从多个方案中进行优选。

（2）考生是否具有丰富的实践经验。

网络规划设计师应具有对以往工作实践进行反思和总结的能力，能清楚地认识到哪些做法在网络系统建设中取得了成功，哪些做法可能会导致网络系统建设进度延迟或者达不到预期的效果，为今后处置类似的工作提供指导和借鉴。

客观上以往的网络系统建设工作存在很多不足甚至失败的案例，其原因往往是对网络系统的技术发展进程或者网络系统的效益预期估计不足，使得新建系统网络在运行一段时间后很快就出现问题。因此，网络系统案例分析是对考生是否具有网络规划设计师业务能力进行考查的一个重要环节。

（3）体现对企事业单位信息化的建设的促进作用。

案例分析的考查涉及网络系统建设的方方面面，包括网络系统架构、网络系统的配置、网络系统的安全以及网络新技术等典型应用，要求应考人员不断地对自身知识水平和业务能力进行提升。能对所在单位的网络环境进一步优化，促进所在单位的信息化建设水平。

信息化的快速发展对网络系统的建设与规划提出了更高的要求。因此，新技术、新设备在组网及网络管理、网络系统安全、网络存储等方面的应用也是考查的内容之一。

2. 案例分析试题的考查范围

案例分析是网络规划设计师考试中一门重要的考试科目。这个考试科目在逐步规范化，考试题型也基本趋于稳定。该科目要求考生具有丰富的网络系统实践经验，参与过多项大、中型网络系统的规划与设计以及网络建设工作。

就命题范围而言，案例分析题是有规律的。了解和掌握命题特点和考查范围，对考试是有所帮助的。本章节简要论述案例分析题的主要特点与考查范围。

（1）试题考点范围相对固定。

从近几年的考题来看，案例分析题主要在网络规划与设计、网络工程管理、网络优化、网络配置、网络性能分析与排错等几个方面命题。

比如就网络优化问题来说，通常围绕下面的知识点来进行考查。

网络分层设计中，将复杂网络设计成几个层次，每层着重某些特定的功能，这样可以将一个复杂的大问题变成许多简单的小问题。通常三层网络架构设计的网络有三个层次，即核心层、汇聚层、接入层。

核心层是网络的高速交换主干，对整个网络的连通起到至关重要的作用。核心层应该具有可靠性、高效性、冗余性、容错性、可管理性、适应性、低延时性等特征。在核心层中应该采用高带宽的万兆以上交换机，同时在设备上采用双机冗余热备份，并配置负载均衡功能来提高网络的性能。

汇聚层介于网络接入层和核心层之间，即在工作站接入核心层前先做汇聚，以减轻核心层设备的负荷。汇聚层具有实施策略、安全、工作组接入、虚拟局域网（VLAN）之间的路由、源地址或目的地址过滤等多种功能。在汇聚层中，应该选用支持三层交换技术和VLAN的交换机，以达到网络隔离和分段的目的。

接入层向本地网段提供工作站接入。在接入层中应避免同一网段的工作站数量过多，并向工作组提供高速带宽接入。

在网络实践中，中、小型网络也可以设置成二层网络架构。二层网络一般划分为多个逻辑区域，整体采用二层结构设计，用户全部在核心交换机上认证，汇聚、接入设备不需要维护复杂的网络协议，层次清晰，架构稳定，方便管理，易于扩展和维护。二层网络有以下技术特征：

- 网络扁平化。核心设备做三层网关，终结ARP，启用路由协议，核心层设备功能丰富、性能强大、可以更好地满足园区网发展需求。接入层、汇聚层合为一层，负责二层转发，维护工作简单，采购成本低廉。
- 认证集中化。核心设备作为集中认证网管，终结认证，完成策略统一下发。接入层不需要启用认证，核心设备根据需要选择启用 802.1x 认证、portal 认证等。

- 配置自动化。二层架构中大量接入设备基本上配置相同，结合配置自动下发工具，在短时间内自动完成对接入设备的配置下发，减轻现场实施人员的工作量。
- 定位精确化。与传统方案只能定位到接入交换机不同，二层方案可以直接定位用户到接入交换机的端口，满足精确定位的需求。

（2）考查内容具体明确。

案例分析试题在考查问题的解决方案时，都是围绕网络系统实践中具体的软件或者硬件配置问题展开的，具有广泛的普遍性。同时兼顾基础理论的活学活用，避免了死记硬背的内容。

一般来说，案例分析试题的每一个小问题对应解决网络系统中实际存在的一个需求，要求考生针对不同的需求给出具体的解决方案。

例如，对于网络系统规划的考查，IP 地址的规划是必考内容，可以要求考生对题干给出的地址与配置命令相互对应，并对配置命令进行补充或者解释说明；也可以要求考生对局域网络中终端用户进行合理有效的地址配置。

网络系统规划的考查中同样要求考生熟悉网络硬件设备功能性指标及部署方式，对于网络系统中设备不同的部署方式起到的作用有较为清晰的认识。例如，对于防火墙在网络边界的部署，就要求考生掌握直连部署与旁路部署的区别；要求熟悉核心交换机的冗余备份的配置；要求熟悉具体网络协议配置与网络应用的需求之间的关系等。

案例分析考查范围要注意以下几个方面：

（1）体现考试大纲的要求。就命题方法来看，案例分析试题一般是从大纲到案例，是按照大纲要求加工整理出来的，试题从实际项目中经过加工整理，使题目具体“可考性”。因此考生对涉及的主要知识点要熟练运用。例如，VLAN 的具体应用，存储知识涉及的介质、存储架构、存储安全，动态路由协议的具体配置等内容。

（2）遵循网络设备规范。网络系统实践和具体的设备是紧密相关的，案例中给出所有命令片段都是来自具体生产厂商的设备操作手册或指导性意见，因此考生要熟悉常用网络设备的安装、命令、配置、排错及规范等。

（3）紧扣实际网络系统环境。网络系统规划离不开对现有网络系统运行环境以及网络互连环境的分析，这包括对硬件设备性能的分析、对网络用户的需求分析以及网络互连互通条件、对现有网络服务的配置的分析等内容。通过分析给出解决问题的具体方案，或者对多种方案进行取舍。

（4）试题结论不存在争议。许多厂商在技术的创新中会提出自己的解决方案，有些方案在实践中还在不断地完善和改进。作为案例分析的试题，通常只会考查已经形成标准或者规范的内容，尽量不出存在争议的题目，题目的答案具有收敛性和广泛的应用。

3. 案例分析试题解答技巧

通过对近年来案例分析试题的总结，得出案例分析试题在解答时要注意以下几个方面：

（1）认真阅读题目要求。

阅读题目要求包括审题、理解问题的含义和考查内容。案例分析试题一般都会给出网络拓扑、配置清单。考生需要通过阅读网络拓扑和配置了解题目给出的网络环境，熟悉模拟场景或业务活动背景材料，分析其中的因果关系、逻辑关系、表达顺序等内容。对于重要的、关键的参数或者指标重点理解，明确题意和考查内容。

例如，对于补充完善网络配置命令片段的问题，应该从项目的配置表中找出对应的拓扑中的设备位置与互连接口，避免出现漏项、错项，造成判断失误。

（2）熟悉试题的考查要求。

案例分析每一个大题都分为若干小题，每一个小题一般都对应题干的具体需求。考生应该明确每一个小题要考什么内容，理清解题思路，避免出现答非所问的情况。

案例分析试题要实现对考生的网络系统实践水平的考查，一般要求考生的答案是收敛的、明确的。这一点与论文科目的考查有明显的区别，不需要考生进行发挥，回答出怎么做即可。

（3）要有广泛的知识积累。

案例分析试题考查的知识点是明确的，但是又非常灵活。当考查的内容对应到不同网络的拓扑规划、网络设备、网络故障现象上时，其组网方式、配置方式、故障排查、网络安全防范的处理又趋向多变和复杂。需要考生结合题目要求，认真分析和解答。

建议考生对历年的案例分析试题与对应的考点结合起来学习，这样有助于加深对考点的理解和应试能力的提高。

（4）要注意结论的合理性。

网络系统案例都是来自实际的网络系统项目，考生要注意不同的网络环境、网络规模、安全需求配置和应用的策略是不同的。例如，在网络规划中，网络的拓扑本身没有优劣之分，但是在一定的需求和前提条件下，就会出现是否合理、是否需要调整、怎么调整等技术问题。不同的网络架构、设备配置、网络安全部署对网络管理、网络应用影响效果区别是很大的。

7.2 网络规划案例

7.2.1 案例1

1. 典型试题

阅读以下描述，然后回答问题1～问题5。

某高校校园网使用3个出口，新老校区用户均通过老校区出口访问互联网，其中新老校区距离20千米，拓扑结构如图7-1所示，学校服务器区网络拓扑结构如图7-2所示。

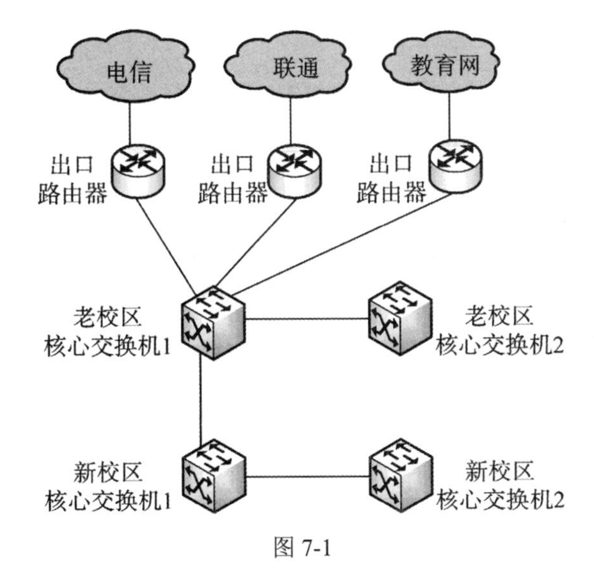

图 7-1

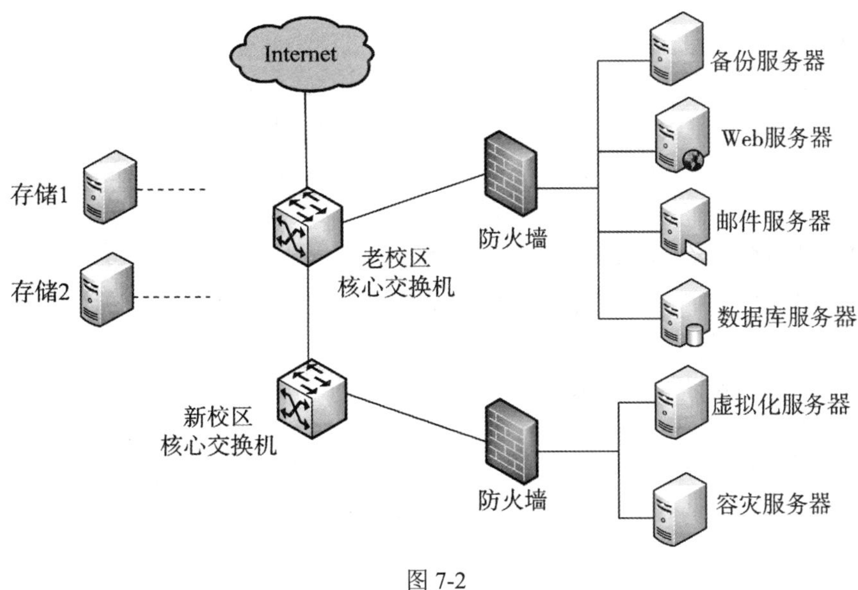

图 7-2

【问题 1】

实现多出口负载均衡通常有依据源地址和目标地址两种方式，分别说明两种方式的实现原理和特点。

【问题 2】

根据学校多年实际运行情况，现需对图 7-1 所示网络进行优化改造，要求：

（1）在只增加负载均衡设备的情况下，且仅限通过老校区核心交换机 1 连接出口路由器；

（2）采用网络的冗余，解决新老校区互联网络中的单点故障；

（3）通过多出口线路负载，解决单链路过载；

（4）考虑教育网的特定应用，需采用明确路由。

试画出图7-1优化后的网络拓扑结构，并说明改造理由。

【问题 3】

现学校有两套存储设备，均放置于老校区中心机房，存储1是基于IP-SAN技术，存储2是基于FC-SAN技术。试说明图7-2中数据库服务器和容灾服务器应采用哪种存储技术，并说明理由。

【问题 4】

当前存储磁盘柜中通常包含SAS和SATA磁盘类型，试说明图7-2中数据库服务器和容灾服务器各应选择哪种磁盘类型，并说明理由。

【问题 5】

目前存储中使用较多的是RAID 5和RAID 10，试说明图7-2中数据库服务器和容灾服务器（数据级）各应选择哪种RAID技术，并说明理由。

2. 案例分析及参考答案

1）案例分析

本题考查的校园网络中涉及网络出口链路调整与存储选型方面的知识。

（1）多ISP出口负载均衡。高校网络出口带宽需求增长快，传统产品和解决方案在出口选路问题上存在不智能、不均衡等问题，导致用户终端接入互联网的体验效果不好，这是进行高校多出口负载均衡规划的动因。通常高效的负载均衡解决方案包含以下技术特点：

- 提供内网至Internet流量负载均衡（Outbound）。
- 实现从Internet对服务器访问流量的负载均衡（Inbound）。
- 支持自动检测和屏蔽故障Internet链路。
- 支持多种静态和动态算法智能均衡多个ISP链路流量。
- 支持多出口链路动态冗余，流量比率和切换。
- 支持多种DNS解析和规划方法，适合各种用户环境。
- 支持Layer2-7交换和流量管理控制的功能。
- 完全支持各种应用服务器负载均衡、防火墙负载均衡。
- 多层安全增强防护，抵挡黑客攻击。
- 提供详细的链路监控报表，提供详细图形界面。

本题着重考查的是内网至Internet流量负载均衡（Outbound）的技术规划。

（2）存储区域网络（Storage Area Network，SAN），用光纤通道（Fibre Channel）技术，通过光纤通道交换机连接存储阵列和服务器主机，建立专用于数据存储的区域网络。SAN 结构有两种，IP-SAN与FC-SAN。

FC–SAN的特点：

传输带宽高，传统的有1 Gb/s、2 Gb/s、4 Gb/s和8Gb/s四种标准，主流的是4 Gb/s和8Gb/s，

性能稳定可靠，技术成熟，是关键应用领域和大规模存储网络的选择。

成本极其高昂，需要光纤交换机和大量的光纤布线；维护及配置复杂，需要培训专业 FC 网络管理员。

IP-SAN 的特点：

成本低廉，购买的网线和交换机都是用以太网，甚至可以利用现有网络组建 SAN。

部署简单，管理难度低。

基于 IP 网络的 IP SAN 没有距离限制，容易实现异地存储、远程容灾等跨越 WAN 的复杂组网。

（3）服务器硬盘 SAS 与 SATA 的区别。SAS 即串行连接 SCSI，是新一代的 SCSI 技术，和传统的 Serial ATA（SATA）硬盘都是采用串行技术以获得更高的传输速度。它通过缩短连结线改善内部空间并开发出全新接口改善存储系统的效能、可用性和扩充性，提供与 SATA 硬盘的兼容性，能为带宽要求更高的主流服务器和企业级存储提供所需的高性能、高扩展性和可靠性。

2）参考答案

【问题 1】

依据源地址负载均衡：根据源 IP 地址来选择不同外网出口，可以根据各出口带宽按比例划分对应的源 IP 子网段，达到出口负载均衡的作用，但是访问同一资源时，部分用户响应快，部分用户响应慢。

依据目的地址负载均衡：根据目的 IP 地址来选择不同外网出口，内部用户可以根据不同运营商提供的资源，选择相应运营商的出口，但是会导致提供资源丰富的运营商出口负载过大，提供资源相对比较少的运营商出口负载很小，造成各出口不均衡的现象。

【问题 2】

改造后的出口网络拓扑如图 7-3 所示。

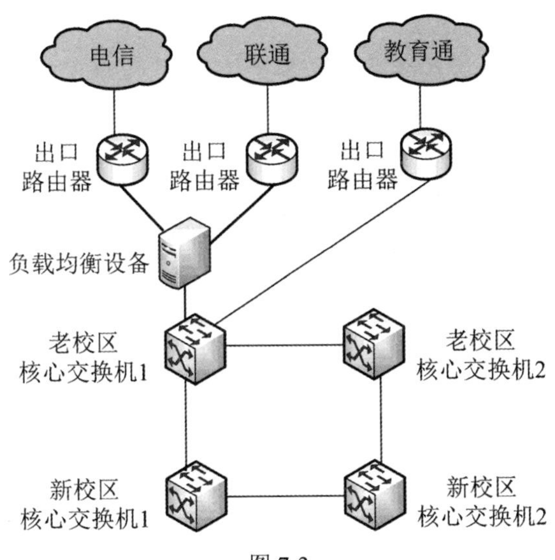

图 7-3

改造理由：

（1）将4台核心交换机组成环网结构，避免新老校区设备或单链路故障造成新老校区网络中断。

（2）在电信、联通链路增加负载均衡设备，平衡各出口的负载和加快内部用户访问外网的速度。

（3）同时考虑教育网的特定应用，配置教育网走明确路由。

【问题3】

（1）容灾服务器：容灾服务器和存储设备距离20千米，需要远距离传输，所以只能选择IP-SAN技术。

（2）数据库服务器：需要高性能、大并发、快速响应，最合理的应该选择FC-SAN技术。

【问题4】

数据库服务器选择SAS磁盘，容灾服务器选择SATA磁盘。原因如下：

（1）SAS是双端口，采用全双工的工作方式传输数据，而SATA是单端口，采用半双工的工作方式传输数据。

（2）SAS使用SCSI命令进行错误校正和错误报告，这比SATA采用的ATA命令集有更多的功能。

（3）SAS磁盘容量小，价格比较昂贵，SATA磁盘容量大，价格比较便宜。

【问题5】

数据库服务器选择RAID 10，容灾服务器选择RAID 5。原因如下：

（1）I/O：读操作上，RAID 10和RAID 5是相当的，写操作上，RAID 10好于RAID 5。

（2）数据重构：在一块磁盘失效，进行数据重构期间，RAID5要比RAID10耗时长，负荷大，数据丢失可能性高，可靠性低。

7.2.2 案例2

1. 典型试题

阅读以下描述，然后回答问题1~问题4。

某学校网络拓扑结构如图7-4所示。

【问题1】

目前网络中存在多种安全攻击，需要在不同的位置部署不同的安全措施进行防范。常见的安全防范措施有：

① 防非法DHCP欺骗；

② 用户访问权限控制技术；

③ 开启环路检测（STP）；

④ 防止ARP网关欺骗；

⑤ 广播风暴的控制；

⑥ 并发连接数控制；

⑦ 病毒防治。

其中：在安全设备 1 上部署的措施有：__（1）__；

在安全设备 2 上部署的措施有：__（2）__；

在安全设备 3 上部署的措施有：__（3）__；

在安全设备 4 上部署的措施有：__（4）__。

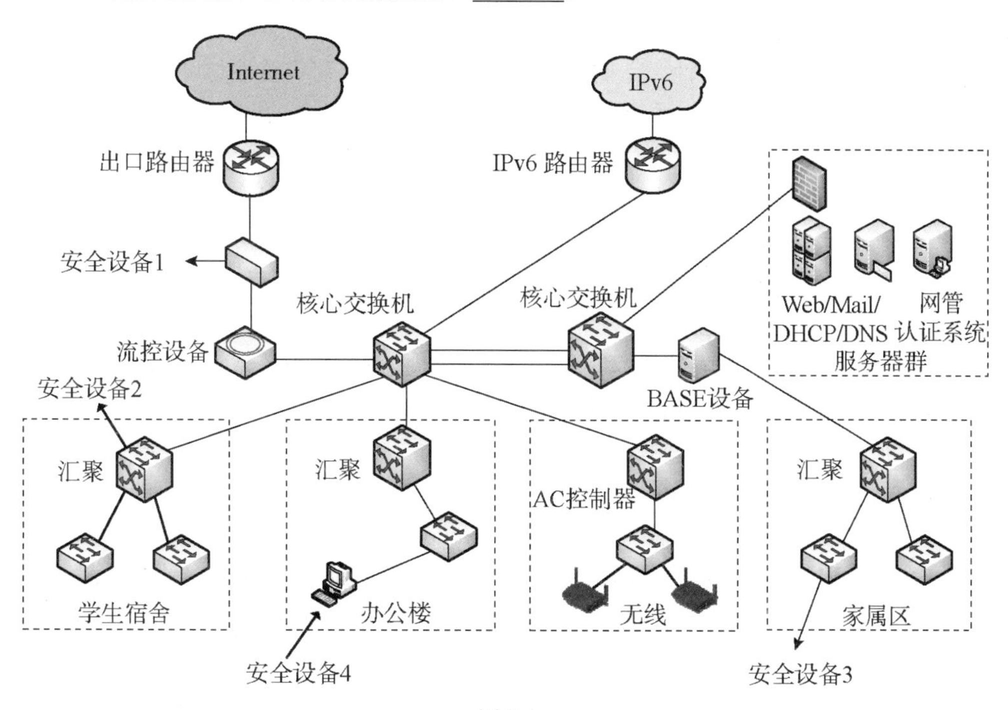

图 7-4

【问题 2】

学校服务器群目前共有 200 台服务器为全校提供服务，为了保证各服务器能提供正常的服务，需对图 7-4 所示防火墙进行安全配置，设计师制定了 2 套安全方案，请根据实际情况选择合理的方案并说明理由。

方案一：根据各业务系统的重要程度，划分多个不同优先级的安全域，每个安全域采用一个独立子网，安全域等级高的主机默认允许访问安全域等级低的主机，安全域等级低的主机不能直接访问安全域等级高的主机，然后根据需要添加相应安全策略。

方案二：根据各业务系统提供的服务类型，划分为数据库、Web、认证等多个不同虚拟防火墙，同一虚拟防火墙中相同 VLAN 下的主机可以互访，不同 VLAN 下的主机均不允许互访，不同虚拟防火墙之间主机均不能互访。

【问题 3】

为了防止资源的不合理使用，通常在核心层架设流控设备进行流量管理和终端控制，请列举出3种以上流控的具体实现方案。

【问题 4】

非法DHCP欺骗是网络中常见的攻击行为，说明其实现原理并说明如何防范。

2. 案例分析及参考答案

1）案例分析

本题考查的是校园网络安全规划方面的知识。

安全的网络应该具有机密性、完整性、可用性、可控性、可审查性与可保护性等特点。安全保护包括网络设备安全、网络系统安全和数据安全等内容。对校园网产生安全威胁的因素主要有以下几个方面：

- 来自互联网的外部安全威胁。黑客通过网络监听等手段获得内部网用户的用户名、口令等信息，进而假冒内部合法身份进行非法登录，窃取内部网重要信息；黑客通过发送大量数据包对网络服务器进行攻击，使得服务器超负荷工作导致拒绝服务甚至系统瘫痪。
- 来自校园网内的安全威胁。高校学生对网络新技术的好奇心易引发网络攻击，同时还存在校园网大量的资源下载，易造成网络堵塞和病毒传播。
- 来自应用程序的安全漏洞。应用程序系统是动态的、不断变化的，安全性也是动态的。这就需要针对应用程序安全漏洞采取相应的安全措施，降低应用程序的安全风险。
- 来自系统自身的安全缺陷。目前不论是Windows还是UNIX操作系统以及其他厂商开发的应用系统，都存在系统安全漏洞。黑客常常利用此类未能及时修补的漏洞进行大范围的网络攻击，给受影响的企业造成巨大的财产或声誉损失。
- 来自网络设备的物理安全威胁。威胁包括：地震、水灾、火灾等环境事故造成整个系统毁灭；电源故障造成设备断电导致操作系统引导失败或数据库信息丢失；设备被盗、被毁造成数据丢失或信息泄露。

本题考查的是网络安全防范技术在校园网的典型部署，包括防范的威胁类型以及部署位置等内容，要求考生对于各类安全防范方案的适应性有较为准确的认识。

2）参考答案

【问题 1】

（1）并发连接数控制

（2）用户访问权限控制技术

（3）防非法DHCP欺骗

开启环路检测（STP）

防止ARP网关欺骗

广播风暴的控制

（4）病毒防治

【问题 2】

选择方案二。

理由如下：

（1）如果服务器规模比较大，方案一按照主机添加安全策略，所以防火墙的安全策略数量比较多，对防火墙的资源消耗也会比较大，方案二按照服务添加安全策略，所以防火墙安全策略数量不多，对防火墙的资源消耗也会比较小。

（2）如果某一主机感染病毒或木马时，方案一安全域级别低或者相同的其他主机会受到影响，方案二相同虚拟防火墙中相同 VLAN 主机会受到影响，其余主机不会受影响。

（3）后期服务器数量大幅增加，方案一需新增多条安全策略，方案二服务类型不新增的情况下，安全策略基本不需增加。

【问题 3】

（1）针对地址进行带宽限制。针对源 IP 地址、目的 IP 地址进行带宽限制，防止某地址独占带宽。

（2）针对子网进行带宽限制。针对子网进行带宽限制，防止某子网独占带宽，如某个部门划分一个子网。

（3）针对服务进行带宽限制。针对服务进行带宽限制，防止某服务独占带宽，如视频、BT 等。

【问题 4】

非法 DHCP 欺骗原理：客户端第一次登录、重新登录或租期已满不能更新租约时，以广播方式寻找服务器，并且只接收第一个到达的服务器提供的网络配置参数，如果在网络中存在多台 DHCP 服务器（有一台或更多台是非授权的），并且非授权的 DHCP 服务器先应答，那么客户端就会获得非授权的网络参数。

防范方法：可以在交换机上开启 DHCP SNOOPING，通过建立和维护 DHCP SNOOPING 绑定表并过滤不可信任的 DHCP 信息，只让合法的 DHCP 应答通过交换机，阻断非法应答，从而防止 DHCP 欺骗。

7.2.3　案例 3

1. 典型试题

阅读以下说明，回答问题 1 至问题 4，将解答填入答题纸对应的解答栏内。

某居民小区 FTTB+HGW 网络拓扑如图 7-5 所示。GPON OLT 部署在汇聚机房，通过聚合方式接入城域网；ONU 部署在居民楼楼道交接箱里，通过用户家中部署的 LAN 上行的 HGW 来提供业务接入接口。

HGW 通过 ETH 接口上行至 ONU 设备，下行通过 FE/WiFi 接口为用户提供 Internet 业务，通过 FE 接口为用户提供 IPTV 业务。

HGW 提供 PPPoE 拨号、NAT 等功能，可以实现家庭内部多台 PC 共享上网。

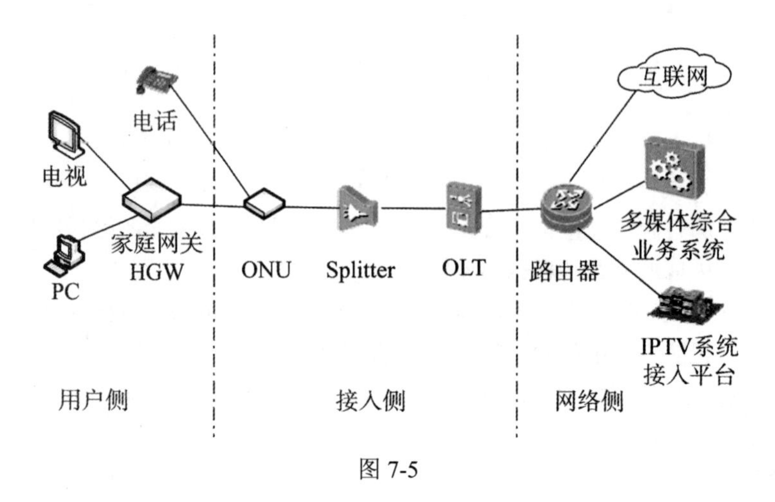

图 7-5

【问题 1】

（1）对网络进行 QoS 规划时，划分了语音业务、管理业务、IPTV 业务、上网业务，其中优先级最高的是__①__，优先级最低是__②__。

（2）通常情况下，一路语音业务所需的带宽应达到或接近__③__kb/s，一路高清 IPTV 所需的带宽应达到或接近__④__Mb/s。

③~④备选答案：

A．100　　B．10　　C．1000　　D．50

（3）简述上网业务数据规划的原则。

【问题 2】

小区用户上网业务需要配置的内容包括 OLT、ONU、家庭网关 HGW，其中：

（1）在家庭网关 HGW 上配置的有__⑤__和__⑥__。

（2）在 ONU 上配置的有__⑦__、__⑧__、__⑨__和__⑩__。

（3）在 OLT 上配置的有__⑪__、__⑫__、__⑬__和__⑭__。

⑤~⑭备选答案：

A．配置语音业务

B．配置上网业务

C．配置 IPTV 业务

D．配置聚合、拥塞控制及安全策略

E．增加 ONU

F．配置 OLT 和 ONU 之间的业务通道

G．配置 OLT 和 ONU 之间的管理通道

【问题 3】

某 OLT 上的配置命令如下所示。

步骤 1：

```
huawei(config)#vlan 8 smart
huawei(config)#port vlan 8 0/19 0
huawei(config)#vlan priority 8 6
huawei(config)#interface vlanif 8
huawei(config-if-vlanif8)#ip address 192.168.50.1 24
huawei(config-if-vlanif8)#quit
```

步骤 2：

```
huawei(config)#interface gpon 0/2    注释：ONU 通过分光器接在 GPON 端口 0/2/1 下
huawei(config-if-gpon-0/2)#ont ipconfig 1 1 static ip-address 192.168.50.2 mask 255.255.255.0
gateway 192.168.50.254 vlan 8
huawei(config-if-gpon-0/2)#quit
```

步骤 3：

```
huawei(config)#service-port 1 vlan 8 gpon 0/2/1 ont 1 gemport 11 multi-service user-vlan 8
rx-cttr 6 tx-cttr 6
```

简要说明步骤 1~3 命令片段实现的功能。

步骤 1：__⑮__。

步骤 2：__⑯__。

步骤 3：__⑰__。

【问题 4】

在该网络中，用户的语音业务（电话）的上联设备是 ONU，采用 H.248 语音协议，通过运营的__⑱__接口和语音业务通道接入网络侧的__⑲__。

2. 案例分析及参考答案

1）案例分析

本题考查的是 FTTB+HGW 的全局配置案例。本案例来源于运营商为家庭用户提供的网络、电视、语音的一体化解决方案。其中 FTTB 指的是光纤到楼（Fiber to The Building）；HGW 指的是家庭综合网关（面向家庭和小型办公网络用户设计的网关设备，能提供路由功能，支持多种业务接口，如 POTS、LAN/WLAN 或 xDSL 等，并支持远程管理与诊断）。

【问题 1】

FTTB 的 QoS 规划是端到端的， 不同业务报文通过 VLAN ID 进行区分，对于 GPON 系统基于 802.1p 优先级进行 GEM Port 映射。队列调度方式采用 PQ（Priority Queue，优先级队列）。通常情况下，管理业务、语音业务、IPTV 业务、上网业务的 802.1p 的优先级分别设定为 6、5、4、0。

语音业务带宽上下行对称，实际带宽与通信双方采用的编解码格式有关，一般情况下 100 kb/s 即可满足大部分应用场景；IPTV 业务主要占用下行带宽，实际带宽主要取决于 IPTV 头端设备采用的编码格式、画中画信息等因素，同时考虑 10%的带宽突发度以及每用户允许同时观看的节目数（多机顶盒接入）。通常一路 IPTV 高清视频的带宽需求是 9.7Mbit/s。

上网业务采用 SVLAN+CVLAN 双层 VLAN，在 ONU 基于用户端口映射内层 CVLAN，保证同一 PON 板下每个 ONU 的 CVLAN 不重复，在 OLT 进行 VLAN 切换并加一层 SVLAN：C'VLAN<->SVLAN +CVLAN（即 QinQ 采用的是层次化 VLAN 技术区分用户 CVLAN 和运营商的 SVLAN）。

【问题 2】

FTTB+HGW 组网场景（语音业务由 ONU 提供）下的配置详细步骤如下表所示：

配置主体	配置步骤	配置说明
OLT	OLT 上增加 ONU	只有在 OLT 上成功增加 ONU 后，才能对 ONU 进行相关配置
	配置 OLT 和 ONU 之间的管理通道	打通了 OLT 和 ONU 之间的带内管理通道后，即可通过 OLT 登录到 ONU 上，对 ONU 进行相关配置
	配置 OLT 和 ONU 之间的业务通道	在 OLT 上分别创建上网等业务通道，使 ONU 业务可以正常转发
ONU	配置上网业务	由于 ONU 所支持的硬件能力不同， 可以细分为 LAN 上网、ADSL2+上网、VDSL2 上网和 VDSL2 Vectoring 上网业务，实际配置时根据 ONU 所提供的端口，选择其中一种配置
	配置语音业务	语音业务有 H.248 和 SIP 两种协议，它们是互斥关系，即同时只能配置一种协议
	配置 IPTV 业务	IPTV 业务包括 VOD 点播业务和组播业务，两者配置存在差异，需要分别进行配置
OLT ONU	配置聚合、拥塞控制及安全策略	通过全局配置上行链路聚合、队列优先级调度，保障业务的可靠性；通过全局配置安全策略，保障业务的安全性
HGW	配置上网业务（HGW 侧）	-
	配置 IPTV 业务（HGW 侧）	-
ONU	验证业务	ONU 提供了 PPPoE 拨号仿真、呼叫仿真及组播业务仿真的远程验证方法，便于调测配置工程师在完成业务配置后，不用二次进站，远程即可进行业务验收

【问题 3】

该命令片段的作用是配置 OLT 和 ONU 之间的管理通道，实现从 OLT 远程登录 ONU 进行配置，要求 OLT 管理 VLAN 与 ONU 的管理 VLAN 相同，OLT 管理 IP 与 ONU 的管理 IP 在同一网段。

步骤一配置 OLT 的带内管理 VLAN 为 8，VLAN 优先级为 6，IP 地址为 192.168.50.1/24。

步骤二配置 ONU 的静态 IP 地址为 192.168.50.2/24，网关为 192.168.50.254，管理 VLAN 为 8（同 OLT 的管理 VLAN）。

步骤三的配置业务流索引为 1，管理 VLAN 为 8，GEM Port ID 为 11，用户侧 VLAN 为 8。OLT 上对带内管理业务流不限速，因此直接使用索引为 6 的缺省流量模板。

【问题 4】

在配置语音业务时需要明确的是：

ONU 支持的语音协议有 H.248 和 SIP，但同一时间只支持一种，可以在 ONU 上通过 display protocol support 命令查询当前支持的语音协议；如果需要切换，要在确保 MG 接口（H.248 协议）或 SIP 接口（SIP 协议）、全局数据已经删除的情况下，使用 protocol support 命令进行协议的切换。设置完成后，需要保存配置并重新启动系统，配置的协议类型才能生效。

2）参考答案

【问题 1】

（1）　（1）管理业务　（1 分）

　　　（2）上网业务　（1 分）

（2）　（3）A　（1 分）

　　　（4）B　（1 分）

（3）不同场景下 VLAN 的规划、VLAN 切换策略的规划。（4 分）

【问题 2】

（5）B

（6）C　（注：（5）（6）答案可互换）

（7）B

（8）A

（9）C

（10）D（注：（7）~（10）答案可互换）

（11）E

（12）F

（13）G

（14）D（注：（11）~（14）答案可互换）

【问题 3】

（15）配置 OLT 的带内管理 VLAN 和 IP 地址。

（16）配置 ONU 的带内管理 VLAN 和 IP 地址。

（17）配置带内管理业务流。

【问题 4】

（18）MG

（19）多媒体综合业务平台

7.3 网络配置和优化案例

7.3.1 案例1

1. 典型试题

阅读以下描述，然后回答问题1～问题4。

企业网络拓扑结构如图7-6所示。

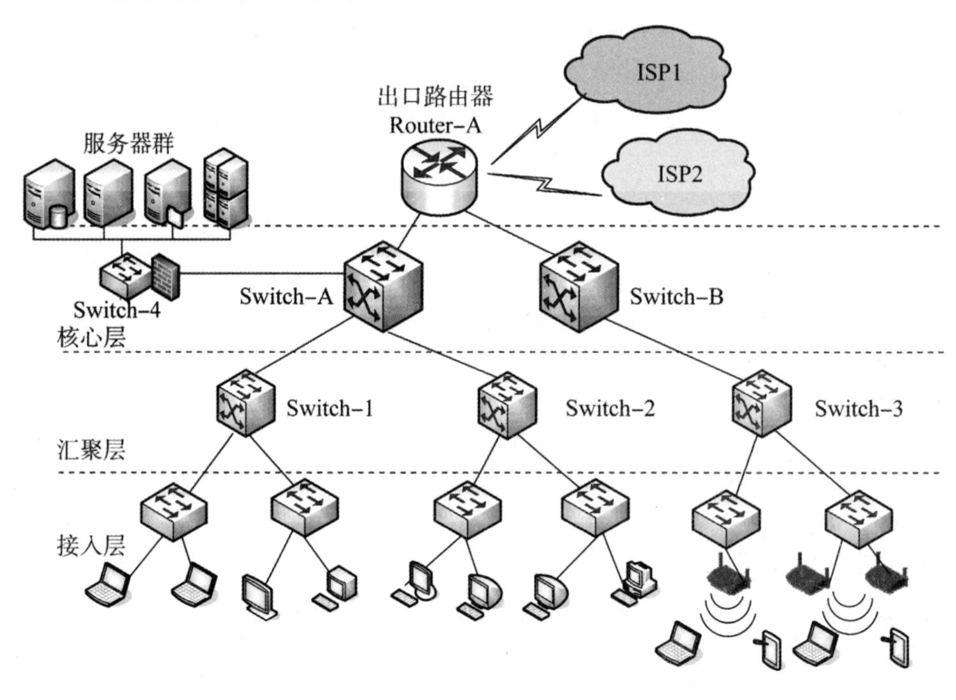

图7-6

【问题 1】

企业网络的可用性和可靠性是至关重要的，经常会出现因网络设备、链路损坏等导致整个网络瘫痪的现象。为了解决这个问题，需要在已有的链路基础上再增加一条备用链路，这称作网络冗余。

（1）对于企业来说，直接增加主干网络链路带宽的方法有哪些？并请分析各种方法的优缺点。

（2）一般常用的网络冗余技术可以分为哪两种。

【问题 2】

（1）网络冗余是当前网络为了提高可用性、稳定性必不可少的技术，在本企业网络中要求使用双核心交换机互做备份实现两种网络冗余技术，同时出口路由器因为负载过重也需要进行网络

结构调整优化，请画图说明在不增加网络设备的情况下完成企业主干网络结构调优。（4 分）

（2）在两台核心交换机上配置 VRRP 冗余，以下为部分配置命令。

```
[SwitchA] interface vlanif 100
[SwitchA-Vlanif100] vrrpvrid 1 virtual-ip 10.1.1.111
[SwitchA-Vlanif100] vrrpvrid 1 priority 120
[SwitchA-Vlanif100] vrrpvrid 1 preempt-mode timer delay 20
[SwitchA-Vlanif100] quit
[SwitchB] interface vlanif 100
[SwitchB-Vlanif100] vrrpvrid 1 virtual-ip 10.1.1.111
[SwitchB-Vlanif100] quit
```

在 Switch-A 上创建 VRRP 备份组 1，配置 Switch-A 在该备份组中的__①__为 120，并配置__②__为 20 秒。在 Switch-A 执行 display vrrp 命令，可以看到 Switch-A 在备份组中的状态为__③__。

【问题 3】

随着企业网络的广泛应用，用户对于移动接入企业网的需求不断增加，无线网络作为有线网络的有效补充，凭借着投资少、建设周期短、使用方便灵活等特点越来越受到企业的重视，近年来企业也逐步加大无线网络的建设力度。

（1）构建企业无线网络如何保证有效覆盖区域并尽可能减少死角？

（2）IEEE 认定的四种无线协议标准是什么？

（3）简单介绍三种无线安全的加密方式。

【问题 4】

随着企业关键网络应用业务的发展，在企业网络中负载均衡的应用需求也越来越大。

（1）负载均衡技术是什么？负载均衡会根据网络的不同层次（网络七层）来划分，其中，第二层的负载均衡是什么技术？

（2）服务器集群技术和服务器负载均衡技术的区别是什么？

2. 案例分析及参考答案

1）案例分析

本题考查的是园区网络性能优化的知识。

在网络规划中，通常按照功能或业务进行分层设计，每层都是有特定角色和功能的、结构定义良好的模块。大型网络一般依据对流量负载、网络或用户行为的分析来规划层与层之间的互连。

园区网以楼宇为单位进行网络建设，每栋楼宇可以按照二层或三层树型结构建设，设计汇聚点。同一楼宇内的数据交换就在本楼宇内部完成，不同楼宇的数据交换通过核心层完成。为保证网络的可靠性，在网络节点进行双节点设计实现设备级冗余，在关键业务链路上采用 Eth-Trunk 链路实现链路级可靠性。对于模块化核心交换机或者出口路由器，还常采用双主控实现单板级冗余。

在搭建无线局域网络时，应避免访问者从一个 AP 的覆盖范围移动到另外一个 AP 的覆盖范围时与原无线 AP 中断连接的情况发生。通常的做法是在无线 AP 信号覆盖区域之间保留少量的重叠部分，确保访问者在不同网络之间漫游时始终处于在线状态，而不会发生连接断开现象，做到无线网络的无缝切换。在一个 AP 覆盖区内直序扩频技术最多可以提供 3 个不重叠的信道同时工作。考虑到制式的兼容性，相邻区域频点配置时宜选用 1、6、11 信道。同时，AP 信号是直线传播的，每遇到一个障碍物，无线信号就会被削弱，因此在进行规划时，要考虑 AP 部署环境对无线信号的影响。

无线网络的用户接入主要通过认证技术及加密技术来保证。常用的认证方式包括 802.1x 认证、MAC 地址认证、Portal 认证等，保证无线用户身份的安全性，同时结合 WEP(64/128)、WPA、WPA2 等多种加密方式保证无线用户的加密安全性。

2）参考答案

【问题 1】

参考答案：

（1）一般有两种方法：一是直接升级主干网络带宽。优点是效果显著，不足之处是这种方法投入较大。二是采用以太网信道或者端口聚合技术。优点是投入较小，缺点是使用该技术需要两端设备都支持端口聚合技术，且进行端口捆绑的多个接口状态必须相同。

（2）一般常用的网络冗余技术可以分为二层链路冗余和三层网关冗余（包括设备级和单板级冗余）。

【问题 2】

（1）如图 7-6 所示，虚线为增加的链路。首先在两台核心交换机之间实现链路聚合以增加主干网络带宽。其次按照图中的连接方法已经构成了二层环路，链路冗余已经产生，关键是要把两台核心交换机定义为 STP 的根桥；三层网关冗余技术主要是做网关备份，因此，需要在双核心交换机上配置 VRRP 协议。最后为了减少出口路由器的负担，考虑把服务器群接入到核心交换机 A 或者 B 上。

（2）① 优先级

② 抢占时间

③ Master

【问题 3】

（1）构建企业无线网络为了减少死角，必须让两个 AP 覆盖的无线区域有少量重叠。除此之外，选择 AP 时也要考虑当前物理环境，如果是空旷的环境可以选择使用放射信号为球形的 AP 设备，如果是在楼层中可以考虑使用向某个区域放射信号的 AP 设备。

（2）目前，主流的无线协议都是由 IEEE 所制定，IEEE 认定的四种无线协议标准分别为 IEEE 802.11a、IEEE 802.11b、IEEE 802.11g 和 IEEE 802.11n。

（3）第一种：WEP 加密 WEP（有线对等保密）协议。

第二种：WPA 加密 WPA 和 WPA2。

第三种：WPA-PSK 加密 WPA-PSK 和 WPA2-PSK。

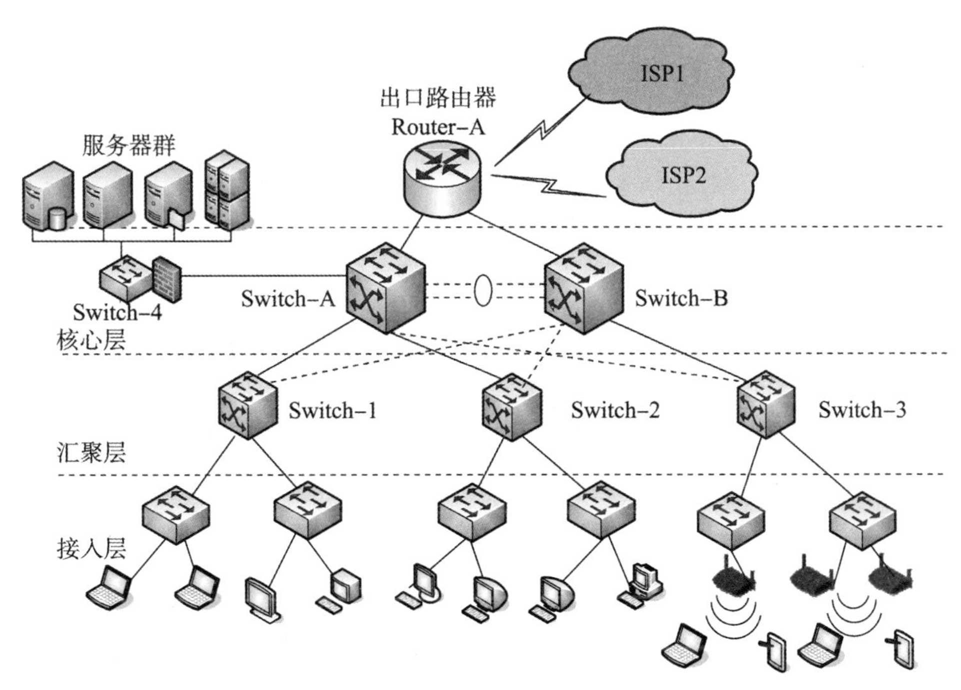

图 7-6　优化后的企业网络拓扑图

【问题 4】

（1）负载均衡技术建立在现有网络结构之上，它提供了一种廉价有效透明的方法，扩展网络设备和服务器的带宽，增加吞吐量，加强网络数据处理能力，提高网络的灵活性和可用性。

第二层的负载均衡指将多条物理链路当作一条单一的聚合逻辑链路使用，即链路聚合技术。

（2）集群是一组独立的计算机系统构成一个松耦合的多处理器系统，它们之间通过网络实现进程间的通信。应用程序可以通过网络共享内存进行消息传送，实现分布式计算。主要解决高可靠性（HA）和高性能计算（HP）。

负载均衡技术提供了一种廉价有效的方法，扩展服务器带宽和增加吞吐量，加强网络数据处理能力，提高网络的灵活性和可用性。主要解决的是大量的并发访问或数据流量分担到多台节点设备上分别处理，减少用户等待响应的时间。

7.3.2　案例 2

1. 典型试题

阅读以下描述，然后回答问题 1～问题 4。

某园区组网方案如图 7-8 所示，数据规划如表 7-1 内容所示。

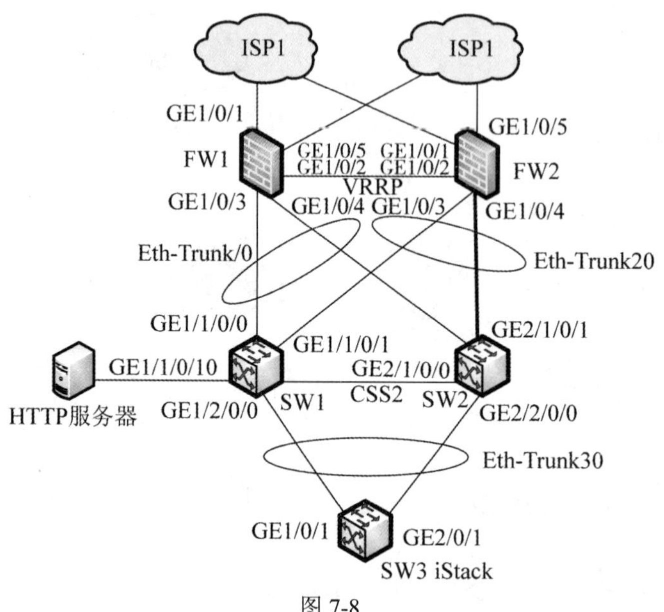

图 7-8

表 7-1

设备	接口	成员接口	VLANIF	IP 地址	对端设备	对端接口
FW1	GE1/0/1	-	-	202.1.1.1/24	ISP1 外网出口 IP	
	GE1/0/5	-	-	202.2.1.2/24	ISP2 外网出口 IP	
	GE1/0/2	-	-	172.16.111.1/24	FW2	GE1/0/2
	Eth-Trunk10	GE1/0/3	-	172.16.10.1/24	SW CSS	Eth-Trunk10
		GE1/0/4	-			
FW2	GE1/0/1	-	-	202.1.1.2/24	ISP1 外网出口 IP	
	GE1/0/5	-	-	202.2.1.1/24	ISP2 外网出口 IP	
	GE1/0/2	-	-	172.16.111. 2/24	FW1	GE1/0/2
	Eth-Trunk20	GE1/0/3	-	172.16.10.2/24	SW CSS	Eth-Trunk20
		GE1/0/4	-			
SW CSS	GE1/1/0/10	-	VLANIF50	172.16.50.1/24	HTTP	以太网接口
	Eth-Trunk10	GE1/1/0/0	VLANIF10	172.16.10.3/24	FW1	Eth-Trunk10
		GE2/1/0/0				
	Eth-Trunk20	GE1/1/0/1	VLANIF10	172.16.10.3/24	FW2	Eth-Trunk20
		GE2/1/0/1				
	Eth-Trunk30	GE1/2/0/0	VLANIF30	172.16.30.1/24	SW3	Eth-Trunk30
		GE2/2/0/0	VLANIF40	172.16.40.1/24		
SW3	Eth-Trunk30	GE1/0/1	VLANIF30	172.16.30.2/24	SW CSS	Eth-Trunk30
		GE2/0/1				
HTTP	以太网接口	-	-	172.16.50.10/24	SW CSS	GE1/1/0/10

【问题 1】

该网络对汇聚层交换机进行了堆叠，在此基础上进行链路聚合并配置接口，补充下列命令片段。

[SW3] interface ＿（1）＿
[SW3-Eth-Trunk30] quit
[SW3] interface gigabitethernet 1/0/1
[SW3-GigabitEthernet1/0/1] eth-trunk 30
[SW3-GigabitEthernet1/0/1] quit
[SW3] interface gigabitethernet 2/0/1
[SW3-GigabitEthernet2/0/1] eth-trunk 30
[SW3-GigabitEthernet2/0/1] quit
[SW3] vlan batch ＿（2）＿
[SW3] interface eth-trunk 30
[SW3-Eth-Trunk30] port link-type ＿（3）＿
[SW3-Eth-Trunk30] port trunk allow-pass vlan 30 40
[SW3-Eth-Trunk30] quit
[SW3] interface vlanif 30
[SW3-Vlanif30] ip address ＿（4）＿
[SW3-Vlanif30] quit

【问题 2】

该网络对核心层交换机进行了集群，在此基础上进行链路聚合并配置接口，补充下列命令片段。

[CSS] interface loopback 0
[CSS-LoopBack0] ip address 3.3.3.3 32
[CSS-LoopBack0] quit
[CSS] vlan batch 10 30 40 50
[CSS] interface eth-trunk 10
[CSS-Eth-Trunk10] port link-type access
[CSS-Eth-Trunk10] port default vlan 10
[CSS-Eth-Trunk10] quit
[CSS] interface eth-trunk 20
[CSS-Eth-Trunk20] port link-type ＿（5）＿
[CSS-Eth-Trunk20] port default vlan 10
[CSS-Eth-Trunk20] quit
[CSS] interface eth-trunk 30
[CSS-Eth-Trunk30] port link-type ＿（6）＿
[CSS-Eth-Trunk30] port trunk allow-pass vlan 30 40

```
[CSS-Eth-Trunk30] quit
[CSS] interface vlanif 10
[CSS-Vlanif10] ip address172.16.10.3 24
[CSS-Vlanif10] quit
[CSS] interface vlanif 30
[CSS-Vlanif30] ip address 172.16.30.1 24
[CSS-Vlanif30] quit
[CSS] interface vlanif 40
[CSS-Vlanif40] ip address （7）
[CSS-Vlanif40] quit
[CSS] interface gigabitethernet1/1/0/10
[CSS-GigabitEthernet1/1/0/10] port link-type access
[CSS-GigabitEthernet1/1/0/10] port default vlan 50
[CSS-GigabitEthernet1/1/0/10] quit
[CSS] interface vlanif 50
[CSS-Vlanif50] ip address （8）
[CSS-Vlanif50] quit
```

【问题 3】

配置 FW1 时，下列命令片段的作用是__（9）__。

```
[FW1] interface eth-trunk 10
[FW1-Eth-Trunk10] quit
[FW1] interface gigabitethernet 1/0/3
[FW1-GigabitEthernet1/0/3] eth-trunk 10
[FW1-GigabitEthernet1/0/3] quit
[FW1] interface gigabitethernet 1/0/4
[FW1-GigabitEthernet1/0/4] eth-trunk 10
[FW1-GigabitEthernet1/0/4] quit
```

【问题 4】

在该网络以防火墙作为出口网关的部署方式，相比用路由器作为出口网关，防火墙旁挂的部署方式，最主要的区别在于__（10）__。

为了使内网用户访问外网，在出口防火墙的上行配置__（11）__，实现私网地址和公网地址之间的转换；在出口防火墙上配置__（12）__，实现外网用户访问 HTTP 服务器。

2. 案例分析及参考答案

本题考查的是以防火墙为园区网出口的网络构建。

以防火墙为出口的网络部署方案是将防火墙作为出口安全网关，对出入园区网的业务流量提供安全过滤功能，为网络安全提供保障，该部署模式适用于企业园区网出口流量较小或者用户规模不大的园区网场景。以防火墙为出口网关的网络通常包括以下主要需求：

- 选路需求，业务流量在网络出口测可自动选择出口，分流到不同运营商网络之中去，避免链路资源的浪费。
- NAT 需求，内网用户可正常访问 Internet 资源，外网用户可以访问内网中的服务器资源。
- 安全与可靠性需求，所有南北流量都需要经过安全处理，网络中链路或设备出现故障时，网络业务不中断。

【问题 1】

本题考查的是基本的网络接口配置命令，通过数据规划表和网络拓扑图对应关系识别汇聚层交换机的位置和各接口的参数配置。

参考答案：

（1）eth-trunk 30

（2）30 40

（3）trunk

（4）172.16.30.2 24

【问题 2】

集群交换机系统 CSS（Cluster Switch System）是将两台支持集群特性的交换机设备组合在一起，从逻辑上组合成一台交换设备。通过交换机集群，可以实现网络的高可靠性和网络大数据量的转发，实现简化网络管理。由于集群中的两台成员交换机都使用同一个 IP 地址和 MAC，为防止集群分裂后产生两个相同的 IP 地址和 MAC 地址，引起网络故障，必须进行 IP 地址和 MAC 的冲突检查，使用多主检查 MAD 协议。

对网络核心层交换机进行集群，采用以下步骤进行：

- 配置核心交换机集群，包括集群卡的线缆连接；配置集群连接方式、集群 ID 和集群的优先级；使能 CSS；重启核心交换机，查看集群状态，确认集群系统主交换机的 CSS MASTERD 灯绿色常亮等。
- 集群配置各接口多主检测功能并查看集群系统多主检测详细配置信息。
- 配置 CSS 与 FW，与汇聚交换机之间的 Eth-Trunk 和接口。
- 配置路由，包括 OSPF 路由发布、缺省路由等信息。

参考答案：

（5）access

（6）trunk

（7）172.16.40.1 24

（8）172.16.50.1 24

【问题 3】

从网络拓扑可知，配置的两个接口均是防火墙的下行接口，连接的核心层的集群，采用的方式是 Eth-Trunk 方式。

参考答案：

（9）在 FW1 上创建 Eth-Trunk 10，用于连接 CSS，并加入 Eth-Trunk 成员接口

【问题 4】

防火墙在线部署也就是串接部署，可以检测也可以起到实时阻止的作用，但是转发会对大流量数据产生延迟。旁路部署模式，防火墙和网络是并联的，可以通过数据镜像后，传给防火墙审查，审查的数据并不会直接影响到网络中的数据。

NAT 主要应用于内网用户访问外网的场景，当内网用户上网时，通过路由器发送数据包时，私有地址被转换成合法的 IP 地址，局域网只需使用少量 IP 地址实现私有地址网络内所有计算机与 Internet 的通信需求。NAT Server 应用于实现私网服务器以公网 IP 地址对外提供服务的场景。当内网部署了 IP 是私网地址的服务器，公网用户通过公网地址来访问该服务器，可以配置 NAT Server，使设备将公网用户访问该公网地址的报文自动转发给内网服务器。

参考答案：

（10）出口流量较小或网络规模小

（11）NAT

（12）NAT Server

7.4 网络故障分析与处理案例

1. 典型试题

阅读以下描述，然后回答问题 1～问题 4。

某网络拓扑结构如图 7-9 所示，SW1、SW2 两台交换机配置 VRRP，其中 SW1 配置为 VRRP 的 Master，SW2 配置为 VRRP 的 Backup 设备。SW1 与 SW2 之间采用 Eth-Trunk 的方式互连。所有交换机均配置有管理 BVLAN10，业务 VLAN 按需求配置。

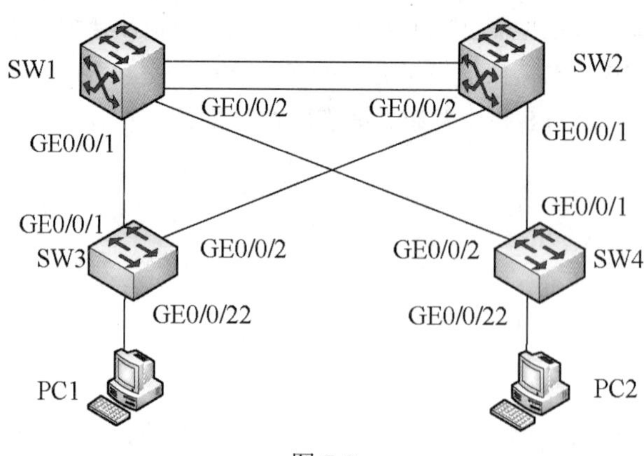

图 7-9

【问题 1】

管理员在查看 SW1、SW2 的配置，显示结果如下。在 PC1 上 ping10.20.20.3 可以 ping 通。将 SW1 的 GE0/0/1 接口 Down，则 ping 不通网关地址。从检查情况看，网络中存在哪些故障。

```
<SW1>display vrrp brief
VRID   State        Interface                    Type      Virtual IP
------------------------------------------------------------------------
10     Master       Vlanif10                     Normal    10.10.10.3
20     Master       Vlanif20                     Normal    10.20.20.3
21     Master       Vlanif30                     Normal    10.30.30.3
------------------------------------------------------------------------
Total:3      Master:3      Backup:0      Non-active:0
<SW2>display vrrp brief
VRID   State        Interface                    Type      Virtual IP
------------------------------------------------------------------------
10     Backup       Vlanif10                     Normal    10.10.10.3
20     Master       Vlanif20                     Normal    10.20.20.3
21     Master       Vlanif30                     Normal    10.30.30.3
------------------------------------------------------------------------
Total:3      Master:2      Backup:1      Non-active:0
```

【问题 2】

管理员查看了 SW1、SW2 上的相关 VLAN 的 VRRP 信息，结果如下所示。进一步查看了相关的统计信息，发现 SW1 和 SW2 的 Vlanif20 和 Vlanif30 只有发送的 vrrp advertisements 报文，没有收到的 vrrp advertisements 报文。该检查结果是否正常，为什么？

```
<SW1>dis vrrp interface Vlanif 20
  Vlanif20 | Virtual Router 20
    State : Master
    Virtual IP : 10.20.20.3
    Master IP : 10.20.20.1
PriorityRun : 150
PriorityConfig : 150
MasterPriority : 150
    Preempt : YES     Delay Time : 0 s
TimerRun : 1 s
TimerConfig : 1 s
Auth type : NONE
```

```
      Virtual MAC : 0000-1e00-0112
      Check TTL : YES
Config type : normal-vrrp
      Create time : 2018-12-12 08:08:13 UTC-08:00
      Last change time : 2018-12-12 10:30:22 UTC-08:00

<SW1>dis vrrp interface Vlanif 30
   Vlanif30 | Virtual Router 30
      State : Master
      Virtual IP : 10.30.30.3
      Master IP : 10.30.30.1
PriorityRun : 150
PriorityConfig : 150
MasterPriority : 150
      Preempt : YES      Delay Time : 0 s
TimerRun : 1 s
TimerConfig : 1 s
Auth type : NONE
      Virtual MAC : 0000-1e00-0422
      Check TTL : YES
Config type : normal-vrrp
      Create time : 2018-12-12 08:10:26 UTC-08:00
      Last change time : 2018-12-12 10:35:16 UTC-08:00

<SW2>display vrrp interface Vlanif 20
   Vlanif20 | Virtual Router 20
      State : Master
      Virtual IP : 10.20.20.3
      Master IP : 10.20.20.2
PriorityRun : 100
PriorityConfig : 100
MasterPriority : 100
      Preempt : YES      Delay Time : 0 s
TimerRun : 1 s
TimerConfig : 1 s
Auth type : NONE
```

```
        Virtual MAC : 0000-1e00-0112
        Check TTL : YES
    Config type : normal-vrrp
        Create time : 2018-12-12 09:42:22 UTC-08:00
        Last change time : 2018-12-12 10:55:16 UTC-08:00

    <SW2>display vrrp interface Vlanif30
      Vlanif30 | Virtual Router 30
        State : Master
        Virtual IP : 10.30.30.3
        Master IP : 10.30.30.2
    PriorityRun : 100
    PriorityConfig : 100
    MasterPriority : 100
        Preempt : YES     Delay Time : 0 s
    TimerRun : 1 s
    TimerConfig : 1 s
    Auth type : NONE
        Virtual MAC : 0000-1e00-0422
        Check TTL : YES
    Config type : normal-vrrp
        Create time : 2018-12-12 09:59:50 UTC-08:00
        Last change time : 2018-12-12 11:55:24 UTC-08:00
```

【问题 3】

管理员查看了所有交换机之间的互连链路配置情况，结果如下所示。分析检查结果命令组 1 与命令组 2 并说明互连链路的配置是否影响网络畅通。

命令组 1：

```
<SW1>display current-configuration interface Eth-Trunk 1
#
interface Eth-Trunk1
 port link-type trunk
 port trunk allow-pass vlan 10
<SW2>display current-configuration interface Eth-Trunk 1
#
interface Eth-Trunk1
 port link-type trunk
```

```
 port trunk allow-pass vlan 10
#
```

命令组2：

```
<SW1>display current-configuration interface g0/0/1
#
interface GigabitEthernet0/0/1
 description TO-SW3        //表示该接口互连的对端设备是 SW3
port link-type trunk
 port trunk allow-pass vlan 10 20
#
return
<SW1>display current-configuration interface g0/0/2
#
interface GigabitEthernet0/0/2
 description TO-SW4
 port link-type trunk
 port trunk allow-pass vlan 10 30

<SW2>display current-configuration interface g0/0/1
#
interface GigabitEthernet0/0/1
description TO-SW4
port link-type trunk
 port trunk allow-pass vlan 10 30
#
return
<SW2>display current-configuration interface g0/0/2
#
interface GigabitEthernet0/0/2
 description TO-SW3
 port link-type trunk
 port trunk allow-pass vlan 10 20

<SW3>display current-configuration interface e0/0/1
#
interface Ethernet0/0/1
```

```
 description TO-SW1
 port link-type trunk
 port trunk allow-pass vlan 10 20
#
return
<SW3>display current-configuration interface e0/0/2
#
interface Ethernet0/0/2
description TO-SW2
 port link-type trunk
 port trunk allow-pass vlan 10 20
#
[SW4]display current-configuration interface e0/0/1
#
interface Ethernet0/0/1
description TO-SW2
 port link-type trunk
 port trunk allow-pass vlan 10 30
#
return
[SW4]display current-configuration interface e0/0/2
#
interface Ethernet0/0/2
 description TO-SW1
 port link-type trunk
 port trunk allow-pass vlan 10 30
#
return
```

【问题 4】

由于 SW3、SW4 和 SW1、SW2 之间通过双上行组成了环形网络，所以网路中开启了 MSTP 来防止环路。管理员通过如下配置检查，可以得出什么结论，处理该故障的方法思路是什么？

```
<SW3>display stp brief
MSTID   Port Role         STP State                 Protection
  0     Ethernet0/0/1     ROOT    FORWARDING        NONE
  0     Ethernet0/0/2     ALTE    DISCARDING        NONE
  0     Ethernet0/0/22    DESI    FORWARDING        NONE
```

```
<SW4>display stp brief
MSTID  PortRole         STP State               Protection
  0    Ethernet0/0/1    ALTE   DISCARDING       NONE
  0    Ethernet0/0/2    ROOT   FORWARDING       NONE
  0    Ethernet0/0/22   DESI   FORWARDING       NONE
```

2. 案例分析及参考答案

1）案例分析

迅速定位并排除网络故障是网络规划设计师必须具备的能力之一。本案例主要考查以下知识点：

（1）生成树协议。生成树协议是一种链路管理协议，它为网络提供路径冗余，同时防止产生环路。为使以太网更好地工作，两个工作站之间只能有一条活动路径。网络环路的产生有多种原因，最常见的一种是链路或设备的冗余，为了防止出现一条链路或一台交换机的单点失效问题，在网络建设时往往部署有冗余的链路和交换机。

生成树协议允许网桥之间相互通信以发现网络物理环路。该协议定义了一种算法，网桥能够使用它创建无环路（Loop-Free）的逻辑拓扑结构。STP 创建了一个由无环路树叶和树枝构成的树结构，其跨越了整个第二层网络。

由于局域网内所有的 VLAN 共享一棵生成树无法在 VLAN 间实现数据流量的负载均衡，链路被阻塞后将不承载任何流量，还有可能造成部分 VLAN 的报文无法转发。为了弥补 STP 缺陷，IEEE 于 2002 年发布的 802.1S 标准定义了 MSTP。MSTP 兼容 STP，既可以快速收敛，又提供了数据转发的多个冗余路径，在数据转发过程中实现 VLAN 数据的负载均衡。

（2）以太网链路聚合 Eth-Trunk。通过将多条以太网物理链路捆绑在一起成为一条逻辑链路，从而实现增加链路带宽的目的，这些捆绑在一起的链路通过相互间的动态备份，可以有效地提高链路的可靠性。链路聚合技术主要有以下三个优势：

- 增加带宽。链路聚合接口的最大带宽可以达到各成员接口带宽之和。
- 提高可靠性。当某条活动链路出现故障时，流量可以切换到其他可用的成员链路上，从而提高链路聚合接口的可靠性。
- 负载分担。在一个链路聚合组内，可以实现在各成员活动链路上的负载分担。

当二层网络中的交换设备划分到不同的 VLAN 中，为了保证不同 VLAN 间的用户正常通信，需要在三层设备与二层设备相连的 Eth-Trunk 接口上创建子接口与下游用户的 VLAN 分别对应，并在子接口上配置 IP 地址。

（3）VLAN 概念。VLAN 也称为虚拟局域网，是指在交换局域网的基础上，构建的可跨越不同网段、不同网络的端到端逻辑网络。一个 VLAN 组成一个逻辑子网，即一个逻辑广播域，它可以覆盖多个网络设备，允许处于不同地理位置的网络用户加入到一个逻辑子网中。

（4）虚拟路由冗余协议 VRRP。通过把几台路由设备联合组成一台虚拟的路由设备，将虚拟路由设备的 IP 地址作为用户的默认网关实现与外部网络通信。当网关设备发生故障时，VRRP 机制能够选举新的网关设备承担数据流量，从而保障网络的可靠通信。VRRP 协议中定义了三种状态：初始状态、活动状态、备份状态。其中，只有处于 Master 状态的设备才可以转发那些发送到虚拟 IP 地址的报文。VRRP 的工作过程如下：

- 路由器使能 VRRP 功能后，会根据优先级确定自己在备份组中的角色。优先级高的路由器成为 Master 路由器，优先级低的成为 Backup 路由器。Master 路由器定期发送 VRRP 通告报文，通知备份组内的其他路由器自己工作正常；Backup 路由器则启动定时器等待通告报文的到来。
- 在抢占方式下，当 Backup 路由器收到 VRRP 通告报文后，会将自己的优先级与通告报文中的优先级进行比较。如果大于通告报文中的优先级，则成为 Master 路由器；否则将保持 Backup 状态。
- 如果 Master 设备出现故障，VRRP 备份组中的 Backup 设备将根据优先级重新选举新的 Master。
- 在非抢占方式下，只要 Master 路由器没有出现故障，备份组中的路由器始终保持 Master 或 Backup 状态，Backup 路由器即使随后被配置了更高的优先级也不会成为 Master 路由器。

在 VRRP+STP 场景中，SW1 和 SW2 上配置 VRRP 备份组。若与用户相连的 Switch 不能转发 VRRP 协议报文，比如配置了未知组播丢弃，或者为了防止 VRRP 协议报文所经过的链路不通或不稳定，可以在 SW1 和 SW2 之间部署心跳线，用于传递 VRRP 协议报文。由于配置了心跳线之后，需要将接口加入与 VRRP 备份组相对应的 VLAN，SW1 和 SW2 和互连交换机之间会存在环路，因此需要配置 STP 协议来破除环路。

2）参考答案

【问题 1】

通过检测结果可知，SW1、SW2 上 Vlanif20、Vlanif21 对应的 VRRP 状态都为 Master，两者同为 Master 状态不正确；当 SW1 的 G0/0/1 接口 Down 后 PC2 无法与网关通信，说明双上行链路冗余没有起效，存在链路配置故障。

【问题 2】

管理员查看了 SW1、SW2 上的相关 VLAN 的 VRRP 信息，结果正常，说明 VRRP 配置正常，但是通过 display vrrp statistics 分别在 SW1 和 SW2 上查看 Vlanif20、Vlanif30 的统计信息只有发送的 vrrp advertisements 报文，没有收到的 rrp advertisements。正常情况下 SW2 作为 backup 设备应该有收到的 vrrp advertisements，所以可能存在某种原因导致 vrrp advertisements 报文无法正常传递。

【问题 3】

命令组 1 说明 SW1 与 SW2 之间的互连链路只允许 VLAN10 通过，所以 Vlanif20 与 Vlanif30 的 vrrp advertisements 报文无法通过该链路传递。

命令组 2 说明 SW3、SW4 分别与 SW1、SW2 互连链路配置没问题，透传了相应的 vlan，所以 Vlanif20 与 Vlanif30 的 vrrp advertisements 报文能通过该互连链路传递。

【问题 4】

网路中开启了 MSTP 防止环路阻断了相应的接口，vrrp advertisements 报文无法传递。分别在 SW3 和 SW4 上通过 display stp brief 查看 STP 的端口阻塞情况，从反馈信息看，是 SW3 的 Ethernet0/0/2 和 SW4 的 Ethernet0/0/1 口处于阻塞状态，vrrp advertisements 无法传递导致 VRRP 状态不正常。

该网络是环状网络不能关闭生成树协议，可以分别在 SW1 和 SW2 上的 Eth-Trunk 接口透传 VLAN 20、VLAN 30 使 vrrp advertisements 报文能正常通过，又不影响生成树的使用。

7.5 网络安全部署案例

1. 典型试题

阅读以下描述，然后回答问题 1～问题 4。

某政府部门网络用户包括有线网络用户、无线网络用户和有线摄像头若干，组网拓扑如图 7-10 所示，网络接口规划与 VLAN 规划内容如表 7-2、7-3 所示。

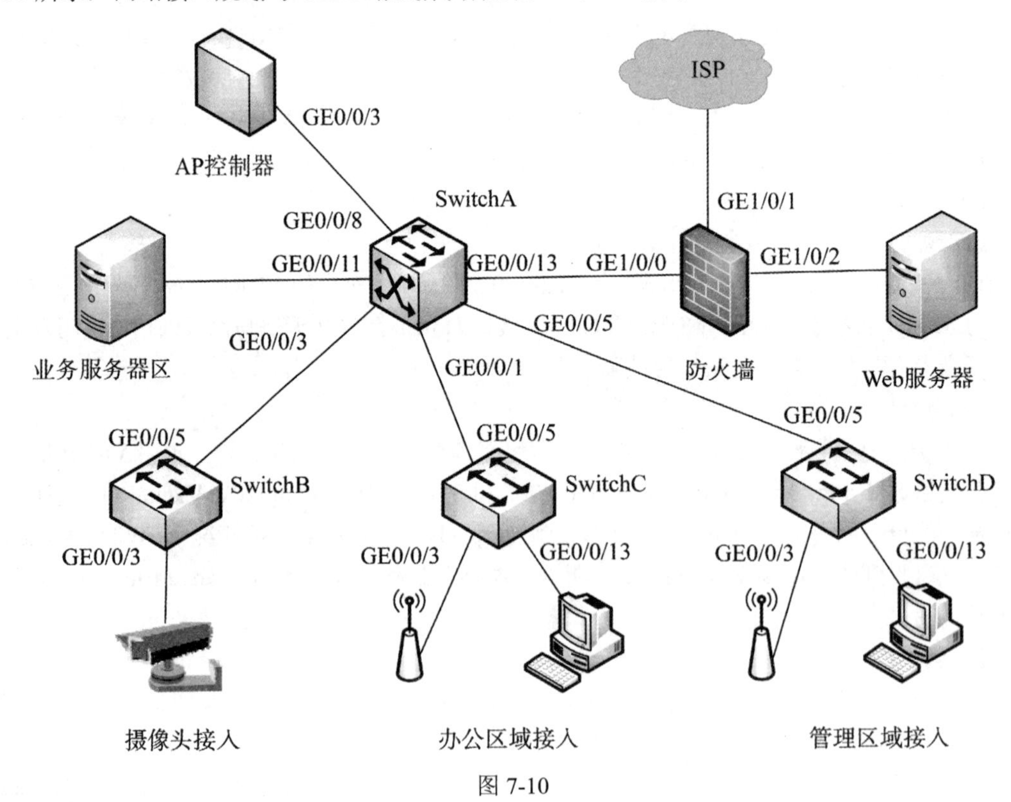

图 7-10

表 7-2　网络接口规划

设备名	接口编号	所属 VLAN	IP 地址
防火墙	GE1/0/0	-	10.107.1.2/24
	GE1/0/1	-	109.1.1.1/24
	GE1/0/2	-	10.106.1.1/24
AP 控制器	GE0/0/3	100	VLANIF100:10.100.1.2/24
SwitchA	GE0/0/1	101、102、103、105	VLANIF105:10.105.1.1/24
	GE0/0/3	104	VLANIF104:10.104.1.1/24
	GE0/0/5	101、102、103、105	VLANIF101:10.101.1.1/24 VLANIF102:10.102.1.1/24 VLANIF103:10.103.1.1/24
	GE0/0/8	100	VLANIF100:10.100.1.1/24
	GE0/0/11	108	VLANIF108:10.108.1.1/24
	GE0/0/13	107	VLANIF107:10.107.1.2/24
SwitchC	GE0/0/3	101、102、105	-
	GE0/0/5	101、102、103、105	-
	GE0/0/13	103	-
SwitchD	GE0/0/3	101、102、105	-
	GE0/0/5	101、102、103、105	-
	GE0/0/13	103	-

表 7-3　VLAN 规划

项目	描述
VLAN 规划	VLAN100：无线管理 VLAN VLAN101：访客无线业务 VLAN VLAN102：员工无线业务 VLAN VLAN103：员工有线业务 VLAN VLAN104：摄像头的 VLAN VLAN105：AP 所属 VLAN VLAN107：对应 VLANIF 接口上行防火墙 VLAN108：业务区接入 VLAN

访客通过无线网络接入互联网，不能访问办公网络及管理网络，摄像头只能跟 DMZ 区域服务器互访。

【问题 1】

进行网络安全设计，补充防火墙数据规划表 7-4 内容中的空缺项。

表 7-4 防火墙数据规划表

安全策略	源安全域	目的安全域	源地址/区域	目的地址/区域
egress	trust	untrust	（1）	-
dmz_camera	dmz	trust	10.106.1.1/24	10.104.1.1/24
untrust_dmz	untrust	dmz	-	10.106.1.1/24
源 net 策略 egress	trust	untrust	srcip	（2）
源 net 策略 camera_dmz	trust	dmz	camera	（3）

备注：NAT 策略转换方式为地址池中地址，IP 地址 109.1.1.2。

【问题 2】

进行访问控制规则设计，补充 Switch A 数据规划表 7-5 内容中的空缺项。

表 7-5 Switch A 数据规划表

项目	VLAN	源 IP	目的 IP	动作
ACL	101	（4）	10.100.1.0/0.0.0.255	丢弃
		10.101.1.0/0.0.0.255	10.108.1.0/0.0.0.255	（5）
	104	10.104.1.0/0.0.0.255	10.106.1.0/0.0.0.255	（6）
		10.104.1.0/0.0.0.255	（7）	丢弃

【问题 3】

补充路由规划内容，填写表 7-6 中的空缺项。

表 7-6 路由规划表

设备名	目的地址/掩码	下一跳	描述
防火墙	（8）	10.107.1.1	访问访客无线终端的路由
	（9）	10.107.1.1	访问摄像头的路由
SwitchA	0.0.0.0/0.0.0.0	10.107.1.2	缺省路由
AP 控制器	（10）	（11）	缺省路由

【问题 4】

配置 SwitchA 时，下列命令片段的作用是＿（12）＿。

```
[SwitchA] interface Vlanif 105
[SwitchA-Vlanif105] dhcp server option 43 sub-option 3 ascii 10.100.1.2
[SwitchA-Vlanif105] quit
```

2. 案例分析及参考答案

本题考查的是区、县行政单位的网络安全部署配置方案。

网络设计采用树形组网，包含接入层、核心层、DMZ 服务器和防火墙出口。

该网络提供无线覆盖，无线网络主要给办公用户和访客提供网络接入 Internet，其中办公用户 SSID 采用预共享密钥的方式接入无线网络，访客 SSID 采用 OPEN 方式接入无线网络。AP 控制器部署直接转发模式，AP 三层上线。SwitchA 作为 DHCP Server，为 AP 和无线终端分配 IP 地址。

该网络的有线接入主要给员工提供网络接入 Internet；有线用户不需要认证。SwitchA 交换机是有线终端的网关，同时也是有线终端的 DHCP Server，为有线终端分配 IP 地址。

在安全性需求方面，该网络保护管理区的数据安全，在 SwitchA 部署 ACL 控制用户转发权限，使得访客无线用户只能访问 Internet，不允许访问其他内部资源。在 SwitchA 部署 ACL，控制摄像头只能和 DMZ 区的服务器互访。在防火墙上配置安全策略，控制 DMZ 区服务器的访问权限。

防火墙上承载网络出口业务，DMZ 区的服务器开放给公网访问。

【问题 1】

本题中要根据题中的说明给出相应的源地址/区域或者目的地址/区域。防火墙策略中 egress 策略需要给出访问外网的终端地址，通过表 7-2 可知相关 VLAN 分别是 101、102、103、108。

防火墙策略中源 net 策略 egress 的含义是在防火墙上做 NAT，地址池中地址使用 109.1.1.2，目的任意。

防火墙策略中源 net 策略 camera_dmz 的含义是摄像头可以访问 DMZ。

参考答案：

（1）10.101.1.1/24；10.102.1.1/24；10.103.1.1/24；10.108.1.1/24

（2）any

（3）dmz

【问题 2】

在 SwitchA 上做访问控制，从表 7-2、表 7-3 可知，访客对内网段均无访问权限。摄像头所属 VLAN 可以通过防火墙访问服务器，不能访问其他内网区域。

参考答案：

（4）10.101.1.0/0.0.0.255

（5）丢弃

（6）通过

（7）any

【问题 3】

在防火墙的配置中，首先配置上行接口地址，所属安全区域是 untrust。接下来配置下行接口，分别是 trust 区域和 dmz 区域对应的下行接口地址。接下来配置安全策略，其中源 IP 对应的访客网段和摄像头网段的下一跳都是指向防火墙 trust 区域的接口地址。

AP 控制器网关是 10.100.1.1，因此默认路由的下一跳是 10.100.1.1。

参考答案：

（8）10.101.1.0/255.255.255.0

（9）10.104.1.0/255.255.255.0

（10）0.0.0.0/0.0.0.0

（11）10.100.1.1

【问题 4】

使用 dhcp server option 命令用来配置当前接口的 DHCP 地址池的自定义选项。配置命令 option 43 sub-option 3 ascii 10.100.1.2。其中，sub-option 3 为固定值，代表子选项类型；hex 31302E3130302E312E32 与 ascii 10.100.1.2 分别是 AC 地址 10.100.1.2 的 HEX 格式和 ASCII 格式。

参考答案：

（12）为 AP 接入地址池指定 AP 控制器（AC）的 IP

第 8 章　网络规划与设计论文

8.1　写作范围要求

《网络规划设计师考试大纲》中，要求考生根据试卷上给出的若干个论文题目，选择其中一个题目，按照规定的要求撰写论文。论文涉及的内容如下。

1. 网络技术应用与对比分析

要求进行系统的规划与设计，涉及的技术包含：

- 交换技术类；
- 路由技术类；
- 网络安全技术类；
- 服务器技术类；
- 存储技术类。

2. 网络技术对应用系统建设的影响

进行基于网络系统的应用系统集成，包含领域有：

- 网络计算模式；
- 应用系统集成技术；
- P2P 技术；
- 容灾备份与灾难恢复；
- 网络安全技术；
- 基于网络的应用系统开发技术。

3. 专用网络需求分析、设计、实施和项目管理

基于特定网络，选择设计技术，制定方案，包含内容如下：

- 工业网络；
- 电子政务网络；
- 电子商务网络；
- 保密网络；
- 无线数字城市网络；

- 应急指挥网络；
- 视频监控网络；
- 机房工程；
- 数据中心。

4. 下一代网络技术分析

当前流行的网络技术，比如：

- IPv6；
- 全光网络；
- 5G、IoT、WMN、WSN、MANET等无线网络；
- 多网融合。

8.2 论文考试难的原因及其对策

论文写作部分相对于其他部分来说要难一些。因为论文写作是对应考者综合能力的检测，而应考者往往因为以下这些原因，使得综合能力比较欠缺：

（1）考试范围太广，许多知识没有接触过；
（2）技术方面掌握不扎实，基础不牢；
（3）没有从事过网络规划设计；
（4）缺乏网络规划设计项目实战经验；
（5）长期从事某一个方面的工作，很少从事全面的网络规划设计综合性的工作；
（6）有项目经验但论文写作水平有限，无法准确完整地表达自己的观点；
（7）对考试的论文写作要求不了解。

对于这些问题，要想考试过关，需要注意以下几点：

（1）要尽量以充裕的时间来应考；
（2）要熟悉考试论文的写作格式及注意事项；
（3）掌握一定的论文写作技巧；
（4）需要阅读大量的资料来充实自己；
（5）在考试之前做适当的练习。

8.3 论文的格式与写作技巧

1. 格式要求

网络规划设计师的论文不同于在学术杂志上发表的学术论文，也不同于学校的毕业论文，它主要是对网络规划设计中某些方面的技术和项目表达自己的观点、思路、解决策略等。因此在格式上的要求也比较简单。

论文书写要注意以下要求：

（1）达到篇幅要求；

（2）不要在论文中出现过多的图表，尽量用文字表述；

（3）尽量保持卷面整洁，如果确实需要划掉文字，在字上画一横线即可；

（4）不必写关键词。

2. 论文选题

在进行论文写作前，先把几个论文试题快速浏览。为了照顾大多数考生的情况，论文题目会比较宽泛。选择自己最容易发挥、最擅长的方向的论题。论文题目选定后就不要犹豫，中途换题会浪费很多时间。

3. 论文提纲

选定论题后不要急于动笔直接在答题纸上写作。因为直接写作很难有一个整体的思路，而且在写作的过程中可能会因涂改而使卷面不整洁，影响评卷人的心理。不提倡在草稿纸上书写论文再抄至论文答题纸上，因为考试的时间本来就十分有限，抄写论文也需要较多时间。不妨先花点时间理理写作的思路，在草稿纸上写出论文的提纲，所谓“磨刀不误砍柴工”。

4. 正文写作

有了提纲，写正文就轻松多了。正文可采用“总-分-总”式，即文章开头提出中心思想，再分述论点，最后在结尾处做出总结；也可采用“提出问题-分析问题-解决问题”的逐步深入的方法。写作时注意以下几个方面的技巧：

（1）看清题目中给出的要点，抓住要点进行论述，内容要切题，紧紧围绕着试题指定的范围写作，不要离题发挥写过多无关的内容，不要给人以拼凑论文的感觉；

（2）理论联系实际，要有充实的具体内容，切忌空谈理论；

（3）论点要正确，合乎工程实践的实际情况；

（4）要注重逻辑性和条理性，有事实作为依据，力求要有说服力，条理清晰，前后呼应，不能出现自相矛盾的情况；

（5）要突出所涉及的项目是你自己的亲身经历，语气要自信，要有自己的观点与见解；

（6）遇到过的问题和解决这些问题的措施或策略应当具体化，是很现实可信的；

（7）采取措施的效果，要求比较突出，切实可行；

（8）需要进一步改进的地方和如何进行改进，要求写得比较明确，不能很含糊；

（9）论点清晰，最好每段在开头处或结尾处点明论点；

（10）可以采用分条叙述的方式，但不要全文用此方式；

（11）不必列举过多的计算公式；

（12）文章要带有一定的学术性。

5. 复查论文

复查论文主要是检查论文是否通顺、有无遗漏、有无错别字。注意以下几点：

（1）卷面要保持整洁；

（2）格式整齐，字迹工整；

（3）在时间不够的情况下力求写完论文，切忌有头无尾。

8.4 论文试题与评分案例

8.4.1 试题举例

论网络虚拟化技术在企业网络中的设计与应用

随着互联网应用的快速发展，企业数据中心的服务器、路由器、交换机、存储系统等基础设施的规模越来越庞大，管理维护成本和难度也随之增加。采用虚拟化技术将这些庞大的基础设施和资源进行整合，组成多个逻辑实体，实现弹性管理和集约化管理，有效降低管理维护成本和难度。

请围绕“论网络虚拟化技术在企业网络中的设计与应用”论题，依次对以下三个方面进行论述。

1. 简要论述网络虚拟化技术及其在企业网络中的应用需求和必要性。

2. 详细叙述你参与设计和实施的虚拟化企业网络规划与设计方案，包括项目整体规划、网络拓扑、硬件设备及软件选型以及工程的预算与造价等。

3. 结合你所参与实施的项目，分析在企业网络中使用网络虚拟化技术的优缺点。

8.4.2 写作要点

1. 论述网络虚拟化技术及其在企业网络中的应用需求和必要性。

2. 简要叙述参与设计和实施的虚拟化企业网络规划与设计方案，包括：

- 项目整体规划；
- 网络拓扑；
- 硬件设备及软件选型；
- 工程的预算与造价。

3. 使用网络虚拟化技术的企业网络性能分析，包括：

- 使用网络虚拟化技术的优缺点；
- 使用网络虚拟化技术的性能。

8.4.3 评分标准

1. 切合题意的评判（满分45分）。要点及得分情况如下表所示。

序号	要点	得分
1	描述设计和实施的企业虚拟化技术项目： 项目需求、实际应用场景与规模、承担的主要工作	0～10 分
2	应用需求和必要性： 使用率、不同环境、多种操作系统、计算平台、存储系统	每点 2 分，共 10 分
3	参与的规划与设计方案： （1）整体规划 （2）网络拓扑 （3）硬件选型： 交换机、路由器、连接介质、服务、虚拟化系统 （4）软件选型 （5）预算与造价	每项 3 分，共 15 分
4	实施效果： （1）优缺点： 服务器、效益、效率、资源利用、管理 （2）性能： 速率、延迟、丢包率、安全、维护	每点 1 分，共 10 分

本题得分为四项得分之和。

2. 表达能力的评判（满分 15 分）。要点及得分情况如下表所示。

序号	要点	得分
1	结构合理、摘要逻辑性强、正文完整、语言流畅、字迹清楚	13～15 分
2	结构合理、摘要有逻辑性、正文比较完整、书写基本规范	9～12 分
3	结构较合理、有摘要、正文内容比较混乱	0～8 分

3. 综合能力与分析能力的评判（满分 15 分）。要点及得分情况如下表所示。

序号	要点	得分
1	明确给出企业网络虚拟化规划和设计方案，并对系统进行性能分析，实施效果有明显特色	13～15 分
2	有企业网络虚拟化规划和设计方案，有系统性能分析	9～12 分
3	企业网络虚拟化规划和设计方案不完整，未对系统进行性能分析	0～8 分

如果有以下情况之一，考生下午试卷 II 的最终成绩为零分：

（1）试卷总字数不超过 15 字的；

（2）所答内容完全离题的；

（3）答卷中出现政治反动、思想偏激、背离基本人类道德和价值观、辱骂监考人员、对阅卷人员提出过分要求等内容之一的。

参 考 文 献

[1] 王卫红，李晓明. 计算机网络与互联网[M]. 北京：机械工业出版社，2009.
[2] 吴功宜. 计算机网络高级教程[M]. 北京：清华大学出版社，2007.
[3] 谢希仁. 计算机网络[M]. 5 版. 北京：电子工业出版社，2008.
[4] 陈明. 计算机网络设计教程[M]. 2 版. 北京：清华大学出版社，2008.
[5] 陈向阳，肖迎元，陈晓明，等. 网络工程规划与设计[M]. 北京：清华大学出版社，2007.
[6] 段水福，历晓华，段炼. 无线局域网（WLAN）设计与实现[M]. 浙江：浙江大学出版社，2007.
[7] 徐家恺，沈庆宏，阮雅端. 通信原理教程[M]. 2 版. 北京：科学出版社，2007.
[8] 陈珍成. 信息安全管理体系审核指南[M]. 北京：中国标准出版社，2007.
[9] 范红. 信息安全风险评估规范国家标准理解与实施[M]. 北京：中国标准出版社，2008.
[10] 奥斯本. 信息安全管理之道[M]. 周广辉，译. 北京：中国水利水电出版社，2008.
[11] 王春东. 信息安全管理[M]. 武汉：武汉大学出版社，2008.
[12] 徐国爱，彭俊好，张淼. 信息安全管理[M]. 北京：北京邮电大学出版社，2008.
[13] 赵战生，谢宗晓. 信息安全风险评估：概念、方法和实践[M]. 北京：中国标准出版社，2007.
[14] 尤国华，师雪霖，赵英. 网络规划与设计[M]. 2 版. 北京：清华大学出版社，2016.
[15] 何利. 网络规划与设计实用教程[M]. 北京：人民邮电出版社，2018.
[16] 王达. 华为路由器学习指南[M]. 北京：人民邮电出版社.2014.
[17] 新华三大学. 路由交换技术详解与实践[M]. 北京：清华大学出版社.2018.
[18] 刘丹宁，田果，韩士良. 路由与交换技术[M]. 北京：人民邮电出版社.2020.
[19] 高峰，李盼星，杨文良，等. HCNA-WLAN 学习指南[M]. 北京：人民邮电出版社.2015.
[20] 李世银，李晓滨. 传输网络技术[M]. 北京：人民邮电出版社.2018.
[21] 张冬. 大话存储：存储系统底层架构原理极限剖析（终极版）[M]. 北京：清华大学出版社.2015.
[22] James F. Kurose，Keith Ross. Computer Networking: A Top Down Approach[M]. 8th ed. New York：Pearson，2020.
[23] 威廉·斯托林斯. 现代网络技术：SDN、NFV、QoE、物联网和云计算[M]. 胡超，邢长友，陈鸣，译. 北京：机械工业出版社，2018.
[24] 李剑，杨军. 计算机网络安全[M]. 北京：机械工业出版社.2020.
[25] 陈红松. 网络安全与管理[M]. 2 版. 北京：清华大学出版社.2020.
[26] 贾焰，方滨兴. 网络安全态势感知[M]. 北京：电子工业出版社.2020.
[27] 中国标准出版社.网络安全等级保护标准汇编[M]. 北京：中国标准出版社.2019.
[28] 朱超军.网络安全与网络行为研究[M]. 北京：北京理工大学出版社.2019.
[29] RFC2246，The TLS Protocol Version 1.0，http：//www.ietf.org/rfc/rfc2246.txt.
[30] RFC2459，Internet X.509 Public Key Infrastructure Certificate and CRL Profile，http：//www.ietf. org/rfc/rfc2459.txt.
[31] RFC2818，HTTP Over TLS，http：//www.ietf.org/rfc/rfc2818.txt.
[32] RFC3281，An Internet Attribute Certificate Profile for Authorization，http：//www.ietf.org/ rfc/rfc3281.txt.